U0160890

中文翻译版

人工智能药物研发

Artificial Intelligence in Drug Design

著者 〔美〕亚历山大·海菲兹
（Alexander Heifetz）
主译 白仁仁
主审 段宏亮

科学出版社
北京

图字：01-2023-4898号

内 容 简 介

本书概述了药物设计中人工智能方法开发与应用的最新进展，内容涵盖药物发现与开发、计算化学、药物化学、药物设计、药理学等多个交叉领域。本书系统介绍了人工智能对传统药物设计方法的加速和革新，包括基于结构和配体的药物设计、增强和多目标从头药物设计、从头分子生成、靶点结合活性与结合预测、ADMET（吸收、分布、代谢、排泄和毒性）性质、药代动力学、药物代谢、药物毒性预测、精准医疗、化学合成路线预测、大数据分析，以及人工智能对未来药物研发的影响。

本书知识体系新颖、章节架构独特，内容广泛且翔实，案例丰富、图文并茂，可供医药研发领域从业者、投资者、高等医药院校师生及对新药研发感兴趣者阅读。

图书在版编目（CIP）数据

人工智能药物研发/（美）亚历山大·海菲兹（Alexander Heifetz）著；白仁仁主译. —北京：科学出版社，2023.12

书名原文：Artificial Intelligence in Drug Design

ISBN 978-7-03-076869-8

Ⅰ. ①人… Ⅱ. ①亚… ②白 Ⅲ. ①人工智能–应用–药物–研制 Ⅳ. ①TQ46-39

中国国家版本馆CIP数据核字（2023）第212857号

责任编辑：马晓伟 刘天然 / 责任校对：张小霞

责任印制：赵 博 / 封面设计：龙 岩 韦大鹏 白仁仁

科学出版社 出版

北京东黄城根北街16号

邮政编码：100717

http：//www. sciencep. com

北京中科印刷有限公司印刷

科学出版社发行 各地新华书店经销

*

2023年12月第 一 版 开本：787×1092 1/16

2025年 1 月第二次印刷 印张：26 1/4

字数：606 000

定价：248.00元

（如有印装质量问题，我社负责调换）

《人工智能药物研发》（中文翻译版）
翻译人员

主　译　白仁仁

主　审　段宏亮

译　者　白仁仁　杭州师范大学

段宏亮　浙江工业大学

蒋筱莹　杭州师范大学

侯小龙　上海智药邦科技发展有限公司

居　斌　杭州生奥信息技术有限公司

郭　勇　杭州师范大学

杨科大　浙江树人学院

陈广勇　之江实验室

中译本序一

人工智能（AI）通过自动化、智能化和大数据分析，为各行各业都带来了积极的变革，并深刻地影响着我们的生活。在药物研发领域，AI同样发挥着愈加重要的作用。尽管完全通过AI技术发现一个成功上市的药物仍然前路漫漫，但通过AI引领多学科交叉以加速新药研发进程，已成为当前的首选策略，也是未来创新药物研发的趋势。借助于不断改进的机器学习和深度学习模型，AI能够推动疾病靶标的发现、药物与合成路线的设计以及临床试验的开展，从而更高效、低耗地发现新药。例如，AI能够通过分析海量的化学和生物学数据，构建药物分子的构效关系模型，从而预测潜在的活性分子；能够基于现有的药物-靶标相互作用数据建立模型，预测化合物与靶标之间的相互作用；还能够利用临床试验数据和患者特征信息，预测和优化药物的给药剂量；此外，AI还可以在临床研究中提供更准确和全面的数据分析，更好地预测药物的代谢、副作用和毒性。AI的助力作用并不仅仅局限于小分子药物领域，它在抗体药物设计、疫苗安全性评估、mRNA等基因药物研究领域也同样表现出惊人的优势。总之，AI与药物研发的交叉与融合，将会给医药领域带来革命性的变革，并将有力推动新药研发的突破和创新。

杭州师范大学药学院白仁仁教授邀请我为他的译作写序，我感到非常荣幸！近年来，国内不论是学术界还是产业领域，都对AI药物设计这一新技术方向充满了兴奋，满怀着无限的想象和期望；与此同时，这一方向的发展也备受质疑，让人感觉到压力重重、任重道远。这种挑战，一方面是源于AI技术本身的发展速度太快，需要我们不停"充电"、学习，时常使人觉得难以追越的同时也难以掌控；另一方面是由于AI药物设计是多学科的交叉融合，需要干湿实验的闭环以进行迭代优化。这需要真正具备多学科交叉知识储备的专业人才，能够将各个领域的知识融会贯通，切实解决药物研发中的科学问题或技术难题。否则，我们可能陷入纸上谈兵的局面，而无法使药物设计领域取得实质性的进展。

交叉容易融合却很难！2019年底，我应化学工业出版社李晓红编辑之邀撰写《人工智能与药物设计》一书时，也一直在思考如何深入开展数据与知识双驱动的AI药物发现。这一过程可能需要借助AI的手段来完成几个关键的步骤和环节：如何将散落在各种媒介中的信息汇聚成数据；如何挖掘这些数据并提炼成知识；如何运用这些知识来建立模型、拓展技术以实现真正的药物发现。特别是随着生成式大语言模型的出现，我们还需要思考如何构建专注于生物医药的垂域模型，这将增加对具有跨学科和专业背景人才的需求。培养具备跨学科交叉背景的复合型人才对于创新药物研发起着关键作用，然而，国内外基于AI药物设计的相关图书极度匮乏。基于此，我与郑明月教授联合国内从事该领域研究的20余位学者共同编撰了《人工智能与药物设计》一书。该书系统性地探讨了AI在药物设计及相关领域的应用，内容涵盖了从AI算法基础、药物设计相关数据基础与表征，到药物研发过程中涉及的各种AI药物设计方法等。在该书即将成稿之时，我注意到Humana出版社于2022年出版了*Artificial Intelligence in Drug Discovery*一书，此书详细介绍了AI技术在药物发现与开发中的最新应用和研究进展，可与《人工智能与药物设计》一书在内容和知识上合纵连横。

非常高兴看到白仁仁教授和段宏亮教授将*Artificial Intelligence in Drug Discovery*翻译为《人工智能药物研发》，并由科学出版社出版，这将方便国内读者了解和学习AI药物研发技术和行业发展的最新动态。本书着眼于AI、机器学习和深度学习在药物研发中的应用，系统介绍了如何应用上述方法来加速并彻底改变传统的药物设计模式，内容包括基于结构和配体的从头药物设计、网络驱动的药物发现、QSAR和大数据分析、量子计算、组学研究、靶点结合活性预测、ADMET和药代动力学预测、抗体药物设计，以及化学合成路线设计等诸多方面。相信这些日趋成熟的方法，将在当前和不久的未来对药物研发产生深远影响，新的药物设计方法与技术将会不断涌现。

相信本书的出版将对推动相关研究领域的发展有所裨益。

李洪林

临港实验室/华东师范大学

2023年10月

中译本序二

自从约翰·麦卡锡（John McCarthy）在1956年的达特茅斯会议上提出人工智能（artificial intelligence，AI）概念以来，AI经历了几起几落，影响了许多领域的发展。21世纪初是AI的转折点：高性能计算解决了算力问题，互联网高度发达产生的“大数据”解决了用于训练的数据问题，深度学习的基本架构解决了算法问题。这三大问题的解决使AI再次回到世界技术革命舞台的中央。AI在图像处理和自然语言处理领域的成功引领了AI在其他领域应用的热潮。

药物发现活动起源于人类利用植物、动物、矿物等天然产物来治疗疾病。药物发现的方法从偶然发现、基于经验的发现、基于机制的发现、基于靶点的发现，逐渐发展到当代基于多种生物技术的发现。药物发现方法学也从经验学科逐渐演化为与分子信息学密切相关的学科。

纵观药物发现方法学演化的历史，科学和技术是驱动药物发现方法进步的两大引擎。探求药物作用机制的好奇心促进了技术创新，而新技术发明则催化了科学发现，同时科学与技术活动也受经济规律的制约。计算技术领域具有摩尔定律（Moore’s Law），有趣的是，药物发现领域具有反摩尔定律：1950年以来，每10亿美元研发支出中批准的新药数量大约每9年减半。这使得药物发现技术难以持续。为了破解这一反摩尔定律的魔咒，研究人员采取了各种措施，如扩大药物筛选的范围、拓展药物靶点的概念及开发多种生物药物。发展AI辅助药物发现（AI-assisted drug discovery，AIDD）技术是药物发现领域为了突破反摩尔定律的最新努力。

美国学者亚历山大·海菲兹（Alexander Heifetz）主编的*Artificial Intelligence in Drug Design*一书的面世，可以说是恰逢其时。我国青年学者白仁仁教授主译、段宏亮教授主审，科学出版社出版的该书中文版《人工智能药物研发》将有助于推动AIDD在我国的应用与发展。

《人工智能药物研发》（中文翻译版）是一本全面介绍AI在药物发现领域中应用的专著，共23章，涵盖了AI（特别是机器学习）在药物研发中应用的主要方面，展示了AI技术与药物研发的发展沿革和未来方向；深入浅出地介绍了从机器学习到深度学习，从概念、理论方法到实际操作，从药物发现到药物开发的各个方面。该书不仅探讨了各种技术的原理，还深入剖析了AI技术在药物研发中的应用案例。

该书可作为药物研发领域各高等院校的教学参考书，也可以作为生物医药领域科研专家和所有对药物创新有兴趣的管理者的必备图书。我相信，该书可作为AIDD的入门向导，也可作为本领域科学技术工作者的工具书，对从事药物研发的科研机构和企业都将大有裨益。

徐峻
中山大学
2023年9月

译 者 序

人工智能（artificial intelligence，AI）已被成功应用于生活中的各项领域，如自然语言处理和语音识别、计算机视觉、自动驾驶、医疗诊断、工业自动化、金融科技等各行各业，并取得了革命性的技术突破。AI对便利生活的助力，不再仅仅局限于“阳春白雪”的高端科技，而是融入了“下里巴人”的生活点滴。AI甚至在反诈骗、股票交易中也发挥了独有的作用。

2022年底，具有划时代意义的ChatGPT的诞生更是将人们对AI的关注推向了高潮。ChatGPT也为AI的发展带来了全新的思路和方向，甚至被认为是21世纪的“哥白尼”，是第四次工业革命开启的标志。据美国计算机科学家雷·库兹韦尔（Ray Kurzweil）预估，AI将会在2045年超过人类水平。

在药物研发领域，AI同样表现出了革命性的推动作用。借助其独特的分析能力和模式识别技术，AI加速了药物研发的各个环节，实现了研发效率的飞跃。

相较于需要耗费大量时间和资源的传统方法，AI技术可在药物设计和优化中发挥关键作用，通过模拟和预测分子的结构和性质，结合从头分子生成技术，帮助研发人员快速发现更具活性和选择性的优选分子。同时预测其药代动力学和毒性，以在研发早期阶段淘汰不合适的候选化合物，有效降低后续开发的失败风险。AI技术的发展使药物开发更高效、更精确且更智能化，为新药发现和疾病治疗带来了前所未有的机遇和突破。

为了使AI药物研发的最新思潮和强大优势惠及国内科研人员，我们将亚历山大·海菲兹（Alexander Heifetz）编著的AI制药领域权威专著*Artificial Intelligence in Drug Design*翻译出版，根据书中涉及的具体内容，将其中文名译为“人工智能药物研发”。本书基于AI制药领域最新的研究成果，以23章的篇幅，从药物发现到药物开发的各个方面介绍了AI技术的应用。相信本书一定会对相关研究人员有所裨益。

除我本人外，本书译者还包括段宏亮（浙江工业大学）、蒋筱莹（杭州师范大学）、侯小龙（智药邦）、居斌（杭州生奥信息技术有限公司）、郭勇（杭州师范大学）、杨科大（浙江树人学院）和陈广勇（之江实验室）。部分研究生同学也参与了本书的翻译和校对。在此一并表示真诚的谢意。

衷心感谢段宏亮教授担任本书主审，并参与本书的翻译。

感谢科学出版社编辑团队的辛勤付出和高效工作，以及一直以来的帮助和支持。

尽管主译、主审和各位译者尽了自己最大的努力，但难免有疏漏和不当之处，敬请各位读者海涵。

白仁仁
renrenbai@126.com
2023年9月于杭州

原 书 序

新药设计是一项创造性的工程，涉及现有实验数据的总结与分析，以及传统和新颖的分子建模技术。这可能是一个极其复杂、漫长且花费巨大的过程。人工智能和机器学习方法的应用有望彻底改变药物研发的“设计—合成—测试—分析”周期，加速药物设计的进程，从而降低成本。在过去几年间，人工智能、机器学习领域已经实现了从理论研究到实际应用的转向。图形处理单元的可用性，以及深度学习等人工智能、机器学习算法的进步，推动了人工智能助力药物研发的爆发式发展。通过在深度学习算法中使用神经网络，能够使计算机通过数据学习来模仿人类智能。这些技术方法可以应用于药物设计的诸多方面。

本书概述了药物设计中人工智能、机器学习、深度学习方法开发和应用的最新进展及技术水平。书中涵盖的主题包括如何应用这些方法来革新传统药物设计方法，如基于结构和配体的药物设计、增强和多目标从头药物设计、构效关系（SAR）、大数据分析、结合预测、结合活性、ADMET（吸收、分布、代谢、排泄和毒性）、药代动力学、药物靶点存留时间、精准医疗，以及化学合成路线预测。书中还讨论了这些方法的应用范围，以及现在和不久的将来其对生产力产生的最大影响。对上述内容的系统介绍将使计算化学、药物化学、药物设计和药理学等领域的科研人员能够掌握现有的技术，面对挑战，进而更好地理解正处于开发之中的新方向。

亚历山大·海菲兹（Alexander Heifetz）
英国牛津郡

目　　录

第1章　人工智能在药物设计中的应用：机遇与挑战 …… 1
　1.1　引言：药物设计面临哪些挑战 …… 1
　1.2　人工智能在药物设计中的应用 …… 4
　1.3　药物设计中人工智能决策的挑战 …… 29
　1.4　总结 …… 32
第2章　机器学习在药理学和ADMET终点建模中的应用 …… 46
　2.1　引言 …… 46
　2.2　ML在ADMET问题中的应用 …… 48
　2.3　总结与展望 …… 70
第3章　以人工智能挑战新型冠状病毒感染 …… 79
　3.1　引言 …… 79
　3.2　基于结构的药物再利用 …… 81
　3.3　人工智能在药物再利用中的应用 …… 82
　3.4　研究中的再利用药物 …… 83
　3.5　挑战与展望 …… 84
第4章　人工智能和机器学习在药物发现中的应用 …… 88
　4.1　引言 …… 88
　4.2　生成化学 …… 92
　4.3　靶点分析 …… 93
　4.4　ADMET预测和评分 …… 93
　4.5　合成规划 …… 94
　4.6　总结 …… 95
第5章　深度学习与计算化学 …… 99
　5.1　引言 …… 99
　5.2　深度学习在计算化学中的应用 …… 103
　5.3　深度学习的影响 …… 107
　5.4　深度学习的开放性问题 …… 109
　5.5　深度学习的未来 …… 112
第6章　人工智能是否影响了药物发现 …… 119
　6.1　引言 …… 119
　6.2　从头设计工具 …… 120

6.3 人工智能和生成模型在药物发现中的应用 …… 121
6.4 生成模型的前世今生 …… 122
6.5 生成模型的使用：分布学习 *vs* 导向学习 …… 122
6.6 在药物发现中的应用 …… 123
6.7 REINVENT：使用生成模型 …… 127
6.8 化合物库的分子从头设计 …… 129
6.9 人工智能应用面临的挑战与未来发展 …… 129
第7章 网络驱动的药物发现 …… 137
7.1 引言 …… 137
7.2 网络生物学和药理学 …… 138
7.3 对药物发现的影响 …… 139
7.4 网络驱动的药物发现 …… 141
7.5 验证 …… 143
7.6 总结 …… 144
第8章 GPCR配体滞留时间的机器学习预测 …… 147
8.1 引言 …… 147
8.2 材料 …… 151
8.3 方法 …… 151
8.4 注释 …… 155
第9章 基于化学语言模型的从头分子设计 …… 158
9.1 引言 …… 158
9.2 材料 …… 160
9.3 方法 …… 162
第10章 用于QSAR的深度神经网络 …… 180
10.1 引言 …… 180
10.2 分子特征 …… 182
10.3 深度神经网络结构 …… 184
10.4 改进模型性能 …… 187
10.5 模型的可解释性 …… 190
10.6 总结 …… 193
第11章 基于结构的药物设计中的深度学习 …… 202
11.1 引言 …… 202
11.2 评分函数 …… 203
11.3 基于结构的虚拟筛选 …… 206
11.4 展望 …… 206
第12章 深度学习在基于配体的从头药物设计中的应用 …… 211
12.1 引言 …… 211
12.2 从头设计：历史和背景 …… 212

12.3　从头设计的神经网络架构 …… 213
12.4　基于配体的深度生成模型在从头药物设计中的应用 …… 221
12.5　基于配体的深度生成模型的界限突破 …… 224
12.6　总结 …… 225
第 13 章　超高通量蛋白-配体对接与深度学习 …… 233
13.1　引言 …… 233
13.2　材料 …… 234
13.3　方法 …… 236
第 14 章　人工智能和量子计算——制药行业的下一个颠覆者 …… 249
14.1　引言 …… 250
14.2　方法 …… 253
14.3　总结 …… 265
第 15 章　人工智能在化合物设计中的应用 …… 270
15.1　引言 …… 270
15.2　材料 …… 271
15.3　方法 …… 272
15.4　总结 …… 287
第 16 章　人工智能、机器学习和深度学习的实际药物设计案例 …… 297
16.1　引言 …… 297
16.2　应用领域 …… 298
16.3　总结与展望 …… 308
第 17 章　人工智能——提高从头设计新化合物的可合成性 …… 318
17.1　引言 …… 318
17.2　计算分子生成 …… 319
17.3　逆合成规划和合成可行性评估 …… 320
17.4　合成可行性和深度生成算法的结合 …… 323
17.5　总结 …… 324
第 18 章　基于组学数据的机器学习 …… 327
18.1　引言 …… 327
18.2　数据探索 …… 328
18.3　模型的定义 …… 330
18.4　超参数搜索 …… 330
18.5　模型验证 …… 332
18.6　最终模型的训练和解释 …… 332
第 19 章　深度学习在治疗性抗体开发中的应用 …… 335
19.1　引言 …… 335
19.2　抗体开发中的监督学习 …… 337
19.3　抗体开发中的无监督学习 …… 340

19.4 总结 …… 342
第20章 机器学习在ADMET预测中的应用 …… 345
20.1 引言 …… 345
20.2 材料 …… 346
20.3 方法 …… 349
20.4 注释 …… 352
20.5 总结 …… 353
第21章 人工智能在药代动力学预测应用中的机遇与思考 …… 356
21.1 引言 …… 356
21.2 DMPK的演变 …… 356
21.3 人工智能在药代动力学预测中的机遇 …… 358
21.4 数据的质量 …… 363
21.5 体内数据 …… 365
21.6 机遇与挑战 …… 367
21.7 前瞻性视角 …… 368
第22章 人工智能在药物安全性和代谢中的应用 …… 372
22.1 引言 …… 372
22.2 药物代谢和药代动力学的演变 …… 374
22.3 计算毒理学模型的应用 …… 376
22.4 未来展望 …… 382
第23章 基于匹配分子对的分子构思 …… 388
23.1 引言 …… 388
23.2 MMP算法 …… 389
23.3 BioDig：GSK转换数据库 …… 389
23.4 基于MMP的大规模分子构思 …… 391
23.5 基于MMP知识库的价值量化 …… 392
23.6 新转换日益增长的tail命令 …… 393
23.7 实用的MedChem转换子集 …… 395
23.8 MMP作为分子生成工具的评估 …… 396
23.9 第一次测试——人工参与 …… 398
23.10 第二次测试——模仿人工 …… 399
23.11 第三次测试——遗留项目 …… 400
23.12 总结 …… 401

第1章

人工智能在药物设计中的应用：机遇与挑战

摘　要：人工智能（artificial intelligence，AI）近年来发展迅速，已被成功应用于药物设计等实际问题。本章主要回顾了近期AI在药物设计中的应用，包括虚拟筛选（virtual screening，VS）、计算机辅助合成规划（computer-aided synthesis planning，CASP）和从头分子生成（*de novo* molecule generation），重点关注AI在其中应用的局限性和改进空间。此外，本章还讨论了AI将理论实践应用于现实世界药物设计时所带来的更广泛挑战，包括量化预测不确定性及对模型行为的解释。

关键词：人工智能（AI）；机器学习（machine learning，ML）；药物设计；虚拟筛选（VS）；计算机辅助合成规划（CASP）；从头分子生成；生成模型；不确定性预测；模型可解释性

1.1 引言：药物设计面临哪些挑战

据估计，临床候选药物获批的成功率自20世纪70年代以来已下降至2015～2017年的10%[1, 2]。因此，获批新药的研发成本急剧增加[1]。显而易见，降低制药行业成本的最有效方法是提高临床试验的成功率（图1.1）[3]。而大约80%的临床试验失败是由于未能证明候选药物在患者中具有足够的疗效或安全性[2]。正如阿斯利康（AstraZeneca）近期的研究所示，在药物设计的早期过程中，选择具有适当药代动力学特性、理想安全性，并具有适当细胞和生理活性的化合物非常重要[4]。尽管基于细胞和组织的疾病模型已取得了积极进展，但设计相关的体外试验来预测化合物的表现仍具挑战性。出于这一原因，在候选药物设计中帮助制定决策的计算方法的开发已成为一个备受关注的领域[3]。而近期提出的许多方法是基于AI策略。本章将重点讨论旨在协助药物设计决策的AI技术的发展。

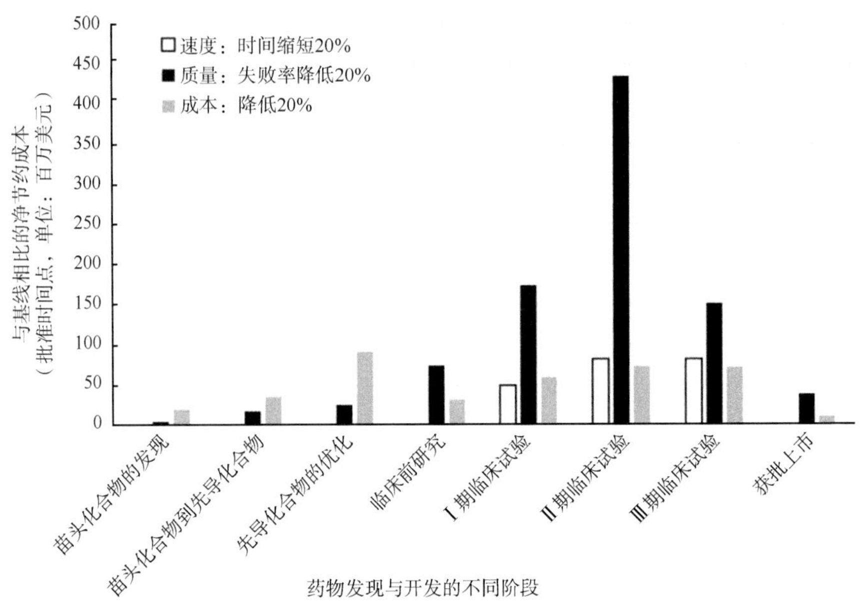

图1.1 在药物发现与开发各个阶段中效率提高（时间缩短20%、失败率降低20%或成本降低20%）所带来的潜在成本节约[3]

候选药物的成功发现需要在药物设计的早期阶段即选择合适的化合物，并对其进行有效优化以满足适当的性质。药物设计的主要阶段AI的应用如表1.1所示。通过对大型化合物库进行筛选，可以获得苗头化合物（hit）或具有良好活性的化合物；可以使用多种技术，包括化合物对靶点生物分子活性的生化、生理测试，以及在基于细胞或组织模型系统中测试化合物的功效[11]。现代化合物筛选库中包含数百万种不同的化合物。因此，无论使用哪种方法，寻找具有适当特性的全新苗头化合物进行开发都是极具挑战性的。最近的分析表明，43%的临床候选药物来源于已知化合物[12]。具有良好的活性及吸收、分布、代谢、排泄和毒性（absorption，distribution，metabolism，excretion and toxicity，ADMET）性质的苗头化合物会被选为先导化合物（lead compound），然后需要针对其活性和选择性进行优化，同时保持适当的ADMET性质[4]。从临床试验的成功率而言，这一过程常常无法有效地获得在患者体内表现出良好药效学（pharmacodynamics，PD）和药代动力学（pharmacokinetics，PK）特性的分子[1]。基于靶点的筛选通常会发现具有意想不到药效学特性的苗头化合物，这可能是由其脱靶效应导致的。虽然表型筛选可以更有效地测试体内药效学，但优化具有未知靶点的苗头化合物活性一般具有较高的难度。此外，由于药代动力学性质不佳或意外毒性，任何来源的苗头化合物都可能在后期出现问题[4]。因此，药物设计中计算方法的最重要目标应该是在整个药物设计过程中协助选出最有可能在患者体内表现出良好特性的化合物。

表1.1　药物设计不同阶段AI的应用

研发阶段	目标	AI的应用
靶点的发现与验证	发现靶点生物分子或基于细胞、组织的分析测试方法，以用于化合物潜在疗效的测试	基于不同知识本体和图示数据（遗传、临床等）整合的靶点发现[5]；用于诊断和患者分层的机器学习[6]
化合物库的设计及苗头化合物的发现	设计、合成并测试化合物以验证其对靶点的活性，确定其是否具有值得进一步开发的性质（ADMET等）	虚拟筛选；从头分子生成；计算机辅助合成预测；基于表型筛选的靶点预测[7]
苗头化合物到先导化合物、先导化合物的优化	选择最有希望的苗头化合物；优化先导化合物以提高靶点的活性；最大限度地减少脱靶情况；确保其具有适当的ADMET性质	从头分子生成（需要多目标优化）；计算机辅助合成预测；主动学习[8]；ADMET建模[9]
临床前与临床研究	选择合适的剂量、制剂和给药方式；测试候选药物的有效性和安全性；开展人体试验	基于因果推理评估候选药物对动物模型或患者的疗效[10]

很多数据库已经收集了有关化合物的性质、反应和相互作用的信息。然而，这些数据却不成比例地集中于一小部分经过充分研究的靶点。虽然针对一些靶蛋白已经报道了数千个化合物的生物活性，而对于ChEMBL[13]数据库，在其7748个靶点中，有多达5640个靶点的活性化合物数量少于100个。此外，与描述化合物体外活性的数据集相比，描述化合物体内活性的数据集数量相形见绌。ChEMBL数据库中包含1600万条生物活性数据，而描述肝毒性的DILIRank[14]数据集仅包含1036个定性数据点。再者，分子的生物活性取决于剂量、时间和测试系统的可变性，这也使得对这些数据的一致注释极具挑战[3]。然而，这些数据集中包含的信息是构建模型以预测化合物体内特性的重要资源。虽然可以有效地进行物理模拟来评估配体与靶点生物分子的相对结合自由能[15]，但几乎没有希望对复杂的生理系统（如血脑屏障[16]）进行模拟，因此需要使用经验模型（empirical model）。经验模型，如定量构效关系（quantitative structure-activity relationship，QSAR）和定量构性关系（quantitative structure-property relationship，QSPR）研究常使用ML模型预测分子的性质。目前，经验模型已被广泛用于辅助新药的设计，特别是在优化ADME（吸收、分布、代谢、排泄）性质及避免常见毒性方面[9, 17]。用于化学数据的常见ML模型包括随机森林（random forest，RF）和支持向量机（support vector machine，SVM），二者都可接受“化学指纹”（chemical fingerprint）描述符向量的输入[9]。最近，深度神经网络（deep neural network，DNN）也大受欢迎。这些模型通过处理输入的SMILES字符串[18]或分子图像等，避免了指纹选择，并且可以执行更复杂的任务，如多任务学习（multitask learning）。然而，与其他模型一样，其性能通常受到可用数据的限制[19, 20]。

这些ML模型可用于创建AI系统，以帮助药物设计中的决策制定[21]。AI系统展示了其模拟人类解决问题的能力，当收到信息时，它们可以对模式进行识别并就行动过程提出建议或做出决定[21, 22]。本章描述了解决药物设计中一些最紧迫问题的ML方法，重点关注这些方法取得重大进展的三个关键领域：VS、CASP和基于生成模型的从头分子生成。如果可以创建在上述领域做出有效决策的AI系统，将对候选药物的设计有很大的帮助。然而，目前流行的ML中的许多方法在没有专家干预的情况下，都无法提供在实际药物设计中做出决策所需的信息。经常遇到的限制是缺乏对预测置信度和机械推理的有效沟通。这些问题将在本章的最后一节进行探讨。

1.2 人工智能在药物设计中的应用

1.2.1 虚拟筛选

1.2.1.1 简介

药物发现流程的第一步有时是从大型化合物库（热门化合物）中识别出活性化合物。目前，这一步主要是借助高通量筛选（high throughput screening，HTS）对大型化合物库内的化合物进行项目相关活性的测试筛选[23]。这发挥了活性实体测试的试验优势，而不仅仅是通过计算机进行评估预测。然而，HTS 并不总是最适合的策略。大型化合物库的实体筛选成本高昂，而且这些化合物库仅涵盖一小部分化学空间。此外，并非每项检测都可以大规模地进行。一般而言，需要在所收集实验数据的数量和相关数据的质量之间进行权衡，并且这种权衡必须针对每项测试单独进行。

另一种方法是VS，其可以作为HTS的补充或替代方案。VS 主要通过计算机而不是实体体外试验来筛选化合物，这种方法成本更低且不受限于实体化合物库，弥补了HTS的不足。通常，VS可实现对活性化合物的发掘，提高了发现苗头化合物的可能性，并降低了下游实验的成本[24]。在存在明确的设计假设（如经过验证的靶点）的情况下尤为如此。然而，与许多计算机方法一样，VS仅为近似的预测，也可能会做出不正确的预测。发生这种情况时，非活性分子可能会被标记为假阳性，从而导致后续下游测试中宝贵资源和时间的浪费。因此，仍然有必要提高VS的成功率。

VS可分为两种类型，分别是基于配体的VS和基于结构的VS。基于配体的VS使用一组具有已知活性的化合物，并尝试根据参考数据集识别其他活性分子。由于基于配体的VS不需要有关生物系统的任何机制信息，因此当靶点结构未知或可能存在多个靶点时，这一方法较为合适。然而，筛选的成功需要一个“善于表达”的预测模型来优先考虑活性化合物。相比之下，基于结构的 VS 主要根据配体三维（3D）结构与靶点结合口袋的互补性来评估配体是否可能与靶点结合。这种机制研究可以为药物设计过程提供非常丰富的信息。但有时很难获得靶点的3D信息，因为并不是每一个靶点的结构都是已知的。此外，基于结构的VS中使用的软件通常是单一的，不易针对新的或特定的靶点进行轻松的定制。该方法常使用对接应用程序，如AutoDock Vina[25]和Glide[26]等。

ML提供了一系列灵活、强大和数据驱动的新方法。本节将介绍ML和VS的应用示例，重点介绍其机遇和挑战，同时介绍在使用化学数据进行VS时需要考虑的关键因素。

1.2.1.2　基于机器学习虚拟筛选中的数据集偏差

如果一个数据集的数据点不是从基础数据中随机、均匀选择的，那么该数据集是有偏差的。因此，所得样本与基础数据分布并不完全匹配。在实践中，大多数数据集都具有一定程度的偏差。对于基础数据进行推断并推广至新的、看不见的数据点，重要的是要了解训练集和测试集中的偏差，以及其如何影响ML模型在实践中的适用性。

由于多种原因，VS中使用的分子数据集存在一定的偏差。首先，相对于潜在的分子空间，数据库相对较小。尽管化学数据库在过去几年间发展迅速，其中一些甚至包括了数亿个化合物[27]，但其仍然仅涵盖了整体小分子化学空间[28]或“类药空间”的一小部分，而全部化学空间估计包含多达10^{60}个分子[29]。其次，药物开发管线的性质也可能导致偏差。合成工作通常集中在已知的成功分子上，而不是生成不相关的分子。此外，新分子的设计通常会持续进行，在苗头化合物选择和先导化合物优化过程中逐渐增加[30]。因此，化学空间的探索区域是由局限的“簇样本”而不是均匀的样本构成的。

这些限制意味着研究人员在拆分数据集以进行训练和测试时应经过充分的考虑[31]。虽然可以采用不同的拆分策略，但每种策略都有其优势和局限性。通常随机拆分方法（包括交叉验证）很容易实现，但由于数据冗余，通常会导致过于乐观的结果。如果来自同一簇的不同分子被分成训练集和测试集，则信息可能会从测试集“泄漏”到训练集，因为这些分子可能共享相同或相似的结构骨架。由于模型可能会识别类似物而不是进行广泛的识别，因此可能会造成对模型性能的高估[32]。与尝试减轻信息泄漏的随机分配方法不同的是聚类分配（cluster spitting）法。该策略使用通用无监督学习方法（general unsupervised learning method）（如k均值）或化学特定聚类技术（如 Butina-Taylor[33, 34]）对分子进行聚类，然后将每个聚类分配至训练集或测试集[31, 32]。

然而，聚类分配可能低估了泛化的必要性。因为在现实世界中，我们希望训练集与测试集共享一些分子骨架，以便做出可靠的推断。另一种拆分方法是按时间分离数据，使得某个日期之前在数据库中登记的所有分子都被归入训练集，而在该日期之后登记的分子都被归入测试集[35, 36]。这种方法通过将数据视为时间序列来更好地模拟前瞻性验证，但其也设定了一个基本假设，即过去和未来化学空间的增长速度及方向都是相似的。

研究人员应该注意的另一个警示是目前尚缺乏普遍接受的化学数据库来评估VS模型。虽然其他研究领域已有标准化且被广泛接受的基准数据库，如用于计算机视觉的MNIST手写数字数据库[37]，但化学空间的偏差和药物化学问题的异质性使其难以实现，在药物发现方面同样如此。不过，建立通用参考数据库的概念是可以理解的，并且已有相关的尝试。

在某些情况下，为某一特定领域开发的基准数据库会被错误地用作其他领域的基准数据库。一个代表性实例是实用的诱饵增强（database of useful decoys-enhanced，DUD-E）模型[38]。DUD-E模型中包含一系列靶蛋白的活性和诱饵配体，根据物理特性（如分子量、log P或净电荷）将诱饵配体与活性分子进行特性匹配。DUD-E模型最初旨在评估对接算法，但也被广泛用于对ML模型进行基准测试[39-42]。然而，DUD-E模型中使用的属性匹配不会使ML模型无法区分活性配体和诱饵配体，这可能是由于数据驱动的ML模型可以在数据点中发现超出简单物理属性的细微差异[39, 43]。因此，通过DUD-E模型证明ML算法比对接软件[41, 44, 45]达到了更高性能的研究，可能高估了ML的预测能力。此外，也有研究人员尝试构建经过人工去偏差化的通用参考化合物数据集。代表性实例包括最大无偏验证（maximum unbiased validation，MUV）[46]和不对称验证嵌入（asymmetric validation embedding，AVE）[47]，二者根据活性分子聚类、非活性分子聚类，以及活性分子是否均匀地嵌入非活性分子中来衡量偏差。然而，删除数据点以减少偏差可能会导致保留数据的性能下降，这可能是由于删除的数据点中包含必要的实用信息[47]。需要强调的是，偏差也并非“一无是处”。例如，我们可以使用具有理想属性的分子来使数据库人为偏差化，以有利于发现具有相关属性的苗头化合物。

总之，没有一种通用的正确方法可以为每个VS任务设计和拆分数据集。模型应该在针对其试图解决问题的定制基准上进行评估，并且研究人员应该意识到每个策略的优势和局限性。

1.2.1.3 基于受体结构的虚拟筛选

如果给定一个3D结构已知的配体及其靶点受体，基于结构的VS可以利用结构信息来预测二者间是否会发生相互作用。基于结构的VS包括多种技术，如结合位点相似性[48, 49]、药效团映射[50]和分子对接[51, 52]。分子对接是一种启发式技术，主要包括两部分组件：对接算法和评分函数。对接算法用于预测配体结合受体的最佳构象；而评分函数则提供一个评分，以评价最佳构象的置信度和预测的结合自由能。根据软件的不同，这两个组件可以设计为联合执行或相互正交的形式[53]。

大多数基于结构的VS的ML方法都专注于改进评分功能，显示出对已有算法的有力补充和优化。有些模型，如Gnina[45, 54]或AtomNet[44]，已经开发了自己的独立评分函数。作为输入器，二者都使用了外部生成构象的体素化；而作为预测器，二者都使用了一个简单的卷积神经网络（convolutional neural network，CNN），该网络最多包含4个卷积层和2个全连接层。尽管CNN架构很简单，但相对于对接软件而言，其更容易区分活性和非活性分子[25, 55]。这凸显了ML用于VS的一个重要机会：通过使用正确的数据，可以相对容易地构建在训练任务中具有竞争力的模型。然而，在选择最佳构象时，Gnina在对接算法方面表现不佳，其评分与结合亲和力不相关。这也说明了泛化面临的挑战：通常情况下，基于物理的模拟方法在训练外任务中的表现优于ML，当标记数据量不足时具有优势。其他用于评分的ML模型则聚焦于改进而不是取代现有的评分功能。例如，ΔVinaRF是一个RF回归模型，主要是在AutoDock Vina程序包的残差上进行训练，以提高其与实验结合亲和力的相关性[56]。除了增加这种相关性之外，在对化合物进行排序、识别正确的对接构象，以及区分活性和非活性分子方面，ΔVinaRF也优于AutoDock Vina和其他最先进的对接程序包[57]。

改进评分函数的另一种方法是根据关注的问题对其进行调整。其背后的基本原理是，靶点的结合位点是高度特异性的，因此与配体的相互作用可以通过专门的评分函数更好地描述。与可能需要数年才能开发的传统对接算法相反[25, 58-62]，ML模型的训练速度更适合于快速定制化服务。例如，CNN已被用于获得不同蛋白家族的评分函数[63]，并且基于深度学习的对势研究已被用于对单个靶点生成评分函数[64]。在这种情况下，所得评分相较于靶点类别未知的模型更适合对靶点结合进行预测。无论是针对单一受体还是多个受体的项目，这些自定义的评分函数都可能在实践中有所帮助。

上述介绍的所有改进都与评分功能有关。目前ML模型相对于其他对接算法的一个重要缺陷是其通常缺乏生成对接构象的能力，因此依赖外部软件来获取构象[44, 45, 56, 64]。考虑到构象生成是对接的基本部分，这也成为一个关键的缺陷，因为ML模型的性能会受到外部构象生成性能的限制。与此同时，数据驱动模型（data-driven model）正在取得进展，该模型基于结合口袋[65]生成分子的3D结构，可以适应分子构象生成。目前这种方法受到配体数据集规模小的限制，使得应用数据驱动模型更具挑战性。截至编著本书时，PDBbind[66]已被认为是公共领域内最大的结构蛋白-配体结合亲和力信息数据库，但也仅包含17 679个化合物的信息。相比之下，用于分子生成（不考虑3D结构）的生成式ML模型通常在数十万[67, 68]甚至数百万[69]的实例上进行训练，以达到最先进的性能。除数据限制之外，ML模型还可以通过识别受体的结合口袋来帮助研究人员确定在哪里进行构象搜索［如对接盒（docking box）］[70]。

1.2.1.4　基于配体的方法

在基于配体的VS中，使用分子表示作为监督学习模型的输入来预测感兴趣的属性。与基于结构的VS类似，基于配体的VS可用于预测配体与受体蛋白的结合亲和力。然而，基于配体的VS的特点是其不利用有关受体的任何信息。因此，基于配体的VS也可应用于靶点未知的一般性问题，如表型筛选[71]，或不存在单个靶点受体的情况，但必须具有足够的相关数据来解决这些问题，如抗菌活性[72]或药理学特性（ADMET性质）[73]。

基于配体方法的一个常见实例是QSAR 模型，其将分子结构的描述符与分子的测试特性或生物活性相联系[74]。从概念上而言，经典的QSAR模型（如线性回归）和最近应用的ML模型（如DNN）是相似的：二者都属于监督性方法，可以识别分子数据中的模式以学习靶点信号。然而，在实践中，最近的ML模型通常容量更大，能够拟合复杂、高度非线性的目标函数。当然，ML模型找到这种细微差别模式的能力首先取决于是否有足够的数据可用。在药物化学领域，这可能是有问题的，因为实验测试费用很高，可用的数据集往往都很小[75, 76]。

除了拟合复杂的目标函数外，更高容量的ML模型还允许更广泛的分子模型表示，但其中一些非常抽象。高容量的ML模型能够在传统QSAR模型无法训练的新型数据中进行学习。新型数据库可以对化合物的生物学效应产生原始的见解，如分子诱导的转录组特征或细胞成像图。诸如基于网络的集成细胞特征库（Library of Integrated Network-Based Cellular Signatures，LINCS）之类的数据库，其包含超过19 000个小分子针对肿瘤细胞系的一百余万个基因表达谱[77]，提供了可用于VS的大量有价值信息。例如，将基因表达谱应用于VS的一种方法是预测能够使病态细胞恢复健康转录组特征的分子。这一策略已在实验中用于鉴别具有精神分裂症治疗潜力的药物[78]。另外，细胞成像数据已被成功应用于基于配体的VS预测模型。在一项研究中，基于细胞成像扰动曲线的模型在预测细胞毒性和细胞增殖终点方面的表现优于基于摩根指纹（Morgan fingerprint）的模型[79]。上述结果表明，新型数据类型可以显著改进VS方法。

除了使用新型生物数据库类型之外，一些ML模型的另一个优点是可从数据集中学习自我表示法。因此，数据表示法可以直接针对感兴趣的任务进行定制。例如，分子可以表示为来自SMILES-to-SMILES变分自动编码器的特征向量[67, 68, 80]。变分自动编码器是一种神经网络模型，由编码器、潜在空间和解码器组成，经过训练使其输出与输入相同（图1.2a）。潜在空间的大小通常小于输入，因此模型被迫找到输入的压缩表示（特征向量），以确保其在前向传递期间保留尽可能多的信息。重要的是，VAE的表示通常并不都是可解释的，并且特征向量和分子结构之间的对应关系也不是不言而喻的。然而，如果有足够的数据，这些表示可能会变得非常复杂。例如，通过在潜在空间中的两个正交方向上从网格中采样分子，一些VAE可以生成相应的2D化合物网格，而这些化合物可以平滑地变化，最多只有一个原子的微小差异[80]。为了使之成为可能，底层的特征向量表示必须达到高粒度。VAE还允许操纵表示以突显优势，如将其定制为感兴趣的问题。在VAE的情况下，可以通过添加一个预测器模块，并与编码器和解码器联合训练来实现（图1.2b）。这种被

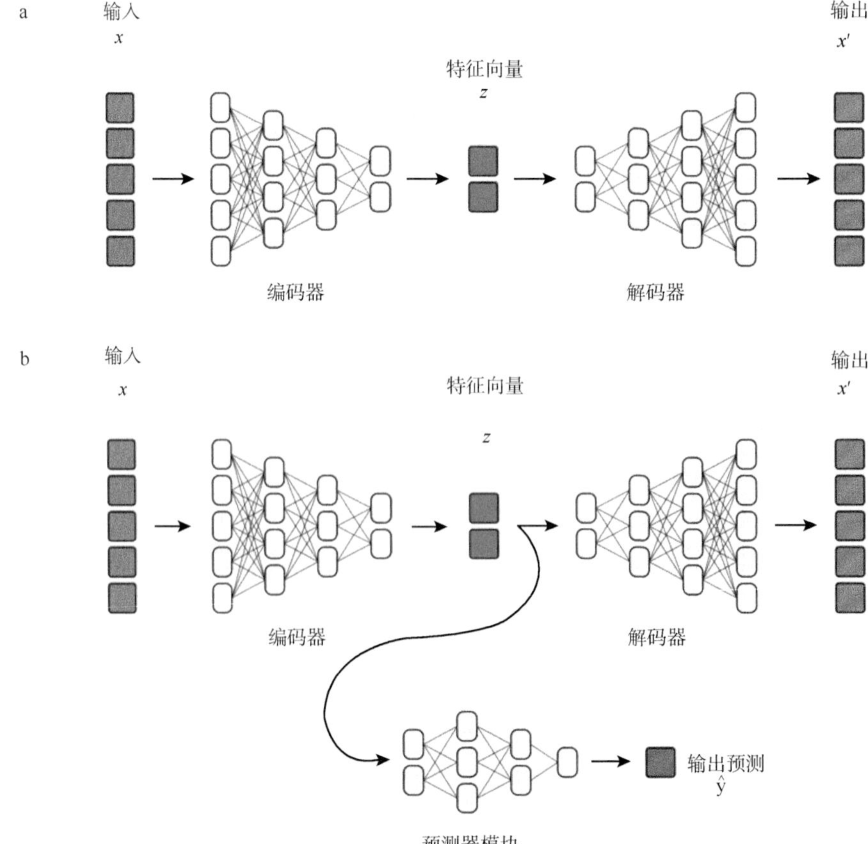

图1.2 变分自动编码器的架构。a. 经典的变分自动编码器是由一个将输入映射到特征向量的编码器和一个尝试从其对应特征向量中恢复输入的解码器组成。b. 在带有预测功能的训练模型中，附加的预测器模块从特征向量中评估分子的特性。预测器、编码器和解码器都同时进行训练以减少重构和预测误差，因此该策略可以获得能更好预测相关属性的特征向量

称为“预测训练”（train-with-predict）的方法可以显著提高模型的预测性能。相对于完全无监督的VAE[81]特征向量，这可能非常适用于基于配体的VS。上述结果突显了学习表示对VS的巨大潜力。

一些ML模型采用灵活的训练方案，这为改进基于配体的VS 提供了另一个机会。例如，如果没有足够的数据可用于目标任务，仍然可以通过将来自其他任务的信息与足够的数据相结合来构建高性能模型。目前已有几种基于共享知识理念的训练方法。其中之一是迁移学习（transfer learning，TL），其将旧任务的信息整合到新任务中，如借助微调方法（图1.3a）。微调不是从头开始训练新模型，而是将预训练模型作为起点，并将旧任务中学习的参数调整至新任务中[82]。这种方法已被证明可以减少所需的数据量，并能提高各种生物活性和ADMET终点的性能[82-85]。当将TL发挥到极致，且新任务只包含少数标记分子[86]时，其被称为少样本学习（few-shot learning）[87]。跨任务共享知识的另一种训练策略是多任务学习，通过训练单个模型以同时解决多个相关任务[88, 89]（图1.3b）。多任务学习可以帮助利用许多标记结合或ADMET数据集，这些数据集往往太小而无法单独使用，但可能会累积大量实用信息。最后，共享知识训练机制的另一个实例是自监督学习（self-supervised learning），是建立在TL和无监督学习的思路基础上[90]。自监督学习不是从其他标记数据集中转移知识，而是自动将自己的虚拟标签分配给未标记数据并从中学习，然后对模型进行微调以适应目标任务。至关重要的是，自监督任务的计算成本必须很低。分子自监督任务的实例是屏蔽和预测SMILES字符串中的字符[91]或预测官能团存在与否[69]。

预测训练或TL是ML高度通用性的实例。虽然目前具有许多高度模块化和自适应的数据表示、架构和训练机制，但灵活性不足也带来了实际困难。高度的选择性使得很难先验地决定哪种模型最利于解决特定的问题。而针对哪些模型在哪些任务上表现最佳，文献中的信息经常相互矛盾，这也使这一问题更加复杂化。例如，一项比较研究评估了来自UCI 机器学习库[92]中的121个数据集的179个分类器（包括21个神经网络），发现RF在大多数任务中取得了最佳结果[93]。另一项针对药物发现的研究评估了神经网络和RF在15个公共数据集和未指定数量的默克专有数据集上的性能，涵盖了一系列结合亲和力和ADMET终点。研究者发现，神经网络通常可以做出比RF更好的预测[43]。另一项比较研究发现，RF和神经网络在预测肿瘤细胞系IC_{50}值时几乎表现出了相同的性能[94]。目前尚不清楚此类比较分析之间的分歧是否由于超参数优化的差异或基准数据的特殊性，或者这些差异如何转化为新的数据集。事实上，在测试集上具有相似预测性能的不同ML模型可在预测集上选择截然不同的分子[95]。同样，找到最优的分子表示仍然是一个悬而未决的问题。一些研究报告显示，当使用源自神经网络和图卷积指纹[96]时性能更好；而另一些研究则表明，扩展连接性指纹（ECFP）[97]等固定指纹优于平均水平[98]。

识别最佳模型或表示的部分挑战在于很难判断ML方法为何而成功。这种可解释性的缺乏已成为药物发现应用中至关重要的问题。例如，最近发现的候选抗生素halicin[72]被认为是AI在药物发现领域的巨大成功[99]，特别是在动物体内进行活性验证以确定药效方面。在这一研究中，研究者训练了一个神经网络图来识别抗生素，并对药物再利用中心（Drug Repurposing Hub）数据库[100]中的分子进行排序。然后，研究人员在实验室中测试了前99个化合物分子对大肠杆菌的活性，发现其中51个化合物具有活性。最后，他们从这些化合物中人为选择了一个候选化合物进行进一步的实验验证。候选药物halicin在体内小鼠模型中显示出广谱抗菌活性，并成功抑制了细菌感染。显然，这些实验表明ML模型能够学习复杂的黑盒功能（black-box function），如抗菌活性。然而，神经网络图的筛选性能无法与更简单的QSAR方法相比，因此不确定神经网络是否确实是解决该问题的最佳算法。此外，选择halicin作为最终候选药物仍然涉及基于人为定义规则的专家选择。因此，如果没有进一步的比较分析，人类与深度学习模型的相对贡献是不清楚的。由于这些因素，这种方法是否具有可转移性，以及是否有助于发现其他新型抗生素或其他领域治疗药物还有待观察。

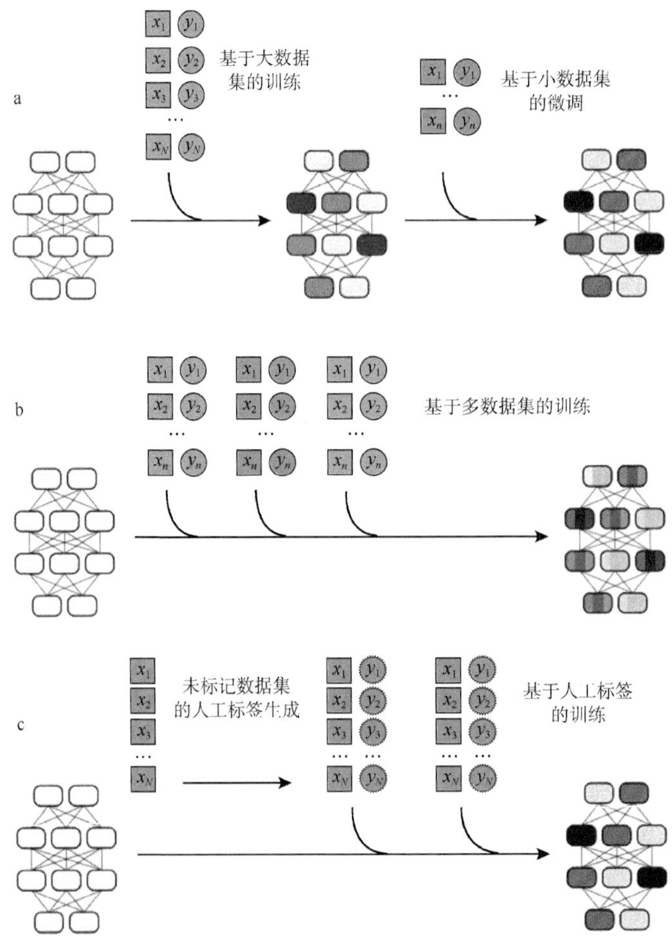

图1.3 鼓励跨任务和数据集共享知识的机器学习模型的训练机制。a. 微调是迁移学习的一种形式，首先在大型数据集上训练模型，然后根据较小的数据集进行小幅调整。b. 多任务学习，同时在多个任务或数据集上训练模型，使某些任务的信息有助于其他任务的学习。c. 自监督学习通过为每个数据点分配人工、易于生成的标签，并在该合成数据集上训练模型以利用大型未标记数据集，并可针对实际任务对模型进行微调（未显示）

1.2.1.5　混合型VS

混合型VS是指用于生物活性预测的统计模型，该模型包含有关受体的信息，但其形式比结合口袋的几何描述（如对接）更为抽象。混合方法通常被认为是基于配体的VS和QSAR的扩展，因为尽管选择了不同的输入变量空间[101, 102]，却采用了类似的技术。

最常见的混合型VS是蛋白化学计量模型（proteochemometric model，PCM）[102, 103]。其通常在靶受体已知但其结构未知时应用，因此无法使用对接等结构性方法。相反，该方法尝试使用类似于配体的靶点描述符来反映受体信息。然后，通过创建蛋白-配体相互作用的配对模型来利用这种靶点表示，而不是像传统QSAR中的单一靶点。这些模型可以协同学习，以便使对一个靶点的预测受益于其他靶点的数据[101]。因此，PCM可以被视为一种多任务学习模型。

由于混合型VS使用类似于基于配体的VS的统计方法，因此上一节中讨论的许多情况和限制也适用于本节。PCM的一个优势是输入表示的灵活性和可定制性。虽然配体描述符已被广泛研究，但关于最佳靶点表示的文献却较少[104]，因此获得的靶点表示方法具有实用价值。来自深度学习的表示在这一方面可能很实用。例如，一个名为DeepDTA的模型通过将CNN应用于氨基酸序列来学习蛋白表示，并使用这些表示来预测结合亲和力[105]。受这一工作的启发，其他研究人员提出了DGraphDTA，其是一种神经网络图，可从蛋白3D 结构中的氨基酸联系图学习蛋白表示[106]。不难想象，其他深度学习衍生的蛋白表示，如VAE特征向量[107]或使用CNN处理的体素化[108]，将来也可应用于PCM。PCM的另一个可行性是构建可扩展到大数据机制的模型。例如，最初为大规模推荐引擎开发的技术（如协同过滤）可用于拟合蛋白-配体相互作用的全基因组二元分类器[109]。与深度学习类似，协同过滤可以学习自己的表示，从而绕过人为决定最佳靶点描述符的需要[103]。这些发展领域表明，ML作为基于配体的VS带来的许多进步，对PCM和混合型VS也很有帮助。

ML在PCM中的另一应用领域是不确定性量化（uncertainty quantification）。公共化学数据库，如PubChem或ChEMBL[13, 27]是高度异构的，数据点来自多项检测和实验室，存在多种错误[110-113]。由于预测误差受实验误差的限制，并且对不同的靶点可能有所不同，基于异构数据库训练的单个PCM模型可以提供不同准确度的预测。因此，最好对每个单独的预测进行不确定性估计。鉴于贝叶斯（Bayesian）预测是完整的后验而不是点估计，贝叶斯ML框架在这方面可能很实用。最近一项将高斯（Gaussian）过程应用于PCM的工作发现，该贝叶斯模型实现了对每个预测进行校准方差评估[114]。换言之，高斯过程比不准确的预测更有利于确定准确的预测。因此，研究人员可根据贝叶斯框架评估某个预测是否可信，以决定是否将其用于下游应用程序中的化合物选择。

最后，ML还可用于设计不同于PCM的新型混合工作流程。例如，由于化合物库非常大，当靶点结构已知但对接不可行时，可使用混合方法来加速基于结构的VS。在这种情况下，一种可行的混合工作流程是只对接一个小子集以获得训练集，在该数据集上训练一个监督模型，然后预测数据集其余部分的对接分数。这也是DeepDocking所采用的策略，是一种筛选数十亿化合物的DNN[115]。诸如神经网络之类的统计模型评估起来较为快速，且每个数据点都是通过单个前向传递来处理的，因此这种方法更加快捷。相比之下，基于物理的模拟方法（如对接）依赖于较长的迭代过程，需要对中央处理器（central processing unit，CPU）的周期能量最小化。重要的是，要使这种方法具有实用性，统计模型必须具有足够的容量来拟合对接评分函数。使用线性回归等传统QSAR方法无法应对这种高度非线性函数，但如今已可以通过深度学习和其他ML算法来实现[115]。

1.2.1.6 机遇

如本节所示，ML算法在药物发现中的VS改进方面具有巨大的潜力。一个特别有前途的研究领域是聚合不同来源的数据，以促进在低数据状态下的模型学习。鉴于大型化学数据库是异构且稀疏的，这一点变得尤为重要。可用于实现数据聚合的两个训练框架分别是TL和多任务学习。考虑到收集大分子库的实验标签是不可行的，另一个可能的高产VS领域是未标记数据的利用。自监督学习是实现这一目标的优选框架。最后，另一个可以为VS带来实质性改进的途径是从新型数据中进行学习。这可能是经典QSAR方法无法轻松训练的生物数据类型，如转录组特征或细胞成像，或者是针对某一数据集量身定制的强大学习表示（如来自VAE的特征向量）。

1.2.1.7 结论

越来越多的研究表明，只要有足够的相关数据可用，ML可以在一系列应用中胜过传统的VS，无论是基于配体还是基于结构的VS。除了显而易见的高性能之外，ML模型还可用于查询小分子与受体间的高度抽象性表示，并利用VS无法访问的新型数据。此外，ML模型也可利用各种新颖的数据构建分子结构的学习表示。然而，ML算法的灵活性意味着必须在基准评估中特别谨慎，以确保获得的结果是可推广的。否则，模型可能会检测到靶点以外的信号，并且可能会高估模型的性能。

1.2.2 计算机辅助合成规划

1.2.2.1 简介

化学合成是现实世界药物设计的核心支柱，将理论上可行的分子转化为实验可及的分子也是体外和体内验证的基础。平均而言，设计-制造（合成）-测试-分析（design-make-test-analyse，DMTA）周期的化学合成阶段可能需要8～12周[116]，对整个DMTA周期时间的影响最大。此外，如果某一分子成功进入药物研发的临床阶段，甚至被批准用于患者，则必须扩大合成规模，因此合成的成本、时间和产率变得至关重要。

通常，合成路线的最终产物是固定的（即选定的分子），但起始原料可以不同。因此，可以根据终产物向前倒推制定合成计划（图1.4），这也被称为逆合成（retrosynthesis）分析。逆合成分析通过断开化学键将分子分裂成前体原料，从而产生反应性官能团，而这些官能团可以通过化学反应生成目标产物。不断向前重复这一过程，则所有前体都可被拆分为可商业购买的起始材料。合成路线的成功和收率取决于许多变量，其关键原则如下：①反应物是否会形成所需的产物；②生成产物的程度，即生成产物的收率；③进行反应的最佳试剂和条件；④根据步骤①～③和用户要求制定的参数，如成本最低的路线、试剂可用性、最高收率、最少合成步骤。为了获得有意义的结果，基于AI的CASP必须适当考虑上述4个关键原则，进一步考虑相关的动态变化，如起始材料的成本和可用性也很重要。

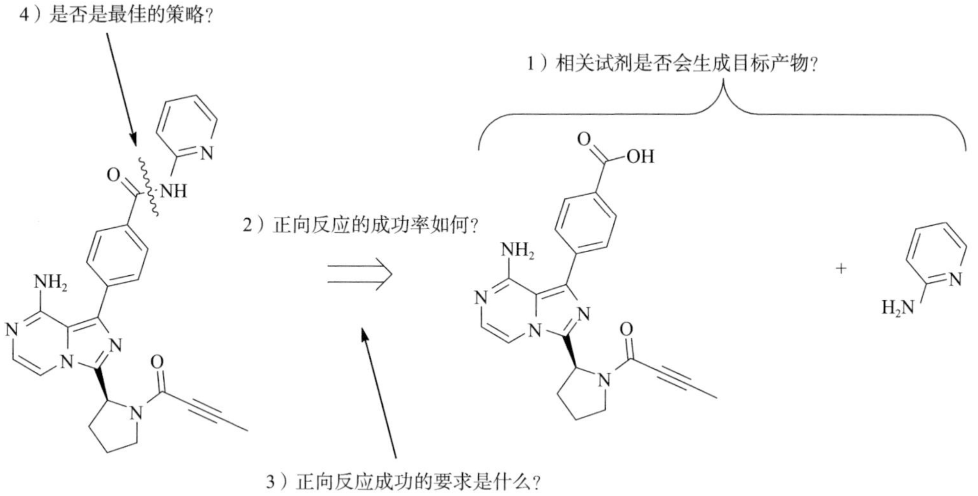

4）是否是最佳的策略？

1）相关试剂是否会生成目标产物？

2）正向反应的成功率如何？

3）正向反应成功的要求是什么？

图1.4　基于FDA批准药物阿卡拉布替尼（Acalabrutinib）[117]的假设逆合成步骤分析，以说明计算机辅助合成规划中需要考量的关键问题

基于AI的CASP可以进一步分为更久远和更成熟的基于规则的方法，以及更新颖的基于ML的方法。表1.2总结了这些方法之间的区别及其概念上的差异。本章重点讨论基于ML的CASP。

表1.2　基于规则和基于机器学习的AI-CASP策略之间的比较（详细比较请参见文献[118]）

	基于规则的AI-CASP	基于机器学习的AI-CASP
CASP软件举例	ICSYNTH[a][119] Chematica/Synthia[a][120] ChemPlanner/CAS[a][121]	ASKCOS[b][122, 123] AiZynthFinder[b][124, 125] IBM RXN[c][126]
数据集	• 不需要，可以基于专业知识 • 常用于提取变换规则	• 需要大量、纯净、多样和完整的数据 • 可用于提取转换规则或直接学习
方法	取决于预定义的反应模板（基于模板）	存在混合方法，但不依赖于反应模板（无模板）
验证	经过实验验证获得的可能可行的合成路线，可实现更高的收率或更少的步骤[119, 127]	• 根据具有研究生水平的化学研究人员的路线排名进行假设验证，难以识别文献报道的路线[128, 129] • 一些经实验验证的建议路线的成功反应[130]
可解释性	由于参考了类似的文献路线，提高了可解释性	可解释性差，缺少有助于预测的训练数据文献实例

a 商业软件，需要授权。

b 开源软件。

c 含有一个免费的网络服务器，但不是开源的。

1.2.2.2 基于规则的计算机辅助合成规划

自科里（Corey）等的开创性工作以来，CASP程序已被用于合成设计的提升。大约五十年前[131]，研究人员开发出了逻辑和启发式合成分析法（logic and heuristics applied to synthetic analysis，LHASA）[132]。早期基于规则的程序使用手动编码的转换规则（由专家编码）描述反应中心（具有可修饰键的原子）和可能影响反应的官能团。然后，通过诸如决策树或子结构匹配[133]在所关注分子结构中找到匹配的反应中心，以进行逆合成分析。这种方法可以对反应规则进行复杂的控制，包括更广泛的反应环境和限制，如需要官能团保护或指定区域的选择性及立体选择性。最终能获得一个准确且值得信赖的转换规则库，可以很容易地应用于新颖的关注结构。然而，这种方法的手工编码性质限制了数据库的开发速度，导致研究范围远远小于文献实例。此外，所获得的新化学反应知识也可能与现有规则相矛盾。

后续基于规则的CASP程序（表1.2）可自动从反应数据库中提取转换规则[134]。此外，提取的转换规则可以映射相关文献的优先级，从而增强终端用户的信心[135]。更大的转化库具有更广泛的化学反应涵盖范围。这种优势是以牺牲转换规则细节为代价的，因为竞争性官能团不太可能在文献中报道（下面将进一步讨论），因此被纳入转换规则。此外，反应中心可能无法解释完整的反应机制（如需要激活基团的迈克尔加成反应），因此添加了元级规则（meta-level rule）以额外检查基于某些反应类型的活化基团[133]。尽管转换规则中包含的正确说明反应范围和限制的细节较少，但基于规则的CASP程序已经经过了相对全面的前瞻性验证，证明了成功应用的可能性（表1.2）。

1.2.2.3 反应数据

将基于ML的模型集成至CASP中，会固有地受到反应数据质量和可用性的限制，且其程度大于规则定义和修饰转换规则。目前已开发出了具有更精细控制水平的基于数据提取规则的方法。表1.3总结了公开可用的、基于ML的CASP算法，以及已发布流程的当前可用数据的数据源和数据量。目前使用的数据库仅有5个，其中2个是公开的。大多数报道的CASP算法都使用或研究不止一个数据库。

文献 相关文献主要由Reaxys[138]等商业公司手动整理，将反应信息汇总至大型数据库中（约5500万个化学反应，表1.3）。由于相关反应的异质性，以及文本、图形、表格和图像可互换使用，从主要文献中进行文本挖掘成为一项更具挑战性的任务。此外，期刊许可和数据挖掘政策也使所挖掘数据公开的可能性进一步复杂化。因此，人工数据库的使用一般需要授权。大多数使用商业数据库的CASP流程也需要授权许可才能使用，或者其本身就是商业产品，如表1.2中列举的基于规则的程序。这也限制了学术机构对此类CASP程序的访问和开发，因为公开可用的数据库通常要小得多（表1.3）。这些障碍的克服无疑会提供重要的机会，可以为公开可用的数据库贡献数百万的化学反应，并进一步提高ML的性能——ML往往在“大数据”中表现得最好。最近，挖掘文献数据的能力正在慢慢提高。比尔德（Beard）等报道了利用ML破译图片中公开化学结构的开源工具，将其转换为更具机器可读性的格式，精确度为83%～100%[142]。

表1.3　基于机器学习的CASP流程中使用的公开数据及已发表的流程

数据类型	数据源	提取类型	数据库/提取实施	反应数（百万）	已发表的利用各自数据的CASP算法
文献	Wade LG[136]	人工	Nam and Kim[a][137]	0.8[b]	IBM RXN[126]
	同行评议文献	人工	Reaxys[c][138]	55	AiZynthFinder[124, 125]
专利	USPTO	文本挖掘	Lowe[a][139]	4[d]	ASKCOS[122, 123] AiZynthFinder[124, 125] IBM RXN[126]
	USPTO	文本挖掘	Pistachio[c][140]	7	ASKCOS[122, 123] AiZynthFinder[124, 125] IBM RXN[126]
ELN	阿斯利康	ELN挖掘	Hazelnut[c][141]	0.4[e]	AiZynthFinder[124, 125]

a公开可用。
b通过将提取的反应模板应用于GDB11进行增强。
c专有数据库。
d基金申请（1976～2016年）。
e仅报告阳性反应。

专利　直到最近才开发出了基于ML模型对数据进行学习的CASP程序[122]。由于对化学专利文本挖掘的改进，劳氏（D. Lowe）最初从美国专利商标局（United States Patent and Trademark Office，USPTO）[143]挖掘了424 621个反应[143]（此后发布了更新数据[139]）。然而，即使在专利等格式一致的文档中，文本挖掘也容易出现错误和不一致的情况。因此，在正确识别所报告反应方面引入了一定程度的不确定性（其中对化学结构识别的精确度为88.9%，对化合物“角色”的识别准确率为91.8%）。除了数据提取方面外，在更一致的报告方面仍存在改进空间。

电子数据库笔记本（electronic laboratory notebook，ELN）　迄今为止，专利和文献中很少报道不成功的反应，因此所讨论的反应数据可能对成功的化学反应表现出一定的偏差。然而，负面数据对于ML算法的平衡数据集构建至关重要。制药公司通常使用ELN详尽地记录实验数据，其中也包含不成功的化学反应数据。NextMove软件中的HazELNut[141]等商业工具可用于将此类ELN数据提取到机器可读的反应数据库中。阿斯利康比较了其基于ELN的反应数据集子集（约包含400 000个成功反应）的使用情况。结果显示，其独特的反应模板与商业数据库和专利来源数据之间具有互补性和覆盖率，重要的是其表现出了基于训练数据集的不同预测性能（尽管模板覆盖率较低，但建议合成路线的成功率更高）[124]。然而，这类反应数据具有商业敏感性，因为其反映了公司的首要研究领域，阻碍了开发尽可能大的数据集方法的进展。

反应偏差　无论反应数据的可用性和来源如何，对某些反应类型的稀疏性和固有偏差都为ML的应用带来了挑战。正如博斯特罗姆（Boström）等所讨论的[144]，药物结构中

83%的环系是在1983年之前开发的（基于2014年的研究）[145]；而化学数据集中所有已知的环系仅占化学合理性环系的1.4%（基于2017年的研究）[146]；《药物化学杂志》（*Journal of Medicinal Chemistry*）[147]中的5种反应类型占主要制药公司发表的药物发现相关反应的约80%（基于2017年的研究）[148]。这表明与探索新的反应类型和目标分子相比，研究人员明显倾向复制已经完成的工作，这可能是由合成的高成本和时间要求所致。化学家们往往会表现出人为的偏差，即重复以前对他们有用的反应。这种偏差需要由CASP程序进行适当的处理。例如，塔卡（Thakkar）等研究发现，简单的搜索算法偏向于最常见的反应[124]。如果在CASP程序中没有对这种偏差进行适当的处理，那么程序建议的路线可能是训练数据中最常见的路线（如图1.4中假设的酰胺键形成，尽管不属于专利中的任何合成步骤，却是所有反应类型中最常见的反应[147]），但这并不一定是最佳的反应。天真地采用类似的基于ML的CASP程序训练有偏差的数据，可能会进一步加剧在反应数据中本已极端的偏差——因为研究人员会遵循建议的合成步骤并将结果添加至未来的训练集中。这种反应偏差在最近的ML驱动方法中通常难以解决，而基于模板的方法会通过过滤罕见的反应来减少数据集中的“噪声”。正如塔卡等所证明的那样，应该在模板覆盖和噪声增加之间达到良好的平衡[124]。到目前为止，仅通过监测CASP算法[126]建议反应类别的概率，凭经验对反应偏差进行检查。然而，将这一问题整合至模型架构、训练数据管理，以及如何最好识别和解决这一问题的强效评估，都是有待观察的问题。

1.2.2.4 基于机器学习的计算机辅助合成规划

正向反应预测 许多基于ML的变体方法已应用于大量的反应数据（如由劳氏[139]挖掘的数据），以预测反应的主要产物。这是一项比ML处理的监督学习更具挑战性的任务，即预测与数据实例相关的分类或数值。相反，该模型需要一个适当的输出表示，以便转化为产物的分子结构。此外，文献中只报道了正确的反应，而对于基于各自反应物没有生成产物的错误数据，往往较少报道。科利（Coley）等将目标任务建模为对反应中心原子“化学键编辑”（键序变化）的预测，进而解决了这些问题。然后，通过将1689个提取的反应模板应用于UPSTO数据集[122]中的15 000个反应物来增强化学上的负面数据。赛格勒（Segler）等[128]也开展了类似的工作。这种方法在将真实产物排名为模型最可能的输出方面实现了71.8%的准确度。然而，这种方法仍然受到自动模板提取和原子映射固有局限性的限制，如不考虑更广泛的反应环境（可以通过计算受周围环境影响的原子特征来规避这种情况，如邻近官能团的数量）。此外，也可以通过舍弃不太常见的反应模板来减少噪声。但如前所述，这可能会进一步加剧反应数据的偏差，因此在罕见反应的前瞻性实例中表现更差。科利等随后改进了这种方法，通过使用Weisfeiler-Lehman网络[129]，学习反应物形成产物所需的“化学键编辑”。该方法允许以无模板的方式对反应物进行全面建模，而无须计算枚举的负面数据。研究结果显示，准确度平均提高至85.6%，且在频繁发生的反应中表现最好（＞90%），而在罕见反应上表现较差（60%～80%，这可能是由于改进了基于模板过滤去除不常见反应的方法）。该模型的表现与化学研究人员的水平相当。此外，采用受自然语言处理[149]启发的ML算法对翻译问题（如将英文句子翻译成法文）进行建模，也规避了需要对负面数据进行分类或反应模板的问题。例如，施瓦勒（Schwaller）等使用类似模型将反应物和试剂转化为报告的产物，在可比较的数据集上实现了高达90.4%的准确度[150]，且无须指定反应模板。更重要的是，他们的研究鼓励了研究人员使用噪声更大的数据，且其预处理更少，同时包含立体结构信息（76.4%），这也是一个重要的实际考虑因素。尽管仍然在罕见反应上表现不佳，但该方法在一个包含80个反应的基准集上的表现优于化学研究人员。事实上，这些基于语言的模型也可以隐式地学习基于模板模型所需的原子映射[151]，甚至在基准研究中优于启发式方法[152]。但在任何方法中，都没有考虑到完整的反应环境（即试剂和条件）。因此，这些模型仅考虑了“典型”条件。总体而言，目前的研究在预测正向反应方面取得了很大进展，并且已经克服了一些障碍，如有限的负面数据报告。在处理完整的反应条件和产生噪声数据时，现有方法仍有待改进，尤其是在罕见反应方面（ML中的数据学习）。

产率预测　虽然在预测反应物最可能的产物方面取得了重要进展，但在试剂和条件（如溶剂、催化剂、温度、压强）背景下预测反应是否成功仍然困难重重。目前从专利中挖掘的可用数据信息存在条件注释不一致的情况[122]，且在文献[139]数据集的1 808 937个反应中，有多达1 112 316个反应不包含反应产率。即使包含产率信息，该数值（即反应成功/失败的程度）也会被其他更难以量化的因素（如项目性质、试剂质量或研究人员技能与经验）进一步混淆。事实上，基于ML的方法已经证明解决这一问题的进展相对缓慢。其中一个例外是施瓦勒等最近的一项研究，其对自然语言处理的ML模型进行了扩展，以用于预测反应的产率[153]。研究者发现，对于特定反应类型的纯净、精选数据集（R^2达到0.95～0.79），可以实现可接受的性能；但扩展到涵盖更广泛反应类型的杂乱、不完整和稀疏的 USPTO 数据集时，模型性能显著下降（R^2为0.1～0.2）。因此，数量不足或其他不理想数据所施加的影响严重限制了ML算法的性能。

反应条件预测　除了预测反应产率外，预测使反应成功的正确甚至更好条件，以及预测给定反应最高产率的条件都是至关重要的。反应条件的微小变化都可能决定反应的成功与失败，合理的条件有助于进一步节省时间和资源，用于后续条件的优化。ML模型没有像其他讨论的原则那样频繁地处理这一原则，但马尔库（Marcou）等的研究是一个例外情况。其基于一个包含222个迈克尔加成反应的小型数据集构建了RF模型（更传统地用于QSAR），以对反应物和条件之间的相容性和反应可行性进行分类。尽管所报告单个模型的准确度高于70%[154]，但当同时考虑溶剂和催化剂时，52个预测中仅剩8个与基本事实相符。科利等[155]以Reaxys[156]数据库中的1000万个反应为基础，对基于ML的反应条件预测进行了更广泛的尝试。而这是一个高维多分类的问题，每个反应包含一种催化剂、两种溶剂、两种试剂和相关的温度（其中任何一个都可以归类为无效）。研究人员将高维空间限制在最常见的条件下，并通过舍弃出现频率少于100 次的任何催化剂、溶剂或试剂进行进一步的限制。对于测试集50.1%的反应，所采用的分层神经网络（根据先前选择的条件依次对各项条件进行预测）都能在前3个预测中给出所有5个已报道的反应条件。重要的是，与已报道条件不匹配的预测不一定是“不正确的”，因为某一反应可能在多个条件下反应成功（特定成功条件可能没有优先级）。当将“接近”条件（即类似的溶剂）纳入考量时，相应的准确率增加至53.2%。相关结果体现了预测反应条件的难度，其中不仅涉及不完整的数据，还涉及对此类灵活参数（如溶剂量、压力等）的建模，甚至对此类模型进行评估的难度（并不总是清楚相关的客观事实）。

逆合成策略 无论反应预测是通过手工编码规则还是ML算法建模，都存在寻找大量潜在逆合成可能性以确定适合合成路线的后续问题。这一问题可被看作是一个大空间中难以理解的决策问题。首先，需要在给定产物的情况下找到可能的反应物，这通常被视为正向反应预测的逆向问题，并且通过在模型训练期间交换输入和输出来进行类似的建模。例如，学习给定产物[128, 130]的适用反应模板，或使用基于自然语言的模型[126, 157]将产物“翻译”为反应物。然而，逆合成预测的评估更为困难，据报道，其准确度低至59%[157]，而这并不能解释许多可行的反应物可以生成产物的事实。施瓦勒等提出的新指标，如往返准确度（round-trip accuracy），通过使用正向反应预测模型，验证模型所给出的反应物，进而解决这些问题[126]。尽管其他模型存在直观的虚假依赖性，但正向反应预测模型的性能可谓足够高（＞90%），往往好于逆合成预测模型的质量。据报道，通过采用往返准确度评估，基于自然语言模型所给出的逆合成步骤的准确度达到80%[126]。虽然相关模型可以给出合理的逆合成建议，但仍然需要一种遍历反应空间直至找到可用起始原料的最佳策略。赛格勒等的开创性工作通过使用蒙特卡罗树搜索（Monte Carlo tree search，一种强化学习方法）结合神经网络函数来帮助搜索这一空间[128]，进而解决该问题。该方法可以在查询后的60 s内为测试集中约92%的产物确定合理的合成路线，而确定路线的启发式最佳优先搜索方法仅能达到约4%。研究生水平的化学研究人员对合成路线质量的双盲评估，未能显著区分模型生成的路线和文献报道的路线。虽然这一方法没有公开发表，但其激发了一些开源性方法的开发[124]。然而，由于缺乏准确的预测方法（如R^2=0.1～0.2的产率预测）及基于训练集数据的立体特异性信息，许多变量可能仍被排除在决策过程之外，如反应规模、产率或条件。目前这一状况正在慢慢得到缓解，如在设计合成路线时考虑多种目标化合物、减少中间步骤和所需的总体材料方面，正在取得积极进展[158]。最后，如果模型仍然解释不清或无法解释，即无法向用户提供所给出预测和特定文献优先级之间的直接联系，则基于ML的CASP程序的使用将受到限制。由于模型输出中常缺乏准确的产率和条件预测，商业启发式方法至少会提供类似的已发表合成路线，以及相关的产率和条件。

1.2.2.5 新化学反应的预测

除了使用CASP程序确定目标化合物的最佳合成路线外，预测发现新颖的化学反应同样至关重要。新提出的反应也可能为当前的反应类型提供更环保、更有效或更廉价的选择。塞格勒等提出，当通过分子反应图中的启发式链接预测将反应数据建模为半反应（half reaction）时，发明新的反应将成为可能[128]。其他初步研究工作表明，当仅将反应视为反应中心时，可以通过生成模型提出新的路线[159]，但截至撰写本章时，尚未经过实验验证，预测新反应的能力值得进一步研究。由于反应模板的特异性限制了基于模板的方法的普遍性，因此基于规则的方法并不能推广至新反应的发现[124]。

1.2.2.6　机器人集成

自动化化学任务的下一步自然是从自动化合成计划到机器人技术的自动执行合成。科利等最近报道了这方面的进展，他们将ASKCOS CASP平台[123]与机器人平台相集成，进行流动化学反应[130]。他们不仅通过实验对ASKCOS平台进行了验证（与其他方法相结合[122, 129, 130, 155]），而且通过机器人平台的集成，成功合成了15个药学相关的小分子（产率为32%～95%）。然而，其间仍然需要人为干预和专家输入来修改建议的反应条件以解决“堵塞”风险，如采用常见试剂流、更廉价催化剂或提高温度来减少停留时间等实际限制。另外，人为修正是避免与试剂相关的急性毒性，这也突显了基于ML的CASP的局限性，即没有将风险评估（或其他实际方面，如可持续性）整合到CASP程序中——因为这些通常不会在反应数据中注释，因此都没有集成到逆合成策略网络中。此外，预测的逆合成步骤必须手动转换为机器可读的格式或“化学配方文件”。但沃谢（Vaucher）等的研究证实，ML也可用于辅助这一过程[160]。这项工作说明使用自然语言模型将人为书面指令（从专利中提取）的语句转换为自动化友好的格式（如添加乙酸乙酯、等待30 min），在73%的实例中可以达到90%的准确率。尽管结果并不完美，但这是令人鼓舞的一步，可以使用更多的注释数据对其进行进一步的改进，使数据生成不依赖于不完美的基于规则的方法。CASP和机器人技术之间的差距也正在从机器人技术方面得到弥合，并通过Chemputer[161, 162]对机器人技术的反应模式进行了更正式的定义。显然，要弥合CASP和机器人技术之间的差距，需要取得更多进展，特别是自动化合成的实际方面，如与化学品相关的风险（因为在一段时间内仍需要人为干预，即便是简单的补充试剂供应），或从反应混合物中识别和纯化反应产物。尽管存在诸多困难，但早期的结果仍然是有前景的。

1.2.2.7　机遇

目前，在合成预测领域中使用AI具有以下重要的机遇：首先，“数字玻璃器皿”（digital glassware）[163]等新技术可能会提高反应数据的质量和数量。这样的数据集可以显著提高预测反应产率和条件的模型质量。其次，针对合成方法的CASP工具的开发（如生物催化[164]），更多类似天然产物的化合物（通常具有更多的sp^3中心）可以有效扩展药物研发人员的工具箱[144]。最后，目前尚缺乏用于预测逆向和正向合成的充分且普遍接受的基准。相关测试将允许更客观地衡量该领域的进展，而这受限于特定的基准数据集。

1.2.2.8　结论

ML在计算机辅助合成规划领域已取得了重大进展，并克服了巨大的障碍。此外，与许多商业化的基于规则的先前策略不同，许多程序是开源的或免费提供的。然而，CASP中基于ML的新颖AI方法的发展受到反应数据访问和质量的限制，而且反应数据通常是稀疏的、混杂的、部分不正确的，甚至包含难以置信的偏差。实际上，CASP与其他领域的计算方法一样，不太可能取代化学研究人员，但“使用AI技术的化学研究人员很可能会取代那些不使用AI技术的化学研究人员”[165]。

1.2.3 从头分子生成

1.2.3.1 简介

本章讨论的其他策略倾向使用判别方法，一般根据给定示例进行预测。而生成模型并不是构建一个给定标签的数据实例。在药物设计的背景下，生成模型的目标是尝试找到达到预期终点的分子结构。在实践中，解决这些围绕药物设计关键原则的问题是一项挑战，因为在许多情况下，预期终点并不明确，即分子应该具有哪些精确的特性组合并不明确。

从概念上而言，这一问题通常通过DMTA循环的迭代设计过程来解决[116]。可以聘请科学家团队通过有针对性的试错来优化分子设计，以达到理想的属性空间。首先对分子设计优化进行理论化，然后合成模型所给出的化合物，再通过大量体外、体内试验测试终点的变化，进行结果分析，并将新的设计优化理论化。这一过程可能需要经过数年的优化，因为每个假设试验周期需要4～8周甚至更长时间[116, 166]。

理想的生成模型将在DMTA循环的设计阶段充当计算机的内部循环（图1.5），这有助于更快、更便宜且可能更智能地获得理想的解决方案——在通往候选药物的道路上减少对时间和资源的需求。事实上，一些生成模型已经声称可在短短21天内成功发现候选药物[167]，但这种说法也受到一些质疑[168, 169]。鉴于理想生成模型的积极影响，也就不难理解为什么在化学领域寻找理想的生成模型已成为研究的热点[170, 171]。

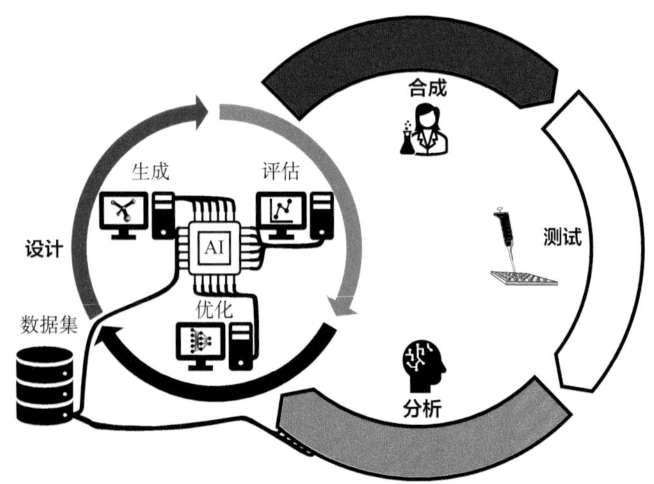

图1.5 AI驱动的生成模型在设计-合成-测试-分析（DMTA）循环中的设计阶段作为计算机的内部循环（有关DMTA的更多信息请参见参考文献[116]）。AI驱动的生成模型框架在计算机中经历了生成、评估和优化三个阶段（图1.4），以提高更昂贵、更耗时的外部DMTA循环的效率。此外，可以使用外部来源的数据训练生成模型，并基于外部循环反馈对模型进行微调，或训练评分函数以进行评估

近30年来，化学领域的生成模型一直是一个活跃的研究领域，最早的计算机辅助从头药物设计算法可以追溯到1989年[172]。如施耐德（Schneider）等所述[173]，这些早期模型主要解决三个目标：如何构建或生成化学结构；如何评估或评分分子质量；如何有效地搜索或优化化学空间。这方面的一个实例是基于受体结合口袋空间约束和氢键位点的结构增长（生成），并使用深度或广度优先算法来探索可能性（搜索），如结构骨架[172, 174]。目前也开发出了上述三个原则的几种变体算法，常见的搜索算法包括深度/广度优先搜索[172, 174]、随机搜索[175]、蒙特卡罗采样（Monte Carlo sampling）[176]和进化算法[177, 178]。尽管有很多相关研究和算法变化，但所有早期模型都难以充分搜索化学空间，因为化学空间内的分子数量预估可达10^{60}[29]。

目前已开发出了多种类型的生成模型（将在后续章节中进一步阐述），但仍然围绕生成、评估和优化这三个主要目标（图1.6）。然而，最近围绕AI和生成模型的许多热点是在生成模型中使用人工神经网络和深度学习，在本章中称为深度生成模型（deep generative model），这也是2016～2017年兴起的[67, 195]。采用人工神经网络的关键优势在于能够从大量数据（数百万个虚拟分子结构库）中进行学习，从而学习生成新的从头分子结构所需的规则。考虑到化学生成模型所处的时代，这也引出了一个问题：深度生成模型的关键是什么？

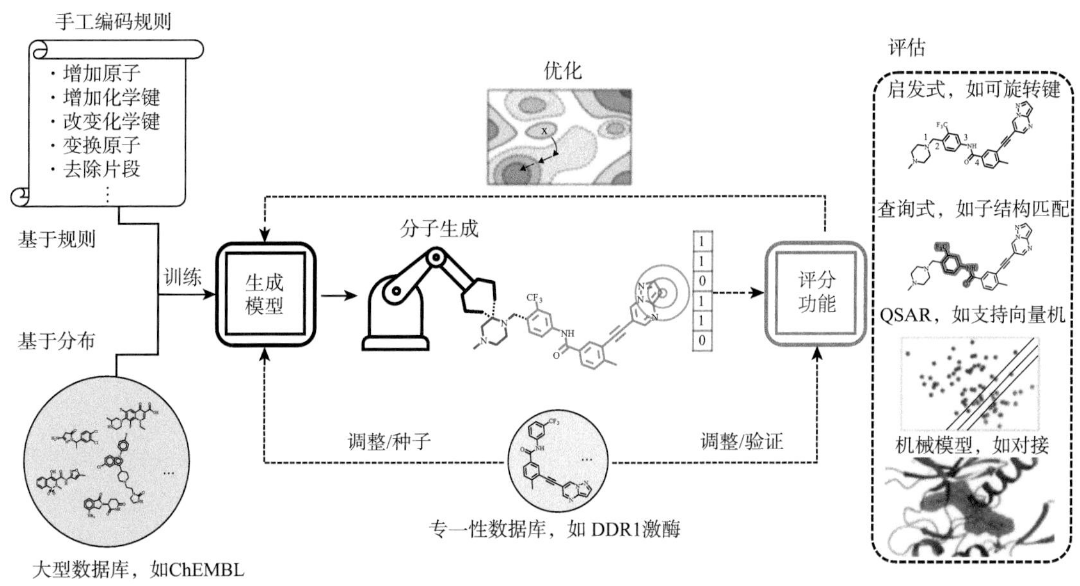

图1.6　基于规则和基于分布的生成模型的原理图。虚线表示目标导向生成模型的扩展，其中分子在连续反馈循环中进行生成、评估和优化，并通过多种评分函数对分子进行评估。更多详细信息请参见表1.5

为简化起见，下文所指的所有模型类型均属于以下两类之一（图1.6）：①基于规则的模型，其中化学结构构建指令为硬编码（如基于图示的遗传算法[196]）；②基于分布的模型，其中化学结构生成是基于对数据的学习（如在SMILES字符串数据库中训练的递归神经网络[195]）。前者可以由传统的生成模型或深度生成模型组成，而后者几乎完全由深度生成模型组成，因为ML需要从数据中学习统计规律。表1.4比较了这两种方法之间的属性-方法依赖关系。

表1.4 从生成模型中采样的从头分子的一般要求，以及基于规则或基于分布的生成模型的依赖性比较。基于分布的生成模型的引入造成了对数据和算法更复杂的依赖性

特性	实际相关性	基于规则	基于分布
有效性：分子必须遵守化学原理，如化合价	批判性	分子应该始终有效（除非硬编码规则中存在系统错误）	取决于选择的分子表示、训练数据的复杂性，以及模型的复杂性
唯一性：模型复制分子的速率	如果单个从头分子满足所有期望的特性，则不必要	取决于使用的搜索算法	取决于训练数据强加的搜索算法和适用范围
多样性：相对于所有化学空间所生成化学结构类型的范围	如果从头分子占据最佳化学空间，则不必要	取决于化学构建规则（即原子或碎片等）可实现的搜索算法和保真度	取决于训练数据强加的搜索算法和适用范围。在规则难以明确定义的情况下（如天然产物），可以提供更强的多样性
新颖性：在任何使用训练数据中存在的分子	对完成从头分子生成的定义至关重要	仅适用于遗传算法等种子模型	取决于所有模型方面、使用的训练数据、分子表示、模型架构等
相似性：生成的分子与任何训练数据之间的相似性	如果从头分子满足所有期望的特性，则不必要	仅适用于遗传算法等种子模型	取决于所有模型方面、使用的训练数据、分子表示、模型架构等
合成可行性：在实验室中相对容易合成分子的能力	对实验验证和实际治疗应用至关重要	规则可遵循已知的化学反应和反应位点，确保一定程度的合成可行性（通常会对多样性造成限制）	分子的合成可行性可基于训练数据进行学习，但不能保证新分子的合成可行性

1.2.3.2 从头分子生成的要求

所有的生成模型必须在生成分子的基本任务中表现出良好的性能（表1.4），需要考虑的主要因素如下所述。第一，生成的分子应该有效地遵守基本化学原理，如化合价等要求。第二，生成的分子相对于模型应该是唯一的，即模型不应该一遍又一遍地再生成相同的分子，除非这一分子是“完美的解决方案”，但如果不经过测试，所有可能的分子都无法得到验证。第三，生成的分子应该是新颖的，不属于训练模型所需数据集中的分子，这也是与VS方法的关键区别。值得注意的是，新颖性的满足并不能保证与训练数据的相似程度（根据不同的任务，高度相似可能是可取的，也可能是不可取的）。第四，生成的分子需表现出高度的多样性并且不占据非常狭窄的化学空间区域，除非这一化学空间是“最优化的”，但这也不容易证明。第五，生成的分子应该是合成可行的，即可以在实验室中合成，因为分子终究还是需要进行测试验证的，而且如果成功，还需要放大合成。

然而，在实践中，上述要求的属性往往难以测量。部分文献引入了一组通用指

标[197, 198]，尝试将有效性和多样性等属性作为单个数值来衡量。虽然使用计算工具包（如RDKit[199]）进行有效性检查相对容易，但像多样性这样的属性仍然难以作为单个值以有效且可解释的方式来衡量。扩展多样性实例的一个建议的近似度量是内部多样性，即基于摩根指纹（扩展连接性指纹[97]）生成集合[200]中所有分子之间的平均 Tanimoto 距离。首先，通过取平均值，数据集分布的概念完全丧失。其次，自 1999 年以来，研究人员就知道摩根指纹的Tanimoto距离受到重原子数的严重混淆[201]，并且由于共享位数较少，导致其在低相似度范围内也具有相当低的分辨率。因此，内部多样性也可能与生成集的重原子分布数相关。近期的研究工作进一步表明，这些基本属性无法区分复杂模型和简单模型。伦兹（Renz）等研究表明，根据当前指标[202]，从训练集中采样并添加碳原子的简单模型与“最先进的”方法相比仍具有竞争力。因此，能够更好地捕捉更有意义的分子特性，并能区分表现良好的复杂模型和简单模型的更好描述性指标，将显著促进该领域的发展。本章更多地关注药物设计中对于从头分子生成而言有意义的属性和要求。

1.2.3.3　目标导向的从头分子生成的要求

毋庸置疑，即使生成模型生成了多种有效、新颖和具有合成可行性的分子，也不能保证生成的分子就一定是合适的候选药物。要想成为候选药物，分子还必须具备其他必要的特性（表1.5）。由于事先不清楚所需的属性，因此生成模型通常会进行迭代优化，以引导分子生成朝向所需的属性空间（类似于DMTA迭代）。这可以通过使用评分函数（表1.5）对分子和优化算法的适用性进行评估来实现，如遗传算法[196]、贝叶斯优化（Bayesian optimization）[67]和强化学习[203]等。因此，在实践中，我们努力追求的通常是目标导向的生成模型。

表1.5　先导优化或候选药物选择所必须考虑的共同分子属性，对各自属性生成模型优化的评分函数，以及相关方法存在的缺陷。通常需要综合考量所有属性，以解决多参数/多目标优化（MPO/MOO）问题，具体可通过不同分数的加权或平均值等来实现

特性	评分功能	陷阱
靶向活性：分子必须对相应靶点产生预期的效果	• 与已知活性分子的相似性 • QSAR模型 • 对接模拟	• 活性配体并不总是已知的，这限制了相似性和 QSAR 方法对新靶点的应用 • QSAR模型和对接模拟预测并不能总是转化为生物活性的靶点亲和力（如多向药理学需求、不正确的结合模式、次优结合动力学、代谢产物活性等）[3] • 相似性方法及QSAR模型的有限适用领域限制了从头分子的新颖性和多样性[179] • 相似性能指标的不同QSAR模型在预期应用实例中表现不同[95] • 对接模拟可能不准确[57, 180]且高度依赖于靶点[38]

续表

特性	评分功能	陷阱
新颖性（商业性）：分子不得侵犯竞争性知识产权	• 与专利分子不同 • 子结构过滤	• 专利分子通常是枚举的马库什结构，因此更难为基于相似性的方法进行明确定义，可能导致错过相似性[168] • 详尽检查与所有专利具有相似性分子的计算成本很高
合成可行性：分子必须能够被有效合成及大规模制备	• 启发式（如SAscore[181]） • 机器学习模型（如RAScore[182]）	• 返回的单个数值只会增加可用合成路线的可能性，不能通过找到经过验证的合成路线来确保合成的可能性 • 除了优化之外，这些数值通常不提供合成路线的解释，如步骤数（尽管在SCScore[183]中建模）、成本、起始材料的可用性
药代动力学：分子必须能够到达目标靶点，且最好通过传统的给药途径	• 启发式（如可旋转键的数量，Crippen log*P*[184]） • QSAR/QSPR模型	• 启发式方法正在迅速过时，除了广泛应用的规则之外（如超越成药五规则的药物[185, 186]） • QSAR/QSPR模型通常在使用体外测试或简化的细胞系统数据上进行训练，未能考虑器官和组织的复杂性和异质性，而这些器官和组织具有适应性、个体独有，并依赖于微生物组[187]
脱靶特性：分子或其代谢产物不得产生脱靶影响	• 与活性脱靶分子的相似性 • QSAR模型	• 并不总是预先清楚脱靶或相应的配体数据 • QSAR模型的准确性包含对靶点数据的严重偏差[188] • 与已知脱靶配体的相似性是一项非常困难的优化任务（由于蛋白家族和亚型的相似性质，配体往往具有很高的相似性），如112 000个激酶抑制剂中有40%表现出多激酶活性[189] • 许多脱靶配体的聚合相似性将导致帕累托优化困难的问题（并不能总是实现与所有脱靶分子的不同）
毒性：分子或其代谢产物不得引起任何毒副作用	• 亚结构过滤 • QSAR模型	• 毒性数据的获取成本很高，因此通常只包含较小的数据集，如最大的数据集之一Tox21包含10 000个化合物的毒性信息[190]。这使得应用依赖大量数据的“最先进”神经网络模型变得更加困难[191] • 毒性还严重依赖于剂量[192]，从而提高了QSAR模型的预测挑战 • 子结构过滤是有效的，但较为粗糙，如舍弃可以通过设计优化来减轻毒性的子结构［如增加代谢位点附近的空间位阻基团以避免代谢（如减少醛氧化酶的代谢[193, 194]）］

用于评估从头分子并指导分子生成的评分函数往往具有自身的局限性（表1.5）。评分函数中的“陷阱”与其在生成模型中的使用无关，是由属性端点和评分函数（即表示端点属性的函数）之间巨大的脱节所致。例如，从生物学功效（如减少疾病进展）到靶向活性（如结合亲和力和作用方式），再到评分模型（如预测单一蛋白结合pIC_{50}的QSAR 模型）的生物学差距。首先，由于未能捕获许多复杂的依赖关系，该评分仅能代表靶点活性，如效应大小（抑制率）、作用方式（可能需要特定的残基相互作用才能发挥的特定下游效应）、结合动力学（理想范围可能受蛋白转换的影响），以及对其他特性（如生物利用度）的共同依赖性。而实际上，从靶点活性到功效的差距受制于靶点活性下游的诸多因素，并且可能对个体具有高度依赖性。梅恩德斯・卢西奥（Méndez-Lucio）等最近进行了弥合生

成模型这一差距的尝试，其模型经过训练后，通过生成性对抗网络，生成以基因表达谱（靶点下游活性）为条件的分子[204]，同时使用了细胞形态学的类似方法[205]。这些方法尝试缩小生物学差距，但所包含的信息往往更混杂，因此信号更难以识别。这也引入了新的混杂变量（如不同的细胞系），并且通常没有明确的链接终点（如疗效或毒性）。而有限数据数量和可用性也成为进一步研究的重要限制因素。

表1.5中未讨论的其他限制还包括生成模型在优化评分函数时的表现，这可能会进一步加剧评分函数的限制。

伦兹等近期观察到了生成模型对生成分子的敏感性，而该分子是专门针对QSAR模型数据拆分或超参数设置优化的分子[202]，同时证明了有限的QSAR模型适用域对从头分子生成的影响。正如奥利克罗纳（Olivecrona）等所建议的，“任何与生成模型结合使用的预测模型，都应涵盖其适用范围内的广泛化学空间，因为其首先需要评估用于构建先验数据集的代表性结构”[203]。换言之，在训练期间的某个时刻，模型可能会评估其适用范围之外的分子，从而导致异常预测，因此评估模型的置信度非常重要。

实际上，我们不能只优化单一属性，而需要同时优化多个可能的属性组合，即帕累托最优（Pareto optimal）（某些属性是最优的，而对其他属性不利）。在多参数/多目标优化（multi-parameter/multi-objective optimization，MPO/MOO）中，同时优化所有所需属性是十分困难的，并且在文献中经常被忽视。通常是将获得的属性预测汇总为单一数值（如在强化学习中），然后再用于指导生成模型。对于没有为每个属性提供具有明确数值的生成模型，又如何相信这种“黑箱”技术（即深度生成模型）能够在给定的药物发现环境中学习到有意义的知识。此外，也很难证明模型已学会了如何首先优化单一属性，更不必说多个属性。

1.2.3.4　目标导向从头分子生成的性能评估

既然生成模型优化相关终点存在诸多的困难，那么测试模型性能以确定其在任务中是否表现良好或优于其他模型就变得至关重要。衡量模型性能的黄金标准是实验合成从头分子，并测试其经优化的特性（如蛋白结合测定[167, 206]）。然而，考虑到实验资源需求、需要评估的新生成模型的数量，以及每个模型给出的从头分子的数量（可多达数十亿[207]），相关工作量对于所有模型而言都是棘手的。目前已开发出了基准化测试套件，如MOSES[198]和GuacaMol[197]，但只有GuacaMol对目标导向优化进行了基准测试。此外，所提出的优化任务（如老药新用）常与实际药物设计不够相关，或者通常太过简单[197]。

除了已报道的基准，其他方法根据优化后的评分函数通过从头分子获得的最高分数来衡量性能，如log P[208]（基于SAscore 和环数的log P[181]）。对该任务的评估仅体现模型优化任意函数的能力。因此，只有当评分函数已符合上述要求并在该化学空间领域得到验证（通常情况并非如此或难以证明）时，这一评估才有意义。

为了证明生成模型性能测试的困难，图1.7显示了文献报道的生物活性分子占据的假设化学空间，以及由经过训练优化的QSAR模型（在各自的生物活性分子上训练）的生成模型所提出的从头分子。假设的目标是识别具有生物活性的全新结构类型的分子，类似于现实中的药物发现。进一步假设所有生成的分子都是有效的且在合成上是可行的，同时在概念上根据内部参照（如与训练集的相似性）和外部参照（如与已知生物活性分子的相似性）对分子进行评估。这也突显了比较图1.7a和图1.7b中从头分子的困难性。考虑到这些化合物与训练集相似，图1.7a中的分子生成模型表现良好，QSAR模型预测的pIC_{50}较高，并且与已知的活性化合物相似（为QSAR预测提供信心保障）。然而，这些分子可能与已知活性化合物过于相似，因此可能会由于竞争或知识产权问题而不能在实践中应用。此外，可能使用传统药物设计方法（如结构骨架修饰和跨越）就会发现这些分子，因此这引发了对生成模型相对于传统方法在现实中优势的进一步关注。这类似于扎沃龙科夫（Zhavoronkov）等[167]报道的情况，即发现深度生成模型的建议分子与已上市的药物非常相似，并且类似于训练集中的分子，而且如果传统的技术方法就可以实现类似的发现，那么模型生成分子的新颖性也值得怀疑[168]。如果我们考虑一个图1.7b中的分子生成模型，由于其与训练集不具有相似性，即便分子具有预测活性且与已知活性化合物相比足够新颖，但该模型仍将被认为表现不佳。首先，如果分子确实满足优化的特性要求（即具有预测活性），那么其与训练集不相似是否重要？其次，生成的分子处于化学空间的一个新区域，那么QSAR的预测是否可信？这些都是环境高度依赖的开放性问题。事实上，通过使用当前提出的性能指标，这将是一个可生成如图1.7c所示分子的模型。由于其表现出高度优化的预测活性及与训练集的相似性，这一模型也将被认为是“最先进”的模型，而且其完全不考虑QSAR模型在该化学空间区域的适用性，或对于已知活性化合物的新颖性。这一假设情景旨在强调衡量与外部对照相关表现的重要性，尽管可能难以测量，但在实践中更具意义。希望这能强调在评估环境下理解评分函数适用性区域的重要性。

生成模型评估的前瞻性应用环境也是一个很重要的考量因素，因为其必须适用于现实中的药物设计目标。例如，对于旨在研发首创药物（first-in-class）的项目，并没有可用于微调或训练评分功能的已知配体。在这种情况下生成模型是否适用还有待确定。一些模型利用分子对接作为评分功能，但靶点蛋白的3D结构必须可用[209, 210]。然而，到目前为止，基本上都没有经过实验验证。其他有前景的应用还包括设计比目前临床药物更好的同类最好药物（best-in-class），需要对靶点蛋白的配体进行微调和评分功能训练。在这种情况下，成功可能取决于整体更优的性质（如生物利用度、安全性等），其中良好的多参数性质将是从头分子成为候选药物的最有利起点。此外，生成的分子必须足够新颖，以免侵犯竞争性知识产权。然而，直到最近[211, 212]，MPO才受到很少的关注，并且典型的评估一次只能针对2～3个参数进行优化，而且几乎从不考虑化合物相对于现有配体和现有文献的新颖性。对于模型评估，应将更多精力放在前瞻性应用的背景下，以便在将从头设计与生成模型集成到实际项目中时，相关评估更具可解释性。

虽然讨论概念上的性能测试和模型评估非常重要，但实际上，很难有力地测试分子多样性等个体属性。幸运的是，目前在建立更具可解释性的指标方面已取得了积极进展。例如，张（Zhang）等[207]比较了生成模型对GDB-13[213]中特定官能团和环系的生成能力（基于一个小子集的模型训练），出色的模型相对于原始化学空间可保持更好的化学覆盖率。

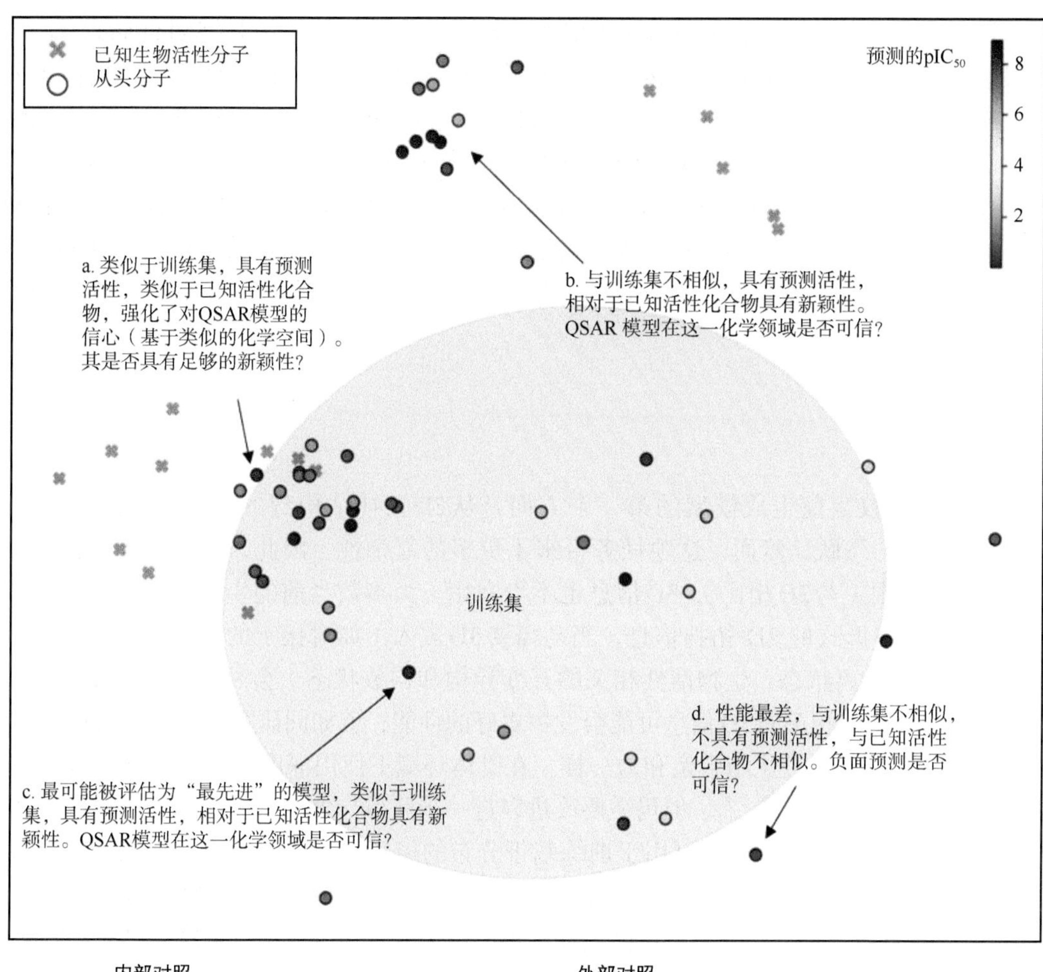

内部对照
• 多样性
•相对于训练集的相似性
• QSAR预测

外部对照
• 相似性及相对于已知活性化合物的新颖性
• 模型训练中未使用的任何其他外部对照（如不同的 QSAR 模型、对接分数等）

图1.7　**已知生物活性分子，以及由经过训练优化的QSAR模型（在各自的生物活性分子上训练）生成输出的从头分子所占据的假设化学空间。生成模型的训练集为灰色阴影。为了反映评估模型的性能，对从头分子占据的某些区域（a、b、c和d）进行了注释**

由于专家的干预，模型评估的范围和程度也很难说清楚。扎沃龙科夫等[167]采用一个名为GENTRL的生成模型生成了30 000个化合物，经过专业的过滤后最终选择了 40 个候选化合物，而后合成了其中6个化合物，发现4个具有活性。但这也导致难以划定生成模型性能或VS与专家过滤筛选之间的贡献差异。这种专家优先级排序过程在其他重要的AI应用程序中同样发挥了关键作用[72]。而这些专家干预通常只出现在发表论文的“小字体”内容中。在生成模型的实际应用中，如何从数百万个从头分子中选择最好的化合物是需要思考的重要问题。特别是在生成模型评估中，这一方面经常被忽视或未被很好地处理。

此外，生成模型与其他非AI方法性能的比较还有待研究。斯坦曼（Steinmann）等[214]使用遗传算法来寻找具有良好对接分数的分子，相比之下，他们的方法识别出的高评分分子数量是传统VS的1.9倍。但是，需要对接比VS多1.6倍的分子。因此，基于上述结果，权衡便利性和丰富性对于VS是有利的，因为筛选库是商业可用的，无须实际合成。由于存在许多商业可用的分子库变体（如ZINC[215]、Enamine[216]），可以直接购买和测试一小部分从头化合物，因此在该领域内这种增强的便利性普遍地被低估了。此外，通过与其他技术（如药物化学生物等排体替代）的比较[168, 217]，我们对生成模型性能的理解将进一步深化。

1.2.3.5 机遇

超越大多数当前生成模型的第一个方面是从2D拓扑结构到3D分子结构，甚至是4D 构象集合的飞跃。然而，这项任务带来了更多的复杂性。因此，即使在用于药物设计的ML算法中（与2D相比），3D信息也不太常用。大多数当前的生成模型使用图形或SMILES字符串形式的 2D 拓扑信息，当与需要3D嵌入（如对接）的评分函数结合使用时，信息（如电离状态、生物活性相关的互变异构和构象状态）会发生丢失且未被生成模型学习。而保留相关的3D信息可能会发挥更好的性能，就如同研究人员通过3D配体与其靶点相互作用来合理化结合亲和力一样。在受体环境下使用深度生成模型进行3D分子设计已取得了早期进展[65, 218]，但仍需要改进以进一步获得与2D生成模型相当的结果。与2D对应物（10^6～10^9）相比，可用于训练基于分布的模型的配体数据更少。至于使用3D信息进行靶点活性预测，则取决于化合物的生物活性构象，从而产生更小的相关数据集（10～10^3）。忽略靶点活性实际上可能更加困难，因为分子在溶液中以4D构象集合的形式存在，可能同样依赖于溶剂，并且可能很难近似地进行构象搜索。总体而言，在生成模型中集成3D信息的潜在益处超过了相关的复杂性增加。更具体而言，3D生成模型将有助于规避由耗时的评分功能（如对接）造成的瓶颈。

生成模型还可以受益于对更强大和更有效的评分函数的研究，并可能进一步推动开发出药物设计其他领域的更强ML算法（如准确和高效的多向药理学建模）。通过提高ML算法的泛化性，或使用更快、更准确的ML力场等增强基于物理的评分函数，还有机会更好地定义生成模型在低数据区域的最佳使用。

换个角度而言，可高效优化外部评分函数的新生成模型可能会为理解评分函数行为本身提供新的机会。评分函数（如QSAR）通常对与任何训练集相同或相似化学空间所派生的分子进行评估，因此当分子位于该分布之外时，可能无法识别显而易见的失败案例（失败过于明显以至于不再需要负面标签）。然而，具有广泛化学空间区域或因系统“失败”而获得“非类药”（non-drug-like）分子的生成模型，可以提供识别评分功能故障所需的测试实例。同样以对接为例，生成具有最佳对接分数的过于独特分子集可能有助于凭经验识别力场参数的弱点，如过强的离子相互作用。根据相关经验，这种可替代但具有潜在优势的观点尚未用于药物设计。

除了评分函数的改进之外，更好地理解生成模型及优化评分函数的相互依赖也有所裨益，这也类似于之前讨论的伦兹等的工作[202]。此外，研究表明，将合适的属性空间预定义为评分函数会限制生成模型的探索[219]。因此，为了更好地理解模型，还需要对生成模型优化的不同评分函数进行基准测试（在同一任务中）。展望未来，如蒂德（Thiede）等[220]的研究所示，使用设计上更易于解释和说明，并且可预测其自身不确定性（参见1.3.1）的评分函数至关重要，这不仅会改进模型评估，而且还可鼓励生成模型优化以探索更多不确定的化学空间区域。这种相互依赖性对于相关问题的理解非常重要，而仅仅考虑各个部分的局限性是不够的。

最后，更强大的模型评估和比较对该领域的研究也具有促进作用，尤其是不可能独立地尝试所有已发表的方法。更困难的任务和更相关的评分功能虽然很好地概括了潜在应用的范围，如具有超过2～3个参数的MPO，但将为获得性能最佳的模型带来更大的挑战。为了衡量这一点，该领域仍然需要更有意义的指标，以解释更多以化学为重点的问题。

1.2.3.6　结论

生成模型的前提是实现加速及更高质量的计算机药物设计。前者已有一些证据[167]，而后者仍然是一个开放的研究目标，具有更大的潜在影响（图1.1）。生成模型在药物设计的早期阶段（苗头化合物发现）和后期阶段（先导化合物优化）都可能适用，并且不同的方法可能有助于不同的阶段。尽管仍有许多可能促进该领域的研究、开发和整合机遇，但使用生成模型而提高的效率可能会导致较少的实验筛选，这可能会对数据收集产生负面影响，而用于优化数据的可用性是当前生成模型的限制因素之一。因此，必须仔细考虑如何继续收集、存储和管理相关数据。尽管该领域的研究正在加速，但大多数是由源自计算机科学领域的新方法所驱动的。相反，如果研究是以更严格的评估为主导，并得益于实际应用需求的启发，则可能取得更大的进展。

1.3　药物设计中人工智能决策的挑战

对于许多当前的AI系统，尤其是依赖于DNN的系统，尽管具有很高的预测性能，但很容易发生“灾难性故障”，这也限制了其在决策中的应用（如药物设计的后期阶段）。通过构建估计自身预测不确定性来避免做出错误决策的系统，可以降低失败的风险。此外，专家监督可用于检查模型的决策过程，有效提高模型的可靠性[221]（图1.8）。然而，当前许多具有最先进准确性的AI系统仍无法在新情况下有效地评估自身的“信心”，并且许多还做出了相关专家无法轻易解释的决策，进而阻碍了AI在药物设计中的应用[3]。

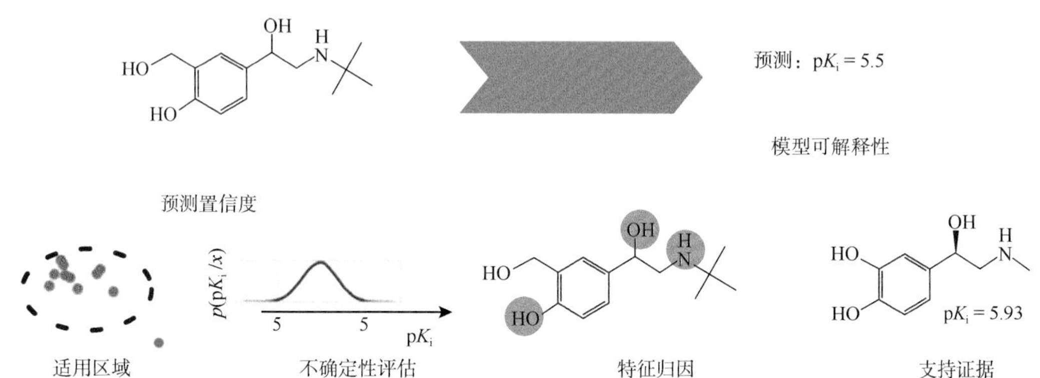

图1.8　**提高药物设计AI模型可靠性方法的示意图。沙丁胺醇与β_1肾上腺素能受体结合的pK_i值约为5.5。可通过确保沙丁胺醇在模型适用范围内或明确评估预测的不确定性来建立对结合亲和力预测的信心。此外，允许专家对具有解释性模型的预测进行审查；可以突出显示模型决策中沙丁胺醇的最重要特性，或可识别的相关类似物（如肾上腺素，pK_i=5.93）**

1.3.1　预测置信度

用于药物设计的ML模型的预测受到多种来源异质误差的影响，而这些误差无法通过当前的验证过程进行有效测量。第一，具有监督功能的ML方法通常假定未来的输入来自与训练数据相同的分布[222]。然而，药物设计项目通常会产生未被表征过的全新分子。在训练数据分布之外使用ML模型通常会导致不确定性，而这些不确定性水平无法通过对先前数据的测试来捕捉[35]。第二，由于生物学和实验的可变性，许多药物设计中感兴趣的目标变量本质上是不确定的[76]。当将来自不同实验室或不同实验的数据集结合起来时，相关问题会变得更加突出，因为由此产生的数据集在化学空间的不同区域可能具有不均匀的不确定性水平[110-113]。评估预测不确定性有助于诊断ML模型何时应用不当。第三，比较来自不同模型的预测（如靶点预测）需要很好地了解相关的不确定性，但评估提供点预测的ML模型的置信度极具挑战性[223]。典型分类模型提供的输出不是经过良好校准的可能性，从长远来看，分数通常与结果概率不匹配。对于回归模型输出点的评估，其误差则因输入而异[224]。

预测不确定性在理论上可分为两部分：第一个组成部分被称为偶然不确定性（aleatoric uncertainty），它是生成数据过程中所固有的，除非新数据测量误差减少，否则不能通过收集更多数据来减少偶然不确定性。第二个组成部分是认知不确定性（epistemic uncertainty），尽管我们不确定正确的模型结构和参数，但当使用模型归纳新数据时就会出现这种不确定性。收集更多的相关数据或设计更适合数据的模型可以降低认知不确定性。然而，总体不确定性永远会高于偶然不确定性[223, 225]。换言之，不可能建立一个比其所基于的数据更准确的模型。虽然偶然不确定性可以在输入空间中保持同质性，但当从训练数据分布之外提取输入时，认知不确定性会迅速上升[226]。因此，模型并不适用于输入空间的所有区域。

为了识别具有高认知不确定性的预测，可以定义模型的适用域。在这些区域内，相关性能预计也将反映测试集的性能[227]。目前有多种计算输入分子是否属于该区域的方法，但均使用的一个关键参数是潜在输入与训练集中分子的相似性。如果这一数值很低，那么做出的任何预测都不太可能是准确的。为了确定整个训练数据中不确定性的变化，可以通过考虑模型的局部性能来细化区域的边界[228]。这些方法是防止不当使用QSAR模型的实用方法，但未能提供总预测不确定性的估计值[224]。

当不确定性在适用范围内变化时（如当数据采样不均匀时），评估模型的总预测不确定性至关重要。对于给定模型，已有用于预测不确定性的频率论方法（frequentist method），该方法采用保留的验证集将模型的预测转换为不确定性预测。对于回归模型，可使用保形回归（conformal regression）[229]等方法定义预测的置信区间。对于分类模型，可采用 Venn-ABERS等方法将分类分数转换为经过良好校准的概率[230]。这些方法在实际化学信息学中很流行，因为其几乎不需要对现有模型进行修改。然而，虽然其对现有数据的不确定性进行了很好的建模，但其不一定会对验证集中分布外示例的不确定性做出稳健的预测，因此具有很高的认知不确定性[231]。

贝叶斯模型（Bayesian model）可作为不确定性评估频率论方法的替代方法。该模型不是提供模型参数的点估计，而是在给定可用数据的情况下拟合可能的模型参数分布，然后将预测作为完整的概率分布给出[222]。因此，这些模型的训练通常比频率论方法模型训练更具计算密集性。然而，当面对分布外的示例时，该模型需要提供更稳健的不确定性评估[231]。近似贝叶斯方法的最新进展使其能够应用于药物设计的各个领域[226]。此外，其特别适用于主动学习过程，主要用于指导数据收集。当数据收集资源有限时，这些方法会很有帮助，可以自动平衡探索的潜在益处，以找到全局最优属性与利用局部最优的已知优势。开发与探索的权衡需要对预测不确定性进行高效的评估[226]。

预测不确定性评估有可能大大提高ML预测在实践中的可靠性。尽管可用方法多种多样，但其预测不确定性的评估通常不会被优先考虑。例如，在药物设计中并不总是使用ML作为主要评估方法[98, 232]。不确定性评估验证方面的挑战，特别是分布外评估的挑战，是导致这个问题的主要原因[231]。

1.3.2　可解释性

虽然不确定性评估是模型预测中获得信心的一个重要方面，但其并不是在高风险决策中使用模型的唯一要求，还需要手动检查这一预测是否与外部数据和文献一致[233]。此外，检查预测是否基于与结果具有因果关系的变量而不是混杂因素，对于验证所有模型都有帮助[234]。因此，用户有必要了解模型如何做出预测，以及为何做出特定预测。能够实现这种洞察力的模型被称为可解释的模型。模型可解释性与其复杂性密切相关，如何处理训练示例的完整步骤几乎总是可访问的，但如果这一步骤包含数千个参数，人类势必无法理解。因此，可解释模型的预测需要将众多参数简化为少量关键参数[234]。作为构建可解释模型的替代方案，已经提出了将复杂模型的选定输入和输出关联起来，以构建更简单的“元模型”（metamodel）的外部解释方法[235]。部分研究人员[17]认为这些外部方法使建模的可解释性变得不必要，即便对于高风险任务也是如此。然而，其他人认为这是一个存在缺陷且具有潜在危险的结论，因为元模型不一定忠实于现有模型，特别是在存在混杂因素的情况下[234, 236]。因此，对于高风险任务，应尽可能首选可解释的模型。

在药物设计中解释ML模型的一种方法是评估输入示例的哪些特征对模型的决策影响最大，这称为特征归因（feature attribution）。鉴于模型使用的特征，化学研究人员可以评估模型是否确定了合理的构效关系[237]。这样做的难易程度取决于所使用的模型。对于线性模型，提取这些信息相对简单，但对于完全连接的神经网络，提取这些信息就要困难得多。DNN对输入的处理可以使用基于梯度的方法进行研究，如通过模型跟踪单个输入特征影响的相关传播可能性研究[234]。然而，模型对这些特征的处理通常是高度非线性的。因此，基于梯度的方法提供的解释绝不是对DNN如何处理输入特征的完整描述[234]。而使用分子图作为输入的基于注意力的神经网络更具可解释性，因为其明确关注用于进行预测的分子区域[234]。如果这些注意力不适合已知的重要特征，如参与配体-蛋白接触的原子，则可以通过多目标训练对其进行适应调整，也可以对所选特征进行机制解释[238, 239]。

AI系统可以证明其决策合理性的另一方法是将输入示例与相关的训练示例相联系。例如，最近邻的方法是根据附近的训练示例进行预测。另外，神经网络不会在预测时明确使用训练示例。相反，来自训练集的信息在训练期间会被编码到网络权重中[19]。因此，识别对神经网络预测最负责的训练示例具有很大的挑战性。然而，评估神经网络学习表示的相似性可用于识别神经网络相似性处理的分子，这也是识别潜在类似物的一种有前景的方法[240]。或者，基于注意力的神经网络可用于定义测试示例之间的自定义相似性度量，该方法已用于一次性学习的框架[86]。识别类似物非常重要，这也是化学阅读范式的关键组成部分，因为这使专家能够检查训练数据是否存在任何潜在错误。该方法也被认为是化学毒理学中推断化学性质的一种方法。为了证明对未知化合物性质的推断是合理的，必须提供具有已知性质的结构相似物，并且必须描述这些分子结构和性质之间的关系[241]。这可以看作药物设计中构建可解释ML模型的有效框架，但需要提供支持预测的训练示例，并描述如何使用输入特征进行预测。

1.3.3 适当的验证

对不确定性量化和可解释性的需求反映了模型使用的实际考量，但在用于药物设计的ML研究中，为了在更大程度上提高准确性，这些问题往往被忽视[224]。其中一部分原因是，与测量性能相比，评估这些特性更为困难。

1.4 总结

AI在药物设计中的潜力正在慢慢显现，但仍有许多工作要做。ML模型正日益广泛地用于化合物库的VS、预测潜在的最佳合成路线，以及从头分子生成。然而，正如我们已经强调的那样，对当前的AI方法需要进行深入调整和仔细监控，其才能适当地应用于如此复杂的领域。首先，必须优先考虑模型的可解释性和适用性，而不是原始预测性能。此外，许多AI方法是针对不相关的任务或使用不适当的指标进行评估的，这使得为实际问题选择合适的工具变得非常困难。例如，对许多从头生成模型已经通过其最大化限制log P的能力进行了评估（参见1.2.3）[208]，但这是一项在药物设计中几乎没有实际意义的工作。药物化学家对模型的用户测试可能有助于评估模型的实用性，但很少有人这样做，因为药物设计中的AI研究人员通常未经过相关训练。然而，确保实际适用性的重要性才是一切问题的根本。

相信AI在药物设计中的一些应用尚未充分发挥其潜力。其中一个领域是通过生成模型对分子进行多参数优化。虽然目前这一任务非常艰巨，但未来的改进将使从头分子设计在先导优化中的进一步应用成为可能。另一个领域是将AI与蛋白结构预测、对接模拟和自由能计算等基于结构的方法相结合，以提高准确性和计算效率。此类应用程序可以规避当前ML方法对足够配体数据的限制性依赖，这种依赖会导致对新靶点缺乏适用性。蛋白结构预测的快速发展可能会显著提高结构数据的可用性[242]。

在某些情况下，AI已被证明可以通过更少的设计迭代[72, 167]和更有效的合成路线[127]产生更有效的苗头化合物，从而对药物设计产生积极的影响。然而，这是否也会促进后续临床环境中候选药物质量的提高尚待确定。由于可以降低临床试验的失败率，候选药物质量的提高最有可能降低药物发现的总体成本，而且将比苗头化合物发现、苗头化合物到先导化合物，以及先导化合物优化阶段节省更大的成本（图1.1）[3]。因此，这一领域还需要开展大量的工作，进一步从支持AI助力的配体设计转向AI助力的药物设计。

（白仁仁　译）

参考文献

1. Scannell JW, Bosley J (2016) When quality beats quantity: decision theory, drug discovery, and the reproducibility crisis. PLoS One 11:e0147215. https:/doi.org/10.1371/ journal.pone.0147215
2. Dowden H, Munro J (2019) Trends in clinical success rates and therapeutic focus. Nat Rev Drug Discov 18:495–496
3. Bender A, Cortes-Ciriano I (2020) Artificial intelligence in drug discovery—what is realistic, what are illusions? Part 1: ways to impact, and why we are not there yet. Drug Discov Today 26(2):511–524
4. Morgan P, Brown DG, Lennard S et al (2018) Impact of a five-dimensional framework on R&D productivity at AstraZeneca. Nat Rev Drug Discov 17:167–181. https:/doi.org/ 10.1038/nrd.2017.244
5. Ochoa D, Hercules A, Carmona M et al (2021) Open targets platform: supporting systematic drug-target identification and prioritisation. Nucleic Acids Res 49: D1302–D1310. https:/doi.org/10.1093/ nar/gkaa1027
6. Abràmoff MD, Lavin PT, Birch M et al (2018) Pivotal trial of an autonomous AI-based diagnostic system for detection of diabetic retinopathy in primary care offices. NPJ Digit Med 1:39. https:/doi.org/10. 1038/s41746-018-0040-6
7. Rodrigues T, Bernardes GJL (2020) Machine learning for target discovery in drug development. Curr Opin Chem Biol 56:16–22. https:/doi.org/10.1016/j.cbpa.2019.10. 003
8. Reker D (2019) Practical considerations for active machine learning in drug discovery. Drug Discov Today Technol 32–33:73–79
9. Göller AH, Kuhnke L, Montanari F et al (2020) Bayer’s in silico ADMET platform: a journey of machine

learning over the past two decades. Drug Discov Today 25:1702–1709. https:/doi.org/10.1016/j.drudis.2020.07. 001
10. Bica I, Alaa AM, Lambert C, van der Schaar M (2021) From real-world patient data to individualized treatment effects using machine learning: current and future methods to address underlying challenges. Clin Pharmacol Ther 109:87–100. https:/doi.org/10. 1002/cpt.1907
11. Hughes JP, Rees SS, Kalindjian SB, Philpott KL (2011) Principles of early drug discovery. Br J Pharmacol 162:1239–1249. https:/doi. org/10.1111/j.1476-5381.2010.01127.x
12. Brown DG, Boström J (2018) Where do recent small molecule clinical development candidates come from? J Med Chem 61:9442–9468. https:/doi.org/10.1021/ acs.jmedchem.8b00675
13. Mendez D, Gaulton A, Bento AP et al (2019) ChEMBL: towards direct deposition of bioassay data. Nucleic Acids Res 47:D930–D940. https:/doi.org/10.1093/nar/gky1075
14. Chen M, Suzuki A, Thakkar S et al (2016) DILIrank: the largest reference drug list ranked by the risk for developing drug-induced liver injury in humans. Drug Discov Today 21:648–653
15. Wang L, Wu Y, Deng Y et al (2015) Accurate and reliable prediction of relative ligand binding potency in prospective drug discovery by way of a modern free-energy calculation protocol and force field. J Am Chem Soc 137:2695–2703. https:/doi.org/10.1021/ ja512751q
16. Banks WA (2016) From blood-brain barrier to blood-brain interface: new opportunities for CNS drug delivery. Nat Rev Drug Discov 15:275–292. https:/doi.org/10.1038/nrd. 2015.21
17. Cherkasov A, Muratov EN, Fourches D et al (2014) QSAR modeling: where have you been? Where are you going to? J Med Chem 57:4977–5010. https:/doi.org/10.1021/ jm4004285
18. Weininger D (1988) SMILES, a chemical lan-guage and information system: 1: introduction to methodology and encoding rules. J Chem Inf Comput Sci 28:31–36. https:/ doi.org/10.1021/ci00057a005
19. LeCun Y, Bengio Y, Hinton G (2015) Deep learning. Nature 521:436–444. https:/doi. org/10.1038/nature14539
20. Chen H, Engkvist O, Wang Y et al (2018) The rise of deep learning in drug discovery. Drug Discov Today 23:1241–1250. https:/doi. org/10.1016/j.drudis.2018.01.039
21. Griffen EJ, Dossetter AG, Leach AG (2020) Chemists: AI is here; unite to get the benefits. J Med Chem 63:8695–8704. https:/doi. org/10.1021/acs.jmedchem.0c00163
22. Russell SJ, Norvig P Artificial intelligence
23. Shoichet BK (2004) Virtual screening of chemical libraries. Nature 432:862–865. https:/doi.org/10.1038/ nature03197
24. Zhu T, Cao S, Su PC et al (2013) Hit identification and optimization in virtual screening: practical recommendations based on a critical literature analysis. J Med Chem 56:6560–6572. https:/doi.org/10.1021/ jm301916b
25. Trott O, Olson AJ (2009) AutoDock Vina: improving the speed and accuracy of docking with a new scoring function, efficient optimization, and multithreading. J Comput Chem 31:455–461. https:/doi.org/10.1002/jcc. 21334
26. Friesner RA, Banks JL, Murphy RB et al (2004) Glide: a new approach for rapid, accurate docking and scoring. 1. Method and assessment of docking accuracy. J Med Chem 47:1739–1749. https:/doi.org/10.1021/ jm0306430
27. Kim S, Chen J, Cheng T et al (2021) Pub-Chem in 2021: new data content and improved web interfaces. Nucleic Acids Res 49:D1388–D1395. https:/doi.org/10. 1093/nar/gkaa971
28. Ruddigkeit L, Van Deursen R, Blum LC, Reymond JL (2012) Enumeration of 166 billion organic small molecules in the chemical universe database GDB-17. J Chem Inf Model 52:2864–2875. https:/doi. org/10.1021/ ci300415d
29. Bohacek RS, McMartin C, Guida WC (1996) The art and practice of structure-based drug design: a molecular modeling perspective. Med Res Rev 16:3–50
30. Hattori K, Wakabayashi H, Tamaki K (2008) Predicting key example compounds in competitors' patent

applications using structural information alone. J Chem Inf Model 48:135–142. https:/doi.org/10.1021/ci7002686

31. Sivaraman G, Jackson NE, Sanchez-Lengeling B et al (2020) A machine learning workflow for molecular analysis: application to melting points. Mach Learn Sci Technol 1:025015. https:/doi.org/10.1088/2632-2153/ ab8aa3
32. Kearnes S, Goldman B, Pande V (2016) Modeling industrial ADMET data with multitask networks. arXiv
33. Butina D (1999) Unsupervised data base clustering based on daylight's fingerprint and Tanimoto similarity: a fast and automated way to cluster small and large data sets. J Chem Inf Comput Sci 39:747–750. https:/doi.org/10.1021/ci9803381
34. Taylor R (1995) Simulation analysis of experimental design strategies for screening random compounds as potential new drugs and agrochemicals. J Chem Inf Comput Sci 35:59–67. https:/doi.org/10.1021/ci00023a009
35. Sheridan RP (2013) Timesplit crossvalidation as a method for estimating the goodness of prospective prediction. J Chem Inf Model 53:783–790. https:/doi.org/10.1021/ ci400084k
36. Ma J, Sheridan RP, Liaw A et al (2015) Deep neural nets as a method for quantitative structure-activity relationships. J Chem Inf Model 55:263–274. https:/doi.org/10. 1021/ci500747n
37. LeCun Y, Bottou L, Bengio Y, Haffner P (1998) Gradient-based learning applied to document recognition. Proc IEEE 86:2278–2323. https:/doi.org/10.1109/ 5.726791
38. Mysinger MM, Carchia M, Irwin JJ, Shoichet BK (2012) Directory of useful decoys, enhanced (DUD-E): better ligands and decoys for better benchmarking. J Med Chem 55:6582–6594. https:/doi.org/10. 1021/jm300687e
39. Chen L, Cruz A, Ramsey S et al (2019) Hidden bias in the DUD-E dataset leads to misleading performance of deep learning in structure-based virtual screening. PLoS One 14:e0220113. https:/doi.org/10.1371/ journal.pone.0220113
40. Yan Y, Wang W, Sun Z et al (2017) Protein-ligand empirical interaction components for virtual screening. J Chem Inf Model 57:1793–1806. https:/doi.org/10.1021/ acs.jcim.7b00017
41. Gonczarek A, Tomczak JM, Zaręba S et al (2018) Interaction prediction in structure-based virtual screening using deep learning. Comput Biol Med 100:253–258. https:/ doi.org/10.1016/j.compbiomed.2017.09. 007
42. Kinnings SL, Liu N, Tonge PJ et al (2011) A machine learning-based method to improve docking scoring functions and its application to drug repurposing. J Chem Inf Model 51:408–419. https:/doi.org/10.1021/ci100369f
43. Sieg J, Flachsenberg F, Rarey M (2019) In need of bias control: evaluating chemical data for machine learning in structure-based virtual screening. J Chem Inf Model 59:947–961. https:/doi.org/10.1021/acs.jcim.8b00712
44. Wallach I, Dzamba M, Heifets A (2015) AtomNet: a deep convolutional neural network for bioactivity prediction in structure-based drug discovery. arXiv
45. Ragoza M, Hochuli J, Idrobo E et al (2017) Protein-ligand scoring with convolutional neural networks. J Chem Inf Model 57:942–957. https:/doi.org/10.1021/acs. jcim.6b00740
46. Rohrer SG, Baumann K (2009) Maximum unbiased validation (MUV) data sets for virtual screening based on PubChem bioactivity data. J Chem Inf Model 49:169–184. https:/doi.org/10.1021/ci8002649
47. Wallach I, Heifets A (2018) Most ligand-based classification benchmarks reward memorization rather than generalization. J Chem Inf Model 58:916–932. https:/doi.org/10. 1021/acs.jcim.7b00403
48. Ehrt C, Brinkjost T, Koch O (2016) Impact of binding site comparisons on medicinal chemistry and rational molecular design. J Med Chem 59:4121–4151. https:/doi. org/10.1021/acs.jmedchem.6b00078
49. Ehrt C, Brinkjost T, Koch O (2018) A benchmark driven guide to binding site comparison: an exhaustive evaluation using tailormade data sets (ProSPECCTs). PLoS Comput Biol 14:e1006483. https:/doi.

org/10.1371/ journal.pcbi.1006483
50. Wang X, Shen Y, Wang S et al (2017) Pharm-Mapper 2017 update: a web server for potential drug target identification with a comprehensive target pharmacophore database. Nucleic Acids Res 45:W356–W360. https:/doi.org/10.1093/nar/gkx374
51. Li Q, Shah S (2017) Structure-based virtual screening. In: Methods in molecular biology. Humana Press, pp 111–124
52. Maia EHB, Assis LC, de Oliveira TA et al (2020) Structure-based virtual screening: from classical to artificial intelligence. Front Chem 8:343. https:/doi.org/10.3389/ fchem.2020.00343
53. Kitchen DB, Decornez H, Furr JR, Bajorath J (2004) Docking and scoring in virtual screening for drug discovery: methods and applications. Nat Rev Drug Discov 3:935–949. https:/doi.org/10.1038/nrd1549
54. McNutt A, Francoeur P, Aggarwal R et al (2021) GNINA 1.0: molecular docking with deep learning. J Cheminform 13:43. https:/ doi.org/10.1186/s13321-021-00522-2
55. Koes DR, Baumgartner MP, Camacho CJ (2013) Lessons learned in empirical scoring with smina from the CSAR 2011 benchmarking exercise. J Chem Inf Model 53:1893–1904. https:/doi.org/10.1021/ ci300604z
56. Wang C, Zhang Y (2017) Improving scoring-docking-screening powers of proteinligand scoring functions using random forest. J Comput Chem 38:169–177. https:/doi. org/10.1002/jcc.24667
57. Su M, Yang Q, Du Y et al (2019) Comparative assessment of scoring functions: the CASF-2016 update. J Chem Inf Model 59:895–913. https:/doi.org/10.1021/acs. jcim.8b00545
58. Goodsell DS, Olson AJ (1990) Automated docking of substrates to proteins by simulated annealing. Protein Struct Funct Bioinformat 8:195–202. https:/doi.org/10.1002/prot. 340080302
59. Morris GM, Goodsell DS, Huey R, Olson AJ (1996) Distributed automated docking of flexible ligands to proteins: parallel applications of AutoDock 2.4. J Comput Aided Mol Des 10:293–304. https:/doi.org/10. 1007/BF00124499
60. Huey R, Morris GM, Olson AJ, Goodsell DS (2007) A semiempirical free energy force field with charge-based desolvation. J Comput Chem 28:1145–1152. https:/doi.org/10. 1002/jcc.20634
61. Morris GM, Goodsell DS, Halliday RS et al (1998) Automated docking using a Lamarckian genetic algorithm and an empirical binding free energy function. J Comput Chem 19:1639–1662. https:/doi.org/10. 1002/(SICI)1096-987X(19981115)19:14<1639::AID-JCC10>3.0.CO;2-B
62. Morris GM, Ruth H, Lindstrom W et al (2009) AutoDock4 and AutoDockTools4: automated docking with selective receptor flexibility. J Comput Chem 30:2785–2791. https:/doi.org/10.1002/jcc.21256
63. Imrie F, Bradley AR, Van Der Schaar M, Deane CM (2018) Protein family-specific models using deep neural networks and transfer learning improve virtual screening and highlight the need for more data. J Chem Inf Model 58:2319–2330. https:/doi.org/ 10.1021/acs.jcim.8b00350
64. Wang D, Cui C, Ding X et al (2019) Improving the virtual screening ability of target-specific scoring functions using deep learning methods. Front Pharmacol 10:924. https:/ doi.org/10.3389/fphar.2019.00924
65. Masuda T, Ragoza M, Koes DR (2020) Generating 3D molecular structures conditional on a receptor binding site with deep genera-tive models. arXiv
66. Wang R, Fang X, Lu Y, Wang S (2004) The PDBbind database: collection of binding affinities for protein-ligand complexes with known three-dimensional structures. J Med Chem 47:2977–2980. https:/doi.org/10. 1021/jm030580l
67. Gómez-Bombarelli R, Wei JN, Duvenaud D et al (2018) Automatic chemical design using a data-driven continuous representation of molecules. ACS Cent Sci 4:268–276. https:/doi.org/10.1021/acscentsci. 7b00572
68. Kajino H (2018) Molecular hypergraph grammar with its application to molecular optimization. arXiv
69. Rong Y, Bian Y, Xu T et al (2020) Self-supervised graph transformer on large-scale molecular data. arXiv
70. Nayal M, Honig B (2006) On the nature of cavities on protein surfaces: application to the identification of

drug-binding sites. Proteins Struct Funct Genet 63:892–906. https:/doi. org/10.1002/prot.20897

71. Cruz-Monteagudo M, Schürer S, Tejera E et al (2017) Systemic QSAR and phenotypic virtual screening: chasing butterflies in drug discovery. Drug Discov Today 22:994–1007. https://doi.org/10.1016/j.drudis.2017.02. 004
72. Stokes JM, Yang K, Swanson K et al (2020) A deep learning approach to antibiotic discovery. Cell 180:688–702.e13. https:/ doi.org/10.1016/j.cell.2020.01.021
73. van de Waterbeemd H, Gifford E (2003) ADMET in silico modelling: towards prediction paradise? Nat Rev Drug Discov 2:192–204. https:/doi.org/10.1038/ nrd1032
74. Muratov EN, Bajorath J, Sheridan RP et al (2020) QSAR without borders. Chem Soc Rev 49:3525–3564
75. Bender A, Cortés-Ciriano I (2021) Artificial intelligence in drug discovery: what is realistic, what are illusions? Part 1: ways to make an impact, and why we are not there yet. Drug Discov Today 26:511–524. https:/doi.org/ 10.1016/j.drudis.2020.12.009
76. Bender A, Cortes-Ciriano I (2021) Artificial intelligence in drug discovery: what is realistic, what are illusions? Part 2: a discussion of chemical and biological data. Drug Discov Today. https:/doi.org/10.1016/j.drudis.2020.11.037
77. Subramanian A, Narayan R, Corsello SM et al (2017) A next generation connectivity map: L1000 platform and the first 1,000,000 profiles. Cell:171, 1437–1452.e17. https:/doi. org/10.1016/j.cell.2017.10.049
78. Readhead B, Hartley BJ, Eastwood BJ et al (2018) Expression-based drug screening of neural progenitor cells from individuals with schizophrenia. Nat Commun 9:1–11. https:/doi.org/10.1038/s41467-018-06515-4
79. Seal S, Yang H, Vollmers L, Bender A (2021) Comparison of cellular morphological descriptors and molecular fingerprints for the prediction of cytotoxicity and proliferation-related assays. Chem Res Toxicol 34:422–437. https:/doi.org/10.1021/acs. chemrestox.0c00303
80. Kusner MJ, Paige B, Hernández-Lobato JM (2017) Grammar variational autoencoder. In: 34th international conference on machine learning, ICML 2017. International Machine Learning Society (IMLS), pp 3072–3084
81. Garcia-Ortegon M, Bender A, Rasmussen CE et al (2020) Combining variational autoencoder representations with structural descriptors improves prediction of docking scores. In: Machine learning for molecules workshop at NeurIPS
82. Cai C, Wang S, Xu Y et al (2020) Transfer learning for drug discovery. J Med Chem 63:8683–8694. https:/doi.org/10.1021/ acs.jmedchem.9b02147
83. Yang K, Swanson K, Jin W et al (2019) Analyzing learned molecular representations for property prediction. J Chem Inf Model 59:3370–3388. https:/doi.org/10.1021/ acs.jcim.9b00237
84. Goh GB, Vishnu A, Siegel C, Hodas N (2018) Using rulebased labels for weak supervised learning: a ChemNet for transferable chemical property prediction. In: Proceedings of the ACM SIGKDD international conference on knowledge discovery and data mining. pp. 302–310
85. Salem M, Khormali A, Arshadi AK et al (2020) Transcreen: transfer learning on graphbased anticancer virtual screening model. Big Data Cogn Comput 4:1–20. https:/doi.org/10.3390/bdcc4030016
86. Altae-Tran H, Ramsundar B, Pappu AS, Pande V (2017) Low data drug discovery with one-shot learning. ACS Cent Sci 3:283–293. https:/doi.org/10.1021/ acscentsci.6b00367
87. Wang Y, Yao Q, Kwok JT, Ni LM (2020) Generalizing from a few examples: a survey on few-shot learning. ACM Comput Surv 53:63.1–63.34. https:/doi.org/10.1145/ 3386252
88. Caruana R (1997) Multitask learning. Mach Learn 28:41–75. https:/doi.org/10.1023/ A:1007379606734
89. Sosnin S, Vashurina M, Withnall M et al (2019) A survey of multitask learning methods in chemoinformatics. Mol Inform 38:1800108. https:/doi.org/10.1002/ minf.201800108
90. Li X, Fourches D (2020) Inductive transfer learning for molecular activity prediction: Next-Gen QSAR models with MolPMoFiT. J Cheminform 12:27. https:/doi.org/10. 1186/s13321-020-00430-x
91. Chithrananda S, Grand G, Ramsundar B (2020) ChemBERTa: large-scale self-supervised pretraining for

molecular property prediction. arXiv

92. Dua D, Graff C (2017) UCI machine learning repository. http:/archive.ics.uci.edu/ml
93. Fernández-Delgado M, Cernadas E, Barro S et al (2014) Do we need hundreds of classifiers to solve real world classification problems? J Machine Learning Res 15:3133–3181
94. Tsou LK, Yeh SH, Ueng SH et al (2020) Comparative study between deep learning and QSAR classifications for TNBC inhibitors and novel GPCR agonist discovery. Sci Rep 10:16771. https:/doi.org/10.1038/ s41598-020-73681-1
95. Jiang D, Wu Z, Hsieh CY et al (2021) Could graph neural networks learn better molecular representation for drug discovery? A comparison study of descriptor-based and graph-based models. J Cheminform 13:12. https:/ doi.org/10.1186/s13321-020-00479-8
96. Duvenaud D, Maclaurin D, Aguilera-Iparraguirre J et al (2015) Convolutional networks on graphs for learning molecular fingerprints. In: Advances in neural information processing systems. neural information pro-cessing systems foundation. pp 2224–2232
97. Rogers D, Hahn M (2010) Extended-connectivity fingerprints. J Chem Inf Model 50:742–754. https:/doi. org/10.1021/ ci100050t
98. Mayr A, Klambauer G, Unterthiner T et al (2018) Large-scale comparison of machine learning methods for drug target prediction on ChEMBL. Chem Sci 9:5441–5451. https:/doi.org/10.1039/c8sc00148k
99. Marchant J (2020) Powerful antibiotics discovered using AI. Nature. https:/doi.org/ 10.1038/d41586-020-00018-3
100. Corsello SM, Bittker JA, Liu Z et al (2017) The drug repurposing hub: a next-generation drug library and information resource. Nat Med 23:405–408. https:/doi.org/10. 1038/nm.4306
101. Bongers BJ, IJzerman AP, Van Westen GJP (2019) Proteochemometrics—recent developments in bioactivity and selectivity modeling. Drug Discov Today Technol 32–33:89–98. https:/doi.org/10.1016/j. ddtec. 2020.08.003
102. Van Westen GJP, Wegner JK, Ijzerman AP et al (2011) Proteochemometric modeling as a tool to design selective compounds and for extrapolating to novel targets. Med Chem Commun 2:16–30. https:/doi. org/10. 1039/c0md00165a
103. Cortés-Ciriano I, Ain QU, Subramanian V et al (2015) Polypharmacology modelling using proteochemometrics (PCM): recent methodological developments, applications to target families, and future prospects. Med Chem Commun 6:24–50. https:/doi.org/ 10.1039/c4md00216d
104. Van Westen GJP, Swier RF, Cortes-Ciriano I et al (2013) Benchmarking of protein descriptor sets in proteochemometric modeling (part 2): modeling performance of 13 amino acid descriptor sets. J Cheminform 5:42. https:/ doi.org/10.1186/1758-2946-5-42
105. Öztürk H, Özgür A, Ozkirimli E (2018) DeepDTA: deep drug-target binding affinity prediction. Bioinformatics 34:i821–i829. https:/doi.org/10.1093/bioinformatics/ bty593
106. Jiang M, Li Z, Zhang S et al (2020) Drug-target affinity prediction using graph neural network and contact maps. RSC Adv 10:20701–20712. https:/doi.org/10. 1039/d0ra02297g
107. Greener JG, Moffat L, Jones DT (2018) Design of metalloproteins and novel protein folds using variational autoencoders. Sci Rep 8:16189. https:/doi.org/10.1038/s41598-018-34533-1
108. Pu L, Govindaraj RG, Lemoine JM et al (2019) Deepdrug3D: classification of ligand-binding pockets in proteins with a convolutional neural network. PLoS Comput Biol 15: e1006718. https:/doi.org/10.1371/jour nal.pcbi.1006718
109. Lim H, Gray P, Xie L, Poleksic A (2016) Improved genomescale multitarget virtual screening via a novel collaborative filtering approach to cold-start problem. Sci Rep 6:1–11. https:/doi.org/10.1038/ srep38860
110. Fourches D, Muratov E, Tropsha A (2015) Curation of chemogenomics data. Nat Chem Biol 11:535. https:/

doi.org/10.1038/ nchembio.1881

111. Kramer C, Kalliokoski T, Gedeck P, Vulpetti A (2012) The experimental uncertainty of heterogeneous public K i data. J Med Chem 55:5165–5173. https:/doi.org/10.1021/ jm300131x
112. Kalliokoski T, Kramer C, Vulpetti A, Gedeck P (2013) Comparability of mixed IC50 data—a statistical analysis. PLoS One 8: e61007. https:/doi.org/10.1371/journal. pone.0061007
113. Tiikkainen P, Bellis L, Light Y, Franke L (2013) Estimating error rates in bioactivity databases. J Chem Inf Model 53:2499–2505. https:/doi.org/10.1021/ ci400099q
114. Cortes-Ciriano I, Van Westen GJP, Lenselink EB et al (2014) Proteochemometric modeling in a Bayesian framework. J Cheminform 6:35. https:/doi.org/10.1186/1758-2946-6-35
115. Gentile F, Agrawal V, Hsing M et al (2020) Deep docking: a deep learning platform for augmentation of structure based drug discovery. ACS Cent Sci 6:939–949. https:/doi. org/10.1021/acscentsci.0c00229
116. Plowright AT, Johnstone C, Kihlberg J et al (2012) Hypothesis driven drug design: improving quality and effectiveness of the design-make-test-analyse cycle. Drug Discov Today 17:56–62
117. Byrd JC, Harrington B, O'Brien S et al (2016) Acalabrutinib (ACP-196) in relapsed chronic lymphocytic leukemia. N Engl J Med 374:323–332. https:/doi.org/10.1056/ nejmoa1509981
118. Wang Z, Zhao W, Hao G, Song B (2021) Mapping the resources and approaches facilitating computer-aided synthesis planning. Org Chem Front 8:812–824. https:/doi. org/10.1039/d0qo00946f
119. Bøgevig A, Federsel HJ, Huerta F et al (2015) Route design in the 21st century: the IC SYNTH software tool as an idea generator for synthesis prediction. Org Process Res Dev 19:357–368. https:/doi.org/10.1021/ op500373e
120. Kowalik M, Gothard CM, Drews AM et al (2012) Parallel optimization of synthetic pathways within the network of organic chemistry. Angew Chem Int Ed 51:7928–7932. https:/doi.org/10.1002/ anie.201202209
121. CAS retrosynthetic analysis and synthesis planning in SciFinder^{n}. https:/www.cas. org/products/scifinder/ retrosynthesis-planning. Accessed 11 Feb 2021
122. Coley CW, Barzilay R, Jaakkola TS et al (2017) Prediction of organic reaction outcomes using machine learning. ACS Cent Sci 3:434–443. https:/doi.org/10.1021/ acscentsci.7b00064
123. MIT ASKCOS homepage. https:/askcos. mit.edu/. Accessed 11 Feb 2021
124. Thakkar A, Kogej T, Reymond JL et al (2020) Datasets and their influence on the development of computer assisted synthesis planning tools in the pharmaceutical domain. Chem Sci 11:154–168. https:/doi. org/10.1039/ c9sc04944d
125. Genheden S, Thakkar A, Chadimová V et al (2020) AiZynthFinder: a fast, robust and flexible open-source software for retrosynthetic planning. J Cheminform 12:70. https:/doi. org/10.1186/s13321-020-00472-1
126. Schwaller P, Petraglia R, Zullo V et al (2020) Predicting retrosynthetic pathways using transformer-based models and a hypergraph exploration strategy. Chem Sci 11:3316–3325. https:/doi.org/10.1039/ c9sc05704h
127. Klucznik T, Mikulak-Klucznik B, McCor-mack MP et al (2018) Efficient syntheses of diverse, medicinally relevant targets planned by computer and executed in the laboratory. Chem 4:522–532. https:/doi.org/10. 1016/j.chempr.2018.02.002
128. Segler MHS, Preuss M, Waller MP (2018) Planning chemical syntheses with deep neural networks and symbolic AI. Nature 555:604–610. https:/doi.org/10.1038/ nature25978
129. Coley CW, Jin W, Rogers L et al (2019) A graph-convolutional neural network model for the prediction of chemical reactivity. Chem Sci 10:370–377. https:/doi.org/10. 1039/c8sc04228d
130. Coley CW, Thomas DA, Lummiss JAM et al (2019) A robotic platform for flow synthesis of organic compounds informed by AI planning. Science 365:eaax1566. https:/ doi.org/10.1126/science.aax1566
131. Corey EJ, Todd Wipke W (1969) Computer-assisted design of complex organic syntheses. Science 166:178–192. https:/doi.org/10. 1126/science.166.3902.178

132. Pensak DA, Corey EJ (1977) LHASA—logic and heuristics applied to synthetic analysis. In: Computer-Assisted Organic Synthesis. pp 1–32. https:/doi.org/10.1021/bk-1977-0061.ch001
133. Cook A, Johnson AP, Law J et al (2012) Computer-aided synthesis design: 40 years on. Wiley Interdiscip Rev Comput Mol Sci 2:79–107. https:/doi.org/10.1002/ wcms.61
134. Law J, Zsoldos Z, Simon A et al (2009) Route designer: a retrosynthetic analysis tool utilizing automated retrosynthetic rule generation. J Chem Inf Model 49:593–602. https:/doi. org/10.1021/ci800228y
135. Meehan P, Schofield H (2001) CrossFire: a structural revolution for chemists. Online Inf Rev 25:241–249. https:/doi.org/10.1108/ 14684520110403768
136. Wade LG (2013) Organic chemistry, 6th edn. Pearson
137. Nam J, Kim J (2016) Linking the neural machine translation and the prediction of organic chemistry reactions. arXiv
138. Elsevier solutions about reaxys. https:/www. reaxys.com/#/about-content. Accessed 11 Feb 2021
139. Lowe D Chemical reactions from US patents (1976-Sep2016). In: Figshare https:/ figshare.com/articles/ dataset/Chemical_ reactions_from_US_patents_1976-Sep2016_/5104873. Accessed 18 Jan 2021
140. NextMove software pistachio. https:/www. nextmovesoftware.com/pistachio.html. Accessed 11 Feb 2021
141. NextMove Software HazELNut. https:/ www.nextmovesoftware.com/hazelnut.html. Accessed 11 Feb 2021
142. Beard EJ, Cole JM (2020) ChemSchemati-cResolver: a toolkit to decode 2D chemical diagrams with labels and R-groups into annotated chemical named entities. J Chem Inf Model 60:2059–2072. https:/doi. org/10. 1021/acs.jcim.0c00042
143. Lowe DM (2012) Extraction of chemical structures and reactions from the literature. University of Cambridge
144. Boström J, Brown DG, Young RJ, Keserü GM (2018) Expanding the medicinal chemistry synthetic toolbox. Nat Rev Drug Discov 17:709–727. https:/doi.org/10.1038/nrd. 2018.116
145. Taylor RD, Maccoss M, Lawson ADG (2014) Rings in drugs. J Med Chem 57:5845–5859. https:/doi. org/10.1021/jm4017625
146. Visini R, Arús-Pous J, Awale M, Reymond JL (2017) Virtual exploration of the ring systems chemical universe. J Chem Inf Model 57:2707–2718. https:/doi.org/10.1021/ acs.jcim.7b00457
147. Brown DG, Boström J (2016) Analysis of past and present synthetic methodologies on medicinal chemistry: where have all the new reactions gone? J Med Chem 59:4443–4458. https:/doi.org/10.1021/acs.jmedchem. 5b01409
148. Roughley SD, Jordan AM (2011) The medicinal chemist's toolbox: an analysis of reactions used in the pursuit of drug candidates. J Med Chem 54:3451–3479. https:/doi.org/10. 1021/jm200187y
149. Vaswani A, Shazeer N, Parmar N, et al (2017) Attention is all you need. In: Advances in neural information processing systems. Neural information processing systems foundation
150. Schwaller P, Laino T, Gaudin T et al (2019) Molecular transformer: a model for uncertainty-calibrated chemical reaction prediction. ACS Cent Sci 5:1572–1583. https:/ doi.org/10.1021/acscentsci.9b00576
151. Schwaller P, Hoover B, Reymond J-L et al (2020) Unsupervised attention-guided atom-mapping. ChemRxiv. https:/doi.org/ 10.26434/chemrxiv.12298559.V1
152. Madzhidov T, Lin AI et al (2020) Atom-to-atom mapping: a benchmarking study of popular mapping algorithms and consensus strategies. ChemRxiv. https:/doi.org/10. 26434/chemrxiv.13012679.V1
153. Schwaller P, Vaucher AC, Laino T, Reymond J-L (2020) Prediction of chemical reaction yields using deep learning. Mach Learn: Sci Technol 2:015016. https:/doi.org/10. 1088/2632-2153/abc81d
154. Marcou G, Aires De Sousa J, Latino DARS et al (2015) Expert system for predicting reaction conditions: the Michael reaction case. J Chem Inf Model 55:239–250. https:/doi. org/10.1021/ci500698a
155. Gao H, Struble TJ, Coley CW et al (2018) Using machine learning to predict suitable conditions for organic reactions. ACS Cent Sci 4:1465–1476. https:/doi.org/10. 1021/acscentsci.8b00357

156. Elsevier Solutions Reaxys Chemical Data. https:/www.elsevier.com/solutions/ reaxys/features-and-capabilities/content. Accessed 11 Feb 2021
157. Zheng S, Rao J, Zhang Z et al (2020) Predicting retrosynthetic reactions using self-corrected transformer neural networks. J Chem Inf Model 60:47-55. https:/doi. org/10.1021/acs.jcim.9b00949
158. Gao H, Pauphilet J, Struble TJ et al (2021) Direct optimization across computer-generated reaction networks balances materials use and feasibility of synthesis plans for molecule libraries. J Chem Inf Model 61:493-504. https:/doi.org/10.1021/acs. jcim.0c01032
159. Bort W, Baskin II, Sidorov P et al (2021) Discovery of novel chemical reactions by deep generative recurrent neural network. Sci Rep 11:3178. https:/doi.org/10.1038/ s41598-021-81889-y
160. Vaucher AC, Zipoli F, Geluykens J et al (2020) Automated extraction of chemical synthesis actions from experimental procedures. Nat Commun 11:1–11. https:/doi. org/10.1038/s41467-020-17266-6
161. Steiner S, Wolf J, Glatzel S et al (2019) Organic synthesis in a modular robotic system driven by a chemical programming language. Science 363:eaav2211. https:/doi.org/10. 1126/science.aav2211
162. Angelone D, Hammer AJS, Rohrbach S et al (2021) Convergence of multiple synthetic paradigms in a universally programmable chemical synthesis machine. Nat Chem 13:63–69. https:/doi.org/10.1038/ s41557-020-00596-9
163. deepmatter DigitalGlassware®—chemistry platform to optimize your workflow. https:/www.deepmatter.io/ products/ digitalglassware/.Accessed 11 Feb 2021
164. Finnigan W, Hepworth LJ, Flitsch SL, Turner NJ (2021) RetroBioCat as a computer-aided synthesis planning tool for biocatalytic reactions and cascades. Nat Catal 1–7. https:/ doi.org/10.1038/s41929-020-00556-z
165. Griffen EJ, Dossetter AG, Leach AG, Montague S (2018) Can we accelerate medicinal chemistry by augmenting the chemist with Big Data and artificial intelligence? Drug Discov Today 23:1373–1384. https:/ doi.org/ 10.1016/j.drudis.2018.03.011
166. Schneider P, Walters WP, Plowright AT et al (2020) Rethinking drug design in the artificial intelligence era. Nat Rev Drug Discov 19:353–364. https:/doi.org/10.1038/ s41573-019-0050-3
167. Zhavoronkov A, Ivanenkov YA, Aliper A et al (2019) Deep learning enables rapid identification of potent DDR1 kinase inhibitors. Nat Biotechnol 37:1038–1040. https:/doi.org/ 10.1038/s41587-019-0224-x
168. Walters WP, Murcko M (2020) Assessing the impact of generative AI on medicinal chemistry. Nat Biotechnol 38:143–145. https:/doi. org/10.1038/s41587-020-0418-2
169. Zhavoronkov A, Aspuru-Guzik A (2020) Reply to ‘Assessing the impact of generative AI on medicinal chemistry’. Nat Biotechnol 38:146. https:/doi.org/10.1038/s41587-020-0417-3
170. Elton DC, Boukouvalas Z, Fuge MD, Chung PW (2019) Deep learning for molecular design—a review of the state of the art. Mol Syst Des Eng 4:828–849. https:/doi.org/ 10.1039/C9ME00039A
171. Chen H, Engkvist O (2019) Has drug design augmented by artificial intelligence become a reality? Trends Pharmacol Sci 40:806–809. https:/doi.org/10.1016/j.tips.2019.09. 004
172. Danziger DJ, Dean PM (1989) Automated site-directed drug design: a general algorithm for knowledge acquisition about hydrogen-bonding regions at protein surfaces. Proc R Soc London B Biol Sci 236:101–113. https:/doi.org/10.1098/rspb.1989.0015
173. Schneider G, Fechner U (2005) Computer-based de novo design of drug-like molecules. Nat Rev Drug Discov 4:649–663
174. Gillet VJ, Johnson AP, Mata P, Sike S (1990) Automated structure design in 3D. Tetrahedron Comput Methodol 3:681–696. https:/ doi.org/10.1016/0898-5529(90)90167-7
175. Nishibata Y, Itai A (1991) Automatic creation of drug candidate structures based on receptor structure. Starting point for artificial lead generation. Tetrahedron 47:8985–8990. https:/doi.org/10.1016/S0040-4020(01) 86503-0
176. Pearlman DA, Murcko MA (1993) CON-CEPTS: new dynamic algorithm forde novo drug suggestion. J Comput Chem 14:1184–1193. https:/doi.org/10.1002/ jcc.540141008

177. Douguet D, Thoreau E, Grassy G (2000) A genetic algorithm for the automated generation of small organic molecules: drug design using an evolutionary algorithm. J Comput Aided Mol Des 14:449–466. https:/doi.org/10.1023/A:1008108423895
178. Schneider G, Lee ML, Stahl M, Schneider P (2000) De novo design of molecular architectures by evolutionary assembly of drug-derived building blocks. J Comput Aided Mol Des 14:487–494. https:/doi.org/10.1023/A:1008184403558
179. Amabilino S, Pogány P, Pickett SD, Green DVS (2020) Guidelines for recurrent neural network transfer learning-based molecular generation of focused libraries. J Chem Inf Model 60:5699-5713. https:/doi.org/10. 1021/acs.jcim.0c00343
180. Enyedy IJ, Egan WJ (2008) Can we use docking and scoring for hit-to-lead optimization? J Comput Aided Mol Des 22:161–168. https:/doi.org/10.1007/s10822-007-9165-4
181. Ertl P, Schuffenhauer A (2009) Estimation of synthetic accessibility score of drug-like molecules based on molecular complexity and fragment contributions. J Cheminform 1:8. https:/doi.org/10.1186/1758-2946-1-8
182. Thakkar A, Chadimova V, Bjerrum EJ, et al (2021) Retrosynthetic accessibility score (RAscore)—rapid machine learned synthesiz-ability classification from AI driven retrosynthetic planning. Chem Sci 12:3339-3349. https:/doi.org/10.1039/ D0SC05401A
183. Coley CW, Rogers L, Green WH, Jensen KF (2018) SCScore: synthetic complexity learned from a reaction corpus. J Chem Inf Model 58:252–261. https:/doi.org/10.1021/acs. jcim.7b00622
184. Wildman SA, Crippen GM (1999) Prediction of physicochemical parameters by atomic contributions. J Chem Inf Comput Sci 39:868–873. https:/doi.org/10.1021/ ci990307l
185. Doak BC, Over B, Giordanetto F, Kihlberg J (2014) Oral druggable space beyond the rule of 5: insights from drugs and clinical candidates. Chem Biol 21:1115–1142. https:/ doi.org/10.1016/j.chembiol.2014.08.013
186. DeGoey DA, Chen H-J, Cox PB, Wendt MD (2018) Beyond the rule of 5: lessons learned from AbbVie's drugs and compound collection: miniperspective. J Med Chem 61:2636–2651. https:/doi.org/10.1021/ acs.jmedchem.7b00717
187. Zimmermann M, Zimmermann-Kogadeeva-M, Wegmann R, Goodman AL (2019) Separating host and microbiome contributions to drug pharmacokinetics and toxicity. Science 363:eaat9931. https:/doi.org/10.1126/sci ence.aat9931
188. Sheridan RP, Feuston BP, Maiorov VN, Kearsley SK (2004) Similarity to molecules in the training set is a good discriminator for prediction accuracy in QSAR. J Chem Inf Comput Sci 44:1912–1928. https://doi.org/10.1021/ci049782w
189. Miljković F, Bajorath J (2018) Computational analysis of kinase inhibitors identifies promiscuity cliffs across the human kinome. ACS Omega 3:17295–17308. https:/doi. org/10.1021/acsomega.8b02998
190. Richard AM, Huang R, Waidyanatha S et al (2020) The Tox2110K compound library: collaborative chemistry advancing toxicology. Chem Res Toxicol 34:189–216. https://doi. org/10.1021/acs.chemrestox.0c00264
191. Valdes G, Interian Y (2018) Comment on "Deep convolutional neural network with transfer learning for rectum toxicity prediction in cervical cancer radiotherapy: a feasibility study." . Phys Med Biol 63:068001. https:/doi.org/10.1088/1361-6560/ aaae23
192. Smith GF (2011) Designing drugs to avoid toxicity. In: Progress in medicinal chemistry. Elsevier B.V., pp 1–47
193. Manevski N, King L, Pitt WR et al (2019) Metabolism by aldehyde oxidase: drug design and complementary approaches to challenges in drug discovery. J Med Chem 62:10955–10994. https:/doi.org/10. 1021/acs.jmedchem.9b00875
194. Zhang JW, Xiao W, Gao ZT et al (2018) Metabolism of c-Met kinase inhibitors containing quinoline by aldehyde oxidase, electron donating, and steric hindrance effect. Drug Metab Dispos 46:1847–1855.

https:/ doi.org/10.1124/dmd.118.081919

195. Segler MHS, Kogej T, Tyrchan C, Waller MP (2018) Generating focused molecule libraries for drug discovery with recurrent neural networks. ACS Cent Sci 4:120–131. https:/doi. org/10.1021/acscentsci.7b00512
196. Brown N, McKay B, Gilardoni F, Gasteiger J (2004) A graph-based genetic algorithm and its application to the multiobjective evolution of median molecules. J Chem Inf Comput Sci 44:1079–1087. https:/doi. org/10.1021/ ci034290p
197. Brown N, Fiscato M, Segler MHS, Vaucher AC (2019) GuacaMol: benchmarking models for de novo molecular design. J Chem Inf Model 59:1096–1108. https:/doi.org/10. 1021/acs.jcim.8b00839
198. Polykovskiy D, Zhebrak A, Sanchez-Lengeling B et al (2020) Molecular sets (MOSES): a benchmarking platform for molecular generation models. Front Pharmacol 11:1931. https://doi.org/10.3389/fphar.2020.565644
199. RDKit open-source cheminformatics. http://www.rdkit.org
200. Benhenda M (2017) ChemGAN challenge for drug discovery: can AI reproduce natural chemical diversity? arXiv
201. Dixon SL, Koehler RT (1999) The hidden component of size in two-dimensional fragment descriptors: side effects on sampling in bioactive libraries. J Med Chem 42:2887–2900. https://doi.org/10.1021/jm980708c
202. Renz P, Van Rompaey D, Wegner JK et al (2020) On failure modes in molecule generation and optimization. Drug Discov Today Technol 32-33:55–63
203. Olivecrona M, Blaschke T, Engkvist O, Chen H (2017) Molecular denovo design through deep reinforcement learning. J Cheminform 9:48. https:/doi.org/10.1186/s13321-017-0235-x
204. Méndez-Lucio O, Baillif B, Clevert DA et al (2020) De novo generation of hit-like molecules from gene expression signatures using artificial intelligence. Nat Commun 11:1–10. https:/doi.org/10.1038/s41467-019-13807-w
205. Méndez-Lucio O, Zapata PAM, Wichard J et al (2020) Cell morphology-guided de novo hit design by conditioning generative adversarial networks on phenotypic image features. ChemRxiv. https:/doi.org/10. 26434/chemrxiv.11594067.v1
206. Grisoni F, Huisman BJH, Button AL et al (2020) Combining generative artificial intelligence and on-chip synthesis for de novo drug design. Sci Adv 7:eabg3338. https:/ doi.org/10.1126/sciadv.abg3338
207. Zhang J, Mercado R, Engkvist O, Chen H (2020) Comparative study of deep generative models on chemical space coverage. J Chem Info Model 61:2572-2581. https:/doi.org/ 10.1021/acs.jcim.0c01328
208. Jin W, Barzilay R, Jaakkola T (2018) Junction tree variational autoencoder for molecular graph generation. In: 35th international conference on machine learning, vol 2018. ICML, pp 3632–3648
209. Cieplinski T, Danel T, Podlewska S, Jastr-zebski S (2020) We should at least be able to design molecules that dock well. arXiv
210. Boitreaud J, Mallet V, Oliver C, Waldispühl J (2020) OptiMol: optimization of binding affinities in chemical space for drug discovery. J Chem Inf Model 60:5658–5666. https:/ doi.org/10.1021/acs.jcim.0c00833
211. Ståhl N, Falkman G, Karlsson A et al (2019) Deep reinforcement learning for multiparameter optimization in de novo drug design. J Chem Inf Model 59:3166–3176. https:/ doi.org/10.1021/acs.jcim.9b00325
212. He J, You H, Sandström E et al (2021) Molecular optimization by capturing chemist's intuition using deep neural networks. J Cheminform 13:26. https:/doi.org/10. 1186/s13321-021-00497-0
213. Blum LC, Reymond JL (2009) 970 million druglike small molecules for virtual screening in the chemical universe database GDB-13. J Am Chem Soc 131:8732–8733. https:/doi. org/10.1021/ja902302h
214. Steinmann C, Jensen JH, Steinmann C, Jen-sen JH (2021) Using a genetic algorithm to find molecules with good docking scores. PeerJ Physical Chemistry 3:e18. https:/doi. org/10.7717/peerj-pchem.18
215. Sterling T, Irwin JJ (2015) Zinc 15-ligand discovery for everyone. J Chem Inf Model 55:2324–2337.

https:/doi.org/10.1021/ acs.jcim.5b00559
216. Enamine screening collection. https:/ enamine.net/hit-finding/compoundcol lections/screening-collection. Accessed 17 Feb 2021
217. Stewart KD, Shiroda M, James CA (2006) Drug guru: a computer software program for drug design using medicinal chemistry rules. Bioorganic Med Chem 14:7011–7022. https:/doi.org/10.1016/j.bmc.2006.06.024
218. Skalic M, Sabbadin D, Sattarov B et al (2019) From target to drug: generative modeling for the multimodal structure-based ligand design. Mol Pharm 16:4282–4291. https://doi.org/10.1021/acs.molpharmaceut.9b00634
219. Reeves S, DiFrancesco B, Shahani V et al (2020) Assessing methods and obstacles in chemical space exploration authors. Applied AI Letters 1:e17. https:/doi.org/10.1002/ ail2.17
220. Thiede LA, Krenn M, Nigam A, Aspuru-Guzik A (2020) Curiosity in exploring chemical space: intrinsic rewards for deep molecular reinforcement learning. arXiv
221. Amodei D, Olah C, Steinhardt J et al (2016) Concrete problems in AI safety. arXiv
222. Bishop CM (2006) Pattern recognition and machine learning. Springer Science
223. Gal Y (2016) Uncertainty in deep learning. University of Cambridge
224. Mervin LH, Johansson S, Semenova E et al (2021) Uncertainty quantification in drug design. Drug Discov Today 26(2):474–489
225. Der Kiureghian A, Ditlevsen O (2009) Aleatory or epistemic? Does it matter? Struct Saf 31:105–112. https:/doi.org/10.1016/j. strusafe.2008.06.020
226. Zhang Y, Lee AA (2019) Bayesian semi-supervised learning for uncertainty-calibrated prediction of molecular properties and active learning. Chem Sci 10:8154–8163. https:/ doi.org/10.1039/c9sc00616h
227. Kar S, Roy K, Leszczynski J (2018) Applicability domain: a step toward confident predictions and decidability for QSAR modeling. In: Methods in molecular biology. Humana Press, pp 141–169
228. Aniceto N, Freitas AA, Bender A, Ghafourian T (2016) A novel applicability domain technique for mapping predictive reliability across the chemical space of a QSAR: reliability-density neighbourhood. J Cheminform 8:69. https:/doi.org/10.1186/s13321-016-0182-y
229. Svensson F, Aniceto N, Norinder U et al (2018) Conformal regression for quantitative structure-activity relationship modeling—quantifying prediction uncertainty. J Chem Inf Model 58:1132–1140. https:/doi.org/10.1021/acs.jcim.8b00054
230. Mervin LH, Afzal AM, Engkvist O, Bender A (2020) Comparison of scaling methods to obtain calibrated probabilities of activity for protein-ligand predictions. J Chem Inf Model 60:20. https:/doi.org/10.1021/acs.jcim.0c00476
231. Ovadia Y, Fertig E, Ren J et al (2019) Can you trust your model's uncertainty? Evaluating predictive uncertainty under dataset shift. arXiv
232. Wu Z, Ramsundar B, Feinberg EN et al (2018) MoleculeNet: a benchmark for molecular machine learning. Chem Sci 9:513–530. https:/doi.org/10.1039/c7sc02664a
233. Doshi-Velez F, Kim B (2017) Towards a rigorous science of interpretable machine learning. arXiv
234. Gilpin LH, Bau D, Yuan BZ et al (2018) Explaining explanations: an overview of inter-pretability of machine learning. arXiv
235. Ribeiro MT, Singh S, Guestrin C (2016) "Why should i trust you?" Explaining the predictions of any classifier. In: Proceedings of the ACM SIGKDD international conference on knowledge discovery and data mining. association for computing machinery. pp 1135–1144
236. Rudin C (2019) Stop explaining black box machine learning models for high stakes decisions and use interpretable models instead. Nat Mach Intell 1:206–215
237. Xie N, Ras G, Van Gerven M, Doran D (2020) Explainable deep learning: a field guide for the uninitiated.

arXiv

238. Karimi M, Wu D, Wang Z, Shen Y (2021) Explainable deep relational networks for predicting compound-protein affinities and contacts. J Chem Inf Model 61:26. https:/doi. org/10.1021/acs.jcim.0c00866
239. Li S, Wan F, Shu H et al (2020) MONN: a multi-objective neural network for predicting compound-protein interactions and affinities. Cell Syst. https:/doi.org/10.1016/j.cels. 2020.03.002
240. Allen TEH, Wedlake AJ, Gelžinyte˙ E et al (2020) Neural network activation similarity: a new measure to assist decision making in chemical toxicology. Chem Sci 11:7335–7348. https:/doi.org/10.1039/ d0sc01637c
241. Stuard SB, Heinonen T (2018) Relevance and application of read-across—mini review of European consensus platform for alternatives and scandinavian society for cell toxicology 2017 workshop session. Basic Clin Pharmacol Toxicol 123:37–41. https:/doi.org/10. 1111/bcpt.13006
242. Callaway E (2020) “It will change everything”: DeepMind’s AI makes gigantic leap in solving protein structures. Nature 588:203–204

第2章

机器学习在药理学和ADMET终点建模中的应用

摘　要：近年来，众所周知的定量构效关系（QSAR）概念引起了研究人员的极大兴趣。数据、描述符及算法是构建实用模型的主要支柱，而这些模型可支持使用计算机方法进行更为高效的药物发现过程。上述三个领域的重大进展是人们重新对这些模型燃起兴趣的重要原因。本章主要综述了各种基于化合物体外、体内测试数据的机器学习（ML）方法，以及其他数字药物发现方法，并介绍了一些具体应用实例。

关键词：人工智能（AI）；机器学习（ML）；深度神经网络（DNN）；ADMET计算机模拟；定量构效关系（QSAR）；药理学终点（pharmacological endpoint）；数据科学；数据FAIR化；理化性质

2.1 引言

药物主要靶点的药理活性，以及吸收、分布、代谢、排泄和毒性（ADMET）是发现和优化新药的主要参数。

这一点早已得到认可，制药/生物技术公司和学术机构斥巨资开发新的分析测试方法并提高检测能力，从而以高质量的分析方式来表征数百万个化合物。已积累的构效关系（structure activity relationship，SAR）和构性关系（structure property relationship，SPR）数据可能是一笔重要财富，并有可能对已进行特定项目之外的研究产生影响。计算研究课题组一直使用这些数据，以通过计算机模拟寻找新的先导化合物结构，了解某些ADMET终点的基本原理，以及开发辅助将先导化合物优化成药物的计算机模型[1]。这些模型的主要目标不是减少体外或体内ADMET实验的总数，而是让科学家能够更好地将其实验集中于最有希望的化合物。

本章主要概述了适用于模拟与早期药物发现阶段，决策相关化合物性质的先决条件和计算方法，并通过过去20年间拜耳（Bayer）公司开发的计算机模拟ADMET方法对其进行补充。我们将重点讨论ADMET性质，但不涵盖蛋白化学计量学（proteochemometrics）[2]、靶点和脱靶相互作用的相关靶点分析[3-5]，以及多向药理学（polypharmacology）[6-8]等领域。多向药理学即识别、设计或使用作用于多个靶点或疾病通路药物的学科。

概念上不同的基于蛋白结构的计算机模拟ADMET方法，也不在本章的讨论范围。在这一方法中，化合物与特定蛋白的相互作用对ADMET性质至关重要，因此被建模并用于设计更好的化合物。这种方法要求ADMET效应与单个ADMET相关的蛋白（如CYP450酶、PXR、hERG、PgP和HAS等）明显相关，同时需要这些蛋白的高分辨率X线结构。有关此类方法应用和效用的讨论，可参见相关参考文献[9, 10]。最近在冷冻电子显微镜方面取得的成功（如整体hERG通道[11]），将对该领域产生重大的积极影响。

在本章中，我们专注于第二种概念方法，即利用机器学习（ML）将许多化合物的体外、体内测量数据用于AI模型的构建。我们总结了相关综述、研究，以及拜耳公司在ML方面的经验，并讨论了定制化的分子、原子描述符及算法的最新进展，如深度神经网络（deep neural network，DNN）。最后介绍了一些精心选择，且特别强调整体药物发现方法的应用实例。

基于结构和基于ML的方法都可应用于对分子及其相互作用的描述，而这些描述是根据经验或基于物理学得出的。经验函数的实例包括对接分数，以及下文中所描述分子的大多数数值描述符。

另外，基于物理的方法使用物理定律来描述分子系统。在量子力学（quantum mechanics，QM）中，分子系统完全由其电子结构决定。求解通过电子波函数描述系统的薛定谔方程（Schrödinger equation），可以获得所研究系统的能量。由于薛定谔方程的精确解仅适用于最小的系统，因此出现了对精确公式的近似值。而近似的类型和程度与计算成本相关，并在不同的QM方法之间有所区别。到目前为止，行业中最常用的QM方法是密度泛函理论（density functional theory，DFT），这主要是由于其具有有益的成本-精度比。

有一些性质，如化学反应性、键能或电子光谱，只有使用QM才能被准确捕获。在关于原子描述符的内容中，我们将提供通过QM计算所衍生出的分子抽象的例子。

在分子力学（molecular mechanics，MM）中，分子系统完全根据粒子（如原子）的位置和动量来描述。系统的势能可以由对势（pairwise potential）给出。对势也称为力场（force field），其确定了所有键合和非键合的相互作用。求解牛顿运动方程[12]，可以像在分子动力学（molecular dynamics，MD）模拟中那样研究分子系统的动态演化。假定对构象空间进行足够采样并使用自由能评估器，如多状态贝内特接受率（multistate Bennett acceptance ratio，MBAR）[13]，可以从MD模拟数据中推导出用以描述如蛋白-配体结合的自由能差异，更多信息请参见相关参考文献[14-16]。自动化、方法学和计算能力的重大进步使得分子动力学和精确的自由能计算在工业中得到越来越多的应用[17]。下文将列举应用实例来展示如何利用这种方法。

2.2 ML在ADMET问题中的应用

2.2.1 良好ADMET配置文件的重要性

从20世纪90年代开始，甚至到21世纪初，新药研发仅靠靶点亲和力和选择性还不足以将药物推向市场。而良好的理化性质和PK参数同样特别重要，因为迄今为止全球市场上约80%的剂型都是口服药物，这对患者而言是最为方便的[18]。此外，其他给药途径也对药物的性质提出了特殊要求，如在静脉给药的情况下需要药物具有非常高的溶解度。

在2000年左右，愈加明显的情况是，新药研发后期阶段的失败与不良的化合物性能直接相关。科拉（Kola）和兰迪斯（Landis）在2004年[19]发表的文章中指出，在1991～2000年，由于PK和生物利用度（bioavailability）导致的失败率显著下降（从42%降至10%）；而在同一时期，由于毒理学和临床安全性导致的失败率则显著增加，这归因于化合物的大小和亲脂性的增加。阿斯利康、葛兰素史克（GSK）、辉瑞（Pfizer）和礼来（Eli Lilly）联合发表的综述文章也证实了上述结论[20]。

确定理化参数（physicochemical parameters）决定候选药物风险因素的首次尝试之一是利平斯基（Lipinski）关于成药五规则（rule of five）的开创性工作[21]。文洛克（Wenlock）[22]、利森（Leeson）[23]和格利森（Gleeson）[24]等几位研究人员进一步分析了性质特点及其与体外效力（potency）和ADMET的联系。由此产生了其他的替代规则，如韦伯规则（Veber rule）[25]、格利森的“可解释性ADMET经验规则”（interpretable ADMET rules of thumb）[26]、“金三角”（golden triangle）[27]，以及类先导化合物（lead-like compound）的三原则（rule of three）[28]。

ADMET ML模型是从定量构效关系（QSAR）和定量构性关系（QSPR）等领域发展而来的，起源于20世纪70年代[29]，最初是线性相关模型。2003年建立的包含18 000个模型的C-QSAR数据库[30]，以及最近发表的综述证明了这种方法的广泛应用[31, 32]。

ML模型的重要性可以通过分析谷歌趋势（Google Trends）报告的互联网搜索频率和谷歌学术（Google Scholar）报告的出版物数量来说明。

谷歌趋势（https://trends.google.com）通过与客户执行的总查询量相比的频率来衡量某些术语和关键词随时间的流行程度。将限制条件设置为“全球”（worldwide）和“所有类别”（all categories），以月为精度，在2004年1月至2020年10月，对“QSAR”“ML”“深度学习（deep learning，DL）”和“ADMET”这四个组合术语进行了趋势分析。分析中将整体最高重要性术语的趋势分数设置为100，而如果该术语的相关性不明显高于所有索引术语的平均值，则最低分数设置为零。

每年汇总的数据如图2.1a、b所示。与“ML”相比，“QSAR”一词并不是很突出，2004年的最高得分为4.8分，并在2012年下降至1分左右。而“ADMET”的得分始终在1分左右。另外，“ML”的得分最初维持在10～20分，从2015年开始其重要性显著上升，到2019年达到91的高分（12个月内的平均值），这说明其得到普遍应用。“DL”作为ML

的一个分支学科，也在2015年左右开始“崛起”，但其最高分在40分左右。尽管趋势分析很有启发性，但我们必须牢记，其始终只是一种相对的衡量标准。例如，将“ML”与可能非常流行的术语“气候”进行比较，二者在2004～2020年的平均得分分别为12分和42分，2020年的平均得分则分别为56分和68分。而比较2020年“ML”和“BMW”（宝马）这两个术语的情况，其得分则分别为1分和83分，这也更加明显地显示了分数的相关性，说明了科学术语和一般兴趣术语之间的差异。

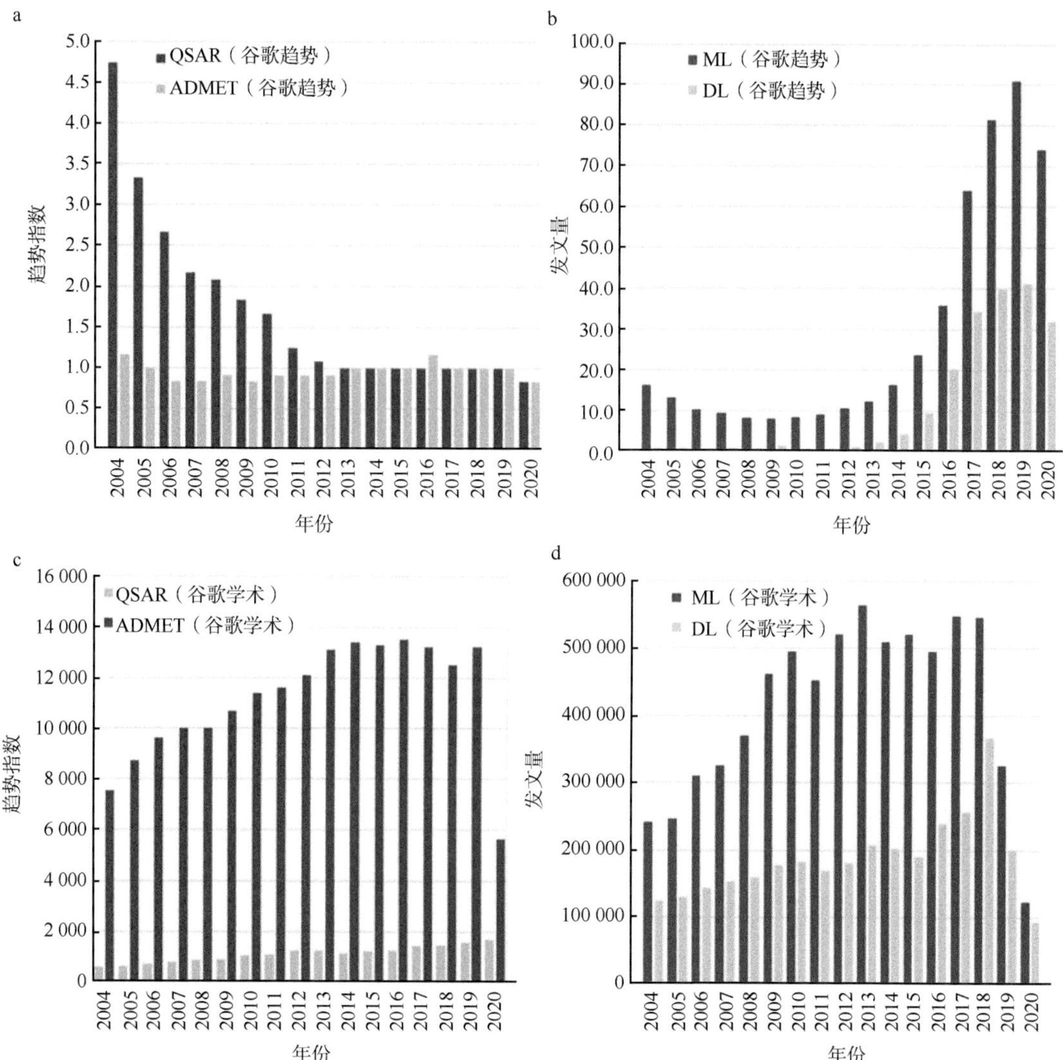

图2.1　术语QSAR和ADMET（a）、ML和DL（b）在2004～2020年的出现趋势分析。搜索设置为“worldwide”“all categories”和“web search”。c和d为对应的谷歌学术搜索结果

第二个分析是根据谷歌学术（https：//scholar.google.de）搜索提供的每年包含特定术语的出版物数量，进行该搜索时设置为“任何语言”，且不考虑“专利”和“引文”。虽然谷歌所报告的数字只是估计值而非确切数字，但仍然可以用来评估总体趋势。

随着时间的推移，带有“QSAR QSPR”一词的出版物数量增加了近3倍，从620增加

至1700（图2.1）（可能与多年来出版物的总体增长同步）。其他搜索项的增幅仅为2倍或更少。相比于“QSAR QSPR”，“ADMET”的相关数量要高出10倍，而“ML”和“DL”的相关数量则分别高出400倍和200倍左右，且后者在2017年左右才开始增加。需要注意的是，一项研究的实施和发表之间存在一定的时间延迟。2018年，术语“气候”和“BMW”的搜索量分别为393 000和18 200，而“ML”的搜索量为547 000。

可以明显地发现，“ML”在科学界和公众中是一个相关的话题，术语越具体，重要性越低，而“QSAR”目前已经“过时”了。但相对于QSAR，数据驱动模型与药物发现及任何其他学科都具有高度相关性。

2.2.2 数据、描述符、算法与指标

任何ML模型呈现的都是一个或多个可观察数据终点之间的数学相关性，即因变量，以及对要建模对象的描述。在我们的实例中，化学分子通过描述符即自变量来建模。虽然早期应用的算法是如同多元线性回归这样的线性算法，但研究人员很快发现，相互依赖关系实际上是非线性的，这促进了越来越复杂算法的开发，如贝叶斯方法（Bayesian method）、支持向量机（SVM）、随机森林、人工神经网络（artificial neural network，ANN）等。现已证明，通过应用更复杂的方法获得的额外预测性收益会逐级恶化[33]。

下文将讨论稳定和可预测模型的三个关键要素：数据、描述符和算法。此外，还将介绍用于识别这些要素的指标，并讨论模型更新的最佳实践过程和策略。

2.2.3 数据是关键

任何ML模型的基础数据都将决定模型的质量和稳健性。而这一事实却以某种方式被学术界ML相关的大量出版物所掩盖，因为这些出版物主要围绕新颖的描述符和算法。数据主要有两种类型，即化学结构和已知的分析数据。这两种类型的数据都需要经过一些数据管理步骤的处理[34, 35]，然后才能应用于ML。

2.2.3.1 实验分析数据

在制药行业，实验数据通常存储在企业数据库中并可直接访问，但这并不意味着这些数据已经为ML做好了现成的准备。分析定义和上传程序通常以允许研究项目直接使用数据的方式进行设置，但却没有考虑到进一步的使用，如分析参数通常是自由文本而不是受控词汇，重要信息存储在评论中，分析描述过于简短且无法不言自明。

2016年3月，一份由科学家联合会[36]发表的文章概述了四个基本原则，即可发现性、可访问性、互操作性及可重复使用性（findability，accessibility，interoperability，and reusability），简称为“FAIR原则”。该原则描述了FAIR化进程（https://www.go-fair.org/how-to-go-fair），即一个用以清理历史数据和建立面向未来的新数据库的过程。虽然这些原则最初是作为学术倡议而提出的，但目前已被行业所采纳，用以提高数据质量，以及对

历史和未来数据的访问，并允许从其他非连接、不完整和混杂的数据中获得见解。

对于ML，需要提取感兴趣的分析数据，并排除不明确的结果。如布朗（Brown）等所述，在此过程中，与实验者的密切沟通对数据科学家而言是至关重要的，因为多个实验参数决定了建模时应该使用哪些数据，以及应该排除哪些数据[37]。

一个分析报告主要由四部分组成：生物或理化测试系统、检测方法、技术基础设施，以及最后的数据分析和处理。在Caco-2渗透性试验中，生物系统可能是人结肠细胞；在CYP450抑制试验中，生物系统可能是与蛋白的相互作用；而在体内试验中，生物系统可能是实验动物。检测方法可以通过高效液相色谱法（HPLC）对受试化合物进行分离、鉴定和定量，也可以采用紫外可见光谱法（UV）。技术基础设施由许多组件组成，如玻璃器皿、塑料管、移液器及孔板，并由全自动机器人系统运行。数据分析则包含许多最终步骤，如基于原始数据点进行曲线拟合以确定IC_{50}值。

生物系统具有一定的可变性，如细胞活性和细胞数量的差异，或蛋白活性和质量的差异。即便从测试系统中以非常小的间隔采集样本，也可能增加数据的可变性。检测方法也具有一定的可变性。对于UV而言，高度依赖于被测分子中是否存在合适的发色团。检测方法定义了测试的下限和上限，从而得到带有前缀“＜”或“＞”的值，即所谓的截尾值（censored value）。

此外，靶组织中的最大暴露量还取决于物质的最大溶解度。将受试化合物储存为二甲亚砜（DMSO）储备液，然后将其稀释，使得最终DMSO含量为1%。即使DMSO的含量已如此之低，但仍然可能导致细胞活性降低并干扰检测结果。

高亲脂性化合物对玻璃或塑料部件（如移液器）的黏性降低了化合物的可用浓度，使其与表观浓度相比，产生了过高的错误值。部分溶解或沉淀也会改变测试系统中化合物的实际浓度。此外，化合物的纯度通常低于100%且结晶状态通常不明确。

对于大多数化合物而言，仅进行一次测试，这一事实阻碍了对错误测试和异常值的识别。总之，这将导致输入模型中的数据存在一定的可变性，从而决定了可实现的预测性。布朗等[37]分析了亲和力测试中65 000个pIC_{50}的变异性，并得出该分布的中位误差为0.3 log单位（对应于IC_{50}值的2倍）。而根据测试指导手册[38]，这是一个性能良好测试的预期变异性。

2.2.3.2　化学结构标准化

尽管化学结构已在公司或公共数据库中注册，或以文件的形式提供，但按照原化学结构进行使用时仍可能产生潜在的缺陷。数据库包或用于写入文件的软件虽可检测并修复明显的语法错误，但也仅限于此。杨（Young）等对6个公共和私人数据库进行的一项研究[38]给出了0.1%～3.4%的错误率，并证明了包含错误分子会导致模型精度的显著下降。

化学结构文件格式因涵盖化学的程度不同而有所不同。例如，SMILES[39]码无法编码“OR”，即立体化学或相互依赖的立体中心集合。而这可以通过之前MDL，以及目前Biovia（2002-2020达索系统）制定的SDF标准[39, 40]，或国际化学标识符InCHi[41]实现。众所周知，SMILES表示法也存在“方言”，我们应该明白不同软件之间所表现出的细微差异。因此，对于模型训练和应用，整个操作过程中化学结构文件格式应该保持不变。

结构标准化是一个多步骤过程[42]，根据具体情况，可能会有细微的差异，但总体过程总是相同的。由于目标是对分子进行某种方式的标准化，以实现对分子描述符的计算（后文会详细讨论），只需保留可以通过这些特征进行明确描述的分子特征即可。而对于电荷态、立体化学和互变异构态，则需采用严格的规则来优化描述符的信息内容。这里的最大目标是提出一个标准化协议，该协议不仅适用于模型的训练，也适用于模型的应用（图2.2）。

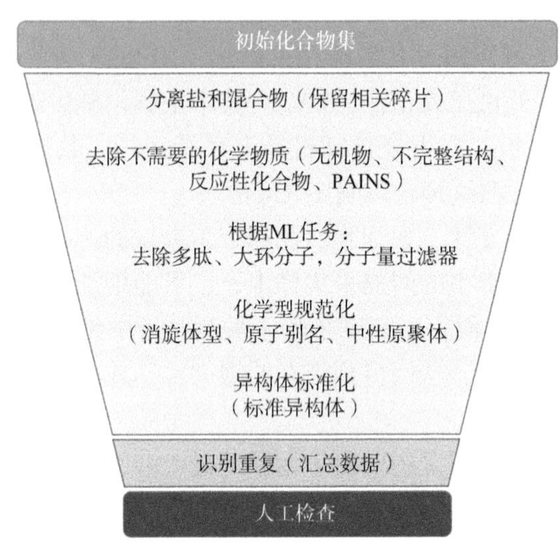

图2.2 化学结构的一般管理工作流程

PAINS，pan-assay interference compounds，假阳性化合物

首先，分离盐和混合物，保留最大的片段或应用盐的匹配模式列表，从而产生一个精确的化学实体。然后，使用过滤器去除不需要的化学物质，如无机物或金属有机化合物，以及不完整的结构。依赖于建模任务，基于分子量或结构模式匹配性的多肽或大环化合物等分子量较大的分子也必须被过滤掉。如果确定了所述药理活性化合物的实验性质，则可能需要断开前药的离去基团。

芳香环和杂环体系等官能团，以及如硝基等存在于多重内消旋表示中的官能团也需要被归一化，而原子别名（如COOH和Me分别作为羧基和甲基的缩写）必须被解析成显式原子。除了立体化学中需要的显式氢原子外，化学结构存储时通常不含氢原子。不一致的氢原子处理方式可能会导致不同的描述符值[42]。

分子的电荷状态和互变异构体形式取决于实验条件，如溶剂化或与不易确定的生物靶点的定向相互作用。因此，需要尽可能中和酸性或碱性官能团以获得整体中性配体。当然，也会有永久带电的官能团，如季铵。

化合物可以以多种互变异构形式存在[43]。化合物的药理学相关形式可能因靶点蛋白的不同而不同，并且依赖于溶剂。没有简单明确的方法来计算化合物的相关形式[44]。另外，对于数据集内的同类化合物，易发生互变异构的子结构可能会以不同的方式显示，这对于化合物的后续预测而言是更大的问题。一种可行的解决方案是对规范互变异构体形式进行严格的标准化[45, 46]。根据实施的规则集和搜索策略，不同的软件工具将再次产生不同的规范互变异构体。有关综合基准，请参阅AMBIT出版物，如参考文献[47]。

化合物不仅以不同的互变异构体和电荷状态存在，而且还以纯立体异构体和外消旋体的形式存在。同样，数据库和文件中提供的信息也并不完全可信，这不仅是由于软件之间存在细微差异，而且还取决于立体化学解析应用分析过程的可靠性，以及实验室人员的正确报告。无论如何，大多数描述符包都无法处理立体化学信息，因此立体中心被扁平化处理。

最后，在对靶点亲和力进行建模的情况下，可以在PAINS或“Hit Dexter”[48, 49]等常用预测工具上额外应用结构过滤器，以避免非特异性结合数据引起的噪声。

基于上述问题的考量，作为创新医学倡议（innovative medicine initiative，IMI，http：//www.imi.europa.eu）的一部分，欧盟资助的财团MELLODDY（www.melloddy.eu）已经开发并发布了一个名为MELLODDY_tuner（http：//www.mel loddy.eu/open-source-code-bases）的端到端开源工具。该工具可用于标准化项目所需的数据，以成功实现联合和隐私保护的ML，以利用全球已知生化或细胞活性的最大小分子集合，进而实现更准确的模型预测，提高药物发现的效率。

2.2.3.3　ML 分析数据的预处理

对于同一来源的实验数据，如在公司中建立和运行的测试，其数据的策展过程通常需要很长一段时间。不同来源数据的组合则带来了更大的挑战。正如克拉默（Kramer）等所描述的，对于从ChEMBL 12中提取的2540个蛋白-配体对的7667个亲和力数值，其平均误差为0.44 pK_i单位[50]。但即使是细微的实验细节也可能导致严重的不一致[51]。另一种方法是建立一个多任务ML模型（请参阅2.4节），该模型预测一个实验的数值，并使用另一个变量作为辅助任务（helper task）。

在最优设置中，数据存在于实验层面，即每次进行的实验都有一个结果，并且对于IC_{50}或EC_{50}这类推导的结果，所有用于曲线拟合的测试点都是可用的，并允许识别弱曲线拟合。

需要管理的数据包括三类：带有附加注释的数据、截尾数据（censored data），以及包含多个测试值（包括离群值）的结构。例如，“未完全溶解”或“存在校准问题”等附加在化合物上的注释可以过滤掉不可信的实验。截尾数据是指在检测窗口或连续稀释窗口之外的数据。此类数据通常以前缀“＞”表示高截尾数据，以“＜”表示低截尾数据。如果测定的检测限发生变化，也可能会存在中间截尾数据。对于分类器模型（后文介绍），可以使用此类数据，因为其属于其中一个类。而对于数值模型，必须将其排除在外，否则需使用专门的截尾回归算法[52]。不管何种模型，应始终删除中间截尾值。由于截尾值的实际实验值或者低于给定的数值，或者高于给定的数值，通常在实践中分别在左截尾和右截尾数据的情况下将其除以或乘以因子2。

对多个值的处理是最复杂的主题，且没有一个放之四海而皆准的解决方案。首先，其取决于所应用化学结构的聚合态。基于特定批次分子的多个值可以识别检测本身的可变性。如果存在严重的异常值，那么检测原理本身可能存在问题。分子水平聚合态的离群值暗示了批次变异性，即化合物纯度的变异性；此外，如果涉及多种盐型，则盐型也将有影响。但如前所述，至少在大多数情况下是基于无立体化学的最大碎片进行聚合的。通过这一点，我们可以接受由于批次、盐型和立体化学差异而产生的可变性。

在任何此类聚合的级别上，都必须对离群值进行处理。去除是最严格的方法，需要一个复杂的策略，且该策略会因检测方法的不同而异。通常，如果值与数据分布相差2个或3个标准偏差，则该值被认为属于离群值，这对于只具有少量值的体系，以及具有截尾值争议的体系而言是有问题的。对于脱靶分析，如ADMET组合，我们决定应用最高风险值，如CYP或hERG抑制情况下的最低值，或者比平均值更能抵抗离群值的中值。

2.2.3.4 数据管理的努力及其重要性的实例

如前所述，杨等的研究表明[53]，包含错误分子会导致模型准确度的显著下降。我们先前的研究中也偶然观察到相同结果。

下文将介绍两个实例，以说明数据管理所必需的大量努力，以及基于此努力所获得的成功。几年前，在与Simulations Plus的合作中，拜耳公司提供了19 500个具有实验pK_a值的化合物，然后将这些化合物与来自公共资源的数据相结合。拜耳公司精心设计和注释的结构与最先进ML的结合产生了一个新的模型，该模型的平均绝对误差从0.72个对数单位减少至0.5个对数单位[54]，从而使其成为性能最好的pK_a模型之一[55]。

为了模拟药物的代谢结果并创建用于Ⅰ相和Ⅱ相药物代谢的代谢位点（site-of-metabolite，SoM）模型，我们严格管理了来自多个数据源的化学转化。在第一次名为CypScore的尝试中[56]，我们从文献中提取了大约2400种代谢转化。在第二次尝试中，我们将这些数据与来自Accelrys代谢物数据库（http：//www.akosgmbh.de/accelrys/databases/metabolite.htm）中经过仔细挑选和清理的信息相结合，产生了18 000个高质量的代谢反应，实现了CYP450介导的代谢反应模型的质量提升，也适用于非CYP[57]和Ⅱ期酶介导的代谢[58]。

2.2.4 ML算法

2.2.4.1 监督ML算法在药物发现中的应用纵览

能够预测化学结构的标签或结果变量的化学信息学模型是基于监督ML（supervised machine learning）算法而建立的。这些监督学习算法的共同点是其将化学描述符作为输入，将测试数据作为所需的输出进行处理。米切尔（Mitchell）[59]和罗（Lo）[32]等详尽介绍了当今药物发现中使用ML算法的基本原理和局限性。此外，最近发表了一项关于应用于化学健康和安全的ML算法的系统研究[60]。

在大约20年前，即21世纪初，研究者开发了一些在化学信息学领域相互竞争的监督ML算法，其中包括线性模型，如偏最小二乘法（partial least square，PLS）；以及非线性模型，如SVM和人工神经网络（ANN）。线性模型已经流行了一段时间，这归因于其预测理化参数的能力，如依赖于增量化学碎片方法的log P预测[61]；此外，也得益于源自哈米特方程（Hammett equation）和塔夫脱方程（Taft equation）的线性自由能关系（QSAR）长期存在的概念。

然而，对生物测试数据的预测往往更为复杂，而且并不总是线性相关。由于在许多生物测试中，化合物通过对一个或多个蛋白（或其他生物分子）的识别而发挥作用，而这些化合物与蛋白结合的过程并不是递增的，而是相反的，偶尔会突然不连续，即所谓的活性悬崖（activity cliffs），因此需要非线性算法预测相关的生物学数据也就不足为奇了。例如，当时拜耳公司通过比较非线性监督算法，如SVM、ANN和κ最邻近域法（kappa nearest neighbor，KNN），以获得化合物“激酶相似性”的最佳预测因子[62]；或优先使用SVM来评估“类药性”[63]。

在此之前，决策树（decision trees，DT）也被用作化学信息学中的非线性方法，但大多数情况下都只能实现有限的成功，这是因为在工业应用中，DT模型非常不稳健。在此过程中，基于利奥·布雷曼（Leo Breimann）的工作，由树的集合组成的RF似乎比DT更稳健，前者在许多应用中普遍表现良好[64]。大约从2005年开始，人们对RF的兴趣逐渐增加，但代价是对SVM和神经网络等其他非线性算法的兴趣减少（图2.3）。虽然神经网络的流行程度缓慢下降，但由于更强有力的CPU，特别是GPU（图形处理单元）硬件的出现，从2015年起神经网络再次恢复了增长势头[65]。这使得在深度神经网络（DNN）中可以使用具有更多隐藏层的更复杂体系结构。与避免梯度消失的技术（如线性整流函数，rectified linear unit，ReLU）或与避免出现过拟合问题的方法（如随机失活）相结合，使得2015～2020年DL领域获得巨大突破[66]。

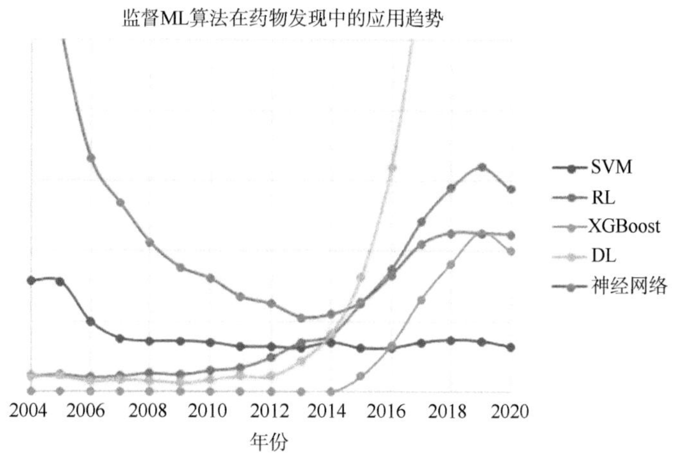

图2.3　5种ML算法的流行趋势比较

值得注意的是，在过去的20年间，人们对DL的兴趣有增无减，对RF的兴趣也在平稳增加。RF的稳步改进源于各种“提升树”（tree boosting）技术的发展。从1997的Adaboost开始[67]，即圣什尼克（Svetnik）[68]等在QSAR中使用弗里德曼（Friedman）的随机梯度提升（stochastic gradient boosting，SGB），再到陈（Chen）和古斯特林（Guestrin）[69]的极致梯度提升（extreme gradient boosting，XGBoost），都从现有梯度增强算法中开展优化，结合了多种其他特征。在2014年，XGBoost意外地赢得了希格斯ML挑战赛（Higgs machine learning challenge)。此后，这种新算法得到广泛应用，不仅因为XGBoost总体的良好性能，还因为其高效、灵活和便携的优势。

2.2.4.2 监督ML算法在药物发现行业中的优缺点

值得注意的是，在过去的20年间，与高效的现代非线性算法相比，像PLS或HQSAR（描述符和PLS的组合）这样的线性ML算法偶尔会在性能上仍具有竞争力，尽管前提是期望的输出是“理化性质”的增量属性，如 log *P*、log *D*、溶解度和膜亲和力。同时，这些增量属性也可在具有多任务设置的卷积神经网络（CNN）中建模（参见2.2.9）[70]。

在监督ML的非线性算法中，长期以来RF一直是拜耳公司ADMET平台的首选方法，原因如下：①与ANN、SVM和KNN相比，通过结合圆形指纹，RF模型的性能通常最高且非常稳健；②决定RF算法配置的已有超参数通常是最优的，不需要像SVM那样需要进行检索和优化，因此RF可以稳健地应用于自动再训练预测平台；③集合模型（如RF）所带来的“投票分数”（fraction of votes）可用于个体预测置信度的度量。

DL的出现并没有自动取代RF在拜耳公司预测平台中的突出地位。在大多数药物发现先导化合物优化项目中，分子数量保持适中（即＜3000），而且DNN在构建QSAR模型方面并不优于RF。在性能方面，如果数据集非常大，DNN将成为主要关注对象。相反，DNN在药物发现中的优势似乎是：①不需要特征工程，这意味着特征可以在过程中被设计和学习，如图卷积网络（graph-convolutional network）[70]；②神经网络输入可以非常灵活，这意味着即使数据是非结构化或来源不明的，也可以对模型进行训练。换言之，即使数据的格式不同（如组合图像数据、光谱数据、活性数据等），我们也可以合并数据；如果专有数据的高度机密性得到保护，工业资产所有者可以保留对其信息的控制权和所有权，如在MELLODDY（www.melloddy.eu）中，也可以进行数据合并。

2.2.5 描述符

尽管化学家对分子的视角通常是二维图，但现实中分子是由原子核和电子组成的相互作用、动态、多构象、灵活的实体。用于计算化学分子的任何表示都将始终是抽象的，并会丢失部分信息。对于化学信息学和ML中使用的分子表示尤为如此。

2.2.5.1 分子描述符

在大多数ML场景中，机器学习了化学结构和分子性质之间的相关性，如与溶解度或靶点亲和力相关的情况，因此这些抽象概念被导出为整个分子的描述符。

描述符的分类包括不同的方案。最基本的区别是分子描述符和原子描述符之间的差别，后文将展开讨论。此外，也可以区分不同的实验描述符，如log *P*、熔点、摩尔折射率等。再者，还可以区分上述实验描述符和源自分子结构的理论描述符。

我们遵循维基百科（https：//en.wikipedia.org/wiki/Molecular_descriptor）的分类方案，

其定义了以下5个主要类别。

（1）0D描述符（即结构描述符、计数描述符）。

（2）1D描述符（即结构片段列表、指纹）。

（3）2D描述符（即图形不变量）。

（4）3D描述符（如3D-MoRSE描述符、WHIM描述符、GETAWAY描述符、量子化学描述符，尺寸、空间、表面和体积描述符）。

（5）4D描述符（如源自GRID或CoMFA方法的描述符、Volsurf描述符）。

由托代斯基尼（Todeschini）和康森尼（Consonni）发表的《分子描述符手册》（*Handbook of Molecular Descriptors*）[71]全面汇编了自20世纪50年代以来产生的大约1800种描述符。下文将重点关注一些代表性描述符。

0D描述符，即分子性质，如分子量或亲脂性，以及如供体、受体、环、卤素的数量等计数值。0D描述符虽然很直观，但不能提供太多信息。此外，由于其高度相关，这进一步减少了信息内容，**表2.1**显示了用于利平斯基5原则[21]的皮尔逊（Pearson）相关系数和用于随机选择1%拜耳化合物库（Bayer compound deck）的韦伯[25]参数[72]。

表2.1　利平斯基（浅灰色）和韦伯（深灰色）参数的性质相关性。利平斯基参数为受体原子数（#Acc）、供体原子数（#Don）、分子量（MW）和亲脂性（*a*log *P*；在最初的文献中为*c*log *P*）。韦伯参数是可旋转键的数量（#rotbonds）、极性表面积（PSA），以及供体和受体的数量之和（#DonAcc）

性质	#Acc	#Don	MW	*a*log *P*	#rotbonds	PSA	#DonAcc
#Acc	1	0.40	0.59	−0.28			
#Don		1	0.24	−0.17			
MW			1	0.45			
*a*log *P*				1			
#rotbonds					1	0.4	0.47
PSA						1	0.85
#DonAcc							1

根据维基百科的描述，作为1D描述符（位或数字的向量）的结构指纹开始于20世纪80年代，其使用日光指纹（daylight fingerprint）[73]作为快速查询化学结构数据库的手段。之后很快发现日光指纹及其相关类似描述符，如MACCS键（MACCS 结构键，2011年，Accelrys，圣地亚哥，加州）是可用于ML的强劲描述符，这些描述符属于位向量，其中每个位表示预定义化学片段的存在或不存在[74, 75]。

十多年来，我们的主力描述符循环ECFP[76]已得到许多文献的验证，该描述符将原子及其周围的性质编码为特定拓扑位向量（起始原子的键数）半径和特征类型（元素，作为供体、受体等的功能，原子类型）。描述符的长度为32位，编码了42亿个不同的值。因此，其非常稀疏，通常折叠成1024位或2048位。每个任务的最佳设置取决于结构多样性和终点，且必须始终通过反复试验并根据经验确定（参见2.2.7）。

图形不变量的2D描述符，如拓扑或连接性指数（connectivity indices），至少在我们的研究中通常会产生过度拟合的模型。虽然这些模型在交叉验证（cross-validation，CV）中运行良好，但其不能预测外部测试集。

3D描述符则基于分子的一个3D坐标集来尝试产生更真实的化学抽象。3D描述符的主要问题是其依赖于会引入歧义和噪声的构象。构象异构体之间的分子表面、偶极矩、体积等性质可能相差20%，甚至更多。而源自GRID[77]或CoMFA[78]方法的4D描述符具有依赖于配体取向的额外限制，这有时并不明显，并且仅在同系列的情况中才可能较为明显。最终，有研究人员尝试克服构象依赖性问题，并受益于更逼真的分子3D描述。形式上，根据维基百科的分类，基于多构象异构体可解释取向自由的xMaP[79]，以及基于多构象异构体、互变异构体和原异构体的5D-QSAR[80]都属于3D描述符，说明这种分类有时是随意的。

尽管每个描述符都有利有弊，但据报道，它们中的任一个描述符都有成功应用的实例[30, 31]。目前一些公共数据库和模型存储库允许应用已发布的模型，或浏览对化合物集合的预测。例如，公共模型存储库QsarDB[81]（www.qsardb.org）；含有200个模型和650 000种物质的丹麦（Q）SAR模型数据库（http：//qsarmodels.food.dtu.dk）；用于92 000种化学品的，具有902个模型、57个数据库和2.6个实验数据点的QSAR工具箱（https：//qsartoolbox.org）；以及联合研究中心（Joint Research Centre，JRC）的QSAR模型数据库［欧盟委员会，JRC（2020）：JRC QSAR模型数据库。欧盟委员会，JRC数据集[82]］，该数据库记录了提交给JRC欧盟替代动物试验参考实验室（EURL ECVAM）的模型的有效性。

预定义描述符的替代方法是通过某些算法来学习分子的表示，该算法要么连接到用于学习性质的算法，要么端到端地进行学习。实际上，直接从分子中学习最优表示的看法并不完全正确，因为通常用作结构输入的SMILES或InCHi已经是分子的抽象表示（即缩减）。维达尔（Vidal）等在2005年已经提出了在LINGO中使用SMILES进行ML的想法[83]，该想法后来被数据科学界重新改造。

表示学习始于杜维诺（Duvenaud）等将神经网络中图形处理的概念转移至分子上的研究[84]。在这里，原子对应于图中的节点并键合到连接节点的边。这些特征是在节点级别上学习的，使用图的邻接矩阵在相邻节点之间传递信息。其他类似方法（如PotentialNet）也被陆续开发出来[85]，相关文献对其进行了详细的总结[86, 87]。

除了从分子图中提取特征，我们也可以使用变量自编码器[88, 89]将离散的SMILES转换为连续表示。在学习阶段，通过使用连接到编码器的解码器转换回SMILES，并通过最小化重建错误来确保表示是合适的。徐（Xu）等[90]应用的序列到序列（sequence to sequence）的学习是另一种类似但属于无监督的方法。

温特（Winter）等[91]应用自动编码器-自动解码器的概念，通过在训练期间将随机SMILES转换为规范SMILES，来学习一组固定的连续数据驱动描述符CDDD。所生成的描述符是基于ZINC和PubChem数据库中的大约7200万个化合物。研究人员通过8个QSAR数据集的模型性能和虚拟筛选（virtual screening）测试了该方法的有效性，发现其显示出与各种人工设计的描述符和图形卷积模型相似的性能。

2.2.5.2 原子描述符

与原子反应性（如反应速率和区域选择性、pK_a值、代谢归宿预测或氢键相互作用）

相关的ML问题，需要将原子及其周围环境的性质编码为特定的原子描述符。我们在文献中对原子描述符进行了全面的概述[92]。原子中的电子分布及其化学嵌入（chemical embedding）决定了其反应性，因此应用量子力学是描述符推导的合情合理的选择。

在许多应用中，描述符值直接从量子化学计算[93]中获取，如用于识别亲电子芳香族取代反应中反应位点的反应或过渡态能量[94, 95]，用于评估pK_a[96]的原子电荷[93]，以及基于概念密度泛函理论[97]的参数（如用于共价结合的亲电性指数[98, 99]）。

在其他应用中，描述符被设计为量子力学描述符的组合，如基于构象、方法和基组不变原子电荷的径向原子描述符[100]。我们主要将其应用于SoM预测[57, 58]、氢键强度[101, 102]和埃姆斯致突变性（Ames mutagenicity）试验[103]。但也有研究将经典邻域编码原子描述符用于SoM预测[104, 105]和第尔斯-阿尔德（Diels-Alder）反应[106]中区域选择性预测，并获得了良好的性能。

2.2.6　性能指标

对模型进行适当的评估至关重要，因为对模型的有效使用需要模型精确而稳健，即在特定时间范围内是稳定和可预测的。对嵌套交叉验证（cross validation，CV）和独立测试集的模型质量进行评估，可确保模型用于化学空间之外训练时同样具有稳健的性能。

不同的指标必须应用于不同的模型类别，如分类或回归问题，而且还取决于模型解决的特定生物学问题。特别是对于回归模型，生物学相关值范围内的良好性能比可能范围内的整体性能具有更大的影响。

回归模型的常用指标包括R^2（R的平方，请勿与皮尔逊相关系数等混淆）、均方根误差（root mean square error，RMSE）和斯皮尔曼等级相关系数。R^2是决定系数，其提供有关数据与回归线的拟合程度的信息。R^2为1表示具有完美的相关性，但R^2通常为0～1。理论上，R^2可以为负无穷。如前所述，可能只需要计算预测性质相关值范围的R^2，而不是整个范围。

RMSE是残差的标准差（standard deviation），表示预测值与真实数据点的接近程度，是一种可靠的通用误差指标。类似指标也时有报道，如平均无符号误差（mean unsigned error，MUE）和平均绝对误差（mean absolute error，MAE）。但相比而言，RMSE更可取，因为其更强调模型的偏差。

斯皮尔曼等级相关系数（rho）是非参数等级相关系数。对于根据实验值从低到高预测的完美排序，rho为1；对于错误排序的对象，其值将减少；对于完美的反向排序，其值将为–1。rho的高数值表明应用的模型在一个项目中将能够回答如下问题：一个新的合成方案所设计的分子是否比现有分子更易溶解。但其不会回答更易溶解多少。

评估分类模型质量的常用指标源自混淆矩阵（confusion matrix），也称为可能性矩阵（contingency matrix）。混淆矩阵提供真阳性（true positive）、真阴性（true negative）、假阳性（false positive）和假阴性（false negative）预测的数量。从这些预测中可以衍生出多个指标。

整体准确率（overall accuracy）是正确预测的对象占所有对象的比例。在应用高度不平衡数据集的情况下，准确率可能会产生误导。例如，如果模型总是预测样本数量较多的类别，其会在没有预测的情况下即获得很高的准确率。此时平衡准确率非常实用，因为其是特异度（specificity）和灵敏度（sensitivity）的算术平均值。

特异度或真阴性率是指所观察到被预测为阴性的比例。灵敏度，也称为真阳性率或召回率（recall），是指正确预测所观察到阳性的比例。与特异度和灵敏度相反的是假阳性率和假阴性率，二者分别报告所有观察到的阴性或阳性中错误预测阴性率或阳性率的比例。另一个更关注预测而不是观测值的指标是阳性预测值，也称为精度（precision），其显示正确预测的阳性占所有预测阳性的比例。对于阴性预测，其称为阴性预测值。

聚焦阳性值的一个组合指标是F值（F-score），其是精度和灵敏度的调和平均值。最常用的F-score是F_1，其精度和灵敏度被平均加权。

马修斯相关系数（Matthews correlation coefficient，MCC）是回归系数的几何平均数，也适用于类别分布不平衡的分类问题。

同样重要的是，Cohen’s kappa也是一个很好的衡量标准，可以处理不平衡的类别分布，并显示该分类器与根据每个类别的频率随机猜测的分类器相比要好多少。

另一个流行的指标是接收机操作特征（receiver operation characteristic，ROC）图，用于可视化分类算法的性能。其描述了所有可能分类阈值的阳性正确率和错误率的相关性。理想的ROC曲线将从（0，0）到（0，1）再到（1，1），既没有假阴性也没有假阳性预测，这代表了完美的分类。从（0，0）到（1，1）的对角线表示非歧视线，则代表了最坏的情况。ROC曲线下面积（the area under the ROC curve，ROC AUC）是用于描述ROC曲线的数值指标。

2.2.7 稳定和高性能模型的识别

对于在过去20年中发展起来且目前广泛应用的ML最佳实践过程，在相关综述[31, 107]中进行了详细介绍，并在相应的经济合作与发展组织（OECD）指南[108, 109]中进行了详细概述（图2.4）。该指南是在制定关于化学品对人类健康和环境潜在影响的欧盟法规《化学品注册、评估、授权和限制法规》（*Registration*，*Evaluation*，*Authorisation and Restriction of Chemicals*，REACH）的过程中制定的。不遵循最佳实践通常会导致模型无法在预期的应用场景中执行，斯托奇（Stouch）等对此进行了介绍[32]。

简而言之，可通过以下步骤进行有效模型的识别：

（1）训练数据的准备，即化合物标准化和分析数据的预处理。

（2）将数据集分割成训练集、验证集和外部测试集。

（3）描述符的计算。

（4）算法的选择和相关超参数的优化。

（5）包括内部验证策略应用的模型训练。

（6）通过适当的指标对模型性能进行评估。

（7）根据内部验证步骤对所选模型进行外部验证。

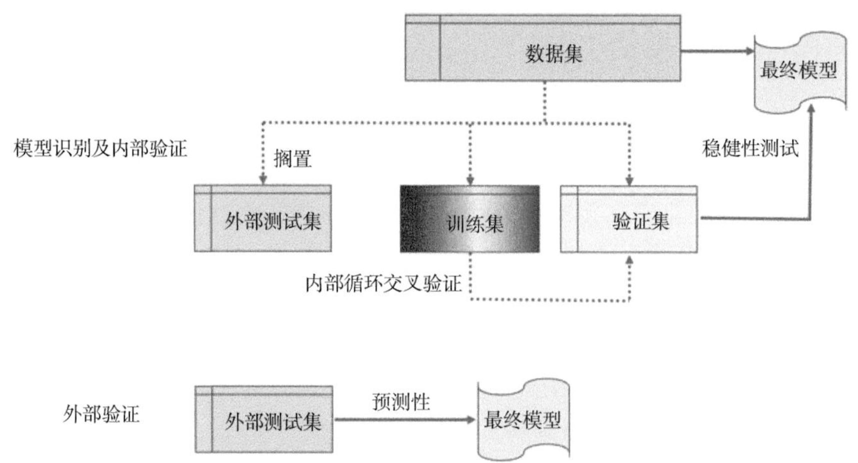

图2.4　识别稳定模型的一般程序。基于训练集、测试集和外部验证集的数据集分割，验证具体包括内部和外部验证（改编自OECD指南）

通常必须针对多个描述符集、算法和至少两个验证策略执行步骤（3）～（6）。仅对于选择用于内部验证的模型，需要执行外部验证步骤，以作为对模型稳健性的最终测试。广泛应用的验证策略是CV、自举（bootstrapping）和Y-置乱（Y-scrambling）。

CV是通过取出对象的子集来执行的，然后这些子集将用于由其他对象构建模型的预测。对于仅具有20～50个对象的非常小的数据集，留一法（leave-one-out，L-O-O），即仅放置一个对象，是一种可接受的策略。而较大的数据集通常会被分成3～10个子集。例如，在5个子集中的4个子集上分别分成5个模型，并对第5个模型进行预测。通过多次执行此操作，可以从每个对象的多个预测中获得一些性能统计数据。

相反，自举是有放回的重复随机抽样，允许这些样本中的任何一个多次包含某些对象。自举可评估实验中的抽样分布并确定预测误差和置信区间。然后，将合适的算法与集成模型相结合，给出集成预测，包括不太容易过度拟合的预测不确定性的评估。其中RF是这种建模技术的一个实例。

对于Y-置乱技术，其因变量在作为机会相关性统计检验的对象之间随机排列。

如果可以识别出性能良好且稳定的模型，还可以执行步骤（8）和（9）：

（8）优势模型的实施与应用。

（9）模型再训练的设置和性能。

根据数据类型和数值分布，并不总是可以得出数值模型（numerical model）。在这种情况下，必须参考分类模型（classification model），该模型通常（但不限于）报告两个类别，如有活性和无活性。比较数值模型和分类模型性能所需的不同指标将在后文中分别介绍。

最后，由于数据集内涵盖的化学物质的多样性远不如潜在化学空间的多样化，因此总会有一些分子位于模型的应用域（applicability domain，AD）之外。下一节将介绍对应用域的各种尝试，以及性能随时间下降和再训练的主题。

2.2.8 应用域

通常，监督ML模型基于有限的训练集，即数据要么来自具有特定靶点活性的分子和项目中的受限化学空间，要么来自多种多样的分子，而这些分子来自不同研究项目，但数据都是通过标准化的理化或药代动力学（PK）测试获得。在这两种情况下，与巨大的类药空间相比，模型预测可靠的化学空间区域是非常有限的，而且对于全新分子的预测准确性在实践中可能会令人失望。

这促使我们在内部性质预测平台中向药物化学家提供额外信息：对于某些预测（如代谢稳定性、Caco-2渗透和外排），在预测本身之后提供预测的置信度（“可靠性”），以支持对个别计划或尚未测试的分子进行判断（图2.5）。

近年来引入了许多不同的AD度量，可将其分为两类：将距离测量应用于未来对象在训练集中嵌入程度的方法称为“新颖性检测”；量化到分类器决策边界距离的方法称为“置信度评估”。前者可应用于使用诸如余弦距离（cosine distance）、谷本距离（Tanimoto distance）或马哈拉诺比斯距离（Mahalanobis distance）的完整训练集的任何算法，而后者则完全取决于算法。最近，从关于分类AD度量的广泛基准中可以看出，置信度度量通常更好[110]。对于其他替代概念，如共形预测（conformal prediction）[111]或使用一种ML方法来估计另一种方法的AD[112]，其有效性仍有待确证。

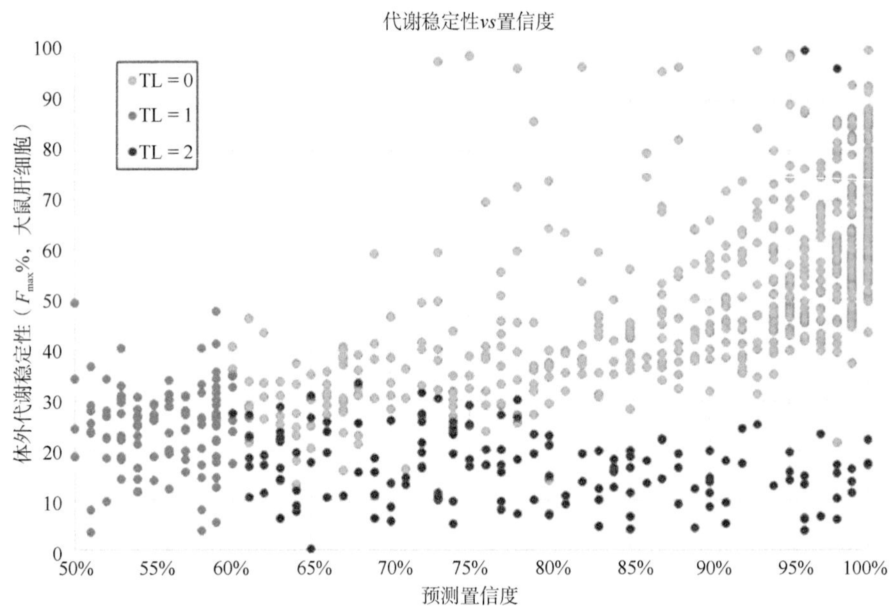

图2.5 说明类别概率评估如何区分可靠与不可靠预测的实例。通过拜耳的每周自动再训练RF模型，回顾性预测了Menin-MLL先导化合物优化项目中847个抑制剂在大鼠肝细胞中的体外代谢稳定性（F_{max}%）[113]。RF模型预测类别标签［红绿灯TL=2（红色）表示$F_{max}\% < 30\%$；TL=0（绿色）表示$F_{max}\% > 30\%$］，以及预测的置信度（投票分数）。如果单个预测的置信度低于60%，预测平台将红绿灯设置为TL=1（灰色），以表明不可能出现正确的预测

如上所述，我们设计的RF为集成模型，因此具有内置的置信度评估器，即由投票分数给出的类别概率评估。这种类型的置信度评估甚至可用于RF回归模型，而支持向量回归（support vector regression，SVR）仍然缺乏良好的可对比置信度度量。然而，SVM确实有一个令人满意但性能稍差的AD度量，该度量用于基于普拉特扩展（Platt scaling）的分类。同样，ANN也提供了一种合适的AD度量，其性能稍逊于RF，但高于KNN和LDA[110]。

2.2.9　复杂多终点模型

2.2.9.1　使用多任务图卷积网络对理化ADMET终点的建模

上一节涉及单任务模型，即一个模型预测一种性质，最近多任务建模[114]使用DNN[115]通过一个模型对多种性质（终点）的预测，已成为越来越多ML领域中最先进的策略，目前也开始应用于药物发现任务[116-119]。

通过在所有任务之间共享某些隐藏层中的参数，多任务NN强制对实用于所有任务输入的联合表示进行学习。多任务学习的主要优点包括：①正则化，模型必须使用相同数量的参数来学习更多任务；②迁移学习（transfer learning，TL），与学习相关的任务有助于提取更通用的实用特征；③数据集扩充，通过将较小任务与较大任务相结合来避免对小任务的过度拟合[114]。

2016年，凯恩斯（Kearnes）等[118]进行了第一项基准研究，在22个Vertex ADMET终点（包括hERG抑制、水溶性、化合物代谢和其他大约280 000个实验值和用作辅助信息的附加数据）上对单任务（RF、逻辑回归）、多任务（DNN）算法，以及半径为2的1024位圆形指纹（类似于ECFP4）进行了比较。数据集的不平衡性可通过多任务而非单任务模型的权重消除，并且对DNN进行优化，而单任务基线模型则使用未优化的超参数，最终得出如下总体结论：多任务学习表现出比单任务模型适度的优势，通过多任务学习，较小的数据集往往比较大的数据集受益更多。此外，相对于更简单的多任务学习，添加大量辅助信息并不能保证性能的提高。研究结果突显了多任务效应高度依赖于数据集，这也意味着可通过使用特定的数据集模型来最大化整体性能。

最近，我们应用多任务图卷积网络（multitask graph convolutional network），即表示学习和多任务模型组合，来预测决定吸收和分布，以及在较小程度上决定化合物代谢和排泄的10个理化终点[70]。

虽然我们已经开发出性能良好的模型应用于预测pH为2.3和7.5缓冲液的log$D$[120]、膜亲和力（Sovicell Transil Technology，https://www.sovicell.com），以及人血清白蛋白结合，但DMSO在pH 6.5的PBS缓冲液中溶解度的可用回归模型[121]不足以报告数值，而是转移到分类输出。当时，我们并没有粉末溶解度和熔点的模型。最终，我们将另外3个溶解度数据集作为辅助任务以丰富化学空间和信息内容。基于常识，亲脂性、溶解度和熔点是相关的，因此我们期望通过结合包含相关数据集的任务来提高模型的性能。

因此，多任务图卷积网络的性能与单任务图卷积网络相当或更好，并且优于单任务RF或基于圆形指纹描述符的神经网络，特别是在溶解度方面，模型的相关改进是突破性的。

本章中的实例、文献资料及我们的研究经验证实，多任务设置并不总是比单任务产生统计上显著意义的改进。此外，多任务模型也有其缺陷，如模型训练的计算成本较高，且存在一定的过度拟合风险。在具有自动再训练的设置中，还存在优化超参数随时间推移的稳定性问题。当需要有效地实施相关模型时，必须对这些参数加以考虑。

2.2.9.2 体内终点建模

亲脂性或溶解度等理化终点，以及CYP抑制或肝清除率等ADMET终点，一般都是在高度标准化的理化或生化体外分析中进行测试。所得数据的质量由前文讨论的参数所决定，如分析分辨率、化合物纯度。由于生物体的可变性及测试设置的更复杂性，体内终点包含额外的误差来源。

口服给药是最方便的给药途径，80%的药物剂型都是口服的[18]，因此确定化合物可通过肠道充分吸收显得尤为重要。口服生物利用度（oral bioavailability，F）是指可用于产生药理作用的口服剂量的吸收程度[122]，因此是药物发现中最重要的PK性质之一。生物利用度具体被定义为口服与静脉给药后剂量归一化暴露的比例。暴露量由通常24 h内采集的多个时间点血浆样本的曲线下面积所确定。药物发现阶段一般采用大鼠模型，而最早可以在Ⅰ期临床试验中获得人体PK数据。尽管如此，最终目标还是要建立同时适用于这两个物种的模型。

生物利用度由吸收、代谢、与血浆蛋白和组织的非特异性结合，以及排泄的叠加过程所决定。可在体外测试的相关化合物参数包括溶解度、亲脂性、pK_a、膜渗透性、未结合分数（fraction unbound）和肝清除率（hepatic clearance）。对于单一化合物，基于生理学的PK模型（physiologically based pharmacokinetic modeling，PBPK）（http：//www.open-systems-pharmacology.org，https：//www.simulations-plus.com/software/gastroplus），是一种将物种机体描述为相互作用“隔室”的方法，其允许根据体重、性别、疾病状态等附加参数描述不同器官的时间依赖性暴露，可用于诸如评估确定儿科剂量或风险（https：//pubmed.ncbi.nlm.nih.gov/32727574）。但这种方法取决于具体体外参数或其部分计算参数计算值的可用性，并且本身不适用于高通量预测。

先前的ML尝试使用结构描述符、计算机模拟ADME性质、实验值或其组合作为输入描述符，最近发表的综述[123]对相关内容进行了总结，我们在文章[121]中也对其进行了概述。文献报道的模型准确度通常约为70%，因此我们一直怀疑这些模型只能预测有限的化学空间。

我们使用来自两个一致的内部测试数据，具体包含大约1900个精心设计的数据点，开展了彻底的研究，以确定以曲线下面积（AUC）表示的口服和静脉给药暴露量，以及前文提及的6个相应实验终点（这些终点仅可用于化合物的子集）。我们开展了计算机模拟，基于实验参数或计算机模拟参数，或使用SMILES作为结构描述符的混合方法，建立了PBPK模型。在这里，SMILES首先由前体ML模型转换为虚拟PK参数，然后用于基于生理学的建模。此外，我们还实施了一个带有圆形指纹的RF模型。

实验证明，使用以体外或计算机模拟预测的终点作为输入的混合模型，同样可以很好地预测静脉注射给药后的药物暴露量，数值预测的倍数变化误差（fold change errors，FCE）分别为2.28和2.08。对于口服给药，与基于计算机模拟的模型相比，由于额外的吸收步骤，预期暴露的FCE更高，体外输入预测的FCE分别为2.40和3.49。最终采用的方法是仅基于化学结构的低口服生物利用度二元警报。在这里，我们应用将输出转换为二进制警报的混合模型，或者使用RF分类器，最终实现了近70%的准确性和精确度。该模型目前用于选择相关分子，从而避免不必要的实验。

2.2.9.3　药物代谢建模

所有生命系统都进化出了抵御潜在有害外源物质的机制[124]。对于药物而言，这称之为药物代谢。在哺乳动物中，代谢涉及的主要器官是肝脏，但也发生在肠道、肺和其他组织中。

任何口服药物在进入身体其他部位之前首先会通过肝脏。药物的生物转化可能会产生多种严重后果。例如，高清除率会降低有效剂量，从而降低疗效；药物代谢物可能具有毒性，可能抑制代谢酶本身或诱导其产生。这些不利影响都会导致药物疗效、药物-药物相互作用，甚至耐药性等不可预测的变化。性别差异、基因多态性、年龄、饮食、生活方式和许多其他因素会进一步使情况复杂化。

代谢转化分两个阶段发生。在第Ⅰ阶段，主要是CYP450酶通过氧化和还原反应增加药物分子的极性。在第Ⅱ阶段，大量的酶，如UDP-葡糖醛酸基转移酶（UDP-glucuronosyltransferase）、磺基转移酶（sulfo-transferases）或谷胱甘肽S-转移酶（glutathione S-transferase）等，会将体内特定极性片段结合到第Ⅰ阶段所产生的代谢物上，以进行肾脏排泄。

对于许多酶促反应，人们可能认为评估其反应速率、范围及化合物的不稳定代谢位点是不可能的。然而，过去20年间开发出许多用于识别代谢位点的计算方法，应用对接、分子动力学、量子化学计算和ML，可在有或没有结合蛋白靶点信息的情况下进行预测。具体内容可参考基尔切迈尔（Kirchmair）等[124]对实验和计算方法的全面综述。

原子在代谢反应方面的不稳定性取决于其化学反应性，即局部电子密度和各个原子的空间可及性，因此在建模时需要使用原子描述符而不是分子描述符，以及使用原子而不是分子的ML。需要通过量子力学[92]对原子的局部电子云密度（由原子的化学邻域调制）情况进行充分的描述。

在过去的20年间，研究者开发了多种ML方法来解决代谢位点的预测。拜耳公司先后开发了两种方法。第一个模型CypScore[56]使用局部电子亲和力和电离势等空间及半经验描述符，但其无法预测CYP450介导的反应。第二种方法基于带有原子电荷的精细径向原子反应描述符[100]和显著扩大的反应数据库，顺利评估了18个Ⅰ相和Ⅱ相代谢转化[57, 58]。该模型通过配体的化学修饰来预测代谢倾向[124]。

2.2.10 应用实例

2.2.10.1 拜耳公司的整合ADMET平台

前文已描述了ML模型的先决条件、过程和质量。最终需要采取的两个最重要步骤如下：

（1）使用户在易于使用的平台上访问模型。

（2）与用户的不断沟通和用户培训。

我们于2004年在拜耳推出集成数据检索和分析平台Pix，后续开发的模型可供拜耳制药公司和CropScience公司的研究人员使用[75]。如图2.6所示，近年来模型的组合及其质量

未发表　第一方法　稳健模型

现有模型		读出器	类型及模型质量	再训练
吸收	Caco-2渗透性	分类器（数值）	SVR	每周
	Caco-2外排	分类器（数值）	SVR	每周
	生物利用度（大鼠）	分类器	RF	
分布	人血清白蛋白	数值	MTNN	
	未结合分数	数值	MTNN	
代谢	微粒体稳定性（人）	分类器（数值）	RF	每周
	微粒体稳定性（小鼠）	分类器（数值）	RF	每周
	微粒体稳定性（大鼠）	分类器（数值）	RF	每周
	肝细胞稳定性（大鼠）	分类器（数值）	RF	每周
毒性	hERG抑制	分类器	SVM	每周
	埃姆斯致突变性	分类器	RF	每周
	CYP抑制（1A2、3A4、2C8、2C9、2D6）	分类器	RF	每周
	磷脂沉积	分类器	SVM	
	结构过滤器工具	分数	–	
理化性质	溶解度（DMSO）	数值/分类器	MTNN	
	溶解度（粉末）	数值/分类器	MTNN	
	log *D*@ pH7.5	数值	MTNN	
	膜亲和性	数值	MTNN	
	pK_a	数值	ANN	
	口服理化分数	分数	–	
	静脉给药理化分数	分数	–	
药理学	760靶点模型（PPP）	分类器	RF	

图2.6 拜耳ADMET模型组合及其随时间的演变。通过彩色编码给出了模型性能的定性度量

不断提高。因此，手动模型再训练的努力变得越来越令人望而却步。与此同时，我们和其他研究人员[125-127]都发现，即使每个间隔仅添加20～50种化合物，常规模型再训练后也会对模型表现发挥积极影响。

因此，我们设置了一个全自动管道，每周从仓库中检索所有测试的原始数据，执行前面描述的数据清理和整合步骤，并填充进数据湖（data-lake）。ML模型从数据湖中获取准备好的数据，且每周都会应用先前确定的优化模型设置对模型进行重新训练。此外，还会向负责的计算化学家发送单元测试、日志记录和电子邮件报告，以确保数据完整性和模型稳定性。再者，有关特定终点的知识及其在数据问题方面的特性都透明地记录在处理管道中，而在过去，此类信息有时会丢失。我们的ML工业工程方法解放了科学家的资源，让他们可以定期检查模型设置并尝试探索新方法和新终点。

这些新终点的选择是由项目需求和终点与决策的相关性所驱动的，根本目的是优化药物发现的过程。

2.2.10.2　组合文库的设计指导

与生成新化学物质的计算方法并行，作为VS[128]或从头设计（*de novo* design）[129, 130]等药物发现项目的起点，高通量筛选（HTS）仍然是识别苗头化合物的宝贵工具。然而，实验测试会对化学库造成双重侵蚀，即物质消耗和新颖性侵蚀，因为任何苗头化合物都会间接暴露化合物空间的某个子集。作为补偿，拜耳最近开展了一项为期5年的活动，即下一代图书馆计划（Next Generation Library Initiative，NGLI），通过500 000个新设计的化合物来增强HTS群，以应对这一挑战[72]。

我们选择了一种两全其美的结合。由于实际的骨架和合成计划是由药物化学家开发的，而在计算化学家通过“众包”（crowd-sourcing）进行基于结构的设计的情况下，最终的修饰是通过对多种化合物性质和多样性的帕累托优化进行选择，以实现每个化合物库包含400～600个化合物。

2.2.10.3　结合化学信息学和物理学方法的先导化合物优化

在典型的先导化合物优化项目中，需要同时优化多个分子性质（如ADMET、效力、选择性、理化性质）。这些性质很少相互独立，如渗透性提高（ADMET性质）可能导致溶解度降低（理化性质）。找到许多优化参数的最佳平衡点所必需的复杂多参数优化是药物发现项目中的关键挑战。此外，合成备选化合物的有效优先排序至关重要，尤其是在考虑较大化学空间时。

在下文中，我们概述了2016年一个项目的开展情况，介绍了如何通过结合化学信息学和物理方法来解决较大虚拟化学空间中化合物的优先排序问题。在之前针对相同蛋白靶点的活性优化中，我们发现一个化合物具有高效力和良好的选择性，但在人体内的半衰期偏短。因此，接下来的目标是改善其PK性质，同时保持化合物的高效力。来自药物化学和计算分子设计的同事总结了化合物骨架中4个可展开修饰的基团（图2.7）。

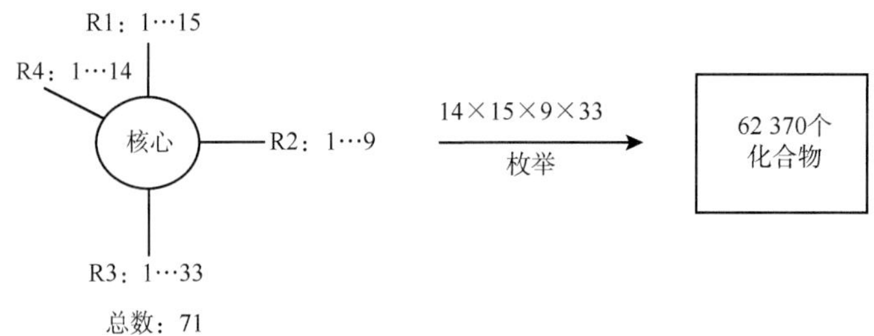

图2.7 枚举给定分子骨架中取代基的图解。骨架核心包含了4个取代位点，其中R1包含15个可能的取代基（R1：1…15），R2包含9个可能的取代基（R2：1…9），R3包含33个可能的取代基（R1：1…33），R4包含14个可能的取代基（R1：1…14），最终组合构建了一个包含62 370个化合物的虚拟化学空间

通过枚举所需基团的所有可能组合，创建了一个可合成的虚拟化学空间，其中包含60 000余个化合物。在该项目的框架内全部合成这些化合物是不可行的，因此必须对这个巨大的虚拟化学空间进行有效的优先排序。我们主要专注于3个优化参数，并且需要克服化合物同时具备低清除率、低外排量（efflux）和高效力特性的挑战（图2.8）。

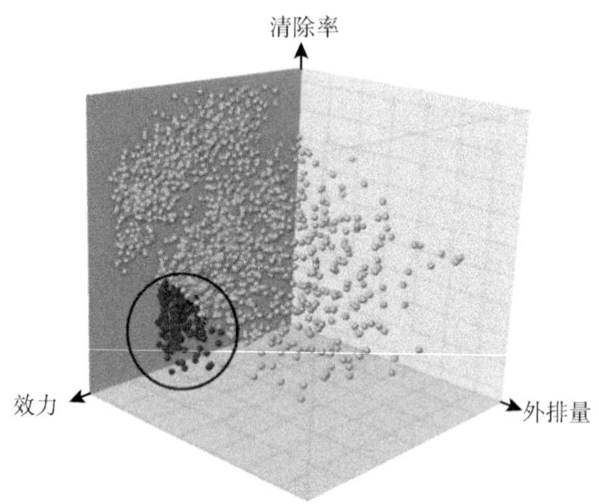

图2.8 由主要优化参数清除率、外排量和效力贯穿的定性三维可视化空间。在所需的低清除率、低外排量和高效力空间中的虚拟化合物以深绿色标记

如前所述，我们拥有一个强大的内部平台，包括定期重新训练的基于ML的ADMET模型，可以快速确定优先级。项目需要具有合理数量和质量的大鼠肝细胞清除率和Caco-2外排数据，因此建立了额外的模型。为了准确评估蛋白-配体结合亲和力，如果靶点蛋白结构信息可用，则可选择基于物理学的结合亲和力计算，如自由能微扰（free energy perturbation，FEP）。限于高昂的计算成本，60 000余个化合物的效力排名超出了预期成本。由于发现所研究化合物系列的SAR具有高度加和性，我们决定应用前文讨论的成熟化学信息学Free-Wilson[131]的QSAR方法。经典的Free-Wilson方法将虚拟化合物的表征限制为：包含已合成化合物的取代基的新组合化合物。为了评估表现出包括尚未合成的取代基在内组合的化合物效力，我们以FEP的计算数据替换了缺失的实验亲和力数据（图2.9）。随后，我们将Free-Wilson的QSAR方法应用于实验和计算结合亲和力的组合

数据集。这种经典化学信息学方法与基于物理的FEP方法的结合，大大拓宽了传统Free-Wilson方法的适用性。

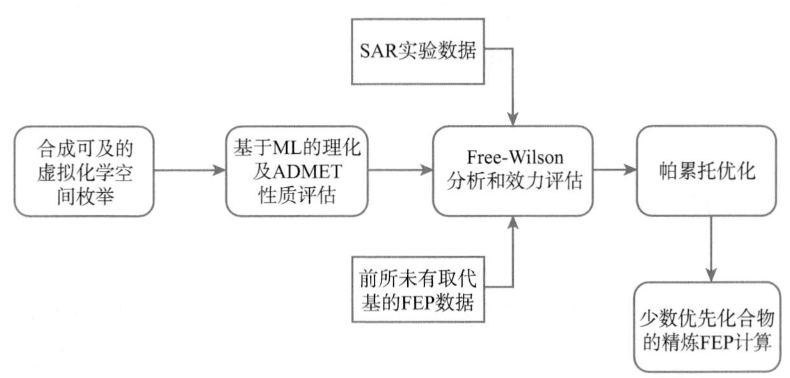

图2.9　应用于先导化合物优化的原型整体工作流

在一项旨在解决该方法准确性的概念验证研究中，我们使用薛定谔的FEP/REST（FEP+）方法[132, 133]计算了71个结合亲和力的最小数据集，以确定基于Free-Wilson分析中每个取代基的效力贡献，并评估大型枚举虚拟空间中所有化合物的效力。

结合亲和力计算的准确性可能因不同的靶点和化合物类别而异[133, 134]。此外，应用方法、采样、系统设置、力场，以及实验分析和计算数据之间的可比性是影响结果质量的关键因素[133-137]。这71个化合物中的28个化合物具有结合亲和力数据，化合物表现出了平均为0.8 kcal/mol的低MUE值。相应实验测试的准确度近似为0.2 kcal/mol。对于大型虚拟化学空间中的另一组90个化合物，我们可以根据经典的Free-Wilson方法评估其效力，并直接与实验结果进行比较，其实验测试的MUE值低至0.4 kcal/mol。使用完全基于计算而非实验结合亲和力的Free-Wilson方法，我们观察到同一组化合物的MUE值为1.6 kcal/mol。而1.6 kcal/mol的MUE值不足以满足先导化合物优化的要求，但作为第一个过滤步骤仍然足够准确。

尽管这是一个未考虑过度拟合的原型示例（每个取代基只有一个示例），但其展示了对大型虚拟化学空间进行优先排序的巨大潜力。为了获得更高的准确性，可以在过滤过程中的最后一步对少数选定的化合物进行明确的FEP计算。帕累托优化通过利用体外清除率、外排量和效力三方面的主要优化参数实现了优先级排序。最终，我们从最初列举的化学空间中确定了有希望的合成候选化合物。在该项目期间，关于化合物母核上可合成取代基的新想法不断涌现，这也使得化学空间不断扩大。为了解释这种动态行为，整个过程的定期迭代变得十分必要，完全自动化在很大程度上是有益的。

目前，遵循相关方法的自动化整体工作流程和平台正在不断发展，它们将可访问化学空间的列举与可用的基于ML和基于物理学模型的应用相结合，以实现化合物优先级的有效排序[138]。主动学习正被逐步引入以提高模型准确性，并反映先导化合物优化周期的迭代性质。最近的一个实例中，在第一个过滤步骤对理化性质开展了多参数优化，然后在连续几轮中进行对接，并应用基于FEP数据训练的ML模型[139]。

在未来，我们相信将整体方法应用于药物发现的成功实例会越来越多[140]。

建模只是帮助和指导药物发现过程的几个工具之一。药物发现仍然是一个充满挑战的过程，仍然是以试错为主。建模在其能提供多少实用信息方面具有局限性，在过去几十年间建模方法的发展既取得了成功，也遇到了失败。即使拥有强大的内部数据集和先进的技术，建模最终也无法摆脱对实验数据的依赖，尤其是在涉及生物实验时。

2.3 总结与展望

近年来，定量构效关系（QSAR）这一古老概念[141]又引起了人们的极大兴趣。数据、算法和描述符是构建实用的基于数据模型的主要要素，这些模型将支持更高效的先导化合物发现和优化过程。这三个领域内的重大进展是重新燃起人们兴趣的原因。在数据方面，测试能力的自动化使得结构-活性数据在整个行业中大幅增加。此外，分享这些数据，并结合区块链技术，可以实现在许多制药公司之间保护隐私的数据交换，从而将模型的数据基础提高几个数量级。改进建模算法，如DNN和适应许多情况下的基础实验端点的分子描述符，通常会使模型质量得到改善。

本章讨论了基于ADMET数据的ML，因为这些数据在许多项目中通过标准化、可比较的测定产生了大量数据，而ADMET方面是重复出现的问题。其中一些ML模型已经达到了可以显著减少或无须实验的高质量。然而，并非所有的终点都适用于这种情况，尽管有大量均质数据集可用，但仍然有一些ADMET终点无法以足够的质量建模。对于药理学终点，数据相对稀缺，ML仅适用于少部分药物靶点（通常＜30%），并表现出较好的预测性。因此，制药行业和生物技术领域的计算化学团队正在开展整体药物发现方法的研究，这些方法将ML/AI与基于物理的建模相结合，以解决分子的效能/选择性、理化/ADMET性质，以及合成可行性等问题。药理活性通常使用基于蛋白结构的方法，涉及对接/评分、自由能计算和ML模型来处理。理化/ADMET性质，以及化学合成可行性主要通过ML等数据驱动的方法进行建模。这种整体药物发现方法目前正在如火如荼的发展和测试中。可以预期，不同建模方法的智能组合将深刻影响未来小分子药物的发现方式。

（郭　勇　译；白仁仁　校）

参考文献

1. Selick HE, Beresford AP, Tarbit MH (2002) The emerging importance of predictive ADME simulation in drug discovery. Drug Discov Today 7(2):109–116. https://doi. org/10.1016/S1359-6446(01)02100-6
2. Punzalan LL, Jiang L, Mao D, Mahapatra AD, Sato S, Takemoto Y, Tsujimura M, Kusamori K, Nishikawa M, Zhou L, Uesugi M (2020) Chemoproteomic profiling of a pharmacophore-focused chemical library. Cell Chem Biol 27(6):708–718.e710. https://doi.org/10.1016/j.chembiol.2020. 04.007
3. Rix U, Superti-Furga G (2009) Target profiling of small molecules by chemical proteomics. Nat Chem Biol 5(9):616–624. https://doi.org/10.1038/nchembio.216
4. Trosset JY, Cavé C (2019) In silico drug-target profiling. Methods Mol Biol 1953:89–103. https://doi.

org/10.1007/ 978-1-4939-9145-7_6

5. Nonell-Canals A, Mestres J (2011) In silico target profiling of one billion molecules. Mol Informat 30(5):405–409. https://doi.org/ 10.1002/minf.201100018
6. Mair A, Wilson M, Dreischulte T (2020) Addressing the challenge of polypharmacy. Annu Rev Pharmacol Toxicol 60 (1):661–681. https://doi.org/10.1146/ annurev-pharmtox-010919-023508
7. Reddy AS, Zhang S (2013) Polypharmacology: drug discovery for the future. Expert Rev Clin Pharmacol 6(1):41–47. https://doi. org/10.1586/ecp.12.74
8. Masnoon N, Shakib S, Kalisch-Ellett L, Caughey GE (2017) What is polypharmacy? A systematic review of definitions. BMC Geriatr 17(1):230. https://doi.org/10.1186/ s12877-017-0621-2
9. Stoll F, Göller AH, Hillisch A (2011) Utility of protein structures in overcoming ADMET-related issues of drug-like compounds. Drug Discov Today 16(11–12):530–538. https:// doi.org/10.1016/j.drudis.2011.04.008
10. Moroy G, Martiny VY, Vayer P, Villoutreix BO, Miteva MA (2012) Toward in silico structure-based ADMET prediction in drug discovery. Drug Discov Today 17 (1–2):44–55. https://doi.org/10.1016/j.drudis.2011.10.023
11. Asai T, Adachi N, Moriya T, Oki H, Maru T, Kawasaki M, Suzuki K, Chen S, Ishii R, Yonemori K, Igaki S, Yasuda S, Ogasawara S, Senda T, Murata T (2021) Cryo-EM structure of K^+-bound hERG channel complexed with the blocker astemizole. Structure. https://doi.org/10.1016/j.str.2020.12.007
12. Chodera JD, Mobley DL, Shirts MR, Dixon RW, Branson K, Pande VS (2011) Alchemical free energy methods for drug discovery: progress and challenges. Curr Opin Struct Biol 21 (2):150–160. https://doi.org/10.1016/j. sbi.2011.01.011
13. Shirts MR, Chodera JD (2008) Statistically optimal analysis of samples from multiple equilibrium states. J Chem Phys 129 (12):124105. https://doi.org/10.1063/1. 2978177
14. Christ CD, Mark AE, van Gunsteren WF (2010) Basic ingredients of free energy calculations: a review. J Comput Chem 31 (8):1569–1582. https://doi.org/10.1002/ jcc.21450
15. Abel R, Wang L, Mobley DL, Friesner RA (2017) A critical review of validation, blind testing, and real-world use of alchemical protein-ligand binding free energy calculations. Curr Top Med Chem 17 (23):2577–2585. https://doi.org/10.2174/ 1568026617666170414142131
16. Cournia Z, Allen B, Sherman W (2017) Relative binding free energy calculations in drug discovery: recent advances and practical considerations. J Chem Inf Model 57 (12):2911–2937. https://doi.org/10.1021/ acs.jcim.7b00564
17. Homeyer NS, F.; Hillisch, A.; Gohlke, H. (2014) Binding free energy calculations for lead optimization: assessment of their accuracy in an industrial drug design context. J Chem Theory Comput 10:3331–3344
18. Morishita M, Peppas NA (2012) Advances in oral drug delivery: improved bioavailability of poorly absorbed drugs by tissue and cellular optimization. Preface. Adv Drug Deliv Rev 64 (6):479. https://doi.org/10.1016/ j.addr. 2012.02.008
19. Kola I, Landis J (2004) Can the pharmaceutical industry reduce attrition rates? Nat Rev Drug Discov 3(8):711–715. https://doi. org/10.1038/nrd1470
20. Waring MJ, Arrowsmith J, Leach AR, Leeson PD, Mandrell S, Owen RM, Pairaudeau G, Pennie WD, Pickett SD, Wang J, Wallace O, Weir A (2015) An analysis of the attrition of drug candidates from four major pharmaceutical companies. Nat Rev Drug Discov 14 (7):475–486. https://doi.org/10.1038/ nrd4609
21. Lipinski CA, Lombardo F, Dominy BW, Feeney PJ (1997) Experimental and computational approaches to estimate solubility and permeability in drug discovery and development settings. Adv Drug Deliv Rev 23 (1):3–25. https://doi.org/10.1016/S0169-409X(96)00423-1
22. Wenlock MC, Austin RP, Barton P, Davis AM, Leeson PD (2003) A comparison of physiochemical property profiles of development and marketed oral drugs. J Med Chem 46 (7):1250–1256. https://doi.org/10.1021/ jm021053p

23. Leeson PD, Springthorpe B (2007) The influence of drug-like concepts on decision-making in medicinal chemistry. Nat Rev Drug Discov 6(11):881–890. https://doi. org/10.1038/nrd2445
24. Gleeson MP, Hersey A, Montanari D, Overington J (2011) Probing the links between in vitro potency, ADMET and physicochemical parameters. Nat Rev Drug Discov 10 (3):197–208. https://doi.org/10.1038/nrd3367
25. Veber DF, Johnson SR, Cheng HY, Smith BR, Ward KW, Kopple KD (2002) Molecular properties that influence the oral bioavailability of drug candidates. J Med Chem 45 (12):2615–2623. https://doi.org/10.1021/jm020017n
26. Gleeson MP (2008) Generation of a set of simple, interpretable ADMET rules of thumb. J Med Chem 51(4):817–834. https://doi.org/10.1021/jm701122q
27. Johnson TW, Dress KR, Edwards M (2009) Using the Golden Triangle to optimize clearance and oral absorption. Bioorg Med Chem Lett 19(19):5560–5564. https://doi.org/ 10.1016/j.bmcl.2009.08.045
28. Congreve M, Carr R, Murray C, Jhoti H (2003) A 'Rule of Three' for fragment-based lead discovery? Drug Discov Today 8 (19):876–877. https://doi.org/10.1016/ S1359-6446(03)02831-9
29. Hansch C, Kurup A, Garg R, Gao H (2001) Chem-bioinformatics and QSAR: a review of QSAR lacking positive hydrophobic terms. Chem Rev 101(3):619–672. https://doi. org/10.1021/cr0000067
30. Kurup A (2003) C-QSAR: a database of 18,000 QSARs and associated biological and physical data. J Comput Aided Mol Des 17 (2):187–196. https://doi.org/10.1023/ A:1025322008290
31. Muratov EN, Bajorath J, Sheridan RP, Tetko IV, Filimonov D, Poroikov V, Oprea TI, Baskin II, Varnek A, Roitberg A, Isayev O, Curtalolo S, Fourches D, Cohen Y, Aspuru-Guzik A, Winkler DA, Agrafiotis D, Cherkasov A, Tropsha A (2020) QSAR without borders. Chem Soc Rev 49 (11):3525–3564. https://doi.org/10.1039/ D0CS00098A
32. Lo Y-C, Rensi SE, Torng W, Altman RB (2018) Machine learning in chemoinformatics and drug discovery. Drug Discov Today 23(8):1538–1546. https://doi.org/ 10.1016/j.drudis.2018.05.010
33. Hand D (2006) Classifier technology and the illusion of progress. Stat Sci 21:1–14. https:// doi.org/10.1214/088342306000000060
34. Fourches D, Muratov E, Tropsha A (2016) Trust, but verify Ⅱ : a practical guide to chemogenomics data curation. J Chem Inf Model 56(7):1243–1252. https://doi.org/10. 1021/acs.jcim.6b00129
35. Fourches D, Muratov E, Tropsha A (2015) Curation of chemogenomics data. Nat Chem Biol 11(8):535. https://doi.org/10.1038/ nchembio.1881
36. Wilkinson MD, Dumontier M, Aalbersberg IJ, Appleton G, Axton M, Baak A, Blomberg N, Boiten J-W, da Silva Santos LB, Bourne PE, Bouwman J, Brookes AJ, Clark T, Crosas M, Dillo I, Dumon O, Edmunds S, Evelo CT, Finkers R, Gonzalez-Beltran A, Gray AJG, Groth P, Goble C, Grethe JS, Heringa J, 't Hoen PAC, Hooft R, Kuhn T, Kok R, Kok J, Lusher SJ, Martone ME, Mons A, Packer AL, Persson B, Rocca-Serra P, Roos M, van Schaik R, Sansone S-A, Schultes E, Sengstag T, Slater T, Strawn G, Swertz MA, Thompson M, van der Lei J, van Mulligen E, Velterop J, Waagmeester A, Wittenburg P, Wolstencroft K, Zhao J, Mons B (2016) The FAIR Guiding Principles for scientific data management and stewardship. Sci Data 3 (1):160018. https://doi.org/10.1038/ sdata.2016.18
37. Brown SP, Muchmore SW, Hajduk PJ (2009) Healthy skepticism: assessing realistic model performance. Drug Discov Today 14 (7–8):420–427. https://doi.org/10.1016/j. drudis.2009.01.012
38. Coussens NP, Sittampalam GS, Guha R, Brimacombe K, Grossman A, Chung TDY, Weidner JR, Riss T, Trask OJ, Auld D, Dahlin JL, Devanaryan V, Foley TL, McGee J, Kahl SD, Kales SC, Arkin M, Baell J, Bejcek B, Gal-Edd N, Glicksman M, Haas JV, Iversen PW, Hoeppner M, Lathrop S, Sayers E, Liu H, Trawick B, McVey J, Lemmon VP, Li Z, McManus O, Minor L, Napper A, Wildey MJ, Pacifici R, Chin WW, Xia M, Xu X, Lal-Nag M, Hall MD, Michael S, Inglese J, Simeonov A, Austin CP (2018) Assay guidance manual: quantitative biology and pharmacology in preclinical drug discovery. Clin Transl Sci 11(5):461–470. https://

doi.org/10.1111/cts.12570
39. Weininger D (1988) SMILES, a chemical language and information system. 1. Introduction to methodology and encoding rules. J Chem Inf Comput Sci 28(1):31–36. https:// doi.org/10.1021/ci00057a005
40. Discover 3DS. https://discover.3ds.com/ ctfile-documentation-request-form
41. Heller S, McNaught A, Stein S, Tchekhovskoi D, Pletnev I (2013) InChI—the worldwide chemical structure identifier standard. J Chem 5(1):7. https://doi.org/ 10.1186/1758-2946-5-7
42. Fourches D, Muratov E, Tropsha A (2010) Trust, but verify: on the importance of chemical structure curation in cheminformatics and QSAR modeling research. J Chem Inf Model 50(7):1189–1204. https://doi.org/10.1021/ci100176x
43. Martin YC (2009) Let's not forget tautomers. J Comput Aided Mol Des 23(10):693–704. https://doi.org/10.1007/s10822-009-9303-2
44. McCann BW, McFarland S, Acevedo O (2015) Benchmarking continuum solvent models for ketoenol tautomerizations. Chem A Eur J 119(32):8724–8733. https:// doi.org/10.1021/acs.jpca.5b04116
45. Oellien F, Cramer J, Beyer C, Ihlenfeldt WD, Selzer PM (2006) The impact of tautomer forms on pharmacophore-based virtual screening. J Chem Inf Model 46 (6):2342–2354. https://doi.org/10.1021/ci060109b
46. Sitzmann M, Ihlenfeldt WD, Nicklaus MC (2010) Tautomerism in large databases. J Comput Aided Mol Des 24(6–7):521–551. https://doi.org/10.1007/s10822-010-9346-4
47. Kochev NT, Paskaleva VH, Jeliazkova N (2013) Ambit-tautomer: an open source tool for tautomer generation. Molecular informatics 32(5–6):481–504. https://doi.org/10. 1002/minf.201200133
48. Baell JB, Holloway GA (2010) New substructure filters for removal of pan assay interference compounds (PAINS) from screening libraries and for their exclusion in bioassays. J Med Chem 53(7):2719–2740. https://doi.org/10.1021/jm901137j
49. Stork C, Chen Y (2019) Hit Dexter 2.0: machine-learning models for the prediction of frequent hitters. J Chem Inf Model 59 (3):1030–1043. https://doi.org/10.1021/ acs.jcim.8b00677
50. Kramer C, Kalliokoski T, Gedeck P, Vulpetti A (2012) The experimental uncertainty of heterogeneous public K(i) data. J Med Chem 55 (11):5165–5173. https://doi.org/10.1021/ jm300131x
51. Ekins S, Olechno J, Williams AJ (2013) Dispensing processes impact apparent biological activity as determined by computational and statistical analyses. PLoS One 8(5):e62325. https://doi.org/10.1371/journal.pone. 0062325
52. Buchinsky M, Hahn J (1998) An alternative estimator for the censored quantile regression model. Econometrica 66(3):653–671. https://doi.org/10.2307/2998578
53. Young D, Martin T, Venkatapathy R, Harten P (2008) Are the chemical structures in your QSAR correct? QSAR Combinat Sci 27 (11–12):1337–1345. https://doi.org/10. 1002/qsar.200810084
54. Fraczkiewicz R, Lobell M, Goller AH, Krenz U, Schoenneis R, Clark RD, Hillisch A (2015) Best of both worlds: combining pharma data and state of the art modeling technology to improve in Silico pK_a prediction. J Chem Inf Model 55(2):389–397. https://doi.org/10.1021/ci500585w
55. SAMPL6. (2018). http://www. drugdesigndata.org/about/sampl6
56. Hennemann M, Friedl A, Lobell M, Keldenich J, Hillisch A, Clark T, Goller AH (2009) CypScore: quantitative prediction of reactivity toward cytochromes P450 based on semiempirical molecular orbital theory. ChemMedChem 4(4):657–669. https://doi. org/10.1002/cmdc.200800384
57. Finkelmann AR, Goller AH, Schneider G (2017) Site of metabolism prediction based on ab initio derived atom representations. ChemMedChem 12(8):606–612. https:// doi.org/10.1002/cmdc.201700097
58. Finkelmann AR, Goldmann D, Schneider G, Goller AH (2018) MetScore: site of metabolism prediction beyond cytochrome P450 enzymes. ChemMedChem 13 (21):2281–2289. https://doi.org/10.1002/cmdc.201800309

59. Mitchell JBO (2014) Machine learning methods in chemoinformatics. WIREs Comput Mol Sci 4(5):468–481. https://doi.org/10. 1002/wcms.1183
60. Jiao Z, Hu P, Xu H, Wang Q (2020) Machine learning and deep learning in chemical health and safety: a systematic review of techniques and applications. ACS Chem Health Safety 27 (6):316–334. https://doi.org/10.1021/acs. chas.0c00075
61. Mannhold R, van de Waterbeemd H (2001) Substructure and whole molecule approaches for calculating log P. J Comput Aided Mol Des 15(4):337–354. https://doi.org/10. 1023/A:1011107422318
62. Briem H, Günther J (2005) Classifying "Kinase Inhibitor-Likeness" by using machine-learning methods. Chembiochem 6 (3):558–566. https://doi.org/10.1002/ cbic.200400109
63. Müller K-R, Rätsch G, Sonnenburg S, Mika S, Grimm M, Heinrich N (2005) Classifying 'Drug-likeness' with Kernel-based learning methods. J Chem Inf Model 45(2):249–253. https://doi.org/10.1021/ci049737o
64. Breiman L (1996) Bias, variance, and arcing classifiers. Statistics Department, University of California at Berkeley
65. Schmidhuber J (2015) Deep learning in neural networks: an overview. Neural Netw 61:85–117. https://doi.org/10.1016/j.neu net.2014.09.003
66. Chen H, Engkvist O, Wang Y, Olivecrona M, Blaschke T (2018) The rise of deep learning in drug discovery. Drug Discov Today 23 (6):1241–1250. https://doi.org/10.1016/j. drudis.2018.01.039
67. Freund Y, Schapire RE (1997) A decision-theoretic generalization of online learning and an application to boosting. J Comput Syst Sci 55(1):119–139. https://doi.org/10. 1006/jcss.1997.1504
68. Svetnik V, Wang T, Tong C, Liaw A, Sheridan RP, Song Q (2005) Boosting: an ensemble learning tool for compound classification and QSAR modeling. J Chem Inf Model 45 (3):786–799. https://doi.org/10.1021/ci0500379
69. Chen T, Guestrin C (2016) XGBoost: a scalable tree boosting system. Paper presented at the proceedings of the 22nd ACM SIGKDD international conference on knowledge discovery and data mining, San Francisco, Cali-fornia, USA
70. Montanari F, Kuhnke L, Ter Laak A, Clevert DA (2019) Modeling physicochemical ADMET endpoints with multitask graph convolutional networks. Molecules 25(1). https://doi.org/10.3390/ molecules25010044
71. Todeschini RC, V. (2000) Handbook of molecular descriptors, Methods and principles in medicinal chemistry, vol 11. Wiley-VCH, New York
72. Follmann M, Briem H, Steinmeyer A, Hillisch A, Schmitt MH, Haning H, Meier H (2019) An approach towards enhancement of a screening library: the next generation library initiative (NGLI) at Bayer—against all odds? Drug Discov Today 24(3):668–672. https://doi.org/10.1016/j.drudis.2018.12. 003
73. Daylight theory manual. http://www.day light.com/dayhtml/doc/theory/index.pdf
74. Nisius B, Goller AH, Bajorath J (2009) Combining cluster analysis, feature selection and multiple support vector machine models for the identification of human ether-a-go-go related gene channel blocking compounds. Chem Biol Drug Des 73(1):17–25. https:// doi.org/10.1111/j.1747-0285.2008. 00747.x
75. Göller AH, Kuhnke L, Montanari F, Bonin A, Schneckener S, ter Laak A, Wichard J, Lobell M, Hillisch A (2020) Bayer's in silico ADMET platform: a journey of machine learning over the past two decades. Drug Dis-cov Today 25(9):1702–1709. https://doi. org/10.1016/j.drudis.2020.07.001
76. Rogers D, Hahn M (2010) Extended-connectivity fingerprints. J Chem Inf Model 50(5):742–754. https://doi.org/10.1021/ ci100050t
77. Goodford PJ (1985) A computational procedure for determining energetically favorable binding sites on biologically important macromolecules. J Med Chem 28 (7):849–857
78. Cramer RD, Patterson DE, Bunce JD (1988) Comparative molecular field analysis (CoMFA). 1. Effect of shape on binding of steroids to carrier proteins. J Am Chem Soc 110(18):5959–5967. https://doi.org/10. 1021/ja00226a005

79. Dreher J, Scheiber J, Stiefl N, Baumann K (2018) xMaP—an interpretable alignmentfree four-dimensional quantitative structure–-activity relationship technique based on molecular surface properties and conformer ensembles. J Chem Inf Model 58 (1):165–181. https://doi.org/10.1021/acs. jcim.7b00419
80. Vedani A, Dobler M (2002) 5D-QSAR: the key for simulating induced fit? J Med Chem 45(11):2139–2149. https://doi.org/10. 1021/jm011005p
81. Ruusmann V, Sild S, Maran U (2015) QSAR DataBank repository: open and linked qualitative and quantitative structure-activity relationship models. J Chem 7(1):32. https:// doi.org/10.1186/s13321-015-0082-6
82. European Commission, Joint Research Centre Dataset. http://data.europa.eu/89h/ e4ef8d13-d743-4524-a6eb-80e18b58cba4
83. Vidal D, Thormann M, Pons M (2005) LINGO, an efficient holographic text based method to calculate biophysical properties and intermolecular similarities. J Chem Inf Model 45(2):386–393. https://doi.org/10. 1021/ci0496797
84. Duvenaud D, Maclaurin D, Aguilera-Iparraguirre J, Gómez-Bombarelli R, Hirzel T, Aspuru-Guzik A, Adams RP (2015) Convolutional networks on graphs for learning molecular fingerprints. arXiv e-prints
85. Feinberg EN, Sur D, Wu Z, Husic BE, Mai H, Li Y, Sun S, Yang J, Ramsundar B, Pande VS (2018) PotentialNet for molecular property prediction. ACS Central Sci 4 (11):1520–1530. https://doi.org/10.1021/ acscentsci.8b00507
86. David L, Thakkar A, Mercado R, Engkvist O (2020) Molecular representations in AI-driven drug discovery: a review and practical guide. J Chem 12(1):56. https://doi.org/ 10.1186/s13321-020-00460-5
87. Bengio Y, Courville A, Vincent P (2012) Representation learning: a review and new perspectives. arXiv:1206.5538
88. Kingma DP, Welling M (2013) Autoencoding variational Bayes. arXiv:1312.6114
89. Kingma DP, Welling M (2019) An introduction to variational autoencoders. Found Trend Machine Learn 12(4):307–392. https://doi.org/10.1561/2200000056
90. Xu Z, Wang S, Zhu F, Huang J (2017) Seq2seq fingerprint: an unsupervised deep molecular embedding for drug discovery. Paper presented at the proceedings of the 8th ACM international conference on bioinformatics, computational biology,and health informatics, Boston, MA, USA
91. Winter R, Montanari F, Noé F, Clevert DA (2019) Learning continuous and data-driven molecular descriptors by translating equivalent chemical representations. Chem Sci 10 (6):1692–1701. https://doi.org/10.1039/ C8SC04175J
92. Göller AH (2019) The art of atom descriptor design. Drug Discovery Today Technol 32-33:37–43. https://doi. org/10.1016/j. ddtec.2020.06.004
93. Karelson M, Lobanov VS, Katritzky AR (1996) Quantum-chemical descriptors in QSAR/QSPR studies. Chem Rev 96 (3):1027–1044. https://doi.org/10.1021/ cr950202r
94. Kromann JC, Jensen JH, Kruszyk M, Jessing M, Jørgensen M (2018) Fast and accurate prediction of the regioselectivity of electrophilic aromatic substitution reactions. Chem Sci 9(3):660–665. https://doi.org/ 10.1039/C7SC04156J
95. Nicolai R, Andreas G, Jan HJ (2020) RegioSQM20: improved prediction of the regioselectivity of electrophilic aromatic sub-stitutions. J React Chem Eng 5(5):896–902. https://doi.org/10.26434/chemrxiv. 13378751.v1
96. Gross KC, Seybold PG, Hadad CM (2002) Comparison of different atomic charge schemes for predicting pKa variations in substituted anilines and phenols*. Int J Quantum Chem 90(1):445–458. https://doi.org/10. 1002/ qua.10108
97. Geerlings P, De Proft F (2008) Conceptual DFT: the chemical relevance of higher response functions. Phys Chem Chem Phys 10(21):3028–3042. https://doi.org/10. 1039/B717671F
98. Parr RG, Szentpály L, Liu S (1999) Electrophilicity index. J Am Chem Soc 121 (9):1922–1924. https://doi.

org/10.1021/ ja983494x
99. Palazzesi F, Grundl MA, Pautsch A, Weber A, Tautermann CS (2019) A fast Ab initio predictor tool for covalent reactivity estimation of acrylamides. J Chem Inf Model 59 (8):3565–3571. https://doi.org/10.1021/ acs.jcim.9b00316
100. Finkelmann AR, Goller AH, Schneider G (2016) Robust molecular representations for modelling and design derived from atomic partial charges. Chem Commun 52 (4):681–684. https://doi.org/10.1039/ c5cc07887c
101. Bauer CA, Schneider G, Goller AH (2018) Gaussian process regression models for the prediction of hydrogen bond acceptor strengths. Mol Informat 38(4). https://doi. org/10.1002/minf.201800115
102. Bauer CA, Schneider G, Göller AH (2019) Machine learning models for hydrogen bond donor and acceptor strengths using large and diverse training data generated by first-principles interaction free energies. J Chem 11(1):59. https://doi.org/10.1186/ s13321-019-0381-4
103. Kuhnke L, Ter Laak A, Goller AH (2019) Mechanistic reactivity descriptors for the prediction of ames mutagenicity of primary aromatic amines. J Chem Inf Model 59 (2):668–672. https://doi.org/10.1021/acs. jcim.8b00758
104. Singh SB, Shen LQ, Walker MJ, Sheridan RP (2003) A model for predicting likely sites of CYP3A4-mediated metabolism on drug-like molecules. J Med Chem 46(8):1330–1336. https://doi.org/10.1021/ jm020400s
105. Šícho M, Stork C, Mazzolari A, de Bruyn KC, Pedretti A, Testa B, Vistoli G, Svozil D, Kirchmair J (2019) FAME 3: predicting the sites of metabolism in synthetic compounds and natural products for phase 1 and phase 2 metabolic enzymes. J Chem Inf Model 59 (8):3400–3412. https://doi.org/10.1021/ acs.jcim.9b00376
106. Beker W, Gajewska EP, Badowski T, Grzy-bowski BA (2019) Prediction of major regio-, site-, and diastereoisomers in Diels–Alder reactions by using machine-learning: the importance of physically meaningful descriptors. Angew Chem Int Ed 58 (14):4515–4519. https://doi.org/10.1002/ anie.201806920
107. Tropsha A (2010) Best practices for QSAR model development, validation, and exploitation. Mol Informat 29(6–7):476–488. https://doi.org/10.1002/minf.201000061
108. OECD (2014) Guidance document on the validation of (quantitative) structure-activity relationship [(Q) SAR] models. https://doi. org/10.1787/9789264085442-en
109. Tichý M, Rucki M (2009) Validation of QSAR models for legislative purposes. Interdiscip Toxicol 2(3): 184–186. https://doi. org/10.2478/v10102-009-0014-2
110. Klingspohn W, Mathea M, Ter Laak A, Heinrich N, Baumann K (2017) Efficiency of different measures for defining the applicability domain of classification models. J Chem 9(1):44. https://doi.org/10.1186/s13321-017-0230-2
111. Norinder U, Carlsson L, Boyer S, Eklund M (2014) Introducing conformal prediction in predictive modeling. A transparent and flexible alternative to applicability domain determination. J Chem Inf Model 54 (6):1596–1603. https://doi.org/10.1021/ ci5001168
112. Sheridan RP (2013) Using random forest to model the domain applicability of another random forest model. J Chem Inf Model 53 (11):2837–2850. https://doi.org/10.1021/ ci400482e
113. Brzezinka K, Nevedomskaya E, Lesche R, Haegebarth A, ter Laak A, Fernández-Montalván AE, Eberspaecher U, Werbeck ND, Moenning U, Siegel S, Haendler B, Eheim AL, Stresemann C (2020) Characterization of the Menin-MLL interaction as therapeutic cancer target. Cancers 12(1):201
114. Caruana R (1997) Multitask learning. Mach Learn 28(1):41–75. https://doi.org/10. 1023/A:1007379606734
115. Goh GB, Hodas NO, Vishnu A (2017) Deep learning for computational chemistry. J Comput Chem 38(16):1291–1307. https://doi. org/10.1002/jcc.24764
116. Mayr A, Klambauer G, Unterthiner T, Hochreiter S (2016) DeepTox: toxicity prediction using deep learning. Front Environ Sci 3(80). https://doi.org/10.3389/fenvs. 2015.00080
117. Feinberg EN, Joshi E, Pande VS, Cheng AC (2020) Improvement in ADMET prediction with multitask deep

featurization. J Med Chem 63(16):8835–8848. https://doi.org/ 10.1021/acs.jmedchem.9b02187

118. Kearnes S, Goldman B, Pande V (2016) Modeling industrial ADMET data with multitask networks. arXiv e-prints

119. Ramsundar B, Kearnes S, Riley P, Webster D, Konerding D, Pande V (2015) Massively multitask networks for drug discovery. arXiv e-prints

120. ValkóK, Bevan C, Reynolds D (1997) Chro-matographic hydrophobicity index by fast-gradient RP-HPLC: a high-throughput alter-native to log P/log D. Anal Chem 69 (11):2022–2029. https://doi.org/10.1021/ac961242d

121. Schneckener S, Grimbs S, Hey J, Menz S, Osmers M, Schaper S, Hillisch A, Goller AH (2019) Prediction of oral bioavailability in rats: transferring insights from in vitro correlations to (deep) machine learning models using in silico model outputs and chemical structure parameters. J Chem Inf Model 59 (11):4893–4905. https://doi.org/10.1021/ acs.jcim.9b00460

122. Chen M-L, Shah V, Patnaik R, Adams W, Hussain A, Conner D, Mehta M, Malinowski H, Lazor J, Huang S-M, Hare D, Lesko L, Sporn D, Williams R (2001) Bioavailability and bioequivalence: an FDA regulatory overview. Pharm Res 18 (12):1645–1650. https://doi.org/10.1023/ A:1013319408893

123. Jingyu Z, Junmei W, Huidong Y, Youyong L, Tingjun H (2011) Recent developments of in silico predictions of oral bioavailability. Comb Chem High Throughput Screen 14 (5):362–374. https://doi.org/10.2174/138620711795508368

124. Kirchmair J, Goller AH, Lang D, Kunze J, Testa B, Wilson ID, Glen RC, Schneider G (2015) Predicting drug metabolism: experiment and/or computation? Nat Rev Drug Discov 14(6):387–404. https://doi.org/10. 1038/nrd4581

125. Sta°lring JC, Carlsson LA, Almeida P, Boyer S (2011) AZOrange—high performance open source machine learning for QSAR modeling in a graphical programming environment. J Chem 3(1):28. https://doi.org/10.1186/ 1758-2946-3-28

126. Kausar S, Falcao AO (2018) An automated framework for QSAR model building. J Chem 10(1):1. https://doi.org/10.1186/ s13321-017-0256-5

127. Kavikondala A, Muppalla V, Krishna Prakasha K, Acharya V (2019) Automated retraining of machine learning models. Int J Innovat Technol Explor Eng 8(12):445–452. https://doi.org/10.35940/ijitee.L3322.1081219

128. Jason HH, Kohei I, Susumu D (2016) Virtual screening techniques and current computational infrastructures. Curr Pharm Des 22 (23):3576–3584. https://doi.org/10.2174/ 1381612822666160414142530

129. Hillisch A, Heinrich N, Wild H (2015) Computational chemistry in the pharmaceutical industry: from childhood to adolescence. ChemMedChem 10(12):1958–1962. https://doi.org/10.1002/cmdc.201500346

130. Hartenfeller M, Schneider G (2011) De novo drug design. Methods Mol Biol 672:299–323. https://doi.org/10.1007/ 978-1-60761-839-3_12

131. Free SM Jr, Wilson JW (1964) A mathematical contribution to structure-activity studies. J Med Chem 7:395–399. https://doi.org/10. 1021/jm00334a001

132. Wang L, Deng Y, Knight JL, Wu Y, Kim B, Sherman W, Shelley JC, Lin T, Abel R (2013) Modeling local structural rearrangements using FEP/REST: application to relative binding affinity predictions of CDK2 inhibitors. J Chem Theory Comput 9 (2):1282–1293. https://doi.org/10.1021/ ct300911a

133. Wang L, Wu Y, Deng Y, Kim B, Pierce L, Krilov G, Lupyan D, Robinson S, Dahlgren MK, Greenwood J, Romero DL, Masse C, Knight JL, Steinbrecher T, Beuming T, Damm W, Harder E, Sherman W, Brewer M, Wester R, Murcko M, Frye L, Farid R, Lin T, Mobley DL, Jorgensen WL, Berne BJ, Friesner RA, Abel R (2015) Accurate and reliable prediction of relative ligand binding potency in prospective drug discovery by way of a modern freeenergy calculation protocol and force field. J Am Chem Soc 137 (7):2695–2703. https://doi.org/10.1021/ ja512751q

134. Schindler CEM, Baumann H, Blum A, Bose D, Buchstaller HP, Burgdorf L, Cappel D, Chekler E, Czodrowski P, Dorsch D, Eguida MKI, Follows B, Fuchss T, Gradler U, Gunera J, Johnson T, Jorand Lebrun C, Karra S, Klein M, Knehans T, Koetzner L, Krier M, Leiendecker M, Leuthner B, Li L, Mochalkin I, Musil D, Neagu C, Rippmann F, Schiemann K, Schulz R, Steinbrecher T, Tanzer EM, Unzue Lopez A, Viacava Follis A, Wegener A, Kuhn D (2020) Large-scale assessment of binding free energy calculations in active drug discovery projects. J Chem Inf Model 60 (11):5457–5474. https://doi.org/10.1021/ acs.jcim.0c00900

135. Christ CD, Fox T (2014) Accuracy assessment and automation of free energy calculations for drug design. J Chem Inf Model 54 (1):108–120. https://doi.org/10.1021/ ci4004199

136. Shih AY, Hack M, Mirzadegan T (2020) Impact of protein preparation on resulting accuracy of FEP calculations. J Chem Inf Model 60(11):5287–5289. https://doi.org/ 10.1021/acs.jcim.0c00445

137. Wan S, Tresadern G, Pérez-Benito L, van Vlijmen H, Coveney PV (2020) Accuracy and precision of alchemical relative free energy predictions with and without replicaexchange. Adv Theory Simulat 3 (1):1900195. https://doi.org/10.1002/ adts.201900195

138. Green DVS, Pickett S, Luscombe C, Senger S, Marcus D, Meslamani J, Brett D, Powell A, Masson J (2020) BRADSHAW: a system for automated molecular design. J Comput Aided Mol Des 34(7):747–765. https:// doi. org/10.1007/s10822-019-00234-8

139. Konze KD, Bos PH, Dahlgren MK, Leswing K, Tubert-Brohman I, Bortolato A, Robbason B, Abel R, Bhat S (2019) Reaction-based enumeration, active learning, and free energy calculations to rapidly explore synthetically tractable chemical space and optimize potency of cyclin-dependent kinase 2 inhibitors. J Chem Inf Model 59(9):3782–3793. https://doi.org/10.1021/acs.jcim.9b00367

140. Kempf R (2020) Accelerated drug discovery. https://www.chemanager-online.com/en/ news/accelerated-drug-discovery

141. Hansch C, Maloney PP, Fujita T, Muir RM (1962) Correlation of biological activity of phenoxyacetic acids with hammett substituent constants and partition coefficients. Nature 194(4824):178–180. https://doi.org/10.1038/194178b0

第3章 以人工智能挑战新型冠状病毒感染

摘　要：新型冠状病毒感染（coronavirus disease 2019，COVID-19）疫苗的研发为人们带来了新的希望，但新型冠状病毒（简称新冠病毒）变异为疫苗耐药性变种的风险仍然存在。因此，有效治疗COVID-19的药物需求仍然紧迫。为此，科学家们正在寻找新药，并利用已上市的药物来治疗COVID-19。许多药物目前正在进行临床试验。但到目前为止（截至本书编写时间），只有一种药物被美国食品药品监督管理局（FDA）正式批准。与新分子的标准药物开发相比，药物再利用是一个进入临床更快的途径，然而在大流行病期间，这一过程仍然不足以阻止新冠病毒的传播。人工智能（AI）在加速药物发现过程中发挥了很大的作用，不仅促进了潜在候选药物的筛选，而且能够监测流行病，使患者的诊断速度更快。本章将重点讨论AI技术目前在治疗COVID-19的药物再利用方面的影响和挑战。

关键词：COVID-19；新型冠状病毒（severe acute respiratory syndrome coronavirus 2，SARS-CoV-2）；药物再利用；人工智能（AI）；机器学习（machine learning，ML）

3.1 引言

药物再利用（drug repurposing），又称为老药新用、治疗性转换，以及药物重定向、重定位、重定型或重设计，是一种专注于确定现有药物新用途和新适应证的策略。与开发新的分子实体（new molecular entity，NME）相比，这种策略有多个优点。首先，这些药物已经通过了毒性试验，因此比NME更有可能获得批准。其次，由于临床前试验和安全性评估已经完成，这种策略缩短了药物研发的周期，因此再利用药物可以迅速进入临床试验（图3.1）。最后，这些药物开发成本较低，开发成本在很大程度上取决于再利用候选药物的开发阶段和过程。从历史上而言，药物再利用策略更多地受到偶然性而非实际合理设计的影响。药物再利用最成功的实例是西地那非（sildenafil），这种药物最初是为治疗高血压而研发的，后来发现其能治疗勃起功能障碍。另一个著名的实例是沙利度胺，虽然孕妇使用这种镇静剂会产生严重的致畸副作用，但意外发现其对治疗结节性红斑和多发性骨髓瘤均有效[1, 2]。这些早期的成功案例促进了基于化学相似性评估和分子对接等更系统性方法的发展。最近，随着化学和基因组数据的迅速积累，药物再利用的方法已经从传统的方向转向人工智能（AI）。AI非常适用于药物再利用，能够从噪声、不完整和高维数据中捕获信息特征[3]。

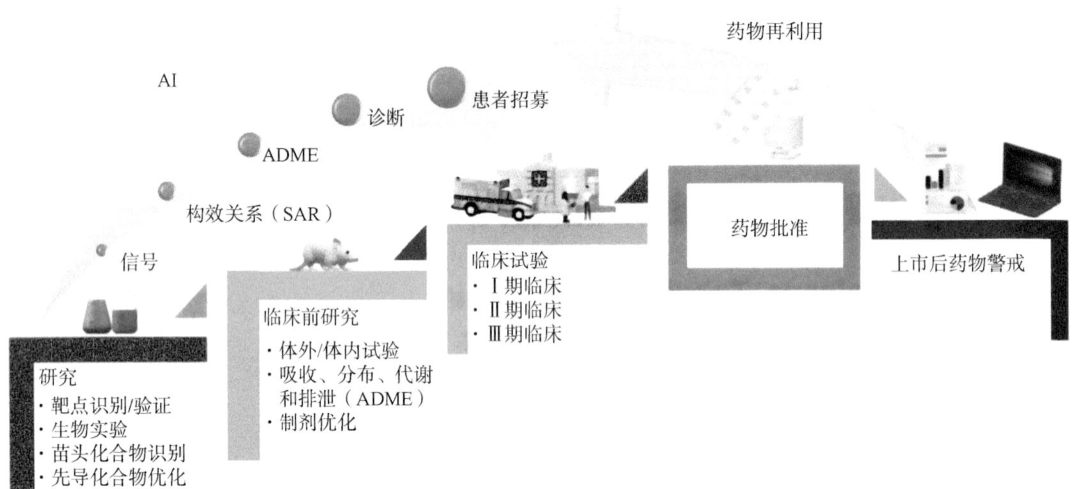

图3.1 标准药物开发和药物再利用之间的比较，以及AI的影响。药物开发不仅可以借助药物再利用来加快进度，还可以通过AI的几种不同应用来加快进程，特别是AI与药物再利用的结合

随着新型冠状病毒（SARS-CoV-2）在全球的迅速传播，寻找新的治疗方法迫在眉睫。由于SARS-CoV-2与其他冠状病毒的相似性，以及相对简单的样本采集和研究方式，药物再利用被认为是一种有希望的方法。截至撰写本章时，在美国临床试验注册库（ClinicalTrials.gov）上已经登记了4410项研究（其中，截至2020年7月，有1137项研究仍在进行中[4]）。早期发布最有希望的SARS-CoV-2药物靶点候选化合物的晶体学数据，如RNA依赖性RNA聚合酶（RNA-dependent RNA polymerase，RdRp）、冠状病毒主蛋白酶（coronavirus main protease，M^{pro}）和木瓜蛋白酶样蛋白酶（papain-like protease），为快速鉴定候选化合物提供了强有力的策略。与此同时，化学和基因组数据，以及药理学和表型信息也正在迅速积累，其中大部分是开源和标准化的数据。这使得COVID-19成为应用AI技术的理想对象。虽然数据的可获得性使得AI的应用成为可能，但COVID-19和药物再利用方面的论文数量庞大（根据最近分析，平均每周发表367篇COVID-19相关论文），且从提交到接收的时间非常短（中位数时间为6天），这提高了初步或有缺陷数据发布的可能性[5]，使得数据收集和整理的任务变得更加复杂。

尽管药物再利用策略具有很大的潜力，但其优势和收益不应该被夸大。最近一项关于

COVID-19 M^{pro} 抑制剂的计算筛选调查显示，1/3的研究集中在药物再利用方面，并且大多数获取的证据不足以支撑结果[6]。

AI可以在许多与COVID-19相关的问题上发挥协助作用，包括诊断、接触者追踪、社交距离、工作场所安全等[7]。本章旨在重点介绍AI在药物再利用中的应用，首先对基于结构的药物再利用进行了简要概述，随后介绍了深度学习（deep learning，DL）和图表示学习（graph representation learning）等AI方法。

3.2 基于结构的药物再利用

计算机辅助药物设计（computer-aided drug design，CADD）在识别COVID-19潜在候选药物方面发挥了重要作用。该疾病的关键靶点之一是SARS-CoV-2 M^{pro}，其与SARS-CoV及其他蛋白酶具有高度序列相似性。当第一个晶体结构被公开（PDB：6LU7[8]）后，就被用来进行虚拟筛选，以鉴定苗头化合物进行生物筛选。Wang Q等以抑制剂共晶结构作为切入点，对已获批药物、临床试验候选药物和天然产物的数据库进行了筛选。他们对筛选出的化合物进行了生物活性测试，鉴定出7个已获批药物［包括双硫仑（disulfiram）和卡莫氟（carmofur）］，以及临床前和临床候选药物，IC_{50}值为0.67～21.4μmol/L。其他研究人员利用这些结构从DrugBank数据库中鉴定出其他的化合物[9]。例如，Wang J等结合了几种计算技术（分子动力学模拟和自由能计算）来提高化合物筛选的性能。结果表明，卡非佐米（carfilzomib）、依拉环素（eravacycline）、戊柔比星（valrubicin）、洛匹那韦（lopinavir）和艾尔巴韦（elbasvir）可考虑作为SARS-CoV-2的潜在抑制剂进行实验测试。在SARS-CoV-2 M^{pro}的结构发布几天后，病毒棘突糖蛋白（viral spike glycoprotein）的晶体学结构也被公布[10]，这为特异性疫苗的设计铺平了道路。随后便是人体血管紧张素转换酶2（angiotensin converting enzyme 2，ACE2）受体复合物的公布[8]。之后病毒RdRp及其抑制剂瑞德西韦（remdesivir）的晶体结构也被公布（PDB：7BV2[11]），证明了这种抗病毒药物可以重定位用于COVID-19的治疗（图3.2）。

COVID-19另一个有前景的药物靶点是跨膜丝氨酸蛋白酶家族成员2（transmembrane serine protease family member 2，TMPRSS2）。该蛋白位于宿主细胞的质膜中，通过剪切和激活病毒棘突糖蛋白参与病毒与宿主之间的相互作用。尽管缺乏结构数据，但已在这一蛋白靶点上进行了蛋白酶抑制实验，测试结果表明一些药物［如萘莫司他（nafamostat）、卡莫司他（camostat）］能够抑制这种蛋白酶，从而阻止SARS-CoV进入人体肺细胞[12, 13]。此外，许多研究人员已建立了这种蛋白酶的3D同源模型，并对DrugBank和其他包含实验药物的数据库进行了基于结构的虚拟筛选。目前已鉴定出数个化合物，并建议对其进行生物测试以抗击COVID-19[14-16]。

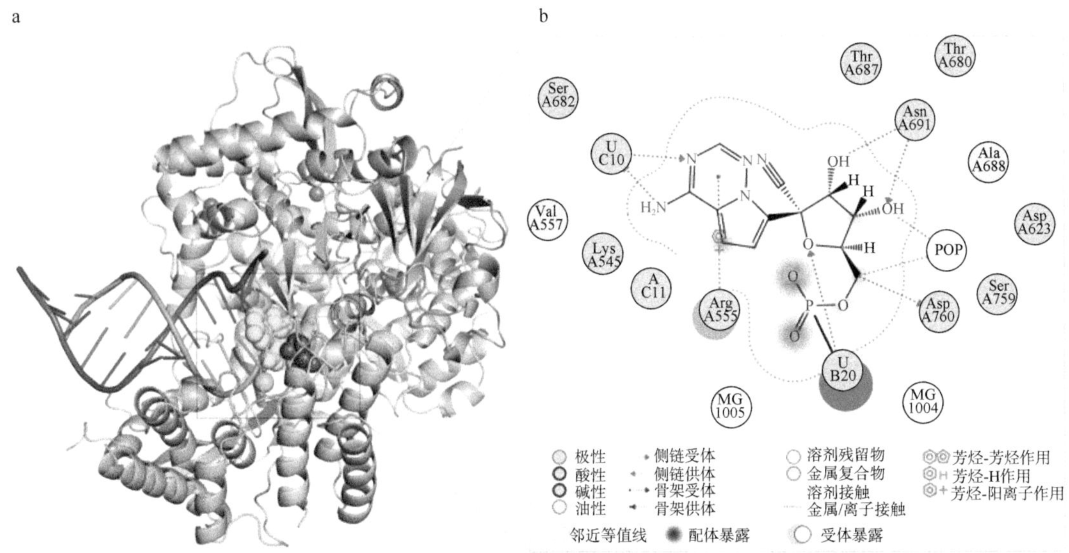

图3.2 瑞德西韦（remdesivir）与RdRp复合物的冷冻电镜结构。a. 单磷酸形式的瑞德西韦与模板引物RNA共价结合（PDB：7VB2[11]）。b. 抑制剂活性结合位点相互作用的2D图示

3.3 人工智能在药物再利用中的应用

在疫情大流行期间，AI在许多领域发挥了关键作用，尤其是在药物和疫苗研发领域。药物再利用的前提是不同疾病共享一个或多个涉及一系列蛋白网络的靶点。这些信息可以从数据库和文献中检索，并被AI算法用于识别共同的作用通路，以及临床上的相关药物。例如，SARS-CoV-2的复制需要宿主细胞中特定的酶，如TMPRSS2和ACE2。一种有效的药物再利用策略是利用病毒蛋白与已知酶之间的相互作用关系。实际上，通过在人体细胞中表达SARS-CoV-2蛋白，已鉴定出332个人体和病毒蛋白之间的蛋白相互作用[17]。对人体蛋白的分析进一步将蛋白数量缩小至66个可能药物靶点、29个获批药物、12个临床试验和28个临床前候选药物。对这些化合物已进行了实验测试，其中2个化合物对病毒具有活性，如mRNA翻译抑制剂Zotatifin，以及sigma-1和sigma-2受体的预测调节剂氟哌啶醇（haloperidol）。

根据源数据结构和信息类型，AI可以采用几种不同的算法。目前已经应用于COVID-19药物再利用的AI方法主要有两类。

3.3.1 深度学习

最常用的AI算法是人工神经网络（ANN），如卷积神经网络（CNN）、递归神经网络（recurrent neural network，RNN）和全连接前馈神经网络（feedforward neural network，FNN）。每种类型的神经网络都会应用于特定的情况。例如，CNN在图像处理方面表现良

好，已被用于分析化学结构的图形以预测其治疗用途[18]。在另一项研究中，使用随机森林（RF）分类模型来识别感染细胞的形态特征，并通过实验测试了1425个已获批药物，最终确定乳铁蛋白（lactoferrin）是一种有前景的SARS-CoV-2抑制剂[19]。CNN和RNN已被结合使用，以预测可重定位用于对抗新冠病毒的药物[20]。研究人员陆续确定了阿扎那韦（atazanavir）、瑞德西韦（remdesivir）、依法韦仑（efavirenz）、利托那韦（ritonavir）和度鲁特韦（dolutegravir）等潜在候选药物。

3.3.2　图表示学习与网络邻近分析

这种算法将AI与网络医学相结合，建立连接疾病、靶点和药物的知识图谱，并以此构建关系网络。该方法可用于预测新疾病与现有药物之间的联系。例如，对药物靶点和病毒-宿主相互作用的网络邻近分析（network proximity analysis），鉴定出16个可用于COVID-19的再利用药物和3个复方药物，并且通过实验得到了验证[11]。在另一项研究中，将网络邻近分析与网络扩散（network diffusion）和图卷积网络（GCN）方法结合，鉴定出81个潜在药物候选者，其中大部分目前正处于临床试验阶段[21]。此外，BenevolentAI利用这种方法预测一种用于治疗类风湿关节炎的药物巴瑞克替尼（baricitinib）可能是COVID-19的潜在治疗药物[22]。此外，知识图谱已通过39种关系和1500万条界边将药物、疾病、基因、蛋白、通路和蛋白表达联系起来。将该方法与基于网络的DL框架相结合，鉴定出了41个可再利用药物，这些药物已在进行中的针对COVID-19的临床试验中得到了验证[23]。Innoplexus，一种基于AI的平台，使用患者的私人和公共数据快速生成预测的药物组合来治疗COVID-19。其提出了氯喹（chloroquine）和瑞德西韦或托珠单抗（tocilizumab），或羟氯喹（hydroxychloroquine）和克拉霉素（clarithromycin）或普乐沙福（plerixafor）的组合，认为可能会取得更好的治疗效果，但后续还需要进行试验评估。

3.4　研究中的再利用药物

尽管自疫情开始以来的时间相对较短（截至撰写本章时），但已测试了许多药物治疗COVID-19的效果。其中，抗病毒药物显然发挥着重要作用。例如，瑞德西韦（病毒RdRp的抑制剂，图3.2）因能够促进住院患者的康复已被FDA批准作为重症患者的紧急治疗药物[24]。此外，许多药物仍处于研究之中。截至2020年12月28日，还有许多药物仍处于研究之中，它们不仅包括其他抗病毒药物[如法匹拉韦（favipiravir）、索非布韦（sofosbuvir）、来达普韦（ledipasvir）]，还包括其他不同类别的药物，如抗寄生虫药[伊维菌素（ivermectin）]、抗生素[多西环素（doxycycline）、阿奇霉素]、皮质类固醇、血管紧张素Ⅱ受体1（angiotensin Ⅱ receptor type 1，AT_1）拮抗剂[氯沙坦（losartan）、替米沙坦（telmisartan）]、抗炎和免疫抑制剂（羟氯喹）、抗白介素药物[托珠单抗、沙利鲁单抗（sarilumab）]，以及酪氨酸激酶抑制剂[阿卡替尼（acalabrutinib）]。上述药物的作用机制和临床试验的更多细节可以参考相关综述[25-27]。其中一部分药物是通过AI预测发现的COVID-19潜在疗法。下文列举部分实例。

· 抗病毒药物：瑞德西韦、阿扎那韦、依法韦仑、利托那韦和度鲁特韦[20, 24]

· mRNA翻译抑制剂：唑他替芬（zotatifin）[17]（译者注：暂译，尚处于Ⅰ～Ⅱ期临床试验）

· 类风湿关节炎药物：巴瑞替尼（baricitinib）[22]

组合疗法可以增强药物的治疗效果并降低毒性。抗病毒药物与免疫调节剂复方药物的临床试验正在进行之中。此外，机器学习（ML）方法也提出了其他的组合方案。周（Zhou）等使用基于网络的方法，通过分析病毒与宿主相互作用中药物靶点发挥的作用，确定了托瑞米芬（toremifene）和大黄素（emodin）、西罗莫司（sirolimus）和放线菌素D（dactinomycin）、巯嘌呤（mercaptopurine）和褪黑素（melatonin）等潜在的药物组合[11]。在另一项研究中，Project IDentif.AI开发的平台利用神经网络，可在有限的建议疗法中确定药物组合及其剂量[28]。

3.5 挑战与展望

在疫情期间，药物再利用是识别有前景抗病毒药物的一种相对快捷的方法。需要考虑的是，目前临床上的药物都是针对特定疗效和医学用途而进行优化研发的。但是，再利用药物需要适用于新的疾病，因此其剂量可能因不同的适应证而不同。AI可以应用于调整再利用药物的治疗剂量，从而降低重大副作用的风险。

另一个挑战是，病毒会发生突变并对开发的药物或疫苗产生抗药性。AI可以跟踪国际患者记录中的突变数据，并预测高功能相关性的编码位点和突变风险，从而实现有效药物和疫苗的开发。

在4300项临床研究中，一半的研究正在招募符合特定要求的参与者。为了使这一过程更快速、更有效，可以使用ML模型对患者群体进行分层而不是随机选择，可在电子健康记录中挖掘信息，选择患者亚组进行临床试验，并确保某些亚组能够参与试验[29]。

感染新冠病毒的患者常常会出现不同的症状，甚至可能是无症状的。在未来，根据患者的个体情况，个性化治疗的使用可能会减少目前再利用药物的毒性并加速患者的康复。考虑到患者的生理复杂性，AI提供了一种使COVID-19治疗成为可能的策略。在目前正在开发的先进方法中，已证明了ML在分析详细和高度复杂目标疾病网络方面的影响。当然，其适用性受到数据量增加的显著影响，相关数据可以在国内和国际平台访问获得。目前，已有数个项目开始使用信息技术工具监测国家健康数据，如美国以患者为中心的临床研究网络（patient-centered clinical research network，PCORnet，https：//pcornet.org/）和欧盟以患者中心的临床试验平台（EU patient-centric clinical trial platform，EU-PEARL，https：//eu-pearl.eu/）。

随着数据呈指数级增长，以及AI驱动预测的助力，患者靶向治疗在不久的将来可能成为现实，并成为一种快速有效的药物再利用技术，以应对如COVID-19之类的疾病。

（段宏亮　林　康　张辰豪　朱　成　译；白仁仁　校）

参考文献

1. Pushpakom S, Iorio F, Eyers PA, Escott KJ, Hopper S, Wells A, Doig A, Guilliams T, Latimer J, McNamee C, Norris A, Sanseau P, Cavalla D, Pirmohamed M (2019) Drug repurposing: progress, challenges and recommendations. Nat Rev Drug Discov 18(1):41–58. https://doi.org/10.1038/nrd.2018.168
2. Sternitzke C (2014) Drug repurposing and the prior art patents of competitors. Drug Discov Today 19(12):1841–1847. https://doi.org/ 10.1016/j.drudis.2014.09.016
3. Yang X, Wang Y, Byrne R, Schneider G, Yang S (2019) Concepts of artificial intelligence for computer-assisted drug discovery. Chem Rev 119(18):10520–10594. https://doi.org/10. 1021/acs.chemrev.8b00728
4. Altay O, Mohammadi E, Lam S, Turkez H, Boren J, Nielsen J, Uhlen M, Mardinoglu A (2020) Current status of COVID-19 therapies and drug repositioning applications. iScience 23(7):101303. https://doi.org/10.1016/j.isci.2020.101303
5. Levin JM, Oprea TI, Davidovich S, Clozel T, Overington JP, Vanhaelen Q, Cantor CR, Bischof E, Zhavoronkov A (2020) Artificial intelligence, drug repurposing and peer review. Nat Biotechnol 38(10):1127–1131. https://doi.org/10.1038/s41587-020-0686-x
6. Bellera CL, Llanos M, Gantner ME, Rodriguez S, Gavernet L, Comini M, Talevi A (2020) Can drug repurposing strategies be the solution to the COVID-19 crisis? Expert Opin Drug Discov. https://doi.org/10.1080/ 17460441.2021.1863943
7. Sipior JC (2020) Considerations for development and use of AI in response to COVID-19. Int J Inf Manag 55:102170. https://doi.org/10.1016/j.ijinfomgt.2020.102170
8. Wang Q, Zhang Y, Wu L, Niu S, Song C, Zhang Z, Lu G, Qiao C, Hu Y, Yuen K-Y, Wang Q, Zhou H, Yan J, Qi J (2020) Structural and functional basis of SARS-CoV-2 entry by using human ACE2. Cell 181(4):894–904. e899. https://doi.org/10.1016/j.cell.2020. 03.045
9. Wang J (2020) Fast identification of possible drug treatment of coronavirus disease-19 (COVID-19) through computational drug repurposing study. J Chem Inf Model 60 (6):3277–3286. https://doi.org/10.1021/ acs.jcim.0c00179
10. Wrapp D, Wang N, Corbett KS, Goldsmith JA, Hsieh C-L, Abiona O, Graham BS, McLellan JS (2020) Cryo-EM structure of the 2019-nCoV spike in the prefusion conformation. Science 367(6483):1260–1263. https://doi. org/10.1126/science.abb2507
11. Zhou Y, Hou Y, Shen J, Huang Y, Martin W, Cheng F (2020) Network-based drug repurposing for novel coronavirus 2019-nCoV/SARS-CoV-2. Cell Discov 6(1):14. https:// doi.org/10.1038/s41421-020-0153-3
12. Yamamoto M, Matsuyama S, Li X, Takeda M, Kawaguchi Y, Ji I, Matsuda Z (2016) Identification of nafamostat as a potent inhibitor of middle east respiratory syndrome coronavirus S protein-mediated membrane fusion using the split-protein-based cell-cell fusion assay. Antimicrob Agents Chemother 60 (11):6532–6539. https://doi.org/10.1128/ aac.01043-16
13. Kawase M, Shirato K, van der Hoek L, Taguchi F, Matsuyama S (2012) Simultaneous treatment of human bronchial epithelial cells with serine and cysteine protease inhibitors prevents severe acute respiratory syndrome coronavirus entry. J Virol 86(12):6537–6545. https://doi.org/10.1128/jvi.00094-12
14. Huggins DJ (2020) Structural analysis of experimental drugs binding to the SARS-CoV-2 target TMPRSS2. J Mol Graph Model 100:107710–107710. https://doi.org/10. 1016/j.jmgm.2020.107710
15. Rensi S, Altman RB, Liu T, Lo YC, McInnes G, Derry A, Keys A (2020) Homology modeling of TMPRSS2 yields candidate drugs that may inhibit entry of SARS-CoV-2 into human cells. ChemRxiv. https://doi.org/10.26434/ chemrxiv.12009582
16. Singh N, Decroly E, Khatib AM, Villoutreix BO (2020) Structure-based drug repositioning over the human TMPRSS2 protease domain: search for chemical probes able to repress SARS-CoV-2 spike protein cleavages. Eur J Pharm Sci 153:105495. https://doi.org/10. 1016/j.ejps.2020.105495

17. Gordon DE, Jang GM, Bouhaddou M, Xu J, Obernier K, White KM, O'Meara MJ, Rezelj VV, Guo JZ, Swaney DL, Tummino TA, Hüttenhain R, Kaake RM, Richards AL, Tutuncuoglu B, Foussard H, Batra J, Haas K, Modak M, Kim M, Haas P, Polacco BJ, Braberg H, Fabius JM, Eckhardt M, Soucheray M, Bennett MJ, Cakir M, McGregor MJ, Li Q, Meyer B, Roesch F, Vallet T, Mac Kain A, Miorin L, Moreno E, Naing ZZC, Zhou Y, Peng S, Shi Y, Zhang Z, Shen W, Kirby IT, Melnyk JE, Chorba JS, Lou K, Dai SA, Barrio-Hernandez I, Memon D, Hernandez-Armenta C, Lyu J, Mathy CJP, Perica T, Pilla KB, Ganesan SJ, Saltzberg DJ, Rakesh R, Liu X, Rosenthal SB, Calviello L, Venkataramanan S, Liboy-Lugo J, Lin Y, Huang X-P, Liu Y, Wankowicz SA, Bohn M, Safari M, Ugur FS, Koh C, Savar NS, Tran QD, Shengjuler D, Fletcher SJ, O'Neal MC, Cai Y, Chang JCJ, Broadhurst DJ, Klippsten S, Sharp PP, Wenzell NA, Kuzuoglu-Ozturk D, Wang H-Y, Trenker R, Young JM, Cavero DA, Hiatt J, Roth TL, Rathore U, Subramanian A, Noack J, Hubert M, Stroud RM, Frankel AD, Rosenberg OS, Verba KA, Agard DA, Ott M, Emerman M, Jura N, von Zastrow M, Verdin E, Ashworth A, Schwartz O, d'Enfert C, Mukherjee S, Jacobson M, Malik HS, Fujimori DG, Ideker T, Craik CS, Floor SN, Fraser JS, Gross JD, Sali A, Roth BL, Ruggero D, Taunton J, Kortemme T, Beltrao P, Vignuzzi M, García-Sastre A, Shokat KM, Shoichet BK, Krogan NJ (2020) A SARS-CoV-2 protein interaction map reveals targets for drug repurposing. Nature 583 (7816):459–468. https://doi.org/10.1038/ s41586-020-2286-9
18. Meyer JG, Liu S, Miller IJ, Coon JJ, Gitter A (2019) Learning drug functions from chemical structures with convolutional neural networks and random forests. J Chem Inf Model 59 (10):4438–4449. https://doi.org/10.1021/ acs.jcim.9b00236
19. Mirabelli C, Wotring JW, Zhang CJ, McCarty SM, Fursmidt R, Frum T, Kadambi NS, Amin AT, O'Meara TR, Pretto CD, Spence JR, Huang J, Alysandratos KD, Kotton DN, Handelman SK, Wobus CE, Weatherwax KJ, Mashour GA, O'Meara MJ, Sexton JZ (2020) Morphological cell profiling of SARS-CoV-2 infection identifies drug repurposing candidates for COVID-19. bioRxiv. https://doi. org/10.1101/2020.05.27.117184
20. Beck BR, Shin B, Choi Y, Park S, Kang K (2020) Predicting commercially available antiviral drugs that may act on the novel coronavirus (SARS-CoV-2) through a drug-target interaction deep learning model. Comput Struct Biotechnol J 18:784–790. https://doi. org/10.1016/j.csbj.2020.03.025
21. Gysi DM, Do Valle Í, Zitnik M, Ameli A, Gan X, Varol O, Sanchez H, Baron RM, Ghiassian D, Loscalzo J, Barabási AL (2020) Network medicine framework for identifying drug repurposing opportunities for COVID-19. ArXiv
22. Richardson P, Griffin I, Tucker C, Smith D, Oechsle O, Phelan A, Rawling M, Savory E, Stebbing J (2020) Baricitinib as potential treatment for 2019-nCoV acute respiratory disease. Lancet 395(10223):e30–e31. https://doi. org/10.1016/s0140-6736(20)30304-4
23. Zeng X, Song X, Ma T, Pan X, Zhou Y, Hou Y, Zhang Z, Li K, Karypis G, Cheng F (2020) Repurpose open data to discover therapeutics for COVID-19 using deep learning. J Proteome Res 19(11):4624–4636. https://doi.org/ 10.1021/acs.jproteome.0c00316
24. Beigel JH, Tomashek KM, Dodd LE, Mehta AK, Zingman BS, Kalil AC, Hohmann E, Chu HY, Luetkemeyer A, Kline S, Lopez de Castilla D, Finberg RW, Dierberg K, Tapson V, Hsieh L, Patterson TF, Paredes R, Sweeney DA, Short WR, Touloumi G, Lye DC, Ohmagari N, Oh MD, Ruiz-Palacios GM, Benfield T, Fätkenheuer G, Kortepeter MG, Atmar RL, Creech CB, Lundgren J, Babiker AG, Pett S, Neaton JD, Burgess TH, Bonnett T, Green M, Makowski M, Osinusi A, Nayak S, Lane HC (2020) Remdesivir for the treatment of COVID-19—final report. N Engl J Med 383(19):1813–1826. https://doi.org/10.1056/NEJMoa2007764
25. Sanders JM, Monogue ML, Jodlowski TZ, Cutrell JB (2020) Pharmacologic treatments for coronavirus disease 2019 (COVID-19): a review. JAMA 323(18):1824–1836. https:// doi.org/10.1001/jama.2020.6019
26. Xu J, Xue Y, Zhou R, Shi PY, Li H, Zhou J (2020) Drug repurposing approach to combating coronavirus: potential drugs and drug targets. Med Res Rev. https://doi.org/10.1002/ med.21763
27. Sultana J, Crisafulli S, Gabbay F, Lynn E, Shakir S, Trifirò G (2020) Challenges for drug repurposing in the COVID-19 pandemic era. Front Pharmacol 11(1657):588654. https://doi.org/10.3389/fphar.2020. 588654

28. Abdulla A, Wang B, Qian F, Kee T, Blasiak A, Ong YH, Hooi L, Parekh F, Soriano R, Olinger GG, Keppo J, Hardesty CL, Chow EK, Ho D, Ding X (2020) Project IDentif.AI: harnessing artificial intelligence to rapidly optimize combination therapy development for infectious disease intervention. Adv Ther:2000034. https://doi.org/10.1002/adtp.202000034
29. van der Schaar M, Alaa AM, Floto A, Gimson A, Scholtes S, Wood A, McKinney E, Jarrett D, Lio P, Ercole A (2020) How artificial intelligence and machine learning can help healthcare systems respond to COVID-19. Mach Learn:1–14. https://doi.org/10.1007/ s10994-020-05928-x

第4章

人工智能和机器学习在药物发现中的应用

摘　要：机器学习（ML）和深度学习（DL）是人工智能（AI）的两个子类。在这个大数据时代，它们通过将数据转化为信息并最终转化为知识，为药物发现与开发提供了重要机会。ML或AI其实并不是新鲜事物，但过去几年开发出了一系列更有效的模型和方法，并已成功应用于药物发现与开发。本章将对这些相关方法进行概述，并介绍其如何在药物发现过程中应用于各种工作流程，如生成化学（generative chemistry）、ADMET预测、逆合成分析等。此外，本章还将介绍盲目使用这些方法的警示和陷阱，并总结相关的挑战和局限性。

关键词：人工智能（AI）；机器学习（ML）；监督学习（supervised learning）；无监督学习（unsupervised learning）；深度学习（DL）；药物发现；人工神经网络（ANN）

4.1 引言

药物发现与开发不仅是一个漫长而复杂的过程，而且成本也相当高昂。在候选药物的发现过程中，众多因素均会影响其最终是成功还是失败。无论哪种情况，至少在早期药物发现过程中，利用各种AI和ML方法（包括这些方法与化学信息学工具之间的结合），可以相当迅速地获得某些认识。由于过去几年间数据的数字化程度显著提高，相关工作也得到了有力支持。这也带来了新的机遇，不仅可以获取和整理这些数据，还可以分析这些数据以提取“知识信息”，并可能有助于解决复杂的临床前和临床挑战（图4.1）[1]。必须强调的是，这些数据类型不仅包括小分子和靶点信息，还包括图像（如病理图像、非结构化文本、检测数据、真实证据数据等）[2]。因此，AI/ML方法非常适用，因为其有利于药物发现挑战的各个方面，并解决数据的多维性质。这也有助于实现多个过程的自动化，同时消除常规的人工任务，进而缩短了漫长的药物发现过程[3, 4]。在过去几年间，尽管Gartner Hype Cycle报告[5]表明，在常规药物发现过程中完全采用AI和DL（“期望膨胀期”）还为时过早，但其他人坚信[6, 7]，基于AI/ML的方法可能将会彻底改变我们的工作方式。在我们看来，人们对AI/ML方法在药物发现中的成功仍持怀疑态度，但这些方法在制药行业各个部门的应用每天都在增加。本章将尝试回顾AI/ML方法在早期药物发现中的各种应用，并总结这些方法如何在药物发现过程中提供支持。本章不再介绍各种AI/ML方法的细节，读者可以跟进本章及本书中其他章节提到的相关参考资料，以获取更多详细信息和指导。

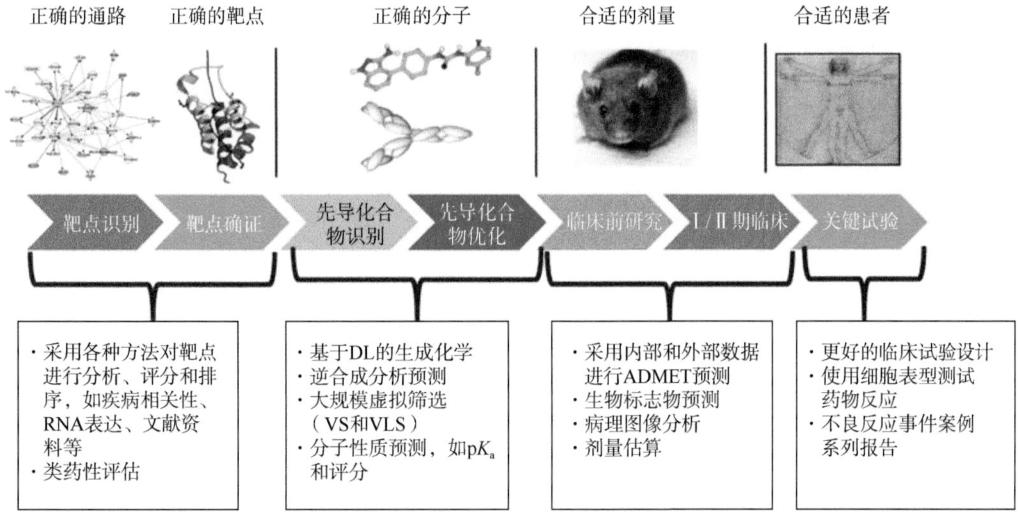

图4.1　在不同阶段实现AI/ML/DL的药物发现与开发流程。该示意图并不全面，只是一个理想生成器

在开始讨论AI/ML方法如何应用于药物发现过程之前，了解二者之间的细微差别及DL十分重要。如图4.2所示，很明显，ML是AI的一个子类。一般而言，ML被定义为一种计算算法，其可学习和识别数据中的模式，并可在没有太多人工干预的情况下更快地洞察数据[8]。

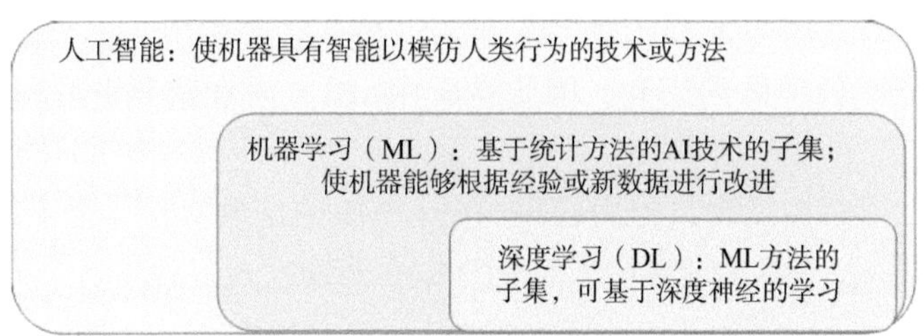

图4.2　人工智能、机器学习和深度学习之间的关系示意图

研究人员经常讨论的挑战之一是，多少数据才是足够的，或者我们是否应该定期更新模型等。简单地类比一下，这些ML模型就像婴儿一般。当婴儿出生时，他们对A、B、C或1、2、3是完全没有概念的，更不用说像微积分或三角函数这样的高级主题了。但随着成长和学习新的事物，他们会变得越来越聪明，能够掌握新的想法，并将看似不相关的概念联系起来。ML模型也是如此，随着这些模型在新的更大的数据集上得到训练或更新，其做出更好预测的能力就会提高。因此，我们建议不仅要从大量的数据开始，还要从多样化的数据开始，以便该方法有机会在多维空间中学习和识别模式。同样与人类有关（因为AI/ML方法是模仿人类大脑而开发的），随着年龄的增长，我们会学到更多的经验和知识，这使我们有能力解决复杂问题。谈到数据，AI/ML方法的识别和应用也迫使制药机构在遵循FAIR原则的同时，进行更好的数据管理[9]。这有助于为模型提供高质量的数据，以获得可重复的高质量预测。除了FAIR原则，施耐德（Schneider）等[10]对数据应如何遵循美国FDA定义的ALCOA指南（attributable、legible、contemporaneous、original、accurate，即可归因性、易读性、同时性、原始性、准确性）进行了精彩的讨论。

ML通常含有两种主要的技术类型，即监督学习[11]和无监督学习[12]。监督学习方法的工作原理是在已知标签的训练样本或数据集中进行学习。一般而言，整个数据被划分成训练数据和测试数据，在某些情况下还设置一个验证集。模型建立在训练数据的基础上，并在保留的数据集上进行测试和验证。然后使用这些模型来确定目标样本的标签。监督方法的一些常见实例是随机森林（RF）[13]、支持向量机（SVM）[14]和朴素贝叶斯（naive Bayes）[15]等。另一方面，无监督学习方法通常在没有标签的数据集中识别趋势或模式。在大多数情况下，执行降维方法将数据降至较低的维度，因为在较低维度的数据中绘制模式要简单得多。这也使得计算的效率大大提高。无监督学习方法的常见实例包括自组织图（self organizing map，SOM）[16]、*k*均值聚类（*k*-means clustering）[17]、分级聚类（hierarchical clustering）[18]等。

作为一般原则，当在药物发现流程中发现机会或挑战时，首先应该问自己，应用ML是否是一个好主意？是否有其他方法可以更好更快地获得我们想要的信息？这就推动了对实例的调查，以及对这种应用数据量和质量的评估。当有大量、高质量的数据可用时，这些方法一般表现良好。虽然这不是一个硬性规定，也不能确定多少数据才是足够的，但这应该在与业内专家合作时仔细评估。在一些实例中，不可能收集到大量的数据，如毒理学研究或各种体内研究，因此在应用ML方法和解释此类应用的结果时应极为谨慎。

本章不着重介绍药物发现过程中应用的各种ML方法和算法（图4.3）的细节，读者可以在最近发表的一些文章和博客中了解AI/ML在药物发现过程中各个方面实施的进一步细节[20-25]。

在下面的内容中，我们将尝试对ML/DL正在助力的药物发现工作进行简要概述（图4.4）。

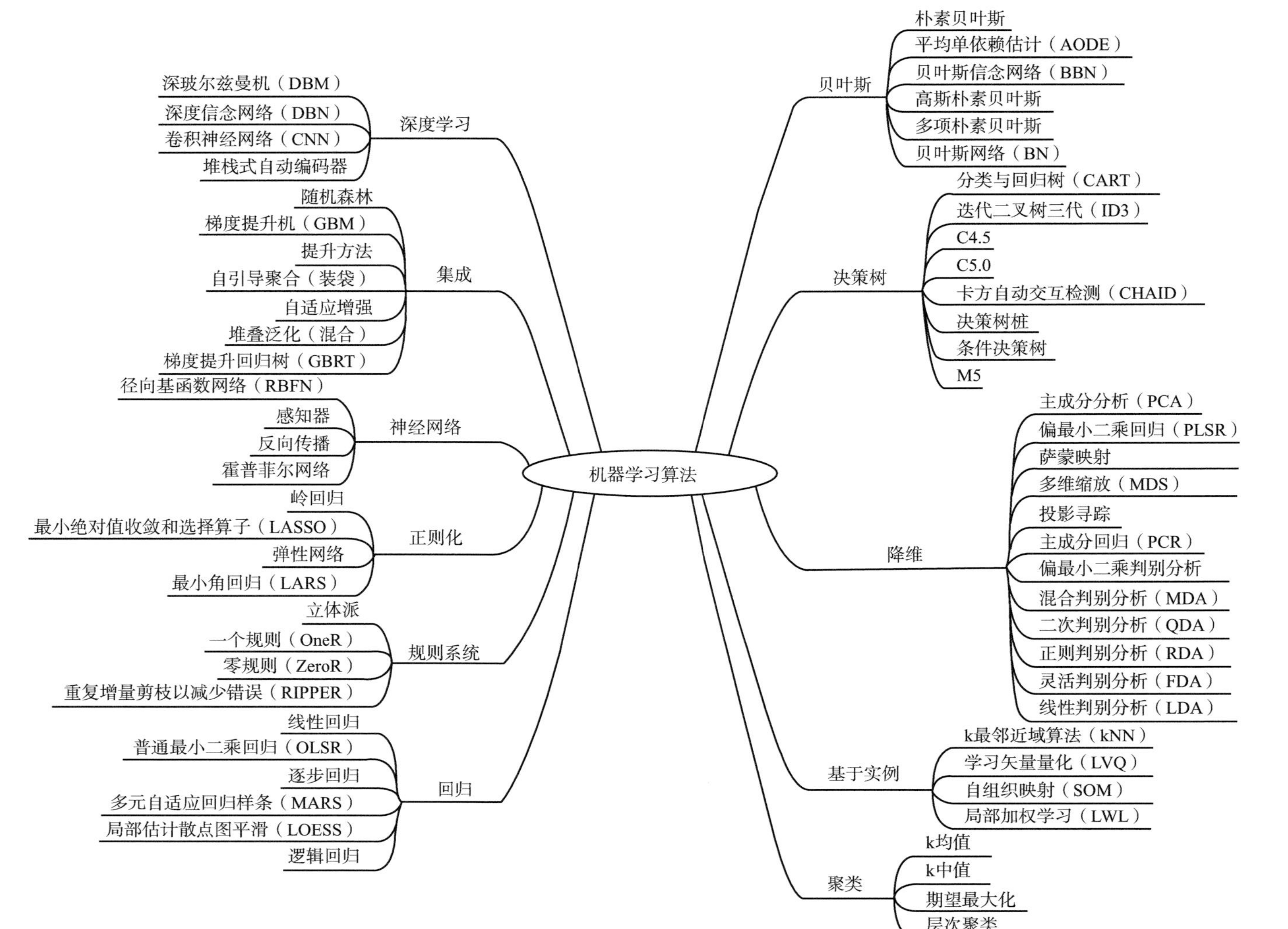

图4.3　各种机器学习算法的思维导图。参考http: /machinelearningmastery.com/a-tour-of-machine-learning-algorithms/(2018年3月访问)[19]

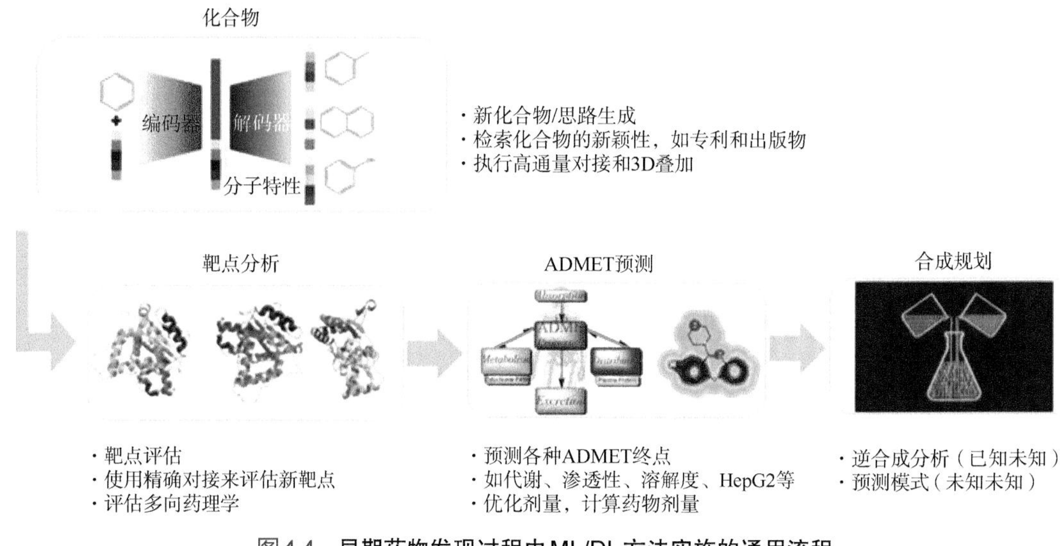

图4.4 早期药物发现过程中ML/DL方法实施的通用流程

4.2 生成化学

生成化学方法也被称为“从头化合物生成”，该方法并不新颖，但由于新生成算法的开发和计算能力的提高，其在过去几年间已发生了变化[26]。这当然不是这些方法第一次被应用[27]，但相关方法最近在制药领域中得到了普及，如使用DL方法设计和开发新的化学类型。由于其高效性，可能为目标靶点提供独特的思路。此外，这些方法可以结合基于多参数的评分，以挑选出符合项目组设定的大部分标准的化合物。这总体上加快了整个DMTA周期的效率[28]。

这些DL方法的主要特点之一是其可以从结构数据中学习（如SMILES）、识别模式并生成潜在的新化学类型。这也是此方法与其他方法之间的主要区别，如文库枚举或虚拟筛选（包括虚拟配体筛选）方法，这些方法要么需要合成规则，要么需要以潜在新颖和可合成分子的形式提供大量数据。除了生成完全新颖的分子之外，ML方法在开发新颖片段方面也显示出很好的前景，这些片段生成的分子与先导分子非常接近，只是在骨架上有细微的变化[29]。

在10^{60}个类药性空间里[30]，药物化学家必须利用多种方法、多年的培训和经验来获得一个“体面”的结构列表，这些结构有可能被合成并命中有关的靶点，同时表现出有吸引力的特性。其中一些步骤可以由AI/ML方法支持，作为一个并行过程，但不能取代真正的药物化学专业知识。其中一个主要原因是，尽管利用这些方法可以带来潜在的成功和效率的提高，但由于训练不良的模型往往会提供与先导或起始分子不相似的不理想（有时是化学上不正确的）结构，因此使用这些方法仍然存在很多挑战。此外，这些机器生成的分子也可能面临挑战，如对靶点的生物活性低（甚至几乎没有），项目特性及合成可行性差。

总体而言，随着AI/ML研究领域的不断发展，相关方法越来越复杂，人们有可能利用一种量身定制的方法来生成新的分子。例如，生成性对抗网络（generative adversarial network，GAN）和LatentGANs[31]这样的方法已经提供了训练模型和生成特定目标分子的方法。此外，研究人员还利用基因表达信息将化学和生物学联系在一起，进而从头生成新的化合物[32]。这些方法不仅可以生成靶点特异性或靶点结合性的分子，还可以带来所需的转录组特征。

潜在的可能性是，在生成化学过程中将逆合成作为潜在空间的一部分是实用的，这样用户就可以获得合成上可行的化合物。

4.3 靶点分析

目前面临的下一个挑战是靶点分析或靶点评估，这也包括预测多向药理学（polypharmacology）[33]及脱靶效应（包括毒性预测）[25]。目前已有几种方法可以利用，如对接或口袋挖掘[34]。此外，还有一些可用的AI/ML方法，如pQSAR[35]。有几家公司如雨后春笋般地开发出了专有方法，如Atomwise[36]、Cyclica[37]等。

Deepmind公司使用Alphafold[38]进行蛋白结构预测的最新进展也是基于DNN。其分析了相邻氨基酸之间的距离和肽键的相应角度，以准确预测蛋白的3D结构。这是一项成就，可以在药物发现的早期阶段为更快、更准确的化合物-靶点预测打开大门，而无须进行昂贵的实验。此外，较新的实验方法，如冷冻电镜（Cryo-EM），也有助于该领域的发展，因为其可高通量地生成结构数据，研究人员可以利用这些数据来开发准确的模型。

除了所有可用的临床前数据外，靶点分析领域的一个理想想法可能是利用ML模型，使用临床和真实世界证据（real world evidence，RWE）的相关数据来更好地验证靶点和疾病。其中一些工作已经发表[39]，通过在工业界、监管机构、学术团体和各种非营利组织之间加强数据共享，将使靶点分析工作受益。

4.4 ADMET预测和评分

在过去的几年里，人们已经做了大量的工作，并发表了关于ADMET模型的讨论[40]。由于经常会发生因不良ADME特性或毒性问题而导致的后期失败，各种学术团体和工业界已投入了大量的资源来开发这些模型[41, 42]。其中一些特性可以通过高通量的方式进行测试，从而生成适合ML的大型数据集。这些特性不仅包括典型的参数，如清除率、渗透性、外排率、脑渗透性、溶解度等，还包括各种理化性质，如$\log D$、$\log P$、pK_a等。药物研发团队的一般想法是在虚拟设计阶段利用这些预测模型，以找到最佳模式，从而确定化合物的优先次序。

虽然本章不讨论各种建模方法及如何为各种终点建立模型的细节，但有必要讨论一些最佳实践[43]。

（1）模型应该是可解释的，即为化学研究人员如何设计具有更好特性的化合物提供某种指导。

（2）模型不仅应该是可预测的，而且应该为每一个预测提供“信心”[44]，以便用户能够评估预测的质量，特别是如果预测值将被用于下游计算时（如剂量预测等）。

（3）应定期更新模型，使其与新的测试数据（特别是来自高通量检测的数据）保持同步，并学习新的化学知识。

（4）应在模型更新过程中获取一些前瞻性的预测，以便项目组能够以前瞻性的方式评估其项目的模型质量。这也允许项目组在局部水平和全局水平上研究模型。

上述都是简单的指导方针，根据不同的使用情况，应该计划和评估是否已经考虑到这些经验，以及不同组织建立的其他做法。

ADMET分析的另一个重要方面是使用多参数评分或多参数优化，这可帮助研究人员根据分子的理化性质、ADME和活性情况汇总的评分对分子进行排序和优先排序。相关综述已讨论了各种方法[45-47]，这些方法可以很自然地作为选择具有理想特征化合物的方法。相关方法也为一般的药物化学工作流程提供了价值，而在这些工作流程中，包括测试和预测的混合数据。

一个有趣的思路是建立ML模型，除了物理性质外，还可以利用预测的ADMET性质来生成低剂量的化合物。

4.5 合成规划

在任何给定的临床前药物发现活动中，诸如生成化学及大规模虚拟筛选等方法，可生成数十万的分子。研究人员面临的挑战不仅是要过滤掉不良分子，还要为较优的苗头化合物制定合成路线。这就是一些分子可能不被看好的原因，因为其可能难以合成，产率低，甚至在合成上完全不可行。多个团队[48-50]已经开发了反应规则和预测模型，用于预测生成分子的合成路线，以及反应的产率和条件。

随着新规则不断产生，这一领域仍在不断发展，使得模型更加强大。在科利（Coley）等[51]最近的一项工作中，他们开发了一组约14万个反应模板，以作为反应框架。这些模板是从美国专利数据库[52]中提取的，并应用于一组反应物以生成化学上合理的产物。此外，他们还使用“负面”实例扩充了数据集，相关实例通常是预测合成路线的这类计算机实验中缺少的数据。通过这种方法，科里小组证明其可评估出潜在分子列表中哪些分子可能被优先考虑。

尽管计算机辅助合成规划（computer assisted synthetic planning）提供了一定优势，但仍存在一些限制[53]。文献中的实例仍然有限，无法充分覆盖反应空间中所有可能的构建模块和骨架组合。此外，专利或发表文章中报道的大多数反应都是“成功的”反应，因此这些方法可以借鉴的负面实例并不多。一个可以预测反应条件、产率等的AI/ML方法，可以从负面数据及更大的各种化学空间数据中受益，而不仅仅是报道的正面数据。

为了能够收集到更大的数据集，其中可能包含更多不同的正面和负面实例，我们可以设想建立一个联盟，在这个联盟中，各个制药行业的代表可以加密他们各自的ELN数据集，并在竞争前公开共享。这将有助于收集涵盖不同反应空间的正面和负面数据，制药公司和各种学术团体都将从中受益。多个团队正在进行这样的工作[54, 55]，总体而言，其似乎正朝着正确的方向发展。

4.6 总结

计算效率的提高及AL/ML算法的进步大大改变了药物发现的格局。虽然已经取得了重大进展，但在常规药物发现和开发过程中，这些方法的潜力仍未得到充分实现，无法将药物推向市场[56]。正如在各种参考文献中所描述的那样，学术界、工业界和非营利组织正在研究多种有前景的方法，以将这些技术和人的循环过程相结合，这表明我们距离能够设计出具有明确属性范围和预测合成路线的新型化学结构的目标并不遥远。本章的目的不仅是让读者了解AI/ML在药物发现中的潜在应用，而且能够了解各个领域的不足之处和未来的发展方向。我们坚信，现在是工业界接受这些方法，并将其作为常规药物发现流程一部分的最佳时机。

（侯小龙　蒋筱莹　译；白仁仁　校）

参考文献

1. Ramesh A (2004) Artificial intelligence in medicine. Ann R Coll Surg Engl 86:334–338
2. Mamoshina P et al (2018) Machine learning on human muscle transcriptomic data for biomarker discovery and tissue-specific drug target identification. Front Genet 9:242
3. Yang Y, Siau KL (2018) A Qualitative Research on Marketing and Sales in the Artificial Intelligence Age. MWAIS 2018 Proceedings. 41
4. Wirtz BW (2019) Artificial intelligence and the public sector—applications and challenges. Int J Public Adm 42:596–615
5. Gartner's 2018 Hype cycle for emerging technologies identifies three key trends that organizations must track to gain competitive advantage. http://www.gartner.com/news room/id/3412017. Available 10 April 2017
6. Smith RG, Farquhar A (2000) The road ahead for knowledge management: an AI perspective. AI Mag 21:17
7. Lamberti MJ (2019) A study on the application and use of artificial intelligence to support drug development. Clin Ther 41:1414–1426
8. SAS Institute. Machine learning: what it is and why it matters. Accessed 13 Feb 2020
9. Wilkinson M, Dumontier M, Aalbersberg I et al (2016) The FAIR guiding principles for scientific data management and stewardship. Sci Data 3:160018
10. Schneider P, Walters WP, Plowright AT et al (2020) Rethinking drug design in the artificial intelligence era. Nat Rev Drug Discov 19:353–364

11. Raymond JL, Medina JF (2018) Computational principles of supervised learning in the cerebellum. Annu Rev Neurosci 41:233–253
12. Duda RO, Hart PE, Stork DG (2001) Unsupervised learning and clustering. Pattern classification, 2nd ed. Wiley, New York
13. Breiman L (2001) Random forests. Mach Learn 45:5–32
14. Joachims T (1998) Text categorization with support vector machines: learning with many relevant features. In: European conference on machine learning. Springer Verlag, Heidelberg, pp 137–142
15. Lewis DD (1998) Naive (Bayes) at forty: the independence assumption in information retrieval. In: European conference on machine learning. Springer Verlag, Heidelberg, pp 4–15
16. Kohonen T (1990) Self-organizing map. Proc IEEE 78:1464–1480
17. Hartigan JA, Wong MA (1979) Algorithm AS 136: a k-means clustering algorithm. J R Stat Soc C-Appl 28:100–108
18. Johnson SC (1967) Hierarchical clustering schemes. Psychometrika 32:241–254
19. Brownlee J. Deep learning with time series forecasting, machine learning mastery. https://machinelearningmastery.com/ machine-learning-with-python/. Accessed 1 Mar 2018
20. https://practicalcheminformatics.blogspot. com/2021/01/ai-in-drug-discovery-2020-highly.html
21. Yang X, Wang Y, Byrne R, Schneider G, Yang S (2019) Concepts of artificial intelligence for computer-assisted drug discovery. Chem Rev 119:10520–10594
22. Vamathevan J, Clark D, Czodrowski P et al (2019) Applications of machine learning in drug discovery and development. Nat Rev Drug Discov 18:463–477
23. Patel L, Shukla T, Huang X, Ussery DW, Wang S (2020) Machine learning methods in drug discovery. Molecules 25:5277
24. Bajorath J et al (2020) Artificial intelligence in drug discovery: into the great wide open. J Med Chem 63:8651–8652. Special issue of JCIM
25. Vo A, Van Vleet T, Gupta R, Liguori M, Rao M (2020) An overview of machine learning and big data for drug toxicity evaluation. Chem Res Toxicol 33:20–37
26. Gómez-Bombarelli R, Wei JN, Duvenaud D, Hernández-Lobato JM, Sánchez-Lengeling B, Sheberla D, Aguilera-Iparraguirre J, Hirzel TD, Adams RP, Aspuru-Guzik A (2018) Automatic chemical design using a data-driven continuous representation of molecules. ACS Central Sci 4:268–276
27. Schneider G, Fechner U (2005) Computer-based de novo design of drug-like molecules. Nat Rev Drug Discov 4:649–663
28. Plowright AT, Johnstone C, Kihlberg J, Pettersson J, Robb G, Thompson RA (2012) Hypothesis driven drug design: improving quality and effectiveness of the design-make-test-analyse cycle. Drug Discov Today 17 (1–2):56–62
29. Mansbach RA, Leus IV, Mehla J, Lopez CA, Walker JK, Rybenkov VV, Hengartner NW, Zgurskaya HI, Gnanakaran S (2019) Development of a fragment-based machine learning algorithm for designing hybrid drugs optimized for permeating Gram-negative bacteria. arXiv:1907.13459 [q-bio.QM]
30. Reymond JL, Van Deursen R, Blum LC, Ruddigkeit L (2010) Chemical space as a source for new drugs. MedChemComm 1:30–38
31. Prykhodko O, Johansson SV, Kotsias PC et al (2019) A de novo molecular generation method using latent vector based generative adversarial network. J Cheminform 11:74
32. Méndez-Lucio O, Baillif B, Clevert DA et al (2020) De novo generation of hit-like molecules from gene expression signatures using artificial intelligence. Nat Commun 11:10
33. Wan F, Zeng J (2016) Deep learning with feature embedding for compound-protein interaction prediction. bioRxiv
34. Le Guilloux V, Schmidtke P, Tuffery P (2009) Fpocket: an open source platform for ligand pocket detection.

BMC Bioinformatics 10:168

35. Martin EJ, Polyakov VR, Zhu X-W, Tian L, Mukherjee P, Liu X (2019) All-assay-Max2 pQSAR: activity predictions as accurate as four-concentration IC50s for 8558 novartis assays. J Chem Informat Model 59 (10):4450–4459
36. Wallach I, Dzamba M, Heifets A (2015) AtomNet: a deep convolutional neural network for bioactivity prediction in structure-based drug discovery. ArXiv e-prints
37. Molinski SV, Shahani VM, MacKinnon SS, Morayniss LD, Laforet M, Woollard G, Kurji N, Sanchez CG, Wodak SJ, Windemuth A (2017) Computational proteome-wide screening predicts neurotoxic drug-protein interactome for the investigational analgesic BIA 10-2474. Biochem Biophys Res Commun. Jan 29;483(1):502–508
38. Callaway E (2020) It will change everything: DeepMind's AI makes gigantic leap in solving protein structures. Nature 588:203–204
39. Shah P, Kendall F, Khozin S et al (2019) Artificial intelligence and machine learning in clinical development: a translational perspective. NPJ Digit Med 2:69
40. Gupta RR, Gifford EM, Liston T, Waller CL, Hohman M, Bunin BA, Ekins S (2010) Using open source computational tools for predicting human metabolic stability and additional absorption, distribution, metabolism, excretion, and toxicity properties. Drug Metab Dispos 38(11):2083–2090
41. Morgan P, Van Der Graaf PH, Arrowsmith J, Feltner DE, Drummond KS, Wegner CD, Street SD (2012) Can the flow of medicines be improved? Fundamental pharmacokinetic and pharmacological principles toward improving phase Ⅱ survival. Drug Discov Today 17:419–424
42. Wang Y, Xing J, Xu Y, Zhou N, Peng J, Xiong Z, Liu X, Luo X, Luo C, Chen K (2015) In silico ADME/T modelling for rational drug design. Q Rev Biophys 48:488–515
43. Lombardo F, Desai PV, Arimoto R, Desino KE, Fischer H, Keefer CE, Petersson C, Winiwarter S, Broccatelli F (2017) In silico absorption, distribution, metabolism, excretion, and pharmacokinetics (ADME-PK): utility and best practices. An industry perspective from the international consortium for innovation through quality in pharmaceutical development. J Med Chem 60:9097–9113
44. Keefer CE, Kauffman GW, Gupta RR (2013) Interpretable, probability-based confidence metric for continuous quantitative structure-activity relationship models. J Chem Inf Model 53:368–383
45. Segall M (2014) Advances in multiparameter optimization methods for de novo drug design. Expert Opin Drug Discovery 9:803–817
46. Debe DA, Mamidipaka RB, Gregg RJ, Metz JT, Gupta RR, Muchmore SW (2013) ALOHA: a novel probability fusion approach for scoring multiparameter drug-likeness during the lead optimization stage of drug discovery. J Comput Aided Mol Des 27(9):771–782
47. Gupta RR et al. (2015) AIDEAS: An Integrated Cheminformatics Solution. BioIt World Abstract and Presentation, p 25. https://www.bioitworldexpo.com/uploadedFiles/Bio-IT_World_Expo/Agenda/ 15/BIT-2015-Agenda.pdf
48. Molga K, Szymkuć S, Grzybowski BA (2021) Chemist ex machina: advanced synthesis planning by computers. Acc Chem Res. 54 (5):1094–1106
49. Segler M, Preuss M, Waller M (2018) Planning chemical syntheses with deep neural networks and symbolic AI. Nature 555:604–610
50. Ahneman DT, Estrada JG, Lin S, Dreher SD, Doyle AG (2018) Predicting reaction performance in C–N cross-coupling using machine learning. Science 360:186–190
51. Coley CW, Barzilay R, Jaakkola TS, Green WH, Jensen KF (2017) Prediction of organic reaction outcomes using machine learning. ACS Cent Sci 3:434–443
52. Lowe D. Chemical reactions from US patents (1976-Sep2016). https://figshare.com/arti cles/Chemical_reactions_from_US_% 20patents_1976-Sep2016_/5104873. Accessed 1 Jan 2021

53. Szymkuć S, Gajewska EP, Klucznik T, Molga K, Dittwald P, Startek M, Bajczyk M, Grzybowski BA (2016) Computer-assisted synthetic planning: the end of the beginning. Angew Chem Int Ed 55:5904–5937
54. https://ccas.nd.edu/about/
55. Mo Y, Guan Y, Verma P, Guo J, Fortunato ME, Lu Z, Coley CW, Jensen K (2021) Evaluating and clustering retrosynthesis pathways with learned strategy. Chem Sci., 12, 1469–1478
56. https://insilico.com/blog/pcc. Blog post related to insilico medicine's use of AI to discover novel molecule for IPF

第5章

深度学习与计算化学

摘　要：近年来，深度学习经历了一次伟大的复兴，许多前沿技术已经用于解决计算化学的相关问题。同传统的机器学习算法相比，DNN的实际性能优势比较模糊。然而，相对而言，深度学习似乎确实提供了诸多优势，如能轻松地结合多任务学习和生成建模增强等。DNN模型的高训练成本、难以解释的预测结果，以及当前网络结构的高度复杂性等因素，严重阻碍了其在未来的应用。考虑到计算化学领域大型数据集相对匮乏，我们很想知道深度学习技术是否能够如同其在图像识别等其他领域所取得的成就那样，对计算化学领域产生颠覆性的影响。

关键词：人工智能（AI）；计算化学（computational chemistry）；深度学习（DL）；机器学习（ML）；生成模型；可解释性；定量构效关系；虚拟筛选

5.1 引言

在过去十年间，人工智能（AI）越来越受人们的欢迎，已然成为一个家喻户晓的词汇。最先进的AI系统已经被应用于日常生活的众多领域，如计算机视觉[1]、围棋[2, 3]、视频游戏[4]和翻译[5]等，它们的表现甚至可以和人类相媲美。这些AI系统大多数采用了一种被称为深度学习（DL）的技术。深度学习是机器学习（ML）的一种，可以让计算机系统在对数据和经验的学习中得到进化。

ML已经有数十年的发展历史，涵盖了从普通线性回归到较为先进的技术（如支持向量机）等[6]。这些算法的一个共同特点是其性能在很大程度上取决于给定数据的表示形式。例如，科温·汉施（Corwin Hansch）的文章[7]中提到：一组“同类”化合物的生物活性通常可以用一个综合模型来描述：

$$\log 1/C_{50} = a\pi + b\varepsilon + cS + d \tag{5.1}$$

其中，C表示终点的化合物浓度，其与疏水性项π、电子项ε[通常是Hammett取代常数S（Hammett substituent constant）]和立体项S[通常是Taft取代常数ES（Taft’s substituent constant）]有关。使用这些模型时，所有模型参数都需要通过实验测定或先验计算获得。许多AI任务都可以通过手动测试或计算问题的一系列正确特征来完成。但是，对于某些任务而言，确定应该提取什么样的特征是很困难的，解决这一问题的方法之一是使用表示学习（representation learning），这种方法不仅使用ML来发现表示到输出的映射关系，而且学习表示本身。当然，直接从原始数据中提取高维度的抽象特征是非常困难的[8, 9]。

深度学习是一种特殊的ML技术，其将世界表示为一个嵌套的概念层次以克服上述困难，每个概念的定义都与更简单的概念相关，而更抽象的表示则通过不那么抽象的概念来计算。图5.1说明了不同AI学科之间的关系，图5.2为每个学科如何工作的示意图。

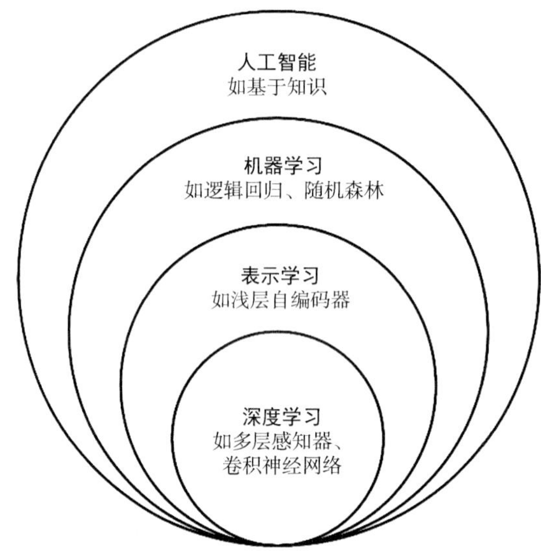

图5.1　各种人工智能学科之间的关系维恩图[8]

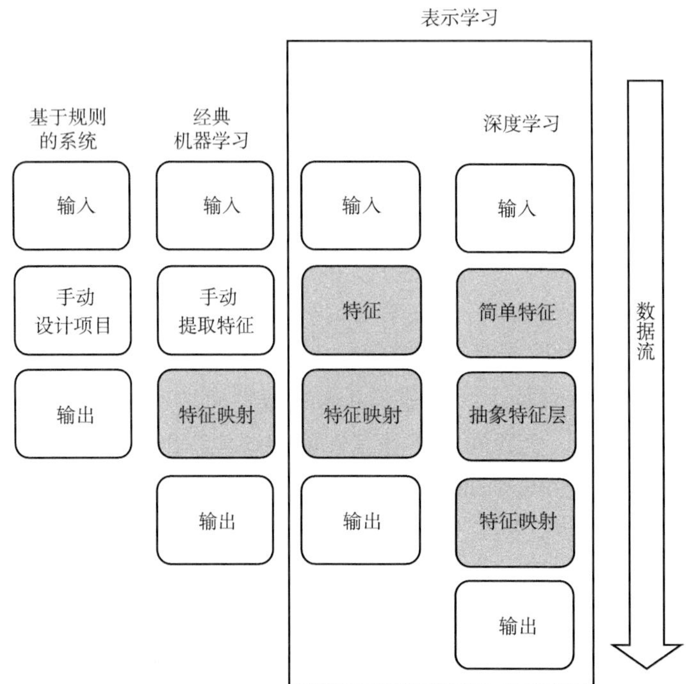

图5.2　独立的AI元素如何相互关联的流程图。可以从数据中学习的组件以灰色显示[8]

人工智能简史

智能系统之旅始于20世纪，该领域的起源可追溯至20世纪40年代具有大脑功能的麦卡洛克-皮茨（McCulloch-Pitts）神经元模型的出现[10]。这一人工神经元是一个简单的线性模型，能够通过手动调整权重来区分两组输入。到20世纪50年代，感知机（perceptron）[11]成为第一个可以从输入中学习权重的模型。一种被称为随机梯度下降的特殊算法被用来更新感知机权重，该算法的改进版本已成功应用于一些先进的AI模型[8]。

尽管早期的模型相当简单，但也能解决各种从前认为计算机无法处理的问题，这引起了社会极大的关注，也带动了大量资本的涌入。然而，早期方法的内在局限性最终还是显露出来——期望远远超出现实，进展比预期缓慢得多。于是，AI迎来了第一场寒冬。在这段时间里，人们对该领域的兴趣急剧下降，投入的资金也随之减少。

尽管发展速度有所放缓，但关于AI的研究仍在继续。一种被称为联结主义（connectionism）的学派在20世纪80年代迅速发展起来。联结主义的核心思想是将大量简单的计算单元以网络形式联结到一起，以此实现智能行为。这期间产生了数个关键概念，其仍然是今天深度学习的核心，如分布式表示（distributed representation）[12]和反向传播（backpropagation）[13]。分布式表示背后的思想是，系统的每个输入都应该由许多特征来表示，并且每个特征应涉及许多输入的表示。这一时期的另一项主要成就是，成功地使用反向传播来训练神经网络。虽然反向传播算法的流行程度随着时间的推移而起伏，但直到今天，其仍然是训练深度学习模型的主要方法。

第二波神经网络研究浪潮一直持续到20世纪90年代中期。人们对AI的期望再一次被提得太高，在寻求投资时常常提出不切实际的雄心壮志。当AI研究未能满足这些期望时，投资者和公众再次感到了失望。与此同时，ML的其他领域也取得了进展，核函数机器（kernel machine）[6, 14, 15]和图示模型（graphical model）[16]在许多重要任务中都取得了良好的结果。这两个因素导致神经网络受欢迎程度的下降，这一趋势一直持续到21世纪的第一个十年。

在这段时间里面，研究人员普遍认为多阶段特征提取器是不可行的。具体而言，有研究人员认为基本梯度下降不会从抑制平均反向传播误差减少的不良权重配置中恢复过来，这一现象被称为不良的局部最小值（poor local minima）[9]。由于这些算法的计算成本太高，利用当时的硬件条件无法进行大量实验，使得问题变得更加复杂。值得注意的是，最近的理论和实验结果表明，很少遇到局部最小值问题。相反，多维损失函数的图景中包含大量鞍点（saddle point）——这些位置显示为零梯度，在大多数维度中表面曲线向上，在其余维度中向下[16]。已经有研究表明[17]，在指数时间内，梯度下降算法能够避开这样的鞍点，并收敛到最小值。

神经网络研究的第三波热潮始于2006年的一项突破。加拿大高等研究院（Canadian Institute for Advanced Research，CIFAR）的杰弗里・欣顿（Geoffrey Hinton）的相关研究表明，一种名为深度信念网络（deep belief network）的神经网络可以使用一种名为贪婪逐层预训练（greedy layer-wise pre-training）[18]的策略进行有效训练。CIFAR下属的其他研究小组很快发现，同样的策略可用于训练其他类型的深度网络[19, 20]，这有助于系统地提高模型对测试示例的泛化能力。这一波神经网络研究热潮普及了“深度学习”这一术语的使用，以强调研究人员现在能够训练比以前更深入的神经网络——具有更多隐藏层的网络。此时，深度神经网络（DNN）的表现超过了许多基于其他ML技术和手动设计的AI系统。

深度学习模型能够表现出良好的性能已久为人知，自20世纪90年代以来，其已经成功地应用于商业领域[8]。然而，直到现在，开发和使用深度学习模型往往被认为是一种艺术，而不是一门科学。即使在今天，通过定义最好的模型架构或阐明最合适的超参数集合，以使深度学习算法获得最佳性能也绝非易事。幸运的是，随着训练数据量的增加，这一过程变得更加容易。随着网络访问的日益频繁，每天有大量的数据被记录，这造就了如今的“大数据”时代。这一趋势也出现在化学和生物学领域——ChEMBL[21]、PubChem[22]和CSD[23]等数据库公开和商业可用数据的数量不断上升。数据可用性的增加缓解了统计估算中的一个关键问题——根据有限的观测数据扩展得到新数据。此外，DNN的性能也与数据规模相关。如图5.3所示，虽然传统ML的性能会随着训练集规模的增加而趋于平稳，但DNN倾向持续学习。

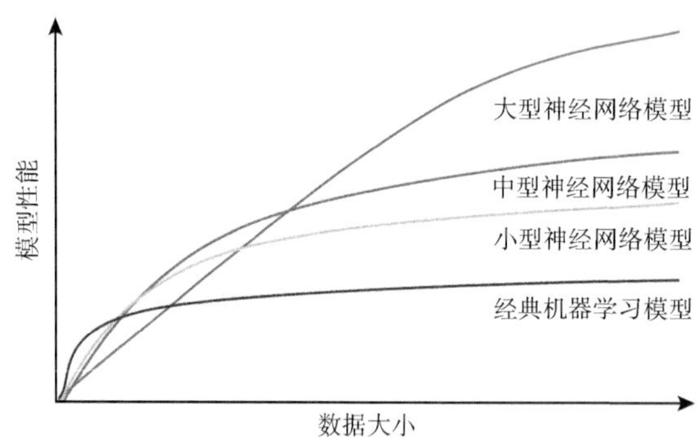

图5.3 **深度学习的性能与其他机器学习算法的比较。深度神经网络（大型神经网络模型）仍然受益于大量的数据，而其他机器学习模型的性能提高往往趋于稳定**[24]

早期神经网络模型难以实现良好性能的另一个原因是模型的规模太小。直到最近，网络中的神经元数量还相当少。自从引入隐藏层后，人工神经网络的规模每2.4年即可翻一番。更大的网络能够在更复杂的任务上实现更高的精度，但在合理的时间内需要更多的计算资源来训练。为了克服这些限制，切拉皮拉（Chellapilla）等[25]提出了三种加速深度卷积神经网络的新方法：展开卷积（unrolling convolutions）、使用基础线性代数子程序库（basic linear algebra software subroutines，BLAS），以及使用图形处理单元（GPU）。这项工作标志着深度卷积网络在GPU上的首次实现。此后，GPU的使用已成为深度学习的基石，其他几个专用处理单元，如张量处理单元（tensor processing unit，TPU）[26]和智能处理单元（intelligent processing unit，IPU）[25]也相继被开发出来。

各种算法的发展也极大地促进了深度学习的兴起。无监督预训练（unsupervised pre-training）[18]、修正线性单元（rectified linear unit，RELU）[27]和随机失活[28]等的出现解决了梯度消失和梯度爆炸等各种问题，并减少了过拟合（overfitting）的情况。过拟合是指模型在训练数据集上表现很好，但未能泛化到新的样本。与传统的ML技术不同，深度学习模型通常在训练集上达到完美或接近完美的精度，同时仍然能够很好地推广到样本外的实例[29]。减少过拟合的最佳选择是获得更多的训练数据。不幸的是，由于时间、预算或技术限制，这通常是不可能的。在随机失活[28]中，每个时期都有一部分神经元被随机忽略或“随机失活”，这近似于并行训练大量具有不同架构的模型，从而防止神经元之间的相互依赖，进而减少过拟合。随机失活通常与early stopping策略相结合——在训练过程中，模型在每个阶段之后都在验证数据集上进行评估。如果模型在验证数据集上的性能开始下降（如损失开始增加或准确性开始下降），那么训练过程将停止。

近年来深度学习迅速发展的另一个原因，是用于训练神经网络的软件和文档的可获得性和可使用性的增加。目前该领域主要的开源软件包包括Torch[30]、PyTorch[29]、Theano[31]、Caffe[32]和Tensorflow[33]。此外，像Keras[34]这样的应用程序接口（application programming interface，API）可以在这些库上运行，进一步简化了通用深度学习算法的开发和使用。此外，DeepChem项目[35]是面向化学的高级API的一个实例。

5.2 深度学习在计算化学中的应用

近年来，顺应大趋势，深度学习在计算化学的许多领域得到了广泛的应用。本章不对该领域进行全面综述，下文主要专注于具有丰富实例的领域。

5.2.1 定量构效关系

传统的ML技术在化学信息学和计算化学领域有着悠久的历史，并且成为所有定量构效关系（QSAR）和定量构性关系（QSPR）应用的主要力量。该领域的研究紧跟ML领域的发展。早期的工作使用了线性回归模型，但很快被神经网络、随机森林（RF）和支持向量机所取代。

深度学习在QSAR中的首次应用大概发生在2012年默克（Merck）[36]挑战赛中。在这项挑战中，参与者使用15个药物靶点中预先计算的分子描述符和相应的活性。获胜小组使用了多种方法的组合，其中就包括DNN，并且这是他们成功的主要原因。2015年的后续研究[36]更详细地检验了DNN对QSAR问题的适用性。将原子描述符和DNN结合，作者获得了比先进的随机森林模型更好的结果。在测试集中，预测活性和实验活性之间的皮尔森相关系数（R^2）改善了约14%（DNN的均值R^2为0.41，RF的均值R^2为0.36）。达尔（Dahl）等[37]在更大规模的任务中采用了类似的方法。他们从ChEMBL数据库中提取了1230个生物靶点，通过使用圆形指纹图谱描述分子，研究将多任务DNN应用于这些生物靶点活性预测的适用性。以ROC曲线下面积（AUC）作为评判标准，多任务DNN模型始终获得最高的性能。经典支持向量机再次紧随其后，其AUC为0.81，而DNN方法的AUC为0.83。文献[38]中也报道了类似的性能，DNN和“经典”ML性能大致相当。随机森林模型在这种情况下表现得更好，因为其训练过程的计算成本较低并且模型可解释性更好。

尽管关于DNN的报道[39]在统计学意义上常常有显著改善，但其在绝对数值上的改善有时并不显著。当在相同的数据集和描述符上进行训练时，DNN的预测在实用性方面通常与其他方法相似[40]。这一观察结果并不令人惊讶——尽管算法的改进可能会产生稍理想一点的统计数据，但任何模型的总体质量仍然与模型性质和用于描述分子的特征有关。此外，任何实验数据集都不可避免地包含实验误差，这会限制模型的准确性（详见下文）。

然而，与经典ML技术[41]相比，深度学习仍然没有什么优势。DNN可以一次直接建模多个任务（多任务模型）[42, 43]。如果这些任务中有一部分是相互关联的，那么与单独学习相比，共同学习这些任务能够提高模型的性能。但在实践中，这种影响可能是相当微弱的，在单任务预测中，其表现有好有坏。进一步的研究表明，这种改善依赖于目标任务的训练集是否具有相似的化合物和特征，以及这些任务之间是否存在显著的相关性[44]。

正如本章摘要中提及的，深度学习与经典ML相比的第二个优势是，其不仅能够将表示和结果映射，而且能够构建表示本身。深度学习算法的这一特性是卷积神经网络在图像处理领域取得成功的关键。分子的二维结构可以天然地表示成一张图，这使得一类被称为图卷积神经网络（graph convolutional neural network，GCNN）的深度学习技术成为符合化学逻辑的方法。最近的一篇综述[45]概述了各种GCNN模型及其在QSAR和其他计算化学领域的应用。前提是GCNN能够提取和学习最适合目标任务的分子特征，从而提供更多的预测结果。这些优势能体现在一些物理性质的预测[46]和量子化学能量的预测任务[47, 48]中。

不过，现在就认为DNN比QSAR任务中的标准方法具有明显优势还为时过早。然而，其主要优势，即从相对简单的分子表示中生成新的更有用的特征，以及逆向QSAR的潜力，不应被忽视。DNN模型相关新方法[49]的发展也可能增加其相对于传统QSAR方法的优势。

5.2.2 生成式建模

化学中的一个核心问题是设计具有特定性质的分子或材料，这一问题有时被称为“逆向QSPR”。历史上，这一领域的ML应用包括贝叶斯优化（Bayesian optimization）和遗传算法（genetic algorithm，GA）[50]。遗传算法是一种流行的全局优化选择，并已应用于化学领域[51, 52]。遗传算法的每次迭代过程会对群体中的参数向量（“基因型”）进行扰动（“突变”），并对其目标函数值（“适应度”）进行评估。通过适当设计基因型和突变操作，遗传算法可以成功地解决困难的优化问题，超越最先进的ML方法[53]。

近年来，生成式深度学习模型已被用于分子设计。GA利用各种启发式算法和巧妙设计的算子来探索化学空间，与之相比，深度学习方法试图直接从数据中学习化学空间（条件）的概率分布。这使其能够快速取样，即从化学空间的所需区域生成分子。主要的深度学习方法包括变分自动编码器（variational autoencoder，VAE）、强化学习（reinforcement learning，RL）和生成性对抗网络（generative adversarial network，GAN）[54]。最近，图卷积网络也被应用到这一任务中[55, 56]。

VAE[57]通过潜在变量控制数据的生成。其通过约束编码网络按照给定的概率分布（通常是高斯分布）生成潜在向量，这比简单的自编码器具有更好的泛化能力。因此，在这种方法中，分子不是表示为一个不动的点，而是表示为潜在空间上的概率分布。将分子表示为连续和可微分的向量，正则化的潜在空间对应分子的结构。对于一个给定分子，可以在其附近取样来解码相似的分子，而随着距离的增加，可以解码越来越多不相似的分子。通过联合训练VAE以半监督的方式可再现分子和特性，而潜分子空间会自我重组，使具有相似特性的分子彼此靠近。

戈麦斯-邦巴雷利（Gómez-Bombarelli）等[58]的研究工作是该方法的开创性表现之一，他们使用一个由附加网络优化潜空间的自动编码器来反映特定的性质。然后探索这种"图景"，以确定最大化该特性的候选分子。温特（Winter）等[59]采用了类似的方法，并证明了把VAE潜空间作为学习的分子描述符的有效性。后续工作[60]利用粒子群优化（particle swarm optimization，PSO）算法对潜空间进行导航，找到具有预定义配置文件的分子。

另一种建立生成模型的方法是在GAN框架下进行对抗性训练。在该方法中，生成器试图从噪声空间采样产生合成数据，而鉴别器试图区分产生的数据是合成的还是真实的。GAN的收敛并不简单，可能会遇到几个问题，包括模型崩溃和训练期间鉴别器对生成器的压制。尽管如此，GAN已经成功用于生成小分子[61, 62]和抗体[63]。对于序列的生成，递归神经网络（RNN）[64]能从一个共同的起点递增性地生成序列。这使其非常适合学习各种类似字符串的化学符号，最常见的是SMILES[65, 66]。最近，还开发了DeepSMILES[67]和SELFIES[68]表示，以克服SMILES语法在深度学习环境中的一些局限性。

与VAE相反，为了采用GAN和RNN偏置生成过程，需要梯度引导网络朝着期望的特性优化。为此，研究人员提出了一种有条件的GAN架构[69]。对于GAN和RNN而言，强化学习领域有着更具潜力的解决方案。其中，最突出的是Q-学习算法（Q-learning）[70]和策略梯度算法（policy gradients）[2, 65]。强化学习认为生成器是一个代理，其必须学会如何在任务中采取行动（添加字符），以最大化奖励某些概念（特性）。

上述所有深度学习生成方法经过适当的训练，都能生成新的化学结构。一般而言，VAE和RNN方法在建模分布时需要大量的数据进行训练。通常使用ChEMBL[21]或ZINC[71]数据库来训练这些模型，它们都含有超过100万个小分子。相比之下，GAN可以用更少的数据进行训练，但要注意生成的结构将与训练集密切相关。虽然这限制了该方法在苗头化合物识别/扩展（hit identification/expansion）或骨架跃迁（scaffold hopping）中的效果，但在药物发现的先导化合物优化阶段，限制生成器输出空间可能是有益的。

虽然生成有效的化学结构是一个重要的先决条件，但如何生成正确的结构仍然难以捉摸。在VAE中，潜空间的结构可以通过邻域采样（neighborhood sampling）或插值技术（interpolation technique）来探索。这些技术利用VAE的潜空间被正则化的事实，使得相似的化学结构彼此靠近。如上所述，类似的集中采样可以使用GAN在训练期间限制生成器空间或使用特定条件下的GAN来实现。RNN模型可以开箱即用地学习如何生成有效的序列（通常是SMILES字符串），但未加入化学概念。为了将生成的序列引导到所需的化学性质空间，通常需要一个强化学习步骤[65]。这需要定义一个评分函数来驱动学习过程。

在VAE中，潜空间是连续和可微分的，这就允许使用类似的评分函数，再加上优化算法，如粒子群优化、模拟退火（simulated annealing）或蒙特卡罗树搜索，来寻找潜在空间中的最优位置。一旦这些区域被识别出来，隐向量就可以被取样并解码为分子。

计算化学中生成模型的最大阻碍之一是其很难满足单个分子的特性。例如，在先导化合物优化阶段，针对主要靶点的生物活性及各种ADMET特性通常会同时得到优化。因此，为了生成理想的分子，需要进行多目标优化。更复杂的是，由于实验数据的收集既昂贵又耗时，所生成分子的适应性通常通过QSAR模型来评估。最近的一项研究[72]使用了多达11个QSAR模型对化合物进行评分和优化。然而，建立高质量的QSAR模型并非易事，需要有高质量的实验数据。为了避开这一问题，大多数已发表的研究都使用了容易计算的性质，如$A\log P$、分子量等。这些实验虽然证明了模型在原理上是可行的，但实际应用却很少。

在化合物的从头生成中，一个长期存在的相关困难是如何对结果进行客观评价。目前已经提出了各种被用来判断生成分子质量的基准[73, 74]。在这些基准上取得的高分可以让研究人员相信正在研究的生成模型会产生有效的、看似合理的，或是多样化的小分子集合。然而，这些分数很少告诉我们所产生化合物的实际情况。最终，需要合成计算机生成的化合物，以便在进行评估之前获得实验数据。这种类型的大规模、前瞻性验证研究目前在公共领域还很缺乏。

5.2.3 面向大规模虚拟筛选的主动学习

化学库规模不断增加的趋势对虚拟筛选产生了重大影响。例如，ZINC数据库已经从2005年的大约73万个条目扩展到如今接近10亿个条目[75, 76]。这部分条目的增长是由于库的扩展，不仅包括已经合成的样品化合物，还包括那些被认为或声称可以在相对短时间内合成的化合物。此外，研究人员还构建了更大的纯虚拟化合物库[77]。这些文库与不断增加的可用蛋白结构数据的交叉，产生了一些非常大规模的对接研究[78, 79]。然而，尽管云计算时代使如此大规模的计算在技术上成为可能，但对许多潜在的兴趣方而言，高成本仍然令其望而却步。假设筛选更大的文库本质上是有益的——这在文献[80]中已经讨论过——主动学习（active learning）应该成为比“暴力”方法更优雅的选择。

在主动学习中，根据整个库的子集的对接结果对一个更廉价的模型进行迭代训练，以避免对所有分子进行昂贵的计算。例如，金泰尔（Gentile）等证明，将ZINC15中需要对接的分子数量减少至原来的近1/100后，并不会大量损失得分很高的分子[81]。该案例中的代理模型是一个二进制分类前馈DNN，根据主动学习过程中不断调整的对接分数阈值，可以训练其区分虚拟的“苗头化合物”和“非苗头化合物”。在一项类似的研究中，格拉夫（Graff）等在将贝叶斯优化作为主动学习算法时比较了不同的代理模型、激活函数和批处理大小[82]。研究人员从1亿个化合物库中采样2.4%的化合物，并利用回归模型直接预测对接分数，可以从中检索到高达95%的高分分子。令人惊讶的是，研究人员一直观察到，与包含探索元素而不是纯粹地利用元素的替代策略相比，基于“贪婪”的获取函数有更好的表现。有人强调，造成这种情况的一个潜在原因是替代模型在生成准确性的不确定度评估方面的局限性。

一个重要的问题是，与早期依赖于其他ML技术的方法相比，添加基于DNN的代理模型对主动学习的影响有多大[83, 84]。结果显示，该方法与深度学习的其他应用一样，在一些研究中表现出明显的性能提升[82]，而在另一些研究中，不同方法的性能在统计学上没有区别[85]。虽然代理模型的性能是主动学习成功与否的关键决定因素，但还有其他因素需要考虑。如上所述，为预测不确定度提供实用估计对有效探索非常重要。同时预测多个输出，如将对接分数与交互指纹结合在一起，可以提供机会对虚拟苗头化合物进行更细致的评估[85]。替代模型的训练也需要扩展到潜在的数百万种化合物，以便最大限度地提高效率。一些ML方法，如高斯过程，与数据集的大小很难成比例，并且不加修改是不行的。基于深度学习的方法通常在设计时需要考虑非常大的数据集，尽管考虑训练的总成本仍然很重要，但超参数优化仍然是令人期待的。

5.2.4 深度学习和缺失值处理

许多ML方法，包括标准深度学习，一直存在的问题是如何处理稀疏数据。在生物医学研究中，稀疏数据集是常态而不是例外，而且数据缺失的程度可能非常高。如果数据来自不同的实验室，调查目标是不同的生物领域热点和感兴趣的分子，那么如此低的总体数据密度是可以预料的。例如，目前的ChEMBL数据集仅完成了大约0.01%[86]。然而，即使是在同一公司的单一药物发现项目中，产生的数据也总是稀疏的[87]，因为通常只会对最有前途的化合物进行更耗时、更昂贵的分析。

缺失值处理通常用作预处理步骤，以生成大多数ML算法所需的密集输入数据。填充值本身也可用来突出相对稀疏项目数据集中潜在的错误，或识别潜在错误的实验数据点。缺失值处理的多任务性质似乎有助于深度学习，神经网络已被应用于解决这一问题[87, 88]。然而，与深度学习在其他QSAR任务中的应用一样，尽管其显示出的性能与其他方法不相上下[89]，但在准确性方面并没有实质性的提高。

5.3 深度学习的影响

将深度学习在计算化学领域与其他领域的影响进行比较或许是有益的。深度学习在早期取得重大进步的领域是图像分析、自然语言处理（natural language processing，NLP）和游戏。ImageNet大规模视觉识别挑战（Large Scale Visual Recognition Challenge，ILSVRC）[90]从2010年持续开展到2017年，提出了多种基于人工标记图像数据的目标分类和定位任务。如图5.4所示，在挑战赛的前两年，表现最好的模型的分类误差从0.28下降至0.26。2012年是深度学习模型应用的第一年，该模型的分类误差为0.15。在随后的几年里，深度学习模型开始主导比赛，表现最好模型的分类误差稳步降低至0.025以下。最近NLP的进展也与日益复杂的深度学习架构的发展有关，如BERT[91]和GPT-3[92]。如果给定一个标题和

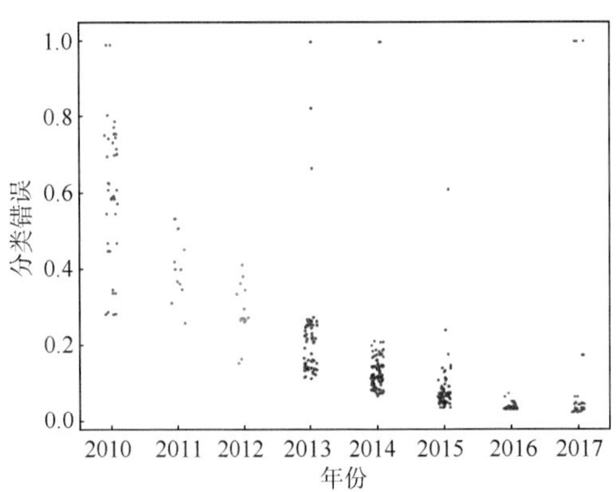

图5.4 ImageNet大规模图像分类任务视觉识别挑战赛的8年结果分析。每个圆点代表一个输入模型的分类错误

一个副标题，后者能够生成较短的文章（约200字），并且其与人为所写的同等长度的文章几乎没有区别。NLP领域似乎正在向通用语言模型发展，对于单词预测、文本分类或翻译等特定任务，这些模型只需要很少的微调。在游戏领域，AlphaGo展示了超过当代围棋程序99.8%的胜率，也是计算机程序在全尺寸游戏中首次战胜职业人类选手[2]。最近的AlphaZero算法在使用相同网络架构和基本相同超参数[3]的情况下，泛化到国际象棋和日本象棋时表现出了卓越的性能。

将上述深度学习应用联系起来的一个共同因素是，就其受人类感知和经验支配这个层面上的意义而言，其是人工的。在许多情况下，其是根据人类的感知和经验进行评估的。例如，视觉物体识别的金标准通常是人类的表现，GPT-3文本生成由评估人员进行评估，AlphaGo的最引人注目的成就是击败了人类棋手。相比之下，深度学习在计算化学中的大多数应用在某种程度上与受基本物理定律支配的物理过程有关。

深度学习在由更基本的物理定律驱动的领域产生了重大的影响，其中一个代表性实例是蛋白结构预测。在2018年举行的CASP竞赛[93]中，DeepMind基于卷积神经网络的算法AlphaFold[94]是整体表现最好的模型（图5.5 CASP14）。如图5.5所示，AlphaFold与前几年的结果相比有了实质性的改进，在2020年，后续AlphaFold2算法的结果代表着另一种进步[96]。AlphaFold2的性能水平如此之高，以至于许多研究人员认为这一问题已经得到了根本的解决。目前，公开披露的关于这种新方法的实施细节还比较有限，因此后来的研究者很难确定改进是如何实现的。在CASP14的88/97靶点上，AlphaFold2优于所有其他方法，其在许多情况下具有很大的优势。许多较有竞争力的方法也融入了深度学习的元素，但神经网络的架构、训练过程及模型训练的目标是至关重要的。例如，AlphaFold最初算法的实施可以分为两步，首先使用CNN来预测距离和扭转角度约束（torsion angle constraint），然后将得到的结果输入蛋白模型生成步骤中。相比之下，AlphaFold2似乎是为了直接预测3D模型而设计的，这显然是一种更成功的方法。

可以确定的是，AlphaFold2和许多较有竞争力的方法都是基于蛋白数据库（protein data bank，PDB）[97]中可用的实验蛋白结构信息，以及目前结构未知的蛋白序列信息[98]进行训练的。PDB中大约可以获得17万个蛋白结构，以现代深度学习的标准来衡量，这并不是一个特别大的数据集。然而，随着PDB中序列多样性的增加，局部结构基序的覆盖范围将开始饱和，并且在有限的20个氨基酸中，可生成的三维结构数量是有限的。因此，可以认为所有的蛋白结构预测现在可以简化为搜索局部结构同源性的问题。这种类型的模式识别任务正是DNN的优势所在，尽管这很复杂，但其挑战难度明显低于物理系统的第一性原理模拟。

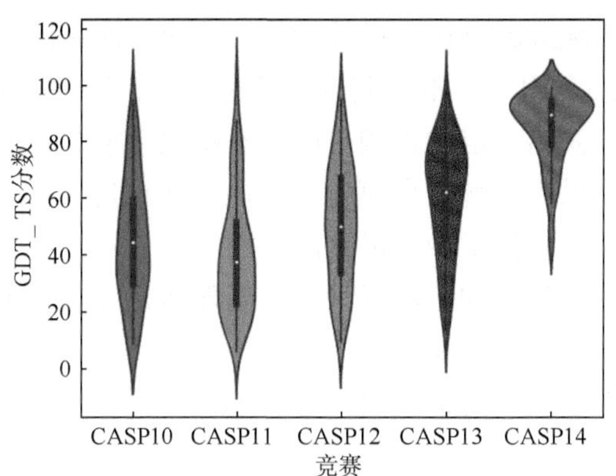

图5.5　小提琴图示呈现了近五届CASP竞赛中最佳整体模型的性能。这些分布代表了从CASP网站[95]检索到的所有靶点类别的不同预测GDT_TS[a]分数。GDT_TS分数界限：20—基本随机预测，50—蛋白总体拓扑正确，70—拓扑准确，90—侧链细节正确，95—在实验精度范围内

从更实际的角度而言，大型训练集的可用性是深度学习许多成功应用的另一个关键因素，如包含大约120万张带标签图像的ImageNet[99]和为GPT-3提供了将近1万亿个单词训练数据的Common Crawl[100]。AlphaGo的初始训练阶段同样利用了游戏中的3000万个对弈位置。此外，因为人类定义的游戏规则是完全确定的，所以有可能通过模拟生成无限量的进一步训练数据。这种特点是AlphaGo区别于表面上高度类似方法的一个关键因素，这些方法采用具有深度策略或价值网络的蒙特卡罗树搜索（monte carlo tree seanh，MCTS）方法来解决逆合成问题[101]。但是，我们对控制化学反应规则的理解还远远不够。

5.4　深度学习的开放性问题

以往限制神经网络广泛应用于ML的一些问题已通过当代的深度学习方法得以解决。例如，通过更好的权重初始化、修改激活函数和批量标准化，不稳定梯度的问题已得到改善。同样地，模型过拟合也可以通过正则化技术加以改善，如从无监督的训练前步骤中随机失活或迁移学习，或许还可以结合数据增强。然而，深度学习目前还存在许多挑战，这些挑战阻碍了深度学习实现与其在大众和科学文献中受欢迎程度相当的实际效益。其中最重要的是模型的可解释性，以及似乎不断增加的复杂性相关的成本。

5.4.1　可解释性

在ML中，经常需要在预测性能和可解释性之间进行权衡。对于计算化学中的许多应

a 译者注：GDT_TS（global distance test total score）是CASP比赛中常用的一个评价指标，用于衡量预测的蛋白质结构与实际解析结构之间的相似性。它综合考虑了预测结构和实际结构之间的原子距离差异，以及对结构的全局和局部一致性。GDT_TS分数的取值范围通常在0～100，其中100表示预测结构与实际结构完全一致，而较低的分数表示预测与实际结构之间存在较大的差异。

用，深度学习算法经常匹配或超过最先进的性能。然而，这些模型的内部工作，如高度参数化、非线性拟合等对许多用户是不透明的，这种“黑箱”性质有许多负面影响。第一，如果不解释为什么模型会做出特定的预测，诸如药物化学家等其他研究人员很可能不会太重视这些预测。第二，如果不了解一个模型，就很难预测其可能的失败模式，即很难知道其何时能对不同于训练集的新例子做出可靠的预测。第三，不透明的模型可能会掩盖某些偏差。此外，在大多数计算化学的应用背景下，伦理问题可能并不重要，但如果在训练中使用了临床数据，情况可能会不一样。

最近的一篇报道提出了以下要素，用来解释AI[102]：

· 透明度
· 可解释性
· 信息性
· 不确定度评估

如上所述，透明度是指一个特定的预测是如何做出的。这对于吸引根据这些预测做出决策的科研人员至关重要。在非线性方法中，全局解释一般而言是不可能的，有必要对每一个预测提供局部解释。特征归属可能是计算化学中最常用的局部解释方法。由于大多数预测都是针对小分子的，特征归属通常使用的特征是单个原子。目前，已开发了以这种方式“着色”原子的特定深度学习方法，如图注意机制（graph attention mechanism）的使用[103]。然而，一般的概念应该适用于大多数ML算法，考虑其流行及普适性是很重要的。最近的一项研究检查了一种特定“着色”算法在不同数据集、描述符和模型中的表现[104]。研究发现，原子“着色”对描述符和模型的选择比总体预测性能更为敏感。有人推测导致这种情况发生的原因如下：试图生成一个原子-原子的活动视图是一种过于细粒度的方法。在现实中，预测实际上是所有原子的平均值。更好的模型预测性能似乎与更一致的原子属性有关，但在这项研究中没有为这种行为建立明确的阈值。其他研究也注意到了模型预测性能与模型解释的稳健性和准确性之间的相关性。一些通用规则也被提出，以用于适当的方法选择，尽管这些算法还只是应用于二分类任务[105]。

最近的一项工作试图通过设计架构来克服化学深度学习中的可解释性问题，以允许从其决策中提取化学知识[106]。通过改变网络描述符中的可用信息，研究人员能够推断网络正在学习不同的方法来解决不同的化学预测问题。这项工作通过完全基于分子2D描述符的预测来说明常规卷积神经网络的应用。对于GCNN，许特（Schütt）等[107]并没有展示网络是如何做出决策的，而是表明了其预测结构与对芳香性等化学概念的理解相一致。

事实上，在试图说服其他人根据模型输出做出决定之前，计算化学家应该相信预测本身的有效性。众所周知，深度学习方法可以识别训练数据中的伪相关，这些伪相关可能导致生产环境中较差的相对性能[108]。因此，要确定这些模型“因正确的理由而正确”，透明度是至关重要的[109, 110]。适应性或对抗性训练在这方面可以有所帮助，尽管了解可能的失败模式是使其有效的必要前提[111]。当面对更大的数据集时，手动检查单个预测解释可能会耗时且容易出错。然而，也有研究人员开发了跨数据集自动汇总解释的方法，如通过识别模型使用的不同“分类策略”[108]。

估计预测中的不确定度是一种确定模型何时可能产生有意义的结果，以及何时超出其适用性范围的方法。某些ML算法本质上会生成不确定度估计，此外，还有各种元算法可应用于不同的建模方法。其中部分方法提供了预测不确定度的定量估计，如置信区间，而另一些仅指示相对不确定度。然而，如果生成可靠的预测很难，那么生成稳健的不确定度估计似乎也同样困难。最近的一项研究[112]比较了4种不同的不确定度量化方法——基于集合的方法、基于距离的方法、均值方差估计和基于联合的方法，并得出了一些具体的结论。例如，有研究人员指出，基于集成和随机失活的方法总是低估训练领域之外的测试用例的不确定度。总体而言，在5个不同的数据集上，没有一种方法能产生一致可靠的结果，也没有一种方法明显优于其他方法。此外，还没有研究表明能将数据集特性与性能更好的方法相关联，这使得研究人员得出结论：试错法是目前唯一可行的策略。

使用基于实验数据训练的模型来估计不确定度的一个挑战，是将认知的不确定性（由模型引起的）从随机的不确定性（由数据本身的噪声引起的）中分离出来。一般而言，这样的分离是不可能实现的。ML中的一个误区是，我们应该以创造完美再现实验值的模型为目标。即使在严格控制变量的情况下，实验测量值也会出现大量的变化。因此，能精确预测任何特定数据集的模型必然是过拟合的。

最终，能同时决定预测性能和可解释性限制的一个建模的基本方面是表示[113]。与某些经常应用深度学习的领域不同（如图像或自然语言处理），在计算化学中，我们不得不依赖对感兴趣对象的近似描述。ML中使用的两种最常见的通用分子表示是从分子图中获得的指纹和计算的全分子属性。后者包括物理化学特征的集合，如预测的辛醇-水分配系数（octanol-water partition coefficient），以及不太直观的描述符，包括图论指数（graph-theoretical indices）。人们本能地期望具有物理意义的化学描述符可与其他物理现象相关联。很多研究者将重点放在深度学习方法构建特定任务的学习表示的能力上，他们假设允许模型根据任务定制表示会带来更好的性能[114]。然而，仍然需要为分子选择一个初始表示，以便将其输入到训练过程中。为此，绝大多数深度学习方法使用语言模型[59, 115]或分子图[117]，后两者基于SMILES[116]或类似线条符号格式[67, 68]。至少，这些最初表示引入偏差现象的类型可以进行可靠的预测。例如，基于图的表示本质上强调物质的键合视图。这种输入表示倾向提供更好、更可解释的性质预测，这些性质主要依赖于通过键的相互作用，较少依赖于那些拓扑上距离较远但几何上接近的原子间的空间相互作用。学习表示可以改善与感兴趣性质仅具有弱相关的输入表示，但这不可避免地是一个更难解决的问题，并且所得到的模型可能更难解释，因为任何解释最终都必须映射回输入表示。

5.4.2　成本和复杂度

计算机硬件的进步，特别是GPU和TPU的出现，无疑是当前深度学习流行的重要驱动力，因为其能够在合理的时间范围内训练深度学习模型。最先进的方法是持续提高模型的大小极限。例如，GPT-3语言模型包含1750亿个参数[92]。然而，在云计算时代，仅仅训练这样的模型在技术上是可行的，理论上任何感兴趣的人都可以，但这并不意味着其是人人都承担得起的。仅训练一个GPT-3模型的计算费用估计就高达460万美元。训练一次类似AlphaFold2模型的成本估计在类似的数量级。当考虑到不同架构、训练策略的试验等因素时，这两个项目整体开发的总计算成本将会相当高。

当然，任何快速发展的技术领域都可以找到这样的极端例子。尽管如此，即使远离前沿，与更大、更复杂模型架构相关的训练成本不断增加，同时也会存在许多潜在的后果。第一，可靠且稳健地收敛这些模型的训练能力受到负面影响。第二，探索特定架构中模型可变性的能力降低了。这可能是深度学习的一个特殊问题，因为大多数模型都是使用局部变量而不是全局优化变量来训练的。一种观点认为深层神经网络的目标函数超曲面上的最高得分点是高度退化的，因此很少陷于糟糕的局部最优解[9]。然而，在训练中，性能相似的解决方案在应用于新数据时可能并不总是有相同的表现[118]。增加训练成本的第三个影响是其极大地限制了执行超参数优化的范围。深度学习模型可以有相当多的超参数，这主要是由于其架构的灵活性，但越来越多的研究尝试限制或不进行模型参数的优化。

除了大众化问题之外，极端的复杂性对严格的科学审查及关于新技术和结果的辩论具有潜在的影响。由于有如此多的可调参数，即使在一个单独的研究小组中，也很难监测开发情况。机器学习开发运维（machine learning devops，MLOps）运动[119, 120]是对这种情况的一种回应。除此之外，MLOps旨在促进对当代数据科学许多方面的跟踪，包括数据集、代码、超参数设置、训练/验证结果和最终模型。通过适当的部署，这些方法可以提供强大的内部再现性。然而，复现其他研究小组的成果越来越具有挑战性。专业数据集通常在文献中引用，训练计划和参数的完整细节并不总是公布，即使代码可用，代码存储库的完整性和更新程度也存在问题。

5.5 深度学习的未来

遵循公认的技术变革模式，目前似乎非常接近深度学习的预期膨胀阶段[121]。在某些领域，深度学习方法似乎比之前的方法有了重大的改进。深度学习具有展示高维度、非线性拟合数据的能力，这也许反映了DNN的定义特征，但这些能力往往只表现在那些可以提供大型训练数据集的领域。在计算化学领域，这样的大型数据集是非常罕见的，并且数据增强策略能弥补的也很有限。在典型的计算化学应用（如QSAR建模）中，深度学习在预测性能方面的一些微小改进很难与其增加的成本和降低的可解释性相平衡。此外，在某种程度上，深度学习的性能改善成为一个自我实现的预言。在某些领域，目前绝大多数的建模工作都是使用深度学习完成的，因此，这些方法能够产生一流的性能也就不足为奇了。至于这些方法中有多少存在与最先进水平相差甚远的性能，可能并没有得到很好的报道。

计算化学中经常访问大型数据集的是能提供大量数据的领域，如转录组学（transcriptomics）或高容量成像技术（high content imaging）。已经发表了一些结合深度学习的初步研究成果，如尝试使用实验数据来驱动生成模型[122, 123]。这种方法的一个挑战是，实验数据非常高维，但在示例数量方面仍然相对有限，这可能会给模型训练带来问题。以转录组数据为例，在很多基因表达水平高度相关的现实情况下，转录组数据也包含大量的内部结构。深度学习方法能在多大程度上与整合了先前生物学知识的方法相竞争或补充，还有待观察[124, 125]。

现代深度学习方法的计算成本和复杂性带来的挑战似乎在可预见的未来持续存在。提供对超大型模型（如GPT-3）的API访问将是解决这一挑战问题的一种方法。这种模型，即服务的方法可以使前沿深度学习的访问变得大众化，就像云计算降低了高性能计算门槛一样。由于许多前沿模型都是由私人或商业组织开发的，因此要实现这一目标，需要适当的激励措施。另外，与深度学习相关的伦理讨论是另一个值得继续反思的问题。虽然我们距离开发出“通用AI”技术还有一段距离，但最大的深度学习模型已经开始在其可以处理的任务类型上变得更加通用。如果一个语言模型可以“学会”算术[92]，那么似乎电子可访问的训练大型语料库中存在的偏差，将会很快与计算化学相关。

（段宏亮　吴志鹏　译；白仁仁　校）

参考文献

1. Rawat W, Wang Z (2017) Deep convolutional neural networks for image classification: a comprehensive review. Neural Comput 29:2352–2449. https://doi.org/10.1162/ neco_a_00990
2. Silver D, Huang A, Maddison CJ et al (2016) Mastering the game of Go with deep neuralnetworks and tree search. Nature 529:484–489. https://doi.org/10.1038/ nature16961
3. Silver D, Hubert T, Schrittwieser J et al (2018) A general reinforcement learning algorithm that masters chess, shogi, and Go through selfplay. Science 362:1140–1144. https://doi.org/10.1126/science.aar6404
4. Open AI, Berner C, Brockman G et al (2019) Dota 2 with large scale deep reinforcement learning. ArXiv191206680 Cs Stat
5. Wu Y, Schuster M, Chen Z et al (2016) Google's neural machine translation system: bridging the gap between human and machine translation. ArXiv160908144 Cs
6. Cortes C, Vapnik V (1995) Supportvector networks. Mach Learn 20:273–297. https:// doi.org/10.1007/ BF00994018
7. Corwin H, Toshio F (1964) p-σ-π analysis. A method for the correlation of biological activity and chemical structure. J Am Chem Soc 86:1616–1626. https://doi.org/10.1021/ ja01062a035
8. Goodfellow I, Bengio Y, Courville A (2016) Deep learning. The MIT Press, Cambridge, MA
9. LeCun Y, Bengio Y, Hinton G (2015) Deep learning. Nature 521:436–444. https://doi. org/10.1038/nature14539
10. McCulloch WS, Pitts W (1943) A logical calculus of the ideas immanent in nervous activity. Bull Math Biophys 5:115–133. https:// doi.org/10.1007/BF02478259
11. Rosenblatt F The perceptron: a probabilistic model for information storage and organization in the brain. Psychol Rev 65:386
12. Rumelhart DE, JL MC, PDP Research Group C (1986) Parallel distributed processing: explorations in the microstructure of cognition, vol. 1: foundations. MIT Press, Cam-bridge, MA
13. Rumelhart DE, Hinton GE, Williams RJ (1986) Learning representations by back-propagating errors. Nature 323:533–536. https://doi.org/10.1038/323533a0
14. Boser BE, Guyon IM, Vapnik VN (1992) A training algorithm for optimal margin classifiers. In: Proceedings of the fifth annual workshop on computational learning theory. Association for Computing Machinery, New York, NY, pp 144–152
15. Schölkopf B, Burges CJC, Smola AJ (1999) Advances in kernel methods: support vector learning. MIT Press, Cambridge, MA
16. Dauphin YN, Pascanu R, Gulcehre C et al (2014) Identifying and attacking the saddle point problem in high-

dimensional non-convex optimization. Adv Neural Informat Process Syst 4:9
17. Ge R, Huang F, Jin C, Yuan Y (2015) Escap-ing from saddle points—online stochastic gradient for tensor decomposition. In: Conference on learning theory. PMLR, pp 797–842
18. Hinton GE, Osindero S, Teh Y-W (2006) A fast learning algorithm for deep belief nets. Neural Comput 18:1527–1554. https://doi. org/10.1162/neco.2006.18.7.1527
19. Bengio Y, Lamblin P, Popovici D, Larochelle H (2006) Greedy layerwise training of deep networks. In: Proceedings of the 19th international conference on neural information processing systems. MIT Press, Cambridge, MA, pp 153–160
20. Ranzato M, Huang FJ, Boureau Y, LeCun Y (2007) Unsupervised learning of invariant feature hierarchies with applications to object recognition. In: 2007 IEEE conference on computer vision and pattern recognition. pp 1–8
21. Mendez D, Gaulton A, Bento AP et al (2019) ChEMBL: towards direct deposition of bioassay data. Nucleic Acids Res 47:D930–D940. https://doi.org/10.1093/nar/gky1075
22. Kim S, Chen J, Cheng T et al (2021) PubChem in 2021: new data content and improved web interfaces. Nucleic Acids Res 49:D1388–D1395. https://doi.org/10. 1093/nar/gkaa971
23. Groom CR, Bruno IJ, Lightfoot MP, Ward SC (2016) The Cambridge Structural Database. Acta Crystallogr B 72:171–179. https://doi.org/10.1107/ S2052520616003954
24. Ng A (2016) Machine learning yearning. Harvard Business Publishing
25. Says L (2017) IPUs—a new breed of processor. EEJournal. https://www.eejournal.com/ article/20170119-ipu/. Accessed 14 Feb 2021
26. Jouppi N, Young C, Patil N, Patterson D (2018) Motivation for and evaluation of the first tensor processing unit. IEEE Micro 38:10–19. https://doi.org/10.1109/MM. 2018.032271057
27. Glorot X, Bordes A, Bengio Y (2011) Deep sparse rectifier neural networks. Proceedings of the fourteenth international conference on artificial intelligence and statistics. JMLR workshop and conference proceedings, pp 315–323
28. Srivastava N, Hinton G, Krizhevsky A et al (2014) Dropout: a simple way to prevent neural networks from overfitting. J Mach Learn Res 15:1929–1958
29. Paszke A, Gross S, Massa F et al (2019) PyTorch: an imperative style, high-performance deep learning library. Adv Neural Inf Process Syst 32:8026–8037
30. Collobert R, Kavukcuoglu K, Farabet C (2011) Torch7: a matlablike environment for machine learning. Infoscience. http:// infoscience.epfl.ch/record/192376.Accessed 14 Feb 2021
31. The Theano Development Team, Al-Rfou R, Alain G et al (2016) Theano: a Python framework for fast computation of mathematical expressions. ArXiv 160502688 Cs
32. Jia Y, Shelhamer E, Donahue J et al (2014) Caffe: convolutional architecture for fast feature embedding
33. Abadi M, Barham P, Chen J et al (2016) TensorFlow: a system for large-scale machine learning. In: 12th USENIX symposium on operating systems design and implementation (OSDI 16). pp 265–283
34. Chollet F et al. (2015) Keras. https://github. com/fchollet/keras
35. Ramsundar B, Eastman P, Walters P et al (2019) Deep learning for the life sciences. O'Reilly Media
36. Ma J, Sheridan RP, Liaw A et al (2015) Deep neural nets as a method for quantitative structure-activity relationships. J Chem Inf Model 55:263–274. https://doi.org/10. 1021/ci500747n
37. Dahl GE, Jaitly N, Salakhutdinov R (2014) Multi-task neural networks for QSAR predictions. ArXiv14061231 Cs Stat
38. Merget B, Turk S, Eid S et al (2017) Profiling prediction of kinase inhibitors: toward the virtual assay. J Med Chem 60:474–485. https://doi.org/10.1021/acs.jmedchem. 6b01611
39. Lenselink EB, ten Dijke N, Bongers B et al (2017) Beyond the hype: deep neural networks outperform established methods using a ChEMBL bioactivity benchmark set. J Cheminformatics 9:45. https://doi.org/10.

1186/s13321-017-0232-0

40. Winkler DA, Le TC (2017) Performance of deep and shallow neural networks, the universal approximation theorem, activity cliffs, and QSAR. Mol Inform 36:1600118. https:// doi.org/10.1002/minf.201600118
41. Muratov EN, Bajorath J, Sheridan RP et al (2020) QSAR without borders. Chem Soc Rev 49:3525–3564. https://doi.org/10. 1039/D0CS00098A
42. Ramsundar B, Kearnes S, Riley P et al (2015) Massively multitask networks for drug discovery. ArXiv150202072 Cs Stat
43. Zhang Y, Yang Q (2018) A survey on multitask learning. ArXiv170708114 Cs
44. Xu Y, Ma J, Liaw A et al (2017) Demystifying multitask deep neural networks for quantitative structure—activity relationships. J Chem Inf Model 57:2490–2504. https:// doi.org/10.1021/acs.jcim.7b00087
45. Sun M, Zhao S, Gilvary C et al (2020) Graph convolutional networks for computational drug development and discovery. Brief Bioinform 21:919–935. https://doi.org/10. 1093/bib/bbz042
46. Coley CW, Barzilay R, Green WH et al (2017) Convolutional embedding of attributed molecular graphs for physical property prediction. J Chem Inf Model 57:1757–1772. https://doi.org/10.1021/acs.jcim.6b00601
47. Gilmer J, Schoenholz SS, Riley PF et al (2017) Neural message passing for quantum chemistry. In: Proceedings of the 34th international conference on machine learning—volume 70. JMLR.org, Sydney, NSW, pp 1263–1272
48. Faber FA, Hutchison L, Huang B et al (2017) Prediction errors of molecular machine learning models lower than hybrid DFT error. J Chem Theory Comput 13:5255–5264. https://doi.org/10.1021/ acs.jctc.7b00577
49. Montavon G, Samek W, Müller K-R (2018) Methods for interpreting and understanding deep neural networks. Digit Signal Process 73:1–15. https://doi.org/10.1016/j.dsp. 2017.10.011
50. Mater AC, Coote ML (2019) Deep learning in chemistry. J Chem Inf Model 59:2545–2559. https://doi. org/10.1021/ acs.jcim.9b00266
51. Yoshikawa N, Terayama K, Sumita M et al (2018) Population-based De Novo molecule generation, using grammatical evolution. Chem Lett 47:1431–1434. https://doi.org/ 10.1246/cl.180665
52. Rupakheti C, Virshup A, Yang W, Beratan DN (2015) Strategy to discover diverse optimal molecules in the small molecule universe. J Chem Inf Model 55:529–537. https://doi. org/10.1021/ci500749q
53. Salimans T, Ho J, Chen X et al (2017) Evolution strategies as a scalable alternative to reinforcement learning. ArXiv170303864 Cs Stat
54. Sanchez-Lengeling B, Aspuru-Guzik A (2018) Inverse molecular design using machine learning: generative models for matter engineering. Science 361:360–365. https://doi.org/10.1126/science.aat2663
55. Mercado R, Rastemo T, Lindelöf E et al (2020) Graph networks for molecular design. Mach Learn Sci Technol. https://doi.org/10. 1088/2632-2153/abcf91
56. Xia X, Hu J, Wang Y et al (2019) Graph-based generative models for de Novo drug design. Drug Discov Today Technol 32–33:45–53. https://doi.org/10.1016/j.ddtec.2020.11. 004
57. Kingma DP, Welling M (2013) Auto-encoding variational bayes
58. Gómez-Bombarelli R, Wei JN, Duvenaud D et al (2018) Automatic chemical design using a data-driven continuous representation of molecules. ACS Cent Sci 4:268–276. https://doi.org/10.1021/acscentsci. 7b00572
59. Winter R, Montanari F, Noé F, Clevert D-A (2019) Learning continuous and data-driven molecular descriptors by translating equivalent chemical representations. Chem Sci 10:1692–1701. https://doi.org/10.1039/ C8SC04175J
60. Winter R, Montanari F, Steffen A et al (2019) Efficient multi-objective molecular optimization in a continuous latent space. Chem Sci 10:8016–8024. https://doi.org/10.1039/ C9SC01928F
61. Prykhodko O, Johansson SV, Kotsias P-C et al (2019) A de novo molecular generation method using latent vector based generative adversarial network. J Cheminformatics 11:74. https://doi.org/10.1186/s13321-019-0397-9

62. Kadurin A, Nikolenko S, Khrabrov K et al (2017) druGAN: an advanced generative adversarial autoencoder model for de novo generation of new molecules with desired molecular properties in silico. Mol Pharm 14:3098–3104. https://doi.org/10.1021/ acs.molpharmaceut.7b00346
63. Amimeur T, Shaver JM, Ketchem RR et al (2020) Designing feature-controlled humanoid antibody discovery libraries using generative adversarial networks. bioRxiv:2020.04.12.024844. https://doi.org/10.1101/2020.04.12.024844
64. Bowman SR, Vilnis L, Vinyals O et al (2016) Generating sentences from a continuous space. In: Proceedings of the 20th SIGNLL conference on computational natural language learning. Association for Computational Linguistics, Berlin, pp 10–21
65. Blaschke T, Arús-Pous J, Chen H et al (2020) REINVENT 2.0: an AI tool for de novo drug design. J Chem Inf Model 60:5918–5922. https://doi.org/10.1021/acs.jcim.0c00915
66. Segler MHS, Kogej T, Tyrchan C, Waller MP (2018) Generating focused molecule libraries for drug discovery with recurrent neural networks. ACS Cent Sci 4:120–131. https:// doi.org/10.1021/acscentsci.7b00512
67. O'Boyle N, Dalke A (2018) DeepSMILES: an adaptation of smiles for use in machine-learning of chemical structures. chemRxiv. https://doi.org/10.26434/chemrxiv. 7097960.v1
68. Krenn M, Häse F, Nigam A et al (2020) Self-referencing embedded strings (SELFIES): a 100% robust molecular string representation. Mach Learn Sci Technol 1:045024. https:// doi.org/10.1088/2632-2153/aba947
69. Mirza M, Osindero S (2014) Conditional generative adversarial nets. arXiv
70. Watkins CJCH, Dayan P (1992) Q-learning. Mach Learn 8:279–292. https://doi.org/10. 1007/BF00992698
71. Irwin JJ, Sterling T, Mysinger MM et al (2012) ZINC: a free tool to discover chemistry for biology. J Chem Inf Model 52:1757–1768. https://doi.org/10.1021/ ci3001277
72. Perron Q, Mirguet O, Tajmouati H et al (2021) Deep generative models for ligand-based de novo design applied to multi-parametric optimization. https://doi.org/ 10.26434/chemrxiv.13622417.v2
73. Brown N, Fiscato M, Segler MHS, Vaucher AC (2019) GuacaMol: benchmarking models for de novo molecular design. J Chem Inf Model 59:1096–1108. https://doi.org/10. 1021/acs.jcim.8b00839
74. Polykovskiy D, Zhebrak A, Sanchez-Lengeling B et al (2020) Molecular sets (MOSES): a benchmarking platform for molecular generation models. Front Pharmacol 11:565644. https://doi.org/10.3389/fphar.2020.565644
75. Irwin JJ, Shoichet BK (2005) ZINC—a free database of commercially available compounds for virtual screening. J Chem Inf Model 45:177–182. https://doi.org/10. 1021/ci049714+
76. Sterling T, Irwin JJ (2015) ZINC 15—ligand discovery for everyone. J Chem Inf Model 55:2324–2337. https://doi.org/10.1021/ acs.jcim.5b00559
77. van Hilten N, Chevillard F, Kolb P (2019) Virtual compound libraries in computer-assisted drug discovery. J Chem Inf Model 59:644–651. https://doi.org/10.1021/acs. jcim.8b00737
78. Lyu J, Wang S, Balius TE et al (2019) Ultralarge library docking for discovering new chemotypes. Nature 566:224–229. https://doi. org/10.1038/s41586-019-0917-9
79. Gorgulla C, Boeszoermenyi A, Wang Z-F et al (2020) An open-source drug discovery platform enables ultra-large virtual screens. Nature 580:663–668. https://doi.org/10. 1038/s41586-020-2117-z
80. Clark DE (2020) Virtual screening: is bigger always better? Or can small be beautiful? J Chem Inf Model 60:4120–4123. https:// doi.org/10.1021/acs.jcim.0c00101
81. Gentile F, Agrawal V, Hsing M et al (2020) Deep docking: a deep learning platform for augmentation of structure based drug discovery. ACS Cent Sci 6:939–949. https://doi. org/10.1021/acscentsci.0c00229
82. Graff DE, Shakhnovich EI, Coley CW (2020) Accelerating high-throughput virtual screening through molecular pool-based active learning. ArXiv:201207127 Cs Q-Bio
83. Ahmed L, Georgiev V, Capuccini M et al (2018) Efficient iterative virtual screening with Apache Spark and conformal prediction. J Cheminformatics 10:8. https://doi.org/10. 1186/s13321-018-0265-z

84. Svensson F, Norinder U, Bender A (2017) Improving screening efficiency through iterative screening using docking and conformal prediction. J Chem Inf Model 57:439–444. https://doi.org/10.1021/acs.jcim.6b00532
85. Jastrzębski S, Szymczak M, Pocha A et al (2020) Emulating docking results using a deep neural network: a new perspective for virtual screening. J Chem Inf Model 60:4246–4262. https://doi.org/10.1021/ acs.jcim.9b01202
86. Gaulton A, Bellis LJ, Bento AP et al (2012) ChEMBL: a large-scale bioactivity database for drug discovery. Nucleic Acids Res 40: D1100–D1107. https://doi.org/10.1093/ nar/gkr777
87. Irwin BWJ, Levell JR, Whitehead TM et al (2020) Practical applications of deep learning to impute heterogeneous drug discovery data. J Chem Inf Model 60:2848–2857. https:// doi.org/10.1021/acs.jcim.0c00443
88. Whitehead TM, Irwin BWJ, Hunt P et al (2019) Imputation of assay bioactivity data using deep learning. J Chem Inf Model 59:1197–1204. https://doi.org/10.1021/ acs.jcim.8b00768
89. Martin EJ, Polyakov VR, Zhu X-W et al (2019) All-Assay-Max2 pQSAR: activity predictions as accurate as four-concentration IC50s for 8558 Novartis assays. J Chem Inf Model 59:4450–4459. https://doi.org/10.1021/acs.jcim.9b00375
90. Russakovsky O, Deng J, Su H et al (2015) ImageNet large scale visual recognition challenge. Int J Comput Vis 115:211–252. https://doi.org/10.1007/s11263-015-0816-y
91. Devlin J, Chang M-W, Lee K, Toutanova K (2019) BERT: pre-training of deep bidirectional transformers for language understanding. ArXiv181004805 Cs
92. Brown TB, Mann B, Ryder N et al (2020) Language models are few-shot learners. ArXiv200514165 Cs
93. Kryshtafovych A, Schwede T, Topf M et al (2019) Critical assessment of methods of protein structure prediction (CASP)—round XIII. Protein Struct Funct Bioinformat 87:1011–1020. https://doi.org/10.1002/prot.25823
94. Senior AW, Evans R, Jumper J et al (2020) Improved protein structure prediction using potentials from deep learning. Nature 577:706–710. https://doi.org/10.1038/ s41586-019-1923-7
95. https://predictioncenter.org/
96. Callaway E (2020) 'It will change everything': DeepMind's AI makes gigantic leap in solving protein structures. Nature 588:203–204. https://doi.org/10.1038/d41586-020-03348-4
97. Berman HM, Westbrook J, Feng Z et al (2000) The Protein Data Bank. Nucleic Acids Res 28:235–242. https://doi.org/10. 1093/nar/28.1.235
98. The UniProt Consortium (2019) UniProt: a worldwide hub of protein knowledge. Nucleic Acids Res 47:D506–D515. https://doi.org/ 10.1093/nar/gky1049
99. Deng J, Li K, Do M et al (2009) Construction and analysis of a large scale image ontology. Vision Sciences Society
100. Common Crawl. https://commoncrawl.org/
101. Segler MHS, Preuss M, Waller MP (2018) Planning chemical syntheses with deep neural networks and symbolic AI. Nature 555:604–610. https://doi.org/10.1038/ nature25978
102. Jiménez-Luna J, Grisoni F, Schneider G (2020) Drug discovery with explainable artificial intelligence. Nat Mach Intell 2:573–584. https://doi.org/10.1038/ s42256-020-00236-4
103. Xiong Z, Wang D, Liu X et al (2020) Pushing the boundaries of molecular representation for drug discovery with the graph attention mechanism. J Med Chem 63:8749–8760. https://doi.org/10.1021/acs.jmedchem.9b00959
104. Sheridan RP (2019) Interpretation of QSAR models by coloring atoms according to changes in predicted activity: how robust is it? J Chem Inf Model 59:1324–1337. https:// doi.org/10.1021/acs.jcim.8b00825
105. Liu B, Udell M (2020) Impact of accuracy on model interpretations. ArXiv201109903 Cs
106. Goh GB, Siegel C, Vishnu A et al (2018) How much chemistry does a deep neural network need to know to

make accurate predictions? ArXiv171002238 Cs Stat
107. Schütt KT, Gastegger M, Tkatchenko A, Müller K-R (2019) Quantum-chemical insights from interpretable atomistic neural networks. In: Samek W, Montavon G, Vedaldi A et al (eds) Explainable AI: interpreting, explaining and visualizing deep learning. Springer International Publishing, Cham, pp 311–330
108. Lapuschkin S, Wäldchen S, Binder A et al (2019) Unmasking Clever Hans predictors and assessing what machines really learn. Nat Commun 10:1096. https://doi.org/10. 1038/s41467-019-08987-4
109. Jia S, Lansdall-Welfare T, Cristianini N (2018) Right for the right reason: training agnostic networks. ArXiv180606296 Cs Stat 11191:164–174. https://doi.org/10.1007/ 978-3-030-01768-2_14
110. Ross AS, Hughes MC, Doshi-Velez F (2017) Right for the right reasons: training differentiable models by constraining their explanations. ArXiv170303717 Cs Stat
111. Geirhos R, Rubisch P, Michaelis C et al (2019) ImageNet-trained CNNs are biased towards texture; increasing shape bias improves accuracy and robustness. ArXiv181112231 Cs Q-Bio Stat
112. Hirschfeld L, Swanson K, Yang K et al (2020) Uncertainty quantification using neural networks for molecular property prediction. J Chem Inf Model 60:3770–3780. https:// doi.org/10.1021/acs.jcim.0c00502
113. David L, Thakkar A, Mercado R, Engkvist O (2020) Molecular representations in AI-driven drug discovery: a review and practical guide. J Cheminformatics 12:56. https:// doi.org/10.1186/s13321-020-00460-5
114. Yang K, Swanson K, Jin W et al (2019) Analyzing learned molecular representations for property prediction. J Chem Inf Model 59:3370–3388. https://doi.org/10.1021/ acs.jcim.9b00237
115. Fabian B, Edlich T, Gaspar H et al (2020) Molecular representation learning with language models and domain-relevant auxiliary tasks. ArXiv201113230 Cs
116. Weininger D (1988) SMILES, a chemical language and information system. 1. Introduction to methodology and encoding rules. J Chem Inf Comput Sci 28:31–36. https:// doi.org/10.1021/ci00057a005
117. Kearnes S, McCloskey K, Berndl M et al (2016) Molecular graph convolutions: moving beyond fingerprints. J Comput Aided Mol Des 30:595–608. https://doi. org/10.1007/s10822-016-9938-8
118. D'Amour A, Heller K, Moldovan D et al (2020) Underspecification presents challenges for credibility in modern machine learning. ArXiv201103395 Cs Stat
119. Azure Machine Learning—ML as a Service | Microsoft Azure. https://azure.microsoft. com/en-us/services/machine-learning/. Accessed 6 Feb 2021
120. MLOps: continuous delivery and automation pipelines in machine learning. In: Google Cloud. https://cloud.google.com/sol utions/machine-learning/mlops-continuous-delivery-and-automation-pipelines-in-machine-learning. Accessed 6 Feb 2021
121. Gartner identifies five emerging trends that will drive technology innovation for the next decade. In: Gartner. https://www.gartner. com/en/newsroom/press-releases/2020-08-18-gartner-identifies-five-emerging-trends-that-will-drive-technology-innovation-for-the-next-decade. Accessed 9 Feb 2021
122. Méndez-Lucio O, Baillif B, Clevert D-A et al (2020) De novo generation of hit-like molecules from gene expression signatures using artificial intelligence. Nat Commun 11:10. https://doi.org/10.1038/s41467-019-13807-w
123. Méndez-Lucio O, Zapata PAM, Wichard J et al (2020) Cell morphology-guided de novo hit design by conditioning generative adversarial networks on phenotypic image features. doi:https://doi.org/10.26434/chemrxiv.11594067.v1
124. Chindelevitch L, Ziemek D, Enayetallah A et al (2012) Causal reasoning on biological networks: interpreting transcriptional changes. Bioinformatics 28:1114–1121. https://doi.org/10.1093/bioinformatics/ bts090
125. Liu A, Trairatphisan P, Gjerga E et al (2019) From expression footprints to causal pathways: contextualizing large signaling networks with CARNIVAL. Npj Syst Biol Appl 5:1–10. https://doi.org/10.1038/s41540-019-0118-z

第6章

人工智能是否影响了药物发现

摘　要：人工智能（AI）在药物发现中的应用日益增加，涉及药物设计-合成-测试-分析（design-make-test-analyse，DMTA）周期的每个阶段。本章的重点是研究深度神经网络（deep neural network，DNN）在分子生成中的应用，主要介绍了该领域的主要进展，分析了分布学习和目标导向学习的概念，并强调了药物设计中生成模型的一些最新应用，特别是生物制药行业中的相关工作。本章还详细介绍了阿斯利康团队开发的一款开源软件REINVENT——一个该公司内部支持众多药物化学项目的AI药物分子设计平台。此外，本章还介绍了数据库设计方面的一些工作，AI在药物发现应用中面临的一些主要挑战，以及应对这些挑战的不同方法。

关键词：药物设计；人工智能（AI）；分子设计；药物化学；计算机辅助药物设计；深度神经网络（DNN）；深度生成模型；变分自动编码器（VAE）；递归神经网络（RNN）；卷积神经网络（CNN）；生成性对抗网络（GAN）；主动学习；数据增强；强化学习（RL）；多目标优化；评分函数；从头生成；REINVENT；库设计；化学空间；合成可及性；药物代谢及药代动力学（drug metabolism and pharmacokinetics，DMPK）；定量构效关系（quantitative structure-activity relationship，QSAR）；分子对接；ChEMBL；PubChem；分子图

6.1 引言

在过去几年间，人工智能（AI）已被制药行业的各个领域所采用。药物发现一直是引入AI方法的一个特别活跃的领域，特别是在小分子的从头设计，以及伴随常规预测模型建立而出现的合成路线预测方面。

虽然性质预测并不是AI或深度学习（DL）的专属领域，但其确实受益于深度神经网络（DNN）的架构。预测模型传统上致力于预测药物的生物活性、DMPK和毒性，并且不断尝试引入各种有前景的基于DL的解决方案[1]。有机小分子合成路线的设计，包括逆

合成分析[2]和反应预测[3]，也受益于DL和AI的发展。本章主要关注基于深度生成模型的药物分子从头设计。

AI自然而然地被视为一种以灵活和自适应的方式实现自动化的手段。活动越常规，自动化就越容易。然后，当对药物分子生成进行自动化时，可能会让人感到有些意外。为了更好地理解这一点，本章将详尽阐述如何使用AI来帮助计算化学家和药物化学家设计新化合物。

6.2 从头设计工具

从头设计的目标是确定新的活性化合物，这些化合物可以同时满足基本优化的综合目标，如对主要靶点的活性、对非靶点的选择性、理化性质和ADMET性质等。这是一个从零开始产生新化合物的过程，这些化合物通常不存在于数据库中，并且以前也没有在给定靶点的情况下被考虑过。识别一种符合这些标准的化合物远非易事。当然，这并不是因为缺乏解决这一挑战的算法和方法。这些方法包括对大型计算机文库进行的强力筛选，虽然这在新颖性方面有明显的局限性，但通过详尽列举一组给定片段[4-10]的解决方案及复杂搜索算法的使用，可以将注意力集中到更小且更易管理的化合物子集上。

这一时期最大的成功可能源于将片段库与遗传算法（genetic algorithms，GA）[11-14]相结合的想法。GA是一类随机优化技术，在发现各种优化问题的全局最优解方面具有广泛的适用性。当没有有效的确定性算法适用于手头的问题时，其往往特别实用。一般的GA操作是将以二进制字符串表示的数据对搜索空间（search space，SS）中的候选解决方案进行编码，并扰乱这些字符串，从而模仿DNA中自然重组和突变事件。数据集被视为整个群体，其中每个数据点都代表一个个体。只有最适合的个体被选择出来，才能满足算法的不同迭代/周期。许多不同的GA配置已被应用于解决化学信息学领域的各种问题[15-19]。然而，大多数方法都依赖于一个共同点：构建模块库——预定义的片段，这会对生成的化学空间产生重大影响，并使之产生偏差。在当前DL架构发展的几十年里，构建预定义片段库技术一直是最先进的技术。尽管这些技术有助于新分子的发现，但其仍然面临着巨大的挑战。固定片段库是庞大的，全面探索的成本高昂，并且依赖于预定义的手写规则来排除不可合成的化合物。由于其依赖于片段库作为构建模块，搜索空间显然是不连续的，这使得梯度驱动的探索效率降低。生成分子的结果很大程度上取决于搜索算法的正确应用和片段库的内容。此外，该算法可能会陷入局部最小值[20]，这可能需要多次尝试并调整搜索超参数[17, 18]。

生成模型的介入代替了静态数据库，从而提供了比片段库更明显的优势。其一是片段库仅提供片段粒度的数据，而生成模型提供的是生成原子粒度的新思路。另一个不太相关但仍然很明显的因素是静态库与生成模型存储空间数量级上的差异，模型的生成潜力可能涵盖更广泛的化学空间。此外，生成模型不需要任何人为管理，而包含化合物的数据库可能需要更多的精力来维护和更新。对生成模型进行采样是非常方便的，但是将片段库中的片段集合在一起则需要一些额外的开销。尽管如此，将生成模型与适当的搜索算法（如强化学习（RL））配对则有更好的效果。虽然静态数据库逐渐被生成模型取代并且搜索算法已经不同，但优化目标的定义在上述所有场景中都是相关的，而这些优化目标通常用于确定描述理想化合物分子的评分函数。具体的评分函数定义因项目差异而体现出一些项目的具体要求，包括药物分子的效力、选择性、稳定性及DMPK等。评分函数可能涉及各种计算过程，因此这通常是生成过程中的一个计算瓶颈，特别是如果涉及昂贵的基于规则的计算，如依赖于3D信息的对接或描述符，或者评分函数各个组件的计算速度太慢等。

值得考虑的是所有从头设计应用程序都有哪些共同特点。其中包括三个显而易见的主要组成——具有嵌入化合物的显式或隐式表示的搜索空间、搜索算法和评分函数。我们自然也可以勾勒出理想的从头设计工具。理想情况下，搜索空间应该是具有最小偏差化学空间的连续表示，且搜索空间应适当地与有效的算法相结合；而算法应该由灵活的评分功能驱动，其中可自由包含多个组件，正确选择此类组件将能够创建有效的分子构想工具。

这种工具应该是有效的，并且能够为开发和探索场景找到最佳结果。

开发——用户旨在定义一个感兴趣的领域，并重点生成具有相似结构特征的化合物。此模式适用于优化给定先导化合物的属性。

探索——用户期望获得结构相似度较小但仍满足其他期望特征的化合物。此模式适用于为了逃避专利或不利的解决方案空间而瞄准的骨架跃迁。

6.3 人工智能和生成模型在药物发现中的应用

随着计算机技术的全面进步，以及DNN架构的逐步改进和发展，各个领域的专家已经清楚地认识到，这些技术可以用于处理他们长期以来一直试图解决的问题。在医学、病理学和生物学领域采用AI技术进行图像处理后，计算机技术对其他领域的影响变得更加明显[21-24]。文本和声音处理的架构正逐渐应用于反应预测、性质预测及从头药物设计[25-28]。在所有类型的机器学习（ML）概念中，生成模型已成为新一代药物分子从头设计技术的基石。

我们逐渐意识到，生成模型具有替换预定义片段库的能力，即使仅在该空间的一个子集上进行训练，也可用于生成化学空间。当然，片段库隐含生成分子的规则，而这些规则可以用来指导化学家。然而，这些规则也引入了对当前已知空间的偏见，反过来也会损害生成分子的新颖性。

许多论文[29-31]对各种DL架构的生成潜力及其化学空间探索能力进行了研究和论证。不同的神经网络架构已经被设计出来，并且在竞赛中采用了各种AI训练策略，以更有效地生成化合物，如变分自动编码器（VAE）[26]、具有长短期记忆（long short-term memory，LSTM）单元的递归神经网络（RNN）[27, 32, 33]。通过利用分子图（molecular graph）或简化分子线性输入规范（simplified molecular input line entry system，SMILES）作为输入格式，条件RNN或生成性对抗网络（GAN）已成功用于小分子的生成。除了逐个原子或逐个标记构建分子外，研究人员还探索了使用片段中间体作为构建模块的可能性[29, 34-37]。最近，研究人员在努力开发一种替代字符串格式，如自引用嵌入式字符串（SELF-referencIng embedded string，SELFIES）[38]，旨在解决大部分SMILES字符串实际上并不对应任何有效分子这一问题，而每个SELFIES字符串只对应一个有效分子。这可能有助于字符串语法的学习，并且有一些新兴的研究已经在尝试探索其能力[39]。

6.4 生成模型的前世今生

一些早期的工作主要集中在寻找合适的架构，希望从字符串或图形表示形式中生成有效的分子。邦巴雷利（Bombarelli）等[26]采用了一种用于分子生成的变分自动编码，其允许在连续的潜空间中进行探索和优化，同时还能够从该空间中进行分子采样。加都林（Kadurin）等[40]使用对抗自动编码器（adversarial autoencoder，AAE）[41]，吉马良斯（Guimaraes）采用生成性对抗网络（GAN）[32]，奥利维克罗纳（Olivecrona）等利用具有门控循环单元（gated recurrent unit，GRU）的RNN来分别生成SMILES字符串[42]；金（Jin）等使用图表示结合VAE来生成化合物[37]。这些开创性的工作仍然存在各种缺点，如高百分比的无效结构、各种性能问题、显著偏差，以及缺乏有效导航化学空间的能力。尽管如此，但这足以暗示AI技术和生成模型的潜力。研究人员的热情已被点燃，这也推进了从头设计领域的真正复兴。目前，研究人员设计了各种性能指标，旨在防止一些常见的陷阱并解决特定的问题。几个基准框架[43, 44]的提出使得生成模型的质量迅速提高，如以下研究项目（部分是开源的）：英矽智能公司（Insilico Medicine）的GENTRL[45]、拜耳公司（Bayer）的MSO[30]和阿斯利康公司的REINVENT[31, 46]。当然，这些列举远非详尽。研究工作不仅仅是产生有效的分子[29, 47-52]，而是继续致力于解决更具体的药物研发需求。

必须强调的是，化合物分子表示的选择影响了生成模型架构的选择。常用的化合物表示方法与图像密切相关，因此其作为一种“自然”的表示形式具有很强的吸引力。其中，原子对应节点、键对应边是一种将数据呈递给DNN架构的简便映射。将图像编码作为网络输入的方式类似于构建ECFP的方式。相关的原子特征最初被编码至每个节点中，然后通过消息传递神经网络（message passing neural network，MPNN）框架的方法[41]，将该信息迭代地传递给相邻节点。然而，由于图像[47, 53, 54]的内存需求较大，特别是与SMILES相比，生成任务的适用性似乎仍然有限。

6.5 生成模型的使用：分布学习*vs*导向学习

关于生成模型的可用性，我们观察到从头设计的两个主要趋势：分布学习和目标导向生成。分布学习工作主要集中在生成一组类似特定分子的想法。这通常通过三个步骤来实现：对生成模型进行迁移学习（TL），随后对模型生成的数据进行采样，从而快速生成数据集，最后评估生成的数据。用于TL的数据集通常由共享一组理想特征的化合物组成，这些特征有望被模型学习。虽然训练和采样模型相对简单，但分析步骤通常是最烦琐的。采样化合物的评估通常是最昂贵的步骤，因为其可能涉及根据多个预测模型计算分数或进行基于规则的计算，包括药效团比较或对接。此外，采样步骤通常会生成大量数据，其中可能包含数十万甚至数百万个分子。通常药物设计涉及不止一个参数的优化，并且即使对低分的化合物进行多次评估，用户仍有可能无法找到任何合适的化合物。此外，许多生成的分子可能是不相关的，因此得分很低，这可能需要额外的TL、采样和评估步骤。与目标导向的生成方法相比，虽然TL和某种形式的评分的工作流程是一种完全有效的方法，但其显然也是一种效率较低且计算要求更高的方法。

目标导向生成的另一种方法是使用某种形式的搜索算法，同时旨在找到满足给定目标的分子，而无须对整个搜索空间进行采样。这个过程分三个步骤：采样、评分和学习。虽然采样和学习是廉价的步骤，但评分仍然保持着相同的计算成本水平。毕竟，目标是满足相同的要求。一个主要区别是这里的学习迭代要快得多。而且样本集合要小得多（通常大约有100个化合物），这导致得分远低于分布学习的化合物。此外，由于该模型学习直接满足评分函数，会更少地去评估不太相关的化合物。

然而，从用户的角度而言，更重要的是理解如何使用生成模型来实现对化学空间的探索或开发。对于开发模式而言，用户可定义一个感兴趣的领域，专注于生成具有相似结构特征的化合物。相比之下，探索模式使他们能够获得结构相似性较低但仍满足其他所需特征的化合物。

这意味着有必要编写由多个组件组成的灵活评分函数。不仅要利用预测模型和结构相似性/差异性，还要利用各种基于规则的评分函数组件来趋近或远离化学空间的特定区域，这种能力对于适应手头的特定药物发现项目至关重要。

诸多基于生成模型的开源解决方案旨在满足这些需求，包括编写由多个组件组成的灵活评分函数的能力。6.7节将介绍一个我们非常熟悉的应用程序，以及如何来实现这一目标。

6.6 在药物发现中的应用

尽管文献中报道了大量的深度生成方法，但描述此类方法在药物发现中应用的文献数量非常有限。早在2018 年，施耐德集团（Schneider Group）[55]将AI技术产生的分子成功实施于化学合成和生物测试研究。结构生成主要分为两个步骤。首先是一个通用模型，一个具有LSTM单元的RNN[56]，在由541 555种生物活性化合物组成的ChEMBL22[57]子集上进行了训练，以SMILES表示来学习类似药物的化学空间。然后，通过使用一组25种已知对类视黄醇X受体（retinoid X receptor，RXR）或过氧化物酶体增殖物激活受体（peroxisome proliferator-activated receptor，PPAR）具有激动活性的脂肪酸模拟物的TL，对该模型进行微调。对已经训练过的模型进行采样，从给定的起始片段“—COOH”开始生成了1000个SMILES，以包含羧酸基团，其中包含93%有效和90%唯一的SMILES。借助预测模型（SPiDER[58]）及基于分子形状和部分电荷描述符的相似性过滤，选择了49个化合物。最后，根据计算机排序和合成可及性，选择了5个化合物进行合成，并开展了生物活性测试，其中4个化合物显示出相当强的效力及针对PXR和PPAR的不同选择性特征。

扎沃龙科夫（Zhavoronkov）等[45]最近的一项工作受到了广泛关注，该工作证明了使用一种名为张量生成强化学习（generative tensorial reinforcement learning，GENTRL）的深度生成模型，以发现盘状结构域受体1（discoidin domain receptor 1，DDR1）的新型有效抑制剂（DDR1是一种与纤维化和其他疾病有关的激酶靶点）。值得注意的是，仅用21天就完成了该设计任务。GENTRL分两个阶段运行：首先，使用ZINC数据库的一个子集，以及两组通用激酶和DDR1激酶抑制剂进行训练，学习将化学空间映射到50维流形。下一阶段是强化学习，使用3个评分函数的总和作为奖励评分，通过与相应参考数据集的相似性来评估一般激酶活性、特定（DDR1）活性和新颖性。研究人员获得了30 000个初始输出结构，在评估与DDR1活性物质的相似性、药物相似性、多样性和新颖性后，这些结构被过滤至40个。最终，根据合成可及性精心挑选了6个分子，并在35天内完成了这些分子的合成。随后，在第46天完成了化合物的生物测试。其中，2个化合物显示出进一步开发的潜力，其中1个化合物还表现出良好的微粒体稳定性和PK特性。

虽然尚未报道更多具有综合和测试AI思路的应用生成模型，但这并不意味着对其在行业中的开发和应用缺乏兴趣。有许多关于开发新生成模型或对已知模型进行微调的报道。相关内容将在下面进行介绍，也将在下一节中回顾阿斯利康的研究工作。

来自葛兰素史克（GlaxoSmithKline，GSK）的皮克特（Pickett）等[59]在2019年提出了一种深度生成模型，该模型能够将简化图（reduced graph）转换为SMILES字符串。简化图是一类分子更普遍的表示，因此这是一个一对多的映射。生成模型采用在机器翻译领域流行的seq-to-seq（序列到序列）方法。该模型是一个具有双向LSTM[60]架构的RNN，并通过注意力机制（attention mechanism）[61]增强了这一模型。该模型仅使用ChEMBL23子集训练一次，该子集包含798 243个唯一SMILES和139 312个唯一简化图。然后，经过训练的模型可用于将简化图转换为多个SMILES（通常从一个简化图最多转换至1000个SMILES）。生成的SMILES集在内部（同一集中的SMILES之间）测试了所生成SMILES组的多样性，并与训练集进行了比较，结果令人满意。该方法可用于在化学空间的限定区域内生成结构。因为其相应的简化图可以转换为不同的SMILES，所以即使是单个分子也足以作为起点。而传统的TL技术需要更大的数据集，因此在许多情况下，尤其是在早期先导化合物研究阶段可能不可用。该模型也可用于先导化合物优化中的骨架跃迁。这一模型是GSK内部开发用于自动化分子设计的集成系统BRADSHAW的一部分[62]。

2019年，来自拜耳的温特（Winter）等[63]介绍了一种新模型，该模型也受到机器翻译进展的启发，在分子结构的两个语义等价但句法不同的表示之间进行转换，将两种表示共享的信息压缩至一个低维表示向量中。表现最好的模型接受了从普通SMILES表示到标准SMILES表示形式的转换训练。该模型包括一个具有RNN架构的编码器和一个由第三个分类器神经网络（NN）扩展的解码器网络，第三个分类器的引入进一步鼓励模型学习分子的化学表示。该模型在ZINC15[64]和PubChem[65]联合数据集的一个大子集上训练一次，包括大约7200万个化合物。训练后的模型还学习了分子表示的离散空间（SMILES字符串）到连续的低维欧几里得空间（Euclidean space）的可逆映射。论文中详细验证的第一个应用是通过上述基于训练编码器的映射，从SMILES中获取分子描述符作为该潜在空间的向量。研究人员发现这些描述符在各种定量构效关系（QSAR）建模和虚拟筛选任务中的性能与标准的人类工程描述符和圆形指纹相当。他们还通过以下方式证明了潜在空间的平滑性：①分子潜在向量表示的微小位移导致分子（在解码新向量后）与原始分子非常相似；②潜在空间中的欧几里得距离和基于指纹空间中的圆形指纹的谷本距离（Tanimoto distance）具有高度相关性。

从潜在向量到SMILES字符串的解码操作同样重要。其显示了很高的有效性（＞97%），如果利用解码器的波束搜索功能（当来自解码器的序列是无效的SMILES时，则使用下一个最有可能的序列），可以进一步提高有效性（＞99%）。该操作可用于分子优化任务，其优化算法作用于潜在空间，如戈麦斯-邦巴雷利（Gómez-Bombarelli）等[26]的标准方法。事实上，拜耳在同年[30]还证明了粒子群优化（particle swarm optimization，PSO）方法的可行性，这是一种随机优化技术，可模拟群智能以此在目标函数的驱动下找到潜在空间中的最佳点。目标函数可与药物发现相关的不同评分组件相结合，如活性或预测ADMET性质的模型、物理化学性质（分子量、氢键供体或氢键受体的数量、log P 计算值等）、类药性定量评估（quantitative estimate of drug-likeness，QED）[66]、合成可及性（synthetic accessibility，SA）[67]等，以及对不理想的子结构（如具有毒性）的“惩罚”和对定义的子结构（如优势骨架）的“奖励”。研究人员使用两个生物靶点——表皮生长因子受体（epidermal growth factor receptor，EGFR）和β-淀粉样前体蛋白裂解酶1（beta-amyloid precursor protein lyase 1，BACE1）进行了3项多目标先导优化实验，最大限度地提高化合物对二者的亲和性，或选择性地提高对其中一个靶点的亲和性，同时最小化对另一靶点的亲和性。模型在GuacaMol基准上测试[43]展现了高于基线的性能。PSO优化工具是grünifai的一个组件，此平台是由温特等于2020年发布的一个交互式计算机复合优化平台[68, 69]。相同的编码器/解码器NN被用作QMO中的插件，而QMO是一种通用的基于查询的分子优化框架，其利用来自IBM[70]的霍夫曼（Hoffman）等的潜在嵌入。他们引入了一种新的基于查询的搜索方法，以实现离散分子的有效优化。该方法基于零阶优化，这是一种仅使用函数评估来执行高效数学优化的技术。

同样来自拜耳[71]的门德斯-卢西奥（Méndez-Lucio）等使用类似的编码器/解码器NN框架，该框架与条件生成性对抗网络（conditional generative adversarial network，CGAN）相结合，生成以转录组数据作为条件的分子。该方法的评估是基于这样的假设，即敲除的靶蛋白在与有效抑制剂相结合时，会给出与相同蛋白非常相似的基因表达特征。给定这样的基因表达特征，该模型生成了以该基因特征为条件的GAN分子。随后评估了这些分子与已知靶蛋白抑制剂的相似性。实验中总计使用了对应于10个靶蛋白的148个基因特征，每个特征产生了1000个分子，然后计算生成的分子与相应最近邻已知抑制剂的相似性。虽然需要更多的验证来证明其适用性，但这仍然可称为一种强大的新方法，具有很大的潜力，可以将生物学与分子设计联系起来。

还有一些工业研究小组的报告，对已经建立的分子设计生成模型进行了调整和微调。

两份报告是基于一个由阿斯利康开发并公开的生成模型——REINVENT（关于REINVENT的更多详细信息将在下一节中介绍）。赛诺菲-安万特公司（Sanofi-Aventis）的格雷布纳（Grebner）等[7]深入评估了不同化学空间作为输入训练集和不同评分函数及其组合在生成模型训练期间的影响，重点是在实际项目支持工作流程中的应用。生成模型是对REINVENT的改造，以适应自定义评分函数。该模型使用3个不同的数据集进行训练：ChEMBL24[57]（约145万分子）、Enamine REAL空间的子集[72]（约536万分子）和Sanofi化合物集合的子集（约337万分子）。其理念如下："ChEMBL"代表了一个多样化的集合；"Enamine REAL"是一个合成可及性的集合；"Sanofi"是一个工业质量的集合。为了探索生成神经网络的泛化能力，研究人员还生成了所需的子集，其中删除了某些子结构，如酰胺、脒、胍、苯和五元环等结构。总计使用19个数据集来训练相同数量的生成神经网络。研究中还考虑了一组不同的评分函数：基于2D相似度、使用OpenEye[73]中基于3D相似度的ROCS模块、2D QSAR模型、2D相似性总得分、3D相似度和QSAR作为总和及乘积。该研究的一些最值得注意的结论如下所示。

· 基于2D相似性的评分有利于新结构的生成，但生成的结构是围绕已知的化学类型（开发），因此是TL策略的一个有趣的替代方案。

· 从训练集输入中移除特定的子结构对结果的影响很小，这证实了生成神经网络的泛化能力。例如，该模型通过学习生成训练集中不存在的新尺寸环结构。

· 鉴于生成神经网络的随机性，对相同设计的多次运行（相同的先验、评分函数、优化步骤的数量等）可以从化学空间的不同区域产生结果。另外，使用更复杂的评分函数将产生更高的可变性。

· 对于分子设计而言，训练数据集的多样性和高质量胜于数据集数量之大。

· 使用3D形状相似性或QSAR评分函数会产生明显不同的设计集合，因为这些评分函数允许对更广泛的化学空间区域进行采样，并且更适合生成先导化合物。

· 对于生成类似化合物的想法，如在先导优化场景中，2D相似性评分似乎更合适，尽管其产生的结果更保守。

葛兰素史克的阿马比利诺（Amabilino）等于2020年[74]开展的另一项研究是将REINVENT改造为生成神经网络，研究最佳实践以创建性能良好的TL应用程序，并提供实用指南指导用户使用。他们专注于建立用于TL的数据集的最小规模，以及TL的最佳持续时间，以实现训练集相似性和新颖性之间的平衡。生成RNN模型最初的预训练数据集是使用过滤的ChEMBL23数据集。在第二阶段的TL中使用各种数据集，涵盖了数据量、化学空间和分子多样性的不同组合。生成模型的性能由6个指标衡量，遵从GuacaMol基准[43]：生成有效SMILES的百分比、唯一SMILES的百分比、"新"分子的百分比（即尚未存在于迁移学习中的数据集）、新分子和唯一分子的百分比、弗雷歇ChemNet（Fréchet ChemNet）[75]得分，以及库尔贝克-莱布勒（Kullback-Leibler）[76]得分。最终，在根据大小定义了用于TL的四类数据集之后，他们提供了RNN训练的经验法则。一般而言，根据他们的分析，执行少量周期（在本例中为5个epoch）的TL需要大量数据集。另外，更长的训练（17～20个epoch）往往会导致过拟合。此外，他们建议检查初始训练集和TL数据集之间的相似性，如果其低于某个阈值（中位数Tanimoto相似性为0.75），那么TL需要更多的epoch。

6.7 REINVENT：使用生成模型

REINVENT是由阿斯利康[46]开发的一种从头设计工具。其核心是所使用的与阿鲁斯-普斯（Arus-Pous）等描述的架构相同的生成模型[77]。这本质上是一个带有LSTM单元的RNN架构。其使用来自ChEMBL[78]的SMILES格式数据进行训练。因此，该模型学习了SMILES语法，能够生成正确的字符串，并能够产生有效性超过99%的正确SMILES（图6.1）。

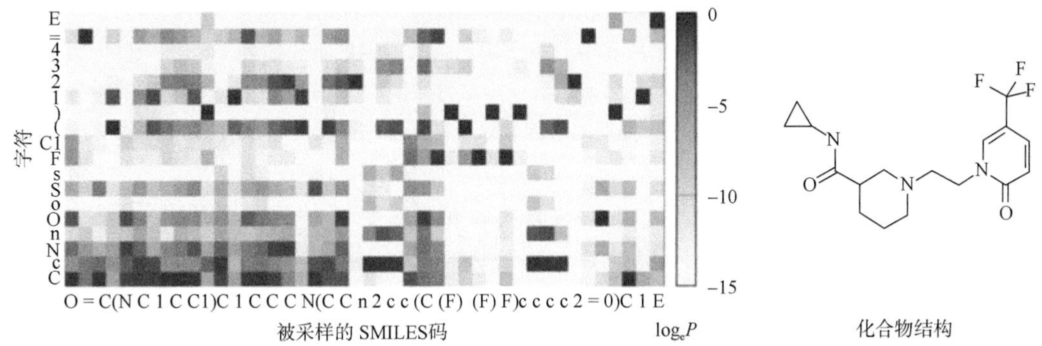

图6.1　模型生成右侧分子的“思考”方式。下一个字符的条件概率是模型先前选择字符的函数。*y*轴表示在当前步骤中被选择字符的概率分布，*x*轴表示在这一实例中被采样的字符。E为结束字符

以相对均匀的概率对字符串进行采样的能力表明，如果采样进行的时间足够长，则有可能涵盖巨大的化学空间。这是有效探索的重要前提。但是，产生化学空间的潜力是必要但不充分的标准。我们还需要一种方法对该空间进行导航并确定感兴趣的区域，需要一个相关的搜索算法。在REINVENT中，这是通过将生成模型置于具有策略迭代的RL[79]场景中来实现的，旨在同时满足一组可能定义所需化合物的要求（图6.2）。该模型经历了逐渐转化，并专注于化学空间的一个特定的、狭窄的区域，以进行详尽的开发。RL由评分函数驱动。生成模型将试图最大化可能包含多个组件/参数的评分函数的结果。然而，最大化给定评分函数的结果有时可能会导致反复陷入狭窄的解决方案空间。这反过来会导致生成模型的模式崩溃。为了避免这种情况，REINVENT使用了多样性过滤器（diversity filter，DF）。这是一个受布拉施克（Blaschke）等启发的功能[25]。当反复生成相同或相似的化合物时，DF阻止获得奖励。这是通过记忆生成的化合物来实现的。显然，并非所有化合物都是相关的，因此只记住那些得分高于某个用户定义阈值的化合物是明智的。对于得分高于此阈值的每个化合物，计算贝米斯-默克骨架（Bemis-Murcko scaffold，BMS）[80]，并将该化合物存储在与该骨架相对应的“桶”（bucket）中。一旦超过相应“桶”的存储限制，就会受到扣分惩罚。这将生成模型从当前的化学空间中推开，并通过生成不同的化合物刺激其进入另一个位置。我们鼓励模型找到仍然满足SF结构多样条件的化合物，因此DF可用于实现不同水平的探索行为。

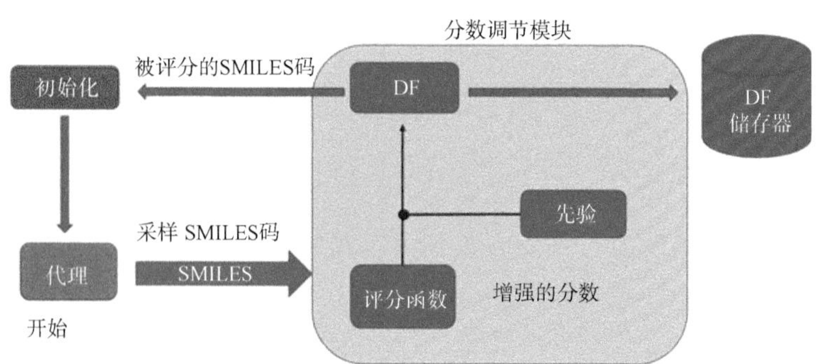

图6.2 REINVENT的强化学习周期。代理（agent）可以是集中或一般的先验。通过评分函数对采样的SMILES码进行评估，并将分数与先验负对数似然函数相结合，形成增强分数，该分数随后用于计算代理的损失。多样性过滤器（DF）会收集所有得分高于用户定义阈值的唯一SMILES码。在RL运行结束时，DF储存器中收集的所有SMILES码都会输出至一个文件中。DF会惩罚过于频繁生成的骨架的化合物。初始化（inception）模块会存储每个周期的最佳建议，并添加之前得分较高的SMILES字符串

需要强调的是，在RL过程中产生的所有化合物都会被评分。如果其得分高于给定阈值，则在学习过程中将被收集。之后不需要对模型进行采样，因为模型在RL运行结束时会过于集中，而且这也不实用。化合物的定向生成似乎是最实用的方法，因为其会导致评分函数进行更少的评估。此外，这将很快找到足够数量的符合目标的化合物。这体现了目标学习和分布学习之间的显著区别。

RL的成功运行往往具有挑战性，尤其是当SF由非常严格的组件或正交组件构成时。昂贵的组件也是挑战之一。这将导致更长的学习时间和更晚达到生成能力，从而产生较少令人满意的化合物。为了促进学习过程，可能会通过TL对生成模型进行预聚焦。随后，聚焦模型可以用作RL的起点。通过这种方式，使用一组具有所需特性的化合物进行TL来促使生成模型发挥更强的生成能力，加速学习过程。例如，如果目标是在其他组件中最大化预测模型，将使用该模型认为具有活性的所有化合物。如果针对某些子系列的化合物，只会使用那些共享特定特征的化合物进行TL。在完成TL之后，生成的“代理”（agent）将“专注”于特定的集合。需要注意的是，这样做是为了对RL的代理进行预处理，以便其在搜索中占得先机。尽管这更可能用于开发，但用户仍然可以通过选择适当的DF类型将其用作探索的起点。

预聚焦生成模型的另一种方法是进行“初始化”（inception）。REINVENT中的初始功能是经验重演的修改版本[81, 82]。经验重演的目的是“记住”每个RL步骤中的化合物。由于其内存大小（由用户定义）有限，一旦达到限制，只有最好的化合物会保留在储存器中。记忆在每一步都会更新，更好的化合物会“挤掉”最差的化合物。经验重演将随机选择一小批已记忆的先前生成的化合物，并将其呈现给代理。这可以“提醒”哪些化合物更成功，并加快学习过程。在REINVENT中使用的版本可加载已知在给定SF定义下得分很高的化合物。在每个RL步骤中，初始内存的一部分会被随机采样并添加到代理生成的一组化合物中。通过这种方式，在RL过程的早期，代理会呈现高分化合物，并会被驱动将

注意力集中在获得化合物所定义的化学子空间上。这将加速早期阶段的学习，并有助于代理更快地达到高效状态。

REINVENT的一个显著特点是能够将各种因素组合成一个评分函数。由于有多种来源的信息可用于从头生成，所以最佳评分功能应允许用户对其进行自由组合。这些来源定义了SF中所包含的评分组件，包括预测模型和脱靶活性模型、各种计算或属性预测、合成可行性分数、药效团定义和对接假设，甚至可能是自由能扰动的代理模型。REINVENT提供了将所有这些组件混合为加权总和或加权乘积的可能性。各个分数分量可以具有不同的权重系数，以反映其在总体分数中的重要性，并且分数可以在[0，1]范围内变化。然而，在单代运行中将多个组件组合在一起可能会带来一些挑战。因此，重要的是找到正确包含最相关因素的平衡点，以便以最佳速度学习并可靠地对生成的化合物进行评分。相关内容将在本章最后一节中进行更详细的讨论。

6.8 化合物库的分子从头设计

药物设计项目中的一个常见用例是探索共享相同骨架化合物的性质。这种由类似化合物构成的库的优势在于易于合成，尤其是当化合物可以在相同条件下以相同或相似类型的反应合成时。虽然保留骨架对于核心REINVENT实现是完全可行的，但更具挑战性的是强制执行某些约束，以保证骨架仅在特定位点或一次在多个位点被修改。因此，研究人员开发了一种旨在设计小分子数据库的替代实施方案。该生成模型受到阿鲁斯-普斯等[31]的启发，并引入了类似于REINVENT[46]的反应过滤器（reaction filter，RF）。此外，RL被包含在评估化合物的评分策略之中。RF的目的是使用户能够对生成的化合物提出额外的要求。这些约束以用户选择的逆合成反应SMIRKS的形式出现，用于评估是否可以通过使用此类反应引入用于修饰骨架的结构。李（Li）等完成了探索骨架驱动的从头设计工作，但由于其不提供RL[83]，因此缺乏更多定向优化的可能性。郎之万（Langevin）等的另一项工作[84]使用了与REINVENT非常相似的RL和模型架构的组合，但缺乏执行RF的能力。

6.9 人工智能应用面临的挑战与未来发展

在过去的3年间，随着在药物发现过程中不断引入AI方法，药物研发实现了令人耳目一新的飞跃。然而，从实际的角度而言，AI到目前为止确实帮助我们解决了一些难题，但与交付AI开发的药物还相距甚远。虽然这可能部分归因于普遍缓慢的药物研发过程，但我们仍需意识到其中还有许多挑战亟待克服。由于本章分析的重点是DNN的从头生成，我们从这里展开讨论，并将朝着更普遍应用所面对的挑战方向发展。依赖DNN意味着学习本质上是由数据驱动的，因此数据是成功的关键因素。数据大小和质量的重要性已得到充分确证和理解，并且在从头分子生成的背景下，本章中的一些示例也已说明了这一点。具体而言，6.7节中讨论的研究表明，更大和更多样化的集合可以改善分子深度生成模型的结果。通过数据增强技术可以进一步增强数据大小和多样性，如阿鲁斯-普斯等发现一个分子可以有多个SMILES表示，并发现这对基于RNN的分子生成是有益的[77]。高质量数据的可用性也很重要。目前可以从PubChem[65]和ChEMBL[57, 78]等数据库中访问大量公共数据。然而，有大量不公开的专有数据只能在个别生物制药公司内部访问。一项重要的举措是工业界（包括大型制药公司）和学术合作伙伴之间开展的MELLODDY（药物研发机器学习账本编制）合作[85]，旨在利用世界上最大的带有生物活性标签的小分子数据库。这种不包括原始结构的标记数据不能直接用于分子生成任务，只能间接用于预测模型的训练，该模型将用于在最佳化学空间内引导分子生成。

对于数据驱动学习，NN架构和分子表示类型对数据同样重要，因为其定义了模型的归纳偏差[86]。本章中的示例已经表明不同的架构（如RNN、VAE、GNN）和不同的分子表示（如SMILES、SELFIES、图形、图像）会如何影响生成性能。对于要求更高的学习任务，一个明智的策略是开发引入适合任务基本结构归纳偏见的新架构。其中一项任务本身就是当前分子设计的主要挑战之一，即 3D 分子表示。目前，绝大多数深度生成模型的一个主要限制是其只能表示和处理分子的2D信息，因此无法区分具有相同2D但不同3D信息的分子立体异构体，而不同的立体异构体可能具有完全不同的生物活性特征。一种自然的方法是扩展卷积神经网络（CNN）架构以处理3D数据，而不是处理平面图像的标准2D CNN。斯卡利奇（Skalic）等[49]使用了这样的3D-CNN架构来生成符合定义的3D形状和药效团特征的类先导分子。西姆（Simm）等[87]最近开发了一种有前景的新方法，用于设计笛卡儿坐标中的分子，该分子明确编码的对称性非常接近物理系统对称，在所有原子位置的平移和旋转下具有不变性。这使RL代理能够通过从“袋子”中挑选原子并将其放置在3D画布上来学习分子设计，而奖励值与旋转或平移结构无关。

在RL环境中，另一种方法是在表示阶段而不是通过使用3D启用的奖励函数来合并3D信息。自然地，需要用构象异构体生成器将2D结构转换为一组3D低能构象，这些构象可以根据与3D查询的相似性或对定义的3D结合位点的适合度来评分。但令人惊讶的是，分子的表示仍然是2D的，因此最近的研究证明这种方法已经取得了成功。全（Jeon）和金（Kim）[88]使用RL生成模型生成了针对盘状结构域受体1激酶（discoidin domain receptor 1 kinase，DDR1）的潜在新型抑制剂和（预测的）D4多巴胺受体（D4 dopamine receptor，D4DR）激动剂，其中对接分数被计算为评分函数的一部分。评估生成分子的对接分数和多样性，以及与起始先导化合物的相似性，表明该模型学会创建适合感兴趣结合位点的结构，虽然与起始先导化合物差别不大，但仍然构成一个多样化的集合。

使用对接的额外优势是其基于物理的方法，而预测模型仅依赖于活性数据。在分子生成的背景下，后一类模型的使用受到了批评，因为生成性能取决于训练数据的可用性和质量，并且在预测模型的适用范围之外可能会变得很差。伦兹（Renz）等[89]最近发表的一篇文章描述了基于评分预测模型的生成模型不同故障模式。应该指出的是，并非所有基于物理的方法都适用于深度生成模型，主要的限制因素是计算成本。尽管如此，基于物理的方法可以在生成后阶段用于对生成的结构进行排序。来自薛定谔公司（SchrÖdinger Inc）[90]

的康策（Konze）等在工作中实施了这样一个示例，在亚马逊云（Amazon cloud）上大规模执行了昂贵的自由能微扰（free energy perturbation，FEP）计算[91]，借助主动学习显著减少了所需的分子数量。实验中，共计需要＞5000次FEP模拟来探索＞300 000个想法，从而确定＞100个作为潜在CDK2抑制剂的配体，所预测IC_{50}＜100 nmol/L。

一般而言，药物化学和药物发现的优化本质上是多目标的[92, 93]，其中几个目标需要平衡，并且这些目标中的一个子集显示成对的负相关性也并不罕见，因此改善一个目标可能会恶化其他的目标。更复杂的是，这些关系可能是高度非线性的。毫无疑问，这是对药物发现至关重要的挑战，而且远未获得全球性的解决方案。这一挑战具有两个主要组成部分：①计算。在一般情况下，由于非线性、多维或离散的优化空间等原因，完整的解决方案在计算上可能会很昂贵，甚至是不可能的。此外，当使用统计模型来描述一个或多个目标时，还会出现其他问题，如作为对训练数据的依赖（正如本章所描述的），以及当组合多个预测模型时，模型不确定性可能会严重到“灾难性”的优化水平。②概念性。在许多情况下，并非所有需要组合在一起以实现优化目标的目标都是已知的。在其他情况下，即使定义了目标，也无法将其编码为优化算法可以利用的合适数学形式。此外，药物发现中的优化本质上是迭代的，每次迭代都会收集新的数据，从而增加需要纳入优化过程的新知识。这些问题使人的参与变得不可或缺，但也指向一个将AI与人类交互相结合的强大方法，通常称为“人在环路”（human-in-the-loop，HITL）。威尔斯（Wills）等[94]描述了最近的“化学家在环路”应用，他展示了CAS指纹的卓越性能，其中包含人类专家挑选的特征。

对于小分子药物研发而言，最重要的是任何被拟议分子的合成可及性，如果不能在合成实验室中以足够的纯度和数量，以及合理的时间和成本实现合成，即使是最好的想法也毫无用处。这是生成模型的一个众所周知的问题，最近的讨论可以参考高（Gao）和科利（Coley）[95]的工作，他们介绍了一些不同的方法来克服合成可访问性的挑战，这些方法要么在生成模型的训练期间使用，要么通过过滤生成的结构来进行事后处理。当前的计算机辅助合成规划（computer aided synthesis planning，CASP）工具，如AiZynthFinder[96]、ASKCOS[97]、IBM RXN[98]、Synthia[99]等，仍然不够快捷，无法处理生成模型的评估数量要求。例如，当REINVENT这样的生成模型通常需要对数万个分子进行评分时，ASKCOS可能需要长达1 min的时间来评估每一个分子[95]。阿斯利康的塔迦尔（Thakkar）等[100]提出将RAScore作为一个有趣的替代方案，这是一个基于计算成本更高的CASP工具（论文中使用了AiZynthFinder）所生成数据而进行训练的预测模型，可以快速评估合成可行性，并且可以集成到当前生成模型。该模型还很好地说明了如何使用类似的代理模型来近似模拟复杂的过程。这种方法可以扩展到与蛋白靶点的结合亲和力，其中代理模型在对接或分子动力学模拟上进行训练。

尽管文献中报道了大量新的深度生成模型，但如何评估AI生成的分子却鲜有共识。目前已经出现了许多基准，其中两个被更频繁地采用，即GuacaMol[43]和MOSES[44]基准。然而，有研究人员批评当前的基准无法捕捉到问题的复杂性，最近在伦兹等[89]的工作中已描述了某些故障模式。研究者已经表明，在目标导向学习中（另见6.5节），以及当ML模型用于评分时，化学空间探索会受到限制，并且会偏向于模型的训练数据进行评分。相关研究还表明，在分布学习环境中，可能构建简单但无用的生成模型，并获得接近完美的分数，这也凸显了这些指标的低效率。布什（Bush）等[101]从GSK引入了一个与人类专家直觉一致的新基准，作为测试的三重框架：①人类包容性，AI复制人类思想的能力；②人类模仿，药物化学家评估AI的想法；③遗留项目，旨在测试AI在遗留药物发现项目中复制分子的能力，给出该系列中的单个种子分子。毫无疑问，虽然这个基准可以为生成模型的性能提供大量有价值的信息，但不能被广泛采用，因为其需要扩展资源和专有数据集（设有一个药物化学专家团队对AI分子、专有项目数据等进行排名）。

抛开我们所描述的技术方面，将AI有效地整合到药物发现中仍然存在重大挑战：如果科学界不愿意应用这些方法，或者如果在采用这些方法时缺乏商业的信任或支持，都不可能取得进展。最近围绕AI的炒作在这方面没有表现出积极的帮助，导致科学家之间的过度批评和怀疑，以及管理者对业务增长不切实际的期望。然而，随着AI在药物发现中应用数量的不断增加，以及数据和工具可用性的提高，人们开始设定更现实的期望水平，并会更好地了解AI在哪些方面更适用，在哪些方面不适用。在格里芬（Griffen）等[102]的深入审查中，研究者确定了药物化学家"固化思维"，如人类对变革的天然抵制，在决策过程中失去威胁影响力和专业地位，无知但也有益的怀疑态度，以及过去类似炒作案例的负面经历（计算化学、组合化学）。我们自己的经验是，合作、好奇心和质疑的科学精神最终会占上风，但这应该是一个渐进的过程。我们仍然需要观察AI是否会对药物发现产生重大影响，但可以肯定的是，科学界将给予AI最大的成功机会。

（陈广勇　吴欣怡　译；白仁仁　校）

参考文献

1. Walters WP, Barzilay R (2021) Applications of deep learning in molecule generation and molecular property prediction. Acc Chem Res 54 (2):263–270
2. Struble TJ et al (2020) Current and future roles of artificial intelligence in medicinal chemistry synthesis. J Med Chem 63 (16):8667–8682
3. Johansson S et al (2019) AI-assisted synthesis prediction. Drug Discov Today Technol 32–33:65–72
4. Lippert T, Schulz-Gasch T, Roche O, Guba W, Rarey M (2011) De novo design by pharmacophore-based searches in fragment spaces. J Comput Aided Mol Des 25 (10):931–945
5. Todorov NP, Dean PM (1997) Evaluation of a method for controlling molecular scaffold diversity in de novo ligand design. J Comput Aided Mol Des 11:193–207
6. Todorov NP, Dean PM (1998) A branch-and-bound method for optimal atom-type assignment in de novo ligand design. J Comput Aided Mol Des 12(4):335
7. Grebner C, Matter H, Plowright AT, Hessler G (2020) Automated de novo design in medicinal chemistry: which types of chemistry does a generative neural network learn? J Med Chem 63(16):8809–8823
8. Gillet VJ et al (1994) SPROUT: recent developments in the de novo design of molecules. J Chem Inf Comput Sci 34(1):207–217
9. Lewis RA, Dean PM (1989) Automated site-directed drug design: the concept of spacer skeletons for primary structure generation. Proc R Soc B Biol Sci 236(1283):125–140
10. Pearlman DA, Murcko MA (1996) CON-CERTS: dynamic connection of fragments as an approach to de novo ligand design. J Med Chem 39(8):1651–1663

11. Glen RC, Payne AWR (1995) A genetic algorithm for the automated generation of molecules within constraints. J Comput Aided Mol Des 9(2):181–202
12. Brown N, McKay B, Gilardoni F, Gasteiger J (2004) A graph-based genetic algorithm and its application to the multiobjective evolution of median molecules. J Chem Informat Comp Sci 44(3):1079–1087
13. Durrant JD, Amaro RE, McCammon JA (2009) AutoGrow: a novel algorithm for pro-tein inhibitor design. Chem Biol Drug Des 73 (2):168–178
14. Douguet D, Thoreau E, Grassy G (2000) A genetic algorithm for the automated generation of small organic molecules: drug design using an evolutionary algorithm. J Comput Aided Mol Des 14(5):449–466
15. O'Boyle NM, Campbell CM, Hutchison GR (2011) Computational design and selection of optimal organic photovoltaic materials. J Phys Chem C 115(32):16200–16210
16. Virshup AM, Contreras-García J, Wipf P, Yang W, Beratan DN (2013) Stochastic voyages into uncharted chemical space produce a representative library of all possible drug-like compounds. J Am Chem Soc 135 (19):7296–7303
17. Rupakheti C, Virshup A, Yang W, Beratan DN (2015) Strategy to discover diverse optimal molecules in the small molecule universe. J Chem Inf Model 55(3):529–537
18. Jensen JH (2019) A graph-based genetic algorithm and generative model/Monte Carlo tree search for the exploration of chemical space. Chem Sci 10(12):3567–3572
19. Parrill AL (1996) Evolutionary and genetic methods in drug design. Drug Discov Today 1(12):514–521
20. Paszkowicz W (2009) Properties of a genetic algorithm equipped with a dynamic penalty function. Comput Mater Sci 45(1):77–83
21. Pereira S, Pinto A, Alves V, Silva CA (2016) Brain tumor segmentation using convolutional neural networks in MRI images. IEEE Trans Med Imaging 35(5):1240–1251
22. Schlegl T, Waldstein SM, Vogl WD, Schmidt-Erfurth U, Langs G (2015) Predicting semantic descriptions from medical images with convolutional neural networks. Lect Notes Comput Sci 9123:437–448
23. Kooi T et al (2017) Large scale deep learning for computer aided detection of mammographic lesions. Med Image Anal 35:303–312
24. Zhang S et al (2015) A deep learning framework for modeling structural features of RNA-binding protein targets. Nucleic Acids Res 44(4):e32
25. Blaschke T, Engkvist O, Bajorath J, Chen H (2020) Memory-assisted reinforcement learning for diverse molecular de novo design. J Cheminform 12(1):68
26. Gómez-Bombarelli R et al (2018) Automatic chemical design using a data-driven continuous representation of molecules. ACS Cent Sci 4(2):268–276
27. Segler MHS, Kogej T, Tyrchan C, Waller MP (2018) Generating focused molecule libraries for drug discovery with recurrent neural networks. ACS Cent Sci 4(1):120–131
28. Schütt KT, Arbabzadah F, Chmiela S, Müller KR, Tkatchenko A (2017) Quantum-chemical insights from deep tensor neural networks. Nat Commun 8(1):1–8
29. Kotsias P-C, Arús-Pous J, Chen H, Engkvist O, Tyrchan C, Bjerrum EJ (2020) Direct steering of de novo molecular generation with descriptor conditional recurrent neural networks. Nat Mach Intell 2 (5):254–265
30. Winter R, Montanari F, Steffen A, Briem H, Noé F, Clevert DA (2019) Efficient multiobjective molecular optimization in a continuous latent space. Chem Sci 10 (34):8016–8024
31. Arús-Pous J et al (2020) SMILES-based deep generative scaffold decorator for denovo drug design. J Cheminform 12(1):38
32. Guimaraes GL, Sanchez-Lengeling B, Outeiral C, Farias PLC, Aspuru-Guzik A (2018) Objective-reinforced generative adversarial networks (ORGAN) for sequence generation models. arXiv preprint arXiv:1705.10843
33. Popova M, Isayev O, Tropsha A (2018) Deep reinforcement learning for de novo drug design. Sci Adv 4(7):eaap7885

34. Weininger D (1988) SMILES, a chemical language and information system: 1: introduction to methodology and encoding rules. J Chem Inf Comput Sci 28(1):31–36
35. Li Y, Zhang L, Liu Z (2018) Multi-objective de novo drug design with conditional graph generative model. J Cheminform 10(1):33
36. Podda M, Bacciu D, Micheli A (2020) A deep generative model for fragment-based molecule generation. arXiv preprint arXiv:2002.12826
37. Jin W, Barzilay R, Jaakkola T (2018) Junction tree variational autoencoder for molecular graph generation. In: 35th int. conf. mach. learn. ICML, vol 5. pp 3632–3648
38. Krenn M, Häse F, Nigam A, Friederich P, Aspuru-Guzik A (2020) Self-referencing embedded strings (SELFIES): a 100% robust molecular string representation. Mach Learn Sci Technol 1(4):045024
39. Thiede LA, Krenn M, Nigam A, Aspuru-Guzik A (2020) Curiosity in exploring chemical space: intrinsic rewards for deep molecular reinforcement learning. arXiv preprint: arXiv:2012.11293
40. Kadurin A, Nikolenko S, Khrabrov K, Aliper A, Zhavoronkov A (2017) DruGAN: an advanced generative adversarial autoencoder model for de novo generation of new molecules with desired molecular properties in silico. Mol Pharm 14(9):3098–3104
41. Gilmer J, Schoenholz SS, Riley PF, Vinyals O, Dahl GE (2017) Neural message passing for quantum chemistry. In: 34th int. conf. mach. learn. ICML, vol 3. pp 2053–2070
42. Olivecrona M, Blaschke T, Engkvist O, Chen H (2017) Molecular denovo design through deep reinforcement learning. J Cheminform 9 (1):48
43. Brown N, Fiscato M, Segler MHS, Vaucher AC (2019) GuacaMol: benchmarking models for de novo molecular design. J Chem Inf Model 59(3):1096–1108
44. Polykovskiy D, Zhebrak A, Sanchez-Lengeling B, Golovanov S, Tatanov O, Belyaev S, Kurbanov R, Artamonov A, Aladinskiy V, Veselov M, Kadurin A, Johansson S, Chen H, Nikolenko S, Aspuru-Guzik A, Zhavoronkov A (2020) Molecular Sets (MOSES): A Benchmarking Platform for Molecular Generation Models. Front Pharmacol 11:1931. https://doi.org/10.3389/ FPHAR.2020.565644
45. Zhavoronkov A et al (2019) Deep learning enables rapid identification of potent DDR1 kinase inhibitors. Nat Biotechnol 37 (9):1038–1040
46. Blaschke T et al (2020) REINVENT 2.0: an AI tool for de novo drug design. J Chem Inf Model 60(12):5918–5922
47. Mercado R et al (2021) Graph networks for molecular design. Mach Learn Sci Technol 2 025023
48. He J, You H, Sandström E, Nittinger E, Bjerrum EJ, Tyrchan C, Czechtizky W, Engkvist O (2021) Molecular optimization by captur-ing chemist's intuition using deep neural net-works. J Cheminformatics 2021 131 13 (1):1–17. https://doi.org/10.1186/ S13321-021-00497-0
49. Skalic M, Jiménez J, Sabbadin D, De Fabritiis G (2019) Shape-based generative modeling for de novo drug design. J Chem Inf Model 59(3):1205–1214
50. Ragoza M, Masuda T, Koes DR(2020) Learning a continuous representation of 3D molecular structures with deep generative models. arXiv preprint arXiv:2010.08687
51. Yang Y, Zheng S, Su S, Zhao C, Xu J, Chen H (2020) SyntaLinker: automatic fragment linking with deep conditional transformer neural networks. Chem Sci 11:8312–8322
52. Bradshaw J, Paige B, Kusner MJ, Segler MHS, Hernández-Lobato JM (2020) Barking up the right tree: an approach to search over molecule synthesis DAGs. arXiv preprint arXiv-2012.11522
53. Simonovsky M, Komodakis N (2018) Graph-VAE: towards generation of small graphs using variational autoencoders. Lect Notes Comput Sci 11139:412–422. (including Subser. Lect. Notes Artif. Intell. Lect. Notes Bioinformatics)
54. De Cao N, Kipf T (2018) MolGAN: an implicit generative model for small molecular graphs. arXiv preprint arXiv:1805.11973

55. Merk D, Friedrich L, Grisoni F, Schneider G (2018) De novo design of bioactive small molecules by artificial intelligence. Mol Inform 37(1):1700153
56. Hochreiter S, Schmidhuber J (1997) Long short-term memory. Neural Comput 9 (8):1735–1780
57. Gaulton A et al (2012) ChEMBL: a large-scale bioactivity database for drug discovery. Nucleic Acids Res 40(D1):D1100–D1107
58. Reker D, Rodrigues T, Schneider P, Schneider G (2014) Identifying the macromolecular targets of de novo-designed chemical entities through self-organizing map consensus. Proc Natl Acad Sci U S A 111(11):4067–4072
59. Pogány P, Arad N, Genway S, Pickett SD (2019) De novo molecule design by translating from reduced graphs to SMILES. J Chem Inf Model 59(3):1136–1146
60. Graves A, Fernández S, Schmidhuber J (2005) Bidirectional LSTM networks for improved phoneme classification and recognition. Lect Notes Comput Sci 3697:799–804. (including subseries Lecture Notes in Artificial Intelligence and Lecture Notes in Bioinformatics)
61. Bahdanau D, Cho KH, Bengio Y (2015) Neural machine translation by jointly learning to align and translate. In: 3rd international conference on learning representations, ICLR 2015—conference track proceedings.
62. Green DVS et al (2020) BRADSHAW: a system for automated molecular design. J Comput Aided Mol Des 34(7):747–765
63. Winter R, Montanari F, Noé F, Clevert DA (2019) Learning continuous and data-driven molecular descriptors by translating equivalent chemical representations. Chem Sci 10 (6):1692–1701
64. Irwin JJ, Shoichet BK (2005) ZINC—a free database of commercially available compounds for virtual screening. J Chem Inf Model 45(1):177–182
65. Kim S et al (2016) PubChem substance and compound databases. Nucleic Acids Res 44 (D1):D1202–D1213
66. Bickerton GR, Paolini GV, Besnard J, Muresan S, Hopkins AL (2012) Quantifying the chemical beauty of drugs. Nat Chem 4 (2):90–98
67. Ertl P, Schuffenhauer A (2009) Estimation of synthetic accessibility score of drug-like molecules based on molecular complexity and fragment contributions. J Cheminform 1(1):8
68. Winter R, Retel J, Noé F, Clevert DA, Steffen A (2020) Grünifai: interactive multiparameter optimization of molecules in a continuous vector space. Bioinformatics 36 (13):4093–4094
69. Jrwnter/gruenifai: implementation grünif.ai: interactive multi-parameter optimization of molecules in a continuous vector space. [Online]. https://github.com/jrwnter/ gruenifai. Accessed 11 Jan 2021
70. Hoffman S, Chenthamarakshan V, Wadhawan K, Chen P-Y, Das P (2020) Optimizing molecules using efficient queries from property evaluations. arXiv Prepr. arXiv2011.01921
71. Méndez-Lucio O, Baillif B, Clevert DA, Rouquié D, Wichard J (2020) De novo generation of hit-like molecules from gene expression signatures using artificial intelligence. Nat Commun 11(1):1–10
72. REAL database—Enamine. [Online]. https://enamine.net/library-synthesis/real-compounds/real-database. Accessed 14 Jan 2021
73. Grant JA, Gallardo MA, Pickup BT (1996) A fast method of molecular shape comparison: a simple application of a Gaussian description of molecular shape. J Comput Chem 17 (14):1653–1666
74. Amabilino S, Pogány P, Pickett SD, Green DVS (2020) Guidelines for recurrent neural network transfer learning-based molecular generation of focused libraries. J Chem Inf Model 60(12):5699–5713
75. Preuer K, Renz P, Unterthiner T, Hochreiter S, Klambauer G (2018) Fréchet ChemNet distance: a metric for generative models for molecules in drug discovery. J Chem Inf Model 58(9):1736–1741
76. Kullback S, Leibler RA (1951) On information and sufficiency. Ann Math Stat 22 (1):79–86
77. Arús-Pous J et al (2019) Randomized SMILES strings improve the quality of molecular generative models. J Cheminform 11 (1):71
78. Gaulton A et al (2017) The ChEMBL data-base in 2017. Nucleic Acids Res 45(D1): D945–D954
79. Sutton RS, Barto AG (1998) Reinforcement learning: an introduction. IEEE Trans Neural Netw 9(5):1054

80. Bemis GW, Murcko MA (1996) The properties of known drugs. 1. Molecular frameworks. J Med Chem 39(15):2887–2893
81. Schaul T, Quan J, Antonoglou I, Silver D (2016) Prioritized experience replay. In: 4th international conference on learning representations, ICLR 2016—conference track proceedings
82. Wang Z et al (2016) Sample efficient actorcritic with experience replay. In: 5th int. conf. learn. represent. ICLR 2017—Conf. Track Proc
83. Li Y, Hu J, Wang Y, Zhou J, Zhang L, Liu Z (2020) DeepScaffold: a comprehensive tool for scaffold-based de novo drug discovery using deep learning. J Chem Inf Model 60 (1):77–91
84. Langevin M, Minoux H, Levesque M, Bianciotto M (2020) Scaffold-constrained molecular generation. J Chem Inf Model 12:acs. jcim.0c01015
85. MELLODDY. [Online]. https://www.mel loddy.eu/. Accessed 18 Jan 2021
86. Battaglia PW et al (2018) Relational inductive biases, deep learning, and graph networks. arXiv:1–40
87. Simm GNC, Pinsler R, Csányi G, Hernández-Lobato JM (2020) Symmetry-aware actorcritic for 3D molecular design. arXiv Prepr arXiv2011.12747:1–18
88. Jeon W, Kim D (2020) Autonomous molecule generation using reinforcement learning and docking to develop potential novel inhibitors. Sci Rep 10(1):1–11
89. Renz P, Van Rompaey D, Wegner JK, Hochreiter S, Klambauer G (2019) On failure modes in molecule generation and optimization. Drug Discov Today Technol 32–33:55–63
90. Konze KD et al (2019) Reaction-based enumeration, active learning, and free energy calculations to rapidly explore synthetically tractable chemical space and optimize potency of cyclin-dependent kinase 2 inhibitors. J Chem Inf Model 59(9):3782–3793
91. Abel R, Wang L, Harder ED, Berne BJ, Friesner RA (2017) Advancing drug discovery through enhanced free energy calculations. Acc Chem Res 50(7):1625–1632
92. Lusher SJ, McGuire R, Van Schaik RC, Nicholson CD, De Vlieg J (2014) Data-driven medicinal chemistry in the era of big data. Drug Discov Today 19(7):859–868
93. Nicolaou CA, Brown N (2013) Multi-objective optimization methods in drug design. Drug Discov Today Technol 10(3): e427–e435
94. Wills TJ, Polshakov DA, Robinson MC, Lee AA (2020) Impact of chemist-in-the-loop molecular representations on machine learning outcomes. J Chem Inf Model 60 (10):4449–4456
95. Gao W, Coley CW (2020) The synthesizability of molecules proposed by generative models. J Chem Inf Model 60(12):5714–5723
96. Genheden S, Thakkar A, Chadimová V, Reymond JL, Engkvist O, Bjerrum E (2020) AiZynthFinder: a fast, robust and flexible opensource software for retrosynthetic planning. J Cheminform 12(1):70
97. Coley CW et al (2019) A robotic platform for flow synthesis of organic compounds informed by AI planning. Science 365 (6453):eaax1566
98. Schwaller P et al (2019) Molecular transformer: a model for uncertainty-calibrated chemical reaction prediction. ACS Cent Sci 5 (9):1572–1583
99. Mikulak-Klucznik B et al (2020) Computational planning of the synthesis of complex natural products. Nature 588(7836):83–88
100. Thakkar A, Chadimová V, Bjerrum EJ, Engkvist O, Reymond J-L (2021) Retrosynthetic accessibility score (RAscore)—rapid machine learned synthesizability classification from AI driven retrosynthetic planning. Chem Sci 12:3339–3349
101. Bush JT et al (2020) A turing test for molecular generators. J Med Chem 63 (20):11964–11971
102. Griffen EJ, Dossetter AG, Leach AG (2020) Chemists: AI is here; unite to get the benefits. J Med Chem 63(16):8695–8704

第7章

网络驱动的药物发现

摘　要：本章主要介绍了一种涉及人体生物学复杂性的早期药物发现方法。这种计算和实验相结合的方法是在一个概念框架下制定的，通过网络生物学（network biology）在单个分子实体和这些实体在网络中相互作用时出现的细胞表型之间架起桥梁。该方法有助于解决早期药物发现中多方面的问题，包括数据驱动的阐明与疾病相关的生物过程、靶点识别和验证、活性分子的表型发现及其作用机制分析，以及从人体遗传学数据中提取遗传靶点支持等。本章通过对一些发现项目的总结和一个针对COVID-19的项目细节来描述方法的验证情况。

关键词：网络生物学；药物发现；生物复杂性；靶点识别；靶点验证；表型筛选；表型分析；GWAS；人体遗传学；系统生物学；统计网络模型；网络扰动

7.1　引言

药物发现的一个主要问题是人体生物学的复杂性[1]。药物发现的核心目标是找到能够有效调节靶点生物过程，同时对其他过程几乎没有影响的治疗药物。人体生物学的复杂性在多个层面阻碍了这一研究：识别与疾病相关的生物过程，了解这些过程的分子基础，识别分子干预点，以及设计和开发能够特异性触发这些干预的药物。

许多观察结果强调了在早期药物发现中需要新的基于系统的方法：

（1）分析多个药物发现项目的成功和失败得出的结论是，大量晚期临床的失败，是不正确或无效的生物学靶点造成的[2]。

（2）寻找复杂疾病（与大量基因或蛋白变化或失调相关的疾病）的治疗方法的成功实例有限，不断增长和老龄化的人群中有着严重未满足的医疗需求[3]。

（3）后基因组分子分析（post-genomic molecular profiling）技术能够在多种模式下全系统检测一个细胞的状态。然而，利用这些数据来阐明疾病的分子基础，并为药物发现提供可操作性见解的能力有限，相关领域似乎让人“难以捉摸”[4,5]。

（4）人体生物学的复杂性反映在从模型系统到人体临床前分析的失败上。提高可转化性的愿望促进了更复杂试验开发和使用的增加，这些试验通常采用人体组织，试图更好地反映疾病的关键因素[6-8]。然而，这也带来了其他挑战，因为这些检测方法往往不适合高通量[6]。

（5）个性化医疗的最新进展表明，尽管表面上有着共同的表型，但患者的疾病可能在过程方面有所不同。在一个更大的患者群体中，可以根据相似的分子基础来定义特定的亚群，而这些分子基础在各亚群中是不同的。在药物发现的早期阶段，人们很少考虑同一疾病可能存在多种不同的机制基础，这也是导致模型系统的实验结果缺乏可转化性的另一个突出因素[9]。

本章介绍了一种涉及人体疾病复杂性的早期药物发现方法。该方法将基于网络生物学的计算方法与基于实验细胞的复杂表型实验相结合。这种计算和实验相结合的方法旨在结合各自的优势来构建一个“两全其美”的过程。本章将概述基于网络的疾病过程描述的概念基础，以及如何在这些基础之上开发一个药物发现的实用方法，还将介绍以特定药物发现项目结果的验证实例。

7.2 网络生物学和药理学

网络生物学旨在通过假设稳定的来自相互作用的分子网络来描述和解释细胞、器官的行为。生物过程源于细胞内多种蛋白、内在小分子等相互作用，而这些相互作用又受到细胞外信号的调控。这些细胞内和细胞间相互作用的网络，及其运行的动态过程，可以被视为细胞、组织和器官中生物功能的分子基质（substrate），而网络可作为分子水平和表型之间的机械性桥梁[10]。在细胞内，个体功能是完整细胞相互作用组内的网络模块，并形成表型粒度的基本水平。一个细胞过程对扰动表现出弹性，对其单个分子成分的“随机失败”具有稳健性。这些过程反过来又可以在多个水平上与其他过程相互作用，产生更复杂的表型。例如，中性粒细胞的吞噬作用会与浆细胞的抗体反应并发生相互作用，而这两种都是病原体反应的一部分，且病原体反应又构成了更普遍的免疫系统反应的一部分。在疾病方面，网络已成功地用于阐明不同疾病状态的机制基础[11-13]。

药物通常是通过与内源性配体或底物竞争蛋白靶点上的结合位点而发挥作用的。靶点契合导致构象变化，影响靶点与伴侣蛋白的相互作用，从而产生多个蛋白和其他效应器的级联下游调节，影响信号转导、扩增、整合和多样化。我们认为，稳定的表型源于特定蛋白集合的协调网络活动，从而产生单个细胞功能。虽然这种网络结构对关键功能赋予了稳健性，但这些网络还需要能够受到外部信号的影响。所有网络都包含一组关键蛋白，可以触发其状态变化，从而改变其表型行为，以响应相关的外部信号。为了使任何外部干预对功能子网络产生显著影响，如果目标是调节某一生物学功能，从而改变表型行为，则由靶点契合引起的多个下游调节必须最终影响该子网络中的关键蛋白。一般而言，这是操作的下游后果，即“效应器特征”（effector signature），这可以说是真正的药理学干预，其可以调节网络的运行。为了理解药物效应，我们需要考虑这些特征对其所作用的网络的影响。这种“远距离作用”的概念如图7.1所示，将在下文进行进一步探讨。

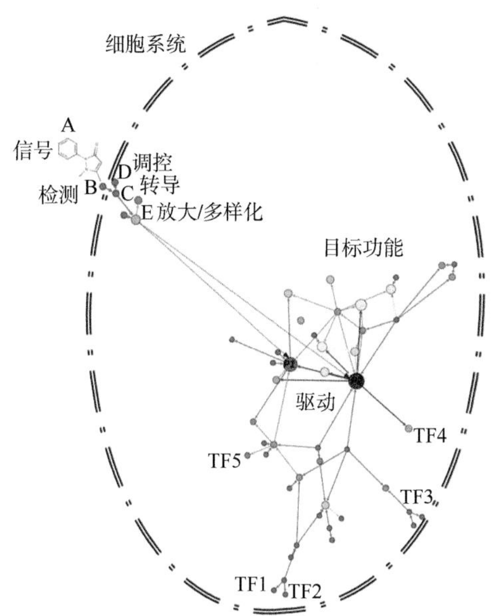

图7.1　细胞内子网络的细胞程式化图示。这一子网络是构成目标功能的基础。为了便于讨论，将结合实例进行说明，如“激活一系列转录因子（如TF1～5）以响应外部信号”，外部信号A在B处被检测到，并在C处转导，反过来被D调控。接下来是一系列进一步的步骤E，代表着信号的放大和多样化，图示仅聚焦于其中两个可能的通路。这也是近端（上游）的目标子网络，是负责这一假设通路中的驱动转录因子。这里的驱动网络可能只有通过干扰至少两个关键蛋白P1和P2，才能成功地对其进行调控。任何其他干预措施都几乎没有影响，因为该网络对大多数扰动都是稳定的。这说明了细胞药理学背景下生物子网络的三个特征

- 需要多个特定的扰动输入来改变稳定的子网络行为，并且大多数输入的影响很小
- 多重干扰可以通过单靶点调节来实现：有效的单靶点调节通过正常的药理信号转导机制，转化为下游的多蛋白信号，但这并不意味着多向药理学
- 有效靶点不需要在目标网络内，但其下游效应器特征必须在网络内，这也是正文中描述的“远距离作用”的概念

7.3 对药物发现的影响

在给药时，目标是在疾病状态下以一种有益的方式改变表型。从上述网络生物学的角度而言，这意味着对网络模块的扰动可以显著影响目标表型。这种从寻找能够影响表型的药物，到寻找能够扰乱潜在基于网络机制药物的概念转变，必须考量许多影响因素，以便成功地开发这种基于系统的药物发现方法。

7.3.1 网络识别

网络驱动的药物发现方法的第一阶段是制定干预策略假设。这涉及对生物过程的识别，而对这些过程的扰动可能会对疾病的发展产生有益的影响。此外，对这些过程的分子基础具有一定的了解也十分必要。假设生成（hypothesis generation）可以从两个方向进行。现有的疾病生物学知识和疾病病理生理学进展可用来识别这些过程。然后，可以收集和分析数据以构建过程背后的网络。来自疾病与正常组织的分子分析测试结果可用于网络生成，然后对其进行分析，以确定其所体现的过程。

对不同药物反应分子基础的研究进展强调，在总体表型水平上具有明显相似疾病的患者可以被划分为具有不同分子机制的群体。虽然这经常基于少数受体蛋白的不同表达模式（如乳腺癌的分类是基于HER2、雌激素和孕激素受体的表达），但通常在系统水平上存在差异，这会反映在更大的蛋白集合上。具有相同疾病表型的不同亚组患者可能具有不同的功能机制［有时称为内型（endotype）］或驱动疾病的生物学过程。在这样的疾病背景下，给定一个合适的分子分析测试集合，可以识别与特定机制亚群相关的网络模块，并用于识别亚群特异性生物学过程[14]，从而推动药物发现进程。

7.3.2 功能冗余

复杂生物系统的一个关键属性是表型稳健性和表型适应性这种看似矛盾的共存。这样的系统对外部和内部的变化都很稳健（如在面对多种基因突变时仍能发挥作用），但也具有一定适应性（如对外部输入的特定模式做出动态响应，产生对进化至关重要的表型多样性）。这种稳健性和适应性并存的机制基础被认为是简并（degeneracy）或功能冗余（functional redundancy），其中相同的生物功能可以通过结构上不同的机制来实现[15, 16]。潜在的生物稳健性机制也可赋予疾病系统稳定性，导致治疗干预的疗效低于预期[17]，或降低药物应用的适应性[18]。明确考虑潜在生物稳健性和适应性所依据的系统级属性，对于识别复杂疾病的成功治疗至关重要。

以伦敦的交通系统为例，其中功能的“目标表型”被定义为“从东到西穿越伦敦”。正常的工作系统会突出以中线作为典型的运输路径，而牛津广场就是该路径中的一个关键节点。然而，如果工程建设关闭了牛津广场，人们仍然可以穿越伦敦。人们会选择其他路线或交通方式，如环形线、公共汽车，甚至步行。这些替代路线为交通系统带来了简并或冗余。除非所有这些路线都失灵，才会阻止人们穿越伦敦。

在药物发现的网络生物学背景下，意味着表型的网络模型应该明确地纳入目标细胞表型背后的简并和冗余机制。因此，构建过程中的目标，不应着眼于对经典途径和网络的准确表述，而应额外地捕捉反映在非经典通路、通路与通路之间相互作用等方面的简并结构。

7.3.3　网络扰动

生物网络已被证明对随机扰动具有稳健性[19, 20]，但也能做出动态响应并适应特定刺激[21, 22]。这些特性为将网络视为分子和表型水平之间的机械性桥梁的论点提供了重要依据：分子网络是最简单的组织水平，在这一水平上开始出现可识别的表型特性。药物发现的目标是找到能够显著扰乱目标表型所依据的具有强大网络的药物。在这种情况下，一个关键的考虑因素必须是识别网络节点（如蛋白），当其作为一个统一的集合受到干扰时，将导致显著的网络调制。鉴于生物网络的复杂性，识别这样的节点集远非易事，这也是网络科学界一个活跃的研究领域[23, 24]。

可以采用许多不同的措施来评估网络扰动，但通常涉及对干预（如删除一个节点）后网络某些结构统计上的变化进行量化。通常采用测定网络直径变化[19]和最大连接组分的尺寸[19, 20]等措施。专注于网络的结构方面而忽视在这些网络上运行的动态过程，是一种简化，但仍然是一种实用的简化，特别是由于网络动态受到网络结构的显著制约时。随着测试蛋白-蛋白相互作用的高通量技术的发展，细胞内相互作用形式的结构数据在整个蛋白组范围内都可获得。可用于约束动态过程模型的信息则少得多，如分子反应时间常数的细节[25, 26]。

7.3.4　远距离作用

如上所述（如图7.1所示），药物干预的分子效应可被认为是完整的下游“效应器特征”。在网络驱动药物发现的背景下，这意味着我们正在寻找的药物，其下游效应器特征是一组蛋白，这些蛋白的集体扰动将显著影响目标表型背后的网络。这也意味着潜在的药物靶点不必是负责被靶向生物功能网络的一部分（尽管其显然可在远距离内对其产生影响）。药物可以通过信号或代谢途径产生“远距离作用”，将药物结合事件转化为下游功能效应。在确定可能的靶点和治疗药物时，必须考虑这种“远距离作用”。这种概念上的改善与一些早期但仍很普遍的概念形成了对比。在这些概念中，通过简单的节点度量（如程度、间隔度）在效应器网络中确定靶点，通过多向药理学提出多点干预，并且不考虑将远距离信号转导和作用作为干预范例的一部分。

7.4　网络驱动的药物发现

E-therapeutics公司基于前文概述的原则，开发了一种网络驱动的早期药物发现方法。从目标疾病或生物学开始，该方法为识别和阐明适合治疗干预的新型生物学和化学领域提供了多种途径。目前已开发了一个信息学平台，使这种网络驱动的方法得以运行。该平台由许多特定领域的数据库和专有网络分析方法组成，其组合专门用于解决上述问题。内部数据库包括以网络为重点的大量经验数据源的整合，其中增加了使用预测方法（如机器学习）得出的数据。预测模型的重点是专门解决经验数据集中的偏差，并用于目前可用经验数据所不能覆盖的化学和生物学领域。

网络驱动的发现过程被特意设计为统计性质，以解决众所周知的生物数据噪声和不可复制性问题[27]。这些统计学因素被应用于平台和发现过程的多个方面。例如，在处理蛋白相互作用数据时，我们通常不会过滤到高置信度的边缘，因为这可能会在随后的网络分析中引入假象[28]。相反，我们接受网络中存在假阳性边缘，设计分析方法，并使用这些分析方法的过程来应对。根据我们的经验和实验室测试结果，在平台内使用了多种统计学零模型（null model）。方法的统计学方面在过程水平上体现得最为明显，其中输出是富含活性的实体（化合物、蛋白靶点、生物过程等）的排序列表。然后通过经验性的测试，从这些概率性的列表中确定实际的活性元素。这种富集使得在筛选阶段可以应用复杂的、高鉴别性的表型分析。这种检测的低通量意味着其不能用于盲目的高通量方法，但网络驱动的方法通过实质性地提高命中率（见下文），可以将可翻译性用作早期过滤器，因为需要较少的筛选即可识别理想的活性。

在某一感兴趣的特定领域，该平台可以根据项目的特定因素以多种方式使用，如期望的输出（化合物、靶点、过程）、数据的可用性和类型，以及是否寻求基因验证。应用多种不同但概念上一致的方法，可以避免过度依赖一组数据、生物假设或概念性假设，从而提高成功率。

网络驱动方法的主要输出总结如下：

（1）机制性假设的产生。使用人体组织来源的数据进行网络生成和分析，可以围绕适合目标疾病背景的生物过程制定新的机制假设。可以识别或提出用于测试这些假设而设计的基于细胞的表型分析，在理想情况下，最好是利用相同的人体组织来促进最初的网络构建。在这一阶段，也可以考虑亚组的特定机制，以建立基于机制定义的患者亚组的网络模型。

（2）活性化合物识别和靶点反卷积。在一种类似于表型筛选的方法中，该平台可以识别预测在目标生物学领域中具有活性的化合物。这些化合物是通过网络分析方法确定的，相关方法确定了化合物是否具有很大的潜力，通过其下游效应器特征，干扰代表目标生物过程的网络。在药物化学驱动的分诊过程中，对这些化合物在反映靶点生物学的基于细胞的表型分析中进行测试。鉴定出的活性物质可作为药物化学项目的起点，或作为进一步研究生物学的工具化合物。重要的是，该方法允许筛选相对较少的化合物（300～1000个），同时产生足够高的命中率（2%～12%），以获得具有初始构效关系（structure-activity relationship，SAR）的多种活性化学类型。这有助于快速执行表型驱动发现计划的初始阶段。此外，如上所述，其可在药物发现的初始阶段使用复杂的表型分析。这种检测方法的使用被认为是提高早期结果可翻译性的潜在驱动因素，从而减少后期临床失败[6, 29]。与盲目的表型筛选相比，使用网络驱动方法鉴定的活性化合物在分子和网络水平上具有额外的相关信息。这些信息可用来帮助进行靶点反卷积和作用方式识别。

（3）靶点识别和验证。除了表型方法外，该平台还可用于驱动基于靶点的方法。如上所述，靶点应该被认为是其调节可产生下游效应信号的蛋白，能够产生显著的网络扰动

（因此是表型）。基于这些原则，我们开发了一种网络驱动的靶点识别方法，可以识别有可能对目标网络产生远程、下游影响的蛋白。该方法将网络影响分析的概念与药理学上的衡量标准结合起来，以捕捉蛋白对目标网络产生下游影响的潜力。这些基于网络的衡量标准与更传统的衡量标准相结合，如成药性（druggability）、组织和细胞表达等，以生成可能靶点的排序列表。然后，在基于细胞的试验中对这些靶点在目标生物学中的作用进行验证。

（4）人体遗传学证据。最近的分析强调了人体基因验证作为成功药物发现预测因素的作用，使用基因验证靶点的项目，在临床试验中成功的可能性会提高2倍[30]。然而，一项扩展的分析[31]结合了更多的最新数据，说明了从OMIM数据库［孟德尔病（Mendelian disease）］与GWAS研究（复杂疾病）获得的遗传证据之间的差异。分析表明，与孟德尔关联相比，GWAS衍生的遗传证据与成功的相关性要小得多，而且在许多情况下根本无法预测。对GWAS数据在药物发现中的效用分析反映了最近关于缺乏从GWAS研究中获得生物学见解的观点[4]。为了解决对于大规模群体遗传学数据缺乏可操作的见解问题，我们开发了一种基于网络的方法来分析和使用早期药物发现中的这些数据。该方法遵循前面讨论的核心原则，即就细胞表型而言，基本的分子单位是一个网络模块，而不是一个基因或蛋白。该方法有助于识别与疾病易感性相关的生物过程和途径。通常情况下，仅通过GWAS分析无法识别这些过程，只有当数据被置于网络环境中进行分析时才会显现。与复杂疾病易感性相关的生物过程不一定是直接治疗干预的合适靶点。然而，其可与更广泛的疾病机制和进展知识一起使用，以产生遗传学上的干预假设，这些假设可以为上述表型或靶点驱动的发现方法提供“种子”。此外，将关键蛋白分析应用于网络构建，以代表已确定的过程，该过程被用于为从上述表型或靶点驱动的方法中获得的靶点提供人体遗传支持，本质上是将这些机制上确定的靶点置于特定的疾病环境中。

7.5 验证

本章所述的网络驱动的早期发现方法已经在一系列复杂的生物和治疗环境中的实际药物发现项目中得到了验证。肿瘤学、免疫学、免疫肿瘤学、神经退行性疾病、病毒性疾病、纤维化和代谢方面的项目已经在计算阶段取得了进展，并在实验室进行了研究。这些项目的进展可以归纳为几个关键成果。

（1）每个项目的一个标准部分是利用已知的活性化合物和相关靶点的恢复，作为回顾性验证的一种形式。

（2）被预测为具有活性的化合物在基于细胞的试验中进行测试，反映了目标生物学相关信息。从相对较小的化合物范围（测试了300～1000个化合物）中观察到2%～12%的命中率（比盲目表型筛选提高2个数量级）。

（3）所有的程序都产生了多种活性化学类型，大多数情况下每种化学类型都包含多个例子和一些SAR信息。

（4）采用活性化合物计算来源的数据和信息，结合补充性的附加分析，以帮助作用机制的反卷积。

（5）识别靶点的网络感知方法在特定疾病背景下发现了新的靶点，并能够通过额外的数据进行验证。

（6）基于网络的人体基因数据分析，能够在特定的疾病领域提供新的靶点假设，并为通过其他网络驱动方法确定的靶点提供基因学支持。

以上几点总结了一系列治疗领域的部分项目的成功结果。为了补充这些要点，后文将总结最近一个旨在研发COVID-19新药的项目成果。

COVID-19

在以往抗病毒工作的基础之上，我们利用网络生物学平台，试图识别出处于临床研究阶段的化合物，这些化合物无论是单独还是联合使用，都可以被迅速地重新用于COVID-19的治疗。我们选择通过专注于靶向宿主系统的治疗策略来解决这一问题，从而最大限度地降低耐药性风险，并可能有效治疗其他病毒感染。此外，对临床阶段化合物的特殊考虑减轻了针对宿主生物学的安全性担忧。这一项目与我们以往的工作不同，其旨在确定可单独或联合应用的现有化合物。计算平台能够迅速扩展以实现所需的分析，突出了网络驱动方法和实施该方法计算平台的灵活性和敏捷性。

在之前的一个项目中，我们利用系统性炎症反应综合征（systemic inflammatory response syndrome，SIRS）的网络模型，在如败血症等适应证中确定了一类小分子化合物，以及一种机制和靶点，能够沉默人体免疫细胞在一系列炎症触发下产生的“细胞因子风暴”（cytokine storm）。在COVID-19的环境下，我们采用了感染SARS-CoV-2的人体细胞数据集，并生成了病毒“劫持”的细胞机制网络模型。对SIRS工作和SARS-CoV-2网络的分析揭示了一个关键的共同过程，该过程对病毒和高炎症反应同等重要。据我们的平台预测，抑制同样的靶点GRP94，能够有效抑制过度炎症反应，也能有效破坏病毒的复制能力。

平台预测的小分子化合物在经过验证的SARS-CoV-2体外试验中进行了测试。这些化合物具有强效的抗炎活性和抗病毒活性，证实了我们基于网络的预测。该活性可以推广至其他α和β冠状病毒，预计将普遍适用，从而提高了对导致严重疾病（如SARS和MERS）的现有冠状病毒及新出现冠状病毒株的效用前景。

所确定的临床阶段化合物已在人体中进行了评估，并表现出既定的安全性。这些具有相同靶点选择性的化合物可被迅速用于临床试验，以治疗COVID-19重症患者。鉴于我们对GRP94机制的了解，开发针对GRP94的新型高选择性药物也是可行的。我们将继续使用我们的平台开发可再利用的药物组合，目前正在测试化合物的联合使用效果。

7.6 总结

本章概述了一个概念框架，其中网络生物学是单个分子实体和新兴功能表型之间的连接桥梁。这个框架与目前对药理学的理解是一致的，并通过提供一个基质（网络模块）来增强现有的范式，从而使表型特性（稳健性、弹性、适应性）作为结果呈现。这一范式也使我们能够认识到“内型”的基础，其中一个常见的疾病表型可以在网络模块水平上根据功能障碍进行区分，而蛋白成员中的个体遗传变异在过程水平上被纳入系统水平的亚表型。

本章还介绍了一个网络生物学驱动的药物发现方法的基本特征和验证，该方法虽然与疾病无关，但特别适用于复杂的疾病，此外还可用于解释和构建复杂的及尚未充分利用的遗传数据，如来自群体遗传学的数据。希望在适当的时机下，这一概念框架及其实用方法将有助于解决医学领域仍未得到满足的巨大需求，特别是在诸如神经退行性变性疾病等老年病方面。该方法也表现出了良好的多功能性，对于肿瘤学、免疫学、神经病学和代谢性疾病，以及流行性传染病的每一种适应证，其能够提供同样有效的见解和潜在的治疗干预措施。

（侯小龙　白仁仁　译；蒋筱莹　校）

参考文献

1. Lowe D (2020) The big problems. In: In the pipeline. https://blogs.sciencemag.org/pipe line/archives/2020/12/01/the-big-problems
2. Cook D, Brown D, Alexander R et al (2014) Lessons learned from the fate of AstraZeneca's drug pipeline: a five-dimensional framework. Nat Rev Drug Discov 13:419–431
3. Cummings J, Lee G, Mortsdorf T et al (2017) Alzheimer's disease drug development pipeline: 2017. Alzheimers Dement 3:367–384
4. Joyner MJ, Paneth N (2019) Promises, promises, and precision medicine. J Clin Invest 129:946–948
5. Boyle EA, Li YI, Pritchard JK (2017) An expanded view of complex traits: from polygenic to omnigenic. Cell 169:1177–1186
6. Moffat JG, Vincent F, Lee JA et al (2017) Opportunities and challenges in phenotypic drug discovery: an industry perspective. Nat Rev Drug Discov 16:531–543
7. Moffat JG, Rudolph J, Bailey D (2014) Phe-notypic screening in cancer drug discovery—past, present and future. Nat Rev Drug Discov 13:588–602
8. Wagner BK, Schreiber SL (2016) The power of sophisticated phenotypic screening and modern mechanism-of-action methods. Cell Chem Biol 23:3–9
9. Guthridge JM, Lu R, Tran LT-H et al (2020) Adults with systemic lupus exhibit distinct molecular phenotypes in a cross-sectional study. EClinicalMedicine 20:100291
10. Hartwell LH, Hopfield JJ, Leibler S, Murray AW (1999) From molecular to modular cell biology. Nature 402:C47–C52
11. Ideker T, Sharan R (2008) Protein networks in disease. Genome Res 18:644–652
12. Schadt EE (2009) Molecular networks as sensors and drivers of common human diseases. Nature 461:218–223
13. Cho D-Y, Kim Y-A, Przytycka TM (2012) Chapter 5: network biology approach to complex diseases. PLoS Comput Biol 8:e1002820
14. Hofree M, Shen JP, Carter H et al (2013) Network-based stratification of tumor mutations. Nat Methods 10:1108–1118
15. Edelman GM, Ja G (2001) Degeneracy and complexity in biological systems. Proc Natl Acad Sci U S A 98:13763–13768

16. Whitacre JM (2012) Biological robustness: paradigms, mechanisms, and systems principles. Front Genet 3:1–15
17. Kitano H (2007) A robustness-based approach to systems-oriented drug design. Nat Rev Drug Discov 6:202–210
18. Tian T, Olson S, Whitacre JM, Harding A (2011) The origins of cancer robustness and evolvability. Integr Biol 3:17–30
19. Albert R, Jeong H, Barabasi AL (2000) Error and attack tolerance of complex networks. Nature 406:378–382
20. Callaway DS, Newman MEJ, Strogatz SH, Watts DJ (2000) Network robustness and fragility: percolation on random graphs. Phys Rev Lett 85:5468–5471
21. Qi Y, Ge H (2006) Modularity and dynamics of cellular networks. PLoS Comput Biol 2:1502–1510
22. Cowan NJ, Chastain EJ, Vilhena DA et al (2012) Nodal dynamics, not degree distributions, determine the structural controllability of complex networks. PLoS One 7:e38398
23. Newman M (2018) Percolation and network resilience. In: Networks. Oxford University Press
24. Braunstein A, Dall'Asta L, Semerjian G, Zdeborová L (2016) Network dismantling. Proc Natl Acad Sci U S A 113:12368–12373
25. Hopkins AL (2007) Network pharmacology. Nat Biotechnol 25:1110–1111
26. Zhu M, Gao L, Li X et al (2009) The analysis of the drug-targets based on the topological properties in the human protein-protein interaction network. J Drug Target 17:524–532
27. Ioannidis JPA (2005) Why most published research findings are false. PLoS Med 2:e124
28. Bozhilova LV, Whitmore AV, Wray J et al (2019) Measuring rank robustness in scored protein interaction networks. BMC Bioinfor-matics 20:446
29. Scannell JW, Bosley J (2016) When quality beats quantity: decision theory, drug discovery, and the reproducibility crisis. PLoS One 11: e0147215
30. Nelson MR, Tipney H, Painter JL et al (2015) The support of human genetic evidence for approved drug indications. Nat Genet 47:856–860
31. King EA, Davis JW, Degner JF (2019) Are drug targets with genetic support twice as likely to be approved? Revised estimates of the impact of genetic support for drug mechanisms on the probability of drug approval. PLoS Genet 15:e1008489

第8章

GPCR配体滞留时间的机器学习预测

摘　要：在某些蛋白家族中，药物-靶点滞留时间（drug-target residence time）即药物与特定蛋白靶点结合的持续时间，对药效的影响甚至比结合亲和力更为重要。为了在药物发现过程中对滞留时间进行有效优化，需要开发能够预测该指标的机器学习（ML）模型。预测滞留时间的主要挑战之一是数据的匮乏。本章概述了目前所有可用的配体动力学数据，提供了一个迄今为止最大的GPCR-配体动力学数据资料库（公开来源）。为了有助于解读纳入对预测滞留时间计算模型有益的动力学数据的特征，本章总结了影响滞留时间的实验证据。最后，概述了以ML预测滞留时间的两种不同工作流程。第一种是根据配体特征训练的单靶点模型；第二种是根据分子动力学模拟生成特征来训练的多靶点模型。

关键词：滞留时间；机器学习（ML）；药物发现；G蛋白偶联受体（G-protein coupled receptor，GPCR）；结合动力学；分子动力学（molecular dynamics，MD）

8.1 引言

药物-靶点滞留时间与配体解离率成反比，对于某些靶点而言，其对药效的影响甚至比平衡结合亲和力更大[1-5]。目前，已经报道了多个将滞留时间与体内药效相关联的实例[1-5]。一项关于作用于12个不同靶点的50个药物的分析显示，70%滞留时间较长的药物比滞留时间较短的同类药物具有更强的药效[1]。滞留时间与药效相关的证据在G蛋白偶联受体（GPCR）领域中最为丰富。研究发现，毒蕈碱乙酰胆碱M_3受体（muscarinic acetylcholine M_3 receptor）激动剂的药效仅与其滞留时间有关，而与其结合亲和力无关[2]。同样，对于A_{2A}腺苷受体（A_{2A} adenosine receptor）激动剂，滞留时间是与体内药效相关的唯一制约因素[4]。使用拮抗剂时也观察到了滞留时间和药效之间的相关性。研究发现，抗组胺拮抗剂的滞留时间与其抑制细胞中H_1组胺受体（H_1 histamine receptor）的能力相关[5]。因此，在许多不同的GPCR实例中，相较于结合亲和力，激动剂的功效和拮抗剂的抑制强度已被证明与滞留时间更为相关。值得注意的是，延长滞留时间不仅影响药效，还可能对药物剂量间隔产生影响。与异丙托溴铵（ipratropium）相比，噻托溴铵（tiotropium）的滞留时间长50倍，二者都是M_3毒蕈碱受体的配体，这意味着噻托溴铵的用药频率可以显著降低[6, 7]。

与脱靶蛋白相比，配体在靶点上滞留时间的差异还决定了其发生脱靶副作用的概率。传统上，靶点选择性是以脱靶蛋白与靶点蛋白结合亲和力值的比值来衡量的（平衡选择性）。正如科普兰（Copeland）等[8]所指出的，药物在血浆中的浓度不是恒定的，因此药物对不同蛋白的解离率决定了药物的时间选择性。换言之，在给药时，最初的选择性取决于靶蛋白和脱靶蛋白之间结合亲和力的差异，但随着血浆中药物浓度随时间的降低，在靶蛋白和脱靶蛋白上滞留时间的差异也决定了药物的整体选择性。虽然平衡选择性对药物优化很重要，但如果存在具有高度序列相似性的脱靶蛋白，进而产生低平衡选择性，那么动力学选择性可用于实现整体选择性[9]。

药物发现中药物-靶点滞留时间的优化已经引起了研究人员的关注。数学模型表明，只有当滞留时间超过清除时间时，才会对药物的占有率发挥主导作用，而对于临床上的许多小分子药物而言，情况并非如此[10]。另外一个问题是蛋白质周转率（protein turnover），如果一个靶点具有很高的周转率，则可能没有必要延长滞留时间。例如，一种滞留时间很长的酪氨酸激酶（tyrosine kinase）抑制剂，滞留时间为1周，但受体周转率很高，24 h后体内占有率不足50%[11]。延长滞留时间应同时考虑蛋白质周转率和配体清除时间。然而，延长靶点占有率可能不是长滞留时间导致更好药效的唯一机制。由于靶点已经被占据，持续的拮抗剂结合会引起较长的药物-靶点滞留时间，进而可能会阻止瞬时激动剂的结合[12]。

由于上述不同的发现，有研究人员建议在药物发现的苗头化合物到先导化合物（hit-to-lead）和先导化合物优化阶段即考虑药物-靶点滞留时间，这是至关重要的[8]。然而，为了有效地做到这一点，我们需要相应地计算工具来预测和合理化滞留时间，这是一个比结合亲和力更难通过实验来确定的属性。机器学习（ML）多年来一直处于药物发现的前沿，部分原因是其可以对人类无法理解的复杂数据进行回归，目前已成为用于计算预测药物-靶点滞留时间的一种很好的可行方法。为了建立一个准确的ML回归模型，需要选择正确的输入特征，然后将其输入ML模型，并输出预测值。特征的选择对于ML回归模型能否成功做出准确的预测，并与实验结果趋于一致至关重要。

8.1.1 延长药物-靶点滞留时间的特征

为了延长滞留时间而不影响平衡结合亲和力，需要实现过渡结合态的稳定性。这些过渡态的细节目前很难通过实验来评估，但可以通过计算模拟，即通过分子动力学（molecular dynamics，MD）进行观察。随着最近X射线自由电子激光器（X-ray free-electron laser）的发展，利用时间分辨晶体学鉴定配体结合过渡态在实验上变得更加可行[13]。然而，在X射线自由电子激光器的可用性变得更加广泛之前，需要将计算模拟和实验确定的结合状态下的配体信息用作揭示药物-靶点滞留时间的分子决定因素。

在计算研究和实验研究中都有关于赋予药物-靶点长滞留时间重要特征的建议。一项对辉瑞公司2000个具有滞留时间数据的化合物数据库的调查揭示了延长滞留时间和配体大小之间的相关性[14]。如图8.1所示，对所有可用的GPCR-配体动力学数据（500个化合物）的分析支持这一结论，其揭示了分子大小与滞留时间之间的弱正相关性。在某些情况下，分子量（molecular weight，MW）仅与滞留时间相关，而与结合亲和力无关[15]。但有时滞留时间和配体MW之间有很强的相关性[16]。在这些情况下，应注意确保用于确定滞留时间的方法优于这种简单的线性相关，而不仅仅是将预测配体大小作为确定滞留时间的指标。

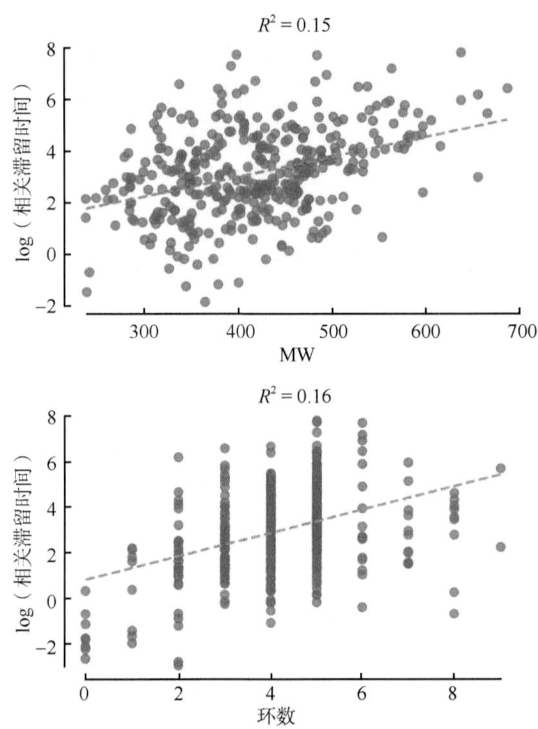

图8.1　**配体大小与药物-靶点滞留时间的相关性。散点图显示了500个GPCR配体的药物-靶点滞留时间与配体分子量（MW）的相关性（上图），以及滞留时间与配体中的环数（no_rings）的相关性（下图）。最小二乘法线性回归线显示为橙色虚线，这些相关性的强度表示为R^2**

除了配体大小，与水分子的相互作用在确定滞留时间方面也同样重要。被“掩埋”的亲水相互作用，即被水屏蔽的相互作用，已经在计算和实验中被证明可以延长滞留时间[17]。这些相互作用具有更高的能垒，这意味着其作用更稳定，具有更小的瞬时性。水分子也被证明是赋予GPCR受体（A_{2A}受体）长滞留时间的一个重要因素，在结合态中被预测溶剂化作用减弱的化合物，滞留时间会相应增加[18]。在我们以前发表的使用转向MD的文章中，观察到结合和未结合的配体之间的溶剂化变化与滞留时间密切相关，部分原因是溶剂化能量变化较大的配体，与蛋白的亲水相互作用更可能被“掩埋”[19]。

结合位点的灵活性也会影响滞留时间[20]。配体可以通过稳定蛋白内部的相互作用来影响结合位点的稳定性，如ZM-241385可以稳定A_{2A}受体中的蛋白内盐桥，进而增加滞留时间。通过位点定向突变破坏该盐桥，可使该配体的滞留时间减少至突变前的6%，从84 min减少至5 min[20]。前文提及的毒蕈碱亚家族拮抗剂噻托溴铵，在M_3毒蕈碱受体上的滞留时间比M_2受体亚型长10倍[21, 22]。MD模拟显示，M_2受体的第二个胞外环更加灵活[23]。配体与受体的相互作用降低了ECL2的蛋白灵活性，这已被证明会延长滞留时间。

匹配分子对（matched molecular pair，MMP）分析最近被用来尝试理解结构-动力学关系（structural-kinetic relationship）[24]。MMP分析一般在解释配体结合率方面比较成功，而配体极性的增加会导致结合率的降低。只有少数的MMP转化被确定为会引起滞留时间明显延长，而结合亲和力和结合速率基本上保持不变。其中一个转化是去除噻托溴铵的羟基（去羟基噻托溴铵），这使得其对M_3毒蕈碱受体的滞留时间减少至原来的1/57。研究发现，噻托溴铵中的这一羟基会与Asn507形成氢键[25]。由于周围的芳香族残基，这种相互作用可能是一种被“掩埋”的亲水相互作用，因此羟基的存在延长了滞留时间。

8.1.2 用于滞留时间预测的先前ML方法

已报道了许多尝试以ML来预测药物-靶点滞留时间的方法，但在数量上远远少于基于ML预测结合亲和力值的方法。这可能是由于两个原因：第一，与结合亲和力相比，滞留时间的训练数据严重缺乏；第二，相对而言，最近才发现滞留时间在药物发现中的作用[3]。训练数据的缺乏可以体现在目前大多数滞留时间预测方法都是在少量（100个以下）的化合物上进行训练的。此外，这些方法仅用于两个蛋白靶点，即HIV-1蛋白酶（HIV-1 protease）和HSP90，进一步突显了训练数据稀缺的问题。

表8.1总结了已用于预测药物-靶点滞留时间的不同ML方法。最早报道的方法之一是定量结构动力学关系（quantitative structure kinetic relationship，QSKR）模型，该模型主要采用水分子的VolSurf描述符来预测37种HIV-1蛋白酶抑制剂的滞留时间[26]。另一种方法使用了COMBINE分析，在偏最小二乘法（partial-least square，PLS）模型中使用特定蛋白残基与配体间的静电和范德瓦耳斯力相互作用作为特征（具有不同的权重）[27]。另一种基于ML的方法采用来自配体与HSP90解离随机加速MD轨迹的蛋白-配体相互作用指纹[28]。通过这一策略，不仅开发了一个支持向量（support vector，SV）回归模型，可以预测未来HSP90配体的滞留时间，还可指出配体与特定蛋白残基的相互作用对延长滞留时间的重要性，这有助于指导基于结构的HSP90配体的药物设计。上述方法的一般精确度都在1个对数单位左右。这些研究主要是在较小的数据集上验证，难以评估其真正的预测性。

表8.1 已报道的预测药物-靶点滞留时间的ML方法

名称	ML方法	蛋白	化合物编号	精确度（R^2）
VolSurf QSKR[26]	PLS回归	HIV-1蛋白酶	37（28/9）	0.57/0.65
COMBINE[27]	PLS回归	HIV-1蛋白酶	36	0.94[a]/0.70[b]
COMBINE[27]	PLS回归	HSP90	70（57/13）	0.80/0.86[b]
τRAMD FP[28]	SV回归	HSP90	94（76/18）	NA[c]/0.56[d]

a 除两个异常值外，所有化合物的精确度都与原文献中所报道的一致。

b 测试集的R^2精确度未报道；训练集的平均绝对误差为0.48。

c 由于化合物数量的限制，作者进行了“留一法”验证，而不是使用单独的测试集。

d 严格而言，这是测试集的Q^2_{F3}而不是R^2。

运用这些ML模型的能力在很大程度上取决于所研究的特定蛋白系统，因为只有当有足够的蛋白动力学结合数据来训练ML模型时，才能预测化合物在蛋白靶点上的滞留时间。这就限制了这些方法在蛋白系统中的应用，并使其不太适合于药物发现，因为药物发现通常涉及针对新型蛋白靶点来开发新药，即首创靶点（first-in-class target）。

8.2 材料

本节详细说明了执行所述ML方法所需安装的Python库。

（1）安装PyQSAR[29]，需要创建一个Python 2.7环境（8.4节注释1）。

conda create -name py2 python=2.7

（2）对于配体特征的生成，使用Mordred[30]。其必须安装在Python 2.7环境下。

（3）在单独的Python 3.7环境中，安装以下软件包：matplotlib、RDKit、pandas和scikit-learn。

8.3 方法

本章介绍了两种可以预测药物-靶点滞留时间的ML方法。第一种是仅用配体的方法，换言之，只使用配体的特征来训练模型。第二种方法结合了配体及其蛋白靶点的特征。执行第二种方法需要结构数据或高质量的同源模型。

8.3.1 动力学结合数据

对于任何一种方法，都需要训练数据来训练有监督的ML模型。这需要通过实验确定一个特定靶点的配体滞留时间值。可以通过搜索活性类型从ChEMBL[31]中获得配体动力学数据。然而，这些数据比结合亲和力终点的数据要少得多，而且通常与文献中所有可用动力学数据的全面来源相去甚远。最近公开的一个数据库——KOFI-DB（http://koffidb.org）——包含了从表面等离子体共振得到的配体结合动力学参数。目前这一数据库中大约有1000个k_{off}值。迄今为止，最大的动力学数据集合是KIND（KINetic Dataset），其包含了3812个条目，这些条目来自21个出版物和欧盟-IMI联盟K4DD（EU-IMI consortium K4DD，http://k4dd.eu）产生的数据，相关数据涉及广泛的靶点，包括离子通道、激酶和GPCR[24]。尽管其似乎令人眼前一亮，但还是比同等的结合亲和力数据库小得多。对于单一靶点，动力学配体结合数据相当稀少，一般少于100条。因此，动力学数据的匮乏是使用ML来预测滞留时间的主要挑战之一。

本章所示的实例将使用从文献中搜集的GPCR数据和人工获得的数据。这536个条目大约是KIND中GPCR条目数量的2倍[24]，具体可以从https：//potterton48.github.io下载（8.4节注释2）。温度校正滞留时间值的计算是为了尽量减少不同研究小组进行动力学检测时所使用温度差异的影响。所有的滞留时间值都以阿伦尼乌斯（Arrhenius）方程式（8.1）校正至所有实验中使用的平均温度（294.15 K）。由于温度的变化很小（低于15 K），频率因子（A）被认为是常数。

$$k_{\text{off}} = A\mathrm{e}^{-\frac{E_A}{RT}} \tag{8.1}$$

确保训练数据对受试化合物具有相对的代表性也是十分重要的。因此，从GPCR训练集的示例中删除了NK_1受体的肽条目。

8.3.2 单一靶点仅含配体特征的QSKR

第一种方法，仅在配体特征上训练ML模型，是一个单一靶点的QSKR多线性回归模型。采用开源的Python库、PyQSAR[29]来进行QSKR建模。

（1）创建一个三列表格：化合物名称、化合物SMILES字符串，以及相关实验确定及温度校正的滞留时间。这些数据将被用作QSKR模型的训练和测试数据。

（2）考察滞留时间值的分布。其是否遵循正态分布？如果不是，可能需要对数据进行转换以达到这一目的。在GPCR的实例中，使用了$\log_{10}$转换。

（3）在macOS/Linux上使用“conda activate py2”启动python 2.7环境，或在Windows上使用“activated py2”，以便使用PyQSAR。然后启动Jupyter Notebook会话。

（4）导入以下库：pandas、numpy、Mordred、RDKit、multiprocessing、pyqsar和scikit-learn。

（5）使用pandas库，将包含SMILES字符串和相关滞留时间值的表格加载至Python 2.7。

（6）为了使用Mordred生成化合物的特征，必须根据SMILES字符串为每个化合物创建RDKit分子。

```
mols=[Chem.MolFromSmiles(mol) for mol in df['SMILES'].values.tolist()]
```

这一命令循环查看DataFrame中“SMILES”列的每一个值，并从中生成一个RDCit分子，将其存储在一个列表中。

（7）使用Mordred生成大约1500个配体特征。这可能需要一段时间，但在单个CPU上每秒大约可以处理10个化合物。Mordred是免费提供的，而诸如Dragon[32]等程序可以用来生成更多的配体特征（8.4节注释3）。

（8）删除未生成数值的特征。当一个描述符不适用于某个特定的配体时就会发生这一情况。对于给定的描述符，如果只有有限数量的配体缺失值，则可以通过中值来填充数据。

（9）使用Scikit-learn对每一列数据进行缩放。

（10）将数据分割成训练集和测试（保留）集。通常情况下，采用80∶20的分割比例是为了最大限度地增加用于训练的数据量。也可用几种不同的方法来分割数据，最简单的是随机分割（8.4节注释4）。

（11）对特征进行聚类，以找到高度相关的特征，减少需要使用遗传算法搜索的总体特征的数量。

（12）使用遗传算法进行特征选择时，一个聚类中只选择一个特征，以防止高度相关的特征被同时选中。需要提供靶点信息和实验确定的滞留时间。特征选择函数中的“components”参数决定了QSKR模型中所包含的特征的最终数量（8.4节注释5）。这个步骤可能需要几分钟到几小时，具体取决于配体的数量和计算能力。该命令将返回具有最佳预测能力的所选特征的名称。

（13）将所选特征的测试和训练数据都保存为.csv/pickle文件。同时将实验确定及经温度校正的滞留时间值保存为.csv/pickle文件。

（14）开启Jupyter Python 3 Notebook，通过关闭Python2.7环境“conda deactivate py2”，重启Jupyter Notebook。加载以下模块：scikit-learn、pandas和matplotlib。

（15）将保存的特征数据和靶点数据（实验确定及经过温度校正的滞留时间）加载至Python中的两个独立的pandas'DataFrames中。

（16）使用在特征选择阶段所选择的特征，在训练数据上训练多线性回归模型。使用该训练模型来预测测试集的数值。应用的质量指标是均方根误差（RMSE）和R^2（8.4节注释6）。对于A_1受体的动力学数据，取得了以下结果：$RMSE_{Train} = 0.30$，$RMSE_{Test} = 0.48$，$R^2_{Train} = 0.76$，$R^2_{Test} = 0.67$。

（17）使用Matplotlib或任何其他绘图软件/软件包绘制结果（A_1受体QSKR模型的结果见图8.2）。通过调查图中的异常值，可以确定模型在某些情况下失败的原因，以及如何对其进行优化。

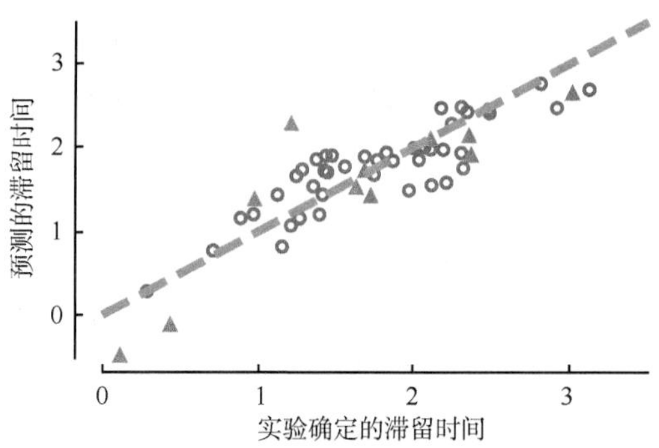

图8.2　A_1受体动力学配体数据上的QSKR模型预测的与实验确定的滞留时间的相关图。蓝色空心圆圈代表训练数据，橙色不透明三角形代表测试数据

8.3.3　基于MD模拟获得特征训练的多靶点QSKR模型

在没有足够数据来开发单靶点QSKR模型的情况下，可以使用多靶点建模来增加数据量。多靶点模型需要一些蛋白信息，可以通过配体靶向蛋白的明确表征（如通过输入蛋白序列）获得，也可以通过配体与蛋白的相互作用获得。这些模型朝着预测配体动力学速率

的更普遍化的模型发展，而不是只适用于单个受体或单个靶点的单个配体系列的模型。

为了将摘要[27]中提及的COMBINE工作流扩展到多靶点模型，可以使用蛋白家族编号方案来寻找等价残基，作为训练数据输入模型。例如，对于GPCR，可以使用GPCRdb改进的Ballesteros和Weinstein编号方案[33]来寻找特定残基位置的配体能量值（范德瓦耳斯力和静电相互作用力）（图8.3）。

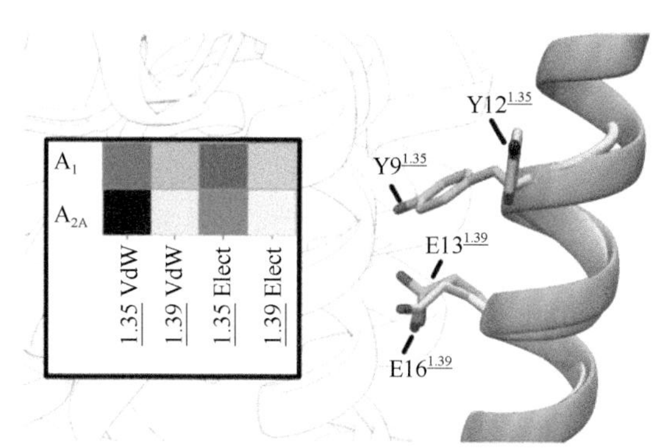

图8.3 利用蛋白家族编号方案寻找等价的蛋白-配体相互作用。本图演示了如何使用蛋白家族编号方案，在本例中，为GPCRdb的GPCR编号方案，以找到等效残基来分配相互作用能。实例显示了来自第一个螺旋的两个等效残基，分别为蓝色的A_1（PDB：5UEN）和红色的A_{2A}受体（PDB：3PWH）。小图显示了两个残基位置的相互作用能、范德瓦耳斯力（VdW）和静电相互作用力（Elect），颜色越深表示相互作用越强

使用蛋白-配体相互作用来训练多靶点模型的问题之一是获得足够的数据来训练模型。PDBbind数据库[34]通过将PDB中所有的蛋白-配体结构和相关的结合亲和力数据进行排序，解决了结合亲和力这一问题。由于缺乏配体动力学数据，配体动力学数据和相关的PDB结构之间的重叠度非常小。因此，不得不使用蛋白-配体结构的预测结构来增加数据。为了增加这些预测位姿（对接）的可靠性，可以在对接后使用短MD模拟之后的对接。在MD数据[35]上的训练模型已被证明在预测log P值[36]等方面具有良好的表现。下面描述一种以MD模拟数据为基础训练开发多靶点QSKR模型的方法。

（1）获得蛋白-配体的起始结构。倾向使用X射线或Cryo-EM结构作为起始结构。如果不可得，应该以对接方法来预测配体的结合位置。需要清楚的是，所获得数据的质量（输出）在很大程度上取决于起始结构的质量（输入）。

（2）使用尽可能自动化的设置执行高通量的MD模拟。一些工具可以在这方面提供帮助，如HTMD[37]。目标是执行模拟集合，以确保结果的可重复性。这些集合是复制模拟的，唯一的区别是分配给每个原子的起始速度。

（3）通过模拟获得属性，如氢键、RMSD、RMSF、蛋白-配体相互作用指纹。VMD[38]、Chimera[39]或MDAnalysis[40]可以帮助提取这些特征，获得适合系统的和要建模的特征（8.4节注释7）。

（4）应用几种不同的ML方法，使用本章中概述的分割策略。使用验证集或通过k均值验证来评估哪种方法（和超参数）最为适合。

8.4 注释

注释1：PyQSAR[29]是一个Python 2.7库。由于Python 2.7已经超过了其“生命终点”（end of life），因此不再能得到适当的支持，只对有需要的工作才应该在Python 2.7中进行（因为其调用了PyQSAR）。Python 3应该作为其他所有内容的默认值。为了尽可能容易地支持这些不同的Python环境，应该使用Anaconda。

注释2：所有报道的GPCR-配体动力学数据被收集至一个数据库中。从每一篇发表的文章中获得的主要数据是配体名称、SMILES字符串、在k_{on}、k_{off}、K_D和K_i下执行的动力学实验温度。假设室温为294.15 K，滞留时间为k_{off}的倒数。

注释3：可以使用配体的其他特征，如ECFP[41]。可以测试多个描述符，以查看哪一描述符对所讨论的任务具有最佳性能。

注释4：对于任何一种拆分，重要的是要确保目标值（本例中的滞留时间）在训练集和测试集中具有类似的分布。在随机拆分的情况下，由于测试集中化合物在结构和相关目标值方面与训练集非常相似，很容易高估模型的能力。考虑配体结构的拆分可以避免这种情况。基于时间的拆分是另一个可以重新创建药物发现项目场景的选择。

注释5：大多数QSAR模型只有不到10个特征。在所示的例子中，已经选择了4个，但可以改变特征的数量，以确定对一个给定系统而言什么是最好的。一般而言，目标是使用最小数量的特征，在训练数据中产生很高的准确性，以减少过拟合的机会。在理想情况下，如果数据允许，可以使用验证集来研究模型中应该包含多少个特征以获得最佳性能。

注释6：RMSE的优点是与目标数据的单位相同，所以更容易理解。R^2给出了模型表现比随机预测更好还是更差的指示。训练和测试RMSE之间的差异越大，越有可能发生过拟合。

注释7：对于GPCR QSKR模型，因为部分实验证据表明其有助于滞留时间的预测，因此计算了以下特征——水分子与配体之间的相互作用能、GPCR第二个胞外环的RMSD、结合点的RMSD及配体大小。

（侯小龙　蒋筱莹　译；白仁仁　校）

参考文献

1. Swinney DC (2004) Biochemical mechanisms of drug action: what does it take for success? Nat Rev Drug Discov 3:801–808. https://doi. org/10.1038/nrd1500
2. Sykes DA, Dowling MR, Charlton SJ (2009) Exploring the mechanism of agonist efficacy: a relationship between efficacy and agonist dissociation rate at the muscarinic M3 receptor. Mol Pharmacol 76:543–551
3. Copeland RA (2016) The drug–target residence time model: a 10-year retrospective. Nat Drug Discov 15:87–95
4. Guo D, Mulder-Krieger T, IJzerman AP, Heitman LH (2012) Functional efficacy of adenosine A2A receptor agonists is positively correlated to their receptor residence time. Br J Pharmacol 166:1846–1859
5. Bosma R, Witt G, Vaas LAI, Josimovic I, Gribbon P, Vischer HF, Gul S, Leurs R (2017) The target residence time of antihistamines determines their antagonism of the G protein-coupled histamine H1 receptor. Front Pharmacol 8:1–15. https://doi.org/10.3389/ fphar.2017.00667

6. Vauquelin G, Charlton SJ (2010) Long-lasting target binding and rebinding as mechanisms to prolong in vivo drug action. Br J Pharmacol 161:488–508
7. Dowling MR, Charlton SJ (2006) Quantifying the association and dissociation rates of unlabelled antagonists at the muscarinic M 3 receptor. Br J Pharmacol 148:927–937. https://doi. org/10.1038/sj.bjp.0706819
8. Copeland RA, Pompliano DL, Meek TD (2006) Drug-target residence time and its implications for lead optimization. Nat Drug Discov 5:730–739
9. Guo D, Dijksteel GS, Van Duijl T, Heezen M, Heitman LH, IJzerman AP (2016) Equilibrium and kinetic selectivity profiling on the human adenosine receptors. Biochem Pharmacol 105:34–41. https://doi. org/10.1016/j. bcp.2016.02.018
10. Dahl G, Akerud T (2013) Pharmacokinetics and the drug-target residence time concept. Drug Discov Today 18:697–707. https://doi. org/10.1016/j.drudis.2013.02.010
11. Bradshaw JM, McFarland JM, Paavilainen VO, Bisconte A, Tam D, Phan VT, Romanov S, Finkle D, Shu J, Patel V, Ton T, Li X, Lough-head DG, Nunn PA, Karr DE, Gerritsen ME, Funk JO, Owens TD, Verner E, Brameld KA, Hill RJ, Goldstein DM, Taunton J (2015) Pro-longed and tunable residence time using reversible covalent kinase inhibitors. Nat Chem Biol 11:525–531. https://doi.org/10. 1038/nchembio.1817
12. Schuetz DA, de Witte WEA, Wong YC, Knasmueller B, Richter L, Kokh DB, Sadiq SK, Bosma R, Nederpelt I, Heitman LH, Segala E, Amaral M, Guo D, Andres D, Georgi V, Stoddart LA, Hill S, Cooke RM, De Graaf C, Leurs R, Frech M, Wade RC, de Lange ECM, IJzerman AP, Müller-Fahrnow A, Ecker GF (2017) Kinetics for drug discovery: an industry-driven effort to target drug residence time. Drug Discov Today 22:896–911. https://doi.org/10.1016/j.drudis.2017.02. 002
13. Šrajer V, Schmidt M (2017) Watching proteins function with time-resolved X-ray crystallography. J Phys D 50:1–53. https://doi.org/10. 1016/j.physbeh.2017.03.040
14. Miller DC, Lunn G, Jones P, Sabnis Y, Davies NL, Driscoll P (2012) Investigation of the effect of molecular properties on the binding kinetics of a ligand to its biological target. RSC Med Chem 3:449–452. https://doi. org/10. 1039/c2md00270a
15. Tresadern G, Bartolome JM, MacDonald GJ, Langlois X (2011) Molecular properties affecting fast dissociation from the D2 receptor. Bioorg Med Chem 19:2231–2241
16. Kokh DB, Amaral M, Bomke J, Grädler U, Musil D, Buchstaller HP, Dreyer MK, Frech M, Lowinski M, Vallee F, Bianciotto M, Rak A, Wade RC (2018) Estimation of drug-target residence times by τ-random acceleration molecular dynamics simulations. J Chem Theory Comput 14:3859–3869. https://doi. org/10.1021/acs.jctc.8b00230
17. Schmidtke P, Javier Luque F, Murray JB, Barril X (2011) Shielded hydrogen bonds as structural determinants of binding kinetics: application in drug design. J Am Chem Soc 133:18903–18910
18. Bortolato A, Tehan BG, Bodnarchuk MS, Essex JW, Mason JS (2013) Water network perturbation in ligand binding: adenosine A2A antagonists as a case study. J Chem Inf Model 53:1700–1713. https://doi.org/10. 1021/ci4001458
19. Potterton A, Husseini FS, Southey MWY, Bodkin MJ, Heifetz A, Coveney PV, Townsend-Nicholson A (2019) Ensemble-based steered molecular dynamics predicts relative residence time of A2A receptor binders. J Chem Theory Comput 15:3316–3330. https://doi.org/10. 1021/acs.jctc.8b01270
20. Guo D, Pan AC, Dror RO, Mocking T, Liu R, Heitman LH, Shaw DE, IJzerman AP (2016) Molecular basis of ligand dissociation from the adenosine A2A receptor. Mol Pharmacol 89:485–491. https://doi.org/10.1124/ mol. 115.102657
21. Hegde SS, Pulido-Rios MT, Luttmann MA, Foley JJ, Hunsberger GE, Steinfeld T, Lee TW, Ji Y, Mammen MM, Jasper JR (2018) Pharmacological properties of revefenacin (TD-4208), a novel, nebulized long-acting, and lung selective muscarinic antagonist, at human recombinant muscarinic receptors and in rat, Guinea pig, and human isolated airway tissues. Pharmacol Res Perspect 6:1–11. https://doi.org/10.1002/prp2.400

22. Dowling MR, Charlton SJ (2006) Quantifying the association and dissociation rates of unlabelled antagonists at the muscarinic M3 receptor. Br J Pharmacol 148:927–937
23. Jakubík J, Randáková A, Zimčík P, El-Fakahany EE, Doležal V (2017) Binding of N-methylscopolamine to the extracellular domain of muscarinic acetylcholine receptors. Sci Rep 7:40381. https://doi.org/10.1038/ srep40381
24. Schuetz DA, Richter L, Martini R, Ecker GF (2020) A structure-kinetic relationship study using matched molecular pair analysis. RSC Med Chem 11:1285–1294. https://doi.org/ 10.1039/d0md00178c
25. Thorsen TS, Matt R, Weis WI, Kobilka BK (2014) Modified T4 lysozyme fusion proteins facilitate G protein-coupled receptor crystallogenesis. Structure 22:1657–1664. https://doi. org/10.1016/j.str.2014.08.022
26. Qu S, Huang S, Pan X, Yang L, Mei H (2016) Constructing interconsistent, teasonable, and predictive models for both the kinetic and thermodynamic properties of HIV-1 protease inhibitors. J Chem Inf Model 56:2061–2068. https://doi.org/10.1021/acs.jcim.6b00326
27. Ganotra GK, Wade RC (2018) Prediction of drug-target binding kinetics by comparative binding energy analysis. ACS Med Chem Lett 9:1134–1139. https://doi.org/10.1021/ acsmedchemlett.8b00397
28. Kokh DB, Kaufmann T, Kister B, Wade RC (2019) Machine learning analysis of τ RAMD trajectories to decipher molecular determinants of drug-target residence times. Front Mol Biosci 6:1–17. https://doi. org/10.3389/ fmolb.2019.00036
29. Kim S, Cho KH (2019) PyQSAR: a fast QSAR modeling platform using machine learning and jupyter notebook. Bull Kor Chem Soc 40:39–44. https://doi.org/10.1002/bkcs. 11638
30. Moriwaki H, Tian YS, Kawashita N, Takagi T (2018) Mordred: A molecular descriptor calculator. J Cheminform 10:1–14. https://doi. org/10.1186/s13321-018-0258-y
31. Bento AP, Gaulton A, Hersey A, Bellis LJ, Chambers J, Davies M, Krüger FA, Light Y, Mak L, McGlinchey S, Nowotka M, Papadatos G, Santos R, Overington JP (2014) The ChEMBL bioactivity database: an update. Nucleic Acids Res 42:1083–1090. https://doi. org/10.1093/nar/gkt1031
32. Mauri A, Consonni V, Pavan M, Todeschini R (2006) Dragon software: an easy approach to molecular descriptor calculations. Match Commun Math Comput Chem 56:237–248. https://doi.org/10.1016/C2012-0-02727-5
33. Isberg V, De Graaf C, Bortolato A, Cherezov V, Katritch V, Marshall FH, Mordalski S, Pin JP, Stevens RC, Vriend G, Gloriam DE (2015) Generic GPCR residue numbers – aligning topology maps while minding the gaps. Trends Pharmacol Sci 36:22–31. https://doi.org/10.1016/j.tips.2014.11.001
34. Wang R, Fang X, Lu Y, Wang S (2004) The PDBbind database: collection of binding affinities for protein-ligand complexes with known three-dimensional structures. J Med Chem 47:2977–2980. https://doi.org/10. 1021/jm030580l
35. Riniker S (2017) Molecular dynamics finger-prints (MDFP): machine learning from MD data to predict free-energy differences. J Chem Inf Model 57:726–741. https://doi. org/10.1021/acs.jcim.6b00778
36. Wang S, Riniker S (2020) Use of molecular dynamics fingerprints (MDFPs) in SAMPL6 octanol-water log P blind challenge. J Comput Aided Mol Des 34:393–403. https://doi.org/ 10.1007/s10822-019-00252-6
37. Doerr S, Harvey MJ, Noé F, De Fabritiis G (2016) HTMD: high-throughput molecular dynamics for molecular discovery. J Chem Theory Comput 12:1845–1852. https://doi.org/ 10.1021/acs.jctc.6b00049
38. Humphrey W, Dalke A, Schulten K (1996) VMD: visual molecular dynamics. J Mol Graph 14:33–38. https:// doi.org/10.1016/ 0263-7855(96)00018-5
39. Pettersen EF, Goddard TD, Huang CC, Couch GS, Greenblatt DM, Meng EC, Ferrin TE (2004) UCSF chimera – a visualization system for exploratory research and analysis. J Comput Chem 25:1605–1612. https://doi. org/10.1002/jcc.20084
40. Michaud-Agrawal N, Denning EJ, Woolf TB, Beckstein O (2011) MDAnalysis: a toolkit for the analysis of molecular dynamics simulations. J Comput Chem 32:2319–2327. https://doi. org/10.1002/jcc.21787
41. Rogers D, Hahn M (2010) Extended-connectivity fingerprints. J Chem Inf Model 50:742–754. https://doi. org/10.1021/ ci100050t

第9章

基于化学语言模型的从头分子设计

摘　要：人工智能（AI）技术为药物化学领域提供了新的可能性，其中一些技术已被用于新药分子的设计。AI技术中的化学语言模型在各种实验场景中表现良好。在本章中，我们展示了一个化学语言建模实例，详细介绍了一种基于递归神经网络的技术，并介绍了用该模型构建化合物库的方法（该程序代码可参考网址github.com/ETHmodlab/de_novo_design_RNN）。

关键词：人工智能（AI）；BIMODAL；化学信息学；药物设计；递归神经网络（RNN）；SMILES

9.1 引言

药物分子可以有很多种不同的表示方式（图9.1），研究人员创造这些分子表示方法旨在捕获分子的某些化学性质[1]，而这些性质通常直接来自分子的构型、构象和结构等。化学结构也可以被看作是一种“化学语言”[1]。分子一般具有以下特性。

（1）语法性质（syntactic properties）：并不是所有原子之间的可能组合都能够表示一个“化学有效”的分子。

（2）语义性质（semantic properties）：根据化学语言的元素（如原子）组合方式，分子将具有不同的理化性质和生物活性。

简化分子线性输入规范（SMILES）因其广泛的适用性、多功能性和可解释性，成为一种特别流行的化学语言[2]。SMILES是一种文本字符串，有自己的语法特征：原子由相应的元素符号表示；键、支链和立体化学以SMILES语言特定的符号表示。SMILES支持许多化学信息学的应用程序[3-7]，并且可以采用压缩格式存储和共享化学信息。其已成为深度学习（DL）[8-12]中最常用的分子表示形式之一。DL是具有多个层结构[13]的神经网络，是AI的一种实现形式。DL在建模复杂的非线性输入-输出关系及从低级别数据中提取特征方面表现出了良好的效果。SMILES码在DL中的流行有如下几个因素。

（1）SMILES码这种文本字符串的特性使得它适合作为序列算法模型的输入部分，这些算法在自然语言处理任务中有着广泛的应用，适合从SMILES码这种文本序列中进行学习[14, 15]。

（2）与其他基于文本字符串的分子表示［如国际化学标识符（InChI）］相比[12]，SMILES码具有更简单的语法，也可称之为“表达的灵活性”，因为相同的分子可以用不同但依然有效的SMILES码表示。感兴趣的读者可以在9.3.1节中找到关于SMILES语法更详细的描述。

（3）SMILES码更容易被人们所辨认和解释。

SMILES码在DL的应用中特别常见[9, 10, 12, 16-19]，如从头分子设计，即从头生成具有所需特性的分子。一些由DL模型生成的分子已经被成功合成出来，并通过生化分析进行了验证[10, 20-22]。虽然其他几种分子的字符串表示，如InChI[12, 23]、DeepSMILES[24]和自引用嵌入式字符串（SELFIES）[25]等也在DL模型上进行了尝试，但SMILES码仍然是化学语言建模的最佳选择。

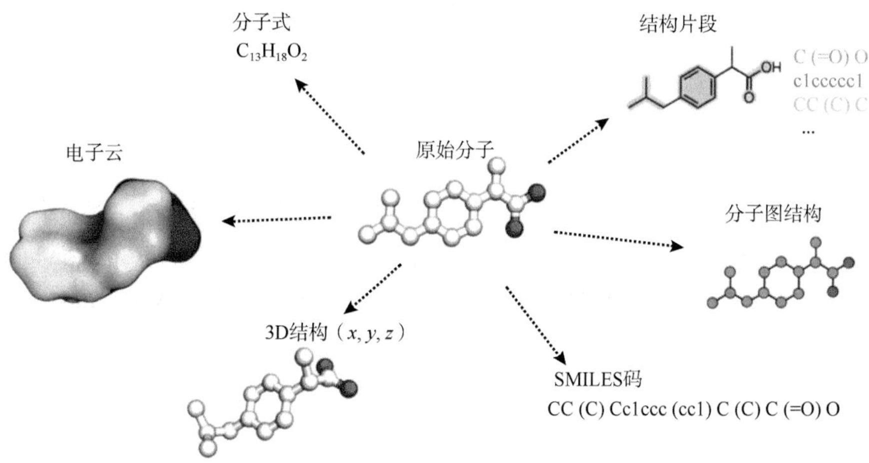

图9.1　分子表示的具体实例。每一种分子表示都捕获了不同层面的分子结构及其性质

本章通过一个实例说明如何使用基于化学语言模型的算法来构建一个由SMILES码组成的虚拟分子库。该实例演示了如何使用DL技术来生成一组新的SMILES码。受4种已知的类视黄醇X受体（RXR）调节剂结构的启发，研究人员开发了双向分子生成模型（bidirectional molecule generation with alternate learning，BIMODAL）[19]，其是一个基于递归神经网络（RNN）且适用于处理可变长度字符串[26, 27]的神经网络模型。具体实例可以使用网址github.com/ETH modlab/de_novo_design_RNN提供的Jupyter[28]进行复现。

9.2 材料

9.2.1 计算方法

9.2.1.1 计算框架

所有的计算程序都使用Python 3.7.4（Python软件可从https：//www.python.org下载）执行。Python是一种开源编程语言，已广泛应用于化学信息学和机器学习（ML）[29–33]。同时，我们使用了Python的Jupyter Notebooks框架[28]，这是一个基于web的开源应用程序，允许用户共享代码、公式、图形和文本（https：//jupyter.org/，更多信息请参见9.3.6节注释1）。使用所提供的应用程序，用户可以通过一次执行一行代码来重现任务。所实现的化学语言模型依赖于PyTorch[34]（https：//pytorch.org/），而PyTorch是用于计算机视觉、DL和自然语言处理的开源ML工具库。对于分子处理和可视化，我们使用了RDKit软件（https：//www.rdkit.org/）进行实现，RDKit是一个采用C++和Python编写的开源工具库。

9.2.1.2 准备步骤

要运行从头分子设计的程序代码，首要条件是在本地安装以下软件。

· Anaconda，一个用于Python编程语言科学计算的开源发行版软件，其简化了程序包的管理和部署[35]。Python 3.7的Anaconda可从官方网站下载安装（www.anaconda.com）。

· Git，版本控制系统。Git的安装依赖于平台；具体请参考www.atlassian com/git/tutorials/install-git上的说明。

9.2.1.3 代码下载

源代码可以从网址github.com/ETHmodlab/de_novo_design_RNN上获取。用户可以在Linux/Mac终端或Windows命令行上使用以下命令下载存储库（即获取存储库的内容到本地）：git clone https：//github.com/ETHmodlab/de_novo_design_RNN

该存储库的副本将在本地计算机上的GitHub文件夹中生成。然后，可以移动到存储库，如使用以下命令：

cd＜path/to/folder＞（从Mac或Linux终端上）

cd＜path\to\folder＞（从Windows命令行上）

如需将存储库存储在本地计算机，请参见9.3.6节注释2。

9.2.1.4　虚拟环境设置

使用提供的“environment.yml”文件可以创建一个包含所有必要工具库的虚拟环境，如下所示：

```
conda env create -f environment.yml
```

安装可能需要一些时间。创建环境后，使用以下命令激活该环境：

```
conda activate de_novo
```

9.2.1.5　Jupyter Notebook的使用

如需使用所提供的Jupyter Notebook，请转到示例文件夹，并从终端或命令行启动Jupyter Notebook应用程序，如下所示：

```
cd example
Jupyter Notebook
```

随后将打开一个网页，显示文件夹的内容。双击de_novo_design_pipeline.ipynb的文件将打开jupyter Notebook。由于所提供代码的每行都可以逐步执行，所以这可以可视化每一行代码的结果。该处理流程可用于任何基于Unix的操作系统，并且可以很好地适用于Windows操作系统。该软件使用Linux Mint20 Cinnamon 4.6.7进行测试。

9.2.2　数据

为了模拟一个现实的场景，我们提供了一个包含4个RXR调节剂的工具分子库（图9.2）[36]。分子1为贝沙罗汀（bexarotene），其是一种RXR激动剂[37]；分子2～4是从ChEMBL数据集中获得的[38]，其RXR活性值（EC_{50}、IC_{50}、K_i或K_d）小于0.8 μmol/L。这组生物活性化合物（在存储库“/example/fine_tuning.csv”中）将用于生成一个分子库。

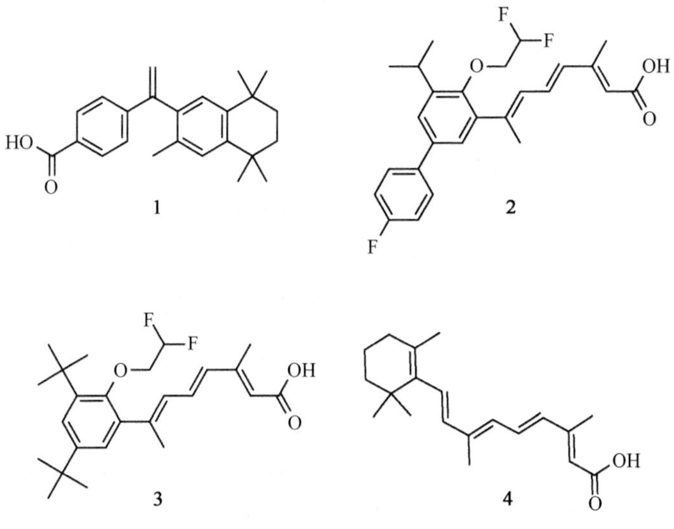

图9.2　在任务实例中选择了RXR调节剂[36]，用于特定分子库的生成

9.3 方法

在本节中，我们将使用GitHub存储库中提供的代码（RNN模型）生成新分子。

9.3.1 SMILES码

分子结构需要指定原子类型、原子的相互连接，以及环之间的连接（图9.3）[2]。

· 原子以各自的原子符号表示，并可以省略氢原子（隐藏氢的表示）。

· 单键、双键、三键和芳香键分别用符号“–”“=”“#”和“：”表示，其中单键可以省略。

· 分子图的支链由括号指定。

· 环状结构实际上是分割每个环上的单个键或芳香键，以数字表示环闭合，如“C1=CC=CC=C1”，其中1表示环闭合。芳香环中的原子也可用小写字母表示，如“c1ccccc1”表示苯环。

· 立体化学不一定需要表示出来，在立体化学结构中，双键使用字符“/”和“\”指定，这表示与双键相邻单键的方向；四面体碳由“@”或“@@”指定。

SMILES码可以使用RDKit从多个复合标识符（如CAS编号、复合名称）中获得，或者从构建好的复合数据库中获取，如ChEMBL（ebi.ac.uk/chembl/，[38]）、PubChem（pubchem.ncbi.nlm.nih.gov，[39]）和ChemSpider（chemspider.com，[40]）。在提供的GitHub存储库中，化合物的SMILES码文件在示例文件夹中提供（文件名：fine_tuning.csv）。根据SMILES语法生成SMILES时，原子顺序并不影响编码的二维结构。化合物的SMILES码（表9.1）可以按照9.3节（方法）中所述进行检查。

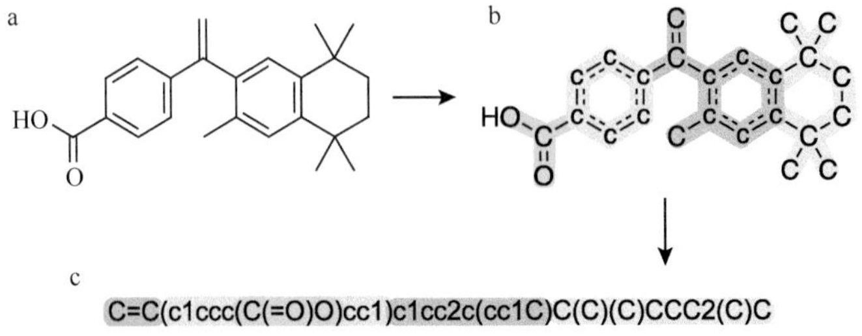

C=C(c1ccc(C(=O)O)cc1)c1cc2c(cc1C)C(C)(C)CCC2(C)C

图9.3 贝沙罗汀（分子1）的SMILES码。a. 贝沙罗汀的凯库勒（Kekule）表示；b. 中间表示，带有标记的片段和各自的原子标签，用于构建SMILES码；c. SMILES码，不同颜色对应于图b中描述的片段

表9.1 图9.2中所示分子的SMILES码表示

ID	SMILES码
1	CC1═CC2═C(C═C1C(═C)C3═CC═C(C═C3)C(═O)O)C(CCC2(C)C)(C)C
2	CC═(═CC═CC(C)═CC(═O)O)clcc(-c2ccc(F)cc2)cc(C(C)C)c1OCC(F)F
3	CC(═CC═CC(C)═CC(═O)O)clcc(C(C)(C)C)cc(C(C)(C)C)clOCC(F)F
4	CC1═C(C═CC(C)═CC═CC(C)═CC(═O)O)C(C)(C)CCC1

注：SMILES码由共享的GitHub存储库（/example/fine_tuning.csv）提供。

9.3.2 递归神经网络

本节将介绍RNN的基本理论，BIMODAL从头分子设计方法，以及使用SMILES码来训练化学语言模型。我们还引入了迁移学习（TL）的概念，TL已被证明可以帮助模型在少量数据状态下更好地生成分子[9, 10, 41, 42]。

9.3.2.1 递归神经网络介绍

RNN[43]是一种可将序列数据作为输入和输出并进行处理的神经网络。当使用单词或字符的线性序列（符号）作为输入时（$x=\{x_1, x_2, \cdots, x_T\}$），可以训练RNN根据序列的前几部分预测下一个字符，一次输出（预测）一个字符。这种网络被称为生成模型。更具体而言，RNN代表一个动态系统（图9.4a），其中网络在任意第t个时间点（即序列中任意第t个位置）的隐藏状态（h_t）不仅依赖于当前的字符（即字符x_t），还依赖于模型先前的隐藏状态（h_{t-1}）。在每个时间步长中（t），“生成”模型RNN输出序列下一个可能出现的字符（t+1）的概率分布，给定当前的隐藏状态（h_t）和序列的前一个部分。以一个起始字符作为初始输入（x_t，t=1），预测的下一个字符（y_t）成为下一步的输入，即$x_t+1=y_t$；重复此操作，直至生成指示序列结束标记为止。对于从头分子生成，SMILES通常添加一个开始标识（如“G”）和一个结束标记（如“E”），分别表示字符串的开始和结束（图9.4b）。生成新的SMILES码中，开始标识G用作第一个输入字符；然后，RNN模型将从开始标识按顺序生成有效的SMILES字符，直至结束标识被输出（图9.4a）。需要注意的是，任何字符都可用来表示序列的开始和结束，只要这些标记不是SMILES语言中定义的任何化学含义即可。虽然“vanilla”RNN原则上可以处理任何长度的序列，但实际上其受到长期依赖关系的影响，这可能导致网络训练过程中的梯度消失问题[44]。为了克服这一问题，研究人员提出了一种替代体系结构，其中最流行的是长短期记忆（LSTM）RNN[45]和门控循环单元（GRU）RNN[46]。本章重点介绍LSTM网络，有关其内部结构和功能的数学解释可参见相关参考文献[19, 45]。

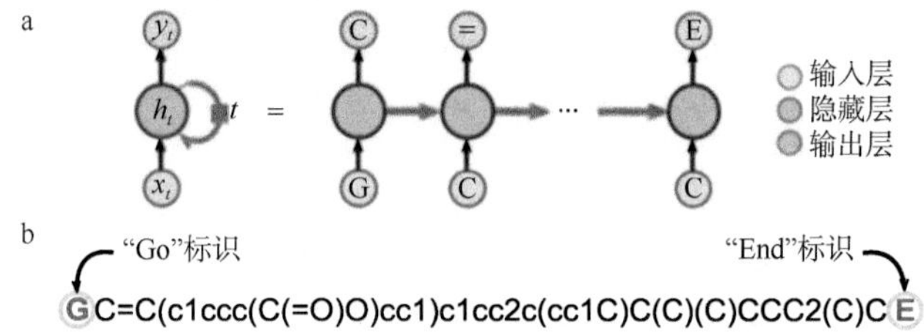

图9.4　用于SMILES码生成的单向递归神经网络（RNN）的简化示意图。a. 单向RNN与一个循环神经元层（蓝色圆圈）。RNN构建了一个动态系统，其中任意t个时间点的网络状态既依赖于当前的观测（x_t），也依赖于之前的状态（t–1）。网络状态用于预测输出（y_t）。b.“Go”和“End”字符（“G”和“E”）分别用来表示SMILES码的开始和结束

9.3.2.2 BIMODAL

BIMODAL[19]是一种基于RNN的方法，是专门为生成SMILES码而设计的。事实上，经典的RNN通常只向前读取和生成序列（在本章实例中，序列为SMILES码），即从左到右（图9.5a）。然而，一个分子的SMILES码不是唯一的[2]，因为SMILES码可以从任何非氢原子开始编写，并可以向任何方向编写。此外，与自然语言不同的是，SMILES码没有固定的开始或结束。这种非单一性和非方向性推动了BIMODAL序列生成方法的发展，使其可以在正向和反向上读取和生成SMILES码。训练期间，在任何第t个时间步长中，BIMODAL读取一个给定的SMILES序列，$x=\{x_m, x_{m+1}, \cdots, x_t\}$，并可以沿着前（$x_m \rightarrow x_t$）和后（$x_t \leftarrow x_m$）方向，然后同时使用从左到右（向前）和从右到左（向后）的信息对序列的每一侧进行预测（图9.5b）。类似于监督学习[47]的双向RNN，BIMODAL网络由两个RNN组成，每个RNN用于在一个方向上读取序列。然后，组合每个RNN捕获的信息，提供联合预测[19]。对于序列生成，BIMODAL模式在正向（t为奇数值）或反向（t为偶数值）上输出一个新的字符，训练和生成过程的数学解释可参见相关参考文献[19]。

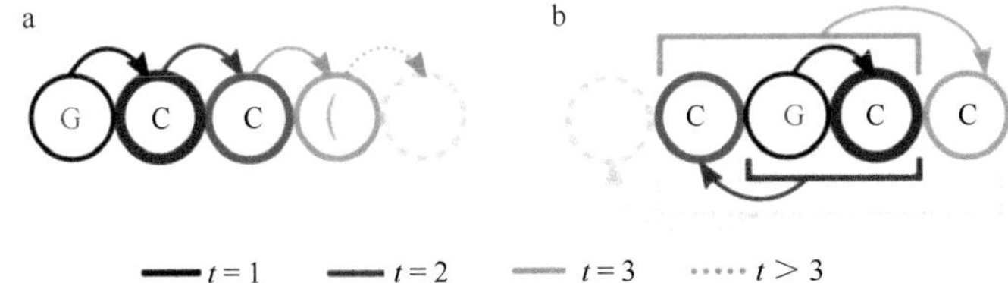

图9.5　使用从“Go”（“G”）标识开始的RNN来生成SMILES码。a. 单向RNN：“G”标识放置在SMILES码的开头，训练/生成从左到右进行；b. 通过交替学习（BIMODAL）实现双向分子生成：序列生成从“G”标识开始（放置在字符串的中间或随机位置），在两个方向同时进行，并且在序列的两端一次添加一个字符。字母t表示序列生成过程的时间步长

SMILES码字符串

字符词典	G	C	c	1	c	c	c	(	N	…	c	1	E
G	1	0	0	0	0	0	0	0	0		0	0	0
C	0	1	0	0	0	0	0	0	0		0	0	0
c	0	0	1	0	1	1	1	0	0		1	0	0
1	1	0	0	1	0	0	0	0	0		0	1	0
…													
N	0	0	0	0	0	0	0	0	1		0	0	0
O	0	0	0	0	0	0	0	0	0		0	0	0
E	0	0	0	0	0	0	0	0	0		0	0	0

图9.6　SMILES码的独热（One-Hot）编码示例。每个序列的字符被转换为一个新的二进制特征，其位数与字符字典的字符数量相同。字符“G”和“E”分别表示SMILES码的开始和结束

序列生成由起始标识“G”启动，并在两个方向上不断生成直至终止标识“E”出现为止。与单向RNN不同，理论上“G”标识可以在训练期间放置于SMILES码中的任何

一个位置。在原论文[19]中，我们研究了起始标识放置在不同初始位置时对训练的影响：①“固定”位置，其中“G”被放置在SMILES码的正中间；②“随机”位置，起始标识被随机放置在SMILES码中的任意位置。后文讨论了“G”标识的放置位置对SMILES码生成的影响。

9.3.2.3　One-Hot编码

为了采用RNN等计算机算法读取和处理字符串序列，这些序列需要被编码为一个连续的数值向量。独热（One-Hot）编码是编码字符串序列的一种常见方法，如把SMILES码编码为适用于RNN训练的形式。给定一个SMILES序列，一个One-Hot编码可将每个字符转换为一个二进制特征，该特征的位数与词典中的字符数相同，并将词典中对应的字符赋值为1（图9.6）。这样的话，序列就可以表示为数值矩阵，并且保留了字符的顺序。需要注意的是，在所提供的代码中，一旦SMILES码被输入到化学语言模型中，就会自动执行One-Hot编码。

9.3.2.4　迁移学习

众所周知，DL方法在使用“大量数据”[48]进行训练时效果更好。然而，在许多药物设计应用中，训练数据往往有限且昂贵。在少量数据状态下，只能使用较少的数据进行训练并泛化，导致深度神经网络的[49]效果很差。所谓的“TL”方法在这些情况下可以发挥作用[50]。TL是指将先前训练过的模型转移到相关的、更具体的任务中，进而只需少量的训练样本。与传统神经网络训练单个任务的“专家”模型（图9.7）相比，TL从一个模型开始训练，该模型在一个通用且相关的任务上具有更多的数据。然后，通过额外的训练，把这些训练成果转移到一个更具体的任务上，这个任务中只有少量的训练数据可用（也称为“微调数据集”）。TL已成功地与RNN联合应用于少量数据训练中，如机器翻译[51]、情绪检测[52]和语言生成[53]。结合化学语言模型，TL有助于捕获微调数据集中的分子所需的理化性质[9, 41]或生化性质[10, 42]。

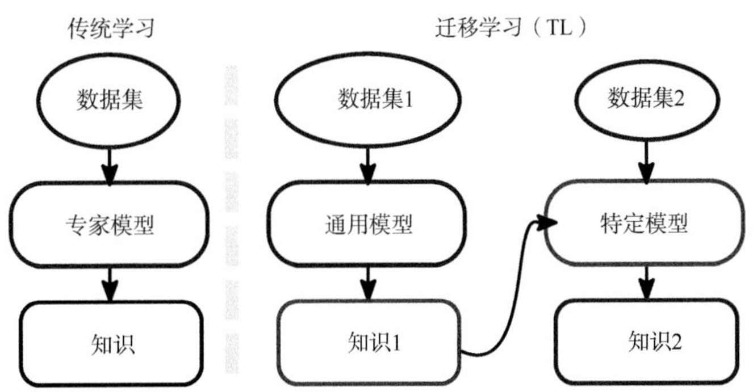

图9.7　传统学习与迁移学习（TL）。在传统学习中，通过使用只与研究问题相关的数据，每个数据集都被用来生成单独的“专家”模型。在TL中，使用一个通用数据集（包含足够训练神经网络的数据）进行预训练，然后使用不同但相关的数据集对预训练模型进行进一步细化（“微调”）

9.3.3 训练和抽样设置

训练一个DL模型需要设置适当的模型参数，参数的选择会影响神经网络的学习能力及所需的训练时间。虽然一些固定的参数选择适用于大多数DL，但某些参数的选择取决于实际使用方法的具体情况。下一节将说明几个与存储库相关参数设置的意义和效果。选择的参数设置可以按照Jupyter Notebook中的说明进行更改（cf. Notebook第2部分："模型微调和设置"）（表9.2）。对于参数的调整，由于预训练之后的模型可以在存储库中使用，因此可以使用相应的模型并检验所选参数的效果。如果要使用带有附加参数设置的模型，可以使用提供的代码从头训练模型（9.3.6节注释3）。

表9.2 使用所提供的代码进行神经网络训练和采样的可调参数设置

设置	描述	可用的值	在实例中选择的值
模型类型	基于RNN的方法，用于训练和抽样	单向RNN和BIMODAL	BIMODAL
网络规模	网络中隐藏单元的总数	512，1024	512
起始点	训练过程中开始字符（"G"）的定位	"固定"、"随机"	"随机"
数据增强	在训练过程中，通过将"G"字符定位在不同的随机位置，来增强SMILES码	1×（none），5×	5×
epoch数	迁移学习的epoch数量	$e \subset Z_0^+$	25
取样温度	在采样新的SMILES码时使用的随机性程度（Eq.1）	$T \subset R_0^+$	0.7
SMILES码采样数量	在每个微调epoch中，需要采样SMILES码的数量	$n \subset Z_0^+$	1000

9.3.3.1 模型类型

代码库包含两种类型的模型，即BIMODAL模型和经典的"正向"RNN模型。本文实例采用BIMODAL方法。如Jupyter Notebook中所述，用户可以改变计算方法来采用正向RNN。

9.3.3.2 网络架构和规模

对于每个DL项目，都需要在网络复杂度和模型性能之间找到最佳的平衡点。选择合适的网络大小和拓扑结构是成功构建模型的主要挑战之一[54]。例如，为了改善分子属性预测，增加网络复杂度（根据处理层数）并不一定会提高模型性能[55, 56]。是否增加网络规模（增加了计算时间和过拟合的可能性[54]）需要根据具体情况进行评估。为了简化决策过程，根据处理层的数量和其连接的方式，存储库提供了具有已构建网络体系结构和拓扑结构的模型。已发布的BIMODAL架构是基于两个层次的信息处理，每个处理层都具有两个LSTM层（一个用于正向处理，一个用于反向处理），其信息被组合起来预测下一个字符（参见9.3.3.3节）。有关体系结构和其他标准化的处理步骤的更多信息，请参阅参考文献［19］。

在该方法中，网络的复杂度可以由LSTM层中隐藏单元的总数来控制。隐藏单元的数量表示LSTM层输出的维数。在这一实例中，用户可以在512个和1024个隐藏单元之间进行选择，这些隐藏单元平均分布在LSTM层中。例如，512个隐藏单元对应128个神经元。对于正向RNN架构（只包含两个正向LSTM层），每层512个隐藏单元对应256个神经元。对于本文中的实例，我们选择了可用的最小网络，即总共512U。

9.3.3.3 起点定位

对于双向模型训练，起始标识“G”原则上可以放置在SMILES码的任意位置。因此，可使用两种BIMODAL方法训练模型[19]，基于开始标识符的定位：①BIMODAL将“G”标识符固定放置在序列的中心（图9.8a）；②BIMODAL随机将“G”标识符的位置分配在序列中（图9.8b）。我们发现，相较于训练数据，随机放置模式生成的化合物往往具有更高的结构新颖性，而且可以生成更多的独特分子[19]。相反，在训练过程中，将起始标识固定在字符串的中心，可以生成结构特征和生物特性更相似于训练数据的化合物分子（由所谓的FréchetChemNet距离[57]量化）[19]。对于本文的实例，我们使用了随机放置模式，因为这样可以采用数据增强（data augmentation）技术，如下一节所述。

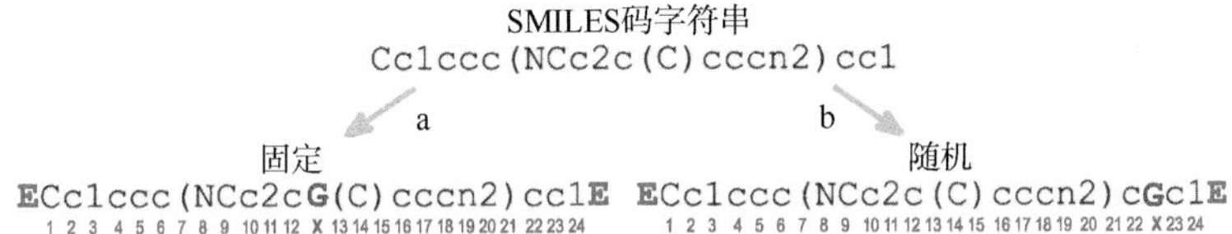

图9.8 通过BIMODAL方法设置开始标识符（“G”）的策略。a. 固定的起点：“G”标识被放置在SMILES码的中心；b. 随机起点：“G”标识被放置在序列的随机位置。与单向RNN不同，序列末端的标识符（“E”）总是放置在每个序列的开始和结束位置

9.3.3.4 数据增强

数据增强是指人为地增加训练数据，旨在促进泛化和提高模型整体性能的一种技术[58]。将起始标识符放置在字符串的任意位置（即随机放置模式）可以为BIMODAL引入数据增强策略。对于每个训练分子，可以产生n个重复的SMILES码，其中起始标识符被放置在不同的位置时（图9.9），所得到的扩展数据集含有更多的训练数据。这种数据增强方法有利于生成有效、新颖和结构多样的分子[19]。在这里，我们使用了一个5倍的训练数据增强，这是平衡了训练数据量和生成化合物[19]新颖性的选择。需要注意的是，这种增强方案区别于比耶鲁姆（Bjerrum）[59]提出的对同一分子采用不同的SMILES码，因此可以应用于其他任务[41, 60]。

```
ECc1ccc(NCcG2c(C)cccn2)cc1E
ECc1ccc(NCc2c(C)ccGcn2)cc1E
ECc1cGcc(NCc2c(C)cccn2)cc1E   5倍数据增强
ECc1ccc(NCcG2c(C)cccn2)cc1E
ECc1ccc(NCc2c(C)cccnG2)cc1E
```

图9.9 BIMODAL数据增强方案（5倍增强，5×）。对于每个SMILES码，将生成5个副本，每个副本包含一个随机放置的“G”标识符

9.3.3.5 epoch

epoch被定义为整个训练数据通过神经网络的一次完整训练过程［译者注：epoch是指一个完整的数据集通过神经网络一次并且返回一次的过程，可以理解为一次训练。换言之，一个epoch就是使用训练集中的全部样本训练一次的过程，所谓训练一次，指的是完成一次正向传播（forward pass）和反向传播（back pass）。当数据量非常庞大时，需要将数据分割成多个“批次”（batch）进行处理］。本文提供的模型进行了10个epoch。用户需要决定训练的epoch，然后对预训练模型进行微调（使用选定的RXR调节剂作为微调集），微调的结果是生成的分子越来越类似于微调集[9, 41]中的分子。微调epoch的数量选取通常是由具体情况而定的，一般需要考虑以下几个方面：①总训练时间，总训练时间为每个epoch的训练时间和epoch总数的乘积[61]；②分子结构的多样性，通常随着epoch数量的增加而降低[41]；③数据集分子理化性质的相似性，通常随着epoch数量的增加而增加[9]。在本章中，我们使用了25个epoch，并使用了几个指标来分析模型的性能。

9.3.3.6 温度系数采样

训练过的语言模型可以对新的SMILES码进行采样，其中一种方法就是温度系数采样。通过设置温度（T），可以控制生成序列的随机性式（9.1）：

$$q_i = \frac{e^{(z_i/T)}}{\sum_j e^{(z_i/T)}} \tag{9.1}$$

式中，z_i为RNN预测的第i个字符；j为字典中的所有字符；q_i为采样第i个字符的概率（图9.10）。换言之，就是使用由参数T控制的Softmax函数对SMILES码进行采样。对于T的低值，根据概率分布选择概率最大的字符。随着T值的增加，概率最大字符的概率降低，模型生成更多样化的序列（图9.10）。在$T\rightarrow\infty$的极端情况下，所有的字符都将具有相同的选择概率，独立于模型预测。最近的一项研究表明，当$T = 0.7$时，采样SMILES码[41]有效性、唯一性和新颖性的效果最佳。因此，本研究采用$T = 0.7$。

9.3.3.7 样本SMILES码的数量

使用温度系数采样生成的SMILES码数量越多，探索化学空间的可能性就越大。在这里，我们为每个epoch采样了1000个SMILES字符串，如下所述。

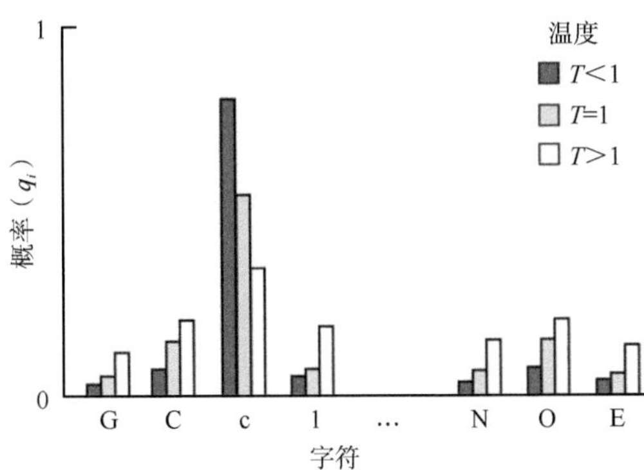

图9.10 温度采样对采样给定字符的概率（q_i）的影响（式9.1）。T = 1表示RNN模型的未修改输出，而更大或更小的T值表示温度采样的效果：T＜1使分布变得尖锐；而T＞1使采样字符的分布变得平坦

9.3.4 分子库的生成

本节阐述了数据集准备、TL和SMILES生成的步骤。每一步都可以使用Jupyter Notebook进行复现。

9.3.4.1 分子的准备

一般在定义设置后，可以使用“main_preprocessor.py”中包含的代码对模型进行预训练。下面阐述的步骤可以使用Jupyter Notebook进行复现（参见9.3.4.1）。在本例中，根据以下步骤[19]准备预训练数据集和微调数据集。

（1）去除无效的SMILES码。只在化学上有效的SMILES码上训练模型。

（2）去除重复的SMILES码。避免来自同一分子的多个副本。

（3）去除盐信息。盐信息通常应用于化学信息学[62]。盐的性质与相应的中性分子[63]有很大的不同，从训练集中排除盐可以避免程序执行过程中的错误。例如，SMILES符号表示断开的字符（“.”）不会放在BIMODAL字符词典中。因此，不可能使用包含这个符号的分子来进行训练，所以代表盐的SMILES码也不会包含在词典中。

（4）去除立体化学信息。虽然没有规定不能使用包括与立体化学相关的SMILES字符（即“/”“\”“@”“@@”），但此类信息还是从模型训练[10, 20, 41]中删除了。

（5）SMILES码标准化。由于字符串序列取决于几个因素，如选择的起始原子、字符串的生成方向，以及芳香性和某些官能团的标准化，可以给定一个分子得到多个有效的SMILES[2]。SMILES标准化会对任何给定的分子[64, 65]产生一个独特的SMILES码。RNN在从头分子设计中的最初应用完全依赖于标准化的SMILES[9, 66]，通过多个非标准化的SMILES码得到的训练结果表明，SMILES码标准化对模型训练[41, 59, 60]是有益的。在本章的工作中，使用标准化的SMILES主要基于两方面的原因：①与原始研究[19]保持一致；

②可以使用基于“G”标识放置的BIMODAL数据增强策略，以生成足够多的数据，而不需要额外的数据增强。

（6）去除超出长度的SMILES码。在我们的数据预处理中，只保留了34～74个字符长度的SMILES码[19]。

（7）添加开始和结束标识符。一旦SMILES字符串被标准化，开始和结束标识符（“G”和“E”）就会被添加至字符串中。对于BIMODAL模式，需要将开始标识符添加至非终端位置（在随机位置或中心，取决于选择的设置），并添加“E”标识符（表9.3）。

表9.3 以贝沙罗汀（化合物1）进行模型微调的SMILES码准备示例。选择“随机”模式进行开始标识符定位，并进行5倍数据增强

类型	相应字符串
原始SMILES码	CC1=CC2=C(C=C1C(=C)C3=CC=C(C=C3)C(=O)O)C(CCC2(C)C)(C)C
SMILES码标准化	C=C(clccc(C(=O)O)ccl)c1cc2c(cc1C)C(C)(C)CCC2(C)C
开始/结束标识符（随机模式）	**ECG**=C(clccc(C(=O)O)ccl)c1cc2c(cc1C)C(C)(C)CCC2(C)C**E**
5倍增强	**ECG**=C(c1ccc(C(=O)O)ccl)c1cc2c(cc1C)C(C)(C)CCC2(C)C**E**
	EC=C(c1ccc(C(=O)O)ccl)c1c**G**c2c(cc1C)C(C)(C)CCC2(C)C**E**
	EC=C(c1ccc(C(=O)O)ccl)c1cc2c(cc1C)C(C)**G**(C)CCC2(C)C**E**
	EC=C(c1ccc(C(=O)O)ccl)c1cc2c(cc1C)C(C)(C**G**)CCC2(C)C**E**
	EC=C(c1ccc(C(=O)O)ccl)c1c**G**2c(cc1C)C(C)(C)CCC2(C)C**E**
填充	**A**[…]**AECG**=C(c1ccc(C(=O)O)cc1)c1cc2c(cc1C)C(C)(C)CCC2(C)C**EA**[…]**A**
	A[…]**AE**C=C(c1ccc(C(=O)O)cc1)c1c**G**c2c(cc1C)C(C)(C)CCC2(C)C**EA**[…]**A**
	A[…]**AE**C=C(c1ccc(C(=O)O)cc1)clcc2c(cc1C)C(C)**G**(C)CCC2(C)C**EA**[…]**A**
	A[…]**AE**C=C(c1ccc(C(=O)O)cc1)c1cc2c(cc1C)C(C)(C**G**)CCC2(C)C**EA**[…]**A**
	A[…]**AE**C=C(c1ccc(C(=O)O)cc1)c1cc**G**2c(cc1C)C(C)(C)CCC2(C)C**EA**[…]**A**

（8）数据增强。如果决定了增强量，将生成n个相同的SMILES码，其中每个SMILES码都含有一个放置在随机位置的“G”标识符。对于5倍的数据增强，每个分子会产生5个不同的SMILES码（表9.3）。

（9）SMILES码填充。最后，将获得的字符串用一个特殊的字符（“A”）填充至训练中的最长字符串（表9.3）。这一过程确保One-Hot编码都具有相同的维数，而这与初始SMILES的长度无关。

9.3.4.2 模型预训练

本文示例依赖于存储库[19]中提供的预训练化学语言模型。该存储库包含8个模型（表9.3）。所有模型都以ChEMBL22[38]内271 914个生物活性化合物进行预训练，这些化合物的K_d、K_i、IC_{50}或EC_{50}值均小于1 μmol/L[19, 66]。模型预训练后使神经网络能够学习SMILES语法、类药分子特性和潜在的合成可及性。表9.4包含了根据以下标准[19]对8个模型的评估结果。

表9.4　存储库中可用的预训练模型

设置				模型性能				
模型	开始字符的放置位置	网络规模	数据增强倍数	有效SMILES码（%）	新颖的SMILES码（%）	FCD	骨架多样性（%）	骨架新颖性（%）
正向RNN	—	512	—	93±2	89±2	2.41±0.03	75	64
BIMODAL固定	Fixed	512	—	79±4	79±4	2.67±0.08	79	72
BIMODAL随机	Random	512	—	89±3	89±3	3.30±0.01	79	72
正向RNN	—	1024	—	95±1	77±4	2.0±0.1	72	55
BIMODAL固定	Fixed	1024	—	84±4	81±4	2.0±0.1	81	71
BIMODAL随机	Random	1024	—	89±5	88±4	2.42±0.05	79	70
BIMODAL随机	Random	512	5×	91±1	90±1	2.40±0.01	80	72
BIMODAL随机	Random	1024	5×	n.d.	n.d.	1.62±0.04	79	68

注：本表列出了设置（起始标识符的位置、隐藏单元的总数和数据增强）及其效果［有效和新颖的SMILES码的百分比、Fréchet ChemNet距离（Fréchet ChemNet distance，FCD）、骨架多样性和新颖性］[19]。本例中选择的模型表示为粗体形式。

（1）有效分子和新颖分子的百分比。评估模型捕获SMILES语言语法的能力。有效性是指生成分子中化学有效的SMILES码的比例。新颖性是指生成分子在化学有效且独特的前提下，存在于训练数据集之外的比例。

（2）Fréchet ChemNet距离（Fréchet ChemNet Distance，FCD）[57]。生成模型应当能够学习分子的化学和生物特性，可以通过计算FCD[57]来评估这方面的性能。FCD值在LSTM模型[67]的倒数第二层激活，该模型用于预测生物活性。两组分子之间的FCD值越低，其结构就越趋于具有类似的生物学特性[57]。

（3）化合物骨架的多样性和新颖性。新颖和多样化分子骨架的探索与先导化合物的发现或优化[68]有关。具体需要评估生成模型：①生成不同骨架的分子集的能力；②生成的化合物骨架不存在于训练集中，可以采用原子骨架[69]进行分析。

本例中选择的模型设置如下：BIMODAL，随机放置模式，512个隐藏单元，5倍数据增强。这样设置的目的是考虑到以下3个指标的训练效果：①SMILES的有效性和新颖性；②FCD；③化合物骨架多样性和新颖性（表9.4）。

9.3.4.3　微调和采样

TL通过微调预训练过的网络来完成。这可以通过提供的“微调器”模块来实现（cf. Jupyter Notebook第4部分：微调和采样）。在每个微调阶段之后，程序会从模型中抽取预定数量的SMILES码。

9.3.5　结果分析

本节包含了关于如何分析BIMODAL语言模型和其他语言模型的输出，以及如何选择从头分子设计子集的建议。可以使用几个指标来评估微调epoch的影响和可用于化合物库生成的模型。对于这一实例，我们使用了下面描述的指标，具体可在提供的Jupyter Notebook里复现。

9.3.5.1 交叉熵损失

在模型训练过程中计算了交叉熵损失（L）：

$$L = -\sum_{t} \log P(\hat{x}_{t+1} \mid x_1, \cdots, x_t) \tag{9.2}$$

式中，x_{t+1}表示位置t+1处的正确字符。交叉熵损失展示了语言模型在t+1位置中预测正确字符的能力。L值越低，说明性能越好。图9.11a描述了在每个微调epoch的损失变化。虽然损失在前5个epoch迅速减小，但在微调阶段中可以观察到损失减小得并不明显。这种行为表明，该模型已经学习到了微调分子集中所包含的“大多数”信息。此时，神经网络倾向过拟合训练数据[70, 71]。

过拟合是由于对训练数据[70]的过度训练而失去了对新数据的预测能力和泛化能力。有一些方法可以帮助缓解过拟合现象[71]。例如，当有足够的微调分子时，应该在验证中评估L，即计算出遗漏的分子来评估模型的泛化能力。模型验证有助于检测潜在的过拟合，主要是验证损失的增加。有关模型验证，请参见9.3.6节注释3。在本文的实例中，我们选择了“早期停止”策略[71]。在该策略中，当网络训练过程停滞或性能改善非常缓慢时，可以通过终止训练来防止过拟合（如在第10～15个epoch，图9.11a）。

9.3.5.2 有效、独特和新颖的SMILES码数量

有效性、唯一性和新颖性的定义如下：①有效性是衡量模型学习化学语言语法的能力；②唯一性是展示其探索化学空间的能力；③新颖性是其探索由训练数据定义的化学空间之外的未知区域的能力[72, 73]。一个模型生成的有效、唯一、新颖的SMILES码的数量往往随着微调的增加而减少（图9.11b），这是TL的效果，其将模型限制在化学空间中越来越窄的区域。

9.3.5.3 化合物骨架多样性

发现不同骨架的同功能分子结构是从头药物设计[74]的中心目标。创新的分子骨架为优化化合物的生物活性或选择性[75–77]、合成可及性[78, 79]、吸收、分布、代谢、排泄和毒性[80, 81]，以及创造新的知识产权[82]提供了可能。生成模型的评价指标如下：不同化学骨架构建分子的能力，独特原子骨架占生成的新分子总数的比例（图9.11c）。

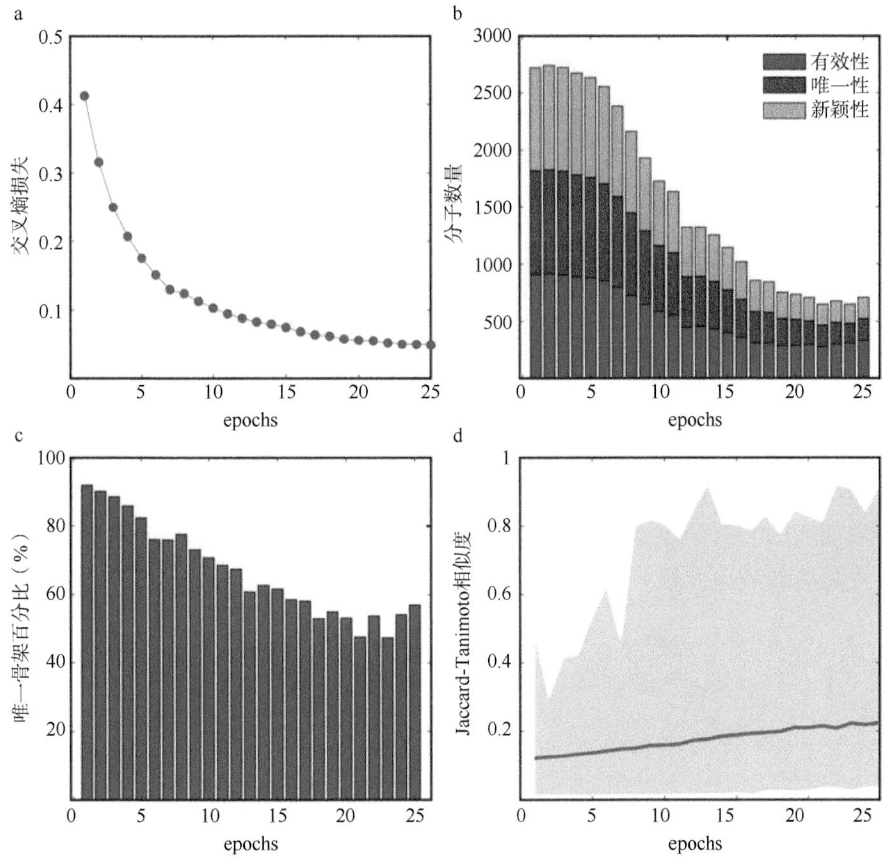

图9.11　模型微调对所选指标的影响。a. 交叉熵损失[式（9.2）]。b. 有效、唯一、新颖的SMILES码的数量（每个epoch 1000个字符串）。c. 唯一骨架的百分比（仅计算新颖的SMILES码）。d. Jaccard-Tanimoto相似度，从头生成的分子和微调数据集（摩根指纹，1024位，半径 = 2）。蓝线表示平均值，阴影区域表示相似度指数的最小值和最大值

9.3.5.4　从头分子设计与微调分子的结构相似度

从头分子设计应该与微调化合物具有一定的相似度（如在药效团、形状和静电性质方面），但在子结构元素和官能团方面不应相似。计算两个分子之间片段/官能团相似度的一种方法是使用摩根指纹[83]（也称为圆形或扩展连接指纹），这是化学信息学[84–87]中最流行的分子描述符之一。摩根指纹将子结构的存在编码为固定长度（这里为1024位）的二进制向量，其中1表示某个子结构的存在，0表示其不存在。摩根指纹可用来计算两个分子（X和Y）之间的化学相似度，如通过使用雅卡尔-谷本（Jaccard-Tanimoto）相似度指数[S，式（9.3）][88]：

$$S = \frac{a}{a+b} \tag{9.3}$$

式中，a表示两个分子的指纹中等于1的位数，b表示X和Y的指纹之间不同的位数（即一个指纹等于0，另一个指纹等于1）。换言之，雅卡尔-谷本相似度指数（S）展示了两个指

纹都等于1的位数，指数值越大，表明X和Y之间的结构相似度越大。平均摩根指纹相似度随着微调epoch的增加而降低（图9.11d），这是由于模型收敛到了用于微调的RXR调节剂的化学空间。

9.3.5.5 从头分子设计的选择

为了生成一个与微调分子相似但具有一定结构和化学骨架多样性的集中分子库，可以用10个epoch来训练（图9.11）。实际上，在所有标准中10个epoch是最优选择。例如，其可获得低损失值（L=0.10），生成的SMILES码中57%是新颖化合物，有71%是不同化学骨架，具有0.017～0.81较宽的雅卡尔-谷本相似度（摩根指纹）。此外，与微调分子相比，在第10个epoch生成的分子具有几种新的化学骨架（图9.12）。在选择一个或一组epoch后，生成分子通常用来确定合成和实验测试的优先次序。有多种策略可对优先级进行排序，如预测的大分子靶点[10, 22]、预测亲和力[21]、与已知生物活性分子药效团的相似度[10, 20, 22]或预测合成可及性[22]。

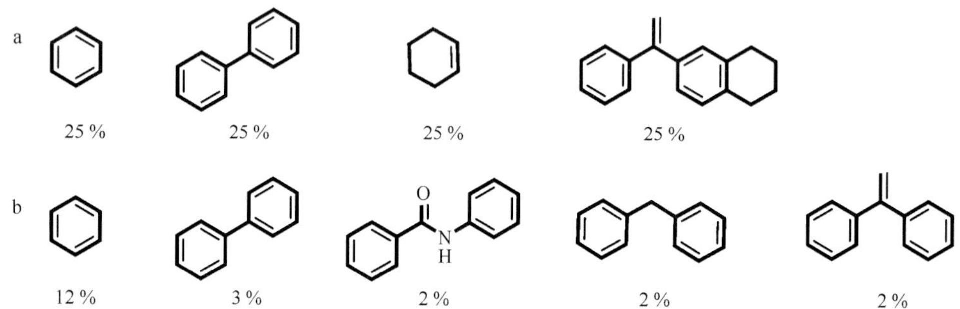

图9.12 a. 4种微调训练化合物的结构骨架（图9.2）；b. 在从头生成训练中第10个epoch时采样获得的最常见结构骨架

9.3.6 最终考虑事项

化学语言模型和DL中的生成模型已经成为药物化学家有价值的工具，并在一些应用中取得了成功。DL在化学领域的快速发展有可能进一步提高从头设计新药的能力和效率，特别是在数据少、先验化学和生物信息有限的情况下。有多种方法可以将训练和微调策略应用于分子生成并捕获其化学性质。在这里，我们以BIMODAL方法的实例来说明，当将化学语言模型应用于从头分子设计时，重要的是要清楚，没有一个方法适合所有的任务[89]。搜索虚拟库优先级的方法可能是决定未来项目成功的最关键因素。我们建议对所选的DL框架和优先级的有效性进行回顾性分析。

为了提高化学语言模型的性能，当前已有几种“混合”方法，其考虑了分子生成的其他方面，如生物活性预测[90]、分子立体构型[91]和基因特征[92]。这些方法将推动化学语言模型对药物化学的贡献。为了更好地理解DL方法在从头药物设计中的可能性和局限性，我们建议尽可能通过合成和测试生成分子生物活性的方法进行实验验证，并研究AI[93]的可解释性等。

注释1：Jupyter Notebook。Jupyter网站（https：//jupyter.org/）包含了关于Notebook、相关工具和故障排除的其他信息。应在启动Jupyter Notebook之前激活虚拟环境（command：“conda activate de_novo”），以确保所有必要的软件包和相关程序都可用。

注释2：标识Git的根目录。可以使用以下命令（默认将保存Git存储库）：“git rev-parse --show-toplevel ”。每个下载的存储库都将被保存在这里（e.g.，＜path_to_root＞/＜repository_name＞）。

注释3：用不同的设置来训练一个模型。如果需要训练与表9.2中指定设置不同的模型，那么还需要执行预训练。具体实施方法在以下网址中说明：https：//github.com/ETHmodlab/BIMODAL。对于模型预训练，需要一个GPU。原始存储库还有助于执行验证其他高级训练设置。

（段宏亮　李　晟　译；白仁仁　校）

参考文献

1. Hoffmann R, Laszlo P (1991) Representation in chemistry. Angew Chem Int Ed Engl 30:1–16
2. Weininger D (1988) SMILES, a chemical language and information system. 1. Introduction to methodology and encoding rules. J Chem Inf Comput Sci 28:31–36
3. Sushko I, Novotarskyi S, Körner R et al (2011) Online chemical modeling environment (OCHEM): web platform for data storage, model development and publishing of chemical information. J Comput Aided Mol Des 25:533–554
4. Karwath A, De Raedt L (2006) SMIREP: predicting chemical activity from SMILES. J Chem Inf Model 46:2432–2444
5. Irwin JJ, Shoichet BK (2005) ZINC-a free database of commercially available compounds for virtual screening. J Chem Inf Model 45:177–182
6. Davis GDJ, Vasanthi AHR (2011) Seaweed metabolite database (SWMD): a database of natural compounds from marine algae. Bioinformation 5:361–364
7. Toropov AA, Benfenati E (2007) SMILES in QSPR/QSAR modeling: results and perspectives. Curr Drug Discov Technol 4:77–116
8. Ikebata H, Hongo K, Isomura T et al (2017) Bayesian molecular design with a chemical language model. J Comput Aided Mol Des 31:379–391
9. Segler MHS, Kogej T, Tyrchan C et al (2018) Generating focused molecule libraries for drug discovery with recurrent neural networks. ACS Cent Sci 4:120–131
10. Merk D, Friedrich L, Grisoni F et al (2018) De novo design of bioactive small molecules by artificial intelligence. Mol Inform 37:1700153
11. Hirohara M, Saito Y, Koda Y et al (2018) Con-volutional neural network based on SMILES representation of compounds for detecting chemical motif. BMC Bioinformatics 19:526
12. Gómez-Bombarelli R, Wei JN, Duvenaud D et al (2018) Automatic chemical design using a data-driven continuous representation of molecules. ACS Cent Sci 4:268–276
13. LeCun Y, Bengio Y, Hinton G (2015) Deep learning. Nature 521:436–444
14. Melis G, Dyer C, Blunsom P (2017) On the state of the art of evaluation in neural language models. ArXiv170705589 Cs
15. Deng L, Liu Y (2018) Deep learning in natural language processing. Springer, New York

16. Olivecrona M, Blaschke T, Engkvist O et al (2017) Molecular denovo design through deep reinforcement learning. J Cheminfor-matics 9:48
17. Popova M, Isayev O, Tropsha A (2018) Deep reinforcement learning for de novo drug design. Sci Adv 4:eaap7885
18. Putin E, Asadulaev A, Ivanenkov Y et al (2018) Reinforced adversarial neural computer for de novo molecular design. J Chem Inf Model 58:1194–1204
19. Grisoni F, Moret M, Lingwood R et al (2020) Bidirectional molecule generation with recurrent neural networks. J Chem Inf Model 60:1175–1183
20. Merk D, Grisoni F, Friedrich L et al (2018) Tuning artificial intelligence on the de novo design of natural-product-inspired retinoid X receptor modulators. Commun Chem 1:68
21. Yuan W, Jiang D, Nambiar DK et al (2017) Chemical space mimicry for drug discovery. J Chem Inf Model 57:875–882
22. Grisoni F, Huisman B, Button A, et al (2020) Combining generative artificial intelligence and on-chip synthesis for de novo drug design. Sci Adv 7:3338
23. Heller S, McNaught A, Stein S et al (2013) InChI-the worldwide chemical structure identifier standard. J Cheminformatics 5:7
24. O'Boyle NM and Dalke A (2018) DeepS-MILES: an adaptation of SMILES for use in machine-learning of chemical structures. ChemRxiv Prepr Chemrxiv7097960v1
25. Krenn M, Häse F, Nigam A et al (2020) Self-referencing embedded strings (SELFIES): a 100% robust molecular string representation. Mach Learn Sci Technol 1:045024
26. Rumelhart DE, Hinton GE, Williams RJ (1985) Learning internal representations by error propagation. California Univ San Diego La Jolla Inst for Cognitive Science, CA
27. Hopfield JJ (1982) Neural networks and physical systems with emergent collective computational abilities. Proc Natl Acad Sci U S A 79:2554
28. Kluyver T, Ragan-Kelley B, Pérez F et al (2016) Jupyter notebooks – a publishing format for reproducible computational workflows. In: Loizides F, Schmidt B (eds) Positioning and power in academic publishing: players, agents and agendas. IOS Press, Amsterdam, pp 87–90
29. Cao D-S, Liang Y-Z, Yan J et al (2013) PyDPI: freely available Python package for chemoinformatics, bioinformatics, and chemogenomics studies. J Chem Inf Model 53:3086–3096
30. Nugmanov RI, Mukhametgaleev RN, Akhmetshin T et al (2019) CGRtools: Python library for molecule, reaction, and condensed graph of reaction processing. J Chem Inf Model 59:2516–2521
31. Cao D-S, Xu Q-S, Hu Q-N et al (2013) ChemoPy: freely available python package for computational biology and chemoinformatics. Bioinformatics 29:1092–1094
32. Tangadpalliwar SR, Vishwakarma S, Nimbalkar R et al (2019) ChemSuite: a package for chemoinformatics calculations and machine learning. Chem Biol Drug Des 93:960–964
33. Müller AT, Gabernet G, Hiss JA et al (2017) modlAMP: Python for antimicrobial peptides. Bioinformatics 33:2753–2755
34. Paszke A, Gross S, Massa F, et al (2019) Pytorch: an imperative style, high-performance deep learning library, In: Advances in neural information processing systems, NeurIPS Pro-ceedings, pp 8026–8037
35. Yan Y, Yan J (2018) Hands-on data science with Anaconda: utilize the right mix of tools to create high-performance data science applications. Packt Publishing Ltd, UK
36. Grisoni F, Merk D, Byrne R et al (2018) Scaffold-hopping from synthetic drugs by holistic molecular representation. Sci Rep 8:16469
37. Dheer Y, Chitranshi N, Gupta V et al (2018) Bexarotene modulates retinoid-X-receptor expression and is protective against neurotoxic endoplasmic reticulum stress response and apoptotic pathway activation. Mol Neurobiol 55:9043–9056

38. Mendez D, Gaulton A, Bento AP et al (2019) ChEMBL: towards direct deposition of bioassay data. Nucleic Acids Res 47:D930–D940
39. Kim S, Thiessen PA, Bolton EE et al (2016) PubChem substance and compound databases. Nucleic Acids Res 44:D1202–D1213
40. Pence HE, Williams A (2010) ChemSpider: an online chemical information resource. J Chem Educ 87:1123–1124
41. Moret M, Friedrich L, Grisoni F et al (2020) Generative molecular design in low data regimes. Nat Mach Intell 2:171–180
42. Grisoni F, Neuhaus CS, Gabernet G et al (2018) Designing anticancer peptides by constructive machine learning. ChemMedChem 13:1300–1302
43. Medsker L, Jain LC (1999) Recurrent neural networks: design and applications. CRC Press, Boca Raton, FL
44. Hochreiter S (1998) The vanishing gradient problem during learning recurrent neural nets and problem solutions. Int J Uncertain Fuzzi-ness Knowl-Based Syst 06:107–116
45. Hochreiter S, Schmidhuber J (1997) Long short-term memory. Neural Comput 9:1735–1780
46. Chung J, Gulcehre C, Cho K, et al (2014) Empirical evaluation of gated recurrent neural networks on sequence modeling. ArXiv14123555 Cs
47. Schuster M, Paliwal KK (1997) Bidirectional recurrent neural networks. IEEE Trans Signal Process 45:2673–2681
48. Al-Jarrah OY, Yoo PD, Muhaidat S et al (2015) Efficient machine learning for big data: a review. Big Data Res 2:87–93
49. Ravi S, Larochelle H (2016) Optimization as a model for few-shot learning. Int Conf Learn Represent 2017. https://openreview.net/pdf? id¼rJY0-Kcll
50. Pan SJ, Yang Q (2010) A survey on transfer learning. IEEE Trans Knowl Data Eng 22:1345–1359
51. Zoph B, Yuret D, May J, et al (2016) Transfer learning for low-resource neural machine translation. ArXiv160402201 Cs
52. Ouyang X, Kawaai S, Goh EGH et al (2017) Audiovisual emotion recognition using deep transfer learning and multiple temporal models. In: Proceedings of the 19th ACM international conference on multimodal interaction. ACM, New York, NY, USA, pp 577–582
53. Wang D, Zheng TF (2015) Transfer learning for speech and language processing. In: 2015 Asia-Pacific signal and information processing association annual summit and conference (APSIPA), pp 1225–1237
54. Hunter D, Yu H, Pukish MS et al (2012) Selection of proper neural network sizes and architectures—a comparative study. IEEE Trans Ind Inform 8:228–240
55. Valsecchi C, Collarile M, Grisoni F et al (2020) Predicting molecular activity on nuclear receptors by multitask neural networks. J Chemom: e3325
56. Winkler DA, Le TC (2017) Performance of deep and shallow neural networks, the universal approximation theorem, activity cliffs, and QSAR. Mol Inform 36:1600118
57. Preuer K, Renz P, Unterthiner T et al (2018) Fréchet ChemNet distance: a metric for generative models for molecules in drug discovery. J Chem Inf Model 58:1736–1741
58. Simard P, Victorri B, LeCun Y, et al (1992) Tangent prop a formalism for specifying selected invariances in an adaptive network, In: Advances in neural information processing systems, NeurIPS Proceedings, pp 895–903
59. Bjerrum EJ (2017) SMILES enumeration as data augmentation for neural network modeling of molecules. ArXiv Prepr ArXiv170307076
60. Arús-Pous J, Johansson SV, Prykhodko O et al (2019) Randomized SMILES strings improve the quality of molecular generative models. J Cheminformatics 11:1–13
61. Justus D, Brennan J, Bonner S et al (2018) Predicting the computational cost of deep learning models. In: 2018 IEEE international conference on big data (big data). IEEE, Washington, DC, pp 3873–3882

62. Fourches D, Muratov E, Tropsha A (2010) Trust, but verify: on the importance of chemical structure curation in cheminformatics and QSAR modeling research. J Chem Inf Model 50:1189–1204
63. Young D, Martin T, Venkatapathy R et al (2008) Are the chemical structures in your QSAR correct? QSAR Comb Sci 27:1337–1345
64. O'Boyle NM (2012) Towards a universal SMILES representation – a standard method to generate canonical SMILES based on the InChI. J Cheminformatics 4:22
65. Weininger D, Weininger A, Weininger JL (1989) SMILES. 2. Algorithm for generation of unique SMILES notation. J Chem Inf Com-put Sci 29:97–101
66. Gupta A, Müller AT, Huisman BJ et al (2018) Generative recurrent networks for de novo drug design. Mol Inform 37:1700111
67. Goh GB, Siegel C, Vishnu A et al (2018) Using rule-based labels for weak supervised learning: a ChemNet for transferable chemical property prediction. In: Proceedings of the 24th ACM SIGKDD international conference on knowledge discovery & data mining. ACM, New York, NY, USA, pp 302–310
68. Schneider G, Schneider P, Renner S (2006) Scaffold-hopping: how far can you jump? QSAR Comb Sci 25:1162–1171
69. Bemis GW, Murcko MA (1996) The properties of known drugs. 1. Molecular frameworks. J Med Chem 39:2887–2893
70. Hawkins DM (2004) The problem of overfitting. J Chem Inf Comput Sci 44:1–12
71. Ying X (2019) An overview of overfitting and its solutions. J Phys Conf Ser 1168:022022
72. Brown N, Fiscato M, Segler MHS et al (2019) GuacaMol: benchmarking models for de novo molecular design. J Chem Inf Model 59:1096–1108
73. Polykovskiy D, Zhebrak A, Sanchez-Lengeling B, et al (2020) Molecular sets (MOSES): a benchmarking platform for molecular generation models. ArXiv181112823 Cs Stat
74. Schneider G, Neidhart W, Giller T et al (1999) "Scaffold-hopping" by topological pharmacophore search: a contribution to virtual screening. Angew Chem Int Ed 38:2894–2896
75. Teuber L, Watjen F, Jensen L (1999) Ligands for the benzodiazepine binding site a survey. Curr Pharm Des 5:317–344
76. Patel S, Harris SF, Gibbons P et al (2015) Scaffold-hopping and structure-based discovery of potent, selective, and brain penetrant N-(1H-pyrazol-3-yl)pyridin-2-amine inhibitors of dual leucine zipper kinase (DLK, MAP3K12). J Med Chem 58:8182–8199
77. Jiang Z, Liu N, Dong G et al (2014) Scaffold hopping of sampangine: discovery of potent antifungal lead compound against Aspergillus fumigatus and Cryptococcus neoformans. Bioorg Med Chem Lett 24:4090–4094
78. Olson GL, Bolin DR, Bonner MP et al (1993) Concepts and progress in the development of peptide mimetics. J Med Chem 36:3039–3049
79. Friedrich L, Rodrigues T, Neuhaus CS et al (2016) From complex natural products to simple synthetic mimetics by computational de novo design. Angew Chem Int Ed 55:6789–6792
80. Tresadern G, Cid JM, Macdonald GJ et al (2010) Scaffold hopping from pyridones to imidazo[1,2-a] pyridines. New positive allosteric modulators of metabotropic glutamate 2 receptor. Bioorg Med Chem Lett 20:175–179
81. Yang H, Sun L, Wang Z et al (2018) ADME-Topt: a web server for ADMET optimization in drug design via scaffold hopping. J Chem Inf Model 58:2051–2056
82. Böhm H-J, Flohr A, Stahl M (2004) Scaffold hopping. Drug Discov Today Technol 1:217–224
83. Rogers D, Hahn M (2010) Extended-connectivity fingerprints. J Chem Inf Model 50:742–754
84. O'Boyle NM, Sayle RA (2016) Comparing structural fingerprints using a literature-based similarity benchmark. J Cheminformatics 8:36

85. Pyzer-Knapp EO, Simm GN, Guzik AA (2016) A Bayesian approach to calibrating high-throughput virtual screening results and application to organic photovoltaic materials. Mater Horiz 3:226–233
86. Besnard J, Ruda GF, Setola V et al (2012) Automated design of ligands to polypharmacological profiles. Nature 492:215–220
87. Hert J, Willett P, Wilton DJ et al (2004) Comparison of fingerprint-based methods for virtual screening using multiple bioactive reference structures. J Chem Inf Comput Sci 44:1177–1185
88. Todeschini R, Ballabio D, Consonni V (2020) Distances and similarity measures in chemometrics and chemoinformatics. In: Encyclopedia of analytical chemistry. American Cancer Society, Atlanta, GA, pp 1–40
89. Adam SP, Alexandropoulos S-AN, Pardalos PM et al (2019) No free lunch theorem: a review. In: Demetriou IC, Pardalos PM (eds) Approximation and optimization: algorithms, complexity and applications. Springer International Publishing, Cham, pp 57–82
90. Kim K, Kang S, Yoo J et al (2018) Deep-learning-based inverse design model for intelligent discovery of organic molecules. Npj Comput Mater 4:67
91. Skalic M, Jiménez J, Sabbadin D et al (2019) Shape-based generative modeling for de novo drug design. J Chem Inf Model 59:1205–1214
92. Méndez-Lucio O, Baillif B, Clevert D-A et al (2020) De novo generation of hit-like molecules from gene expression signatures using artificial intelligence. Nat Commun 11:10
93. Jiménez-Luna J, Grisoni F, Schneider G (2020) Drug discovery with explainable artificial intelligence. Nat Mach Intell 2:573–584

第10章

用于QSAR的深度神经网络

摘　要：定量构效关系（quantitative structure-activity relationship，QSAR）模型是药物发现过程中常用的计算工具，是一种基于分子结构特征预测分子生物活性的回归或分类模型。这些模型通常用于为未来实验确定候选药物分子的优先顺序，并帮助药物化学家更好地了解化学结构的变化如何影响分子的生物学效应。因此，开发准确和可解释的QSAR模型在药物发现过程中至关重要。深度神经网络（deep learning，DL）是一种强大的学习算法，在解决包括制药行业在内的各个研究领域的回归和分类问题方面表现出了巨大的应用前景。本章简要回顾了深度神经网络在QSAR建模中的应用，并介绍了提高模型性能的一些常用技术。

关键词：深度神经网络（DNN）；定量构效关系（QSAR）；机器学习（ML）；深度学习（DL）；监督学习

10.1 引言

定量构效关系（QSAR）是一种用来分析药物活性数据的建模方法，在学术界和工业界中得到了广泛的应用。通过机器学习（ML）算法学习分子描述符和实验中测试得到的分子性质和生物活性之间的关系[1]，可以训练得到QSAR模型。QSAR模型可以帮助研究人员在药物发现过程中对药物分子进行优先排序，从而大大减少测试大量化合物所需的时间和精力[2]。各种监督学习算法，包括多元线性回归（multiple linear regression）、偏最小二乘法、k最邻近域法（KNN）、支持向量机和随机森林（RF），已被用于建立QSAR任务的回归或分类模型。越来越复杂的统计和ML方法得以开发，以满足QSAR建模工具的不同需求，这包括准确的预测、模型的可解释性和计算效率，以及处理大量由高维分子描述符表征的分子的能力等[3]。在众多的QSAR方法中，RF因其预测精度高、易用性、对超参数的稳健性和可解释性而成为最受欢迎的方法之一。

在过去的10年间，深度神经网络（DNN）在ML领域取得了革命性的成就，并极大地提高了ML方法在目标检测、语音识别、基因组学和药物发现等各种应用中的性能。2012年，位于美国新泽西州凯尼尔沃斯的默克公司（Merck & Co. Inc.）的子公司默克夏普·多姆公司（Merck Sharp & Dohme Corp.）通过Kaggle（www.kaggle.com/c/MerckActivity）赞助了一场数据科学竞赛，以寻找用于药物发现的最先进的ML QSAR模型方法。获胜团队使用DNN在给定数据集上的预测准确率相较于基准RF模型提高了15%[2]。随后的研究工作[2, 4]表明，DNN是一种适用于大数据集的实用QSAR方法，平均而言，其能比RF做出更好的预测。自此以后，DNN成为制药行业用于药物发现的常规QSAR方法。

QSAR建模工作流程包括几个阶段：数据构建、描述符生成、数据集划分（训练/验证/测试集）、ML建模、模型选择、领域适用性分析，以及最后对感兴趣应用的预测[5]。图10.1展示了QSAR预测建模的一般工作流程。本章涵盖了使用DNN为QSAR应用构建监督学习模型的一些关键点。由QSAR专家撰写的几篇被频繁引用的综述文章提供了关于一般QSAR建模工作流程的更多细节，本章不再赘述。例如，切尔卡索夫（Cherkasov）等[5]对QSAR模型进行了全面的综述，这其中包括该领域的历史发展和方法学的演变，以及开发可靠QSAR模型的指导方针。穆拉托夫（Muratov）等最近的一篇综述[1]重点介绍了过去5年来QSAR建模的现代趋势和技术进展，并重点介绍了传统QSAR领域发展起来的方法如何应用于类似的领域，如量子化学、材料信息学、纳米材料信息学、合成有机化学和多元药理学等。

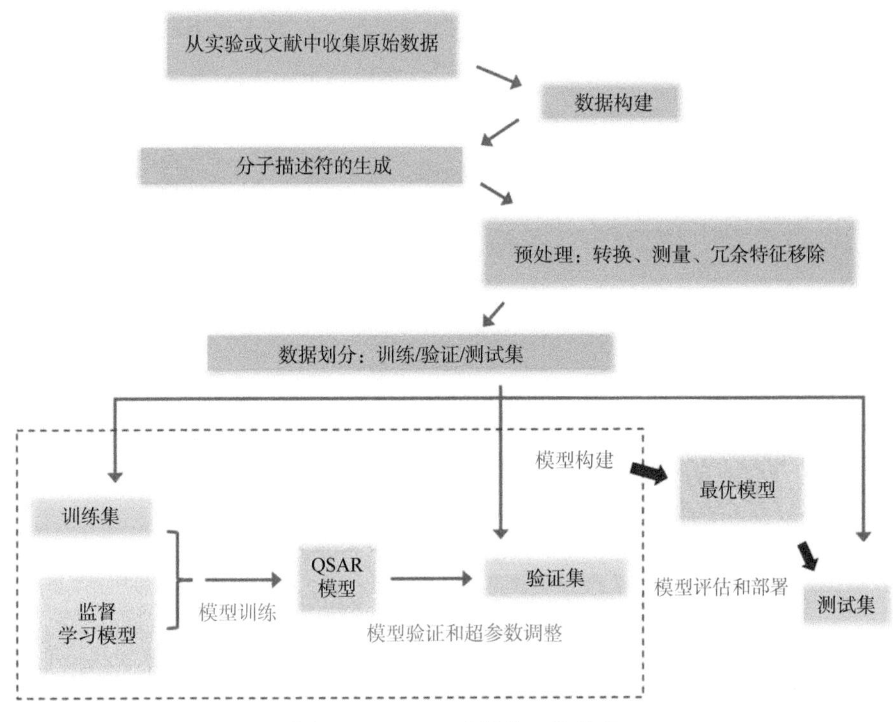

图10.1　QSAR建模的工作流程

DNN由多个中间层组成，可以学习具有多个抽象数据的非线性表示[6]。多种神经网络结构已被应用于QSAR建模，如多层感知器（multilayer perceptron，MLP）[2, 7]、卷积神经网络（CNN）[8]、图卷积神经网络（GCNN）[9, 10]和长短期记忆（LSTM）网络[11]。本章我们使用“DNN”来指代所有深度学习（DL）体系结构。

分子描述符的选择是QSAR建模的重要组成部分。二维描述符是基于分子的二维表示而手工制定的特征，是目前最流行且有效的分子描述符[12]，如原子对（atom pair，AP）[13]和扩展连接性指纹（ECFP）[14]。神经网络结构的先进设计不仅带来了更好的预测，还启发了分子表示方法的发展。例如，SMILES字符串或原子级特征使得模型能够提供更多可解释的信息，这对化学研究人员的工作具有现实意义。

除了选择DNN模型结构和输入分子表示法外，还有多种方法可以基于特定QSAR任务和相关的数据集来提高模型的预测能力。超参数优化或超参数调整是其中的关键一步。虽然一些经典的QSAR方法（如RF）有效的超参数很少，甚至在没有调整的情况下也能很好地进行预测[3]，但DNN模型对许多决定网络结构和用于训练的优化算法的超参数高度敏感。训练数据量是影响DL模型性能的另一个关键因素。由于实验成本较高，耗时较长，药物发现研究中标记的数据量通常是有限的。多任务和迁移学习（TL）技术集成了来自相关数据集的信息，以改进对数据稀缺QSAR任务的模型预测[15]。值得注意的是，虽然我们专注于DL技术，但在大多数模型中，定量方法不一定是限制问题。而与数据相关的问题可能更具挑战性[16]，如实验误差和活性悬崖（activity cliffs）。

QSAR模型的可解释性对于研究人员理解分子机制和提出新的假说也至关重要[5]。除了准确的预测外，如果研究人员能够合理解释模型传递的信息模型，将有助于决策者正确地评估预测的可靠性，进而选择与特定预测任务最相关的分子特征子集，识别具有良好目标特性的亚结构，并进一步深入了解分子活性背后的生物和化学过程[1]。然而，在预期的应用中，DNN通常被用作专为提高预测性能而设计的“黑箱”（blackbox）模型。DNN的设计包含多个中间层和隐藏节点之间的大量连接，为了捕获输入特征和输出值之间的复杂非线性关系的能力，本质上牺牲了可解释性[17]。尽管DNN很难达到像完全透明模型（如决策树或线性回归模型）一样的可解释性，但人们已做出了许多努力，通过结合与模型无关的解释方法或设计新的网络结构来提高DNN的可解释性[18]。

在本章中，我们概述了DNN在QSAR中的应用。下文将介绍几种针对不同神经网络的分子特征提取方法，并回顾常用的DNN结构。随后，重点介绍了在改善DL模型性能方面的最新进展，包括超参数调整、多任务学习和TL。此外，还介绍了模型可解释性的两个主要方面，即不确定度评估和特征重要性，这两个方面与QSAR模型最为相关。最后，简要讨论了其他重要问题和未来前景。

10.2 分子特征

10.2.1 特征向量

许多类型的化学描述符可用来将分子描述为一系列特征。组成描述符包括对分子化学组成的简单测量，如分子量、原子数、单键或双键数目，以及芳环数目。拓扑描述符（topological descriptor）是从分子图派生图不变量，或称为拓扑指数（topological indices），其中原子为顶点，共价键为边[19]。典型的拓扑指数将分子连接性描述为原子之间的邻接。例如，威纳指数（Wiener index）[20]是分子图中所有非氢原子对之间最短路径上存在的键的总数。ECFP[14]是在许多基准研究中流行的另一组有效的拓扑描述符。ECFP是描述某些环形子结构邻域的所有原子标识符的集合。片段描述符要么记录分子中某些结构片段的存在，要么计算其频率[21]，如原子对描述符[13]是计算通过固定数量键连接的原子对。托代斯基尼（Todeschini）等提供了一本百科全书式的分子描述符指南，包括定义、历史发展和范例用法[22]。不同类别的分子描述符可以串联成单一的高维特征向量，以提高QSAR模型的预测性能。这些分子特征向量适用于QSAR中使用的大多数监督学习算法，包括RF[3]、高斯过程（Gaussian process，GP）[23-25]、提升树[26, 27]和全连接DNN[2]。

10.2.2　分子图像

使用RDKit[28]创建的具有红、绿、蓝（RGB）通道分子图像（molecular image）的二维图已被用于CNN[29, 30]的训练。高（Goh）等在早期工作中建立了以单通道灰度分子图像为输入的CNN模型，以离散值表示二维分子结构图像中的原子或键[8]。在训练过程中，建议使用随机旋转、缩放和翻转等数据增强技术获得更好的性能。

10.2.3　分子图

在分子图（molecular graph）中，节点代表原子，无向边代表键，这可以直接用作GCNN的输入。除了描述原子之间联系的邻接矩阵外，还必须包括将原子和键的特征列表作为GCNN的输入。例如，原子特征列表可以包括元素的独热编码、原子度和芳香性指示符；键的特征列表可以包括键的类型和键是否是环的一部分的指示符[9]。当前，大多数GCNN[10, 31, 32]的原子和键特征列表使用开放源码包RDKit[33]实现。

10.2.4　SMILES字符串

SMILES字符串全称为简化分子线性输入规范（simplified molecular-input line-entry system），是一种使用字符串描述分子结构的化学符号系统[34]。一个SMILES字符串定义了一个独特的分子结构，但每个分子可以由几个同样有效的SMILES串来表示。由于递归神经网络（recurrent neural network，RNN）和LSTM模型已经成功地应用于需要处理复杂文本串的自然语言处理（natural language processing，NLP）领域，这些模型也被用于SMILES字符串的QSAR建模[11, 35]。

10.2.5 无监督嵌入

Mol2vec[36]是一种学习分子子结构高维嵌入的无监督方法。其灵感来自NLP中流行的Word2vec模型[37]，该模型创建了单词的数字向量表示。这些向量表示经过优化，使模型可以从大量句子中学习单词关联。在Mol2vec模型中，从摩根（Morgan）算法得到的分子子结构被认为是“词”，可以被排序来表示分子“句子”。例如，将Skip-gram Word2vec算法应用于包含1990万个化合物的大型数据集，能够通过辅助预测任务学习子结构嵌入，该任务使用单个分子子结构“单词”来预测分子句子中该“单词”的上下文。在QSAR应用中，分子描述符是通过对子结构向量求和得到的，然后这些描述符可以用作各种监督学习算法的输入，包括DNN。

10.3 深度神经网络结构

10.3.1 多层感知器

多层感知器（MLP）是最基本的DL架构。其灵感来自生物神经网络。生物神经网络由多层神经元组成，将固定大小的输入特征向量（分子描述符）映射到固定大小的输出（一个或多个生物活性）。图10.2显示了由两个隐藏层组成的小型MLP体系结构。在这一简化的实例中，第一个“输入”层接受一个大小为3的分子描述符向量，最后的“输出”层有两个节点，同时产生2个预测分子活性的QSAR任务。

2个隐藏层中的每个神经元从前一层（输入层或前一隐藏层）中的所有神经元获取输入，并将输入 $z=\sum_i w_i x_i + b$的加权和的非线性变换$f(z)$作为输出。在训练阶段，通过最小化指定的损失函数来优化所有神经元的权值w_i和偏差b。该损失函数利用回归的均方误差和分类的交叉熵等度量来量化预测结果值和真实结果值之间的差异。非线性变换函数f称为激活函数（activation function），其充当控制神经元输出信号的“门”。隐藏层激活函数的常用选择包括S型函数（sigmoid function）和修正的线性单位函数（rectified linear unit function）。通常，回归任务输出神经元的激活函数是线性函数，分类任务是softmax函数。

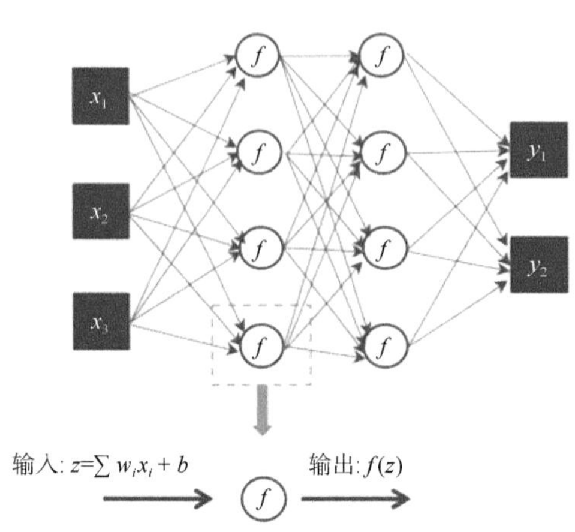

图10.2 简单多层感知器（MLP）的结构

MLP各层节点之间的连接如图10.2中的箭头所示。信息流是单向的，从输入层到输出层（通过两个隐藏层），每层中的每个节点直接连接到后续层中的所有节点。因此，MLP模型也称为全连接前馈神经网络。像MLP模型一样的神经网络的层次结构导致输入分子特征和输出变量之间的复杂非线性变换。“深层”神经网络模型包含多个隐藏层，因此可以有效地对输入特征之间复杂的相互作用或关系进行建模。20世纪90年代，小型MLP神经网络模型得到了广泛研究。然而，大型MLP模型的应用受到了一些技术问题的限制，如优化过程中的梯度消失问题。随着最近优化算法的进步和现代计算硬件的出现，我们目前能够训练出“更深”和“更广”的MLP模型，这些模型可以直接处理数千个分子描述符和大量化合物。实施QSAR模型的MLP的实用指南可参考马（Ma）等的文章[2]。

10.3.2　卷积神经网络

CNN[38]是另一种在DL中广泛采用的前馈神经网络。与MLP相比，CNN模型在相邻层之间有局部连接，而不是完全连接的层，这使得结构化输入数据的训练过程更容易，泛化性能更好[6]。CNN模型旨在处理多个数组形式的数据模态，如一维时间序列数据或二维图像。

典型的CNN模型由多个卷积和池化层组成，其后是全连接层。图10.3提供了一个小型CNN架构的示例。输入是具有多个通道的图像数组，如RGB颜色通道。特征提取的第一阶段由卷积层和池化层执行，这是任何CNN模型的核心构建块。卷积层中的每个节点从前一层的局部图像块（local patch）接收加权输入，随后的池化层执行下采样（down-sampling）以降低所提取特征矩阵的维度。卷积层中使用的一组权值称为滤波器（filter）或卷积核（convolution kernel）。滤波器的作用就像一个滑动窗口，对前一层中的特征进行卷积。每个卷积层包含多个滤波器，这些滤波器从前一层创建具有新特征的多个通道。例如，图10.3中的卷积层具有16个滤波器并提取16通道特征矩阵。最大池化层在每个2×2正方形中取最大值，从而将特征数组的维度减少到原来的一半。然后由全连接的“密集”（dense）层执行第二阶段的特征提取，该层将在卷积层中创建的扁平特征向量作为输入，并进一步处理最终回归或分类任务的高级特征。

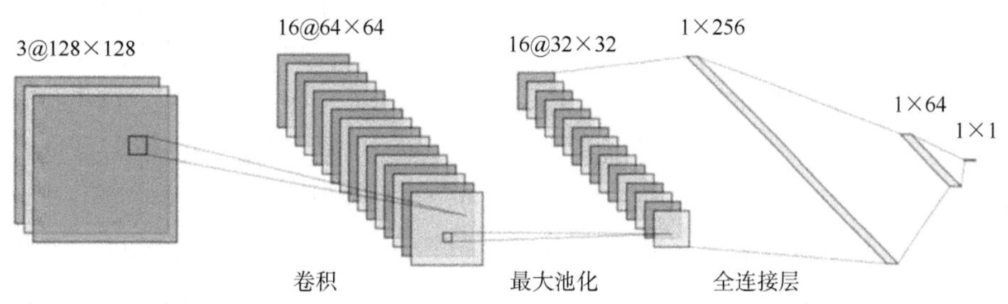

图10.3　简单卷积神经网络（CNN）的结构

许多研究已经成功地采用CNN建立了以二维或三维分子图像作为输入的QSAR模型[8, 29, 30, 39-41]。例如，高（Goh）等[8]开发的“Chemception”模型是一个深度CNN模型，其基于分子的二维图形来预测化学性质。在输入图中，原子或键的存在由单通道灰度图像中的唯一数字编码。在不需要任何额外化学知识或特征工程的情况下，Chemception在3

个不同的预测任务中实现了与使用ECFP作为输入的MLP模型相当的准确性。另一个有关Chemception基于Inception-ResNet-v2[42]（两个最先进的CNN架构的结合，用于计算机视觉中的大型基准数据集）而开发CNN模式的成功实例是德兰（Tran）等提出的DeepNose模型[40]。其根据三维分子结构对人类嗅觉进行分类。DeepNose模型的预测准确性可与基于Dragon化学描述符的模型相媲美。在DeepNose模型中，分子的输入数组包含6个通道，对应6种不同的化学元素（如C、H、O等），每种原子的空间分布由一个三维网格表示。梅耶（Meyer）等[29]也建立了CNN模型，该模型使用RDKit创建的具有RGB通道的分子图像作为输入，以预测不同化合物的治疗用途类别。施（Shi）等[30]建立了一种基于二维分子图像的CNN模型，该模型能够有效地预测ADMET性质。

10.3.3 图卷积神经网络

GCNN结构是为直接从无向图进行学习而设计的，如以原子为节点，键为边的分子图。GCNN是基于图的DL中最热门的领域[43]，许多研究已经成功地将GCNN应用于研究分子的图结构，学习分子指纹，预测分子的活动或性质[9, 10, 32, 44, 45]。GCNN结构在QSAR模型的第一次使用是在杜韦诺（Duvenaud）等提出的“神经指纹”模型中[9]，其证明了数据驱动的GCNN生成的神经图形指纹在不同QSAR任务中具有与ECFP相当或更好的预测性能。吉尔默（Gilmer）等[45]提出了消息传递神经网络（message passing neural network，MPNN）框架，该框架可以将文献中的许多GCNN模型描述为特例。研究人员使用了MPNN家族的GCNN新变体，从而在QM9数据集这一重要的分子性质预测基准上带来了最高的预测精度。最近，杨（Yang）等[10]提供了一项广泛的基准研究，比较了几个GCNN模型（MPNN和D-MPNN）与其他精心设计的基于描述符的模型，这些模型基于大量的数据集，包含各种化学终点（chemical end point）指标。

图卷积是将对图像执行的卷积直接扩展到任意大小的图中。CNN模型卷积层中的每个节点提取的特征是上一层中小邻域的加权和，因此CNN中的卷积运算不能直接应用于具有不规则结构的图，如存在于QSAR数据集中的各种分子图。相反，GCNN通过考虑每个唯一节点邻域来执行图卷积运算。经过多层图卷积后，读出功能将节点级特征聚合到固定大小的图级表示中，从而支持以图为中心的任务，如分子性质的预测。读出操作类似于CNN中展平特征向量的生成，并且通常附加全连接层来进一步处理图级特征向量。目前已为GCNN模型设计了各种卷积和读出功能。例如，神经指纹模型[9]对每个节点的一阶邻域进行图卷积，不同分子图之间共享节点度数特定（node degree-specific）权重，并使用求和函数作为读出函数。此外，卡恩斯（Kearnes）等[44]提出了weave模块，该模块在卷积过程中结合了节点和边的信息。weave模块使用复杂直方图作为读出步骤，这与节点级特征的分布有关。张（Zhang）等对几种不同的GCNN进行了更详细的综述[43]。

10.3.4 长短期记忆网络

递归神经网络（RNN）[46]是一类专为时间序列或序列数据设计的神经网络。与信息单向流动的前馈神经网络不同，RNN有反馈回路或循环连接，将输出发送回网络。当RNN一次一个地处理输入序列的元素时，来自过去元素的信息被隐藏节点“记忆”，并用作额外的输入源。LSTM[47, 48]网络是RNN的一种类型，能够学习输入序列中的短期和长期相关性。LSTM网络在语音识别、自然语言处理、音乐创作和股票价格预测等重要任务中表现得非常好。由于LSTM在语言模型中的成功，LSTM已被应用于QSAR/QSPR模型中，这些模型直接从输入分子结构的SMILES文本表示中进行学习[11, 35, 49, 50]。

10.4 改进模型性能

10.4.1 超参数优化

大多数ML算法都需要超参数优化或超参数调整。这一调优步骤旨在确定模型或控制学习过程的最佳超参数集。要构建神经网络模型，首先必须确定网络的确切结构，如隐藏层的数量和每层的节点数。然后，我们选择与模型训练的优化算法相关的另一组变量，如学习率、批次大小、训练轮数（epoch）和损失函数。作为调整过程的一部分，需要探索不同超参数集下构建的DNN模型。交叉验证方法通常用于根据一定的评估指标选择最优的超参数集。超参数优化是构建DNN模型的关键步骤之一，超参数的选择可能比神经网络架构或分子描述符的选择对模型性能的影响更大。

考虑到大量潜在的超参数配置及评估每个配置的高计算成本，穷举搜索是不可行的。最初的人工搜索和网格搜索（grid search）是最广泛使用的两种策略，这两种技术都需要人类专家通过试错或经验进行各种修改[51, 52]。马（Ma）等[2]通过提供一组推荐的超参数，使DNN在不同任务集上产生同样良好的性能，以使得QSAR建模在工业药物发现中更加实用。他们基于人工和网格搜索方法的组合提出了建议，以调查不同超参数配置的影响。其推荐的DNN超参数随后被用作QSAR建模中许多后续工作的基准架构[53-56]。如果文献中没有基准研究，那么从头开始为新问题找到良好的超参数设置将是一项具有挑战性的劳动密集型任务。

随机搜索[51]和贝叶斯优化（Bayesian optimization）[57-61]是两种流行的超参数优化方法，可以代替传统人工搜索或网格搜索。

随机搜索策略从指定的超参数配置空间中独立地提取多个均匀分布的候选超参数进行评估，而网格搜索策略则从规则网格中提取候选。经验证据和理论分析都表明，随机搜索比网格搜索更为有效，特别是在高维搜索空间中[51]。最初的随机搜索策略全面并行地探索所有随机抽样的配置，然后根据预定义的评估指标选择最优模型。在改进的随机搜索策略中，自适应资源分配算法将更多的资源分配给有希望的超参数设置。实验研究表明，与原始的随机搜索方法相比，这种资源分配算法将搜索速度提高了一个数量级[62, 63]。

贝叶斯优化[64]搜索策略是一种基于顺序模型的优化（sequential model-based optimization，SMBO）[59]方法。在该方法中，算法使用一个易于评估的代理函数来逼近计算量较大的目标函数（如DNN中的性能度量）。搜索算法根据代理模型依次提出下一个候选配置。在随机搜索中，候选配置被独立地采样和评估，贝叶斯优化策略通过利用从目标函数[60]先前评估中获得的所有信息来提高搜索效率。

贝叶斯优化算法有两个主要组成部分：一个是目标函数的概率代理模型，另一个是推荐下一个候选点进行评估的采集函数（acquisition function）[61]。流行的代理模型选择是高斯过程，其创建了目标函数的条件分布，在给定所探索超参数集的情况下，该条件分布是可解析导出的。然后，采集函数处理探索和利用之间的权衡；其将考量是探索具有较大不确定性的超参数空间区域（即在先前迭代中较少探索的区域），还是探索具有较高预测模型性能的区域。采集函数有几种常见的选择，包括改进概率、改进期望和高斯过程置信度上界函数（GP upper confidence bound function）。例如，预期改进准则通过最大化当前最佳点的预期改进来提出下一个候选点，该最佳点在GP模型下具有封闭形式的解决方案。斯诺克（Snoek）等[60]为贝叶斯优化提供了实用指南。

综上所述，基于计算机超参数调整的DNN先进技术，如随机搜索和贝叶斯优化，通常可在给定的计算预算内找到比人类专家级优化更好的超参数配置，尤其是基于DNN的新应用或新型神经网络结构。然而，人类的知识和经验仍然有助于为这些计算算法指定更窄的搜索空间或更好的初始化[65, 66]。

10.4.2 多任务学习

多任务学习方法旨在通过联合建模多个相关任务来提高DNN的预测性能。在这种方法中，所有任务通常通过并行训练任务来学习共享表示[67]。

在DNN模型中，一种常见的多任务学习方法是建立具有多个输出的神经网络，其中每个输出节点预测一个分子活性任务。每个任务中的分子由相同的描述符来表示，因此输入层和所有隐藏层在所有任务之间是共享的。最终的损失函数通过对所有输出节点的损失求平均来计算。而只有在对目标值进行适当的归一化或标准化以防止损失函数被具有较大输出值的任务所支配之后，才应执行平均操作[2]。这种用于QSAR建模的多任务DNN方法最初是由Kaggle竞赛的QSAR赛题获胜团队提出的，与基线模型相比，其模型准确率提升了约15%[7]。

索斯宁（Sosnin）等[68]综述了多任务学习方法在化学信息学研究中的应用。尽管多任务学习已成功地应用于许多QSAR建模和药物发现问题[2, 7, 31, 69-73]，但仍需要仔细考虑多任务建模中的附加任务是否对特定任务有益。徐（Xu）等[74]研究了多任务神经网络的基本机制，以及在什么情况下多任务神经网络比单任务模型更具优势。他们的研究结果表明，当任务之间的分子活性相关时，多任务学习是有益的，而且结构相似的分子可以帮助跨目标的信息共享。因此，他们建议应该使用相关领域的知识来选择具有相关活性的任务，以进行多任务建模。

多任务学习，尤其是用DNN实现的多任务学习，一直是ML中的一个活跃研究领域。大多数文献都集中于提出先进的神经网络结构或复杂的训练算法，这些算法已经在不同学科的基准数据集上取得了优异的性能，这些新方法可以作为QSAR建模的有用工具。

在DNN中，有两种常见的多任务学习方法：硬参数共享（hard parameter sharing）和软参数共享（soft parameter sharing）[75, 76]。在硬参数共享中，神经网络结构由在不同任务之间共享的隐藏层组成，其后是几个特定于任务的隐藏层和输出层[77, 78]。上述多输出神经网络是硬参数共享的一种特殊情况。在软参数共享中，隐藏层不在任务之间共享。相反，网络使用正则化[75, 79-82]和集成[83, 84]等特征共享机制，而每个任务的模型维护其自己的参数。

除了这些新颖的网络结构外，还可以采用其他各种优化方法来提高多任务神经网络的训练效率。例如，肯德尔（Kendall）等[85]证明了多任务损失函数的选择对于任务相关的不确定性至关重要。因此，他们提出了一种基于最大似然的最优损失函数，通过计算机视觉的实例计算单个任务的平均损失，结果表明该函数的性能优于原始损失函数。陈（Chen）等[86]设计了一种可代替的梯度归一化算法，动态调整梯度大小，平衡不同任务的训练速率。

10.4.3　迁移学习

TL技术与多任务学习密切相关，多任务学习试图跨越多个任务借用有益的信息。在多任务学习框架中，不同任务的模型训练通常是同时进行的。相比之下，TL侧重于通过应用从多个源任务学到的信息来对特定目标任务进行建模[87]。QSAR模型的成功在很大程度上取决于训练数据的可用性和质量。对于现实世界的应用程序来说，从零开始收集足够的数据来构建定量模型的成本太高，而基于相关领域的TL可能是一种理想的方法[88]。

根据源域、目标域和任务之间的关系，TL被分为三个子类：归纳式TL、直推式TL和无监督TL。前两类在QSAR中更为常用。

· 归纳式TL：在该模型中，源任务与目标任务不同，无论其是否在相同的领域中。例如，即使可能共享一个共同的分子子集，但源任务和目标任务的测量活性是不同的。这种情况类似于多任务建模部分中提供的示例，不同之处在于这里我们只关心目标任务的模型性能。

· 直推式TL：源任务和目标任务相同，但领域不同。例如，在多个数据集中测量相同的分子活性，但具有不同的分子结构分布。在ML中，这种情况也称为“协变量偏移”（covariate shift）或“数据集偏移”（dataset shift）[89, 90]。

通常，有四种典型的知识从源任务转移到目标任务：训练数据实例、特征表示、模型参数和关系知识。潘（Pan）等全面概述了各种TL方法及其在数据挖掘中的应用[87]。西蒙斯（Simoes）等最近的一篇综述[88]讨论了QSAR建模背景下的TL技术，并提出了TL在药物化学研究中的潜在应用。蔡（Cai）等[15]回顾了TL在药物发现中的最新应用，并主要集中在基于DNN的算法上。在这里，我们使用文献中的几个例子来演示DNN模型中的TL如何应用于QSAR建模。

最常用的TL方法是微调。在微调方法中，使用建立在大数据集上的预训练模型中的权重来初始化模型，而不是使用随机初始化权重从头开始训练新的神经网络模型。然后，针对新任务可对模型进行进一步的优化。微调是一种灵活的方法，适用于各种DL模型。

例如，模型网络层可以在模型之间迁移，以允许在预训练模型和特定任务模型之间使用不同的网络架构。李（Li）等采用在NLP[91]中开发的多阶段TL方法进行分子特性/活性预测[35]。在第一阶段，使用LSTM架构构建分子结构预测模型（molecular structure prediction model，MSPM），并由来自ChEMBL[92]的100万个分子的随机权重进行训练。MSPM模型的嵌入层和编码层将SMILES串转换为数值向量，然后在训练阶段对分子特征表示进行创建优化。之后，可以使用目标任务分子对MSPM模型执行可选的微调步骤。模型的最后一个阶段是将李（Li）[35]等开发的来自预训练模型的嵌入层和编码层作为目标任务QSAR模型的输入层，并使用特定于任务的终点对模型进行微调。该方法在多个基准数据集上取得了最好的结果。高（Goh）等[93]开发了一种TL方法，该方法使用弱监督学习将先前化学特征工程研究中基于规则的知识集成到DNN中。在他们的模型中，用于大型化学数据集的基于规则的廉价分子描述符被用作DNN监督预训练的替代输出标签，并具有多任务学习配置。然后使用较小目标任务的标记数据集来微调预先训练的模型。这种方法之前已被证明在多个QSAR数据集的CNN[8]和RNN[49]模型中是有效的。约瓦那克（Iovanac）等[94]提出了一种新的特征表示迁移方法，该方法使用自编码器神经网络创建的潜空间作为TL中的共享特征。使用公共潜空间表示对数据丰富的任务和相关的数据稀缺任务进行联合训练，通过潜空间的丰富性成功地改进了对稀缺数据集的预测。

虽然“如何迁移”的问题一直是一个积极开拓的研究领域，但“何时迁移”的问题在实践中更为重要[15, 87]。只有当源数据集包含与目标任务模型相关的信息时，才能体现出TL的好处[1]。TL关键的第一步是使用专家经验来选择相容的源数据集，因为来自不相关源数据集的知识可能会导致“负迁移”，这会损害目标任务的模型泛化性能[95]。作为依赖实验经验的替代方案，研究人员设计了数据驱动方法用于规避负迁移[96-99]。例如，胡（Hu）等[100]提出了一种用于GNN（图神经网络）的预训练策略，有效地避免了下游目标任务的负迁移。其方法适用于各种GNN体系结构，其背后的关键思想是同时执行节点级和图形级的预训练。在计算机视觉中，基于对抗性网络的新型DL算法已经被开发出来，用于重新加权和滤除源数据中的无关信息[101-103]。这些方法是高度通用的，适用于各种不同学科的TL算法，包括QSAR问题。

10.5 模型的可解释性

10.5.1 不确定度评估

不确定度评估方法旨在量化测量模型的预测在其适用范围内的可靠性或置信度[104]。对于回归任务，我们通常估计一个范围，称为预测区间，预期的观测将以给定的概率落入该区间。例如，给定95%的预测区间$[a, b]$，预计在95%的时间里，新分子的活性将在a和b之间的估计范围内。对于分类任务，通常使用概率分类器评估的属于预测类别的条件概率作为置信度分数。

共形预测（conformal prediction）是一种与模型无关的方法，用于量化模型预测的置信度，适用于回归和分类任务[105]。考虑到大多数QSAR问题中训练数据的大小，归纳共形预测（inductive conformal prediction，ICP）框架是一种适合于共形预测的计算高效框架。ICP的一般步骤如下[106, 107]。

（1）指定有监督的学习算法（回归或分类）作为底层学习方法。

（2）定义不一致性度量（nonconformity measure），以量化一个样本与其他样本相比的不一致性。具体的不一致性度量取决于预测。例如，不一致性可以定义为回归问题残差的绝对值；对于分类问题，可以定义为1减去属于给定类别样本的预测概率（也称为“最小置信度分数”）。不一致性度量的选择将影响共形预测的效率（即预测区域的大小）[105]。

（3）将可用的训练数据分为适当的“训练集”和“校准集”。

（4）使用适当的训练集进行模型拟合，然后将训练好的模型应用于校准集。计算每个校准集样本x_j（$1\leqslant j\leqslant n$）的不合格分数α_j。

（5）在给定测试集中的新样本x_{n+1}和该新样本的可能标签γ的情况下，计算x_{n+1}的不一致性分数并将其与校准集样本的不一致性分数进行比较。通过计算样本中具有较大不一致性分数的那一部分来计算x_{n+1}的p值：

$$p_{n+1}^{\gamma}=\frac{\#\{j=1,\cdots,n+1:\alpha_j\geqslant\alpha_{n+1}\}}{n+1}$$

（6）对于指定的显著性水平$\epsilon\in(0，1)$，其对应于$1-\epsilon$的置信度，x_{n+1}的预测区域包含p值大于显著性水平的所有可能标签γ的集合：

$$\Gamma_{n+1}^{\epsilon}=\{\gamma:p_{n+1}^{\gamma}>\epsilon\}$$

开发共形预测器只需要对任何点预测器进行事后可解释性分析。此外，共形推理的有效性取决于训练数据和测试数据之间可互换的最小假设。共形方法提供的无分布边际覆盖对模型错误指定具有鲁棒性（robus）[108]。这一灵活的框架已被广泛应用于各种监督学习算法构建的QSAR模型[109-116]。

科尔特斯-西里安（Cortes-Ciriano）等[117]提出了一种基于深度置信度（deep confidence）的不确定度评估方法，将共形预测与离散神经网络相结合，为定量构效关系回归任务生成有效的预测区间。“深度置信度”方法需要DNN模型的“快照集成”（snapshot ensemble）。该快照集成是通过在训练单个DNN的同时，周期性地保存模型权重来创建的，以使得DNN的集合包括优化路径的多个快照[118]。遵循斯文松（Svensson）等的推荐，“深度置信度”方法中的不一致性得分是根据DNN集合上的残差和标准差计算的，公式为$\alpha_i=\dfrac{|y_i-\hat{y}_i|}{\exp(\sigma_i)}$，式中，$y_i$是来自实验的分子活性，而$\hat{y}_i$和$\sigma_i$分别是整个集合样品$x_i$预测的平均值和标准差。另一种不确定度估计技术称为“dropout共形预测（dropout conformal predictor）”方法[119]，使用测试时间dropout[120]而不是快照集成来创建DNN集成模型。与“深度置信度”方法相比，“dropout共形预测器”方法以更少的模型存储工作量获得了与之相当的有效性和效率。

另一种主要的不确定度估计方法是使用概率方法，其中模型输出的后验分布被显式建模[17]。例如，如果给定分子结构的潜在活性分布服从正态分布，则分布中的估计方差反映了预测的不确定性，并可用于推导预测区间。该方法的一种是均值-方差评估（mean-variance estimation，MVE）方法[121]，其修改神经网络的输出层以预测目标属性的均值和方差，并使用负的高斯对数似然损失进行模型训练。科斯拉维（Khosravi）等[122]评估了构建神经网络预测区间（prediction interval，PI）的几种概率估计技术，包括Delta、Bayesian、Bootstrap和MVE方法。他们的结果表明，Delta和Bayesian方法具有高质量和可重复性的PI，而MVE和Bootstrap方法具有较低的计算成本，并产生长度更可变的PI。赫希菲尔德（Hirschfeld）等[123]以MPNN[45]作为其基本学习模型，评估了与DNN兼容的多种不确定度量化方法。他们考虑的大多数方法，包括基于集合的方法、基于联合的方法和MVE，都是估计目标结果的均值和方差。基于几种QSAR回归模型的回归精度和不确定度量化精度的比较，赫希菲尔德等[123]推荐了一种基于将MPNN和RF相结合的方法。在这种方法的第一阶段，训练MPNN回归模型作为嵌入模型，从MPNN的最后一层隐藏层提取变换特征（transformed features）。在第二阶段，使用验证集分子的变换特征来训练RF模型。来自RF决策树的预测的方差被用作RF预测不确定性的定量估计。

综上所述，多种不确定度估计方法已被应用于DNN，以量化模型预测中的置信度。基于前人的探索[122-125]，不确定度评估技术的选择应该取决于分析的目标、计算成本、给定QSAR任务的特征及所产生的PI的期望属性。

10.5.2 特征重要性

特征重要性，也称为“变量重要性”或“描述符重要性”，是一种ML模型检测技术，用于确定哪些描述符对预测分子活性最为重要。特征重要性技术主要包括三类：基于扰动的方法、基于梯度的方法和代理模型方法[17]。

基于扰动的方法通过确定当某些输入特征被修改、屏蔽或删除时模型性能降低的程度来评估特征重要性。这些方法几乎适用于任何QSAR模型[126]。方法之一是由布赖曼（Breiman）[127]提出的基于排列的可变重要性（variable importance，VI）度量，其最初是为RF模型设计的，并已适用于基于神经网络的QSAR模型[128]。该方法通过排列验证集中的每个预测器变量并计算错误率（对于分类任务）或均方误差（对于回归任务）的差异来计算变量重要性。另一方法为费希尔（Fisher）等开发的基于排列的VI估计的广泛分析[129]。佩肖克（Petsiuk）等提出的“Rise”算法[130]是另一种基于扰动的方法，是为任何产生标量置信度分数的黑箱模型设计的，如预测属于某个类别概率的神经网络分类器。Rise算法通过使用逐元素乘法应用多个随机二进制掩码来修正输入样本。输入样本的可变重要性图被计算为这些随机生成的掩码的加权和，其中权重是修正样本的相应模型输出（置信度分数）。这些基于模型的不可知扰动方法的一个优点是其易于实现，不需要任何内部权重/梯度或额外的建模工作。然而，当输入特征的维度很大时，则需要较高的计算成本。

基于梯度的方法可计算响应（或激活值）相对于输入变量的偏导数如$\frac{\partial f(x_1, x_2, \cdots, x_n)}{\partial x_i}$。这些偏导数有效地测量响应$f(x_1, x_2, \cdots, x_n)$中的多少变化是由局部邻域周围的输入特征$x_i$的微小变化所导致的。在神经网络模型中，可使用反向传播算法[131]有效地计算相对于输入的梯度，该反向传播算法与用于优化权重的技术相同。为了更好地理解DNN中输入特征的贡献，已开发了几种基于梯度的算法，包括显著图（saliency maps）[132]、去卷积网络[133]、类激活映射（class activation mapping，CAM）[134]、Grad-CAM[135]、DeepLift[136]、分层相关性传播（layer-wise relevance propagation，LRP）[137]和SmoothGrad[138]。安科纳（Ancona）等[139]推导了几种流行的基于梯度的属性方法在多个网络体系结构和任务上的等价性及近似性条件。桑达拉詹（Sundararajan）等[140]提出的积分梯度法将模型预测的$F(x)$归因于每个输入变量x_i，使用从某个基线x'到输入x[如$a_i=(x_i-x_i')\int_{t=0}^{1}\frac{\partial F(x'+t\times(x-x'))}{\partial x_i}\mathrm{d}t$]的线性路径的部分梯度$\frac{\partial F(x)}{\partial x_i}$的路径积分。来自所有特征$\{a_i\}_{i=1}^{n}$的积分梯度的总和是输入样本和所选基线之间的预测分数的差值，因此a_i的大小可以被解释为每个特征x_i的贡献。这种集成的梯度方法已经应用于QSAR分类任务的GCN网络模型[44]，其中原子的贡献强度和分子的原子对特征使用热力图可视化。桑切斯-伦格林（Sanchez-Lengeling）等[141]跨不同的图神经网络体系结构评估了几种常用的特征属性方法，包括SmoothGrad、CAM、Grad-CAM和积分梯度（integrated gradient）。他们在具有假设结合机制的合成分子数据集上的基准结果[142]表明，CAM和积分梯度通常具有更好的性能。然而，尽管基于梯度的特征重要性方法很受欢迎，但对扰动解释的鲁棒性仍然是一个挑战[143, 144]。

代理模型方法使用一个更具解释性的代理模型来量化特征重要性，该代理模型近似于原始的黑箱预测模型。例如，局部可理解的与模型无关的解释技术（local interpretable model-agnostic explanation，LIME）[145]旨在学习本地对任何给定模型可靠的可解释模型。使用LIME算法开发局部代理模型的一般过程是：①选择一个需要解释黑箱预测的感兴趣实例；②随机采样附加数据点，根据其与所选实例的接近程度加权，使得所选实例附近的样本具有更高的权重；③从黑箱模型获得对这些随机样本的预测；④使用加权的样本及其预测来训练可解释的局部模型，如线性模型或决策树；⑤通过解释相应的局部模型来解释感兴趣实例的预测。与基于扰动的方法一样，由于常见的QSAR数据集中的高维输入空间，代理模型方法的计算代价也很高。此外，代理模型探索的局部区域可能是预测器的“平坦”区域，因此不能保证结果的灵敏度[140]。

在QSAR模型中预测特征重要性的一个主要挑战是解释的可靠性。考虑到可能的预测模型、分子描述符和特征重要性方法的多样性，对于给定任务的不同QSAR方法，为“低水平”分子表示（如原子水平属性）开发一个一致且有意义的解释至关重要。这样的解释将对QSAR模型的实际应用有很大的好处，值得进一步研究[126]。有关如何在QSAR模型中分析原子和片段贡献的更多示例，请参见波利修克（Polishchuk）的文章[146]。

10.6 总结

在本章中，我们在QSAR建模的背景下回顾了最先进的DL技术。最近，由于技术和计算硬件的进步，基于DL的QSAR建模已成为一个迅速发展的领域，相应的模型已成功地应用于各种实际场景中。一章的内容不可能涵盖这一领域的所有方面，我们重点讨论了在构建有监督神经网络预测模型时的4个主要考虑因素：①为输入分子生成数字特征；②从可用的不同类型的神经网络中进行选择；③提高DL模型的性能；④纳入能够被人类有效解释的QSAR模型的解释性。

近年来，开发高准确性且具有普遍可解释性的QSAR模型引起了越来越多的关注。目前已付出了相当大的努力来探索药物发现的“可解释”的DL方法[17]，这些方法要么使用模型不可知分析，要么使用新颖的神经网络设计。使用这些可解释模型的最终目的是通过观察相关QSAR模型的一致趋势来获得更好的机制理解[1]。然而，对于QSAR模型解释的鲁棒性和可重复性，还需要更多的研究。

“领域适用性”[147-149]是QSAR模型应用前景中的另一个重要问题。当训练数据和测试数据覆盖不同的化学空间时，QSAR模型的预测性能可能比交叉验证的结果差得多。这个问题也被称为“数据集偏移”问题，是由训练集和测试集之间输入和输出的不同联合分布引起的[150]。经过良好校准的不确定性评估是避免这些不可靠外推的一种方法[125]。此外，使用领域自适应方法，如对抗性区分领域自适应方法[151]，可以通过学习将两个领域映射到共同特征空间的深层神经变换来增加模型的泛化能力。

（段宏亮　吴叶鉴　译；白仁仁　校）

参考文献

1. Muratov EN, Bajorath J, Sheridan RP, Tetko IV, Filimonov D, Poroikov V, Oprea TI, Baskin II, Varnek A, Roitberg A et al (2020) QSAR without borders. Chem Soc Rev
2. Ma J, Sheridan RP, Liaw A, Dahl GE, Svetnik V (2015) Deep neural nets as a method for quantitative structure–activity relationships. J Chem Inf Model 55(2):263–274
3. Svetnik V, Liaw A, Tong C, Culberson JC, Sheridan RP, Feuston BP (2003) Random forest: a classification and regression tool for compound classification and QSAR modeling. J Chem Inf Comput Sci 43 (6):1947–1958
4. Gawehn E, Hiss JA, Schneider G (2016) Deep learning in drug discovery. Mol Inform 35(1):3–14
5. Cherkasov A, Muratov EN, Fourches D, Varnek A, Baskin II, Cronin M, Dearden J, Gramatica P, Martin YC, Todeschini R et al (2014) QSAR modeling: where have you been? Where are you going to? J Med Chem 57(12):4977–5010
6. LeCun Y, Bengio Y, Hinton G (2015) Deep learning. Nature 521(7553):436–444
7. Dahl GE, Jaitly N, Salakhutdinov R (2014) Multi-task neural networks for QSAR predictions. arXiv preprint arXiv:1406.1231
8. Goh GB, Siegel C, Vishnu A, Hodas NO, Baker N (2017) Chemception: a deep neural network with minimal chemistry knowledge matches the performance of expert-developed QSAR/qspr models. arXiv preprint arXiv:1706.06689
9. Duvenaud DK, Maclaurin D, Iparraguirre J, Bombarell R, Hirzel T, Aspuru-Guzik A, Adams RP (2015) Convolutional networks on graphs for learning molecular fingerprints. Adv Neural Inf Proces Syst:2224–2232
10. Yang K, Swanson K, Jin W, Coley C, Eiden P, Gao H, Guzman-Perez A, Hopper T, Kelley B, Mathea M et al (2019) Analyzing learned molecular representations for property prediction. J Chem Inf Model 59 (8):3370–3388
11. Chakravarti SK, Alla SRM (2019) Descriptor free QSAR modeling using deep learning with long short-term memory neural networks. Front Artif Intell 2:17

12. Liaw A, Svetnik V (2014) QSAR modeling: prediction of biological activity from chemical structure. In: Statistical methods for evaluating safety in medical product development, pp 66–83
13. Carhart RE, Smith DH, Venkataraghavan R (1985) Atom pairs as molecular features in structure-activity studies: definition and applications. J Chem Inf Comput Sci 25(2):64–73
14. Rogers D, Hahn M (2010) Extended-connectivity fingerprints. J Chem Inf Model 50(5):742–754
15. Cai C, Wang S, Xu Y, Zhang W, Tang K, Ouyang Q, Lai L, Pei J (2020) Transfer learning for drug discovery. J Med Chem 63 (16):8683–8694
16. Sheridan RP, Karnachi P, Tudor M, Xu Y, Liaw A, Shah F, Cheng AC, Joshi E, Glick M, Alvarez J (2020) Experimental error, kurtosis, activity cliffs, and methodology: what limits the predictivity of quantitative structure–activity relationship models? J Chem Inf Model 60(4):1969–1982
17. Jim'enez-Luna J'e, Grisoni F, Schneider G (2020) Drug discovery with explainable artificial intelligence. Nat Mach Intell 2 (10):573–584
18. Fan F, Xiong J, Wang G (2020) On interpret-ability of artificial neural networks. arXiv pre-print arXiv:2001.02522
19. Dudek AZ, Arodz T, G'alvez J (2006) Computational methods in developing quantitative structure-activity relationships (QSAR): a review. Comb Chem High Throughput Screen 9(3):213–228
20. Wiener H (1947) Structural determination of paraffin boiling points. J Am Chem Soc 69 (1):17–20
21. Varnek A, Tropsha A (2008) Chemoinformatics approaches to virtual screening. Royal Society of Chemistry, London
22. Todeschini R, Consonni V (2009) Molecular descriptors for chemoinformatics: volume Ⅰ: alphabetical listing/volume Ⅱ: appendices, references, vol 41. John Wiley & Sons, Hoboken, NJ
23. Burden FR (2001) Quantitative structure-activity relationship studies using gaussian processes. J Chem Inf Comput Sci 41 (3):830–835
24. Obrezanova O, Cs'anyi G'a, Gola JMR, Segall MD (2007) Gaussian processes: a method for automatic QSAR modeling of adme properties. J Chem Inf Model 47(5):1847–1857
25. DiFranzo A, Sheridan RP, Liaw A, Tudor M (2020) Nearest neighbor gaussian process for quantitative structure–activity relationships. J Chem Inf Model 60(10):4653–4663
26. Svetnik V, Wang T, Tong C, Liaw A, Sheridan RP, Song Q (2005) Boosting: an ensemble learning tool for compound classification and QSAR modeling. J Chem Inf Model 45 (3):786–799
27. Sheridan RP, Wang WM, Liaw A, Ma J, Gifford EM (2016) Extreme gradient boosting as a method for quantitative structure–activity relationships. J Chem Inf Model 56 (12):2353–2360
28. Landrum G (2013) Rdkit documentation. Release 1:1–79
29. Meyer JG, Liu S, Miller IJ, Coon JJ, Gitter A (2019) Learning drug functions from chemical structures with convolutional neural net-works and random forests. J Chem Inf Model 59(10):4438–4449
30. Shi T, Yang Y, Huang S, Chen L, Kuang Z, Yu H, Hu M (2019) Molecular image-based convolutional neural network for the prediction of admet properties. Chemom Intell Lab Syst 194:103853
31. Kearnes S, Goldman B, Pande V (2016) Modeling industrial admet data with multitask networks. arXiv preprint arXiv:1606.08793
32. Wu Z, Ramsundar B, Feinberg EN, Gomes J, Geniesse C, Pappu AS, Leswing K, Pande V (2018) Moleculenet: a benchmark for molecular machine learning. Chem Sci 9 (2):513–530
33. Landrum G et al (2006) Rdkit: open-source cheminformatics. N/A
34. Weininger D (1988) Smiles, a chemical language and information system. 1. Introduction to methodology and encoding rules. J Chem Inf Comput Sci 28(1):31–36
35. Xinhao Li and Denis Fourches. Inductive transfer learning for molecular activity prediction: Next-gen QSAR models with molpmofit. J Cheminformatics, 12:1–15, 2020
36. Jaeger S, Fulle S, Turk S (2018) Mol2vec: unsupervised machine learning approach with chemical intuition. J

Chem Inf Model 58(1):27–35
37. Mikolov T, Chen K, Corrado G, Dean J (2013) Efficient estimation of word representations in vector space. arXiv preprint arXiv:1301.3781
38. LeCun Y, Bottou L'e, Bengio Y, Haffner P (1998) Gradient-based learning applied to document recognition. Proc IEEE 86 (11):2278–2324
39. Fernandez M, Ban F, Woo G, Hsing M, Yamazaki T, LeBlanc E, Rennie PS, Welch WJ, Cherkasov A (2018) Toxic colors: the use of deep learning for predicting toxicity of compounds merely from their graphic images. J Chem Inf Model 58(8):1533–1543
40. Tran N, Kepple D, Shuvaev S, Koulakov A (2019) Deepnose: using artificial neural networks to represent the space of odorants. In: International conference on machine learning. PMLR, pp 6305–6314
41. Karpov P, Godin G, Tetko IV (2020) Transformercnn: Swiss knife for QSAR modeling and interpretation. J Cheminformatics 12(1):1–12
42. Szegedy C, Ioffe S, Vanhoucke V, Alemi A (2017) Inception-v4, inceptionresnet and the impact of residual connections on learning. In Proceedings of the AAAI conference on artificial intelligence, vol 31
43. Zhang Z, Cui P, Zhu W (2020) Deep learning on graphs: a survey. IEEE Trans Knowl Data Eng
44. Kearnes S, McCloskey K, Berndl M, Pande V, Riley P (2016) Molecular graph convolutions: moving beyond fingerprints. J Comput Aided Mol Des 30(8):595–608
45. Gilmer J, Schoenholz SS, Riley PF, Vinyals O, Dahl GE (2017) Neural message passing for quantum chemistry. In: Proceedings of the 34th international conference on machine learning, vol 70, pp 1263–1272
46. Rumelhart DE, Hinton GE, Williams RJ (1986) Learning representations by back-propagating errors. Nature 323 (6088):533–536
47. Hochreiter S, Schmidhuber J (1997) Long short-term memory. Neural Comput 9 (8):1735–1780
48. Yu Y, Si X, Hu C, Zhang J (2019) A review of recurrent neural networks: Lstm cells and net-work architectures. Neural Comput 31 (7):1235–1270
49. Goh GB, Hodas NO, Siegel C, Vishnu S (2017) Smiles2vec: An interpretable general-purpose deep neural network for predicting chemical properties. arXiv preprint arXiv:1712.02034
50. Altae-Tran H, Ramsundar B, Pappu AS, Pande V (2017) Low data drug discovery with one-shot learning. ACS Cent Sci 3 (4):283–293
51. Bergstra J, Bengio Y (2012) Random search for hyperparameter optimization. J Mach Learn Res 13(1):281–305
52. Montavon G'e, Orr G'e, Müller K-R (2012) Neural networks: tricks of the trade, vol 7700. Springer, New York
53. Henaff M, Bruna J, LeCun Y (2015) Deep convolutional networks on graphstructured data. arXiv preprint arXiv:1506.05163
54. Ramsundar B, Liu B, Wu Z, Verras A, Tudor M, Sheridan RP, Pande V (2017) Is multitask deep learning practical for pharma? J Chem Inf Model 57(8):2068–2076
55. Xu Y, Dai Z, Chen F, Gao S, Pei J, Lai L (2015) Deep learning for drug-induced liver injury. J Chem Inf Model 55(10):2085–2093
56. Koutsoukas A, Monaghan KJ, Li X, Huan J (2017) Deep-learning: investigating deep neural networks hyper-parameters and comparison of performance to shallow methods for modeling bioactivity data. J Cheminformatics 9(1):42
57. Brochu E, Cora VM, De Freitas N (2010) A tutorial on Bayesian optimization of expensive cost functions, with application to active user modeling and hierarchical reinforcement learning. arXiv preprint arXiv:1012.2599
58. Bergstra J, Bardenet R'e, Bengio Y, K'egl B'a (2011) Algorithms for hyperparameter optimization. Adv Neural Inf Proces Syst 24:2546–2554
59. Hutter F, Hoos HH, Leyton-Brown K (2011) Sequential model-based optimization for general algorithm configuration. In: International conference on learning and intelligent optimization. Springer, New York, pp

507–523
60. Snoek J, Larochelle H, Adams RP (2012) Practical bayesian optimization of machine learning algorithms. Adv Neural Inf Process Syst 25:2951–2959
61. Shahriari B, Swersky K, Wang Z, Adams RP, De Freitas N (2015) Taking the human out of the loop: a review of bayesian optimization. Proc IEEE 104(1):148–175
62. Jamieson K, Talwalkar A (2016) Non-stochastic best arm identification and hyperparameter optimization. In: Artificial intelligence and statistics, pp 240–248
63. Li L, Jamieson K, DeSalvo G, Rostamizadeh A, Talwalkar A (2017) Hyperband: a novel bandit-based approach to hyperparameter optimization. J Mach Learn Res 18(1):6765–6816
64. Pelikan M, Goldberg DE, Cantú-Paz E et al (1999) Boa: the bayesian optimization algorithm. In: Proceedings of the genetic and evolutionary computation conference GECCO99, vol 1. Citeseer, Princeton, NJ, pp 525–532
65. Wistuba M, Schilling N, Schmidt-Thieme L (2015) Learning hyperparameter optimization initializations. In: 2015 IEEE international conference on data science and advanced analytics (DSAA). IEEE, Washington, DC, pp 1–10
66. Perrone V, Shen H, Seeger MW, Archambeau C, Jenatton R (2019) Learning search spaces for bayesian optimization: another view of hyperparameter transfer learning. Adv Neural Inf Proces Syst:12771–12781
67. Caruana R (1997) Multitask learning. Mach Learn 28(1):41–75
68. Sosnin S, Vashurina M, Withnall M, Karpov P, Fedorov M, Tetko IV (2019) A survey of multi-task learning methods in chemoinformatics. Mol Inform 38(4):1800108
69. Sosnin S, Karlov D, Tetko IV, Fedorov MV (2018) Comparative study of multitask toxicity modeling on a broad chemical space. J Chem Inf Model 59(3):1062–1072
70. Zakharov AV, Zhao T, Nguyen D-T, Peryea T, Sheils T, Yasgar A, Huang R, Southall N, Simeonov A (2019) Novel con-sensus architecture to improve performance of large-scale multitask deep learning QSAR models. J Chem Inf Model 59 (11):4613–4624
71. Wenzel J, Matter H, Schmidt F (2019) Pre-dictive multitask deep neural network models for ADME-Tox properties: learning from large data sets. J Chem Inf Model 59 (3):1253–1268
72. Montanari F, Kuhnke L, Ter Laak A, Clevert D-A'e (2020) Modeling physicochemical admet endpoints with multitask graph convolutional networks. Molecules 25(1):44
73. Feinberg EN, Joshi E, Pande VS, Cheng AC (2020) Improvement in admet prediction with multitask deep featurization. J Med Chem 63(16):8835–8848
74. Xu Y, Ma J, Liaw A, Sheridan RP, Svetnik V (2017) Demystifying multitask deep neural networks for quantitative structure-activity relationships. J Chem Inf Model 57 (10):2490–2504
75. Ruder S (2017) An overview of multi-task learning in deep neural networks. arXiv pre-print arXiv:1706.05098
76. Zhang Y, Yang, Q (2017) A survey on multi-task learning. arXiv preprint arXiv:1707.08114
77. Lee J-H, Chan Y-M, Chen T-Y, Chen C-S Joint estimation of age and gender from unconstrained face images using lightweight multi-task cnn for mobile applications. In: 2018 IEEE conference on multimedia information processing and retrieval (MIPR), vol 2018. IEEE, Washington, DC, pp 162–165
78. Li S, Liu Z-Q, Chan AB (2014) Heterogeneous multi-task learning for human pose estimation with deep convolutional neural network. In: Proceedings of the IEEE conference on computer vision and pattern recognition workshops, pp 482–489
79. Duong L, Cohn T, Bird S, Cook P (2015) Low resource dependency parsing: cross-lingual parameter sharing in a neural network parser. In: Proceedings of the 53rd annual meeting of the association for computational linguistics and the 7th international joint conference on natural language processing (vol 2: Short papers), pp 845–850
80. Yang Y, Hospedales TM (2016) Trace norm regularised deep multi-task learning. arXiv preprint arXiv:1606.04038

81. Teh Y, Bapst V, Czarnecki WM, Quan J, Kirkpatrick J, Hadsell R, Heess N, Pascanu R (2017) Distral: robust multitask reinforcement learning. Adv Neural Inf Proces Syst:4496–4506
82. Vandenhende S, Georgoulis S, De Brabandere B, Van Gool L (2019) Branched multi-task networks: deciding what layers to share. arXiv preprint arXiv:1904.02920
83. Misra I, Shrivastava A, Gupta A, Hebert M (2016) Cross-stitch networks for multi-task learning. In: Proceedings of the IEEE conference on computer vision and pattern recognition, pp 3994–4003
84. Hashimoto K, Xiong C, Tsuruoka Y, Socher R (2016) A joint many-task model: Growing a neural network for multiple nlp tasks. arXiv preprint arXiv:1611.01587
85. Kendall A, Gal Y, Cipolla R (2018) Multi-task learning using uncertainty to weigh losses for scene geometry and semantics. In: Proceedings of the IEEE conference on computer vision and pattern recognition, pp 7482–7491
86. Chen Z, Badrinarayanan V, Lee C-Y, Rabinovich A (2018) Gradnorm: Gradient normalization for adaptive loss balancing in deep multitask networks. In: International conference on machine learning. PMLR, pp 794–803
87. Pan SJ, Yang Q (2009) A survey on transfer learning. IEEE Trans Knowl Data Eng 22 (10):1345–1359
88. Simoes RS, Maltarollo VG, Oliveira PR, Honorio KM (2018) Transfer and multi-task learning in QSAR modeling: advances and challenges. Front Pharmacol 9:74
89. Quionero-Candela J, Sugiyama M, Schwaighofer A, Lawrence ND (2009) Dataset shift in machine learning. The MIT Press, Cambridge, MA
90. Kouw WM, Loog M (2018) An introduction to domain adaptation and transfer learning. arXiv preprint arXiv:1812.11806
91. Howard J, Ruder S (2018) Universal language model fine-tuning for text classification. arXiv preprint arXiv:1801.06146
92. Gaulton A, Bellis LJ, Bento AP, Chambers J, Davies M, Hersey A, Light Y, McGlinchey S, Michalovich D, Al-Lazikani B et al (2012) Chembl: a large-scale bioactivity database for drug discovery. Nucleic Acids Res 40(D1): D1100–D1107
93. Goh GB, Siegel C, Vishnu A, Hodas N (2018) Using rule-based labels for weak supervised learning: a chemnet for transferable chemical property prediction. In: Proceedings of the 24th ACM SIGKDD international conference on knowledge discovery & data mining, pp 302–310
94. Iovanac NC, Savoie BM (2019) Improved chemical prediction from scarce data sets via latent space enrichment. J Phys Chem A 123 (19):4295–4302
95. Rosenstein MT, Marx Z, Kaelbling LP, Dietterich TG (2005) To transfer or not to transfer. In: NIPS 2005 workshop on transfer learning, vol 898, pp 1–4
96. Torrey L, Shavlik J (2010) Transfer learning. In: Handbook of research on machine learning applications and trends: algorithms, methods, and techniques. IGI Global, Hershey, PA, pp 242–264
97. Liang G, Gao J, Ngo H, Li K, Zhang A (2014) On handling negative transfer and imbalanced distributions in multiple source transfer learning. Stat Anal Data Min 7 (4):254–271
98. Paul A, Vogt K, Rottensteiner F, Ostermann J, Heipke C (2018) A comparison of two strategies for avoiding negative transfer in domain adaptation based on logistic regression. ISPRS 42(2):845–852
99. Qu C, Ji F, Qiu M, Yang L, Min Z, Chen H, Huang J, Croft WB (2019) Learning to selectively transfer: Reinforced transfer learning for deep text matching. In: Proceedings of the twelfth ACM international conference on web search and data mining, pp 699–707
100. Hu W, Liu B, Gomes J, Zitnik M, Liang P, Pande V, Leskovec F (2019) Strategies for pre-training graph neural networks. arXiv pre-print arXiv:1905.12265
101. Cao Z, Long M, Wang J, Jordan MI (2018) Partial transfer learning with selective adversarial networks. In: Proceedings of the IEEE conference on computer vision and pattern recognition, pp 2724–2732
102. Wang Z, Dai Z, P'oczos B, Carbonell J (2019) Characterizing and avoiding negative transfer. In: Proceedings of the IEEE conference on computer vision and pattern recognition, pp 11293–11302

103. Zhang J, Ding Z, Li W, Ogunbona P (2018) Importance weighted adversarial nets for partial domain adaptation. In: Proceedings of the IEEE conference on computer vision and pattern recognition, pp 8156–8164
104. National Research Council et al (2012) Assessing the reliability of complex models: mathe-matical and statistical foundations of verification, validation, and uncertainty quantification. National Academies Press, Washington, DC
105. Shafer G, Vovk V (2008) A tutorial on conformal prediction. J Mach Learn Res 9:371–421
106. Papadopoulos H (2008) Inductive conformal prediction: theory and application to neural networks. In: Tools in artificial intelligence. Citeseer, Princeton, NJ
107. Vovk V, Gammerman A, Shafer G (2005) Algorithmic learning in a random world. Springer Science & Business Media, Berlin
108. Lei J, G'Sell M, Rinaldo A, Tibshirani RJ, Wasserman L (2018) Distribution-free predictive inference for regression. J Am Stat Assoc 113(523):1094–1111
109. Eklund M, Norinder U, Boyer S, Carlsson L (2012) Application of conformal prediction in QSAR. In: IFIP international conference on artificial intelligence applications and innovations. Springer, New York, pp 166–175
110. Norinder U, Carlsson L, Boyer S, Eklund M (2014) Introducing conformal prediction in predictive modeling. a transparent and flexible alternative to applicability domain determination. J Chem Inf Model 54 (6):1596–1603
111. Eklund M, Norinder U, Boyer S, Carlsson L (2015) The application of conformal prediction to the drug discovery process. Ann Math Artif Intell 74(1–2):117–132
112. Norinder U, Boyer S (2016) Conformal prediction classification of a large data set of environmental chemicals from toxcast and tox21 estrogen receptor assays. Chem Res Toxicol 29(6):1003–1010
113. Sun J, Carlsson L, Ahlberg E, Norinder U, Engkvist O, Chen H (2017) Applying mondrian cross-conformal prediction to estimate prediction confidence on large imbalanced bioactivity data sets. J Chem Inf Model 57 (7):1591–1598
114. Svensson F, Aniceto N, Norinder U, Cortes-Ciriano I, Spjuth O, Carlsson L, Bender A (2018) Conformal regression for quantitative structure-activity relationship modeling—quantifying prediction uncertainty. J Chem Inf Model 58(5):1132–1140
115. Bosc N, Atkinson F, Felix E, Gaulton A, Hersey A, Leach AR (2019) Large scale comparison of QSAR and conformal prediction methods and their applications in drug discovery. J Cheminformatics 11(1):4
116. Cort'es-Ciriano I, Bender A (2019) Concepts and applications of conformal prediction in computational drug discovery. arXiv preprint arXiv:1908.03569
117. Cort'es-Ciriano I, Bender A (2018) Deep confidence: a computationally efficient framework for calculating reliable prediction errors for deep neural networks. J Chem Inf Model 59(3):1269–1281
118. Huang G, Li Y, Pleiss G, Liu Z, Hopcroft JE, Weinberger KQ (2017) Snapshot ensembles: Train 1, get m for free. arXiv preprint arXiv:1704.00109
119. Cortes-Ciriano I, Bender A (2019) Reliable prediction errors for deep neural networks using test-time dropout. J Chem Inf Model 59(7):3330–3339
120. Gal Y, Ghahramani Z (2016) Dropout as a bayesian approximation: representing model uncertainty in deep learning. In: International conference on machine learning, pp 1050–1059
121. Nix DA, Weigend AS (1994) Estimating the mean and variance of the target probability distribution. In: Proceedings of 1994 IEEE international conference on neural networks (ICNN'94), vol 1. IEEE, Washington, DC, pp 55–60
122. Khosravi A, Nahavandi S, Creighton D, Atiya AF (2011) Comprehensive review of neural network-based prediction intervals and new advances. IEEE Trans Neural Netw 22 (9):1341–1356
123. Hirschfeld L, Swanson K, Yang K, Barzilay R, Coley CW (2020) Uncertainty quantification using neural networks for molecular property prediction. arXiv preprint arXiv:2005.10036

124. Scalia G, Grambow CA, Pernici B, Li Y-P, Green WH (2020) Evaluating scalable uncertainty estimation methods for deep learning-based molecular property prediction. J Chem Inf Model
125. Ovadia Y, Fertig E, Ren J, Nado Z, Sculley D, Nowozin S, Dillon J, Lakshminarayanan B, Snoek J (2019) Can you trust your model's uncertainty? Evaluating predictive uncertainty under dataset shift. Adv Neural Inf Proces Syst:13991–14002
126. Sheridan RP (2019) Interpretation of QSAR models by coloring atoms according to changes in predicted activity: how robust is it? J Chem Inf Model 59(4):1324–1337
127. Breiman L (2001) Random forests. Mach Learn 45(1):5–32
128. Guha R, Jurs PC (2005) Interpreting computational neural network QSAR models: a measure of descriptor importance. J Chem Inf Model 45(3):800–806
129. Fisher A, Rudin C, Dominici F (2019) All models are wrong, but many are useful: learning a variable's importance by studying an entire class of prediction models simultaneously. J Mach Learn Res 20(177):1–81
130. Petsiuk V, Das A, Saenko K (2018) Rise: randomized input sampling for explanation of black-box models. arXiv preprint arXiv:1806.07421
131. Goodfellow I, Bengio Y, Courville A, Bengio Y (2016) Deep learning, vol 1. The MIT Press, Cambridge, MA
132. Simonyan K, Vedaldi A, Zisserman A (2013) Deep inside convolutional networks: visualising image classification models and saliency maps. arXiv preprint arXiv:1312.6034
133. Zeiler MD, Fergus R (2014) Visualizing and understanding convolutional networks. In: European conference on computer vision. Springer, New York, pp 818–833
134. Zhou B, Khosla A, Lapedriza A, Oliva A, Torralba A (2016) Learning deep features for discriminative localization. In: Proceedings of the IEEE Conference on Computer Vision and Pattern Recognition (CVPR), June 2016
135. Selvaraju RR, Cogswell M, Das A, Vedantam R, Parikh D, Batra D (2017) Grad-CAM: visual explanations from deep networks via gradient-based localization. In: Proceedings of the IEEE international conference on computer vision, pp 618–626
136. Shrikumar A, Greenside P, Kundaje A (2017) Learning important features through propagating activation differences. arXiv preprint arXiv:1704.02685
137. Bach S, Binder A, Montavon G'e, Klauschen F, Müller K-R, Samek W (2015) On pixelwise explanations for nonlinear classifier decisions by layer-wise relevance propagation. PLoS One 10(7):e0130140
138. Smilkov D, Thorat N, Kim B, Vi'egas F, Wattenberg M (2017) Smoothgrad: removing noise by adding noise. arXiv preprint arXiv:1706.03825
139. Ancona M, Ceolini E, Oztireli C, Gross M (2017) Towards better understanding of gradient-based attribution methods for deep neural networks. arXiv preprint arXiv:1711.06104
140. Sundararajan M, Taly A, Yan Q (2017) Axiomatic attribution for deep networks. arXiv preprint arXiv:1703.01365
141. Sanchez-Lengeling B, Wei J, Lee B, Reif E, Wang P, Qian WW, McCloskey K, Colwell L, Wiltschko A (2020) Evaluating attribution for graph neural networks. Adv Neural Inf Process Syst 33
142. McCloskey K, Taly A, Monti F, Brenner MP, Colwell LJ (2019) Using attribution to decode binding mechanism in neural network models for chemistry. Proc Natl Acad Sci U S A 116(24):11624–11629
143. Ghorbani A, Abid A, Zou J (2019) Interpretation of neural networks is fragile. In: Proceedings of the AAAI conference on artificial intelligence, vol 33, pp 3681–3688
144. Kindermans P-J, Hooker S, Adebayo J, Alber M, Schütt KT, Dähne S, Erhan D, Kim B (2017) The (un) reliability of saliency methods. arXiv preprint arXiv:1711.00867
145. Ribeiro MT, Singh S, Guestrin C (2016) "Why should i trust you?" explaining the predictions of any classifier. In: Proceedings of the 22nd ACM SIGKDD international conference on knowledge discovery and data mining, pp 1135–1144

146. Polishchuk P (2017) Interpretation of quantitative structure-activity relationship models: past, present, and future. J Chem Inf Model 57(11):2618–2639

147. Eriksson L, Jaworska J, Worth AP, Cronin MTD, McDowell RM, Gramatica P (2003) Methods for reliability and uncertainty assessment and for applicability evaluations of classification-and regression-based QSARs. Environ Health Persp 111(10):1361–1375

148. Weaver S, Gleeson MP (2008) The importance of the domain of applicability in QSAR modeling. J Mol Graph Modell 26 (8):1315–1326

149. Sheridan RP (2015) The relative importance of domain applicability metrics for estimating prediction errors in QSAR varies with training set diversity. J Chem Inf Model 55 (6):1098–1107

150. Candela JQ, Sugiyama M, Schwaighofer A, Lawrence ND (2009) Dataset shift in machine learning. The MIT Press 1:5

151. Tzeng E, Hoffman J, Saenko K, Darrell T (2017) Adversarial discriminative domain adaptation. In: Proceedings of the IEEE conference on computer vision and pattern recognition, pp 7167–7176

第11章

基于结构的药物设计中的深度学习

摘　要：计算方法在药物发现中发挥着越来越重要的作用。基于结构的药物设计（structure-based drug design，SBDD），特别是将大分子靶点结构考虑在内的技术，可用来预测能够与结合位点产生最佳相互作用的化合物。当前，研究人员对以深度神经网络（DNN）为代表的机器学习（ML）算法具有浓厚的兴趣，这也是将深度学习（DL）应用于SBDD相关问题的动力。本章主要介绍了当前活跃于药物设计研究领域的部分方法。

关键词：基于结构的药物设计（SBDD）；对接；虚拟筛选（virtual screening，VS）；评分函数（scoring function）；计算机辅助药物设计（computer-aided drug design，CADD）；机器学习（ML）；神经网络（NN）；深度学习（DL）；卷积神经网络（CNN）

11.1 引言

计算方法被广泛应用于药物发现，通过合理的药物设计发现具有所需性质和生物活性的化合物。利用目标生物靶点（通常为蛋白或核酸）3D结构的药物设计方法被归类为基于结构的药物设计（SBDD）[1]。SBDD旨在预测可在靶点结合位点产生最佳相互作用的化合物。其中，典型的SBDD方法包括分子对接[2]和基于分子力学（molecular mechanics，MM）的分子动力学（molecular dynamics，MD）模拟[3]。此外，还可应用基于量子力学（quantum mechanics，QM）的方法，以及混合（QM/MM）方案[4]。

如今，机器学习（ML）已成为计算化学家武器库中一种越来越流行的替代传统方法的新选择。特别是深度学习（DL）[5]，一类基于深度神经网络（DNN）的模型，其由于对大型数据集可访问性的增加和强大的计算资源而备受关注。长期以来，ML 算法一直用于构建定量构性/构效关系（QSPR/QSAR）模型，旨在基于不同类型的描述符预测化合物的生物活性或性质[6]。最近，DL也通过深度生成模型应用于从头药物设计[7]。此外，DNN也在 SBDD 的背景下得到了应用，但这一想法本身并不新奇[8, 9]。然而，随着结构信息的增加和技术的进步，最近利用DL提取相关特征并对蛋白-配体复合物进行预测的应用数量激增。该领域的研究通常旨在实现高精度，同时避免如热力学积分[10]或自由能扰动[11]等昂贵的QM计算或模拟。

基于结构的虚拟筛选（structure-based virtual screening，SBVS）旨在及时处理大型化合物库，根据其评估的结合亲和力对小分子进行对接和排序。DNN已被应用于SBVS协议。在这种情况下，DNN的作用是进行预测，以便将对接计算集中在最有希望的化合物上。

本章不对SBDD在DL领域文献进行详尽回顾，主要讨论部分代表性应用实例。

11.2 评分函数

评分函数主要用于分子对接，以此预测结合模式并评估配体与大分子靶点的结合亲和力。典型的评分函数采用近似值，使其足够快捷以适用于SBVS[2]。传统的评分函数分为基于力场、基于经验和基于知识三大类。如今，一种基于机器学习的深度神经网络的评分函数（表11.1）也日益流行[12]。训练有素的计算化学研究人员通常依靠视觉检查来评估对接位姿的质量。这一观察启发了我们将DNN应用于同一目的[13]。一般而言，神经网络可以表示3D蛋白-配体复合物，并经过训练通过提供连续值（如预测的解离常数，K_d）来预测结合亲和力，或作为区分结合剂和非结合剂的二元分类器。这个概念的示意图如图11.1所示。为此目的设计了不同的架构结构。下文将概述代表性的基于DNN的评分函数。

表11.1　基于ML选择的评分函数

评分函数	网络架构	代码/Web服务器	参考文献
AtomNET	CNN		[19]
CNN	CNN	https：//github.com/gnina/gnina	[27]
ACNN	CNN	https：//github.com/deepchem/deepchem	[31]
RosENet	CNN	https：//github.com/DS3Lab/RosENet	[34]
TopologyNet	CNN	https：//weilab.math.msu.edu/TDL/	[38]
KDeep	CNN	https：//www.playmolecule.com/Kdeep/	[39]
OnionNet	CNN	https：//github.com/zhenglz/onionnet	[40]
Pafnucy	CNN	https：//gitlab.com/cheminfIBB/pafnucy	[41]
NNScore	全连接神经网络的集成	https：//git.durrantlab.pitt.edu/jdurrant/nnscore1 https：//git.durrantlab.pitt.edu/jdurrant/nnscore2	[13，42]
DLScore	全连接神经网络的集成	https：//github.com/sirimullalab/DLSCORE	[44]
AEScore	全连接神经网络的集成		[45]
PotentialNET	CNN		[47]
GNN	CNN	https：//github.com/jaechanglim/GNN_DTI	[48]

本表提供了部分相关代码或Web服务器的链接。

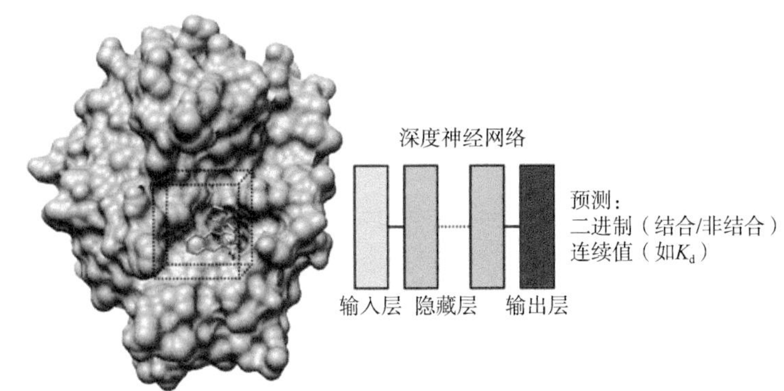

图11.1 神经网络对3D蛋白-配体复合物进行预测的示意图。该网络可由一个输入层（天蓝色）、多个隐藏层（绿色）和一个输出层（紫色）组成。相关层的性质在不同的架构中可能会有很大差异。该模型可提供优先考虑有前景复合物的预测

11.2.1 卷积神经网络

卷积神经网络（CNN）是一类用于对图像进行分类的DNN。CNN通过对输入图像数据应用一系列卷积和池化操作来学习特征层次结构[14]。此类算法大约在30年前由杨立昆（Yann LeCun）[15, 16]首次引入。最近，随着AlexNet[17]在ImageNET竞赛[18]中获得了前所未有的结果，CNN越来越受欢迎。

最近，CNN已被应用于预测3D蛋白-配体复合物。在图像分类任务中，CNN通常将2D图像的像素及其RGB颜色通道作为输入。应用于SBDD的CNN处理3D网格中的体素，其中包括配体和结合位点残基。RGB颜色通道则被表示蛋白-配体复合物物理化学特征的描述符所取代。文献中描述的CNN对SBDD的不同应用会因输入特征化和架构细节而异。

2015年，瓦拉赫（Wallach）等发表了第一篇关于CNN应用于预测SBDD中结合亲和力的文章[19]。他们把模型命名为AtomNET，该模型利用原子类型和不同的蛋白-配体相互作用分子指纹（protein-ligand interaction fingerprint，PLIF）方法[20-22]来表征输入复合物。AtomNET的架构由1个输入层、4个3D卷积层和2个全连接层组成，后面是1个逻辑层，用于分配结合和非结合的概率。在所有隐藏层中都实现了一个ReLU激活函数[23]。这种基于CNN的评分函数在以下方面优于传统评分方法[24]：虚拟筛选基准[25]和包括来自ChEMBL[26]的实验性非活性物质的数据集。

拉戈萨（Ragoza）等开发了另一个CNN模型[27]，该模型根据smina方案[24]使用34种不同的原子类型，其中包括16种受体和18种配体原子类型。不同的训练集用于结合模式预测[28]和虚拟筛选任务[25]。值得注意的是，当可以避免使用CNN的晶体结构坐标时，选择了重新对接的结合模式而不是晶体结构坐标。在结合模式选择和虚拟筛选方面，基于独立测试集[29, 30]的测试表明，CNN都优于传统方法。

与之前只对两方面（结合和非结合）进行预测的模型不同，戈麦斯（Gomes）等提出的原子卷积神经网络（atomic convolutional neural network，ACNN）能够直接预测结合自由能[31]。该模型的灵感来自先前报道的原子指纹神经网络（atomic fingerprint neural network，AFNN）[32, 33]。ACNN引入原子类型卷积和径向池化作为新的卷积操作。原子类型卷积层将原子类型和笛卡儿坐标（Cartesian coordinates）作为输入，以提取编码局部化学环境的特征。而径向池化通过应用降维操作对原子类型卷积的输出进行下采样。径向池化提供了更抽象的表示，并减少了参数的数量，从而有助于防止过度拟合。

RosENet（Rosetta能量神经网络）[34]引入了MM能量作为描述蛋白-配体复合物的策略。MM能量是通过Rosetta全原子力场[35]获得的，考虑了非键合原子的吸引、排斥、静电和溶剂化能项。如此获得的能量可与通过AutoDock Vina[36]提取的分子描述符相结合，包括芳香碳、氢键受体、正离子化和负离子化。然后，在3D网格中对能量和描述符进行体素化。CNN架构基于深度残差神经网络（residual neural network，ResNet）[37]。RosENet在PDBBind v2016核心集[29]上的均方根误差（root mean square error，RMSE）达到了1.24。

基于CNN的评分函数的其他相关实例还包括TopologyNet[38]、KDeep[39]、OnionNet[40]和Pafnucy[41]。

11.2.2　其他架构

许多不同的架构，包括简单的全连接神经网络（fully connected neural network）和图神经网络（graph neural network，GNN），也被用作对蛋白-配体复合物进行评分的解决方案。

NNScore[13]代表了基于DNN的评分函数的早期示例。在这一模型中，蛋白-配体复合物由紧密接触的原子类型对、静电相互作用能、配体原子类型和配体可旋转键的数量来描述。这样获得的输入被传送至一个全连接神经网络。隐藏层和输出层的所有神经元都使用log-sigmoid激活函数。通过使用25 μmol/L的K_d值作为阈值，来区分结合性和非结合性数据以训练NNScore。结果表明，通过使用不同数据集训练的单个或一组网络，NNScore能够媲美甚至超越传统方法。在后来的工作中，描述了改进的评分函数NNScore 2.0[42]。该模型扩展了描述符的数量，以进一步表征分子间相互作用的理化性质[36, 43]。此外，NNScore 2.0可直接预测K_d值，而不是充当二元分类器。

DLScore[44]使用了通过BINding ANAlyzer（BINANA）[43]提取的348个描述符。计算的描述符旨在表示蛋白-配体复合物的性质，包括静电相互作用、结合口袋柔性、氢键、盐桥、可旋转键、π-π 相互作用等。该模型由10个全连接神经网络组成，每个神经网络都具有不同的架构。最终预测是由SBDD的DL对集成中的每个网络的预测进行平均。该策略旨在利用单个架构学习不同实用特征的能力。

最近报道了一种名为AEScore[45]的原子环境向量（atomic environment vector，AEV）的评分方案。AEV是从原子中心对称函数（atom-centered symmetry function，ACSF）中获得的，旨在捕获蛋白-配体结合位点中每个原子的局部化学环境。与基于网格的方法（如与CNN联合使用的一些方法）相反，AEV在平移、旋转和镜像操作下是不变的。CNN的这一缺点通常通过应用大量数据增强来解决，因而增加了计算负担。AEScore的灵感来自分子能量精确神经网络引擎（Accurate NeurAl networK engINe for Molecular Energies，ANAKIN-ME，简称ANI）家族的神经势[46]。该架构由一组原子神经网络（atomic neural network）组成（数据集中的每种元素取一个）。原子神经网络是标准的前馈神经网络

（feed-forward neural network），具有ReLU激活函数和dropout层。通过对单个原子神经网络的输出求和来获得最终的结合亲和力预测。

GNN也被用于估计结合亲和力的方法。顾名思义，GNN将由节点和边组成的图作为输入。目前已经探索了不同类型的GNN。例如，PotentialNet[47]是基于图卷积神经网络（graph convolutional network，GCN）架构。利姆（Lim）等[48]通过设计距离感知图注意（graph attention，GAT）机制，提出了一种不需要启发式化学规则来处理非共价相互作用的GNN。

11.3 基于结构的虚拟筛选

11.3.1 分数预测

在SBVS中，小分子数据库通常虚拟对接在目标靶点的结合位点上。值得注意的是，目前可以对接超过数亿个虚拟化合物的超大型库。其中，通过对接包含1.7亿个化合物的文库，发现了AmpCβ-内酰胺酶（AmpCβ-lactamase）的纳摩尔级抑制剂，以及多巴胺D_4受体（dopamine D_4 receptor）的皮摩尔级抑制剂[49]。此外，最近发布了一个开源库，该库可于大约15 h内在160 000个CPU上对接10亿个化合物[50]。通过云计算，大型SBVS系统变得越来越可行。云计算使计算尽可能高效，并且可以潜在地节省计算资源。研究表明，基于ML的方法可以将对接计算集中在最有希望的配体上，从而减少所需的计算资源量。例如，盖蒂尔（Gentile）等提出了一个名为Deep Docking的DL平台，允许用户通过DNN QSAR模型（该模型由对接分数训练）探索超大型库[51]。DeepDocking方案可基于简单的2D描述符（如分子指纹）快速预测对接分数。然后，仅对预测更有可能得分较高的化合物进行标准对接计算。

11.3.2 结合模式的预测

贾斯特雷兹斯基（Jastrzębski）等应用DNN将对接结合模式预测为PLIF[52]。PLIF是一个比特字符串，其中每个比特代表配体和蛋白结合位点中残基之间建立的非共价接触（如氢键、芳香接触、盐桥）。在这项工作中，测试了不同的ML模型，其中GCN给出了最有希望的结果。丘帕赫因（Chupakhin）等之前曾报道过一项相关的研究[53]，其模型是一个更简单的前馈神经网络，带有一个隐藏层。PLIF预测可以应用于虚拟筛选协议，以将显式对接计算集中在更有可能进行关键交互的化合物上。

11.4 展望

DNN提供了一个通用的工具箱来训练评分函数。随着可用结构信息的增加[54]，其适用性可能也会随之增加。DNN评分函数通常在具有已知结合亲和力及虚拟筛选基准的晶体复合物数据集上进行训练和验证。但是，当使用包含“诱饵”作为底片的虚拟筛选基准时，应谨慎行事。通常按照一组规则选择分子诱饵，以匹配已知活性化合物的理化性质。尽管如此，这样的数据集可能仍然包含可以被强大DNN模型利用并导致人为高度富集活性化合物的偏差[55]。事实上，一些模型广泛依赖于仅从配体中提取的信息，而不是从蛋白-配体相互作用中提取的信息[56]。基于真实高通量筛选数据的虚拟筛选基准，旨在避免所选诱饵引入的偏差[57]。此外，研究表明，将活性配体的错误结合模式作为反例采样，可以鼓励模型考虑配体的环境[56]。在将DNN模型作为评分工具的研究中，一个有趣的发现是，可以突出显示对预测贡献更大的原子或片段[27, 45]。这可用于可视化，并可能用于模型诊断或化合物优化。

在SBVS中，计算化学研究人员通常对由所选择的评分函数提供的排名进行分析，同时对预测的结合模式进行目视检查。应用ML模型可能获得不仅预测得分高，又能很好对接的化合物，而重现已知活性化合物的交互模式对于节省计算时间非常有价值[51, 52]。

值得注意的是，除了本章讨论的主题外，与SBDD相关的DL方法的应用范围还包括从相关配体构象的生成[58]到蛋白结构预测[59]，以及结合位点预测[60]等其他领域。

（段宏亮　吴欣怡　译；白仁仁　校）

参考文献

1. Anderson AC (2003) The process of structure-based drug design. Chem Biol 10:787–797. https://doi.org/10.1016/j.chembiol.2003. 09.002
2. Kitchen DB, Decornez H, Furr JR, Bajorath J (2004) Docking and scoring in virtual screening for drug discovery: methods and applications. Nat Rev Drug Discov 3:935–949. https://doi.org/10.1038/nrd1549
3. De Vivo M, Masetti M, Bottegoni G, Cavalli A (2016) Role of molecular dynamics and related methods in drug discovery. J Med Chem 59:4035–4061. https://doi.org/10.1021/ acs.jmedchem.5b01684
4. Raha K, Peters MB, Wang B, Yu N, Wollacott AM, Westerhoff LM, Merz KM (2007) The role of quantum mechanics in structure-based drug design. Drug Discov Today 12:725–731. https://doi.org/10.1016/ j.drudis.2007.07. 006
5. LeCun Y, Bengio Y, Hinton G (2015) Deep learning. Nature 521:436–444. https://doi. org/10.1038/nature14539
6. Lo Y-C, Rensi SE, Torng W, Altman RB (2018) Machine learning in chemoinformatics and drug discovery. Drug Discov Today 23:1538–1546. https://doi.org/10.1016/j. drudis.2018.05.010
7. Elton DC, Boukouvalas Z, Fuge MD, Chung PW (2019) Deep learning for molecular design—a review of the state of the art. Mol Syst Des Eng 4:828–849. https://doi.org/10. 1039/C9ME00039A
8. Betzi S, Suhre K, Chétrit B, Guerlesquin F, Morelli X (2006) GFscore: a general nonlinear consensus scoring function for high-throughput docking. J Chem Inf Model 46:1704–1712. https://doi.org/10.1021/ ci0600758
9. Artemenko N (2008) Distance dependent scoring function for describing protein ligand intermolecular interactions. J Chem Inf Model 48:569–574. https://doi.org/10.1021/ ci700224e
10. Adcock SA, McCammon JA (2006) Molecular dynamics: survey of methods for simulating the activity of proteins. Chem Rev 106:1589–1615. https://doi.org/10.1021/ cr040426m
11. Kim JT, Hamilton AD, Bailey CM, Domoal RA, Wang L, Anderson KS, Jorgensen WL (2006) FEP-guided selection of bicyclic heterocycles in lead optimization for non-nucleoside inhibitors of HIV-1 reverse transcriptase. J Am Chem Soc 128:15372–15373. https://doi.org/10. 1021/ja066472g

12. Ballester PJ, Mitchell JBO (2010) A machine learning approach to predicting protein-ligand binding affinity with applications to molecular docking. Bioinformatics 26:1169–1175. https://doi.org/10.1093/bioinformatics/btq112
13. Durrant JD, McCammon JA (2010) NNScore: a neural-network-based scoring function for the characterization of protein ligand complexes. J Chem Inf Model 50:1865–1871. https://doi.org/10.1021/ci100244v
14. Rawat W, Wang Z (2017) Deep convolutional neural networks for image classification: a comprehensive review. Neural Comput 29:2352–2449. https://doi.org/10.1162/ neco_a_00990
15. LeCun Y, Boser BE, Denker JS, Henderson D, Howard RE, Hubbard WE, Jackel LD (1990) Handwritten digit recognition with a back-propagation network. Morgan Kaufmann, Burlington
16. LeCun Y, Boser B, Denker JS, Henderson D, Howard RE, Hubbard W, Jackel LD (1989) Backpropagation applied to handwritten zip code recognition. Neural Comput 1:541–551. https://doi.org/10.1162/neco.1989.1.4.541
17. Krizhevsky A, Sutskever I, Hinton GE (2012) ImageNet classification with deep convolutional neural networks. Adv Neural Inf Process Syst 25:1097–1105
18. Russakovsky O, Deng J, Su H, Krause J, Satheesh S, Ma S, Huang Z, Karpathy A, Khosla A, Bernstein M, Berg AC, Fei-Fei L (2015) ImageNet large scale visual recognition challenge. Int J Comput Vis 115:211–252. https://doi.org/10.1007/s11263-015-0816-y
19. Wallach I, Dzamba M, Heifets A (2015) Atom-Net: a deep convolutional neural network for bioactivity prediction in structure-based drug discovery. ArXiv1510.02855
20. Da C, Kireev D (2014) Structural protein-ligand interaction fingerprints (SPLIF) for structure-based virtual screening: method and benchmark study. J Chem Inf Model 54:2555–2561. https://doi.org/10.1021/ ci500319f
21. Deng Z, Chuaqui C, Singh J (2004) Structural interaction fingerprint (SIFt): a novel method for analyzing three-dimensional protein ligand binding interactions. J Med Chem 47:337–344. https://doi.org/10. 1021/jm030331x
22. Pérez-Nueno VI, Rabal O, Borrell JI, TeixidóJ (2009) APIF: a new interaction fingerprint based on atom pairs and its application to virtual screening. J Chem Inf Model 49:1245–1260. https://doi.org/10.1021/ ci900043r
23. Nair V, Hinton GE (2010) Rectified linear units improve restricted Boltzmann machines. In: Proceedings of the 27th international conference on international conference on machine learning. Omnipress, Madison, WI, USA, pp 807–814
24. Koes DR, Baumgartner MP, Camacho CJ (2013) Lessons learned in empirical scoring with smina from the CSAR 2011 benchmarking exercise. J Chem Inf Model 53:1893–1904. https://doi.org/10.1021/ ci300604z
25. Mysinger MM, Carchia M, Irwin JJ, Shoichet BK (2012) Directory of useful decoys, enhanced (DUD-E): better ligands and decoys for better benchmarking. J Med Chem 55:6582–6594. https://doi.org/10.1021/jm300687e
26. Gaulton A, Bellis LJ, Bento AP, Chambers J, Davies M, Hersey A, Light Y, McGlinchey S, Michalovich D, Al-Lazikani B, Overington JP (2012) ChEMBL: a large-scale bioactivity database for drug discovery. Nucleic Acids Res 40:D1100–D1107. https://doi.org/10. 1093/nar/gkr777
27. Ragoza M, Hochuli J, Idrobo E, Sunseri J, Koes DR (2017) Protein-ligand scoring with convolutional neural networks. J Chem Inf Model 57:942–957. https://doi.org/10. 1021/acs.jcim.6b00740
28. Dunbar JB, Smith RD, Yang C-Y, Ung PM-U, Lexa KW, Khazanov NA, Stuckey JA, Wang S, Carlson HA (2011) CSAR benchmark exercise of 2010: selection of the protein-ligand com-plexes. J Chem Inf Model 51:2036–2046. https://doi.org/10.1021/ci200082t
29. Wang R, Fang X, Lu Y, Wang S (2004) The PDBbind database: collection of binding affinities for protein ligand complexes with known three-dimensional structures. J Med Chem 47:2977–2980. https://doi.org/10.1021/jm030580l
30. Riniker S, Landrum GA (2013) Open-source platform to benchmark fingerprints for ligand-based virtual

screening. J Cheminformatics 5:26. https://doi.org/10.1186/1758-2946-5-26

31. Gomes J, Ramsundar B, Feinberg EN, Pande VS (2017) Atomic convolutional networks for predicting protein-ligand binding affinity. ArXiv1703.10603
32. Behler J, Parrinello M (2007) Generalized neural-network representation of high-dimensional potential-energy surfaces. Phys Rev Lett 98:146401. https://doi.org/10. 1103/PhysRevLett.98.146401
33. Behler J (2011) Atom-centered symmetry functions for constructing high-dimensional neural network potentials. J Chem Phys 134:074106. https://doi.org/10.1063/1. 3553717
34. Hassan-Harrirou H, Zhang C, Lemmin T (2020) RosENet: improving binding affinity prediction by leveraging molecular mechanics energies with an ensemble of 3D convolutional neural networks. J Chem Inf Model 60:2791–2802. https://doi.org/10.1021/ acs.jcim.0c00075
35. Alford RF, Leaver-Fay A, Jeliazkov JR, O'Meara MJ, DiMaio FP, Park H, Shapovalov MV, Renfrew PD, Mulligan VK, Kappel K, Labonte JW, Pacella MS, Bonneau R, Bradley P, Dunbrack RL, Das R, Baker D, Kuhlman B, Kortemme T, Gray JJ (2017) The Rosetta allatom energy function for macro-molecular modeling and design. J Chem Theory Comput 13:3031–3048. https://doi. org/10.1021/acs.jctc.7b00125
36. Trott O, Olson AJ (2010) AutoDock Vina: improving the speed and accuracy of docking with a new scoring function, efficient optimization, and multithreading. J Comput Chem 31:455–461. https://doi.org/10.1002/jcc. 21334
37. He K, Zhang X, Ren S, Sun J (2015) Deep residual learning for image recognition. ArXiv1512.03385
38. Cang Z, Wei G-W (2017) TopologyNet: topology based deep convolutional and multi-task neural networks for biomolecular property predictions. PLoS Comput Biol 13:e1005690. https://doi.org/10.1371/journal. pcbi.1005690
39. Jiménez J, Škalič M, Martínez-Rosell G, De Fabritiis G (2018) KDEEP: protein-ligand absolute binding affinity prediction via 3D-convolutional neural networks. J Chem Inf Model 58:287–296. https://doi.org/10. 1021/acs.jcim.7b00650
40. Zheng L, Fan J, Mu Y (2019) OnionNet: a multiple-layer intermolecular-contact-based convolutional neural network for protein-ligand binding affinity prediction. ACS Omega 4:15956–15965. https://doi.org/10.1021/ acsomega.9b01997
41. Stepniewska-Dziubinska MM, Zielenkiewicz P, Siedlecki P (2018) Development and evaluation of a deep learning model for protein-ligand binding affinity prediction. Bioinformatics 34:3666–3674. https://doi. org/10.1093/bioinformatics/bty374
42. Durrant JD, McCammon JA (2011) NNScore 2.0: a neural-network receptor-ligand scoring function. J Chem Inf Model 51:2897–2903. https://doi.org/10.1021/ci2003889
43. Durrant JD, McCammon JA (2011) BINANA: a novel algorithm for ligand-binding characterization. J Mol Graph Model 29:888–893. https://doi.org/10.1016/j.jmgm.2011.01. 004
44. Hassan M, Mogollon DC, Fuentes O, Sirimulla S (2018) DLSCORE: a deep learning model for predicting protein-ligand binding affinities. ChemRxiv. Preprint. https://doi. org/10.26434/chemrxiv.6159143.v1
45. Meli R, Anighoro A, Bodkin M, Morris G, Biggin P (2020) Learning protein-ligand binding affinity with atomic environment vectors. ChemRxiv. Preprint. https://doi.org/10. 26434/chemrxiv.13469625.v1
46. Smith JS, Isayev O, Roitberg AE (2017) ANI-1: an extensible neural network potential with DFT accuracy at force field computational cost. Chem Sci 8:3192–3203. https://doi. org/10.1039/C6SC05720A
47. Feinberg EN, Sur D, Wu Z, Husic BE, Mai H, Li Y, Sun S, Yang J, Ramsundar B, Pande VS (2018) PotentialNet for molecular property prediction. ACS Cent Sci 4:1520–1530. https://doi.org/10.1021/ acscentsci. 8b00507
48. Lim J, Ryu S, Park K, Choe YJ, Ham J, Kim WY (2019) Predicting drug-target interaction using a novel graph neural network with 3D structure-embedded graph representation. J Chem Inf Model 59:3981–3988. https://doi. org/10.1021/acs.jcim.9b00387

49. Lyu J, Wang S, Balius TE, Singh I, Levit A, Moroz YS, O'Meara MJ, Che T, Algaa E, Tolmachova K, Tolmachev AA, Shoichet BK, Roth BL, Irwin JJ (2019) Ultra-large library docking for discovering new chemotypes. Nature 566:224–229. https://doi.org/10. 1038/s41586-019-0917-9
50. Gorgulla C, Boeszoermenyi A, Wang Z-F, Fischer PD, Coote PW, Padmanabha Das KM, Malets YS, Radchenko DS, Moroz YS, Scott DA, Fackeldey K, Hoffmann M, Iavniuk I, Wagner G, Arthanari H (2020) An open-source drug discovery platform enables ultra-large virtual screens. Nature 580:663–668. https://doi. org/10.1038/ s41586-020-2117-z
51. Gentile F, Agrawal V, Hsing M, Ton A-T, Ban F, Norinder U, Gleave ME, Cherkasov A (2020) Deep docking: a deep learning platform for augmentation of structure based drug discovery. ACS Cent Sci 6:939–949. https://doi. org/10.1021/acscentsci.0c00229
52. Jastrzębski S, Szymczak M, Pocha A, Mordalski S, Tabor J, Bojarski AJ, Podlewska S (2020) Emulating docking results using a deep neural network: a new perspective for virtual screening. J Chem Inf Model 60:4246–4262. https://doi.org/10.1021/ acs.jcim.9b01202
53. Chupakhin V, Marcou G, Baskin I, Varnek A, Rognan D (2013) Predicting ligand binding modes from neural networks trained on protein-ligand interaction fingerprints. J Chem Inf Model 53:763–772. https://doi.org/10. 1021/ci300200r
54. Berman HM, Westbrook J, Feng Z, Gilliland G, Bhat TN, Weissig H, Shindyalov IN, Bourne PE (2000) The Protein Data Bank. Nucleic Acids Res 28:235–242. https://doi. org/10.1093/nar/28.1.235
55. Chen L, Cruz A, Ramsey S, Dickson CJ, Duca JS, Hornak V, Koes DR, Kurtzman T (2019) Hidden bias in the DUD-E dataset leads to misleading performance of deep learning in structure-based virtual screening. PLoS One 14:e0220113. https://doi.org/10.1371/jour nal.pone.0220113
56. Scantlebury J, Brown N, Von Delft F, Deane CM (2020) Data set augmentation allows deep learning-based virtual screening to better generalize to unseen target classes and highlight important binding interactions. J Chem Inf Model 60:3722–3730. https://doi.org/10. 1021/acs.jcim.0c00263
57. Tran-Nguyen V-K, Rognan D (2020) Bench-marking data sets from PubChem BioAssay data: current scenario and room for improvement. Int J Mol Sci 21:4380. https://doi.org/ 10.3390/ijms21124380
58. Mansimov E, Mahmood O, Kang S, Cho K (2019) Molecular geometry prediction using a deep generative graph neural network. Sci Rep 9:20381. https://doi.org/10.1038/ s41598-019-56773-5
59. Senior AW, Evans R, Jumper J, Kirkpatrick J, Sifre L, Green T, Qin C, Žídek A, Nelson AWR, Bridgland A, Penedones H, Petersen S, Simonyan K, Crossan S, Kohli P, Jones DT, Silver D, Kavukcuoglu K, Hassabis D (2020) Improved protein structure prediction using potentials from deep learning. Nature 577:706–710. https://doi.org/10.1038/ s41586-019-1923-7
60. Jiménez J, Doerr S, Martínez-Rosell G, Rose AS, De Fabritiis G (2017) DeepSite: protein-binding site predictor using 3D-convolutional neural networks. Bioinformatics 33:3036–3042. https://doi.org/10.1093/bio informatics/btx350

第12章

深度学习在基于配体的从头药物设计中的应用

摘　要：近年来，深度生成模型广泛应用于药物发现中的化合物虚拟筛选，其正成为一种全新的强大工具。本章旨在对基于人工智能（AI）算法的从头设计方法，特别是基于配体方法的最新进展进行介绍。首先简述了在AI技术介入之前与药物从头设计相关的方法，随后介绍了当前在基于配体的从头设计中最常用的神经网络架构，并整理了一份来自文献的包含100多个深度生成模型的最新列表（2017～2020年）。为说明深度生成方法如何应用于药物发现领域，本章还介绍了当前的相关研究，其中所生成的化合物已被合成制备并进行了生物活性测试。最后讨论了所设想的未来方向，以进一步将深度生成模型应用于从头药物设计。

关键词：深度学习（DL）；深度生成模型（deep generative model）；从头药物设计（de novo drug design）；药物发现；计算机辅助药物设计（CADD）；神经网络

12.1 引言

计算机辅助药物设计（CADD）是一项由计算机来支持药物设计的技术。从头药物设计（de novo drug design），即从零开始虚拟生成具有新颖性和创新性的化合物，是CADD的关键和挑战。

从头设计的一大优势是提高了药物发现中可获得的分子数量。基于现有数十亿分子数据库的虚拟或实验筛选的药物发现，仍然只是对类药化学空间（预估包含10^{60}～10^{100}个分子）中一小部分的探索[1, 2]。另外，从头设计，特别是人工智能（AI）方法，可以系统地生成新颖的分子和官能团[3]。在可以预见的某些限制下，我们可以推测：可用于从头设计的分子数量将永远大于实际合成的分子数量。

从头设计奠基于20世纪80年代末90年代初，目前已开发了多种创新性的算法和代码。这项初步工作主要包含三个目标：一是虚拟分子的生成；二是使用打分函数对分子进行排名和筛选；三是对这些方法进行化学可行性评估，以去除反应性和不切实际的化合物。整个过程将转化为对大型化合物数据集的虚拟枚举，然后使用不同的基于配体和基于结构的技术进行评估。研究中会优先选择排名靠前的化合物，使研究人员能够只关注和测试具有已知可合成性的最相关化合物。多年来的研究已经证明了这一方法的有效性，并可将其看作一种成熟的药物设计方法。

然而，由于AI的快速发展，一波新的从头设计方法正在进入药物设计者的视野。特别是最近深度学习（DL）技术的进步使上述三个从头设计的目标合并为单一的多目标优化步骤。通过这种方式，深度生成方法可以同时优化多个分子参数，如理化性质，药物的吸收、分布、代谢、排泄和毒性（ADMET）特性，以及生物活性等，以提供更好的候选药物分子。

本章介绍了对基于配体的深度生成方法在药物发现从头设计中应用的最新观点。第一部分简述了在AI技术之前最常用的从头设计方法。第二部分描述了从头药物设计最常用的神经网络架构。同时，还全面列举了2017～2020年文献中报道的用于小分子设计的深度生成方法的最新列表。此外，本章还介绍了通过基于配体的深度生成方法所设计新型类药分子的合成和实验验证案例。最后，提出了我们所期望的深度生成模型在药物发现中应用的未来发展方向。

12.2 从头设计：历史和背景

尽管本章的重点是基于配体的设计，但需要说明的是，最早开发的技术主要是基于结构的从头设计方法。特别是最早开发的两种算法，即 GRID[4] 和HSITE/Space Skeleton[5, 6]，其能够绘制蛋白的空腔，以识别潜在的配体相互作用位点。这些相互作用位点可用于指导计算机模拟从头设计。这两种方法可自动创建一个点阵列，其在几何上与小分子的典型角度和距离相一致，适合于对生成的配体核心作进一步修饰。作为蛋白-配体的相互作用位点，这两种方法都能识别潜在的氢键。GRID还可以绘制其他分子特征，如芳香性和亲脂性。

遵循类似的方法，具有更高自动化水平的LUDI成为非常流行的方法，也被纳入了商业化的建模软件中[7, 8]。LUDI利用一个由500余个已知片段组成的数据库，将小分子排列至蛋白结合口袋中，然后连接这些片段生成全新的化合物。

在早期基于配体的从头设计方法中，比较出色的是LeapFrog。该方法从已知的配体出发，通过组合遗传算法编码[9]和称为3D-CoMFA的3D分子场评分模型[10]生成全新分子。另一种开创性的基于配体的方法是SPROUT[11, 12]。这种方法可以在有或没有3D受体坐标的情况下，利用已知药物或配体的原子约束来设计新化合物。

几乎所有早期的从头设计技术都遵循十分简单的规则来创造化学上有效的分子。这些方法只考虑了原子价和键的顺序的准确性，而不考虑化学上的可行性。此外，此类方法也不会特别注意新筛选化合物的类药性。SPROUT可能是最早的包括计算机辅助合成可及性评估的算法，以解决新设计化合物的合成可行性[12]。也有一些方法试图克服这一局限性，特别是由小片段组合生成的不切实际的化合物。例如，TOPology-Assigning System（TOPAS）的开发人员从包含生物活性配体数据库的逆合成片段中获得一组规则[13, 14]，然后通过遗传算法将片段重新组合成全新的分子，采用与相关化合物的药效团相似性作为评分函数。如果能加快药效团相似性计算，那么我们能对化学空间进行更广泛的探索。

基于对TOPAS概念的拓展，施耐德（Schneider）及其同事实施了一种名为“真实结构设计”（Design of Genuine Structures，DOGS）的新设计方法[15]。在该方法中，使用一组包含大约25 000个可用分子砌块和58个既定反应方案生成分子。与药物化学家的工作类似，这一特点使DOGS能够为每个设计的分子推荐一个预测的合成路线。罗德里格（Rodrigues）等采用这种方法生成了极光激酶A（Aurora A kinase）的新型抑制剂[16]。

在早期从头设计方法的介绍中，我们应当获悉分子是如何构建的。基本上，片段和连接物采用简单的化学规则或遵循基于合成反应的枚举进行组合。在下一部分中，我们将介绍深度生成方法如何工作，以及这些方法背后最常见的神经网络架构。

12.3 从头设计的神经网络架构

递归神经网络（recurrent neural network，RNN）是设计新分子最常用的神经网络架构之一。RNN可以处理字符串并保持对整个序列信息的记忆。只要使用分子数据集进行训练[17-21]，RNN就可以用于生成新的字符串，从而根据在模型训练中学到的概率分布生成新的分子。RNN可以很容易地与分子字符串表示相结合，如SMILES[22]或SELFIES[23]。一般而言，我们可以在分子字符串中添加额外的字符来模拟特殊动作，如序列的终止（END）和开始（START）。此外，分子图也可与RNN相结合用于类药分子的设计[24-26]。RNN的架构如图12.1a所示。

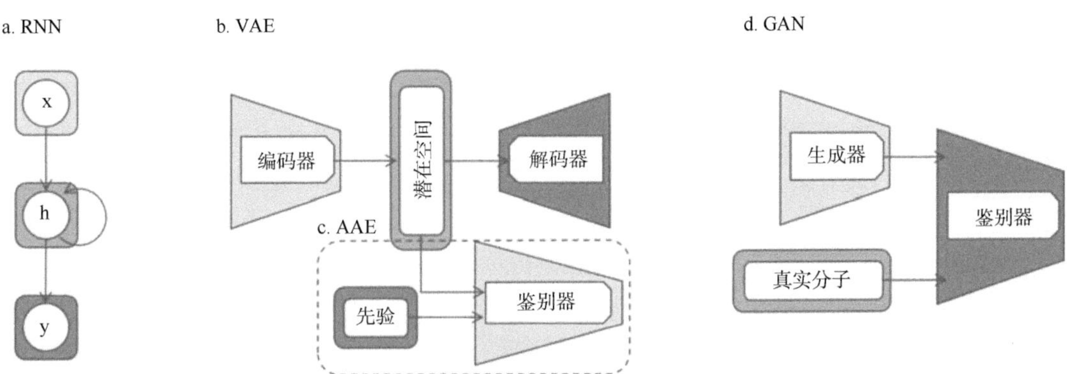

图12.1　药物发现从头设计中最常见的神经网络结构示意图：a. 递归神经网络（RNN）；b. 变分自编码器（VAE）；c. 对抗性自编码器（AAE）；d. 生成式对抗网络（GAN）

在从头药物设计中，另一种流行架构是变分自动编码器（VAE）[27-29]。如图12.1b所示，该架构由两个神经网络组成：编码器和解码器。当第一个网络将输入结构转化为低维空间表示时，第二个网络进行逆向操作，重建原始输入。分子生成部分发生在两个模型之间的低维空间。一旦对模型进行训练，在潜在空间分布中采样的每一个新点都可以被解码器反向翻译为新的化合物。目前，已开发出多种方法进行潜在空间扫描[28, 30-32]。在VAE架构中，分子可以表示为序列，如SMILES[28]、SELFIES[33]或分子图[34, 35]。

对抗自动编码器（AAE）也可被用于从头药物设计[36-40]。AAE是一个添加了鉴别器网络的VAE模型（图12.1c）。在训练过程中，这个额外的网络迫使低维潜在空间无法与特定的先验目标区分。鉴别器的存在表明，AAE网络在药物发现环境中的灵活性得到了提高[41]。

在文献中报道的几种不同自动编码器网络中，值得一提的是半监督式的VAE（semi-supervised VAE，SSVAE）[28, 42-44]。在该模型中，损失函数不仅基于VAE情况下的分子重构能力，还考虑了一些分子性质的预测精度，如分子量和溶解度[28, 43]。通过这种方式，经过训练的SSVAE网络可以生成具有所需特性的新型化合物。同样的半监督思想也被成功地应用于AAE[36]。

鉴别器模块也应用于另一个药物发现神经网络架构中：生成式对抗网络（GAN）（图12.1d）[45-48]。在这种情况下，鉴别器函数被用于区分由模型生成的分子和直接来自训练集的分子。这一信息与生成性损失函数相结合，以驱动模型生成与原始分子无法区分的分子。由于其特殊的结构，GAN表现出一些内在的限制和缺陷，如训练的不平衡性和不稳定性，以及习得化学空间的有限性[41, 49]。然而，GAN代表了一个快速发展的深度生成模型的研究领域，并且已经提出了缓解其中一些限制的相关方法[50, 51]。作为分子表征，SMILES、SELFIES和分子图可以直接用于GAN[23, 46-48]。最近，形态学图像或基因表达也与GAN网络结合使用[38, 52, 53]。其可以在不需要具体了解任何生物靶点的情况下生成相关化合物，因此也代表了从头设计的一个新的极具吸引力的发展方向。

其他不常见的神经网络架构包括强化对抗性神经计算机（adversarial neural computer，RANC）及其扩展对抗性阈值神经计算机（adversarial threshold neural computer，ATNC）。对这些网络的深入详细介绍可参见相关参考文献[54-56]。

虽然以RNN、VAE、AAE和GAN为代表的分子生成方法十分强大，但在许多情况下，依然会设计出并不完全适合药物发现的分子。因此，为了触达理想的化学空间，又开发了几种不同的方法来指导优化[57]。在这方面，需要强调的是强化学习（RL）[58-60]、迁移学习（TL）[61, 62]、贝叶斯优化（Bayesian optimization，BO）[28, 63]、条件生成模型（conditional generative model，CGM）[25]和遗传算法（genetic algorithm，GA）[64]。关于这些方法的详细介绍可参见相关参考文献[49，56]。

总之，分子表征、神经网络架构和优化历程的组合建立了一个深度生成模型，以此来设计新型化合物。表12.1列举了目前可用于类药分子生成的深度生成模型。从2017年至2020年底，开发了100余个不同的生成模型（表中标注的GitHub链接为论文中提供的链接，可与作者、学术团体或公司网页相连）。

表12.1　2017年至2020年底文献中报道的深度生成模型一览表

标题	作者	参考文献	代码
2017年			
基于递归神经网络（RNN）的分子生成	Esben Jannik Bjerrum等	[92]	
药物发现中的化学空间模拟	William Yuan等	[79]	
基于深度强化学习的分子从头设计	Marcus Olivecrona等	[59]	
Sequence Tutor：具有KL控制的保守微调序列生成模型	Natasha Jaques 等	[93]	
ChemTS：一种高效的从头生成分子python库	Xiufeng Yang等	[94]	
基于深度生成模型的从头药物设计：实证研究	Mehdi Cherti等	[95]	
LSTM神经网络在计算机生成新药物化学物质中的应用	Peter Ertl等	[96]	
生成式自编码器在从头分子设计中的应用	Thomas Blaschke等	[39]	
语法变分自编码器	Matt J. Kusner等	[97]	https：//github.com/mkusner/grammarVAE
druGAN：用于计算机生成具有所需分子性质的新分子的高级生成性对抗自编码器模型	Artur Kadurin	[40]	
优化分子空间分布，一种逆向设计化学目标强化的GAN	Benjamin Sanchez-Lengeling等	[47]	https：//github.com/aspuruguzik-group/ORGANIC
2018年			
生成式循环网络在从头药物设计中的应用	Anvita Gupta等	[98]	
基于强化学习探索分子设计的深度循环模型	Daniel Neil等	[99]	
用于新药设计的深度强化学习	Mariya Popova等	[60]	https：//github.com/isayev/ ReLeaSE
基于递归神经网络生成重点分子库的药物发现	Marwin H. S. Segler 等	[62]	*（非来自作者）https：//github.com/jaechanglim/molecule-generator
基于深度分子生成模型的类天然产物虚拟筛选库设计	Yibo Li等	[100]	
基于原型化合物发现的深度生成模型	Shahar Harel等	[101]	https：//github.com/shaharharel/CDN_Molecule

续表

标题	作者	参考文献	代码
基于数据驱动分子连续表示的自动化学设计	Rafael Gómez-Bombarelli 等	[28]	https://github.com/HIPS/molecule-autoencoder
基于条件图变分自编码器的分子设计	Qi Liu 等	[32]	https://github.com/microsoft/constrained-graph-variational-autoencoder
翻译等效化学表征的连续学习和数据驱动的分子描述符	Robin Winter 等	[102]	https://github.com/jrwnter/cddd
结构化数据的语法导向变分自动编码器	Hanjun Dai 等	[103]	https://github.com/HanjunDai/sdvae
GraphVAE：基于变分自动编码器的小图生成模型	Martin Simonovsky 等	[35]	
基于异质编码器改善化学自动编码器潜在空间和分子从头生成多样性	Esben Jannik Bjerrum 等	[104]	
分子超图语法在分子优化中的应用	Hiroshi Kajino 等	[105]	https://github.com/ibm-research-tokyo/graph_grammar
基于正则化变分自动编码器的语义有效图的条件生成	Tengfei Ma 等	[106]	
用于从头分子设计的基于条件变分自编码器的分子生成模型	Jaechang Lim 等	[44]	https://github.com/jaechanglim/CVAE
基于强化对抗神经计算的从头分子设计	Evgeny Putin 等	[54]	
基于对抗阈值神经计算的分子从头设计	Evgeny Putin 等	[55]	
MolGAN：基于小分子图的隐式生成模型	Nicola de Cao 等	[48]	
基于纠缠条件性对抗自动编码器的从头药物发现	Daniil Polykovskiy 等	[36]	
用于序列生成模型的目标强化生成对抗网络（objectivereinforced generative adversarial network，ORGAN）	Gabriel Lima Guimaraes 等	[46]	https://github.com/gablg1/ORGAN
学习图的深度生成模型	Yujia Li 等	[25]	
基于条件图生成模型的多目标从头药物设计	Yibo Li 等	[26]	https://github.com/kevinid/ molecule generator
DEFactor：基于可微边界面因式分解的概率图生成	Rim Assouel 等	[107]	

续表

标题	作者	参考文献	代码
2019年			
基于深度自动编码递归神经网络和生成拓扑映射的从头分子设计	Boris Sattarov等	[108]	
深度强化学习在多参数优化新药设计中的应用	Niclas Ståhl等	[109]	https: //github.com/stan-his/DeepFMPO
基于深度强化学习改善从头配体多样性的探索策略：腺苷A2a受体案例	Xuhan Liu等	[110]	https: //github.com/XuhanLiu/DrugEx
QBMG：基于深度递归神经网络的准生物分子生成器	Shuangjia Zheng等	[111]	https: //github.com/SYSU-RCDD/QBMG
基于长短期记忆生成神经网络的片段药物类似物	Mahendra Awale等	[112]	
基于形状生成模型的从头药物设计	Miha Skalic等	[72]	https: //github.com/compsciencelab/ligdream
基于连接树变分自编码器的分子图生成	Wengong Jin等	[113]	https: //github.com/wengong-jin/icml18-jtnn
基于约束贝叶斯优化，采用变分自编码器的自动化学设计	Ryan-Rhys Griffiths等	[31]	https: //github.com/Ryan-Rhys/Constrained-Bayesian-Optimisation-for-Automatic-Chemical-Desig
基于深度生成模型的条件分子设计	Seokho Kang等	[43]	https: //github.com/nyu-dl/conditional-molecular-design-ssvae
NeVAE：分子图谱的深度生成模型	Bidisha Samanta等	[34]	https: //github.com/Networks- Learning/nevae
基于图神经网络的基于骨架的分子设计	Jaechang Lim等	[114]	https: //github.com/jaechanglim/GGM
基于特征向量GAN的从头设计分子生成方法	Oleksii Prykhodko等	[115]	https: //github.com/Dierme/latent-gan
从靶点到药物，基于结构的多模式配体设计生成模型	Miha Skalic等	[116]	
基于生成目标导向分子图的图卷积策略网络	Jiaxuan You等	[117]	https: //github.com/bowenliu16/rl_graph_generation
从缩略图到SMILES转换的从头分子设计	Peter Pogány等	[118]	
使用深度神经网络增强遗传算法的化学空间探索	AkshatKumar Nigam等	[64]	https: //github.com/aspuruguzik-group/GA
具有混合状态的强化分子生成	Fangzhou Shi等	[119]	
基于深度强化学习优化分子	Zhenpeng Zhou等	[120]	https: //github.com/google-research/google-research/tree/master/mol-dqn

续表

标题	作者	参考文献	代码
学习多模图-图翻译的分子优化	Wengong Jin 等	[121]	https://github.com/wengong-jin/iclr19-graph2graph
对抗性学习的分子图谱推理和生成	Sebastian Pölsterl 等	[122，123]	https://github.com/ai-med/almgig
CORE：利用复制和改进策略的分子自动优化	Tianfan Fu 等	[124]	https://github.com/futianfan/CORE
GraphNVP：用于分子图生成的可逆流模型	Kaushalya Madhawa 等	[125]	https://github.com/pfnet-research/graph-nvp
寻找可合成分子的模型	John Bradshaw 等	[126]	https://github.com/john -bradshaw/molecule-chef
深度学习能够有效快速鉴定DDR1激酶抑制剂	Alex Zhavoronkov 等	[82]	https://github.com/insilicomedicine/gentrl
ChemBO：具有可合成建议的小分子的贝叶斯优化	Ksenia Korovina 等	[127]	https://github.com/ks-korovina/chembo
基于黑箱的循环翻译分子优化	Farhan Damani 等	[128]	
逆向设计和识别的多目标强化学习	Haoran Wei 等	[129]	
2020 年			
基于SMILES的应用骨架的分子生成模型	Josep Arús-Pous 等	[130]	https://github.com/undeadpixel/reinvent-scaffold-decorator
骨架约束的分子生成	Maxime Langevin 等	[131]	https://github.com/maxime-langevin/scaffold-constrained-generation
利用描述符条件递归神经网络直接引导的分子生成	Panagiotis-Christos Kotsias 等	[73]	https://github.com/pcko1/Deep-Drug-Coder
基于递归神经网络和非支配排序的多目标从头药物设计	Jacob Yasonik	[132]	https://github.com/jyasonik/MoleculeMO
基于记忆辅助强化学习的多样性分子从头设计	Thomas Blaschke 等	[133]	https://github.com/tblaschke/reinvent-memory
GEN：使用自编生成式检查网络的高效SMILES探索器	Ruud van Deursen 等	[134]	https://github.com/RuudFirsa/Smiles-GEN
REINVENT 2.0：一种用于新药设计的AI工具	Thomas Blaschke 等	[135]	https://github.com/MolecularAI/Reinvent https://github.com/MolecularAI/ReinventCommunity
用于类药物分子自动生成的生成网络复合体	Kaifu Gao 等	[136]	
基于深度强化学习的综合可达化学空间的分子设计	Julien Horwood，Emmanuel Noutahi	[137]	
OptiMol：化学空间结合亲和力优化在药物发现中的应用	Jacques Boitreaud 等	[33]	https://github.com/jacquesboitreaud/OptiMol

续表

标题	作者	参考文献	代码
双曲空间中的半监督分层药物嵌入	Ke Yu等	[138]	https://github.com/batmanlab/drugEmbedding
用于复杂样品小分子识别的计算机化学性质库和候选分子的深度学习生成	Sean M. Colby等	[139]	
ChemGenerator：用于为特定靶点生成潜在配体的Web服务器	Jing Yang等	[140]	http://smiles.tcmobile.org/static/index.html
用于三维连接器设计的深度生成模型	Fergus Imrie等	[141]	https://github.com/oxpig/DeLinker
基于深度神经网络捕捉化学家直觉的分子优化	Jiazhen He等	[142]	https://github.com/MolecularAI/deep-molecular-optimization
基于片段的分子生成的深度生成模型	Marco Podda等	[143]	https://github.com/marcopodda/fragment-based-dgm
使用深度学习的基于受体三维结构的分子设计	Tomohide Masuda等	[144]	
基于对抗性正则化自动编码器的分子生成模型	Seung Hwan Hong等	[145]	https://github.com/gicsaw/ARAE_SMILES
用于分子设计的条件约束图变分自编码器	Davide Rigoni等	[146]	https://github.com/drigoni/ConditionalCGVAE
基于对抗性自编码器所需转录组变化的分子生成	Rim Shayakhmetov等	[38]	https://github.com/insilicomedicine/BiAAE
基于AI从基因表达特征的苗头化合物从头生成	Oscar Méndez-Lucio等	[52]	
Mol-CycleGAN：用于分子优化的生成模型	Łukasz Maziarka等	[147]	https://github.com/ardigen/mol-cycle-gan
基于递归神经网络的双向分子生成	Francesca Grisoni等	[148]	https://github.com/ETHmodlab/BIMODAL
DeepScaffold：基于深度学习的从头药物发现综合工具	Yibo Li等	[149]	https://github.com/deep-scaffold https://iaidrug.stonewise.cn
Graph Polish：用于分子优化的新型图生成范式	Chaojie Ji等	[150]	
基于结构模体的分子图分层生成	Wengong Jin等	[151]	https://github.com/wengong-jin/hgraph2graph
基于图网络的分子生成	Rocío Mercado等	[66]	https://github.com/MolecularAI/GraphINVENT
基于量子力学指导下的强化学习的分子设计	Gregor N. C.Simm等	[152]	https://github.com/gncs/molgym
通过随机迭代的目标增强改进分子设计	Kevin Yang等	[153]	https://github.com/yangkevin2/icml2020-stochastic-iterative-target-augmentation

续表

标题	作者	参考文献	代码
使用可解释子结构的多目标分子生成	Wengong Jin 等	[154]	https://github.com/wengong-jin/multiobj-rationale
MoFlow：用于生成分子图的可逆流模型	Chengxi Zang 等	[155]	https://github.com/calvin-zcx/moflow
深度分子幻想：反向机器学习用于从头分子设计及满射表示的可解释性	Cynthia Shen 等	[156]	
用于可伸缩分子图生成的压缩图表示	Youngchun Kwon 等	[157]	https://github.com/seokhokang/graphvae_compress
基于调节表型图像特征的生成对抗网络以指导细胞形态学的从头设计	Oscar Méndez-Lucio 等	[53]	
MolAICal：基于AI和经典算法的蛋白靶点三维药物设计软件	Qifeng Bai 等	[158]	https://molaical.github.io/
作为机器翻译问题的蛋白特异性从头药物生成的Transformer神经网络	Daria Grechishnikova	[159]	https://github.com/dariagrechishnikova/molecule_structure_generation
DeepGraphMolGen，一种用于生成具有理想特性分子的多目标计算策略：图卷积和强化学习方法	Yash Khemchandani 等	[160]	https://github.com/dbkgroup/prop_gen
变分自编码器中离散数据的确定性解码	Daniil Polykovskiy 等	[161]	https://github.com/insilicomedicine/DD-VAE
低数据系统下的分子生成设计	Michael Moret 等	[162]	https://github.com/ETHmodlab/virtual_libraries
强化学习对合成可访问的化学空间的导航	Sai Krishna Gottipati 等	[163]	https://github.com/99andBeyond/Apollo1060
基于条件变分自编码器提出满足抗癌特性候选药物的生成模型	Sunghoon Joo 等	[164]	https://github.com/samsungsdsrnd/CADD-CVAE/
用于小分子结构演化的深度逆向强化学习	Brighter Agyemang 等	[165]	https://github.com/bbrighttaer/irelease
利用深度生成模型学习三维分子结构的连续表示	Matthew Ragoza 等	[166]	https://github.com/mattragoza/liGAN https://github.com/gnina

注：表格中的论文按年代划分，但在每一个年代中并非按时间顺序排列。我们主要纳入了基于配体和结构的方法的小分子生成。列表中，演变方法作为独立的条目（如Reinvent和Reinvent 2.0）。

12.4 基于配体的深度生成模型在从头药物设计中的应用

表12.1中列举的所有深度生成模型几乎都声称在分子设计的各种指标或重要性方面优于其他方法。然而，使用不同的标准和统计指标很难完全理解深度生成模型的缺点和优势。最近几年，为普遍评估模型的性能，一些研究试图开发通用的基准方法[65-70]。然而，几乎所有提出的指标都过于笼统（唯一性、有效性等），或过于特别（如依赖于具体项目）。此外，目前可用的几个深度生成模型通常在许多提出的指标上表现得相当好，具体实例可参见相关参考文献[30, 59, 66, 71-73]。这可能与所谓的复制问题有关。伦兹（Renz）等的报道显示，一部分指标无法检测到深度生成方法是否只是通过非常微小的修改来重新生成训练分子[68]。

最近，布什（Bush）等[74]提出了受图灵启发的三个测试，以评估分子从头生成器的性能。这一想法是为了推广能够生成类似于药物化学家团队所设计或识别的潜在类药分子的算法。特别是第一个测试，旨在检查从头设计方法再现药物化学分子的能力。第二个测试是检查通过这些技术产生的1000个分子在药物化学家团队的眼中是否是优选化合物。在最后一项测试中，研究者探讨了从头设计算法从单个专利分子开始，生成药物发现计划遗留分子的能力。结果表现最好的算法为BioDig，其是一种基于匹配分子对（matched molecular pair，MMP）的更传统化学信息学方法[75]。这种新颖且有效的评估方法表明，MMP很好地模仿了药物化学家的思维。另一方面，基于AI的方法可以更准确地捕捉多维数据和非线性关联，允许对化学空间进行不同的探索。正如布什等所建议的那样，最佳的从头设计策略应该是不同类型从头设计算法的组合。

正如许多研究[56, 68, 76-78]所强调的，每一种从头设计方法的目的应该是生成具有相关生物活性的新颖且可合成的分子。出于这一原因，本节只详述由基于配体的AI方法生成的分子已被合成和经过生物实验验证的研究。与文献中发现的100多个深度生成模型相比（表12.1），仅有6项研究报道了AI生成化合物的合成和生物测试。如图12.2所示，我们绘制了这6个案例研究所采用的从头设计工作流程，以及生成的最优化合物的化学结构。应该强调的是，有些案例也使用了基于结构的标准方法，但仅用于后验筛选或评分目的。

文献中报道的第一个例子是2017年开展的研究。袁（Yuan）等采用一组针对VEGFR2的25 000个化合物训练RNN网络[21]，生成了一个由10 000个小分子组成的筛选库[79]。然后，对这些生成的虚拟化合物进行对接，并使用相应的对接评分函数对其进行排名。根据合成可及性和其他性质，他们合成并测试了5个在预测中具有强效配体-蛋白亲和力的化合物，以评估其对VEGFR2的生物活性。结果显示，3个化合物表现出显著的活性，其中2个甚至比瓦他拉尼（Vatalanib，一种著名的VEGFR2抑制剂）活性更优。

2018年，默克（Merk）等描述了由一个深度生成模型生成其他化合物的合成和实验评估[80]。在采用ChEMBL[17]中540 000多个生物活性化合物对RNN模型进行训练后，研究者以RL对该模型进行微调。这一步骤有利于模型专注于生成具有视黄醇X受体（RXR）或过氧化物酶体增殖体激活受体（PPAR）激动活性的化合物。然后，从1000个生成的虚拟化合物中选择5个化合物进行合成并开展实验测试。化合物的选择不仅需要考虑一些计算机模拟预测的性质，还要考虑分子砌块的可用性。5个化合物中的4个展现出相当好的活性，并且对RXR和PPAR具有不同的选择性。

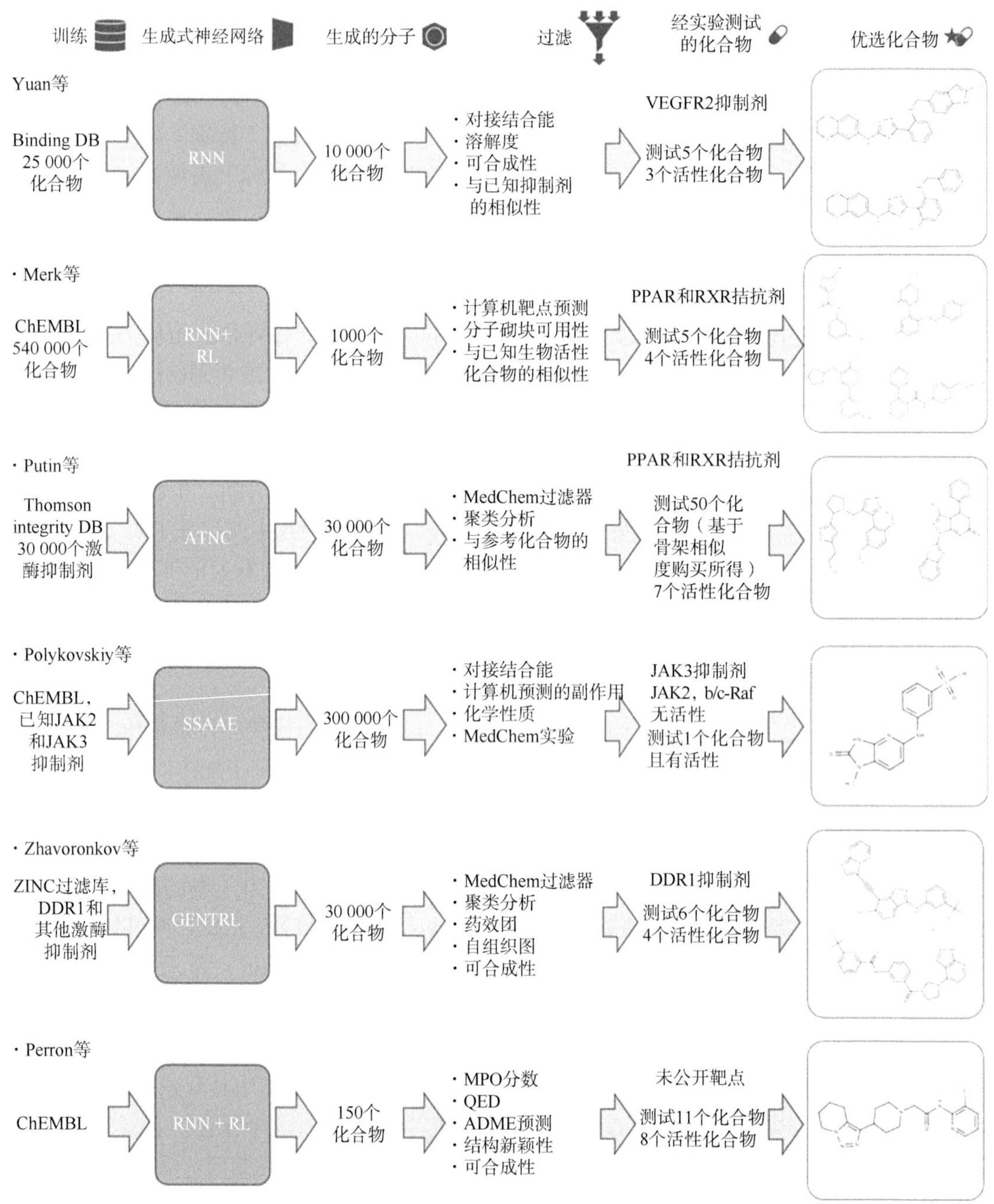

图12.2 参考文献[36][55][79][80][82]和[88]中所采用用于实验验证的深度生成网络的设计工作流程总结

2018年，普京（Putin）等提出以实验评估来证明其深度生成方法的有效性[55]。研究者采用了从Thomson Reuters Integrity数据库[81]收集的30 000多个激酶抑制剂作为训练集，生成了30 000个计算化合物。然后再使用ATNC深度生成模型，一个基于ORGANIC框架[47]的网络，由可分化的神经计算机作为生成器。为保证生成的分子结构具有足够的多样性，他们还开发了一个新的目标奖励函数。并对生成的虚拟化合物进行过滤，以去除不稳定或不需要的化学基团，并确保与训练集、ChEMBL和专利清单中的已知化合物相比具有一定的新颖性。最后获得的集合大约由5000个化合物组成。随后，研究者购买了50个与这组化合物相似的化合物（骨本相似度＞0.7，相同或等价的骨架），并在不同的激酶组中进行测试。结果显示，7个化合物对几种激酶显示出良好的抑制活性，2个化合物还显示出相对较高的选择性。

2018年英矽智能（Insilico Medicine）报道了另一个实验验证AI生成化合物的实例。在其工作中，波伊科夫斯基（Polykovskiy）等从ChEMBL数据库中收集了JAK2和JAK3激酶的已知抑制剂数据集[36]。然后在这个数据集上训练了一个深度生成模型，指定对JAK3高活性并对JAK2低活性作为分子生成的条件，最后生成了300 000个分子。在应用了一系列过滤器，包括对接和分子动力学模拟之后，研究者将数据集减至只有100个化合物。根据药物化学团队的意见，最终合成和测试了一个最有希望的化合物。该分子对JAK3显示出良好的活性，对JAK2、B-Raf和c-Raf激酶也有良好的选择性。

深度生成模型设计并经实验验证化合物的最著名实例出自2019年。扎沃龙科夫（Zhavoronkov）等证实GENTRL网络与VAE、RL和张量分解相结合可以发现有效的DDR1激酶抑制剂[82]。在这项工作中，深度生成模型使用ZINC[18]的过滤版本进行训练，并结合其他已知的激酶抑制剂。经过强化学习步骤，GENTRL生成一个由30 000个虚拟化合物组成的初始数据集。研究者通过应用几个不同的过滤器，如结构警报和药效团模型，缩小了这一数据集。通过聚类和多样性排序，保证了虚拟分子一定的化学多样性。最后，研究者随机选择了40个涵盖所产生化学空间的结构，并从中选择了6个化合物进行合成和体外活性评估。在这些化合物中，有2个化合物对DDR1具有强烈的抑制作用，另外有2个化合物具有中等活性，其余2个化合物无活性。其中，1个化合物在基于细胞的实验中也表现出强效活性，并在小鼠模型中表现出有趣的PK数据。由于这些良好结果，以及所报道化合物的发现时间较短，这篇论文受到了大众和社会媒体的关注[83-85]。然而，这项工作也在科学界引起了一些批判和争论[76, 86]。特别是，由于所发现的化合物与其他已报道的DDR1抑制剂，如已上市的帕纳替尼（ponatinib）非常相似，而且在所筛选的脱靶组激酶中缺失一些关键激酶，也存在一些批判意见[76]。在最近的一篇文章中，扎沃龙科夫和阿斯普鲁-古兹克（Aspuru-Guzik）对评论做出回复[87]。

如何评估和比较不同深度生成模型的性能仍然是一个没有明确答案、悬而未决的问题。同样出于这一原因，由扎沃龙科夫的工作引起的争议促使沃尔特斯（Walters）和穆尔科（Murcko）提出了一些初步指导方针，以建立标准准则来判断AI生成模型和相关设计的化合物[76]。所提出的指导方针可以概括如下：用于训练AI模型的活性分子，以及与AI生成的训练集分子最相似的训练集分子的可获得性。最后，使用与药物化学家设计的相同标准来评估AI化合物[76]。

如表12.1所示，从2017年至2020年底，文献中已发表100多种深度生成算法。这意味着每个月就有2个新的AI生成模型。如果仅考虑2020年，几乎每个月都有3个新的模型产生。在我们看来，先前提出的评估AI生成模型性能指南的开发和应用将有助于研究团队，并将指导这个极其有趣的药物发现领域的进一步发展。此外，通用规则的制定将有助于减少围绕药物发现中的AI热点所引发的批判。

12.5 基于配体的深度生成模型的界限突破

在前一节讨论的5个深度生成方法的实例中，所有从头设计工作流程都生成了大量的分子，然后应用一系列的过滤器和评分方法来筛选少数关键化合物。特别是在合成和测试之前，应用几种计算机模拟方法，如对接、聚类和理化性质预测，来限制虚拟生成化合物的数量。这种方法与AI技术出现之前常采用的药物设计方法的工作流程类似。

因此，为充分利用深度生成模型的功能，药物设计者应该将更多、更高级的目标编码应用到神经网络的奖励函数中。这将使同时优化几种不同的分子特性变成可能，并获得更适合药物发现项目的分子。理论上，所有上述用于后处理的计算机模拟方法都可以囊括在深度生成方法的评分功能中。此外，还可以使用QSAR模型来获取更多的性质，如脱靶信息和DMPK信息。

来自Iktos公司的佩龙（Perron）等在最近的一篇文章中遵循了这一思路[88]。在这项工作中，研究者生成并结合实验测试了同时优化13个不同目标所得的类药化合物。特别是他们考虑了11个QSAR机器学习模型（基于1个主要活性检测、6个脱靶活性检测和4个ADME检测），以及化合物与项目数据库的相似性和类药性定量评估（QED）[89]。即使后验评分和筛选是在一个专家小组中进行，但平均而言，通过这种多目标策略，计算机模拟生成的化合物比先前通过标准程序生成的化合物更符合项目标准（成功率：86% *vs* 58%）。更特别的是，一个化合物同时满足了所有的项目目标，还具有新颖的官能团（化合物结构参见图12.2）。

将生成方法与特定的奖励函数相结合，推动了AI生成模型的发展。同样值得介绍的是尼甘（Nigam）等[90]的工作，其论文提出了一种基于GA和神经网络的生成方法。尽管该论文的主要目的是介绍这种组合型深度生成模型，但我们在此讨论另一个关键方面——深度生成方法也可用于设计属于类药化学稀缺区域空间的分子。使用这一生成模型和一个特殊的评分函数，研究者决定同时最大化QED和亲脂性（*c*log *P*）。这两个指标在类药物分子中难以同时最大化，因此故意设计了这种优化（图12.3）。在同一图示中，还显示了尼甘等发现的一些代表性分子，其QED都在0.8以上，*c*log *P*在4.0以上。尽管这些分子不能被认为是类药分子，但这项工作的价值在于其证明了深度生成模型具备探索已知空间之外的类药化学空间的能力。

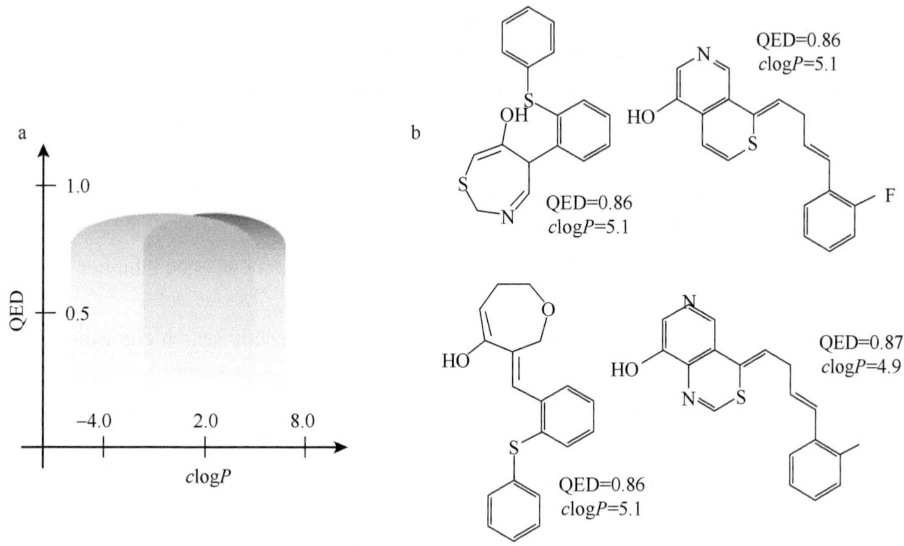

图12.3　a. 从ZINC数据库（深蓝色）中提取及参考文献[64]中深度生成模型（灰色）生成的代表性分子所覆盖的clog *P*与QED区域示意图。b. 结构发现示例。以RDKit[91]函数计算QED和clog *P*（经作者许可，改编自文献[64]）

12.6 总结

多年来，众多CADD技术被应用于药物发现项目。在本章中，我们提出了对极具创新性的基于配体技术的看法。我们首先介绍了最常见的神经网络架构，然后重点描述经过实验验证的基于配体的深度生成模型生成化合物的研究。我们发现对生成的类药分子进行评分和后过滤分析仍是整个过程中的一个必要步骤。虽然选择要合成的分子是药物发现项目的重要方面，但理论上，神经网络奖励函数的微调可以加速这一步骤。特别是纳入更多目标和开发更先进奖励功能的可能性，可能是未来几年基于AI的设计模型进一步发展的有利方向。这也有利于在更短的时间内设计出具有更好整体特性的分子，从而缩短药物发现项目的设计-合成-测试-分析周期。

（段宏亮　张　云　译；白仁仁　校）

参考文献

1. Drew KLM, Baiman H, Khwaounjoo P et al (2012) Size estimation of chemical space: how big is it? J Pharm Pharmacol 64:490–495
2. Bohacek RS, McMartin C, Guida WC (1996) The art and practice of structure-based drug design: a molecular modeling perspective. Med Res Rev 16:3–50
3. Grebner C, Matter H, Plowright AT et al (2020) Automated de novo design in medicinal chemistry: which types of chemistry does a generative neural network learn? J Med Chem 63:8809–8823
4. Goodford PJ (1985) A computational procedure for determining energetically favorable binding sites on

biologically important macromolecules. J Med Chem 28:849–857

5. Danziger DJ, Dean PM (1989) Automated site-directed drug design: a general algorithm for knowledge acquisition about hydrogen-bonding regions at protein surfaces. Proc R Soc Lond B Biol Sci 236:101–113
6. Lewis RA, Dean PM (1989) Automated site-directed drug design: the concept of spacer skeletons for primary structure generation. Proc R Soc Lond B Biol Sci 236:125–140
7. Böhm H-J (1992) The computer program LUDI: a new method for the de novo design of enzyme inhibitors. J Comput Aided Mol Des 6:61–78
8. Böhm H-J (1992) LUDI: rule-based automatic design of new substituents for enzyme inhibitor leads. J Comput Aided Mol Des 6:593–606
9. Payne AWR, Glen RC (1993) Molecular recognition using a binary genetic search algorithm. J Mol Graph 11:74–91
10. Cramer RD, Patterson DE, Bunce JD (1988) Comparative molecular field analysis (CoMFA). 1. Effect of shape on binding of steroids to carrier proteins. J Am Chem Soc 110:5959–5967
11. Gillet VJ, Newell W, Mata P et al (1994) SPROUT: recent developments in the de novo design of molecules. J Chem Inf Model 34:207–217
12. Gillet VJ, Myatt G, Zsoldos Z et al (1995) SPROUT, HIPPO and CAESA: tools for de novo structure generation and estimation of synthetic accessibility. Perspect Drug Discov Des 3:34–50
13. Schneider G, Clément-Chomienne O, Hilfiger L et al (2000) Virtual screening for bioactive molecules by evolutionary de novo design. Angew Chem Int Ed Engl 39:4130–4133
14. Lewell XQ, Judd DB, Watson SP et al (1998) RECAPRetrosynthetic combinatorial analysis procedure: a powerful new technique for identifying privileged molecular fragments with useful applications in combinatorial chemistry. J Chem Inf Comput Sci 38:511–522
15. Hartenfeller M, Zettl H, Walter M et al (2012) DOGS: reaction-driven de novo design of bioactive compounds. PLoS Com-put Biol 8:e1002380
16. Rodrigues T, Roudnicky F, Koch CP et al (2013) De novo design and optimization of Aurora A kinase inhibitors. Chem Sci 4:1229
17. Mendez D, Gaulton A, Bento AP et al (2019) ChEMBL: towards direct deposition of bioassay data. Nucleic Acids Res 47:D930–D940
18. Irwin JJ, Sterling T, Mysinger MM et al (2012) ZINC: a free tool to discover chemistry for biology. J Chem Inf Model 52:1757–1768
19. Ruddigkeit L, Van Deursen R, Blum LC et al (2012) Enumeration of 166 billion organic small molecules in the chemical universe data-base GDB-17. J Chem Inf Model 52:2864–2875
20. Kim S, Chen J, Cheng T et al (2021) Pub-Chem in 2021: new data content and improved web interfaces. Nucleic Acids Res 49:D1388–D1395
21. Gilson MK, Liu T, Baitaluk M et al (2016) BindingDB in 2015: a public database for medicinal chemistry, computational chemistry and systems pharmacology. Nucleic Acids Res 44:D1045–D1053
22. Weininger D (1988) SMILES, a chemical language and information system: 1: introduction to methodology and encoding rules. J Chem Inf Comput Sci 28:31–36
23. Krenn M, Häse F, Nigam A et al (2020) Self-referencing embedded strings (SELFIES): a 100% robust molecular string representation. Mach Learn Sci Technol 1:045024
24. You J, Ying R, Ren X, et al (2018) GraphRNN: generating realistic graphs with deep auto-regressive models. In: 35th international conference on machine learning, ICML
25. Li Y, Vinyals O, Dyer C, et al (2018) Learning deep generative models of graphs, arXiv pre-print arXiv:1803.03324
26. Li Y, Zhang L, Liu Z (2018) Multi-objective de novo drug design with conditional graph generative model. J Cheminform 10:33

27. Kingma DP, Welling M (2014) Auto-encoding variational bayes. In: 2nd international conference on learning representations, ICLR 2014
28. Gómez-Bombarelli R, Wei JN, Duvenaud D et al (2018) Automatic chemical design using a data-driven continuous representation of molecules. ACS Cent Sci 4:268–276
29. Kingma DP, Welling M (2019) An introduction to variational autoencoders. arXiv pre-print arXiv:1906.02691
30. Winter R, Montanari F, Steffen A et al (2019) Efficient multi-objective molecular optimization in a continuous latent space. Chem Sci 10:8016–8024
31. Griffiths RR, Hernández-Lobato JM (2020) Constrained Bayesian optimization for automatic chemical design using variational autoencoders. Chem Sci 11:577–588
32. Liu Q, Allamanis M, Brockschmidt M, et al (2018) Constrained graph variational autoencoders for molecule design. arXiv preprint arXiv:1805.09076
33. Boitreaud J, Mallet V, Oliver C et al (2020) OptiMol: optimization of binding affinities in chemical space for drug discovery. J Chem Inf Model 60:5658–5666
34. Samanta B, De A, Jana G, et al (2020) NeVAE: a deep generative model for molecular graphs. J Mach Learn Res 21(114):1–33
35. Simonovsky M, Komodakis N (2018) Graph-VAE: towards generation of small graphs using variational autoencoders. In: International conference on artificial neural networks (pp. 412–422). Springer, Cham
36. Polykovskiy D, Zhebrak A, Vetrov D et al (2018) Entangled conditional adversarial autoencoder for de novo drug discovery. Mol Pharm 15:4398–4405
37. Makhzani A, Shlens J, Jaitly N, et al (2015) Adversarial autoencoders. arXiv preprint arXiv:1511.05644
38. Shayakhmetov R, Kuznetsov M, Zhebrak A et al (2020) Molecular generation for desired transcriptome changes with adversarial autoencoders. Front Pharmacol 11:269
39. Blaschke T, Olivecrona M, Engkvist O et al (2018) Application of generative autoencoder in de novo molecular design. Mol Inform 37:1700123
40. Kadurin A, Nikolenko S, Khrabrov K et al (2017) DruGAN: an advanced generative adversarial autoencoder model for de novo generation of new molecules with desired molecular properties in silico. Mol Pharm 14:3098–3104
41. Bian Y, Xie XQ (2021) Generative chemistry: drug discovery with deep learning generative models. J Mol Model 27.3:1–18
42. Kingma DP, Rezende DJ, Mohamed S, et al (2014) Semi-supervised learning with deep generative models. In: Advances in neural information processing systems (pp. 3581–3589)
43. Kang S, Cho K (2019) Conditional molecular design with deep generative models. J Chem Inf Model 59:43–52
44. Lim J, Ryu S, Kim JW et al (2018) Molecular generative model based on conditional variational autoencoder for de novo molecular design. J Cheminform 10:31
45. Goodfellow IJ, Pouget-Abadie J, Mirza M, et al (2014) Generative adversarial nets. In: Advances in neural information processing systems, 27
46. Guimaraes G, Sanchez-Lengeling B, Outeiral C, et al (2017) Objective-reinforced generative adversarial networks (ORGAN) for sequence generation models. arXiv preprint arXiv:1705.10843
47. Sanchez-Lengeling B, Outeiral C, Guimaraes GL, et al (2017) Optimizing distributions over molecular space. An objective-reinforced generative adversarial network for inverse-design chemistry (ORGANIC). ChemRxiv
48. de Cao N, Kipf T (2018) MolGAN: An implicit generative model for small molecular graphs. arXiv preprint arXiv:1805.11973
49. Elton DC, Boukouvalas Z, Fuge MD et al (2019) Deep learning for molecular design – a review of the state of the art. Mol Syst Des Eng 4:828–849
50. Kurach K, Lucic M, Zhai X, et al (2019) The GAN landscape: losses, architectures, regularization, and normalization. In: 36th Int Conf Mach learn ICML

51. Arjovsky M, Chintala S, Bottou L (2017) Wasserstein generative adversarial networks. In: International conference on machine learning (pp. 214–223). PMLR
52. Méndez-Lucio O, Baillif B, Clevert DA et al (2020) De novo generation of hit-like molecules from gene expression signatures using artificial intelligence. Nat Commun 11(1):1-10
53. Méndez-Lucio O, Marin-Zapata P, Wichard J, et al (2020) Cell morphology-guided de novo hit design by conditioning generative adversarial networks on phenotypic image features. ChemRxiv
54. Putin E, Asadulaev A, Ivanenkov Y et al (2018) Reinforced adversarial neural computer for de novo molecular design. J Chem Inf Model 58:1194–1204
55. Putin E, Asadulaev A, Vanhaelen Q et al (2018) Adversarial threshold neural computer for molecular de novo design. Mol Pharm 15:4386–4397
56. Xu Y, Lin K, Wang S, et al (2019) Deep learning for molecular generation. Future Med Chem 11(6):567–597
57. Korshunova M, Huang N, Capuzzi S et al (2021) A bag of tricks for automated de novo design of molecules with the desired properties: application to EGFR inhibitor discovery. ChemRxiv
58. Williams RJ (1992) Simple statistical gradient-following algorithms for connectionist reinforcement learning. Mach Learn 8.3:229–256
59. Olivecrona M, Blaschke T, Engkvist O et al (2017) Molecular denovo design through deep reinforcement learning. J Cheminform 9:48
60. Popova M, Isayev O, Tropsha A (2018) Deep reinforcement learning for de novo drug design. Sci Adv 4:eaap7885
61. Ciresan DC, Meier U, and Schmidhuber J (2012) Transfer learning for Latin and Chinese characters with deep neural networks, In: Proceedings of the international joint conference on neural networks (IJCNN) (pp. 1–6). IEEE
62. Segler MHS, Kogej T, Tyrchan C et al (2018) Generating focused molecule libraries for drug discovery with recurrent neural networks. ACS Cent Sci 4:120–131
63. Shahriari B, Swersky K, Wang Z, et al (2016) Taking the human out of the loop: a review of Bayesian optimization. Proceedings of the IEEE 104(1):148–175
64. Nigam AK, Friederich P, Krenn M, et al (2020) Augmenting genetic algorithms with deep neural networks for exploring the chemical space, In: International Conference on Learning Representations, ICLR
65. Preuer K, Renz P, Unterthiner T et al (2018) Fréchet ChemNet distance: a metric for generative models for molecules in drug discovery. J Chem Inf Model 58:1736–1741
66. Mercado R, Rastemo T, Lindelöf E et al (2020) Graph networks for molecular design. Mach Learn Sci Technol:1–32
67. Brown N, Fiscato M, Segler MHS et al (2019) GuacaMol: benchmarking models for de novo molecular design. J Chem Inf Model 59:1096–1108
68. Renz P, Rompaey D Van, Wegner JK, et al (2020) On failure modes in molecule generation and optimization. Drug Discovery Today: Technologies 32–33:55–63
69. Rigoni D, Navarin N, Sperduti A (2020) A systematic assessment of deep learning models for molecule generation. arXiv preprint arXiv:2008.09168
70. Benhenda M (2017) ChemGAN challenge for drug discovery: can AI reproduce natural chemical diversity? arXiv preprint arXiv:1708.08227
71. Zhang J, Mercado R, Engkvist O, et al (2021) Comparative study of deep generative models on chemical space coverage. J Chem Info Model 61(6):2572–2581
72. Skalic M, Jiménez J, Sabbadin D et al (2019) Shape-based generative modeling for de novo drug design. J Chem Inf Model 59:1205–1214
73. Kotsias P-C, Arús-Pous J, Chen H et al (2020) Direct steering of de novo molecular generation with descriptor conditional recurrent neural networks. Nat Mach Intell 2:254–265
74. Bush JT, Pogany P, Pickett SD et al (2020) A Turing test for molecular generators. J Med Chem 63:11964–11971

75. Hussain J, Rea C (2010) Computationally efficient algorithm to identify matched molecular pairs (MMPs) in large data sets. J Chem Inf Model 50:339–348
76. Walters WP, Murcko M (2020) Assessing the impact of generative AI on medicinal chemistry. Nat Biotechnol 38:143–145
77. Walters WP, Barzilay R (2021) Applications of deep learning in molecule generation and molecular property prediction. Acc Chem Res 54:263–270
78. Vanhaelen Q, Lin YC, Zhavoronkov A (2020) The advent of generative chemistry. ACS Med Chem Lett 11:1496–1505
79. Yuan W, Jiang D, Nambiar DK et al (2017) Chemical space mimicry for drug discovery. J Chem Inf Model 57:875–882
80. Merk D, Friedrich L, Grisoni F et al (2018) De novo design of bioactive small molecules by artificial intelligence. Mol Inform 37:1700153
81. Thomson Integrity Database: https://integ rity.thomson-pharma.com/integrity/xmlxsl
82. Zhavoronkov A, Ivanenkov YA, Aliper A et al (2019) Deep learning enables rapid identification of potent DDR1 kinase inhibitors. Nat Biotechnol 37:1038–1040
83. Alex Knapp, Forbes: “This Startup Used AI To Design A Drug In 21 Days” . https:// www.forbes.com/sites/alexknapp/2019/09/02/this-startup-used-ai-to-design-a-drug-in-21-days/?sh¼163d47832594, https://www.forbes.com/sites/alexknapp/2019/09/02/this-startup-used-ai-to-design-a-drug-in-21-days/? sh¼163d47832594
84. Margaretta Colangelo, Jthereum: “For the First Time AI Designs and Validates New Drug Candidate in Days” . https://www. linkcdin.com/pulse/pharmas-alphago-moment-first-time-ai-has-designed-new-colangelo/, https://www.linkedin.com/ pulse/pharmas-alphago-moment-first-time-ai-has-designed-new-colangelo/
85. Eurekalert: “Novel molecules designed by artificial intelligence in 21 days are validated in mice” . https://www.eurekalert.org/pub_ releases/2019-09/im-nmd083019.php
86. Chen H, Engkvist O (2019) Has drug design augmented by artificial intelligence become a reality? Trends Pharmacol Sci 40:806–809
87. Zhavoronkov A, Aspuru-Guzik A (2020) Reply to ‘Assessing the impact of generative AI on medicinal chemistry’ . Nat Biotechnol 38:146
88. Perron Q, Mirguet O, Tajmouati H, et al (2021) Deep generative models for ligand-based de novo design applied to multi-parametric optimization. ChemRxiv
89. Bickerton GR, Paolini GV, Besnard J et al (2012) Quantifying the chemical beauty of drugs. Nat Chem 4:90–98
90. Nigam AK, Friederich P, Krenn M, et al (2019) Augmenting genetic algorithms with deep neural networks for exploring the chemical space. arXiv preprint arXiv:1909.11655
91. RDKit: Open-source cheminformatics; http://www.rdkit.org
92. Bjerrum EJ and Threlfall R (2017) Molecular generation with recurrent neural networks (RNNs). arXiv preprint arXiv:1705.04612
93. Jaques N, Gu S, Bahdanau D, et al (2017) Sequence tutor: conservative finetuning of sequence generation models with KL-control. In: 34th international conference on machine learning, ICML
94. Yang X, Zhang J, Yoshizoe K et al (2017) ChemTS: an efficient python library for de novo molecular generation. Sci Technol Adv Mater 18:972–976
95. Cherti M, Kégl B, and Kazakc,ı A (2019) De novo drug design with deep generative models: an empirical study. In: 5th international conference on learning representations, ICLR
96. Ertl P, Lewis R, Martin E, et al (2017) In silico generation of novel, drug-like chemical matter using the LSTM neural network. arXiv preprint arXiv:1712.07449
97. Kusner MJ, Paige B, Hemández-Lobato JM (2017) Grammar variational autoencoder. In: 34th international conference on machine learning, ICML
98. Gupta A, Müller AT, Huisman BJH et al (2018) Generative recurrent networks for de novo drug design. Mol

Inform 37:1700111
99. Neil D, Segler M, Guasch L, et al (2018) Exploring deep recurrent models with reinforcement learning for molecule design. In: 6th international conference on learning representations, ICLR
100. Li Y, Zhou X, Liu Z, et al (2018) Designing natural product-like virtual libraries using deep molecule generative models. J Chin Pharm Sci 27(7):451–459
101. Harel S, Radinsky K (2018) Prototype-based compound discovery using deep generative models. Mol Pharm 15:4406–4416
102. Winter R, Montanari F, Noé F et al (2019) Learning continuous and data-driven molecular descriptors by translating equivalent chemical representations. Chem Sci 10:1692–1701
103. Dai H, Tian Y, Dai B, et al (2018) Syntax-directed variational autoencoder for structured data. arXiv preprint arXiv:1802.08786
104. Bjerrum EJ, Sattarov B (2018) Improving chemical autoencoder latent space and molecular de novo generation diversity with heteroencoders. Biomol Ther 8:131
105. Kajino H (2018) Molecular hypergraph grammar with its application to molecular optimization. In: International Conference on Machine Learning (pp. 3183–3191). PMLR
106. Ma T, Chen J, and Xiao C (2018) Constrained generation of semantically valid graphs via regularizing variational autoencoders. arXiv preprint arXiv:1809.02630
107. Assouel R, Segler MH, Ahmed M, et al (2018) DEFactor: differentiable edge factorization-based probabilistic graph generation. arXiv preprint arXiv:1811.09766
108. Sattarov B, Baskin II, Horvath D et al (2019) De novo molecular design by combining deep autoencoder recurrent neural networks with generative topographic mapping. J Chem Inf Model 59:1182–1196
109. Ståhl N, Falkman G, Karlsson A et al (2019) Deep reinforcement learning for multiparameter optimization in de novo drug design. J Chem Inf Model 59:3166–3176
110. Liu X, Ye K, van Vlijmen HWT et al (2019) An exploration strategy improves the diversity of de novo ligands using deep reinforcement learning: a case for the adenosine A2A receptor. J Cheminform 11:35
111. Zheng S, Yan X, Gu Q et al (2019) QBMG: quasi-biogenic molecule generator with deep recurrent neural network. J Cheminform 11:5
112. Awale M, Sirockin F, Stiefl N, et al (2019) Drug analogs from fragment-based long short-term memory generative neural networks. J Chem Inf Model 59(4):1347–1356
113. Jin W, Barzilay R, Jaakkola T (2018) Junction tree variational autoencoder for molecular graph generation. In: International conference on machine learning (pp. 2323–2332). PMLR
114. Lim J, Hwang SY, Moon S, et al (2020) Scaffold-based molecular design with a graph generative model. Chem Sci 11 (4):1153–1164
115. Prykhodko O, Johansson SV, Kotsias PC, et al (2019) A de novo molecular generation method using latent vector based generative adversarial network. J Cheminform 11 (1):1–13
116. Skalic M, Sabbadin D, Sattarov B, et al (2019) From target to drug: generative modeling for the multimodal structure-based ligand design. Mol Pharm 16(10):4282–4291
117. You J, Liu B, Ying R, et al (2018) Graph convolutional policy network for goal-directed molecular graph generation. arXiv preprint arXiv:1806.02473
118. Pogány P, Arad N, Genway S, et al (2019) De novo molecule design by translating from reduced graphs to SMILES. J Chem Inf Model, 59(3):1136–1146
119. Shi F, You S, and Xu C (2019) Reinforced molecule generation with heterogeneous states, In: 2019 IEEE International Conference on Data Mining (ICDM) (pp. 548–557). IEEE
120. Zhou Z, Kearnes S, Li L, et al (2019) Optimization of molecules via deep reinforcement learning. Sci Rep 9(1):1–10
121. Jin W, Yang K, Barzilay R, et al (2019) Learning multimodal graph-to-graph translation for molecular

optimization. arXiv pre-print arXiv:1812.01070

122. Wachinger C and Pölsterl S (2019) Likelihood-free inference and generation of molecular graphs. arXiv preprint arXiv:1905.10310
123. Pölsterl S and Wachinger C (2019) Adversarial learned molecular graph inference and generation. arXiv preprint arXiv
124. Fu T, Xiao C, Sun J (2019) CORE: automatic molecule optimization using copy & refine strategy, In: Proceedings of the AAAI Conference on Artificial Intelligence (Vol. 34, No. 01, pp. 638–645)
125. Madhawa K, Ishiguro K, Nakago K, et al (2019) GraphNVP: an invertible flow model for generating molecular graphs. arXiv pre-print arXiv:1905.11600
126. Bradshaw J, Paige B, Kusner MJ, et al (2019) A model to search for synthesizable molecules. In: Advances in neural information processing systems. arXiv preprint arXiv:1906.05221
127. Korovina K, Xu S, Póczos B, et al (2019) ChemBO: Bayesian optimization of small organic molecules with synthesizable recommendations. In: International Conference on Artificial Intelligence and Statistics (pp. 3393–3403). PMLR
128. Damani F, Sresht V, Ra S (2019) Black box recursive translations for molecular optimization. arXiv preprint arXiv:1912.10156
129. Wei H, Olarte M, and Goh GB (2019) Multiple-objective reinforcement learning for inverse design and identification. arXiv preprint arXiv:1910.03741
130. Arús-Pous J, Patronov A, Bjerrum EJ, et al (2020) SMILES-based deep generative scaf-fold decorator for de-novo drug design. J Cheminform 12:1–18
131. Langevin M, Minoux H, Levesque M, et al (2021) Scaffold-constrained molecular generation. J Chem Inf Model 60(12):5637–5646
132. Yasonik J (2020) Multiobjective de novo drug design with recurrent neural networks and nondominated sorting. J Cheminform 12 (1):1–9
133. Blaschke T, Engkvist O, Bajorath J, et al (2020) Memory-assisted reinforcement learning for diverse molecular de novo design. J Cheminform 12(1):1–17
134. Deursen R Van, Ertl P, Tetko IV, et al (2020) GEN: highly efficient SMILES explorer using autodidactic generative examination networks. J Cheminform 12(1):1–14
135. Blaschke T, Arús-Pous J, Chen H, et al (2020) REINVENT 2.0: an AI tool for De novo drug design. J Chem Inf Model 60 (12):5918–5922
136. Gao K, Nguyen DD, Tu M, et al (2020) Generative network complex for the automated generation of druglike molecules. J Chem Inf Model 60(12):5682–5698
137. Horwood J, Noutahi E (2020) Molecular design in synthetically accessible chemical space via deep reinforcement learning. ACS Omega 5(51):32984–32994
138. Yu K, Visweswaran S, Batmanghelich K (2020) Semi-supervised hierarchical drug embedding in hyperbolic space. J Chem Inf Model 60(12):5647–5657
139. Colby SM, Nun˜ez JR, Hodas NO, et al (2020) Deep learning to generate in silico chemical property libraries and candidate molecules for small molecule identification in complex samples. Anal Chem 92 (2):1720–1729
140. Yang J, Hou L, Liu K-M, et al (2020) Chem-Generator: a web server for generating potential ligands for specific targets. Brief Bioinform bbaa407
141. Imrie F, Bradley AR, van der Schaar M et al (2020) Deep Generative Models for 3D Linker Design. J Chem Inf Model 60:1983–1995
142. He J, You H, Sandström E et al (2021) Molecular optimization by capturing chemist’s intuition using deep. J Cheminf 13 (1):1–17
143. Podda M, Bacciu D, Micheli A (2020) A deep generative model for fragment-based molecule generation. In: International Conference on Artificial Intelligence and Statistics (pp. 2240–2250). PMLR

144. Masuda T, Ragoza M, Koes DR (2020) Generating 3D molecular structures conditional on a receptor binding site with deep generative models. arXiv preprint arXiv:2010.14442
145. Hong SH, Ryu S, Lim J, et al (2020) Molecular generative model based on an Adversarially regularized autoencoder. J Chem Inf Model 60(1):29–36
146. Rigoni D, Navarin N, Sperduti A (2020) Conditional constrained graph variational autoencoders for molecule design. In: 2020 IEEE Symposium Series on Computational Intelligence (SSCI) (pp. 729–736). IEEE
147. Maziarka Ł, Pocha A, Kaczmarczyk J, et al (2020) Mol-CycleGAN: a generative model for molecular optimization. J Cheminform 12 (1):1–18
148. Grisoni F, Moret M, Lingwood R, et al (2020) Bidirectional molecule generation with recurrent neural networks. J Chem Inf Model 60(3):1175–1183
149. Li Y, Hu J, Wang Y, et al (2020) DeepScaf-fold: a comprehensive tool for scaffold-based de novo drug discovery using deep learning. J Chem Inf Model 60(1):77–91
150. Ji C, Zheng Y, Wang R, et al (2020) Graph Polish: a novel graph generation paradigm for molecular optimization. arXiv preprint arXiv:2008.06246
151. Jin W, Barzilay R, Jaakkola T (2020) Hierarchical generation of molecular graphs using structural motifs. In: International Conference on Machine Learning (pp. 4839–4848). PMLR
152. Simm GNC, Pinsler R, Hernández-Lobato JM (2020) Reinforcement learning for molecular design guided by quantum mechanics. In: International Conference on Machine Learning (pp. 8959–8969). PMLR
153. Yang K, Jin W, Swanson K, et al (2020) Improving molecular design by stochastic iterative target augmentation. In: International Conference on Machine Learning (pp. 10716–10726). PMLR
154. Jin W, Barzilay R, and Jaakkola T (2020) Multi-objective molecule generation using interpretable substructures. In: International Conference on Machine Learning (pp. 4849–4859). PMLR
155. Zang C, Wang F (2020) MoFlow: an invertible flow model for generating molecular graphs. In: Proceedings of the 26th ACM SIGKDD International Conference on Knowledge Discovery & Data Mining (pp. 617–626).
156. Shen C, Krenn M, Eppel S, et al (2020) Deep Molecular Dreaming: Inverse machine learning for de-novo molecular design and interpretability with surjective representations. Mach Learn: Sci Technol 2:03LT02
157. Kwon Y, Lee D, Choi YS, et al (2020) Compressed graph representation for scalable molecular graph generation. J Cheminform 12(1):1–8
158. Bai Q, Tan S, Xu T, et al (2020) MolAICal: a soft tool for 3D drug design of protein targets by artificial intelligence and classical algorithm. Brief Bioinform 22(3):bbaa161
159. Grechishnikova D (2019) Transformer neural network for protein specific de novo drug generation as machine translation problem, Sci Rep 11(1):1–13
160. Khemchandani Y, O'Hagan S, Samanta S, et al (2020) DeepGraphMolGen, a multi-objective, computational strategy for generating molecules with desirable properties: a graph convolution and reinforcement learning approach. J Cheminform 12(1):1–17
161. Polykovskiy D, Vetrov D (2020), Deterministic decoding for discrete data in variational autoencoders. In: International Conference on Artificial Intelligence and Statistics (pp. 3046–3056). PMLR
162. Moret M, Friedrich L, Grisoni F, et al (2020) Generative molecular design in low data regimes. Nat Mach Intell 2(3):171–180
163. Gottipati SK, Sattarov B, Niu S, et al (2020) Learning to navigate the synthetically accessible chemical space using reinforcement learning. In: International Conference on Machine Learning (pp. 3668–3679). PMLR
164. Joo S, Kim MS, Yang J, et al (2020) Generative model for proposing drug candidates satisfying anticancer properties using a conditional variational autoencoder. ACS Omega 5 (30):18642–18650
165. Agyemang B, Addo D, Wu WP, et al (2020) Deep inverse reinforcement learning for structural evolution of small molecules. arXiv preprint arXiv:2008.11804
166. Ragoza M, Masuda T, Koes DR (2020) Learning a continuous representation of 3D molecular structures with deep generative models. arXiv preprint arXiv:2010.08687

第13章

超高通量蛋白-配体对接与深度学习

摘　要： 超高通量虚拟筛选（ultrahigh-throughput virtual screening，uHTVS）是将经典对接技术与高通量人工智能（AI）方法相结合的一个新兴领域。本章概述了对接模型的目标和成功之处，主要是通过替代对接模型为uHTVS提供不同的AI加速工作流程。本章还介绍了一种新颖的特征表示技术，即分子描述（图像），作为对接的代理模型。除了讨论基于数百亿规模的回归富集表面分析筛选外，还对深度学习（DL）与uHTVS结合的筛选流程进行了展望和总结。

关键词： 药物发现；蛋白-配体对接（protein-ligand docking）；深度学习（DL）；图卷积；虚拟筛选（VS）；化学筛选

13.1 引言

虚拟筛选（VS），特别是蛋白-配体对接，是药物发现中的一种常见计算机技术，用于系统地搜索化合物库中能与蛋白靶点结合的小分子[1]。uHTVS旨在将小型化合物库扩展几个数量级以进行筛选。虽然当VS变为高通量筛选（HTVS）甚至uHTVS时并没有具体的界限，但uHTVS的目标远远超出容量达到1亿的化合物库，其目标是155亿的Enamine“真实”空间库（译者注：库内化合物是虚拟的，但是可以快速合成得到），甚至更多[2]。

化合物的多样性是uHTVS能够成功的一个重要因素[3-5]。从事大规模对接研究的吕（Lyu）等通过对数以百万计不同规模的化合物库进行采样，表明在不考虑库大小、不改变其他研究方案的情况下，新的抑制剂和药物先导化合物的发现需要骨架具有一定的多样性。对接研究通常依赖于公共的化合物库，但这些库偏向已经过充分研究的一类分子骨架和类型[6]。虽然相似的化合物会得到相似的对接分数，导致化合物库的扩大，进而阻碍处理流程，但研究时维持化合物一定的骨架多样性是定位下游苗头化合物的最重要因素[7]。

uHTVS试图为药物发现的根本问题——寻找有效的药物——提供强力的解决方案。uHTVS将算法应用于每个药物-蛋白对，并给出一个良好的预测分数。理论上，如果我们将这种算法应用于每个蛋白-配体对，那么将会获得一个包含哪些药物对哪些蛋白靶点有效的图谱。但是，这种方式是行不通的。人体内含有大约2000万种蛋白，其中包含了大概一个数量级差异的突变型和野生型蛋白，而类药化合物所组成的空间大约包含了10^{60}个独特的分子[8]。因此，成功的uHTVS技术必须过滤10^{67}个蛋白-配体对。如果存在能够正确评估这些蛋白-配体对的预测方式，则需要查询10^{67}次。假设这种预测方式很快捷，只需要1飞秒就能计算出一个蛋白-配体对的成功率，那么即便我们在宇宙之初就开始这个过程，到现在为止也只是执行了总任务的$\frac{1}{10^{34}}$[9]。虽然uHTVS无法轻松解决每个蛋白-配体对，但当前uHTVS的性能比典型的VS流程的性能提高了几个数量级。uHTVS与智能设计的结合或对其的改进是迈向药物发现新范式的重要一步[10]。

VS分为三个子类型：基于配体的VS、基于结构的VS及混合VS方法[11]。基于配体的VS侧重于比较活性配体和诱饵配体集，从而开发以配体为中心的搜索标准，用于筛选小型化合物库。例如，药效团搜索（将活性化合物的药效团与库进行比较以评估优劣）、相似性搜索，甚至使用算法或ML学习模型进行属性筛选[12-17]。基于结构的对接需要一个蛋白和一个评分函数来评估最可能的3D配体位置，称为构象。一个配体将占据一个蛋白口袋。混合方法是指在处理流程中结合了上述两种方法[18, 19]。

本章将概述深度学习（DL）与uHTVS结合所需的必要技术和工具。DL这一话题过于宏大，这里不作深入讨论。要遵循DL的通用方法，需要能够获取数据集并创建一个深度神经网络（DNN），并对网络进行训练，然后进行推理预测。下文将概述一些模型框架，用于将uHTVS问题转化为DL问题。

13.2 材料

uHTVS需要一个用于筛选的化合物库，一个具有给定结合区域（或一组）的单个蛋白靶点，以及一个配备GPU的计算机来处理计算密集型神经网络的训练和预测。如果计划利用目前可用的对接数据集（如参考文献[5]），则无须准备对接方案或蛋白靶点。而这两点是生成一个训练数据集所必需的。

13.2.1　化合物数据库

化合物数据库各具风格，根据VS库大小选择的化合物应留有一些优化空间，即类先导化合物或类片段的库[20-22]。VS的常见化合物库包括ZINC和Enamine Real[23, 24]等。这些化合物库的文件格式通常是SMILES或SDF。下文将讨论如何将SMILES码转换为可用来计算的表示形式问题。开源工具（如OpenBabel）可以将“.sdf”文件格式（SDF文件的后缀）转换为“.smi”文件格式[25]。

13.2.2　蛋白准备

蛋白结合区的准备和结合位点是一个重要的考虑因素，但不在本章的讨论范围，有关蛋白结合口袋的讨论，请参见参考文献[26]。蛋白数据可从PDB（Protein Data Bank）数据库[27]中获得。从这一点出发的结构准备将取决于生成分数的对接方案。

13.2.3　对接方案

所谓对接方案，是通过对蛋白结合区域中的3D配体位置进行采样来优化评分函数的程序。对接时一个重要但有时却被忽视的准备工作是枚举库内化合物的3D构象（图13.1）。应该注意的是，即使在提供3D构象的数据库中，这些结合模式的采样密度也可能不足以进行刚性结构对接（最常见的类型）。如果没有从数据库中枚举正确的配体构象，则结合模式可能不正确，这是对接错误的主要原因之一[28]。此处不详细讨论对接的一般注意事项（详细内容请参见参考文献[29]）。评分函数被认为是uHTVS计算对接成功用于VS的关键，而结合模式的预测在大多数应用中都被认为是可以接受的[30]。

鉴于评分函数的核心作用，整个分子对接在实际和理论上都依赖于这些评分函数的速度和准确性。一些评分函数可能速度很慢，但是特别适合于对接构象预测；而某些评分函数可能速度很快，但却只能检测“诱饵”[31]。评分函数本身考虑配体构象，并且通常针对受体或蛋白静态实施（考虑到计算蛋白的初始药效团和溶剂化能成本高昂[32]）。将函数$f_{受体}$视为使用特定蛋白口袋准备的评分函数，然后与预测蛋白-配体复合物构象的得分关联起来，作为对数据库中分子的“好坏”进行排名的替代属性（一些研究人员将此值称为预测的结合亲和力[33]）。

$$\max_{\tau\in 有效位姿} f_{受体}(\tau) \tag{13.1}$$

现如今，已开发出了许多评分函数，如DOCK、GOLD和FlexX。有研究表明，可以使用组合或共识分数（consensus score）作为一个更可靠和可解释的指标，如CScore[34]。还有一种基于柔性的对接方案，减少了针对静态蛋白受体的需求[35, 36]。有关评分函数的详细介绍，以及不同评分函数之间在采样速度方面的差异可以参见相关综述[32, 37]。

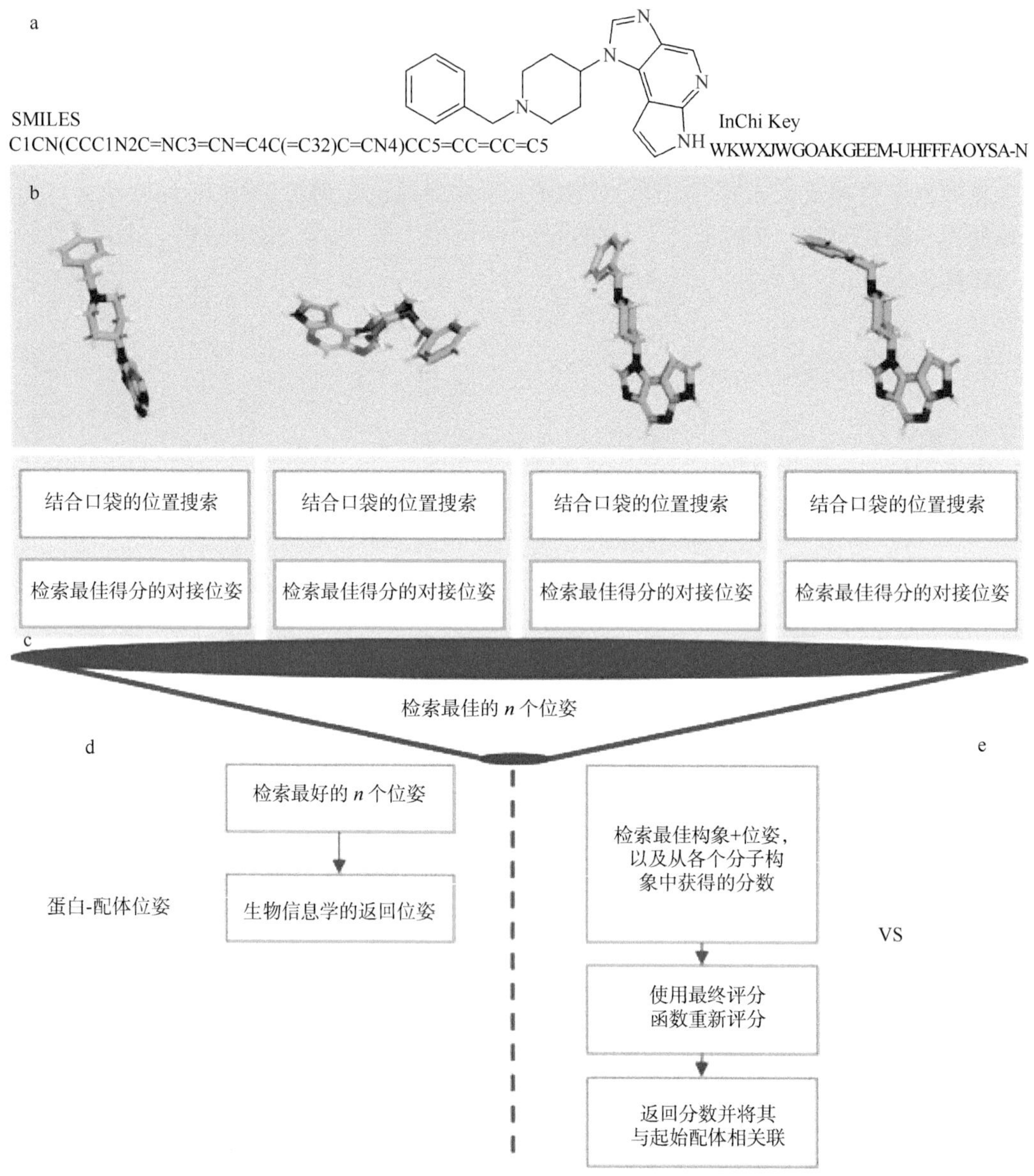

图13.1 典型对接理论组件的分解概述。a. 尽管具有3D格式（如SDF或MOL2），化合物库的准备通常使用1D标识符（如SMILES或Inchi Keys）。b. 构象生成组件生成了从库中采样2D/3D化合物的低能量3D构象集合。此外，在这一步骤中，如果需要，可以通过枚举立体异构体来增加集合整体的大小。c. 对接：在蛋白口袋内优化位姿，并在整体中优化每个构象的最终分数。d、e. 首先，分析并检索得分最高的对接构象（有时为top n），用于下游分析。经典的最后步骤是采用最佳的得分构象和得分，并仅用这些相关的得分和构象（而不是整个得分集合）起始结构注释

13.3 方法

考虑到式（9.1）中的设置，代理ML/AI模型的开发有几个可供考虑的选项。理论上，

最直接的方法是对评分函数$f_{受体}$建模，并创建ML模型作为对接算法的核心。这是一个相当大的挑战，主要是因为编码蛋白对接口袋内的3D配体构象需要对位置非常敏感（以满足评分函数对蛋白-配体复合物构象预测的要求）。也可以选择忽略评分函数的概念，直接使用ML/AI模型生成构象，而无须穷举搜索框架。而此类模型往往会受到以下问题的影响：①其用于训练数据的特定评分函数方案的特异性，以及对接方案的实施。②如何对接靶点以模拟蛋白-配体结合中涉及的物理过程？这通常为一个多目标优化问题。评分函数的这种双重作用对ML/AI模型施加了一种不适当的期望，即期望作为实用的代理模型来模拟实际的蛋白-配体对接过程，并立即找到正确的蛋白-配体复合物构象（许多方法利用强化学习或其他技术进行建模）。下一节将讨论各种工作流程（图13.2）。

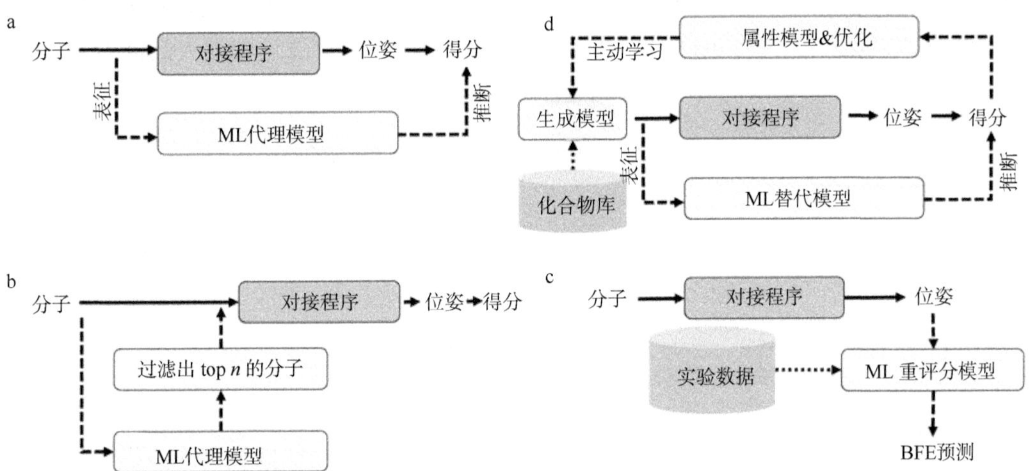

图13.2　ML/对接虚拟筛选的一般工作流程。对接程序的输入是一个分子和隐式蛋白受体，输出是一个位姿及其相关的分数。a. 代理ML对接模型：训练模型并预测最佳位姿的得分。b. 使用经过训练的ML代理模型来过滤被用于传统对接的分子数据库（代理过滤）。c. 执行对接操作，找到正确的位姿，使用ML评分函数对位姿进行重新评分。在这种情况下，使用实验数据来预测结合自由能估计（binding free energy estimate，BFE）。d. 化合物生成工作流程：生成模型生成的化合物可用于标准对接或另一个代理模型。这些分数可用于模型的优化，以生成得分更高的化合物

13.3.1　用于蛋白–配体对接的深度学习

以下几个工作流将AI/ML方法集成到uHTVS中，以进行蛋白-配体对接，包括用于评分的代理模型、用于构象预测的代理模型及端到端DL的解决方案。在这项工作中，本章概述了A、B模块，而实例C、D[38-41]是更复杂的工作流程，利用了前文探索过的部分模型。

基于ML的代理对接评分。基于ML的代理模型解决了目前uHTVS中的主要问题：可扩展性和化学库多样性。我们专注于创建一个ML代理模型来代替对接的使用。在前文的式（9.1）中，对接方案不依赖于将蛋白-蛋白编码到评分函数中。因此，代理ML排序函数的唯一自变量是分子本身及其可能的构象（τ和有效位姿）。这通常表示为代表化合物的SMILES字符串。可以使用RDKIT之类的程序基于SMILES字符串生成构象或有效位

姿[42]。我们制定了一个简单的预测问题：给定一个分子，能否预测对接蛋白针对其特定蛋白结合靶点的对接分数？此模型并非预测自然现象，而是通过训练来模拟对接程序，使其成为代理模型。鉴于对接程序通常受CPU限制（虽然存在AutoDockVina-GPU等替代方案），通过代理模型将其转换为并行GPU预测问题可以加速工作进程[43, 44]。

GPU推断时间在很大程度上取决于模型实现、架构和硬件等条件，但一般而言，单个GPU的图像推理时间大约是每秒50 000次预测[45, 46]。考虑到准确且信息丰富的VS可以深入、多样地扩展到化学空间的目标，为uHTVS选择的工具必须针对该问题具有可扩展性。先前的uHTVS在很大程度上依赖于CPU限制的对接程序。而利用代理模型，预测分子对接分数的速度大约可以快50 000倍（如果是对于给定时间的预算，筛选的尺寸可以提高50 000倍）。如表13.1所示，随着机器在GPU计算目标上的比重变得越来越大，以及用于DL硬件加速器的兴起，将uHTVS工具调整为DL模型解决了该领域最大的问题之一：库的多样性问题。

表13.1 ML的代理模型与非ML的标准VS的对比

系统名	单节点		总计		对接			ML 推断		
	CPU	GPU	CPU	GPU	CPU	GPU	总计	CPU	GPU	总计
Summit	44	6	202752	27648	6.5E+08	6.60E+07	7.16E+08	—	1.19E+14	1.19E+14
Frontera	56（8）	0（4）	450064	360						

注：假设每个化合物的对接时间为25.5 s，包括构象生成步骤[46]（括号表示混合节点类型）。

虽然对接代理模型可显著扩展可处理的搜索空间，但对接代理模型无法提供对接程序的完整输出。通过构象生成和优化，对接程序可返回配体-蛋白复合物的最佳3D构象及与该构象相关的分数。代理模型可以仅预测对接输出中最佳位姿的分数（考虑到3D点云输出的复杂性，其将会被忽略）。因此，基于此方面设计的代理对接模型缺乏构象输出。而下游任务通常需要蛋白-配体复合物构象，如MD模拟、专家检查、药物优化或自由能计算[47, 48]。

鉴于这一观点，ML模型可将大型库过滤为苗头化合物列表，那些通过过滤器的分子应考虑用于标准程序对接。我们将这些ML苗头化合物反馈到对接程序中，以检索正确的分数及完整的构象，而不是单纯地推断。为了检索准确的构象，所有通过过滤器的对接任务都将通过对接程序进行验证，以获得靶点结合位姿信息（图13.2）。假设一个大小为L的化合物库，GPU对接速率为φ小时一个配体，CPU对接速率为ψ小时一个配体，阈值α为库大小的百分比，那么总计需要的时间为$T=L(\varphi+\alpha\psi)$。这允许在给定计算速度ϕ、ψ、预算和分子库大小的情况下，直接计算过滤器大小以优化库的大小，因为α与L成反比（见13.3.3节注释1）。

13.3.2 模型的类型和表征

在经典的化学信息学特性预测领域，DL的研究正在不断深入[49, 50]。除了为DL体系架构研究寻找新的数据源以外，用于小分子性质预测的高通量方法已被用于材料工程、生物学和药物开发。这项工作主要关注类药小分子，以及药物先导化合物的发现和VS所必需的性质。药物发现模型的目标是利用硬件加速对大型化合物库的筛选来探索未经筛选的化学空间。一旦选择了分子表征方式和模型类型，就可以利用PyTorch或TensorFlow在构建好的对接分数数据集上对模型进行训练。

然而，从DL的角度而言，分子数据提出了一个重大挑战：如何表征分子？分子还没有显著有效的表征技术，目前使用的表征方法包括以下几类：描述符（descriptor）/指纹（fingerprint）、图谱（graph）、SMILES、3D波场（3D wave field）和3D点云（3D point cloud）。描述符和指纹是经典的表征方法，因为其根据各种化学信息学特性或形状内核（shape-kernel）创建向量来表示每个分子。向量通常与标准ML技术一起使用，如线性回归或随机森林。人们普遍认为，采用类似卷积神经网络（CNN）的架构对分子本身的图结构进行操作是成功的，并且这些模型通过各种复杂的架构发明展示了令人印象深刻的结果。虽然这些方法表现良好，但应用尚不成熟，用户很少将其与原生框架或硬件加速器结合使用。在以下细节中，我们概述了模型和相应的表征技术。

描述符。在DL之前，计算推理问题依赖基于表格、矢量化数据的经典ML模型，这与分子的复杂表示相去甚远。创建分子描述符是为了将分子矢量化为数值表示，从而实现可交换表示[51-53]。这其中使用到的各种软件包都是开源的、可定制的。其中，MOrdred提供了一个简单的Python接口[54]。分子描述符几乎可应用于任何ML技术或DL模型。

大多数描述符包由数百个用于计算各种分子特征的数据组成，如分子量、酸性或碱性基团的数量，以及电荷等。这些较小的计算被捆绑在一个大向量中。因此，如果将其应用于大型分子库，就会出现一个熟悉的表格，每一行代表一个样本、一个分子，每一列代表一个特定且可解释的特征。该方法优先用于经典ML技术，因为随机森林或线性模型通常需要1D向量特征。

应该注意的是，分子描述符是不同于分子指纹的一种表征方法。分子指纹是将不同分子邻域通过哈希运算生成位向量。最初，分子指纹用于作为数据库分子相似性的替代物。分子描述符是可以解释的，而指纹相对不透明。

图谱将分子表示为图形对大多数人而言是一个自然概念（科学家广泛使用的是分子的2D描绘）[55, 56]。图谱在内部表示标准化学信息包中的分子[42, 57, 58]，也是分子和神经指纹的核心，通过边从节点聚合散列[59]。在这里，我们将图谱作为一种分子推理问题的附加结构引入。

为了将这种结构引入DL模型，我们需要把分子从数据库转移至适合DL对象的技术形式化。把图G看作由一组被边连接的节点V，以及将一个节点连接到另一个节点的边E组成，并表示为$G=(V, E)$。分子图通常是无向的，因此对于所有边$(u, v)\in E$，边(v, u)也在E中。例如，甲烷分子CH_4的图需要5个节点{1，2，3，4，5}，以及边{(1，2)，(1，3)，(1，4)，(1，5)}。在这一设定中，节点只是标签，该设定提供的唯一数据是大小为5×5的邻接矩阵，如果有边$(i, j)\in E$，则输入$a_{ij}=a_{ji}=1$，反之则为0。如果要添加额外的数据，如原子类型，这将需要节点数据，而节点数据通常不会与图的概念一起引入。图13.3的右上方显示了当前设置的复杂性。阿司匹林（aspirin）目前仅表示为一组由适当边连接的不可区分节点，以随机2D节点布局显示。

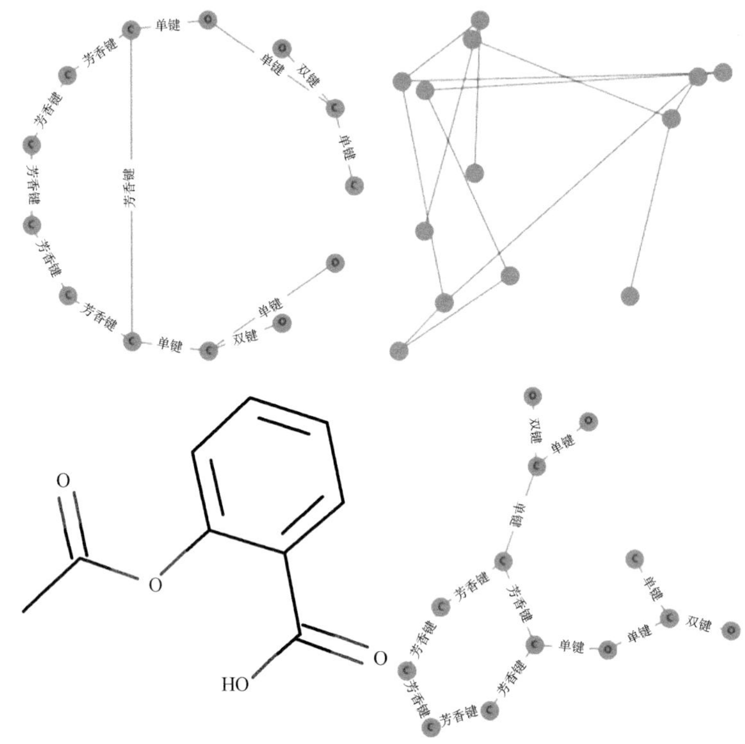

图13.3 具有不同2D节点定位图的阿司匹林分子表示示例

为了将数据与节点和边相关联，我们将其分别视为典型的特征向量。对于每个节点 $v\in V$，使 $A_v\in A\subset R^{|V|\times n_v}$ 成为原子特征向量，其中 n_v 为节点特征的数量。对于每个边 $e\in E$、使 $B_e\in B\subset R^{|E|\times n_E}$ 成为键特征向量，其中 n_E 为边特征的数量。在图13.4中，可以通过在添加节点和添加边的函数调用中将特征与节点相关联。

```
from rdkit import Chem
import networkx as nx
def mol_to_nx(mol):
    G = nx.Graph()
    for atom in mol.GetAtoms():
        G.add_node(atom.GetIdx(),
                   atomic_num=atom.GetAtomicNum(), # ndata
                   formal_charge=atom.GetFormalCharge()) # ndata
    for bond in mol.GetBonds():
        G.add_edge(bond.GetBeginAtomIdx(),
                   bond.GetEndAtomIdx(),
                   bond_type=bond.GetBondType()) # edata
    return G
```

图13.4 使用RDKit将mol对象转换为图结构的Python代码

我们将具有可能节点和边数据的图视为 $G=(V, E, A, B)$。现在给定一个分子库，$\{G_i\}_{i\in L}$，以及一组对每个分子进行预测的分数 $\{y_i\}_{i\in L}$。大多数替代蛋白-配体对接模型的情况都是回归问题，而对于我们正在考虑的uHTVS而言，y_i是化合物$i \in L$的对接分数。在这种情况下，我们在分子特征或节点特征A上使用神经网络 $\hat{f}(A)=\hat{y}$来预测对接分数$\hat{y}$。同样的目标也适用于学习函数$\hat{f}_G$，该函数将一个分子作为图并预测对接分数，并且特征在这里形成矩阵A，而不是以单个特征向量作为输入。

在这一框架下，我们将探索消息传递作为沿图边缘传播信息的技术（有关使用图作为输入的神经网络概述，请参见相关参考文献[60]）。这里主要考虑对同构图的泛化。异构图可用于表示不同类型的边，这些边具有不同类型的特征（如双键或单键）。换言之，只有一种类型的边用于传播节点特征。

$$h_i^{(1+1)}=\text{\footnotesize UPDATE}^{(1)}\Big(h_i^{(1)}, \text{\footnotesize REDUCE}^{(1)}\big(\{\text{\footnotesize MESSAGE}^{(1)}(h_j^{(1)}) \mid j \in \mathcal{N}_j\} \big) \Big)$$

其中$\text{\footnotesize UPDATE}^{(1)}$ 为第1层的更新函数，$\text{\footnotesize REDUCE}^{(1)}$为聚合函数，$\text{\footnotesize MESSAGEd}^{(1)}$为消息函数。

例如，最简单的设置是图卷积层（graph convolutional layer，GCN[61]）。对于这一层，我们将消息函数设置为恒等式，将归约函数设置为求和，将更新函数设置为线性或密集层，即$UPD(h_i,\hat{h}_j) := \sigma(W\hat{h}_j)$。其中，$W$为权重或参数矩阵。可以进行如下表示：

$$h_i^{(l+1)} = \sigma\left(W^{(l)}\left[\sum_{v_j \in \lambda(v_i)} h_i^{(l)}\right]\right)$$

这意味着GCN将来自相邻的所有节点特征向量相加，然后使用权重矩阵加权。需要注意的是，在这一模型的公式中，除非模型中的自边是显式的，即$(u,u) \in E$，否则节点u的当前特征可能不会用于更新下一层1 + 1的特征。此行为是否需要取决于所使用的软件包。然而，在这种设置中，我们只能获得特定于节点的特征，而不是全局特征，即我们只能开发每个原子的特征，因为h是以节点i为下标。因此，正如在二维卷积网络中一样，需要全局池化操作，如求和或平均：

$$h^{(1+1)} = \text{\footnotesize AGG}_{v_i \in V} h_i^{(1)}. $$

通过全局节点池，可以创建整个图谱的特征向量或中间表示，而不仅仅是通过消息传递创建一组特定于节点的向量。这类似于组合来自环形指纹或摩根指纹的位向量[59]。然后，这些中间图表示或指纹可以作为特征用于任何密集神经网络以预测分数。

描述符、图谱及其他技术。描述符、序列、体素化和图谱是编码药物发现模型的最常见机制[62]。虽然到目前为止还没有图谱出现在文献中，但我们认为这是一种新颖且有趣的分子对接表征技术。如前所述，对接在一定程度上是理解形状互补性（蛋白-配体抑制的锁定和关键视图[63]）的一项练习。

2D图像描述是一种符合直觉的表征方法，却经常被忽视。在大多数使用分子的领域，从化学教科书到药物化学家办公室的白板，都能见到分子2D描述的身影。从分子的2D描述中，化学家通常可以识别重要的特性，如氢键受体、估算分子量，甚至可以确定分子是否能与蛋白结合。与图结构不同，这种表征方法可以利用现成的CNN，其在历史上一直主导着计算机视觉下的DL研究。在计算机视觉领域，CNN的研究通常依赖于一个巨大的标记图像集合ImageNet[64]。虽然多种方法都使用了分子的3D体素化，但这些方法通常是带有大量参数的小数据集。而使用2D图像，可以用预训练权重初始化模型，这些权重在图像分类下通常具有旋转不变性。迁移学习任务本身似乎与图像模型无关，因为模型的上层（如ResNet）已被证明可以学习对图像的基本理解，如色差和线条等[65]。

结合基于注意力的模型，图像可用于预测结果的解释[66]。例如，如果训练模型以预测图像中给定化合物的氢键受体数量，则注意力网络应该突出氢键受体原子本身（图13.5）。

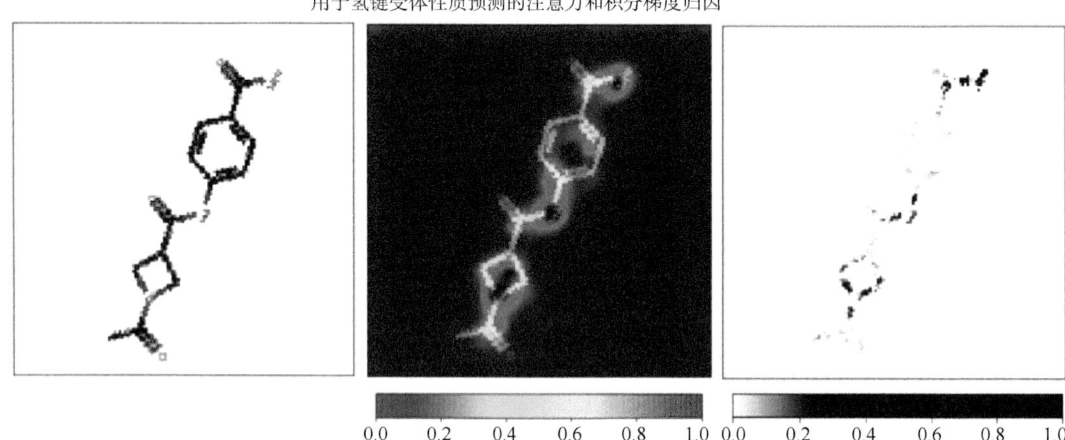

图13.5 **化合物ZINC70817879的2D图。该128×128像素图像为修改后ResNet-101模型的输入特征。该模型经过训练后，可以预测化合物中氢键受体的数量。中间图表示模型中某个注意力层像素化的注意力值。该值越接近1，表示模型越关注该区域。右图表示积分梯度特征归因，其中0表示对预测的贡献较小，1表示对预测的贡献最大[67]。注意力和积分梯度归因方法都表明该模型正确地预测了3个氢键受体**

13.3.3 分析

最终，这种计算工作需要从数十亿规模的化合物库中选择极小的化合物集，这近乎大海捞针[68]。通过VS从数据库中筛选出的top n个化合物被称为苗头化合物，其中n通常仅为10～100。与实验室中的实验性高通量筛选不同，uHTVS的苗头化合物并未在体内试验中得到证实，也没有明确的“活性”与“非活性”指标[69, 70]。uHTVS方案提供了化合物的分数及其分布，以及具有相关蛋白结合区域构象的一些生物学意义。苗头化合物的选择过程需要仔细进行。

uHTVS分布高度倾斜，在靶点和VS之间差异很大（见13.3.3节注释2）。对接产生的uHTVS不同于正态分布，特别是研究人员主要对对接中的高分感兴趣，而不是对数据的平均值或中心趋势感兴趣。此外，对接分数的分布反映了大多数化合物对靶点没有活性。如果目标是从一个包含10亿个分子的分子数据库中找到100个得分最高的苗头化合物，那么该模型需要大约0.000 01%的预测精度（这里没有参考，因为这在ML文献中是闻所未闻的）。虽然各种测试和模型评估技术已经建立起来，但鉴于整个分布的预测成功并不是首要目标，因此似乎很少有技术与uHTVS相关。而在文献中，经常会遇到使用其平均绝对误差（MAE）、均方误差（mean squared error，MSE）或相关系数（如r^2或Pearson）来评估预测模型。但我们认为这些评估手段是不具信息性的，并且容易产生误导，在这里，建议采用基于uHTVS具体情况的实用模型评估方案。

无论是追求重新评分模型还是前面讨论的对接代理模型，对于训练模型而言，其核心便是数据拆分。大多数研究人员都熟悉的典型训练测试集拆分手段，即提取x%的数据进行训练，并根据剩余的（$1-x$）%评估模型性能。考虑到这些模型需要微调，以及其复杂性，研究人员通常使用训练-测试-评估拆分系统。其中，仅利用训练和测试数据进行模型开发。评估集有时又称“保留集”，在最后的生产阶段使用。在分子性质预测模型（uHTVS的一个密切相关领域）中，研究人员一直在使用更复杂的数据拆分程序。例如，骨架拆分（scaffold splitting）涉及根据分子数据的骨架将其拆分为簇，并从训练数据中拿出特定的骨架来评估分布模型的性能。在类似的情况下，通过时间维度拆分数据涉及隐藏最近发现的药物化合物，以查看模型是否可以在之前没有看到此类分子的情况下发现它们[71]。

尽管这是目前公认的做法，但这是否是uHTVS的正确方法尚有待商榷。大多数设置都涉及从总体分布P、DP中采样的数据集D。而当目标是处理一个新样本$D'P$时（可能存在偏移或其他抽样误差），该模型预测某些结果的能力又将如何？对于uHTVS，应以不同的方式说明问题。给定分子P的总体分布，我们只能对一些已知的枚举集M进行采样。M由所有已知的分子种类组成，即使是我们可以用计算机列出的有限的分子种类，而M是唯一的集合，没有与M不同的其他样本的概念。因此，uHTVS的目标是对M中的所有分子进行正确评分，并找到最佳和最有可能的候选药物。这两种情况之间的区别在于，uHTVS的域是完全已知的、可计算的和有限的。典型问题的领域涉及从总体分布中抽样。在这里，我们准确地知道更大的有限域，因此不需要考虑样本外的可能性，并且应该进一步探讨其影响。

鉴于对实验高通量筛选的日益重视，开发的指标侧重于有活性与无活性的概念（对于VS，具有一个连续回归的设定）。有关uHTVS分类设置中的度量方法，请参阅可行性研究中的诱饵检测率[72, 73]。

注释1：从早些时候开始，我们考虑了所需的预算、计算时间T、库的大小$L=|R|$、可对接的化合物百分比α，以及与RES的实用关系。假设计算预算T是固定的，计划处理的特定分子库的大小为L，那么可以求解$T = L(+\varnothing + \alpha\psi)$中的$\alpha$。如果将对接化合物最高百分数称为$\hat{\alpha}$，那么在RES中，可以检查给定模型推断的top $\hat{\alpha}$中有多少原始真实的最高分布被包含在内。

uHTVS的目的是确定苗头化合物，以用于后续的实验筛选、进一步模拟或其他基于性质的工作流程。这种基于漏斗的策略在药物发现中屡见不鲜[30, 46]。

注释2：VS检测。VS模型的指标首先应指导该模型的可用性。这意味着我们必须关注模型的用例，以便对其进行评估。幸运的是，对于uHTVS代理模型而言，这是一项简单的任务：我们需要多久才能正确识别top n个化合物？

初始的尝试可能看起来类似于计算准确率。我们选取这一组化合物，将潜在的top 10标记为“真”，将其他所有化合物标记为“假”，并预测哪些化合物位于前10位。然而，这种简单性忽略了一些相当重要的因素。首先，能否跻身top 10并不是我们拥有的唯一数据。我们对化合物距离进入top 10的程度有一种感觉（如第11位和第10位是非常不同还是有些相似？）。其次，这种准确率计算或富集因子不是可变的。当我们选择top n时，可能是下游任务相当复杂，并且n必须是相对较小的。然而，如果引入了模拟任务，增加n将如何改变预期命中率呢？

我们提出的解决方案是采用回归富集面（regression enrichment surface，RES），其涉及给定回归设置的连续方法，以及逃避模型评估的单度量逻辑的视觉表示（图13.6）[74]。为了将情况具体化，我们将对接分数y作为对接程序的输出，对接分数$\hat{y}$作为模型的预测结果，并且假设库的大小为L，计划将top α的化合物作为苗头化合物。然后，观察来自$\hat{y}$的top α预测。那么，来自y的top α中有多少出现在$\hat{y}$中？这便是富集$\mathrm{RES}=(y,\hat{y},\alpha,\alpha)$。现在，假设我们想要一个更严格的概念来捕捉真正的top化合物，就可以考虑设置$\mathrm{RES}=(y,\hat{y},\alpha,\alpha/10)$。这使得我们在RES范式下提出的问题更具灵活性。

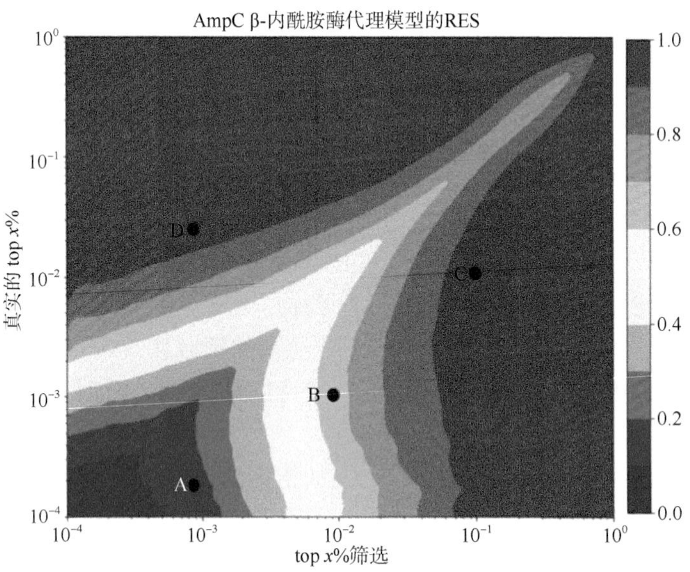

图13.6　基于AmpC β-内酰胺酶的50 000个分子验证数据集对接分数绘制的RES。模型为消息传递网络。该模型在参考文献[5]中的500K对接样本上进行训练。4个圆点表示用于绘图解释的示例。A：预测的top 500包含真实top 100化合物的10%～20%。从这一点向上看，预测的top 500包含真实top 500化合物的30%。B：预测的top 1%包含真实top 500（即真实top 0.1%）的50%。C：预测top 10%包含了所有真实top 1%（甚至更高），因此该模型在允许至少相差一个数量级的筛选下，能捕获大多数真实的top分布。D：虽然对角线标识线以上的点对于这个实例而言没有可观察性，然而D意味着预测top 500包含的500个点都出现在真实top 8%中

由真实值R和模型推断得出的排名$\hat{R}$可用于具体化RES这一概念。在这里，我们将α作为真实预测中所需的top百分数，$\hat{\alpha}$作为将从推断中使用的top百分数。

$$\mathrm{RES}(R,\hat{R},\alpha,\hat{\alpha})=\frac{|R_{\alpha}\cap\hat{R}_{\hat{\alpha}}|}{|R|\min(\alpha,\hat{\alpha})}$$

标题中标注的RES分数是积分的近似值，x轴和y轴的界限均为0～1，其中最佳为1，

最差为0。另外，为了保证分数的正确性和可再现性，需要对原始的界限进行描述。

（段宏亮　王鑫桥　译；白仁仁　校）

参考文献

1. Rester U (2008) From virtuality to reality-Virtual screening in lead discovery and lead optimization: a medicinal chemistry perspective. Curr Opin Drug Discov Devel 11:559
2. Ltd E Enamine REAL Space
3. Lahue BR, Glick M, Tudor M et al (2020) Diversity & tractability revisited in collaborative small molecule phenotypic screening library design. Bioorg Med Chem 28:115192
4. Paricharak S, Méndez-Lucio O, Chavan Ravin-dranath A et al (2018) Data-driven approaches used for compound library design, hit triage and bioactivity modeling in high-throughput screening. Brief Bioinform 19:277–285
5. Lyu J, Wang S, Balius TE et al (2019) Ultra-large library docking for discovering new chemotypes. Nature 566:224–229
6. Jia X, Lynch A, Huang Y et al (2019) Anthropogenic biases in chemical reaction data hinder exploratory inorganic synthesis. Nature 573:251–255
7. Su AI, Lorber DM, Weston GS et al (2001) Docking molecules by families to increase the diversity of hits in database screens: computational strategy and experimental evaluation. Proteins 42:279–293
8. Polishchuk PG, Madzhidov TI, Varnek A (2013) Estimation of the size of drug-like chemical space based on GDB-17 data. J Comput Aided Mol Des 27:675–679
9. Bolte M, Hogan CJ (1995) Conflict over the age of the Universe. Nature 376:399–402
10. Schneider G (2010) Virtual screening: an endless staircase? Nat Rev Drug Discov 9:273–276
11. McInnes C (2007) Virtual screening strategies in drug discovery. Curr Opin Chem Biol 11:494–502
12. Sliwoski G, Kothiwale S, Meiler J, Lowe EW Jr (2014) Computational methods in drug discovery. Pharmacol Rev 66:334–395. https:// doi.org/10.1124/pr.112.007336
13. Sakkiah S, Thangapandian S, John S et al (2010) 3D QSAR pharmacophore based virtual screening and molecular docking for identification of potential HSP90 inhibitors. Eur J Med Chem 45:2132–2140
14. Sun H (2008) Pharmacophore-based virtual screening. Curr Med Chem 15:1018–1024
15. Willett P, Barnard JM, Downs GM (1998) Chemical similarity searching. J Chem Inf Comput Sci 38:983–996
16. Kumar A, Zhang KY (2018) Advances in the development of shape similarity methods and their application in drug discovery. Front Chem 6:315
17. Coley CW, Barzilay R, Green WH et al (2017) Convolutional embedding of attributed molecular graphs for physical property prediction. J Chem Inf Model 57:1757–1772
18. Liu Z, Du J, Fang J, et al (2019) DeepScreening: a deep learning-based screening web server for accelerating drug discovery Database 2019
19. Zhou H, Skolnick J (2013) FINDSITEcomb: a threading/structure-based, proteomic-scale virtual ligand screening approach. J Chem Inf Model 53:230–240
20. Oprea TI (2000) Current trends in lead discovery: are we looking for the appropriate properties? Mol Divers 5:199–208
21. Verdonk ML, Berdini V, Hartshorn MJ et al (2004) Virtual screening using protein-ligand docking: avoiding artificial enrichment. J Chem Inf Comput Sci 44:793–806
22. Klebe G (2006) Virtual ligand screening: strategies, perspectives and limitations. Drug Discov Today 11:580–594. https://doi.org/10. 1016/j.drudis.2006.05.012
23. Sterling T, Irwin JJ (2015) ZINC 15-ligand discovery for everyone. J Chem Inf Model 55:2324–2337

24. Shivanyuk A, Ryabukhin S, Tolmachev A et al (2007) Enamine real database: making chemical diversity real. Chem Today 25:58–59
25. O'Boyle NM, Banck M, James CA et al (2011) Open Babel: An open chemical toolbox. J Che-minform 3:33. https://doi.org/10.1186/ 1758-2946-3-33
26. Le Guilloux V, Schmidtke P, Tuffery P (2009) Fpocket: an open source platform for ligand pocket detection. BMC Bioinformatics 10:1–11
27. Bernstein FC, Koetzle TF, Williams GJ et al (1977) The Protein Data Bank: a computer-based archival file for macromolecular structures. Eur J Biochem 80:319–324
28. Warren GL, Andrews CW, Capelli A-M et al (2006) A critical assessment of docking programs and scoring functions. J Med Chem 49:5912–5931
29. Cole JC, Murray CW, Nissink JWM et al (2005) Comparing protein-ligand docking programs is difficult. Proteins 60:325–332
30. Kitchen D, Decornez H, Furr J, Bajorath J (2004) Docking and scoring in virtual screening for drug discovery: methods and applications. Nat Rev Drug Discov 3:935–949. https://doi.org/10.1038/nrd1549
31. Ballester PJ, Mitchell JB (2010) A machine learning approach to predicting protein-ligand binding affinity with applications to molecular docking. Bioinformatics 26:1169–1175
32. Mcgann MR, Almond HR, Nicholls A et al (2003) Gaussian docking functions. Biopolymers 68:76–90
33. Guedes IA, Pereira FS, Dardenne LE (2018) Empirical scoring functions for structure-based virtual screening: applications, critical aspects, and challenges. Front Pharmacol 9:1089
34. Clark RD, Strizhev A, Leonard JM et al (2002) Consensus scoring for ligand/protein interactions. J Mol Graph Model 20:281–295
35. Meiler J, Baker D (2006) ROSETTALIGAND: Protein-small molecule docking with full side-chain flexibility. Proteins 65:538–548
36. Razzaghi-Asl N, Sepehri S, Ebadi A et al (2015) Effect of biomolecular conformation on docking simulation: a case study on a potent HIV-1 protease inhibitor. Iran J Pharm Res 14:785
37. McGaughey GB, Sheridan RP, Bayly CI et al (2007) Comparison of topological, shape, and docking methods in virtual screening. J Chem Inf Model 47:1504–1519
38. Francoeur PG, Masuda T, Sunseri J et al (2020) Three-dimensional convolutional neural networks and a cross-docked data set for structure-based drug design. J Chem Inf Model 60:4200–4215. https://doi.org/10.1021/acs.jcim.0c00411
39. Sunseri J, King JE, Francoeur PG, Koes DR (2019) Convolutional neural network scoring and minimization in the D3R 2017 community challenge. J Comput Aided Mol Des 33:19–34. https://doi.org/10.1007/s10822-018-0133-y
40. Xu Z, Wauchope OR, Frank AT (2020) Navigating chemical space by interfacing generative artificial intelligence and molecular docking. bioRxiv
41. Li X, Xu Y, Yao H, Lin K (2020) Chemical space exploration based on recurrent neural networks: applications in discovering kinase inhibitors. J Chem 12:1–13
42. Landrum G et al (2006) RDKit: open-source cheminformatics
43. Pechan I, Feher B (2011) Molecular docking on FPGA and GPU platforms. In: 2011 21st international conference on field programmable logic and applications. IEEE, pp 474–477
44. LeGrand S, Scheinberg A, Tillack AF, et al (2020) GPU-accelerated drug discovery with docking on the summit supercomputer: porting, optimization, and application to COVID-19 research. In: Proceedings of the 11th ACM international conference on bioinformatics, computational biology and health informatics, pp 1–10
45. Zlateski A, Lee K, Seung HS (2016) ZNNi: maximizing the inference throughput of 3D convolutional networks on CPUs and GPUs. In: SC'16: Proceedings of the international conference for high performance computing, networking, storage and analysis. IEEE, pp 854–865

46. Lee H, Merzky A, Tan L, et al (2020) Scalable HPC and AI infrastructure for COVID-19 therapeutics. arXiv preprint arXiv:201010517
47. Wright D, Devitt-Lee A, Clyde A, et al (2019) Combining molecular simulation and machine learning to INSPIRE improved cancer therapy. In: CompBioMed conference 2019
48. Lu S-Y, Jiang Y-J, Lv J et al (2010) Molecular docking and molecular dynamics simulation studies of GPR40 receptor-agonist interactions. J Mol Graph Model 28:766–774
49. Schütt KT, Sauceda HE, Kindermans P-J et al (2018) SchNet—a deep learning architecture for molecules and materials. J Chem Phys 148:241722
50. Bartók AP, De S, Poelking C et al (2017) Machine learning unifies the modeling of materials and molecules. Sci Adv 3:e1701816
51. Pastor M, Cruciani G, McLay I et al (2000) GRid-INdependent descriptors (GRIND): a novel class of alignment-independent three-dimensional molecular descriptors. J Med Chem 43:3233–3243
52. Yap CW (2011) PaDEL-descriptor: An open source software to calculate molecular descriptors and fingerprints. J Comput Chem 32:1466–1474
53. Todeschini R, Consonni V (2008) Handbook of molecular descriptors. John Wiley & Sons, Hoboken, NJ
54. Moriwaki H, Tian Y-S, Kawashita N, Takagi T (2018) Mordred: a molecular descriptor calculator. J Chem 10:4
55. Clark AM, Labute P, Santavy M (2006) 2D structure depiction. J Chem Inf Model 46:1107–1123
56. Ebalunode JO, Zheng W (2009) Unconventional 2D shape similarity method affords comparable enrichment as a 3D shape method in virtual screening experiments. J Chem Inf Model 49:1313–1320
57. Babel O (2010) The open source chemistry toolbox
58. OEChem T (2012) OpenEye Scientific Soft-ware. Inc, Santa Fe, NM, USA
59. Duvenaud DK, Maclaurin D, Iparraguirre J, et al (2015) Convolutional networks on graphs for learning molecular fingerprints. In: Advances in neural information processing systems. The Neural Information Processing Systems Foundation. pp. 2224–2232
60. Zhou J, Cui G, Zhang Z, et al (2018) Graph neural networks: a review of methods and applications. arXiv preprint arXiv:181208434
61. Kipf TN, Welling M (2016) Semi-supervised classification with graph convolutional networks. preprint arXiv:1609.02907
62. Elton DC, Boukouvalas Z, Fuge MD, Chung PW (2019) Deep learning for molecular design—a review of the state of the art. Mol Syst Des Eng 4:828–849
63. Tripathi A, Bankaitis VA (2017) Molecular docking: From lock and key to combination lock. J Mol Med Clin Appl 2
64. Deng J, Dong W, Socher R, et al (2009) Ima-genet: a large-scale hierarchical image database. In: 2009 IEEE conference on computer vision and pattern recognition. IEEE, pp 248–255
65. He K, Zhang X, Ren S, Sun J (2016) Deep residual learning for image recognition. In: Proceedings of the IEEE conference on computer vision and pattern recognition, pp 770–778
66. Nam H, Ha J-W, Kim J (2017) Dual attention networks for multimodal reasoning and matching. In: Proceedings of the IEEE conference on computer vision and pattern recognition, pp 299–307
67. Sundararajan M, Taly A, Yan Q (2017) Axiomatic attribution for deep networks. arXiv pre-print arXiv:170301365
68. Raghuraman A, Mosier PD, Desai UR (2006) Finding a needle in a haystack: development of a combinatorial virtual screening approach for identifying high specificity heparin/heparan sulfate sequence (s). J Med Chem 49:3553–3562
69. Da C, Stashko M, Jayakody C et al (2015) Discovery of Mer kinase inhibitors by virtual screening using structural protein-ligand interaction fingerprints. Bioorg Med Chem 23:1096–1101
70. Cheong R, Wang CJ, Levchenko A (2009) High content cell screening in a microfluidic device. Mol Cell

Proteomics 8:433–442

71. Feinberg EN, Sur D, Wu Z et al (2018) PotentialNet for molecular property prediction. ACS Centr Sci 4:1520–1530
72. Irwin JJ, Shoichet BK, Mysinger MM et al (2009) Automated docking screens: a feasibility study. J Med Chem 52:5712–5720
73. Malo N, Hanley JA, Cerquozzi S et al (2006) Statistical practice in high-throughput screening data analysis. Nat Biotechnol 24:167–175
74. Clyde A, Duan X, Stevens R (2020) Regression enrichment surfaces: a simple analysis technique for virtual drug screening models. arXiv preprint arXiv:200601171

第14章

人工智能和量子计算——制药行业的下一个颠覆者

摘　要： 人工智能（AI）由广泛应用于药物发现和开发中的增强优化策略的协同组合组成，为提高整个药品生命周期的成本效益提供了先进的工具。具体而言，AI汇集了提高药物批准率、降低开发成本、更快地为患者提供药物，以及帮助患者遵从治疗的优势潜力。量子计算（quantum computing，QC）技术可以加速药物开发速度并提高药品的批准率，使企业从受专利保护的市场专营权中获得更大的利润。

基于AI和QC的尖端技术正得到主要制药利益相关者的逐渐认可，具体涵盖药物发现、临床前和临床开发及审批。事实上，AI-QC应用预计将在未来5～10年内成为制药行业运营模式的标准。将其可扩展性推广至更大的制药问题而不是专业化上，是目前转变制药任务的主要原则。为此，系统、具有成本效益的解决方案将使分子筛选、合成路线设计、药物发现与开发等多个领域获益。

通过数据驱动分析、神经网络预测和化学系统监测，药品生命周期与AI和QC结合所产生的信息将有助于更好地理解工艺数据的复杂性、简化实验设计、发现新的靶点和材料，也有助于规划或重新思考即将到来的制药挑战。AI-QC的强大功能使一系列制药问题的解决及其合理化成为可能，而这些问题以前由于缺乏适当的分析工具而无法解决，这也彰显了这些新兴多维方法的潜在应用范围。鉴于行业发展尚处于萌芽阶段，且成功研究案例的相对缺乏，创建正确的AI-QC战略需要经历艰难的学习道路。因此，必须对相关领域进行全面的了解以扩大整个药物在生命周期内的应用前景。

本章主要介绍应用于药物发现与开发的AI-QC方法，并重点阐述该领域的最新进展。

关键词： 人工智能（AI）；机器学习（ML）；量子计算（QC）；药物发现；药物开发；药品生命周期（drug product life cycle）

14.1 引言

药品生命周期管理是一种跨学科和多学科的方法。无论是新化学实体还是新生物实体，开发新药都是一个漫长而复杂的过程，从化合物识别到商业化通常需要10～15年，并耗费大量资源（＞10亿欧元）[1, 2]。事实上，药物发现和随后将候选药物开发转化为上市药物的过程是人类最具挑战性、风险最大、成本最高的尝试之一。药品生命周期通常包括以下阶段（图14.1）：①发现与研究，即靶标识别和确证，以及先导化合物的识别和优化；②开发，涉及产品表征、制剂开发、临床前研究和临床试验；③监管审查和批准，包括上市许可申请，即提交数据供监管审查，以证明其安全性、有效性和质量；④商业化和营销，包括提交安全报告和其他法规要求的材料，开展上市后监测。

药物发现过程的第一步是确定“可药用”（druggable）的靶点（如基因、核酸、蛋白），以确认其在疾病中的作用，然后确证其治疗效果[4]。这包括分析方法（如生化、遗传、生物学）的开发和优化，旨在通过与化合物文库的比较来检查与特定靶点的预期相互作用。然后，采用高通量筛选来确认“苗头化合物”，并按化学类型对其进行排序，以识别潜在的“先导化合物”或化学骨架。再对先导化合物进行进一步的优化，研究其构效关系，并优化其理化性质和药理性质，以增强先导化合物的效力、特异性和选择性[5]。该过程包括对潜在候选药物进行一系列的迭代合成和表征，以建立一个组合化学结构和生物活性，与活性位点结合亲和力相互关联的表示。先导化合物优化的目的是保留先导化合物中有利的性质，发现具有最大治疗效益和最小潜在危害的化合物，同时改进先导化合物结构中的缺陷[6]。

先导化合物的识别和优化是在体外过程中进行的，该过程设置了一组互补试验来评估化合物潜在的生物药理学及吸收、分布、代谢、排泄和毒性（ADMET）特性。这些早期阶段收集的知识是理解和预测体内药代动力学及安全性的基础。然而，需要注意的是，大多数化合物都会在这一阶段中失败[5]。

然后，通过适合目的的体内疗效研究和ADMET评估，对先导化合物进行验证。新化学实体的毒理学评估涵盖基因毒性、所有生物系统中的安全药理学、单次和多次给药毒性，以及毒代动力学研究。此外，新药申请还要求进行两性生殖毒理学研究和长期致癌性测试。

新药物分子的发现还需要将其简便地开发为某一合适的剂型，以满足所需的药物递送特性。因此，必须确定原料药的理化性质，因为其决定了几个重要的相关参数，如溶解度、稳定性、与辅料的相互作用，以及最终的生物利用度。制剂前和制剂研究至关重要[7]。在药物开发阶段，将扩大测试规模，在临床试验中对候选药物进行潜在评估。此外，临床试验计划是在监管机构批准新药临床试验申请后启动的，该申请记录了临床前结果、拟定的药物作用模式、潜在的副作用、理化表征和生产信息。临床试验（Ⅰ期、Ⅱ期和Ⅲ期）遵循良好临床实践标准，在高度规范的环境中进行。Ⅰ期临床试验主要涉及药物安全性，Ⅱ期临床试验侧重于有效性，而Ⅲ期临床试验则在更大的人群中确认其疗效。临床试验的成功将指导上市许可申请的提交，供监管机构进一步审查和批准[5]。

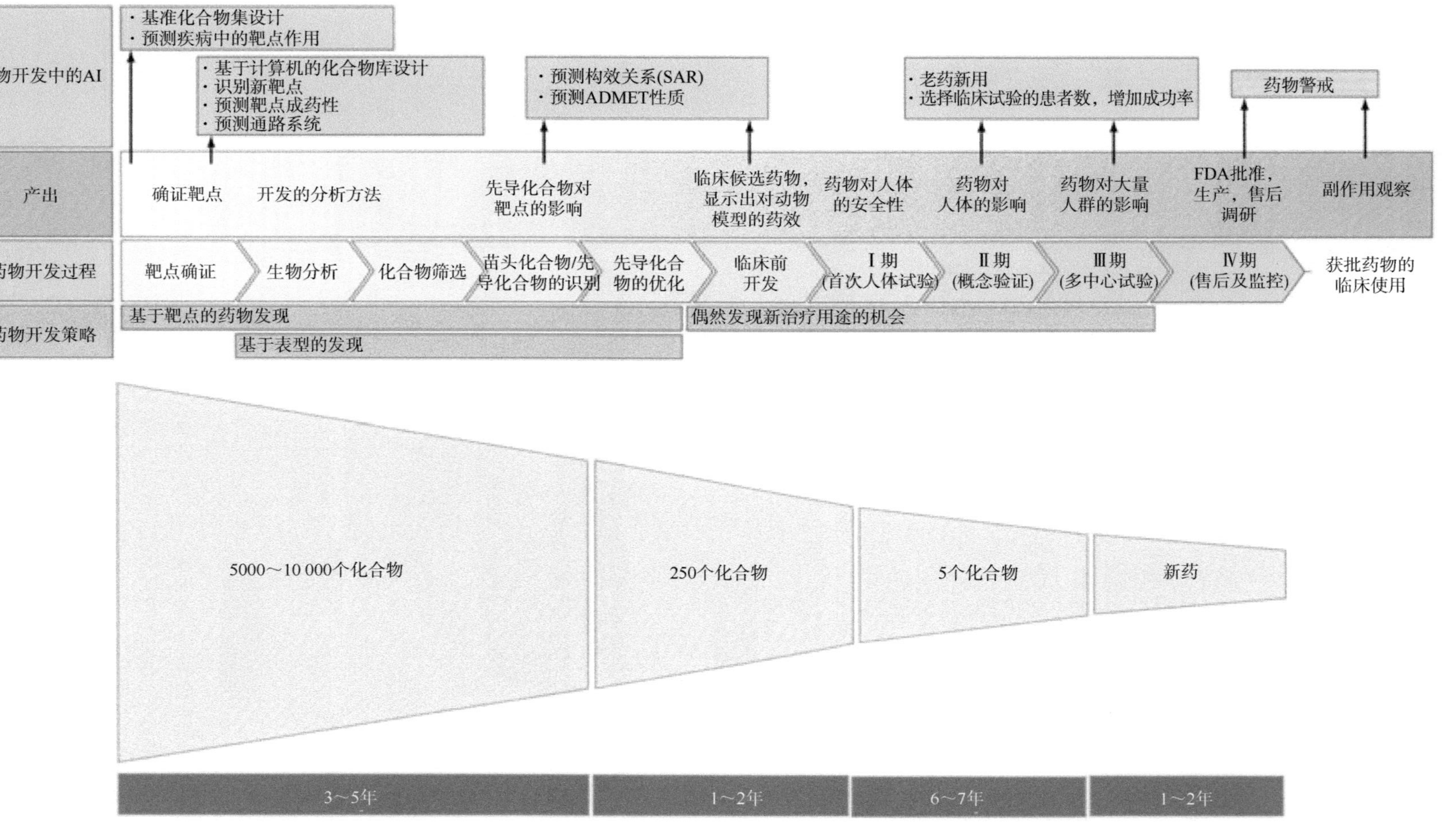

图14.1　经典的药物发现与开发时间表。每批准1个用于人体的新药，通常需要对5000～10 000个化合物进行实验室筛选。在筛选的化合物中，约有250个可能进入临床前评价。在每5个可能进入临床试验的化合物中，平均只有1个能成功获批上市。药物审批的整个过程可能耗时10～15年[3]

随后将进行药品的商业化运作，这通常需要经历一段快速增长期，直到市场份额达到成熟。药品的终点以衰退期为特征，这可能是由于观察到副作用[8]或经济原因[9]，最终导致药品退出市场[2]。

药物创新的经典模式在经济上被认为是不可持续的[10]。扭转药物发现与开发过程中高失败率的主要挑战之一在于尽可能早地在药物疗效和潜在不良反应之间寻求适当的平衡，以减少安全性相关的失败，尤其是在更为昂贵的临床开发后期阶段[11]。第二个主要问题涉及缩短上市时间以延长有效专利保护期限的策略。另一个主要问题是如何避免或延迟药品的衰退阶段及药品提前退出市场。

为了解决这些问题，制药行业正在寻求更全面的方法来改进药品推向市场的流程，从而在降低运营成本的同时加速药品开发。

解决这些长期存在问题的一个合理策略是丰富具有低、中等风险的药品组合，延长药品生命周期的具体方法包括开发次要适应证、老药新用，以及研发孤儿药、治疗被忽视疾病的药品和特殊药品。通过研究风险和成本调整选项的组合，能够在平衡投资组合风险的情况下提高生产率[6]。

尽管如此，创新驱动型公司仍专注于药物发现与提高开发成功率，以此作为药品上市批准的主要支柱。这清楚地表明，在药品生命周期管理的早期阶段，有必要借助于人工智能（artificial intelligence，AI）和量子计算（QC）方法（图14.2）。

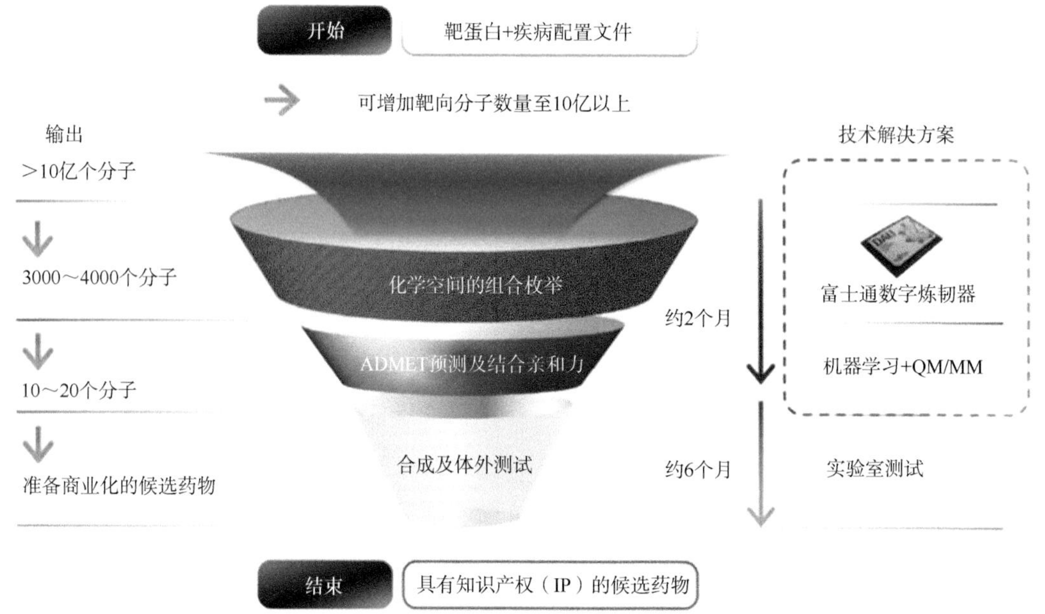

图14.2　药品生命周期管理早期阶段药物发现中结合AI和QC的集成平台实例。平台由北极星量子生物技术（Polaris Quantum Biotech）和富士通（Fujitsu）提供。该分子优化平台的小分子先导化合物的发现速度和化学范围得到了显著改进，从原本的3～5年缩短至8个月，这在经济上实现了可持续地为更小的患者群体研发药物[12]

将AI和机器学习（ML）融入从实验室研究到临床药品开发的全过程具有重要的意

义：①支持合理的药物设计；②协助决策过程（确定药物是否能获得批准，或识别潜在延迟药品批准的文档异常）；③支持个性化药物的开发；④管理和利用未来药物开发所获得的临床数据[2, 3, 13, 14]。更值得注意的是AI在罕见病患者识别、新适应证发现、监管批准和市场补偿预测方面的应用[15]。

虽然计算工具已经广泛应用于药物发现与开发，但量子计算机可以增强和加速分子比较，从而更好地预测药物安全有效治疗疾病的潜力。与传统计算机相比，其还可以捕获更大、高度复杂的系统，为先前由于没有这项技术而无法实现研发的药物发现打开了大门[16]。正如怀斯（Wise）所言，有了QC，“你的工具箱里就有了一个更好、更强大的工具，能够更快、更有效地理解生理系统”[17]。

本章旨在介绍AI、QC及其结合对药物发现与开发的帮助和研究现状。

14.2 方法

14.2.1 AI的基本原理

AI领域包括了从科学到工程的各个分支领域。虽然很难给出AI的精确定义，但我们可以将其总体目标描述为理解人类智能的来源，并在智能实体上复制它。尽管目前人们对AI的兴趣越来越大，但该领域早在20世纪40年代就开始发展，主要是由艾伦·图灵（Alan Turing）的引领式工作所开启的。然而，AI的早期发展受到当时计算机能力不足的限制。到20世纪80年代中期，由于重新发明了反向传播学习算法，神经网络在一些问题上得到了广泛应用。此外，基于严谨的数学理论和强大的性能，并基于大量的数据进行训练，神经网络在数个研究领域都成为很有前景的技术。近年来，得益于大量数据集的可用性和不断增强的计算能力，深度神经网络（DNN）引起了科学界的大量关注，而语音识别、机器翻译和机器人车辆只是一些AI最先进的应用。有关AI历史及其应用的概览可以参阅参考文献[18]。

AI的能力正在制药科学的广泛应用中得到特别的探索。制药公司面临着降低成本和加快传统药物发现过程的关键挑战。从药物发现的早期阶段到药物开发的后期阶段，几乎每一个步骤都可以受益于AI技术，AI可将漫长而复杂的药物发现过程转变得更高效、更经济和更快捷[3, 7, 19]。

14.2.1.1　神经网络

现代计算机快速执行数值和符号计算的能力，与语言和图像识别任务形成了鲜明对比，计算机在这方面与人类相比仍然表现不佳。人工神经网络（ANN）是受人脑中生物神经网络启发的一种ML方法[20, 21]。人脑中存在非常多相互连接的神经元，每个神经元执行一项简单的任务。如语音或图像识别之类的复杂任务表明人类大脑中的信息不是编码在几个孤立的神经元中，而是编码在神经元之间复杂的相互连接中。虽然模拟人脑的复杂性还远远超出我们的能力范围，但ANN仍然可以通过模拟基本计算单元来显示人脑的一些基本特征。一个典型的神经元由细胞体、树突和轴突组成（关于神经元的详细描述可参见参考文献[21]）。而突触是一种结构，其允许神经元之间通过电信号或化学信号相互交流。这种生物学机制是ANN的灵感来源。

ANN由相互连接的神经元（也称为节点）组成。每个连接由一个称为权重的数值相关联，神经元被组织为“层”（即神经元的线性阵列）。通常包括三种类型的层，即一个输入层、几个隐藏层和一个输出层。ANN根据连接节点的类型可以分为前馈ANN和反馈ANN。前馈ANN的特征是节点单向连接，无回环；而反馈ANN中存在回环连接，其中输出节点可作为前一个或同一个节点的输入。最早发展的ANN类型是单层前馈型ANN，也被称为感知器（perceptron）。其由输入层和输出层组成，没有隐藏层（图14.3）。当接收到输入的加权和超过阈值时，神经元会被激活。此时，信号通过激活函数（activation function）传递给邻近的神经元。这一系列事件可以用数学形式加以表示。具有n个节点的输入层通过连接传输具有n个特征的输入向量$x=(x_1, \cdots, x_n)$。我们可以构建一个权重向量，其包含了表征每个互连的所有权重$w=(w_1, \cdots, w_n)$。神经元的计算可以分为：①预激活值，输入向量和权重向量之间的标量之积$\Sigma=xw=x_1w_1+\cdots+x_nw_n$；②激活后值，在$\Sigma$上应用激活函数$\sigma$后，通过$y=\sigma(\Sigma)$计算。ANN的输出值是激活后的$y$值。根据实际问题，激活函数$\sigma$有几种可能，如恒等函数（identify function，回归问题）、符号函数（sign function，分类问题）和S形函数（分类问题中的概率解释）。所有激活函数及其不同计算和学习性质的总结可参见参考文献[22, 23]。

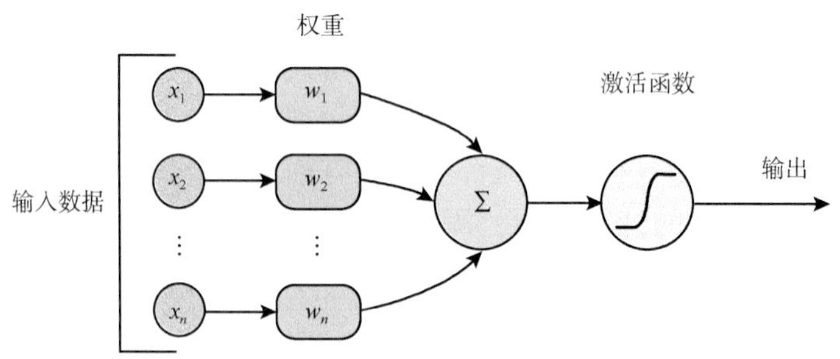

图14.3　感知器的示意图

多层前馈ANN（也称为多层感知器）在输入层和输出层之间包含额外的中间计算层（隐藏层），每个层包含特定数量的神经元。图14.4显示了一个具有3个隐藏层的多层前馈ANN。

神经网络的学习过程包括调整网络权值直至价值函数（cost function）最小化，即开展模型训练。价值函数量化了网络输出与目标值之间的偏差。损失函数（loss function）的选择取决于要解决问题的性质。在回归问题中，价值函数通常是误差的平方和。价值函数的最小化在计算上要求很高，因为其需要计算网络权重复杂组合函数的梯度。这个最小化过程通常是通过基于梯度下降的方法来实现的。反向传播是一种计算效率算法，用于确定损失函数相对于网络权重的梯度。该算法由前向和反向阶段组成。输入值被输入ANN，根

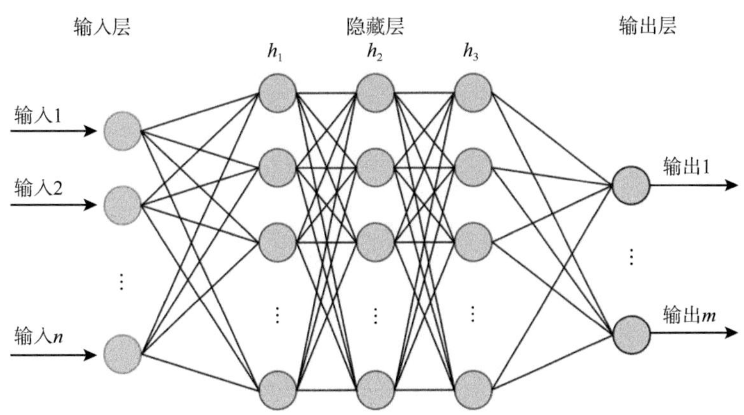

图14.4　由3个隐藏层组成的多层人工神经网络（ANN）的结构

据当前前向阶段的权重集预测输出（数据通过网络向前流动）。反向阶段使用微分的链式法则来确定损失函数相对于网络权重的梯度（信息在网络中反向流动）。因此，ANN中的学习包括反向传播，其对价值函数的梯度进行数值评估，通过一种基于梯度下降的方法，使用反向传播结果进行学习。

14.2.1.2　深度学习

深度学习（DL）是强大的监督学习框架，能够学习高度复杂的函数。DNN是一种多层前馈型ANN。更多的层数和每层更多的神经元增加了DNN的表达能力。DNN结构没有通用的规范。相反，其需要一些直觉和最终的数值优化，以及通过广泛的实验来寻找最佳的DNN结构。此外，最佳的DNN结构取决于需要建模的具体问题、可用数据量和可访问的计算资源。目前有几个高级数据库和数据包可以促进DNN建模，如Keras、Pytorch和TensorFlow。

卷积神经网络（CNN）是图像识别任务中最成功、应用最广泛的DNN结构。CNN是许多现代DL应用的基础（历史回顾可参见相关参考文献[24]）。CNN结构具有一定的不变性，这对图像识别任务至关重要。例如，识别手写数字的特定任务在输入图像的平移、缩放、旋转和弹性变形下必须保持不变。CNN还可以从几个数据示例中学习这些转换。此外，CNN可在输入图像的小区域内提取局部特征，而这些局部特征对于检测整个图像的高阶特征至关重要[23]。递归神经网络（RNN）是另一种众所周知的DL框架，用于处理顺序数据，如语音识别。DL应用的详细概述可参见相关参考文献[25]。鉴于包含相当多的隐藏层和每层内众多的神经元，从计算的角度而言，DNN的训练是非常昂贵的。然而，图形处理单元（graphics processing unit，GPU）提供了大规模的并行处理能力，加快了DNN的训练过程。

多种DNN结构已被应用于药物开发的多个阶段。ML在药学领域的最早应用之一是ANN在定量构效关系（QSAR）研究中的应用[26, 27]。QSAR是重要的药物发现建模方法，能够从化学物质数据集中捕捉化合物结构性质与生物活性之间的关系。ANN学习QSAR

研究中涉及的复杂非线性依赖关系的学习能力，对于做出可靠的预测是至关重要的。ANN也被成功应用于确定原料药的理化性质和药物制剂的预测（不同研究的比较可参见相关参考文献[7]）。

14.2.2 人工智能在药物发现与开发中的应用

鉴于药物开发的复杂性和高成本，有助于识别或设计活性分子的计算方法变得越来越重要，并被用于药物开发的第一阶段[28, 29]。

虽然在过去几十年间计算机策略已被应用于新药设计和发现，特别是在过去几年，DL在药物设计领域得到了高度重视[28, 30]。本章将介绍在药物开发中应用最广泛的计算方法之一——虚拟筛选（VS）中使用DL的一般方法，以及DL在该领域的成功应用实例。

14.2.2.1 虚拟筛选

VS是一种计算方法，在识别大型化学库中的先导化合物方面非常实用。一般而言，通过两种不同的方法来进行VS，即基于配体的虚拟筛选（ligand-based virtual screening，LBVS）和基于结构的虚拟筛选（structure-based virtual screening，SBVS）。LBVS可用于识别与靶点已知配体分子和化学性质相似的化合物，当无法获得靶点的3D结构信息时可以使用此方法。相比之下，SBVS利用靶点的结构信息和活性位点来识别与靶点结合区域具有最佳结合潜力的化合物[30, 31]。

使用DL技术进行VS的一般步骤包括数据集创建、输入表示、模型创建和预测，具体一般工作流程如图14.5所示。

DL模型的开发需要在训练阶段使用示例数据。然而，构建这些数据集的巨大挑战仍然是在药物开发中使用DL的主要限制之一[30]。

要在数据集中包含一个化合物，需要了解其实验活性，基于给定的阈值确定其属于活性集还是非活性集，超过该阈值将会认定该化合物与靶点没有相互作用。然而，对于该阈值尚无共识，并且文献中少有报道具有不良结果的化合物。因此，创建的数据集很可能拥有比非活性化合物更多的活性化合物，从而导致数据集的不平衡[30]。

为了解决由多数类所导致的不平衡情况和可能的偏差，VS的研究采用了少数类的过采样[32]和化合物之间距离指导下的次采样等策略，以保留最具代表性的样本，确保结构的多样性[33]。更多解决不平衡问题的策略可参见相关参考文献[34]。

对于LBVS，使用不同的数据库（如PubChem[35]、ChEMBL[36]、DrugBank[37]和ZINC[38]等）创建数据集，其中将包括预期靶点的已知配体及其实验活性。类似地，对于SBSV，使用BindingDB[39]和Directory of Useful Decoys Enhanced（DUD-E）[40]等数据库来创建由配体-靶点复合物及其相应对接结合势组成的数据集[32, 41]。

DL模型的创建意味着输入应该是数字向量表示，更具体而言，对于均值为零和单位方差的特征进行归一化是有用的[42]。因此，化合物或配体-靶点复合物应使用分子描述符或指纹等方法转化为数值向量。

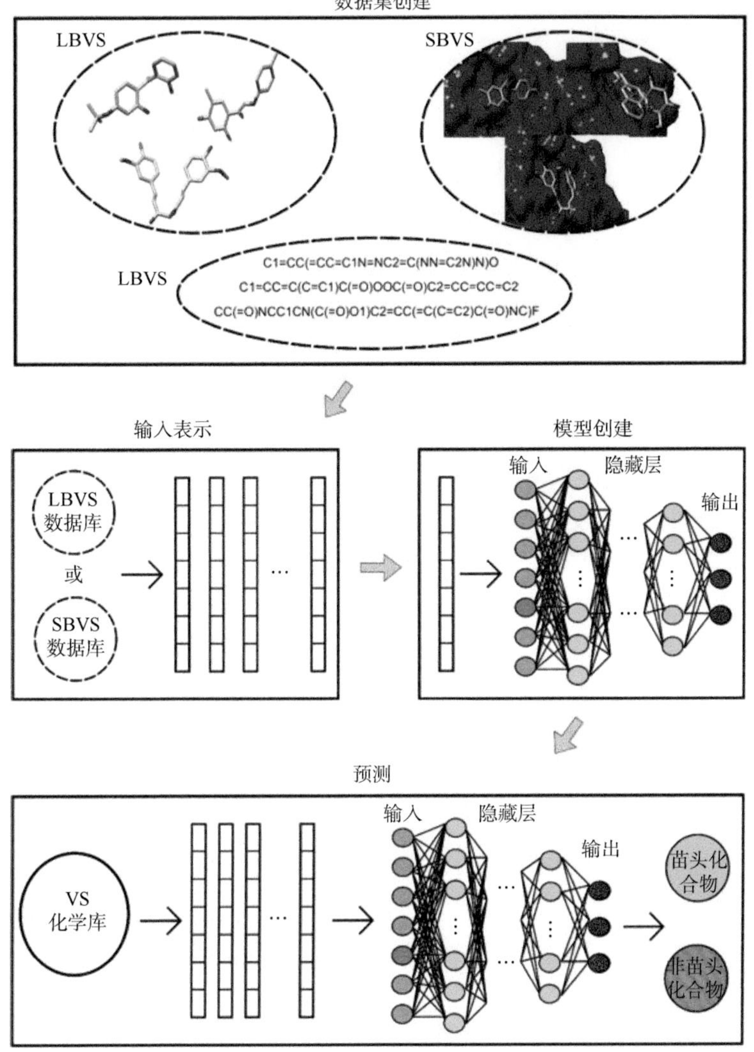

图 14.5　LBVS 和 SBVS 中应用 DL 的一般工作流程

对于VS过程，通常使用RDKit[43]、化学开发工具包（Chemistry Development Toolkit）[44]和Dragon[45]等工具包计算出的分子描述符。这些分子描述符显示了化合物的理化性质，在文献中可以找到1000多个不同的描述符[46]。此外，指纹等分子描述符允许创建二进制向量来表示分子不同性质方面（如化学键、官能团和结构途径等）的存在与否，机体VS中使用的指纹实例可参见相关参考文献[47]。

在进行LBVS时，模型的输入将是数据集化合物的向量化信息，而在进行SBVS时，模型的输入还应包括靶标结合位点的向量化信息。使用DL模型进行VS的例子可以在参考文献[31, 33, 41, 48, 49]中找到。

开发DL模型的第一个任务是确定输入和期望的输出[50]。例如，单任务模型可用于确定化合物是否与特定靶点具有相互作用，而多任务模型可用于确定与化合物发生相互作用的可能靶点[30]。

下一步，需要定义性能指标。在VS的情况下，数据集很可能存在不平衡，推荐的选择之一是使用受试者操作特征（receiver operating characteristic，ROC）曲线和曲线下面积（area under the curve，AUC）[50]。

随后，创建的数据集被分为三个部分：训练集、验证集和测试集。训练集用于模型学习，即模型根据数据调整各自的权重。验证集用于调整模型的超参数。测试集用于确定未见样本的性能。然而，在VS环境下，数据集通常较小，不适合这种划分。对于这种情况，推荐使用用*k*-fold交叉验证等策略[50]。

对于超参数优化，有必要定义将使用其相应的可能值进行修改的参数。DL模型中可以优化的参数有迭代数据集的次数（number of epochs）、优化器、正则化方法、激活函数、权重初始化方法、层数和每层神经元的数量等。此外，所选参数的优化可以通过网格检索或随机检索来执行，建议使用随机检索，因为其性能优于网格检索[50]。

最后，使用Keras[51]、TensorFlow[52]、Caffe deep学习框架（Caffe deep learning framework）[53]等数据来开发用于药物设计的DL模型。

一旦创建并验证了DL模型，就可以预测输出新的化合物。通常，VS用于分析大型开放化学库，如ChemBridge（https：//www. ChemBridge .com/）、ChemDiv（https：//www. chemdiv.com/）和ZINC[38]等，以寻找在实验测试中可能成功的候选化合物。

因此，预测的第一步是下载选定的化学文库化合物，通常是SDF或SMILES格式。之后，所有化学库内的化合物都应该使用与DL模型训练中相同的输入表示进行向量化。然后，该模型对每个化合物进行分析，并得到相应的预测值。

由于对化学库中存在的大量化合物进行矢量化需要大量的计算时间，在使用DL模型之前，通常会应用先前基于类药性的过滤器来缩减化学库的大小。

14.2.2.2 应用

DL在VS过程中的应用，在识别针对不同疾病的有效疗法方面取得了令人满意的结果。例如，在尼夫斯（Neves）等[33]的研究中，DL模型指引研究人员从一个包含486 115个化合物的化学库中识别出潜在的抗疟疾药物，发现了两种在哺乳动物细胞中具有重要的抗疟原虫活性和低细胞毒性的化合物。

同样，在斯托克斯（Stokes）等[54]的研究中，使用DNN创建了潜在抗菌活性的预测模型。后来，该模型被用于从ZINC数据库中筛选超过1.07亿个分子。结果非常令人满意，筛选出的8个化合物在实验测试中被证实具有抗菌活性。此外，这些化合物的结构与已知的抗生素相差甚远，这可能会有助于研发出全新的，尤其是针对耐药细菌的抗菌药。

在当前对抗SARS-Cov-2的过程中，DL也被用于寻找新的候选药物。张（Zhang）等[49]利用同源建模预测的2019- nCov 3C样蛋白酶（2019-nCov 3C-like protease）的结构信息，使用之前设计的DL模型反向搜索药物靶点。在4个化合物数据库和1个三肽数据库中进行了VS分析。最终确定了8个潜在化合物和6个三肽，并建议作为进一步实验测试的苗头化合物。

同样，乔希（Joshi）等[55]开发了一个DL模型，用于预测抗SARS冠状病毒-I3C-样蛋白酶（coronavirus-I3C-like proteinase）的潜在IC_{50}值，并随后筛选了一个包含1611个天然产物的数据库。他们的工作流程还包括进一步的计算分析，如分子对接、类药性过滤和分子动力学。最终，他们发现有两个天然化合物很可能具有良好的实验价值。

此外，由于VS过程中所使用化学库的巨大规模，如前所述，通常使用基于分子和类药性的过滤器来选择有希望的化合物，以减少VS所需的计算时间。从这个意义上而言，DL模型已经被用于预测所需的性质，如水溶解度[56, 57]、熔点[57]和毒性[57, 58]等。

DL在VS过程中的其他应用包括开发预测蛋白-配体结合亲和力的模型。在基准数据集中测试时，这些预测模型比用于蛋白-配体对接的传统打分函数拥有更好的性能[59, 60]。

最后，有多篇论文对VS过程中的传统方法和DL模型进行了比较，结果表明，在对基准数据集的评估中，DL模型的性能优于传统方法[31, 41, 61, 62]。

14.2.3　量子计算如何加速药物发现?

在越来越多数据驱动的药物发现和设计转型中[63]，研发界的讨论愈发集中于QC。QC是一门非常前沿和大容量的学科，已经在包括谷歌和IBM在内的知名公司中取得了巨大进展。QC具有突出的应用潜力，可用于顶级制药公司，以缩短计算机药物发现、靶点识别、先导化合物发现[64]、先导化合物优化[65]、分子匹配评估[64]、治疗效果预测和早期发现副作用评估，以及临床开发[66-68]等方面的时间，并改善结果。

最近，相关参考文献[69]强调了计算建模对设计药物和递药系统的重要性，以及量子计算机在开发更有效制剂或药物载体方面的重要性。

14.2.3.1　人工智能与量子计算

QC有利于AI，特别是对ML而言[70]。后者是AI最成功的模型之一，可以处理无监督和有监督的学习，可用于预测药物相互作用，确定不同疾病的新靶点或新药。例如，正则化最小二乘分类器（regularized least squares classifier）作为一种监督学习算法，有效地预测了药物和靶点之间的相互作用。ML技术，如随机森林（RF）、支持向量机（SVM）、k最邻近域算法、朴素贝叶斯分类器（naive Bayesian classifier）及高斯过程，可用于预测候选药物的药理特性或药物递送效率。而决策树（decision tree）、模糊逻辑和遗传编程技术可以克服与现代药物发现相关的难题[68, 69]。

AI旨在通过模拟自然智能来解决复杂系统问题，并寻找最佳解决方案，指导决策和提高熟练度，从而提高成功率而不是准确性。ML的主要目标是通过从经验中的学习来提高准确性，最大化机器性能，并提供自学习算法和知识。

反之，QC可以改进ML算法并加速AI，如更有效地执行复杂任务，如处理感官数据，分析影响药物载体稳定性和性能的非线性关系，以及质量和流程属性[69]。

QC根据量子力学定律处理信息。量子计算机能够以比传统计算机更高效、更快速的方式执行多项任务。后者使用比特（即二进制数字）表示数据，可能的状态为0或1，而量子计算机则使用量子比特（qubit，即量子位）作为构建模块。其可以在所谓的量子叠加态中同时实现0和1的状态，这赋予了量子计算机显著增强的处理能力[69]。量子位具有叠加和纠缠的明显特征，可用于区别常规比特。量子叠加和量子纠缠允许同时计算大量数据，并快速解决复杂任务[69]。通过准备高度纠缠态，量子计算机可以执行传统计算机无法完成的量子化学和ML任务[67]。

设计传统算法的关键步骤包括：①问题定义；②模型开发；③设计和分析算法；④评估各自的正确性；⑤实施和算法测试。

量子算法由量子电路来描述，其中量子门作为量子位的输入，保证了误差校正、量子叠加和量子纠缠。这些算法可以采用多种方法设计，包括量子振幅放大（quantum amplitude amplification）、相位估计（phase estimation）、奇异值估计（singular value estimation）、酉算子的线性组合（linear combination of unitaries）和经典矢量输入（classical vector input）[64]，用于解决因子分解问题（factoring problem），计算分子光谱、分子描述符和电子结构，优化分子几何形状和性质，预测结构和结合亲和力，模拟动力学，训练神经网络，执行无监督或有监督学习，并评估全新药物设计的合理反应路线，具体内容可参见相关参考文献[69]。

与药物发现相关的两类量子算法分别是模拟分子电子结构的量子算法和量子增强的ML算法。这些算法和传统的量子化学方法，包括从头计算方法和半经验方法，以及密度泛函理论（density functional theory，DFT），相关文献都已经进行了详细的描述[66, 67]。

量子ML[70]允许将经典ML算法转换为量子电路，以便在量子计算机上更高效地运行[64]。这些都是基于早期药物发现过程中的常用工具，包括监督学习和无监督学习[67]。表14.1总结了噪声中尺度量子（noisy intermediate scale quantum，NISQ）计算和容错量子计算机（fault-tolerant quantum computer，FTQC）设备上的量子ML技术。

表14.1　使用QC机进行ML任务的技术实例[67]

	无监督	监督
噪声中尺度QC（NISQ）	量子自动编码器	变通量子电路分类器
	混合量子-经典变量自动编码器	基于内核的量子-经典分类器
	混合量子-经典亥姆霍兹机（Helmholtz machine）	量子玻尔兹曼机
	基于量子电路的生成建模	经典玻尔兹曼机的量子训练
	学习概率图形模型	
	量子生成对抗性网络	
	混合量子-经典聚类	
	量子玻尔兹曼机	
	经典玻尔兹曼机的量子训练	
容错QC机（FTQC）	量子k均值聚类法	量子增强的经典玻尔兹曼机
	量子主成分分析	量子最近相邻关系分类法
	量子生成抗辩网络	量子最小二乘法回归
	量子霍普菲尔德（Hopfield）网络	量子支持向量机
	量子增强的经典玻尔兹曼机	量子感知器模型
		量子贝叶斯推理
		量子增强型贝叶斯DL

NISQ设备的无监督学习包括基于门模型和量子退火法的学习算法。前者开发了量子自编码器模型，用于学习量子数据的压缩，从而最小化变分量子算法中的维度参数空间。

FTQC设备的无监督学习探索了量子计算机高效执行线性代数运算的能力，如提出了用于更快的k均值聚类和主成分分析的量子算法，利用了按照指数紧密型模态表示和分析信息的能力[67]。

NISQ设备上的监督学习能够将数据编码为依赖于每个数据点维度的对数尺度大小的量子态[67]。量子电路可以用比传统神经网络更少的参数来训练分类问题。另一个应用是使用量子计算机来评估SVM的复杂核函数[67]。

在FTQC设备上的监督学习中，有几项工作利用了文献中可用的线性代数例程，促进了训练感知机、受限玻尔兹曼机（Boltzmann machine）、贝叶斯推理（Bayesian inference）、最小二乘回归（least-squares regression）和SVM的量子加速[67]。

14.2.3.2　量子计算是制药行业的下一个颠覆者

直到最近，药物发现都是通过对时间和成本高要求的试错，以及临床研究来完成的。辉瑞全球材料科学负责人布鲁诺·汉考克（Bruno Hancock）曾指出，“找到最佳化合物的一种方法是制造大量化合物并测试其性质，这是一种时间和资源密集型的方法。另一种方法是预测每种化合物的性质，然后缩小范围，以找出最好的化合物”[71]。

在传统的计算机辅助药物设计（CADD）过程中，计算成本的指数级增长与分子模拟精度的提高有关。

量子硬件迅速扩展到一种方案，而在这种方案中，即使使用超级计算机来进行精确的模拟也非常昂贵[67]，这表明克服缩放限制，为更大、更复杂的分子系统精确求解薛定谔方程是可能的[72]。

实现这种可扩展的计算系统，即在日益复杂的任务上开展并行计算，主要挑战包括：①将化学问题转化为QC问题；②开发利用该技术优势的硬件和软件；③确定该系统如何适应实验室的需求和特征；④收集专业知识，以可重复和可持续的模式运作；⑤为非专业人士提供量子工具。来自Zapata Computing的CEO克里斯托弗·萨瓦伊（Christopher Savoie）曾坦言，“你不可能把你的后台数据分析师一夜之间变成量子计算机程序员”[73]。

制药行业企业已经在各自的药物开发工作流程中采用了QC，以便实现准确快速的过渡态计算、反应路线识别、势能面扫描；同时对化学过程提供更为深入的理解，并对潜在工艺路线和条件的结果进行预测[63, 64]。

在认识到这种基于量子力学方法的独特性质后，领先的制药公司正在容量建设、技术基础设施和合作伙伴关系等方面开展投资，并成立量子工作组，以便将QC纳入其研发任务。量子模拟比现有的量子化学方法能够更快、更准确地表征分子系统，而使用量子ML为传统ML技术提供了令人信服的替代方案，这可能对药物发现早期阶段的生物化学研究非常实用[63, 64, 67, 69]。

涉及QC和药物发现强有力合作的一个实例是渤健公司（Biogen）（https：//www.accenture.com/il-en/success-biogen-quantum-computing-advance-drug-discovery）。该公

司与QC软件提供商1QBit和埃森哲咨询公司（Accenture）合作开发了一种基于量子的分子比较工具。

还有数家计算创业公司（表14.2）将QC方法与其他药物发现方法相结合，有望提高药物研发的成功率[74]。

表14.2 创业公司在药物研发中应用QC方法的实例

新兴企业	主要任务
ApexQubit	• 结合了强化学习、生成模型和QC，识别最有前途的新分子和多肽，旨在解锁无副作用的个性化药物 • 提供了生成有前景小尺寸配体的工具，评估其对靶蛋白的亲和力
Aqemia	• 结合AI和基于颠覆性结构的亲和算法，以更高的成功率更快捷地发现更多创新性治疗分子 • 通过量子激发的统计力学算法预测药物-靶点亲和力之间的其他性质 • 提供准确、快速的亲和力预测，能够有效地指导更有机会成为药物的化合物的生成
ChemAlive	• 结合量子力学计算和ML的药物发现建模过程，提供化学反应和分子性质的准确预测 • 开发了一系列基于云的软件产品，可通过应用程序编程接口获得包括InteraQt（基于结构的量子动力学和QM/MM对接工具）、ConstruQt（用于设计化学库的高通量量子化学），以及其他用于化学反应建模和光谱学预测的软件包
Cloud Pharmaceuticals	• 应用一系列计算技术，包括化学信息学、ML和量子力学，来加速和改进药物的发现过程 • 利用云计算技术整合量子分子设计的研究平台 • 生成针对广泛生物靶点的类药苗头化合物和先导化合物 • 结合量子力学和分子力学，以准确预测配体在溶剂和蛋白环境中的结合亲和力
Entropica Labs	• 为生物信息学收集基于云的QC软件和算法 • 将多组学数据集和表型测试与新的混合传统-量子ML方法相结合 • 提供先进的统计分析和ML，以实现更有效的个性化治疗，以及更安全的药物和更高产的作物的发现
FAR Biotech	• 应用量子力学和ML来识别类药分子：①筛选大约1.5万亿化学结构的化学空间（包括新化学实体、已知化合物和再利用药物）；②访问数百个人体治疗靶点模型的数据 • 主要研究肿瘤靶点、神经退行性病变和传染病 • 基于体外研究（STAT3）和动物模型进行验证
Hafnium Labs	• 为药物发现提供Q-props和Epsilon软件，可对纯组分和混合物的物理性质进行高精度模拟，并对电解质进行建模 • 结合量子化学、AI和云计算，以实现高精度预测 • 利用云计算能力，提供精确的化学预测，以加速药物发现及新材料和工艺的开发
Kuano	• 为设计分子开发新的AI和量子解决方案 • 作为COVID-19高性能计算（HPC）联盟成员，参加了抗SARS-Cov-2药物研发竞赛 • 与AWS合作进行量子和分子模拟，探索针对SARS-CoV-2主蛋白酶的抗病毒药物相似分子 • 具备制药、作物保护、工业化学等领域的专业知识，并提供各种服务
Menten Biotechnology Lab	• 开发由ML和QC驱动的蛋白设计软件 • 采用量子优化算法进行蛋白和酶的设计，在提高精度的同时降低成本和开发时间 • 第一家使用量子计算机制造多肽的公司

续表

新兴企业	主要任务
Pharmacelera	• 通过PharmScreen和PharmQSAR软件，应用量子理论促进药物设计，提供基于配体的精确虚拟筛选，使用基于相互作用场的高精度3D配体对齐算法，并提供更高的速率生成先导化合物；提供3D定量构效关系（QSAR）工具，能够组合多个相互作用场，以便进行CoMFA/CoMSIA研究
PharmCADD	• 提供“Pharmulator”技术，该技术使用DNN算法、分子动态模拟和量子力学计算，可以在数秒内从氨基酸序列重建3D蛋白结构
Polaris Quantum Biotech	• 将AI与QC相结合，将药物研发过程从5年加快至4个月 • 与英国Fujitsu合作推出一个新药研发平台，结合了量子激发技术、ML、混合量子力学和分子力学模拟（QM/MM）
ProteinQure	• 提供QC、强化学习和原子模拟的混合方法，以设计新的蛋白药物，并可为关键过程建模，如蛋白折叠及生物分子间相互作用的物理基础 • 提供算法和外部超级计算资源，集成至ProteinQure中，用于设计基于小分子肽的疗法及探索未知晶体结构的蛋白结构
Qulab	• 集成了AI驱动的药物设计和化学合成规划平台Quleap，在“经典”计算机上开展工作，为制药合作伙伴提供高精度建模能力
Silicon Therapeutics	• 利用基于物理的分子模拟、量子物理、统计热力学和分子动力学的综合能力，改进传统药物的发现 • 专注于癌症和炎症的先天免疫，已拥有自己的早期小分子候选药物发现渠道（截至2019年6月，已有4个处于药物发现阶段，2个处于临床前研究阶段） • 也活跃在构象遗传学领域，将基因突变与生物功能相联系
XtalPi	• 提供一个融合量子力学、AI和高性能云计算算法的平台，用于高精度预测小分子候选药物的理化性质和药物性质，以及其晶体结构
Zapata Computing	• 开发用于化学模拟的QC方法，是QC技术的关键参与者，为化学、物流、金融、石油和天然气工业、航空、制药和材料开发软件 • 整合了Orquestra平台，将强大的软件和量子算法库应用于化学、生物制药、ML和优化

设计具有合适药理特征的新药仍然非常具有挑战性。QC有潜力为以下工作开辟新的途径：①同时绘制蛋白及大量化合物并探索各自的构象；②快速识别候选药物，以及蛋白的适当结合位点；③加快比较不同药物的效果及其相互作用的过程；④加快预测化学反应机制；⑤加快老药新用研究；⑥加快通过开发大分子分析方法来创造更有效的疗法[69]（图14.6）。

在药物发现过程中，量子力学/分子力学（quantum mechanics/molecular mechanics，QM/MM）对于解释配体-蛋白复合物的晶体结构，评估各种取代基对结合模式的影响至关重要[65, 70, 75, 76]。

通过将VS（基于配体或结构）与QM方法相结合，可以迅速筛选大量化合物，并评估其结合亲和力。与传统方法相比，这可以为VS模拟提供更精确的结果[66]。

在基于结构的药物发现中，输入的相关部分涉及靶点分子的结构。用于蛋白折叠的量子技术在氨基酸序列、量子退火和门模型量子器件的利用上已取得重大进展。

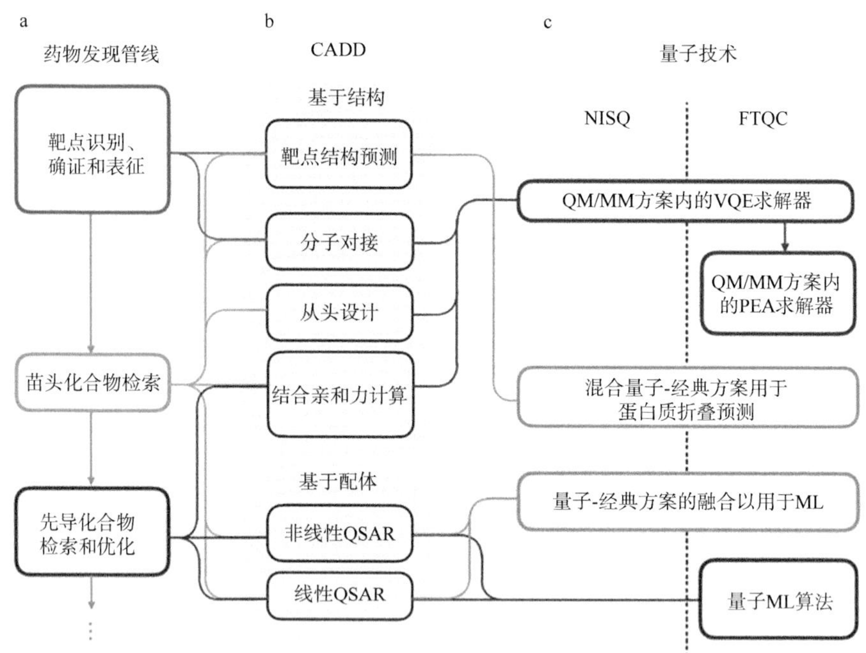

图14.6 **药物发现过程中QC模型的整体视图。具体涉及a.早期分析；b.使用量子化学或ML技术的药物发现每个阶段的组件；c.用于噪声中间尺度量子（NISQ）和容错QC（FTQC）设备的量子算法**[67]

原子尺度建模在分子对接中是必要的，它依赖于力场近似，这涉及与量子力学计算相关的参数。随着变分量子本征求解器（variational quantum eigensolvers）和量子相位评估算法的出现，有可能扩大可采用精确从头QC处理的物理系统的规模，支持更精确力场的发展[63]。

在从头设计中，候选药物的合成衍生化、可处理性和可行性是关键问题，这需要模拟各种反应路线。QC可以处理电子结构问题，可以模拟过渡态，模拟准确的热力学性质，从而提高从头设计方法的有效性[69]。

高效、准确地计算打分函数是虚拟高通量筛选（virtual high throughput screening）的障碍之一。在理想情况下，打分函数应该基于从自发QM计算中提取的结合亲和力。然而，实际例子证明了经验近似的可行性[63]。打分函数的评估可使用多级方法来改进，可考虑不同级别的近似计算（包括QM/MM），以对系统的不同部分进行计算。通过提高计算结合亲和性的能力，即定量预测候选药物与多个生物靶点的相互作用，也可以促进药物发现中的先导化合物优化阶段，直接影响对毒性、药代动力学和多靶点作用的理解。

有关基于QM方法在药物发现与开发中的大量应用的详细介绍，请参阅相关参考文献[63, 64, 66, 67, 69]。

QSAR模型是一种综合了量子力学特性的配体药物发现模型，其质量和准确性会影响模型的质量和预测能力。主要的焦点是从DFT衍生出的描述符。采用QC也可改善这一问题[67]。

在化学空间中，一种常用的分类技术是基于将分子结构映射到高维特征的“核”（kernel）。使用线性、多项式和高斯函数，以及标准相似度量，包括欧几里得度量

（Euclidean metrics）和谷本度量（Tanimoto metrics），已经从指纹或分子描述符计算出这一“核”。

此外，还有量子增强的SVM的实例，其核函数（kernel function）由量子计算机进行评估，其中包括希尔伯特空间（Hilbert space）的指数大小，以及有效评估向量内积的能力[63, 64, 67, 69]。

14.3 总结

药物发现与开发已得益于AI、ML和量子化学的进步，这也支持将QC纳入研究相关管线的开创性应用领域。QC可以容易地利用现有的传统计算技术，但制药公司必须发展出一支应对这种高水平计算的员工队伍。AI和QC在支持制药企业开发有效和更安全的药物方面具有巨大的颠覆性潜力，可为临床试验选择最佳的候选分子，降低成本，缩短上市时间，促进已获批药物的再利用，甚至开发新的抗体结构和基序来评估不可成药的靶点

（郭　勇　译；白仁仁　校）

参考文献

1. Kraljevic S, Stambrook PJ, Pavelic K (2004) Accelerating drug discovery. EMBO Rep 5 (9):837–842. https://doi.org/10.1038/sj. embor.7400236
2. Hering S, Loretz B, Friedli T, Lehr C-M, Stieneker F (2018) Can lifecycle management safe-guard innovation in the pharmaceutical industry? Drug Discov Today 23 (12):1962–1973. https://doi.org/10.1016/j.drudis.2018.10.008
3. Mak K-K, Pichika MR (2019) Artificial intelligence in drug development: present status and future prospects. Drug Discov Today 24 (3):773–780. https://doi.org/10.1016/j. drudis.2018.11.014
4. Hughes JP, Rees S, Kalindjian SB, Philpott KL (2011) Principles of early drug discovery. Br J Pharmacol 162(6):1239–1249. https://doi. org/10.1111/j.1476-5381.2010.01127.x
5. Hu Z-Z, Huang H, Wu CH, Jung M, Dritschilo A, Riegel AT, Wellstein A (2011) Omics-based molecular target and biomarker identification. Methods Mol Biol 719:547–571. https://doi.org/10.1007/ 978-1-61779-027-0_26
6. Khanna I (2012) Drug discovery in pharmaceutical industry: productivity challenges and trends. Drug Discov Today 17 (19–20):1088–1102. https://doi.org/10. 1016/j.drudis.2012.05.007
7. Damiati SA (2020) Digital pharmaceutical sciences. AAPS Pharm Sci Tech 21(6):206. https://doi.org/10.1208/s12249-020-01747-4
8. Sibbald B (2004) Rofecoxib (Vioxx) voluntarily withdrawn from market. CMAJ 171 (9):1027–1028. https://doi.org/10.1503/ cmaj.1041606
9. Prajapati V, Dureja H (2012) Product lifecycle management in pharmaceuticals. J Med Mark 12(3):150–158. https://doi.org/10.1177/ 1745790412445292
10. Srai JS, Badman C, Krumme M, Futran M, Johnston C (2015) Future supply chains enabled by continuous processing-opportunities and challenges may 20-21, 2014 continuous manufacturing symposium. J Pharm Sci 104(3):840–849. https://doi. org/10.1002/jps.24343
11. Bowes J, Brown AJ, Hamon J, Jarolimek W, Sridhar A, Waldron G, Whitebread S (2012) Reducing safety-

related drug attrition: the use of in vitro pharmacological profiling. Nat Rev Drug Discov 11(12):909–922. https://doi. org/10.1038/nrd3845

12. Labant M (2020) Fully Automated Luxury Drug Discovery. https://www.genengnews. com/insights/fully-automated-luxury-drug-discovery/. Accessed 29 Dec 2020
13. Paul D, Sanap G, Shenoy S, Kalyane D, Kalia K, Tekade RK (2020) Artificial intelligence in drug discovery and development. Drug Discov Today. https://doi.org/10.1016/j.drudis. 2020.10.010
14. Colombo S (2020) Chapter 4—Applications of artificial intelligence in drug delivery and pharmaceutical development. In: Bohr A, Memarzadeh K (eds) Artificial intelligence in healthcare. Academic Press, Cambridge, Massachusetts, pp 85–116. https://doi.org/ 10.1016/B978-0-12-818438-7.00004-6
15. Anelli M (2017) Understanding the potential of artificial intelligence across the pharmaceutical lifecycle. PharmTech
16. Chandrasekaran SN, Ceulemans H, Boyd JD, Carpenter AE (2020) Image-based profiling for drug discovery: due for a machine-learning upgrade? Nat Rev Drug Discov 20:145–159. https://doi.org/10.1038/s41573-020-00117-w
17. Nawrat A (2020) Is quantum computing pharma's next big disruptor? https://www.pharma ceutical-technology.com/features/is-quantum-computing-pharmas-next-big-disruptor/. Accessed 20 Dec 2020
18. Russell S, Norvig P (2016) Artificial intelligence: a modern approach. Prentice Hall, Hoboken, New Jersey
19. Chan HCS, Shan H, Dahoun T, Vogel H, Yuan S (2019) Advancing drug discovery via artificial intelligence. Trends Pharmacol Sci 40 (8):592–604. https://doi.org/10.1016/j. tips.2019.06.004
20. Feldman J, Rojas R (2013) Neural networks: a systematic introduction. Springer, Berlin Heidelberg
21. Müller B, Reinhardt J, Strickland MT (1995) Neural networks: an introduction. Springer, Berlin Heidelberg
22. Hastie T, Tibshirani R, Friedman JH (2001) The elements of statistical learning: data mining, inference, and prediction. Springer, New York
23. Bishop CM (2016) Pattern recognition and machine learning. Springer, New York
24. Schmidhuber J (2015) Deep learning in neural networks: an overview. Neural Netw 61:85–117. https://doi. org/10.1016/j.neu net.2014.09.003
25. Goodfellow I, Bengio Y, Courville A (2016) Deep learning. MIT Press, Cambridge, Massachusetts
26. Aoyama T, Suzuki Y, Ichikawa H (1990) Neural networks applied to structure-activity relationships. J Med Chem 33(3):905–908. https://doi.org/10.1021/jm00165a004
27. Aoyama T, Ichikawa H (1991) Basic operating characteristics of neural networks when applied to structure-activity studies. Chem Pharm Bull 39(2):358–366. https://doi.org/10.1248/ cpb.39.358
28. Lavecchia A (2019) Deep learning in drug discovery: opportunities, challenges and future prospects. Drug Discov Today 24 (10):2017–2032. https://doi.org/10.1016/j. drudis.2019.07.006
29. Carpenter KA, Cohen DS, Jarrell JT, Huang X (2018) Deep learning and virtual drug screening. Future Med Chem 10(21):2557–2567. https://doi.org/10.4155/fmc-2018-0314
30. Rifaioglu AS, Atas H, Martin MJ, Cetin-Atalay R, Atalay V, Dog˘an T (2019) Recent applications of deep learning and machine intelligence on in silico drug discovery: methods, tools and databases. Brief Bioinform 20 (5):1878–1912. https://doi.org/10.1093/ bib/bby061
31. Gonczarek A, Tomczak JM, Zare˛ba S, Kaczmar J, Da˛browski P, Walczak MJ (2018) Interaction prediction in structure-based virtual screening using deep learning. Comput Biol Med 100:253–258. https://doi.org/10. 1016/j.compbiomed.2017.09.007
32. Gentile F, Agrawal V, Hsing M, Ton AT, Ban F, Norinder U, Gleave ME, Cherkasov A (2020) Deep docking: a deep learning platform for augmentation of structure based drug discovery. ACS Central Sci 6(6):939–949. https://doi.org/10.1021/acscentsci.0c00229
33. Neves BJ, Braga RC, Alves VM, Lima MNN, Cassiano GC, Muratov EN, Costa FTM, Andrade CH (2020) Deep learning-driven research for drug discovery: tackling malaria. PLoS Comput Biol 16(2):e1007025.

https:// doi.org/10.1371/journal.pcbi.1007025

34. Leevy JL, Khoshgoftaar TM, Bauder RA, Seliya N (2018) A survey on addressing high-class imbalance in big data. J Big Data 5(1):42. https://doi.org/10.1186/s40537-018-0151-6
35. Kim S, Thiessen PA, Bolton EE, Chen J, Fu G, Gindulyte A, Han L, He J, He S, Shoemaker BA, Wang J, Yu B, Zhang J, Bryant SH (2016) PubChem substance and compound databases. Nucleic Acids Res 44(D1):D1202–D1213. https://doi.org/10.1093/nar/gkv951
36. Bento AP, Gaulton A, Hersey A, Bellis LJ, Chambers J, Davies M, Krüger FA, Light Y, Mak L, McGlinchey S, Nowotka M, Papadatos G, Santos R, Overington JP (2014) The ChEMBL bioactivity database: an update. Nucleic Acids Res 42(Database issue): D1083–D1090. https://doi.org/10.1093/ nar/gkt1031
37. Law V, Knox C, Djoumbou Y, Jewison T, Guo AC, Liu Y, Maciejewski A, Arndt D, Wilson M, Neveu V, Tang A, Gabriel G, Ly C, Adamjee S, Dame ZT, Han B, Zhou Y, Wishart DS (2014) DrugBank 4.0: shedding new light on drug metabolism. Nucleic Acids Res 42(Database issue):D1091–D1097. https://doi.org/10. 1093/nar/gkt1068
38. Sterling T, Irwin JJ (2015) ZINC 15 – ligand discovery for everyone. J Chem Inf Model 55 (11):2324–2337. https://doi.org/10.1021/ acs.jcim.5b00559
39. Gilson MK, Liu T, Baitaluk M, Nicola G, Hwang L, Chong J (2016) BindingDB in 2015: a public database for medicinal chemistry, computational chemistry and systems pharmacology. Nucleic Acids Res 44(D1): D1045–D1053. https://doi.org/10.1093/ nar/gkv1072
40. Mysinger MM, Carchia M, Irwin JJ, Shoichet BK (2012) Directory of useful decoys, enhanced (DUD-E): better ligands and decoys for better benchmarking. J Med Chem 55 (14):6582–6594. https://doi.org/10.1021/jm300687e
41. Pereira JC, Caffarena ER, dos Santos CN (2016) Boosting docking-based virtual screening with deep learning. J Chem Inf Model 56 (12):2495–2506. https://doi.org/10.1021/ acs.jcim.6b00355
42. Michelucci U (2018) Applied deep learning: a case-based approach to understanding deep neural networks. Apress, New York
43. Open-Source Cheminformatics Software RDKit. http://www.rdkit.org. Accessed 13 Oct 2020
44. Willighagen EL, Mayfield JW, Alvarsson J, Berg A, Carlsson L, Jeliazkova N, Kuhn S, Pluskal T, Rojas-ChertóM, Spjuth O, Torrance G, Evelo CT, Guha R, Steinbeck C (2017) The chemistry development kit (CDK) v2.0: atom typing, depiction, molecular formulas, and substructure searching. J Cheminform 9(1):33. https://doi.org/10.1186/ s13321-017-0220-4
45. Mauri A, Consonni V, Pavan M, Todeschini R (2006) Chemometrics M Dragon software: an easy approach to molecular descriptor calculations. MATCH Commun Math Comput Chem 56:237–248
46. Mauri A, Consonni V, Todeschini R (2016) Molecular descriptors. In: Leszczynski J (ed) Handbook of computational chemistry. Springer Netherlands, Dordrecht, pp 1–29. https://doi.org/10.1007/978-94-007-6169-8_51-1
47. Cereto-Massagué A, Ojeda MJ, Valls C, Mulero M, Garcia-Vallvé S, Pujadas G (2015) Molecular fingerprint similarity search in virtual screening. Methods 71:58–63. https:// doi.org/10.1016/j.ymeth.2014.08.005
48. Alcaro S, Musetti C, Distinto S, Casatti M, Zagotto G, Artese A, Parrotta L, Moraca F, Costa G, Ortuso F, Maccioni E, Sissi C (2013) Identification and characterization of new DNA G-Quadruplex binders selected by a combination of ligand and structure-based virtual screening approaches. J Med Chem 56 (3):843–855. https://doi.org/10.1021/ jm3013486
49. Zhang H, Saravanan KM, Yang Y, Hossain MT, Li J, Ren X, Pan Y, Wei Y (2020) Deep learning based drug screening for novel coronavirus 2019-nCov. Interdiscip Sci 12(3):368–376. https://doi.org/10.1007/s12539-020-00376-6
50. Ketkar N (2017) Deep learning with python: a hands-on introduction. Apress, New York
51. Chollet F, et al. (2015) Keras, GitHub repository, https://github.com/fchollet/keras-resources

52. Abadi M, Barham P, Chen J, Chen Z, Davis A, Dean J, Devin M, Ghemawat S, Irving G, Isard M, Kudlur M, Levenberg J, Monga R, Moore S, Murray DG, Steiner B, Tucker P, Vasudevan V, Warden P, Wicke M, Yu Y, Zheng X (2016) TensorFlow: a system for large-scale machine learning. Paper presented at the proceedings of the 12th USENIX conference on operating systems design and implementation, Savannah, GA, USA
53. Jia Y, Shelhamer E, Donahue J, Karayev S, Long J, Girshick R, Guadarrama S, Darrell T (2014) Caffe: convolutional architecture for fast feature embedding. Paper presented at the proceedings of the 22nd ACM international conference on multimedia, Orlando, Florida, USA
54. Stokes JM, Yang K, Swanson K, Jin W, Cubillos-Ruiz A, Donghia NM, MacNair CR, French S, Carfrae LA, Bloom-Ackermann Z, Tran VM, Chiappino-Pepe A, Badran AH, Andrews IW, Chory EJ, Church GM, Brown ED, Jaakkola TS, Barzilay R, Collins JJ (2020) A deep learning approach to antibiotic discovery. Cell 180(4):688–702.e613. https://doi. org/10.1016/j.cell.2020.01.021
55. Joshi T, Joshi T, Pundir H, Sharma P, Mathpal S, Chandra S (2020) Predictive modeling by deep learning, virtual screening and molecular dynamics study of natural compounds against SARS-CoV-2 main protease. J Biomol Struct Dyn:1–19. https://doi.org/10. 1080/07391102.2020.1802341
56. Lusci A, Pollastri G, Baldi P (2013) Deep architectures and deep learning in Chemoin-formatics: the prediction of aqueous solubility for drug-like molecules. J Chem Inf Model 53 (7):1563–1575. https://doi. org/10.1021/ ci400187y
57. Coley CW, Barzilay R, Green WH, Jaakkola TS, Jensen KF (2017) Convolutional embedding of attributed molecular graphs for physical property prediction. J Chem Inf Model 57 (8):1757–1772. https://doi. org/10.1021/ acs.jcim.6b00601
58. Mayr A, Klambauer G, Unterthiner T, Hochreiter S (2016) DeepTox: toxicity prediction using deep learning. Front Environ Sci 3 (80). https://doi.org/10.3389/fenvs.2015. 00080
59. Wang D, Cui C, Ding X, Xiong Z, Zheng M, Luo X, Jiang H, Chen K (2019) Improving the virtual screening ability of target-specific scoring functions using deep learning methods. Front Pharmacol 10:924. https://doi. org/10. 3389/fphar.2019.00924
60. Shen C, Ding J, Wang Z, Cao D, Ding X, Hou T (2020) From machine learning to deep learning: advances in scoring functions for protein-ligand docking. WIRES Comput Mol Sci 10(1):e1429. https://doi.org/10.1002/ wcms.1429
61. Imrie F, Bradley AR, van der Schaar M, Deane CM (2018) Protein family-specific models using deep neural networks and transfer learning improve virtual screening and high-light the need for more data. J Chem Inf Model 58(11):2319–2330. https://doi.org/ 10.1021/acs.jcim.8b00350
62. Tsou LK, Yeh S-H, Ueng S-H, Chang C-P, Song J-S, Wu M-H, Chang H-F, Chen S-R, Shih C, Chen C-T, Ke Y-Y (2020) Comparative study between deep learning and QSAR classifications for TNBC inhibitors and novel GPCR agonist discovery. Sci Rep 10(1):16771. https://doi.org/10.1038/s41598-020-73681-1
63. Y-H L, Abramov Y, Ananthula RS, Elward JM, Hilden LR, Nilsson Lill SO, Norrby P-O, Ramirez A, Sherer EC, Mustakis J, Tanoury GJ (2020) Applications of quantum chemistry in pharmaceutical process development: current state and opportunities. Org Process Res Dev 24(8):1496–1507. https://doi.org/10. 1021/ acs.oprd.0c00222
64. Outeiral C, Strahm M, Shi J, Morris GM, Benjamin SC, Deane CM (2021) The prospects of quantum computing in computational molecular biology. WIREs Comput Mol Sci 11(1): e1481. https://doi. org/10.1002/wcms.1481
65. Cavasotto CN (2020) Binding free energy calculation using quantum mechanics aimed for drug Lead optimization. In: Quantum mechanics in drug discovery. Springer, New York pp. 257–268
66. Hernandez M, Liang Gan G, Linvill K, Dukatz C, Feng J, Bhisetti G (2019) A quantum-inspired method for three-dimensional ligand-based virtual screening. J Chem Inf Model 59(10):4475–4485. https:// doi. org/10.1021/acs.jcim.9b00195

67. Cao Y, Romero J, Aspuru-Guzik A (2018) Potential of quantum computing for drug discovery. IBM J Res Develop 62(6):6:1–6:20. https://doi.org/10.1147/JRD.2018. 2888987
68. Nordling L (2019) A fairer way forward for AI in health care. Nature 573(7775):S103–S105
69. Hassanzadeh P (2020) Towards the quantum-enabled technologies for development of drugs or delivery systems. J Control Release 324:260–279. https://doi.org/10.1016/j. jconrel.2020.04.050
70. St. John PC, Guan Y, Kim Y, Kim S, Paton RS (2020) Prediction of organic homolytic bond dissociation enthalpies at near chemical accuracy with sub-second computational cost. Nat Commun 11(1):2328. https://doi.org/10. 1038/s41467-020-16201-z
71. Gaugarin O (2018) How quantum machine learning will boost pharmaceutical drug discovery. https://gaugarinoliver.medium.com/ how-quantum-machine-learning-will-boost-pharmaceutical-drug-discovery-9befd0198ba3. Accessed 27 Dec 2020
72. Morao I, Heifetz A, Fedorov DG (2020) Accurate scoring in seconds with the fragment molecular orbital and density-functional tight-binding methods. In: Quantum mechanics in drug discovery. Springer, New York, pp 143–148
73. Mullin R (2020) Let's talk about quantum computing in drug discovery. https://cen.acs. org/business/informatics/Lets-talk-quantum-computing-drug/98/i35. Accessed 27 Dec 2020
74. Buvailo A (2020) 18 Startups using quantum theory to accelerate drug discovery. Bio pharmaTrend.com. https://www.bio pharmatrend.com/post/99-8-startups-applying-quantum-calculations-for-drug-discovery/. Accessed 21 Dec 2020
75. Mihalovits LM, Ferenczy GG, Keseru GM (2020) Affinity and selectivity assessment of covalent inhibitors by free energy calculations. J Chem Inf Model 60(12):6579–6594. https://doi.org/10.1021/acs.jcim.0c00834
76. Saranyadevi S, Shanthi V (2020) Molecular simulation strategies for the discovery of selective inhibitors of β-catenin. J Theor Comput Chem 19(07):2050022. https://doi.org/10. 1142/s0219633620500224

第15章

人工智能在化合物设计中的应用

摘　要：近年来，人工智能（AI）取得了飞速发展，世界各地的课题组提出了许多用于药物分子特性预测和新分子设计的AI技术。相关设计方法可为先导化合物生成（lead generation）或骨架跃迁提供新的化学结构，也可在先导化合物优化（lead optimization）过程中优化目标属性。在先导化合物生成中，为了识别新的结构片段，需要对化学空间进行大批量的采样；而在先导化合物优化阶段，更倾向对当前先导化合物系列的化学邻域（chemical neighborhood）进行详细探索。而AI的引入满足了成功设计的多重需求。综上，不同方法、定制的评分函数，以及评估方案的结合，将使得基于AI的化合物设计更加高效。

关键词：评分函数；性质预测；奖励函数（reward function）；先导化合物优化；先导化合物生成

15.1 引言

发现可用于临床开发的新药分子是一个具有挑战性的过程，通常需要 5 年以上的时间[1]，其间往往需要合成数百至数千个分子。将化合物优化为临床开发的候选药物通常需要对其多种性质进行平行优化。这些特性包括：对所需靶点的生物活性、对非期望靶点的选择性，以及 ADMET 性质等。将基于AI的数据分析和化合物设计等新技术整合至药物研发，将有助于快速识别具有良好特性的新型活性化合物[2]。

高通量筛选（HTS）和虚拟筛选（VS）等技术能够帮助我们在现有化合物集中寻找新的先导化合物结构。鉴于现代计算机工具搜索的高效性[3-5]，以及包含潜在可合成分子的虚拟化学空间（virtual chemical space）超出了当前现有化合物集，相关技术近年来变得愈发流行[3-5]。此外，分子从头设计（de novo design）不受分子合成砌块（building block）或特定化学反应的限制，因此可以对类药化学空间（drug-like chemical space）进行更广泛的采样。然而，事实证明，从头设计分子的可合成性往往会存在比较大的问题。

有利活性和特性的分子筛选设计过程包括两个步骤：新结构的产生，以及使用计算机评分函数选择最有希望的候选分子。经验丰富的药物化学家每天都进行类似的操作，目前已经有专门的算法来实现这个工作流程的部分自动化[6-10]。同时，文献中也报道了各种不同的分子从头设计的方法[10-13]。

目前，已经开发了许多基于计算机的新药设计方法，不乏一些成功的研究案例[14]。然而，这些方法在项目工作中仍然只发挥了很小的作用[14, 15]，因为从头设计的化合物往往难以合成[16]。最近，深度学习和AI技术的结合取得了鼓舞人心的进展，使人们对这一领域重新产生了兴趣。现在，AI技术通过训练神经网络为感兴趣的生物靶点生成具备可合成性的小分子，这种新化合物的生成方式令人备受鼓舞[14, 17, 18]。

通常，基于AI的从头设计等方法都可以定制化地整合进药物发现项目的各个阶段。如果对先导化合物的优化感兴趣，那么用于指导AI技术的2D方法可能是适用的。另外，如果我们的目的是识别新结构片段，3D及高级机器学习（ML）模型可以实现更好的设计[18]。因此，将更精细的奖励函数整合至设计中，可以保证化学空间采样的多样性，为课题提供新颖的化学结构。

受限于篇幅，且该主题的发展日新月异，本章仅介绍和讨论基于AI的从头设计概念的最新发展，相关概念有可能出现于药物发现项目中。

15.2 材料

多年来，计算机药物发现主要依赖商业软件。现如今，对于许多AI应用而言，代码和方法的开源思想深入人心，许多实用的代码实例都是公开的。这当然有助于代码行业的发展，促进创新。然而，与此同时，这种趋势也使新手更难判断哪些代码和方法更加适合、可用或有效。表 15.1 和表 15.2 列举了一些代码和方法清单，这些方法和代码在所述的应用中运行良好。当然，也存在很多其他有效的代码或方法。

表 15.1　药物设计流程中的方法和数据库纵览

方法	使用	链接
RDkit	化学信息学程序包；开源	https://www.rdkit.org/
OpenEye	化学信息学程序包；需要授权	https://www.eyeopen.com/
ChemFP	2D 相似性检索方法	https://chemfp.com/
ROCS	3D 相似性检索方法	https://www.eyeopen.com/rocs
Glide	对接引擎	https://www.schrodinger.com/products/glide
Arthor	2D 相似性检索方法	https://www.nextmovessoftware.com/arthor.html/
Keras	深度学习的高水平 API	https://keras.io
Tensorflow	深度学习 API	https://www.tensorflow.org/
PyTorch	深度学习 API	https://pytorch.org

表15.2 Github（https://github.com）提供的生成式设计方法和深度学习框架

方法	使用	链接
REINVENT	基于RL、RNN和SMILES的生成式设计	https://github.com/MolecularAT/Reinvent
JT-VAE	用于化合物设计的变分自编码器	https://github.com/wengong-jin/icml18-jtnn
DeepFMPO	基于RL和片段库的生成式设计	https://github.com/stan-his/DeepFMPO
DeepChem	用于基于图形卷积网络开发预测模型的API	https://github.com/deepchem/deepchem

15.3 方法

15.3.1 化学结构的生成

分子有多种不同的表示方法，如分子指纹、分子图，以及基于文本的表示。大多分子表示（尤其是分子指纹）都适用于机器模型以进行分子性质和活性的预测。对于生成式网络而言，以SMILES字符串表征分子是目前最为简单有效的方法之一[19-21]。基于片段表示的方法历史悠久，而基于图的表征方法是最近才出现的。此外，基于3D的分子表征方法[22]也已被广泛使用。下文将详细介绍基于不同表示方法的分子生成技术，并讨论生成式模型的训练方法。

15.3.1.1 基于SMILES的方法

目前，基于SMILES的方法是生成式神经网络的准标准方法。SMILES是一种行式符号，可以用较短的ASCII字符串来书写和编码化学信息[23]。基于SMILES方法的基本思想是借用自然语言处理（NLP）的算法进行，如常用的递归神经网络（RNN）。

RNN学习SMILES句式和语法的方式与自然语言处理过程十分类似，通过训练大型化合物分子数据库，模型学习数据中的化学字符分布，并根据学习获得的知识生成有效的化学结构[18, 19, 24]。因此，训练集的化学空间应该具有代表性，要有足够多的化学分子实例才能表示出我们感兴趣的化学空间。通常情况下，我们从包含类药分子的数据库中抽取几十万个分子才能训练得到一个鲁棒性较强的分子生成器。在训练模型之前，需要先对数据集进行清洗，根据不需要的化学片段[25-27]和不利的理化性质[28]等规则来过滤训练集，以便让模型更多地关注"类药"[29]结构空间。

此外，我们对化合物分子的质子化状态和互变异构体的统一处理能够确保结果的可靠性[30-32]。互变异构和质子化状态极大地改变了蛋白-配体复合物相互作用的可能性，这不仅会对基于结构的虚拟筛选产生重大影响[30]，还可能对基于配体的虚拟筛选活动或相似性评估的结果产生关键影响[32]。对于成功的基于结构的虚拟筛选，强烈建议将可能的互变异构体和原体的列举作为工作流程的一部分，以确保包括具有最佳相互作用可能性的状态[30]，而基于中性分子状态和典型互变异构体的一致处理可能对 SMILES、2D指纹和基于2D描述符的方法更实用，包括相似性搜索、ML和训练数据库生成。这种典型的处理方法可以确保检索或生成与2D化学查询相匹配的相关分子，而其在本质上可能忽略了与蛋白的“正确”相互作用状态。随后每一个基于结构的评估过程都必须考虑这种情况，对AI输出的结果进行额外的预处理[33]，以便后续的评估。

在许多方法中，神经网络从左到右阅读 SMILES 字符串。由于SMILES语法中并没有规定分子的开始位置，格里索尼（Grisoni）等提出了一个改进的化合物生成方法：通过双向生成（即SMILES字符串向左边和右边生长）以扩展经典RNN中的单向SMILES生成[34]。

约翰逊（Johansson）等在基于SMILES的方法中探索了微分神经计算机，以作为RNN的替代模型[35]。虽然可以观察到对所用指标的改进，特别是对于具有复杂结构的大型复合数据库，但计算资源需求明显较高[35]。再加上还有许多超参数需要调整，详尽的探索是不可能的，作者也不建议在那个时间点使用差分神经计算机作为RNN的替代模型[35]。

在优化具有特定活性的先导化合物过程中，分子中包含基本药理活性的部分往往保持不变。因此，有些方法定义了分子的中心骨架（如图15.1中的中心棕色框）[36]，在优化过程中不改变这一骨架。然后通过改变取代基或在定义的位置上通过分子生长来优化化合物[37]，具体生成分子的方式因方法不同而不同。

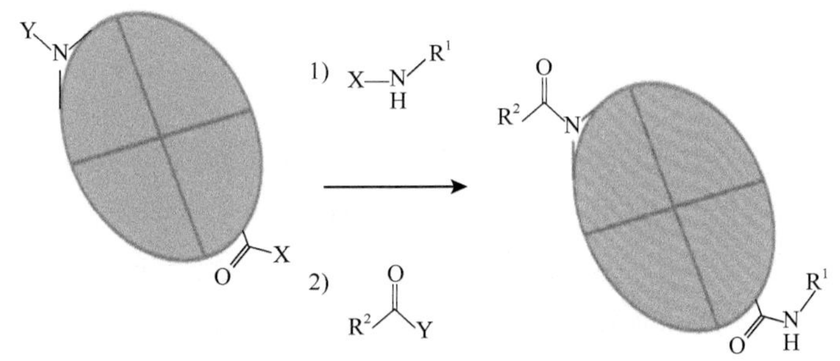

图15.1　将分子表示为骨架和取代基的反应式

15.3.1.2　自编码器

另一种表示和生成分子的方法是使用无监督学习的自编码器。自编码器应用于图像分析中，如图像去噪、压缩、黑白图像着色或分辨率提升等应用。自编码器由编码器和解码器构成，编码器负责压缩数据，解码器负责解压数据。自编码器从输入数据中学习一个简化的空间（潜在空间），然后在解码器中给出最佳的重建。原则上，这意味着将输入复制到输出。通过调整潜在空间的维度，自编码器可以被迫学习与重建目的最相关的特征。

随着变分自动编码器（VAE）的引入，自编码器成为一个生成式网络，对于其而言，潜在空间的数据分布是有规律的。这种规律性保证了从潜在空间中生成分子的有效性。因此，变分自动编码器可以作为生成式网络。对于化学结构的生成，我们的输入可以是 SMILES 字符串或分子图。自编码器学习分子的简化表示，并由此产生一个潜在空间（图15.2）。进而从该潜在空间采样，解码化学结构产生新的分子。最近开发的方法已经成功地用于化合物生成[38-42]。一个非常有前景的方法是连接树变分自动编码器（junction tree variational autoencoder，JT-VAE）。为了表示一个分子，其首先被分解成一个分子图和一个连接树。连接树由子图的结构单元组成（如环、键、单个原子）。对于编码，分子被翻译成分子图和结点树的潜在空间。在解码时，这两种潜在空间的表示形式都被用于映射回原始分子。在解码过程中，使用连接树中的定义子图，可以使解码器逐步实现一个有效的分子[42]。对于我们内部版本的JT-VAE方法，将内部化合物集合、ChEMBL 24[43]中的所有化合物，以及Enamine REAL空间[44]中类似药物的子集合并为一个集合，从中随机选择100万个化合物作为训练空间以生成潜在空间。最终训练的批次规模为8，库尔贝克-莱布勒（Kullback-Leibler）散度的权重系数β值为0.001。

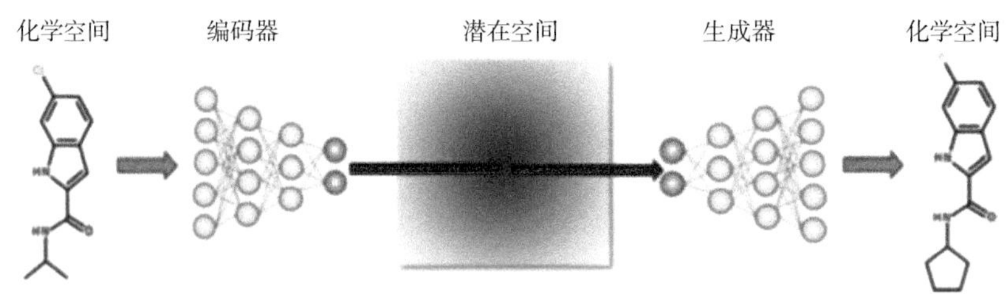

图15.2 用于化合物生成的自动编码器的可视化图示

15.3.1.3 基于骨架/片段的方法

药物设计的一个经典原则是将分子表示为一个由不同取代基修饰的中心骨架（图15.1），而对取代基的替换可以产生新分子。该方法一直被用于生成虚拟库，如使用基于反应的列举法。最近，这种方案的应用也证实，即便非常大的虚拟化学空间也可被枚举和检索[3, 45]。然而，由于可获得的化学空间仍然有限且过大，难以明确地枚举，因此也使用了遗传算法等优化方法。

随着深度神经网络（DNN）的兴起和计算资源的增长，基于片段或骨架的方法再次兴起。在这种情况下，斯特尔（Ståhl）等开发了DeepFMPO框架[46]。在此，先导化合物结构按照特定的规则被片段化。另一组分子以同样的规则被片段化，并作为可能的片段池。然后，采用强化学习（RL）的方法，通过随后替换先导化合物结构的片段来生成新的分子，并使用定制的评分函数对所做的修饰进行奖励函数评分。基于AI的设计方法的不同奖励方案将在15.3.3节中介绍。

15.3.1.4 基于图谱的方法

最近，基于图谱（graph）的方法在神经网络和性质预测中得到较多应用[47, 48]。图谱本身是一种数学结构，常用建模对象之间的关系。节点或顶点代表一个对象，边代表对象之间的连接。节点和边都可以有额外的属性。将这些想法转化为化学信息，那么一个分子也可以被表示为一张化学图谱。这种表示方法保留了不同分子片段排列的拓扑学信息。原子代表图的节点（具有原子类型、杂化状态、电荷等属性），原子之间的键代表边（具有键类型等属性）。对于性质预测，图卷积网络（GCN）中不同节点和边的权重得到优化，神经网络可以学习到分子某些部分对于评估性质的重要性。相反，对于使用生成网络生成的化合物，网络首先被训练以学习存在于训练空间中的图谱。

李（Li）等最早将图谱引入生成模型[49, 50]。另一种早期方法是将变分自动编码器与分子的图谱表示相结合[42]。而后，詹森（Jensen）将基于图谱的方法与遗传算法和蒙特卡罗树（Monte-Carlo tree）检索相结合[51]。最近，梅尔卡多（Mercado）等引入了一种称为GraphINVENT[52]的方法，基于图谱的设计方法来生成优化分子。基于图谱方法的优点之一是以更多的数学方式对化学信息进行编码，这有益于神经网络。相比之下，基于分子描述符的表示方式更加抽象，这使得对结果的理解和解释更为困难。

15.3.1.5　基于3D的方法

上述所有方法都具有一个局限性：仅基于分子的2D表征。然而，生物学和化学过程发生在一个3D空间中。有文章[53, 54]证明3D相似性检索在寻找生物活性分子方面是非常有效的。因此，直接基于3D表征的分子设计是非常有趣的，结果可期。法伯里蒂斯（Fabritiis）等[22, 55]介绍了一种基于3D的方法，其分子生成器由两个主要步骤组成。首先，训练一个自编码器来生成一个输入分子的形状表示。该自编码器输入SMILES字符串，输出LigVoxel[56]体素化分子。然后，卷积神经网络和长短期记忆（LSTM）网络的组合被用来将体素化的分子翻译成SMILES字符串。形状自编码器是在分子数据库（文献[22]中的ZINC15）上训练的，这些分子的3D构象是由RDKit[57]生成的。该生成方法从查询结构及其体素化的3D形状分子表征和药效团开始，由变分自动编码器进行扰动。接下来，从体素化的形状转化为SMILES，生成新的可能具有类似3D形状的SMILES分子。3D形状叠加（3D-shape overlay）[18]为另一种生成方法，其基于2D分子表征，但对感兴趣分子的评分和选择过程是基于3D的。用该方法进行骨架跃迁来识别新的分子系是非常有效的。

15.3.2　生成网络的训练

在药物发现中，化合物需要满足所需的各种特性。通常情况下，需要在多维度的优化中实现生物活性、对非目标靶点的选择性，以及ADMET特性的共同优化。因此，新分子的产生需要倾向所需的化合物特性。一般而言，化合物的优化方法包括三种。我们将在下文中介绍如何使用特定的奖励或评分函数来聚焦设计工作。

（1）过滤方法（filter approach）：分子生成器在较大的化学空间中采样分子，随后将奖励函数作为过滤器，筛选最具希望的候选分子。由于得到的化学空间非常大，应该先关注某个相关的化学空间。这时，一个常用的技术是TL。换言之，朝着目标化学空间对生成器进行微调，或在有限的化学空间（如虚拟库）上训练生成器。否则，由于空间太大，无法通过详尽的设计方法进行检索。这种方法在内部经常被用来快速生成围绕某一个特定化学系列的分子。

（2）偏置/奖励方法（biasing/reward approach）：生成器与优化/奖励程序相配合，使生成器偏置所需的分子特性。典型的策略是RL，是引导分子生成器走向所需属性空间的一种有效方法。但是，这种偏置仍然是单向的，这意味着奖励函数不受生成器的影响。

（3）生成和奖励相结合的方法（combined generation and reward approach）：在该方法中，生成和优化/奖励步骤直接结合，即两种方法之间双向交流。这意味着生成器受到奖励引擎的偏置；而奖励引擎在优化的同时进行学习。典型的代表是生成性对抗网络（generative adversarial network，GAN）或自编码器。

15.3.2.1 迁移学习

在基于SMILES的早期应用中，TL被普遍应用于神经网络的初始化，这属于上述第一种方法（"过滤器方法"）[19]。其原理较为简单，首先训练一个能够捕获一般化学空间和化学规则的网络，然后聚焦某一化合物集（如围绕一个给定先导化合物系列的化学结构），这个一般的生成器网络被细化为在特定分子集的空间中生成分子。这与其在基于卷积神经网络的图像分类系统中广泛使用的想法非常相似。计算机视觉领域的简要预训练过程为：首先加载于ImageNet[58]预训练好的模型（如VGG[59]、ResNet[60]或Inception V3[61, 62]），然后以较小的图像集来完善预训练的模型（微调），相比预训练，微调的速度会很快。

TL受限于微调分子数据集对源数据集的适应性。因此，文章[63]建议基于RNN分子生成的数据量不小于190个化合物。此外，通常情况下，我们无法对未知的化学片段进行骨架跃迁。然而，TL是一个相对简单但效果良好的解决方法，如在先导化合物优化的后期阶段。一些研究[64]证明了TL在新分子设计应用中的成功性。此外，TL也应用于特性预测[65]或反应预测[66]。

15.3.2.2 强化学习

一种常用于优化神经网络并使生成网络对化合物生成特别实用的方法是RL（属于"偏向/奖励方法"）[67]。在该方法中，一个模型在生成输出（如分子）过程中，输出会被一个使用奖励函数的模型进行排名和评估。通过几个步骤的迭代，模型算法学会了分子的理想分布。RL的一个关键优势是具有通过适当设计评分或奖励函数进行多参数优化的能力。其主要挑战之一是如何定义一个适当、平衡的评分方案。在不理想的评分下，优化可能会被困在局部最小值或被驱赶到化学空间的不理想区域。例如，如果在RL中只对log P进行最大化，将导致生成具有长烷基链的高亲脂性分子，这对药物设计而言没有意义。因此，评分函数的精选设计是RL成功的关键。在通常情况下，不同项目阶段需要不同的评分函数，根据实际的项目需要，以不同的方式组合各个组件。

已有几个小组将这种方法应用于基于SMILES化合物生成的从头设计[21, 68-70]。随后，RL也被应用于基于片段的设计[46]。扎沃龙科夫（Zhavoronkov）等[17]报道了RL首次在设计中的成功应用，该小组应用了3种不同的科霍宁地图（Kohonen map），对新颖性、激酶抑制剂相似性和靶点特异性进行了优化，并采用了优先排序方案，从最初的30 000个苗头化合物中确定了40个作为靶点的化学合成候选化合物[17]。

15.3.2.3 遗传算法和全局优化

一般而言，从头设计是一个多参数优化问题，因此也可以使用全局优化算法。成功应用全局优化方法的关键是构建和生成新分子的方式是否适当。由于生成器受到预定奖励函数的影响，该方法属于“偏向/奖励方法”。在最近的一项研究中，詹生探索了一种基于分子图表示的遗传算法。新分子是由遗传算法通过在分子图层上进行交叉和突变产生的[51]。在同一研究中，詹生还探索了以蒙特卡罗树检索作为优化方法[51]，这种方法在早期已经被成功应用于逆合成模型[71]。这两种方法在GuacaMol基准中都表现良好，该基准为评估生成式设计方法提供了一个通用平台[72]。

这项研究得出一个有趣的结论：遗传算法的性能优于ML模型。因此，在为特定问题选择最佳方法时，也不要忘记对经典优化算法的尝试。

15.3.2.4 生成性对抗网络

生成性对抗网络（GAN）是一类神经网络架构，能够同时优化两个网络。生成器网络试图创造新的数据，而判别器网络则学习区分所生成的虚假数据与真实数据。虚拟（假）照片的生成就是 GAN 最经典的使用场景[73]。

GAN的总体思路颇为有趣，其在化学领域具有重要的应用前景。阿斯普鲁-古齐克（Aspuru-Guzik）小组提出了一个称为ORGAN的GAN框架，并将其应用于化学和材料设计（称为ORGANIC）[74, 75]。该方法本身由三部分组成：生成器、鉴别器和强化部分。鉴别器用于判断一个分子是否有可能来自初始分布；而强化部分则奖励满足所需属性的化合物；生成器的任务是生成优化奖励函数的分子。马齐尔卡（Maziarka）等[76]提出了另一种方法，由于是基于CycleGAN算法的[77]，他们将其命名为Mol-CycleGAN。

15.3.2.5 具有优化方法的自编码器

自编码器及其学习获得潜在空间的原理也适合在潜在空间中进行全局优化，并在潜在空间中检索所需特性的最优值。解码器可将这些优化值转化为相应的化学结构。JT-VAE的实施使用了贝叶斯优化法[42]。温特（Winter）等进一步提出了一种使用粒子群优化（particle swarm optimization，PSO）与潜在空间共同生成所需性质化合物的方法[78]。JT-VAE 与 PSO 的这种结合提供了符合所需特性的分子（内部数据）。对于我们内部版本的JT-VAE与PSO，使用上述潜在空间和100个粒子作为PSO算法。在通常情况下，我们对奖励函数进行100次迭代优化，并在优化过程中输出排名最高的化合物。

15.3.3 用于基于人工智能分子从头设计的奖励函数

基于AI的新设计方法，如基于结构的设计、虚拟库筛选或药物化学转化[79]，需要一个选择步骤，从更广的思路中找到有希望的分子。目标分子应该符合某些特性，以高活性为主要要求，以有利的理化性质和ADMET性质为辅助要求。

已有研究表明[18]，“先验”网络生成的化合物受到化学训练集的强烈影响。因此，训练集构建时应该谨慎。像溴原子或不常见的官能团，如果在训练集中没有体现，就不会在最终生成的分子中出现[18]。所有要包含在最终化合物中的SMILES语法符号都必须在训练集中得到体现。

为了使虚拟分子的生成偏向理想的属性空间，可以使用不同的评分功能。虽然评分通常只在设计或列举过程的最后进行，但基于AI的生成式设计通常将评分作为整体反馈步骤纳入结构生成引擎中。对评分函数的拟合被传回设计引擎，用于生成下一个结构集合，这可能为设计问题提供更好的解决方案。因此，新生成的化合物集本质上带有关于源头化合物集的信息，新的结构不断以迭代的方式被拟合到函数中去。在这一迭代过程中，会产生数以万计需要进行评估的分子。因此，任何实用的函数都应该迅速和可靠地识别出显示有利化学片段的虚拟分子。其他需要更多计算能力的方法只能在这种工作流程的最后进行应用，以进一步对有希望的化合物进行排序。

因此，生成式模型评分函数的选择会影响新生成分子的性质和多样性。最重要的是，需要精心选择有意义、经过验证的函数，以控制生成的化学结构，并把重点放在与项目相关的活性结构区域之上。此外，我们在基于AI设计引擎方面的经验表明，与以粗暴方式结合所有可用理化性质和ML的可能性相比，谨慎地平衡少数评分函数会带来更可靠和稳健的结果。我们认为评分是一个两步走的过程：①将最相关和最快速的功能直接纳入生成设计步骤；②以多维方式使用其他评分函数，从AI引擎提供的更大虚拟建议化合物集中选择感兴趣的分子。

典型的评分函数是根据与先前先导化合物分子的相似性，或总结先前项目知识的统计模型来捕捉分子特征。推导这些函数的计算方法可以大致分为以下几类，具体将在下文中讨论。

- 理化性质过滤器。
- 基于配体的2D相似性方法。
- 基于配体的3D相似性方法。
- SAR ML模型。
- 基于结构的3D方法。

15.3.3.1 理化性质与ADME性质

药物分子需要具有理想的理化特性和ADME性质，如溶解度、溶出率、肠道和大脑吸收、代谢、血浆蛋白结合和组织分布等。在先导化合物优化中，将这些特性调整至良好药代动力学特性相对应的范围至关重要。然而，由于许多参数是关联的，对某个参数的修改会导致其他参数的调整。

log P作为亲脂性的衡量标准，在生物系统分布中具有重要作用。利平斯基（Lipinski）等[80]开展的一项非常有影响力的研究提出了一套简单、直观的规则［译者注：成药五规则（rule of 5）］，可作为对化合物的警示。满足这些规则的化合物在口服后可能表现出良好的肠道吸收。此后，这一概念扩展到其他化学空间区域，如结构片段、苗头化合物或大环等。最近，马尼亚尼（Mignani）等[28]的综述说明，用于评分的典型属性过滤器会使用与亲脂性（如log *P*、log *D*）、表面积分数（如PSA）、关键官能团数量（如氢键供体或受体数量）、分子大小和柔性（分子量、可旋转键数量）有关的描述符，这些描述符可与其他打分方法结合，以优化生物活性和ADMET性质。

15.3.3.2　2D-相似性方法

基于配体的2D和3D相似性方法的基础是，类似的分子往往表现出类似的理化性质和生物特性[81]。因此，在先导化合物优化中，我们需要系统地探索先导化合物分子的化学邻域。在基于AI的从头设计中，2D相似性评分可用于偏重围绕先导化合物分子而生成新的分子。分子之间的相似性可通过捕捉各种结构特性的不同描述符来计算。特别是2D指纹，哈希指纹（hashed fingerprint，如UNITY）[82]或扩展连接性指纹（如摩根圆形指纹，也称为ECFP）[83]可以检测出同一系列的化学类似物[84]，这在先导化合物优化中特别实用。相似性可以通过古本（Tanimoto）系数进行量化[85]。鉴于分子骨架可能导致不理想的分子特性，或出于知识产权方面的原因，化合物优化可能需要改变化学骨架。在这种情况下，具有更强的骨架跃迁潜力的2D描述符，如拓扑学药效团描述符（如CATS）[86]，可以促使分子朝着具有类似药理学模式但化学骨架不同的方向发展和生成。

15.3.3.3　3D-相似性方法

相比之下，3D相似性比较可以被用于发现化合物之间的隐藏关系[87]。因此，基于3D形状的技术（如ROCS）可以获得"化合物对"之间超越2D化学相似性的非明显类比[53]。在骨架跃迁中，这可能有利于设计来自不同化学系列的分子，同时保持与蛋白结合部位相互作用的关键特征。对检索的3D形状相似性评分可以使用诸如ROCS[53]形状相似性或涉及分子3D构象的相关方法进行。相比之下，CATS[86]这样的2D拓扑学药效团（pharmacophore）方法比较了2D分子连接表中的关键特征（药效点）的分布，因此能够保持构象。

斯卡利奇（Skalic）等使用LigVoxel方法[56]从蛋白口袋的3D几何形状中推断出蛋白-配体相互作用的特征分布，所获得结合点的负像（negative image）可用于筛选大型虚拟或现有结构库。随后，这种基于形状的概念被扩展到从头设计，其中使用了配体的3D分子表示法[22]。

15.3.3.4　用于打分的机器学习模型

活性差异大但结构相似性的例外情况[88]表明构效关系（SAR）[89]往往是分布不均匀的[90]。优化需要绕过那些"活性悬崖"，即小的变化会引起大的活性差异。由于新的结构构想与活性、ADMET和理化性质标准保持一致，ML是基于AI的设计建立高级评分函数的自然选择。ML模型应该能够处理更复杂的SAR，至少在某种程度上，可将这些知识作为设计的关键学习内容。有了足够的数据，即可得出具有重要影响的预测模型，以关注相关的化学空间区域。将用于预测生物活性的不同模型与理化特性和一般ADMET性质的附加模型相结合，可指导基于AI的化合物设计。

DNN[91]是ML算法工具集的一个强力补充。改进的训练策略和更快的计算机硬件实现了许多成功的应用。在药物发现中，生物靶点、选择性和ADMET数据的稳定增长是ML成功的另一个重要因素[92]。来自一个实验室甚至不同研究地点统一检测条件的实验数据对于提供平衡的训练集，同时最大限度地减少任何相关的实验误差至关重要[93]。涵盖重要化学空间的计算模拟模型的关键是这些大数据集，模型最好能对这一空间进行规划性采样。

谢里登（Sheridan）等报道了DNN在制药行业ML中的应用[94-96]。与经典方法相比，获得的模型通常具有相当或改进的性能[97]。此外，在某些情况下，同时结合多种属性的多任务模型可以胜过在单个数据集上训练的DNN模型（单任务DNN）[93, 95, 96]。进一步的成功应用包括与细胞色素P450的相互作用[98]，以及不同物种的代谢稳定性[93]和毒性预测[99-101]。

15.3.3.5 机器学习模型的验证

模型验证对于成功的前瞻性应用是至关重要的[102, 103]。因此，对于需要预测的每个新分子而言，应该对模型的适用范围进行探索[104, 105]。这可以确保对新结构的可靠评分，使得这些结构与模型训练集的化学空间没有太大距离。虽然不同方法各有优点，但没有哪种方法是明显优越的。一些ML算法提供了对其适用领域的内在评估（如高斯过程）[106-108]，而对于其他算法，则分析了候选分子与模型或与训练集集合的差距。

这与预测不确定性的量化有关[109]。本德尔（Bender）等[110, 111]使用“深度置信”（deep confidence）框架为预测提供了有效的置信区间，以作为误差评估。通过记录优化单个DNN局部最小值的网络参数，生成了DNN的集合。接下来，从这些略有不同的局部最小值模型中得出一组基础“学习者”，并对每个新分子进行不同的预测。这些模型及其预测的变化可用于估算置信区间[110]。此类方法的变体方法包括使用dropout训练DNN模型，然后将其多次应用于带有dropout的测试集，再次产生了一个预测集，用于评估置信区间[111]。

根据我们的经验，在生成式AI设计中，应用具有确定适用域的ML模型是至关重要的。这一“适用域”[112]是化学空间的一个理论区域，涵盖了模型描述符和建模响应。在开发ML模型时，应该根据特定化学结构与用于建模化合物的相似程度来评估适用域预测的潜在不确定性。显然，使用一个ML模型来预测整个化学世界是不可能的。相反，只有当被预测的化学结构属于该模型的适用范围时，预测才是可靠的[104]。

我们的许多内部ML模型采用基于2D指纹的相似性阈值来评估适用域[113]。将适用域限制在一定相似度半径内的化合物可提供一个保守但有意义的估计。生成式从头设计本身的这种适用域还可以确保新型化学结构（基于AI设计的奖励函数所接受的）不会与相关模型的训练集分子相差太远[113]。此外，直接使用2D相似性来评估分子，结合更先进的

ML模型，也可能在本质上限制了新虚拟分子的产生，导致将其化学空间限制在仅与先导化合物优化有关的区域。

15.3.3.6　多维化合物优化

一个优化项目的成功取决于活性、选择性、药代动力学和安全性的平衡，应将其与理想状况进行比较。为此，可以结合计算机模型，而且必须以多维的方式解决数据和相关模型预测的不确定性。目前，已有用于化合物排名、选择概率评分和多目标优化方法的报道[114]。类似概率评分函数的组合可通过基于AI设计的奖励函数的方式加以实现[18]。

化合物的多维度优化[115]，可以通过模型并行的集成方式来完成。不同性质预测模型有意义的组合可以捕捉到更复杂的性质特征，以指导新分子的生成，并将其纳入所需的性质空间[20, 116]。将这些概念与药物化学启发的结构转化相结合，可以在多维度优化方案之后产生全新的优先建议[117]。

15.3.3.7　潜在化学空间中的奖励函数

基于自编码器的设计方法适用于潜在化学空间，而奖励函数可以直接在潜在空间实施，以预测潜在的连续向量表示[41]。如布拉施克（Blaschke）等[41]所示，自编码器是在分子 SMILES 字符串重建和基于潜在向量表示的属性预测上联合开展训练的。在某些情况下，采用一个额外的多层感知器（multilayer perceptron，MLP）对基于编码分子的潜在向量进行属性预测[41]。潜在空间中的连续表征允许对连续矢量对象进行简单的转换，并进行强大的基于梯度的优化，以检索该空间中经优化的化合物[41]。在布拉施克等的工作中，所有的自编码器模型都被训练为映射56维的潜在空间，模型训练的批次大小为500，学习率为3.13×10^{-4}，随机梯度优化方法为ADAM[118]。

15.3.3.8　基于3D对接的奖励函数

关于基于3D结构的奖励函数（如对接），尚未对其在基于AI设计方法中的应用进行详细介绍，但一些研究小组已提出了这种方法。对接的主要缺点是，对一个新提案化合物进行打分并反馈给设计代理需要一定的时间。尽管这在计算上要求更高，但其直接包括了更多关于蛋白-配体相互作用的信息，并可能提出来自化学空间不同区域的设计思路，而这些思路不一定是所检索的2D化学类似物。

对接与ML的结合极有可能推动基于AI设计方法的发展。金泰尔（Gentile）等[119]引入了“深度对接”（deep docking）平台，以更快、近似准确的方式处理大型数据。其方法基于深度学习模型，对库内代表性子集的对接分数进行训练，以评估未对接结构的对接结果。在该模型中，ML输入的结构被描述为标准的2D描述符。该方法结合FRED作为标准对接程序，能够计算出ZINC15中13.6亿个分子对12个靶点蛋白的对接分数[119]。但是，目前还没有关于这一工作流程的实验验证报告。

15.3.4 化学可行性

基于AI的从头设计允许对化学空间进行广泛的采样。新颖结构的产生不受化学砌块可用性的限制，也不受一组确定化学反应的限制。与虚拟化学空间或特定项目化学库的枚举相比，这带来了明显的优势，可以产生新的思路。不受这些限制的影响，基于AI的从头设计会产生符合所需特性的新化合物。然而，化学可行性仍然是在选择化合物并进行合成时需要考虑的重要方面。

化学可行性与分子复杂性的概念相关，尽管二者并不相同[120, 121]。合成的难易程度取决于分子砌块的可用性和可进行的化学反应库。这两个参数都不是静止的，而是随着时间的推移变化的，这一点可以从商业上可用砌块数量的稳步增加中看出。此外，根据研究项目阶段的不同，为获得所需产品而投入的合成努力也不尽相同。在早期的苗头化合物探索阶段，自然会首选更容易获得的化合物，而在后期的先导化合物优化阶段，可能会考虑更精细的合成方案。

有关采用不同方法评估合成可行性的内容。一类方法是将有关分子的分子片段与合成分子的片段进行比较，而经常出现的片段被认为是合成可行性的提示。其中最流行的方法是称为 SAScore的合成可及性评分[122]。在PubChem[123]衍生的分子集合中出现的片段频率被用于计算片段分数，该分数与复杂度惩罚相结合，具体取决于立体复杂度、环融合或环大小等参数。贝叶斯合成可行性（synthetic Bayesian accessibility，SYBA）是基于ZINC数据库中收集的容易合成化合物和人工难以合成的分子而训练一个贝叶斯分类器（Bayes classifier），这一预测结果与SAScore相似，但纯粹是基于片段的评分[124]。

合成可行性（synthetic accessibility）与获得有关分子所需合成路线的复杂性有关。因此，逆合成分析可以直接提供对合成难度的评估。最近，计算机辅助合成规划取得了长足的发展。除了基于知识的工具（如 Synthia[125]）外，基于AI的技术在逆合成分析方面也有很大的进展[126-129]。由于逆向合成分析仍然是一种计算上的耗时分析，因此并不适合分析数以万计的分子，但在概念上为评估合成可行性的计算工具提供了框架。

SCScore对合成转化的复杂性进行了建模[130]。基于化学反应，该模型通常会增加一个分子的复杂性假设。SCScore已对2200万个反应物和产物对进行了深度前馈神经网络的训练。SCScore会随着一条合成路线上反应数量的增加而增加。逆合成分析在逆合成可行性评分（RAScore）中又向前迈进了一步[131]。其中，AiZynthFinder[132]分析了40万个不同的化合物，并将其分为已解决或未解决的结构，这些数据集为ML引擎提供了基础，以对分子的合成难度进行评分。

不同技术为评估大量化合物的合成可行性提供了机会，从而可以过滤掉难以合成的分子。然而，根据合成可行性对化合物进行排名仍然是不可能的，因此不应将其视为严格的分界线，而应更多地用于评估选择化学上更容易合成的分子，以此来丰富基于AI的药物设计方案。

15.3.5　内部集成打分函数的筛选流程

RL为基于AI的从头设计提供了一个强大的框架，其中分子生成器由不同的奖励函数引导。RNN有不同的实现方式，可以与REINVENT[21, 70]的实现方式相结合进行RL。作为奖励函数，我们已经整合了以下评分函数来指导RL[18]。

- 使用RDKit的描述符进行理化性质的评分[57]。

- 基于ECFP6、RDKit或其他分子指纹，使用谷本相似系数对起始分子进行 2D相似性评分[57]。

- 使用ROCS-3D形状相似性对起始分子进行3D形状相似性打分[53]。

- 使用Cubist回归树[133, 134]或DeepChem库的GCN对靶点活性数据进行2D-QSAR模型训练[135]。

- 基于上述属性、2D指纹、3D相似性和2D-QSAR的各个评分项的综合得分[18]。

- 基于单个评分项的乘积得出的综合得分[18]。

需要根据设计目标选择相应的评分函数，如生物亲和力、溶解度和代谢稳定性相关的计算机模型。在通常情况下，我们将这些ML模型与log *P*、分子量等有意义的理化性质范围相结合。

此外，我们通过在奖励函数中加入2D或3D相似性计算来定制化学空间的检索。基于分子指纹的2D相似性探索了待优化实际化学系列的化学邻域。TL使得类似物的探索偏向实际化学系列的邻域。

对于新化学类型的检索，如果没有使用相似性约束，分子生成器可以无偏向地挖掘化学空间，只由定义所需特性的ML模型驱动。

在典型的基于AI的从头设计中，不同的评分功能被结合起来。单独的预测被归一化，然后相乘或相加以定义一个总分。如果有必要，还可以对单个属性使用额外的权重。

在为设计运行做准备时，必须为包含单个或多个化学系列的数据集生成2D-QSAR模型。对于模型的建立，分子的预处理包括去除反离子和小片段，以及结构的中和与规范化。

高质量数据集的构建是成功应用AI的基石之一。高质量数据通常来自一个实验室，或者来自一个多地点组织的统一检测，经过重复测量，误差最小，标准偏差小。应注意识别来自低溶解度、质量不足、纯度、反应性、聚集和其他错误来源的化合物数据，因为这可能严重影响实验值。

应随机或通过统计设计选择足够容量的训练和测试集。我们更倾向后者，将MinMax算法[136]的RDkit作为从较大集合中挑选不同子集的有效方法[84]。然而，必须指出的是，来自这种选择的数据集为模型的真正预测性能提供了一个乐观的视角，因为测试集的成员通常由训练集的类似物代表。多种解决这一问题的其他方法也已被报道。为了严格评估一个模型的真实预测性能，应该另外构建一个独立验证集（或外部验证集），其目的不是确定最佳模型，而是独立评估模型的质量。模型在新数据集上的验证是项目进展中的一个重要步骤，该方法被称为时间分割验证[137]。

我们使用DeepChem库中的GraphConvModel实现了GCN模型的应用[135]。该模型通过监测测试数据集的r^2-分数来优化其性能，我们在实验中改变了模型的层数、图卷积节点数、最后密集层节点数、dropout概率、批次大小和学习率。最后，可将模型集成到基于AI的分子设计中。

15.3.6 化合物的选择和过滤

在选择分子进行合成的过程中，通常会辅以AI设计引擎中没有包含的过滤步骤，上述许多评分方法也可以在这个阶段中应用。补充性的评分功能和多维优化评分支持对最终的建议化合物进行优先排序，以选择合成候选分子。根据不同的项目，额外的计算机分析经常应用定制的全局ADMET模型。由此产生的设计方案可以进行分组，可以从不同的分组中选择具有有利特征的代表化合物和合成路线进行探索。

然而，在分析基于AI的从头设计结果时，还需要考虑其他方面的因素。首先，设计方案的合成可行性对其在化学实验室的成功实现至关重要。简单的评估包括：手性中心的数量、复杂的环状系统，以及内部砌块库或供应商目录中的可用试剂，这些砌块或试剂经常被添加到所选的化合物集，使其成为合成上所需的片段。

AI支持的逆合成规划工具[71, 126, 138]的出现，为评估合成的复杂性、步骤数量和不同试剂库存中起始材料的可用性提供了一个更好的有效和数据驱动的方式。虽然这些方法似乎对AI设计结果列表的进一步排查很有帮助，但其仍然对计算具有很高要求，需要开展进一步的大量分析，因此目前只适用于AI设计运行中一些已经被其他筛选方式选择出来的化合物。对于内部的AI设计工作流程，我们还不能以自动化的方式对虚拟分子进行这样一个完整的逆合成分析筛选。

接下来，通过在项目或公司数据库及特定项目科学文献中的专利或报道的化合物数据库中进行2D相似性检索来解决对新颖性的要求。只有具有一定程度新颖性的化合物才能为药物发现团队提供实用的选择。

最近，得益于冷冻电镜和X射线晶体衍射技术的发展，结构生物学中的晶体学取得突破，极大地增加了靶点蛋白的高分辨率结构数据，使我们可以利用这些结构对设计结果进行过滤。如果一个项目是以3D结构为基础，那么先进的优先排序工具对于识别有希望的候选药物将是极为实用的。对接后的蛋白-配体复合物的结合亲和力预测对进一步的排序建议有很大帮助。如果可以获得可靠的结合模式，基于物理的自由能微扰方法（free energy calculation，FEP）[139, 140]可能是目前应对这一挑战最缜密的方法[141]。最近，一家制药公司披露了大规模前瞻性FEP+技术在药物发现应用中颇具前景的结果，从而为这一方向提供了一个工业视角，同时也强调了这一领域现存的挑战[142]。

其他有趣的设计方案也可被用作虚拟化学空间中的类似物搜索[4]，从而可能会发现相同的结构或类似物作为接近的合成替代物，这些化合物可以在项目内部或商业化虚拟化学空间中得到应用。这些虚拟化学空间通常是由可用的分子砌块和化学反应组合生成的，因此有更大的可能直接将这些化合物合成出来，以便进行生物测试。

不可否认，由有经验的药物化学家对最终的化合物清单进行人工筛选仍然是基于AI从头设计的一个重要步骤。但是，基于AI的从头设计方案会激发药物化学家的创造力，并启发研发团队。

15.3.7 人工智能设计化合物的实际应用

我们可以整合内部的几种AI设计方法，实现项目的自动化运行。可以在内部进行若干AI设计方法的整合，用于项目的先导化合物优化，以实现项目流程的自动化。如图15.3所示，我们的目标是实现设计-合成-测试-分析（DMTA）周期的部分自动化。本节将重点讨论实际问题，以促进项目中多种设计方法的应用。自动化工作流程旨在利用各种方法和奖励函数提供新颖的思路。自动化本身每隔一周运行一次，该设置可以根据不同项目组的需要通过文件进行灵活的配置。我们旨在使项目能够在一夜之间产生新颖的化合物，图15.4对具体流程进行了详细说明。

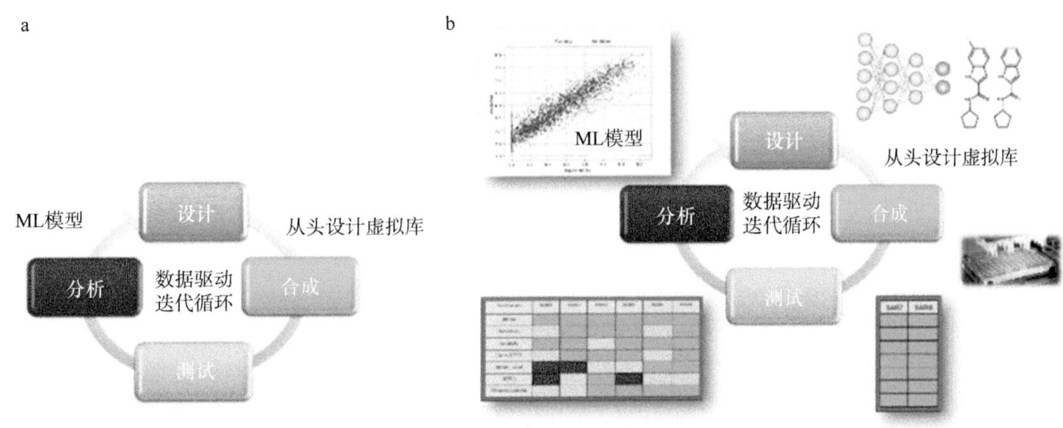

图15.3 a. 设计-合成-测试-分析（DMTA）工作流程；b. DMTA的详细工作流程

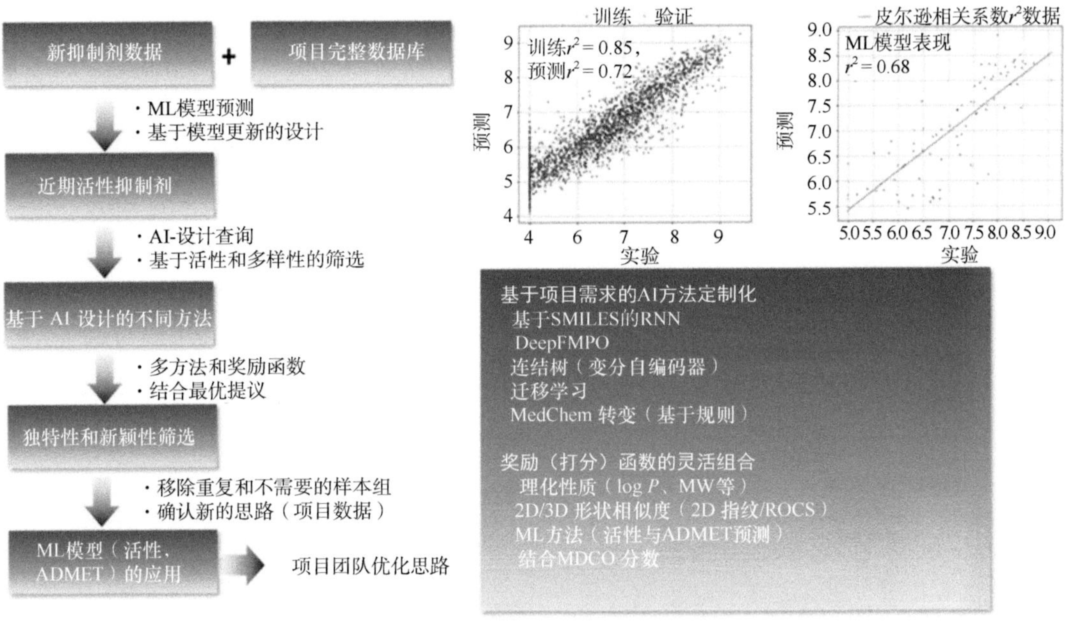

图15.4 自动化的设计流程示意图

第一步，通过在数据库中搜索一个项目的所有化学结构和生物活性，自动生成项目数据集。利用注册日期信息，检索出一定时期内（通常为2周）的所有新化学结构和所有活性化合物（按活性阈值）。将这些文件作为SDF文件保存在一个新的目录中，然后使用RDKit[57]对所有的文件进行验证，检查一致性并对化学状态进行归一化。

第二步，使用现有的ML模型，对所有新化合物结构的感兴趣生物活性指标（主要/次要检验指标）进行预测，并保存回归系数、统计性能和图表以备后续检查。

第三步，集成正则化的新结构以更新现有模型。因此，为了实现自动化，我们需要一个经过验证的输入模型，并确定其适用范围。为此，我们通常使用DeepChem[135]的GraphConvModel来建立GCN模型。虽然初始模型通过监测测试数据集的r^2-分数来优化性能，但任何模型的更新都是基于之前的测试集分离，以及建立DNN模型的最佳参数。如果统计质量足够高，这一更新的模型会自动注册到模型库中，然后可以随时作为AI奖励函数和ML的评分项来应用，同时也会生成一个新的适用领域训练数据库。然后，我们直接将这个模型作为奖励函数整合到我们后续的设计引擎中。

第四步，使用新的活性化合物集作为输入，应用到各种AI设计方法中。RL中各种奖励函数的详细使用方法已被文献详细报道过[18]。评分函数的实际选择取决于特定项目的设计原理，并会在设置文件中进行编码。对于先导化合物优化而言，对活性检索分子的化学邻域进行采样是可取的，而对于先导化合物生成和骨架重构而言，更广泛的化学空间采样是有利的。尽管之前已经证明，重复运行相同的AI设置会产生不同的组合结果[18]，但为了保证计算效率，我们不推荐在这个自动化流程中重复运行单个程序。

除了RL外，我们将内部实现的TL用于对相同结构检索和前述的JT-VAE方法。作为AI设计的奖励函数，我们将有利的理化特性、与结构检索的2D相似性和新的ML模型单独实用，或结合应用。最后，一套基于药物化学规则的转化被应用于系统的候选药物分子优化。表15.3是对项目不同阶段所使用方法的概述。

表15.3　在流程自动化和先导化合物生成优化中的现有方法纵览

方法	先导化合物生成	先导化合物优化
JT-VAE：围绕查询进行抽样	√	√
JT-VAE：粒子集群优化	√	—
强化学习SMILES：指纹打分	√	√
强化学习SMILES：QSAR模型训练	√	—
迁移学习	√	√
强化学习SMILES：以迁移学习为起点	√	√
基于碎片的强化学习	√	√
基于规则的MedChem转化	√	√

注："—"表示无该功能。

在第五步中，所有方法的结果都会被合并在一起，而生成方法则被编码在虚拟分子名称中。合并后的结果列表再次被验证和规范化，设计重复的部分将从列表中删除，与整个项目数据集中化合物相同的设计结构也会被剔除，以集中于新的结构。此外，具有不良性质或官能团的化学结构也被剔除。然后，使用一套专门的内部活性和ADMET ML模型对所得分子列表进行计算机预测。最后，应用概率评分函数和特定项目的选择方案对化合物进行排名和选择。

当整个自动化过程结束时，可以使用更高级、项目定制化的模型进一步处理最优虚拟结构。例如，对于一些项目，可以应用蛋白-配体对接评分的工作流程。然而，如前所述，在列举了立体异构体、原聚体和互变异构体后，后处理步骤必须根据项目组的需要来进行。建议合成的分子以电子表格的形式与项目组共享，其中包含由计算机预测的虚拟结构，并在设计数据库应用程序中进行注册。此外，人工的检查评估建议仍然是选择合成化合物的一个重要步骤。

15.4 总结

奖励函数是基于AI的化合物设计的基本要素，其促使生成的分子集中在化学空间中的有利区域。许多方法可用来生成合理的化学结构，可以生成大量的分子，涵盖了化学空间的不同区域。应用适当的理化性质过滤器可以使生成的化合物集中在类先导化合物或类药化合物的结构空间。

不同元素的整合，以及将互补的方法结合到多维度评分中是定制化合物设计工作流程的重要方面。在启动一个新项目时，设计方案（即先导化合物发现、先导化合物优化）是主要决策因素，以便能够更好地实现奖励函数与最佳AI设计方案的结合。

奖励函数允许将设计的重点放在2D化学空间或3D空间的相似性上。此外，ML模型允许对问题进行更复杂的描述，多目标函数使得目标函数的设计可以考虑更为广泛的目标。

定量模型的实用性与输入数据的质量、一致性，有意义的预测和验证，以及合理的解释性密切相关。通常情况下，还应通过测试和验证模型中的假设来不断监测模型的性能。如果一个模型在某些方面失败了，这一模型就必须使用新的训练数据进行更新。

根据我们的经验，复杂3D描述或ML模型的单独或结合使用可以用于进行骨架跃迁，探索化学空间的新领域，以及扩大项目可用的化合物选择。

虽然可解释的AI模型在今天仍然具有挑战性，但预计多种方法可以解决这些问题[143]。ML模型不应该被看作黑箱，如果模型能捕捉到基本的SAR趋势，并对这些趋势提供一些结构上的解释，那么其在计算和药物化学领域的应用前景，以及设计中的可信度和接受度就会大大增加。化学家们需要考虑这种统计模型的表现，为项目的下一轮设计获取基本的SAR信息。如果相关设计直接基于ML模型与AI设计引擎的整合，那么可解释模型的整合将变得更为重要，以避免这种整合引擎的黑箱特性。

然而，现代AI技术在化学界的接受程度与新型生物活性分子的发现有着至关重要的联系[144]。正如扎沃龙科夫[145]所指出的，在文献中很难找到用于候选物发现的最先进AI技术的及时报道。为了给现代AI算法产生的结构类型提供有效性证据，有报道称对生成化合物工作流程的结果进行了一些评估，表明人类专家“喜欢”来自AI设计的结构，但却不能将其与现有化学库中的结构区分开来。

为此，葛兰素史克公司的一个研究小组评估了3种AI设计算法所设计的化学结构[146]。在3个不同的性能测试中观察到这些分子生成器之间具有明显的差异，因此有必要为研究项目选择适当的AI设计算法。这些测试包括：①重现经验丰富的药物化学团队思路的能力；②药物化学家对AI生成的新思路的排名；③从单一种子分子开始的传统项目中生成相关结构。虽然这些测试是否有足够的指导意义及新的设计引擎是否值得在项目中使用仍有待商榷，但其清楚地说明了基于AI的设计引擎需要专注于有前景的分子，这正是项目进展的关键所在。

注释：

注释1：在化合物生成的步骤中，模型的质量对预测至关重要[147]。只有保证数据的高质量、评估领域的良好适用性及良好的模型性能，才能实现有效的分子设计或生成。

注释2：大多数生成式方法可以提供数以千计的建议，因此应该使用一个定义明确的后处理框架。

注释3：分子生成和建议评估领域发展迅速。一个开放的基础平台有助于科学家们快速交换理念与方法。因此，我们实现了程序包的自动化工作流程，以便用户交流使用。

注释4：数据集的质量和内容对模型（尤其是生成模型）的训练至关重要。例如，上述基于SMILES 的网络只能生成数据集中存在的信息和原子（如“Br”字符或简单的三键字符“#”）。因此，不可能通过训练一个不包含三键字符“#”的数据集来生成一个氰基基团[18]。

（段宏亮　翟思龙　译；白仁仁　校）

参考文献

1. Paul SM, Mytelka DS, Dunwiddie CT, Per-singer CC, Munos BH, Lindborg SR, Schacht AL (2010) How to improve R&D productivity: the pharmaceutical industry's grand challenge. Nat Rev Drug Discov 9(3):203–214. https://doi.org/10.1038/nrd3078
2. Green CP, Engkvist O, Pairaudeau G (2018) The convergence of artificial intelligence and chemistry for improved drug discovery. Future Med Chem 10(22):2573–2576. https://doi.org/10.4155/fmc-2018-0161
3. Hoffmann T, Gastreich M (2019) The next level in chemical space navigation: going far beyond enumerable compound libraries. Drug Discov Today 24(5):1148–1156. https://doi.org/10.1016/j.drudis.2019.02. 013
4. Walters WP (2019) Virtual chemical libraries. J Med Chem 62(3):1116–1124. https://doi. org/10.1021/acs.jmedchem.8b01048
5. van Hilten N, Chevillard F, Kolb P (2019) Virtual compound libraries in computer-assisted drug discovery. J Chem Inf Model 59(2):644–651. https://doi.org/10.1021/ acs.jcim.8b00737
6. Böhm H-J (1992) LUDI: rule-based automatic design of new substituents for enzyme inhibitor leads. J Comput Aided Mol Des 6 (6):593–606. https://doi.org/10.1007/ bf00126217
7. Gillet V, Johnson AP, Mata P, Sike S, Williams P (1993) SPROUT: a program for structure generation. J Comput Aided Mol Des 7 (2):127–153. https://doi.org/10.1007/ bf00126441

8. Stahl M, Todorov NP, James T, Mauser H, Boehm H-J, Dean PM (2002) A validation study on the practical use of automated de novo design. J Comput Aided Mol Des 16 (7):459–478. https://doi.org/10.1023/a:1021242018286
9. Dean PM, Firth-Clark S, Harris W, Kirton SB, Todorov NP (2006) SkelGen: a general tool for structure-based de novo ligand design. Expert Opin Drug Discov 1(2):179–189. https://doi.org/10.1517/17460441.1.2. 179
10. Schneider G, Fechner U (2005) Computer-based de novo design of drug-like molecules. Nat Rev Drug Discov 4(8):649–663. https:// doi.org/10.1038/nrd1799
11. Hartenfeller M, Schneider G (2011) De novo drug design. In: Bajorath J (ed) Chemoinformatics and computational chemical biology. Humana Press, Totowa, NJ, pp 299–323. https://doi.org/10.1007/978-1-60761-839-3_12
12. Mauser H, Guba W (2008) Recent developments in de novo design and scaffold hopping. Curr Opin Drug Discovery Dev 11:365–374
13. Todorov NP, Alberts I, Dean PM (2006) De novo design. In: Taylor JB, Triggle DJ (eds) Comprehensive medicinal chemistry II, vol 4. Elsevier, pp 283–305. https://doi.org/10. 1016/B0-08-045044-X/00255-8
14. Schneider G, Clark DE (2019) Automated de novo drug design: are we nearly there yet? Angew Chem Int Ed 58(32):10792–10803. https://doi.org/10.1002/anie.201814681
15. Schneider P, Schneider G (2016) De novo design at the edge of chaos. J Med Chem 59 (9):4077–4086. https://doi.org/10.1021/ acs.jmedchem.5b01849
16. Hartenfeller M, Zettl H, Walter M, Rupp M, Reisen F, Proschak E, Weggen S, Stark H, Schneider G (2012) DOGS: reaction-driven de novo design of bioactive compounds. PLoS Comput Biol 8(2):e1002380. https://doi.org/10.1371/journal.pcbi.1002380
17. Zhavoronkov A, Ivanenkov YA, Aliper A, Veselov MS, Aladinskiy VA, Aladinskaya AV, Terentiev VA, Polykovskiy DA, Kuznetsov MD, Asadulaev A, Volkov Y, Zholus A, Shayakhmetov RR, Zhebrak A, Minaeva LI, Zagribelnyy BA, Lee LH, Soll R, Madge D, Xing L, Guo T, Aspuru-Guzik A (2019) Deep learning enables rapid identification of potent DDR1 kinase inhibitors. Nat Biotechnol 37 (9):1038–1040. https://doi.org/10.1038/ s41587-019-0224-x
18. Grebner C, Matter H, Plowright AT, Hessler G (2020) Automated de novo design in medicinal chemistry: which types of chemistry does a generative neural network learn? J Med Chem 63(16):8809–8823. https://doi.org/ 10.1021/acs.jmedchem.9b02044
19. Segler MHS, Kogej T, Tyrchan C, Waller MP (2018) Generating focused molecule libraries for drug discovery with recurrent neural net-works. ACS Cent Sci 4(1):120–131. https:// doi.org/10.1021/acscentsci.7b00512
20. Chen H, Engkvist O, Wang Y, Olivecrona M, Blaschke T (2018) The rise of deep learning in drug discovery. Drug Discov Today 23 (6):1241–1250. https://doi.org/10.1016/j. drudis.2018.01.039
21. Olivecrona M, Blaschke T, Engkvist O, Chen H (2017) Molecular de-novo design through deep reinforcement learning. J Cheminform 9 (1):48. https://doi.org/10.1186/s13321-017-0235-x
22. Skalic M, Jiménez J, Sabbadin D, De Fabritiis G (2019) Shape-based generative modeling for de novo drug design. J Chem Inf Model 59(3):1205–1214. https://doi.org/10. 1021/acs.jcim.8b00706
23. Weininger D (1988) SMILES, a chemical language and information system. 1. Introduction to methodology and encoding rules. J Chem Inf Comput Sci 28(1):31–36. https:// doi.org/10.1021/ci00057a005
24. Arús-Pous J, Blaschke T, Ulander S, Rey-mond J-L, Chen H, Engkvist O (2019) Exploring the GDB-13 chemical space using deep generative models. J Cheminf 11(1):20. https://doi.org/10.1186/s13321-019-0341-z
25. Baell JB, Holloway GA (2010) New substructure filters for removal of pan assay interference compounds (PAINS) from screening libraries and for their exclusion in bioassays. J Med Chem 53:2719–2740
26. Rishton GM (1997) Reactive compounds and in vitro false positives in HTS. Drug Discov Today 2:382–384
27. Hann M, Hudson B, Lewell X, Lifely R, Miller L, Ramsden N (1999) Strategic pooling of compounds for high-throughput screening. J Chem Inf Comput Sci 39 (5):897–902. https://doi.org/10.1021/ ci990423o

28. Mignani S, Rodrigues J, Tomas H, Jalal R, Singh PP, Majoral J-P, Vishwakarma RA (2018) Present drug-likeness filters in medicinal chemistry during the hit and lead optimization process: how far can they be simplified? Drug Discov Today 23 (3):605–615. https://doi.org/10.1016/j. drudis.2018.01.010
29. Walters WP, Murcko MA (2002) Prediction of 'drug-likeness'. Adv Drug Deliv Rev 54 (3):255–271. https://doi.org/10.1016/ S0169-409X(02)00003-0
30. Kalliokoski T, Salo HS, Lahtela-Kakkonen M, Poso A (2009) The effect of ligand-based tautomer and protomer prediction on structure-based virtual screening. J Chem Inf Model 49(12):2742–2748. https://doi.org/ 10.1021/ci900364w
31. Knox AJS, Meegan MJ, Carta G, Lloyd DG (2005) Considerations in compound database preparation "hidden" impact on virtual screening results. J Chem Inf Model 45 (6):1908–1919. https://doi.org/10.1021/ ci050185z
32. Scior T, Bender A, Tresadern G, Medina-Franco JL, Martínez-Mayorga K, Langer T, Cuanalo-Contreras K, Agrafiotis DK (2012) Recognizing pitfalls in virtual screening: a critical review. J Chem Inf Model 52 (4):867–881. https://doi.org/10.1021/ ci200528d
33. Sastry GM, Adzhigirey M, Day T, Annabhimoju R, Sherman W (2013) Protein and ligand preparation: parameters, protocols, and influence on virtual screening enrichments. J Comput Aided Mol Des 27:221–234
34. Grisoni F, Moret M, Lingwood R, Schneider G (2020) Bidirectional molecule generation with recurrent neural networks. J Chem Inf Model 60(3):1175–1183. https://doi.org/ 10.1021/acs.jcim.9b00943
35. Johansson S, Ptykhodko O, Arús-Pous J, Engkvist O, Chen H (2019) Comparison between SMILES-based differential neural computer and recurrent neural network architectures for de novo molecule design. ChemRxiv. https://doi.org/10.26434/ chemrxiv.9758600
36. Arús-Pous J, Patronov A, Bjerrum EJ, Tyrchan C, Reymond J-L, Chen H, Engkvist O (2020) SMILES-based deep generative scaffold decorator for de-novo drug design. J Cheminf 12(1):38. https://doi.org/10. 1186/ s13321-020-00441-8
37. Langevin M, Minoux H, Levesque M, Bian-ciotto M (2021) Scaffold-constrained molecular generation. J Chem Inf Model. https:// doi.org/10.1021/acs.jcim.0c01015
38. Gómez-Bombarelli R, Wei JN, Duvenaud D, Hernández-Lobato JM, Sánchez-Lengeling B, Sheberla D, Aguilera-Iparraguirre J, Hirzel TD, Adams RP, Aspuru-Guzik A (2018) Automatic chemical design using a data-driven continuous representation of molecules. ACS Cent Sci 4(2):268–276. https:// doi.org/10.1021/ acscentsci.7b00572
39. Bjerrum EJ, Sattarov B (2018) Improving chemical autoencoder latent space and molecular de novo generation diversity with heteroencoders. Biomolecules 8(4):131. https:// doi.org/10.3390/biom8040131
40. Lim J, Ryu S, Kim JW, Kim WY (2018) Molecular generative model based on conditional variational autoencoder for de novo molecular design. J Cheminf 10(1):31. https://doi.org/10.1186/s13321-018-0286-7
41. Blaschke T, Olivecrona M, Engkvist O, Bajorath J, Chen H (2018) Application of generative autoencoder in de novo molecular design. Mol Inf 37(1–2):1700123. https://doi.org/ 10.1002/minf.201700123
42. Jin W, Barzilay R, Jaakkola T (2019) Junction tree variational autoencoder for molecular graph generation. arXiv:180204364
43. ChEMBL 24. https://ftp.ebi.ac.uk/pub/ databases/chembl/ChEMBLdb/releases/ chembl_24/. Accessed 15 Jul 2021
44. Enamine REAL drug like subspace. https:// enamine.net/compound-collections/real-compounds/real-compound-libraries. Accessed 15 Jul 2021
45. Grebner C, Malmerberg E, Shewmaker A, Batista J, Nicholls A, Sadowski J (2020) Virtual screening in the cloud: how big is big enough? J Chem Inf Model 60 (9):4274–4282. https://doi.org/10.1021/ acs.jcim.9b00779
46. Sta°hl N, Falkman G, Karlsson A, Mathiason G, Boström J (2019) Deep reinforcement learning for multiparameter optimization in de novo drug design. J Chem Inf Model 59 (7):3166–3176. https://doi.

org/10.1021/ acs.jcim.9b00325

47. Duvenaud D, Maclaurin D, Aguilera-Iparra-guirre J, Gómez-Bombarelli R, Hirzel T, Aspuru-Guzik A, Adams RP (2015) Convolutional networks on graphs for learning molecular fingerprints. In: Proceedings of the 28th international conference on neural information processing systems (NIPS'15), vol 2. MIT Press, Cambridge, pp 2224–2232
48. Kearnes S, McCloskey K, Pande V, Berndl M, Riley P (2018) Molecular graph convolutions: moving beyond fingerprints. ArXiv. https:// arxiv.org/abs/1603.00856
49. Li Y, Vinyals O, Dyer C, Pascanu R, Battaglia P (2018) Learning deep generative models of graphs. ArXiv. https://arxiv.org/abs/1803. 03324
50. Li Y, Zhang L, Liu Z (2018) Multi-objective de novo drug design with conditional graph generative model. J Cheminf 10(1):33. https://doi.org/10.1186/s13321-018-0287-6
51. Jensen JH (2019) A graph-based genetic algorithm and generative model/Monte Carlo tree search for the exploration of chemical space. Chem Sci 10(12):3567–3572. https://doi.org/10.1039/C8SC05372C
52. Mercado R, Rastemo T, Lindelöf E, Klambauer G, Engkvist O, Chen H, Bjerrum E (2020) Graph networks for molecular design. ChemRxiv. https://doi.org/10.26434/ chemrxiv.12843137
53. Grant JA, Gallardo MA, Pickup BT (1996) A fast method of molecular shape comparison: a simple application of a Gaussian description of molecular shape. J Comput Chem 17 (14):1653–1666. https://doi.org/10.1002/ (SICI)1096-987X(19961115)17:14<1653::AID-JCC7>3.0.CO;2-K
54. Grant JA, Pickup BT (1995) A Gaussian description of molecular shape. J Phys Chem 99(11):3503–3510. https://doi.org/10. 1021/j100011a016
55. Jiménez, J., Skalic, M., Martinez-Rosell, G., & De Fabritiis, G. (2018). K DEEP: Protein-Ligand Absolute Binding Affinity Prediction via 3D-Convolutional Neural Networks. Journal of chemical information and modeling, 58(2):287–296
56. Skalic M, Varela-Rial A, Jiménez J, Martínez-Rosell G, De Fabritiis G (2018) LigVoxel: inpainting binding pockets using 3D-convolutional neural networks. Bioinformatics 35 (2):243–250. https://doi.org/10.1093/bioinformatics/bty583
57. RDKit: open-source cheminformatics. http://www.rdkit.org. Accessed 15 Jul 2021
58. Deng J, Dong W, Socher R, Li L, Kai L, Li F-F ImageNet: a large-scale hierarchical image database. In: IEEE conference on computer vision and pattern recognition, 20–25 June 2009, pp 248–255. https://doi.org/10.1109/CVPR.2009.5206848
59. Simonyan K, Zisserman A (2014) Very deep convolutional networks for large-scale image recognition. arXiv: 14091556
60. He K, Zhang X, Ren S, Sun J (2016) Deep residual learning for image recognition. In: IEEE conference on computer vision and pattern recognition (CVPR), pp 770–778. https://doi.org/10.1109/CVPR.2016.90
61. Szegedy C, Vanhoucke V, Ioffe S, Shlens J, Wojna Z (2015) Rethinking the inception architecture for computer vision. ArXiv. https://arxiv.org/abs/1512.00567
62. Szegedy C, Liu W, Jia Y, Sermanet P, Reed S, Anguelov D, Erhan D, Vanhoucke V, Rabinovich A (2014) Going deeper with convolutions. ArXiv. https://arxiv.org/abs/1409. 4842
63. Amabilino S, Pogány P, Pickett SD, Green DVS (2020) Guidelines for recurrent neural network transfer learning-based molecular generation of focused libraries. J Chem Inf Model 60(12):5699–5713. https://doi.org/ 10.1021/acs.jcim.0c00343
64. Merk D, Friedrich L, Grisoni F, Schneider G (2018) De novo design of bioactive small molecules by artificial intelligence. Mol Inf 37:1700153
65. Li X, Fourches D (2020) Inductive transfer learning for molecular activity prediction: Next-Gen QSAR models with MolPMoFiT. J Cheminf 12(1):27. https://doi.org/10. 1186/s13321-020-00430-x
66. Pesciullesi G, Schwaller P, Laino T, Reymond J-L (2020) Transfer learning enables the molecular transformer

to predict regio-and stereoselective reactions on carbohydrates. Nat Commun 11(1):4874. https://doi.org/10.1038/s41467-020-18671-7

67. Neil D, Segler MH, Guasch L, Ahmed M, Plumbley D, Sellwood M, Brown N (2018) Exploring deep recurrent models with reinforcement learning for molecule design. Openreview. https://openreview.net/forum?id=HkcTe-bR-
68. Popova M, Isayev O, Tropsha A (2018) Deep reinforcement learning for de novo drug design. Sci Adv 4(7):eaap7885. https://doi. org/10.1126/sciadv.aap7885
69. Liu X, Ye K, van Vlijmen HWT, IJzerman AP, van Westen GJP (2019) An exploration strategy improves the diversity of de novo 2 ligands using deep reinforcement learning—a case for the 3 adenosine A2A receptor. J Cheminf 11 (1):35. https://doi.org/10.1186/s13321-019-0355-6
70. Blaschke T, Arús-Pous J, Chen H, Margreitter C, Tyrchan C, Engkvist O, Papadopoulos K, Patronov A (2020) REINVENT 2.0: an AI tool for de novo drug design. J Chem Inf Model 60(12):5918–5922. https://doi.org/10.1021/acs.jcim.0c00915
71. Segler MHS, Preuss M, Waller MP (2018) Planning chemical syntheses with deep neural networks and symbolic AI. Nature 555 (7698):604–610. https://doi.org/10.1038/ nature25978
72. Brown N, Fiscato M, Segler MH, Vaucher AC (2019) GuacaMol: benchmarking models for de novo molecular design. J Chem Inf Model 59(3):1096–1108
73. Petrov I, Gao D, Chervoniy N, Liu K, Marangonda S, Umé C, Jiang J, Rp L, Zhang S, Wu P, Zhang W (2020) DeepFaceLab: a simple, flexible and extensible face swapping framework. ArXiv. https://arxiv.org/abs/2005.05535
74. Guimaraes GL, Sanchez-Lengeling B, Outeiral C, Farias PLC, Aspuru-Guzik A (2018) Objective-reinforced generative adversarial networks (ORGAN) for sequence generation models. arXiv:170510843
75. Sanchez-Lengeling B, Outeiral C, Guimaraes GL, Aspuru-Guzik A (2017) Optimizing distributions over molecular space. An objective-reinforced generative adversarial network for inverse-design chemistry (ORGANIC) ChemRxiv. https://doi.org/10.26434/ chemrxiv.5309668.v3
76. Maziarka Ł, Pocha A, Kaczmarczyk J, Rataj K, Danel T, Warchoł M (2020) Mol-CycleGAN: a generative model for molecular optimization. J Cheminf 12:2. https://doi.org/10. 1186/s13321-019-0404-1
77. Zhu J, Park T, Isola P, Efros AA (2017) Unpaired image-to-image translation using cycle-consistent adversarial networks. In: 2017 IEEE international conference on computer vision (ICCV), 22–29 Oct. 2017, pp 2242–2251. https://doi.org/10.1109/ ICCV.2017.244
78. Winter R, Montanari F, Steffen A, Briem H, Noé F, Clevert D-A (2019) Efficient multiobjective molecular optimization in a continuous latent space. Chem Sci 10 (34):8016–8024. https://doi.org/10.1039/ C9SC01928F
79. Besnard J, Ruda GF, Setola V, Abecassis K, Rodriguiz RM, Huang X-P, Norval S, Sassano MF, Shin AI, Webster LA, Simeons FRC, Stojanovski L, Prat A, Seidah NG, Constam DB, Bickerton GR, Read KD, Wetsel WC, Gilbert IH, Roth BL, Hopkins AL (2012) Automated design of ligands to polypharma-cological profiles. Nature 492 (7428):215–220. https://doi.org/10.1038/ nature11691
80. Lipinski CA, Lombardo F, Dominy BW, Feeney PJ (1997) Experimental and computational approaches to estimate solubility and permeability in drug discovery and development settings. Adv Drug Deliv Rev 23 (1):3–25. https://doi.org/10.1016/S0169-409X(96)00423-1
81. Maggiora GM, Johnson MA (1990) Concepts and applications of molecular similarity. Wiley, New York, pp 99–117
82. UNITY Chemical Information Software (2018) Certara, St. Louis, MO
83. Rogers D, Hahn M (2010) Extended-connectivity fingerprints. J Chem Inf Model 50:742–754
84. Matter H (1997) Selecting optimally diverse compounds from structure databases: a validation study of two-dimensional and three-dimensional molecular descriptors. J Med Chem 40(8):1219–1229. https://doi.org/10.1021/jm960352+

85. Willett P, Winterman V (1986) A comparison of some measures for the determination of inter-molecular structural similarity measures of inter-molecular structural similarity. Quant Struct Act Relat 5(1):18–25. https://doi. org/10.1002/qsar.19860050105
86. Schneider G, Neidhart W, Giller T, Schmid G (1999) “Scaffold-Hopping” by topological pharmacophore search: a contribution to virtual screening. Angew Chem, Int Ed 38:2894–2896
87. Nettles JH, Jenkins JL, Bender A, Deng Z, Davies JW, Glick M (2006) Bridging chemical and biological space: “target fishing” using 2D and 3D molecular descriptors. J Med Chem 49(23):6802–6810. https://doi. org/ 10.1021/jm060902w
88. Kubinyi H (1998) Similarity and dissimilarity—a medicinal chemists view. Perspect Drug Discovery Des 11:225–252
89. Bajorath J, Peltason L, Wawer M, Guha R, Lajiness MS, Van Drie JH (2009) Navigating structure-activity landscapes. Drug Discov Today 14(13):698–705. https://doi.org/10. 1016/j.drudis.2009.04.003
90. Maggiora GM (2006) On outliers and activity cliffs: why QSAR often disappoints. J Chem Inf Model 46(4):1535–1535. https://doi. org/10.1021/ci060117s
91. LeCun Y, Bengio Y, Hinton G (2015) Deep learning. Nature 521(7553):436–444. https://doi.org/10.1038/nature14539
92. Baringhaus K-H, Hessler G, Matter H, Schmidt F (2014) Development and applications of global ADMET models: in silico prediction of human microsomal lability. In: Bajorath J (ed) Chemoinformatics for drug discovery. Wiley, New York, pp 245–265
93. Wenzel J, Matter H, Schmidt F (2019) Predictive multitask deep neural network models for ADME-Tox properties: learning from large data sets. J Chem Inf Model 59 (3):1253–1268. https://doi.org/10.1021/ acs.jcim.8b00785
94. Ma J, Sheridan RP, Liaw A, Dahl GE, Svetnik V (2015) Deep neural nets as a method for quantitative structure-activity relationships. J Chem Inf Model 55:263–274
95. Ramsundar B, Liu B, Wu Z, Verras A, Tudor M, Sheridan RP, Pande V (2017) Is multitask deep learning practical for pharma? J Chem Inf Model 57:2068–2076
96. Xu Y, Ma J, Liaw A, Sheridan RP, Svetnik V (2017) Demystifying multitask deep neural networks for quantitative structure-activity relationships. J Chem Inf Model 57:2490–2504
97. Korotcov A, Tkachenko V, Russo DP, Ekins S (2017) Comparison of deep learning with multiple machine learning methods and metrics using diverse drug discovery data sets. Mol Pharm 14:4462–4475
98. Li X, Xu Y, Lai L, Pei J (2018) Prediction of human cytochrome P450 inhibition using a multitask deep autoencoder neural network. Mol Pharm 15:4336–4345
99. Mayr A, Klambauer G, Unterthiner T, Hochreiter S (2016) DeepTox: toxicity prediction using deep learning. Front Environ Sci 3(80):81–15
100. Xu Y, Dai Z, Chen F, Gao S, Pei J, Lai L (2015) Deep learning for drug-induced liver injury. J Chem Inf Model 55:2085–2093
101. Schmidt F, Wenzel J, Halland N, Güssregen S, Delafoy L, Czich A (2019) Computational investigation of drug phototoxicity: photosafety assessment, photo-toxophore identification, and machine learning. Chem Res Toxicol 32(11):2338–2352. https://doi. org/10.1021/acs.chemrestox.9b00338
102. Cherkasov A, Muratov EN, Fourches D, Varnek A, Baskin II, Cronin M, Dearden J, Gramatica P, Martin YC, Todeschini R, Consonni V, Kuz'min VE, Cramer R, Benigni R, Yang C, Rathman J, Terfloth L, Gasteiger J, Richard A, Tropsha A (2014) QSAR modeling: where have you been? where are you going to? J Med Chem 57(12):4977–5010. https://doi.org/10.1021/jm4004285
103. Alexander DLJ, Tropsha A, Winkler DA (2015) Beware of R2: simple, unambiguous assessment of the prediction accuracy of QSAR and QSPR models. J Chem Inf Model 55(7):1316–1322. https://doi.org/10.1021/acs.jcim.5b00206

104. Weaver S, Gleeson MP (2008) The importance of the domain of applicability in QSAR modeling. J Mol Graph Model 26 (8):1315–1326. https://doi.org/10.1016/j. jmgm.2008.01.002
105. Dragos H, Gilles M, Alexandre V (2009) Predicting the predictability: a unified approach to the applicability domain problem of QSAR models. J Chem Inf Model 49 (7):1762–1776. https://doi.org/10.1021/ ci9000579
106. Obrezanova O, Csányi G, Gola JMR, Segall MD (2007) Gaussian processes: a method for automatic QSAR modeling of ADME properties. J Chem Inf Model 47(5):1847–1857. https://doi.org/10.1021/ci7000633
107. Schwaighofer A, Schroeter T, Mika S, Laub J, ter Laak A, Sülzle D, Ganzer U, Heinrich N, Müller K-R (2007) Accurate solubility prediction with error bars for electrolytes: a machine learning approach. J Chem Inf Model 47 (2):407–424. https://doi.org/10.1021/ ci600205g
108. Schroeter TS, Schwaighofer A, Mika S, Ter Laak A, Suelzle D, Ganzer U, Heinrich N, Müller K-R (2007) Estimating the domain of applicability for machine learning QSAR models: a study on aqueous solubility of drug discovery molecules. J Comput Aided Mol Des 21(9):485–498. https://doi.org/ 10.1007/s10822-007-9125-z
109. Hirschfeld L, Swanson K, Yang K, Barzilay R, Coley CW (2020) Uncertainty quantification using neural networks for molecular property prediction. J Chem Inf Model 60 (8):3770–3780. https://doi.org/10.1021/acs.jcim.0c00502
110. Cortés-Ciriano I, Bender A (2019) Deep confidence: a computationally efficient framework for calculating reliable prediction errors for deep neural networks. J Chem Inf Model 59(3):1269–1281. https://doi.org/10.1021/acs.jcim.8b00542
111. Cortés-Ciriano I, Bender A (2019) Reliable prediction errors for deep neural networks using test-time dropout. J Chem Inf Model 59(7):3330–3339. https://doi.org/10. 1021/acs.jcim.9b00297
112. Gramatica P (2007) Principles of QSAR models validation: internal and external. QSAR Comb Sci 26(5):694–701. https://doi.org/ 10.1002/qsar.200610151
113. Sheridan RP, Feuston BP, Maiorov VN, Kearsley SK (2004) Similarity to molecules in the training set is a good discriminator for prediction accuracy in QSAR. J Chem Inf Comput Sci 44(6):1912–1928. https://doi.org/10.1021/ci049782w
114. Segall MD (2012) Multi-parameter optimization: identifying high quality compounds with a balance of properties. Curr Pharm Des 18(9):1292–1310. https://doi.org/10. 2174/138161212799436430
115. Segall MD, Beresford AP, Gola JMR, Hawksley D, Tarbit MH (2006) Focus on success: using a probabilistic approach to achieve an optimal balance of compound properties in drug discovery. Expert Opin Drug Metab 2 (2):325–337. https://doi.org/10.1517/ 17425255.2.2.325
116. Schneider G (2018) Generative models for artificially-intelligent molecular design. Mol Inf 37:1880131
117. Segall M, Champness E, Leeding C, Lilien R, Mettu R, Stevens B (2011) Applying medicinal chemistry transformations and multiparameter optimization to guide the search for high-quality leads and candidates. J Chem Inf Model 51:2967–2976
118. Kingma DP, Ba J (2017) Adam: a method for stochastic optimization. arXiv:14126980v9
119. Gentile F, Agrawal V, Hsing M, Ton A-T, Ban F, Norinder U, Gleave ME, Cherkasov A (2020) Deep docking: a deep learning platform for augmentation of structure based drug discovery. ACS Cent Sci 6(6):939–949. https://doi.org/10.1021/acscentsci. 0c00229
120. Sheridan RP, Zorn N, Sherer EC, Campeau L-C, Chang C, Cumming J, Maddess ML, Nantermet PG, Sinz CJ, O'Shea PD (2014) Modeling a crowdsourced definition of molecular complexity. J Chem Inf Model 54 (6):1604–1616. https://doi.org/10.1021/ ci5001778
121. Méndez-Lucio O, Medina-Franco JL (2017) The many roles of molecular complexity in drug discovery. Drug Discov Today 22 (1):120–126. https://doi.org/10.1016/j. drudis.2016.08.009
122. Ertl P, Schuffenhauer A (2009) Estimation of synthetic accessibility score of drug-like molecules based on molecular complexity and fragment contributions. J Cheminf 1:8

123. PubChem: open chemistry database at the National Institutes of Health (NIH). https://pubchem.ncbi.nlm.nih.gov/
124. VorŠilák M, Kolář M, Čmelo I, Svozil D (2020) SYBA: Bayesian estimation of synthetic accessibility of organic compounds. J Cheminf 12(1):35. https://doi.org/10. 1186/s13321-020-00439-2
125. Szymkuć S, Gajewska EP, Klucznik T, Molga K, Dittwald P, Startek M, Bajczyk M, Grzybowski BA (2016) Computer-assisted synthetic planning: the end of the beginning. Angew Chem Int Ed 55(20):5904
126. Engkvist O, Norrby P-O, Selmi N, Lam Y-H, Peng Z, Sherer EC, Amberg W, Erhard T, Smyth LA (2018) Computational prediction of chemical reactions: current status and outlook. Drug Discov Today 23(6):1203–1218. https://doi.org/10.1016/j.drudis.2018.02. 014
127. Coley CW, Green WH, Jensen KF (2018) Machine learning in computer-aided synthesis planning. Acc Chem Res 51:1281–1289
128. Coley CW, Barzilay R, Jaakkola TS, Green WH, Jensen KF (2017) Prediction of organic reaction outcomes using machine learning. ACS Cent Sci 3(5):434–443
129. Strieth-Kalthoff F, Sandfort F, Segler MHS, GloriusF (2020) Machine learning the ropes: principles, applications and directions in synthetic chemistry. Chem Soc Rev 49 (17):6154–6168.
130. Coley CW, Rogers L, Green WH, Jensen KF (2018) SCScore: synthetic complexity learned from a reaction corpus. J Chem Inf Model 58:252–261
131. Thakkar A, Chadimova V, Bjerrum EJ, Engkvist O, Reymond J-L (2020) Retrosynthetic accessibility score (RAscore)—rapid machine learned synthesizability classification from AI driven retrosynthetic planning. ChemRxiv:1–21. https://doi.org/10. 26434/chemrxiv.13019993.v1
132. Genheden S, Thakkar A, Chadimová V, Reymond J-L, Engkvist O, Bjerrum E (2020) AiZynthFinder: a fast, robust and flexible open-source software for retrosynthetic planning. J Cheminf 12(1):70. https://doi.org/10.1186/s13321-020-00472-1
133. Quinlan JR (1992) Learning with continuous classes. In: Adams A, Sterling L (eds) Proc. AI'92, 5th Australian joint conference on artificial intelligence. World Scientific, Singapore, pp 343–348
134. Quinlan JR (1991) Improved estimates for the accuracy of small disjuncts. Mach Learn 6(1):93–98. https://doi.org/10.1007/ BF00153762
135. Wu Z, Ramsundar B, Feinberg EN, Gomes J, Geniesse C, Pappu AS, Leswing K, Pande V (2018) MoleculeNet: a benchmark for molecular machine learning. Chem Sci 9:513–530
136. Ashton M, Barnard J, Casset F, Charlton M, Downs G, Gorse D, Holliday J, Lahana R, Willett P (2002) Identification of diverse database subsets using property-based and fragment-based molecular descriptions. Quant Struct Act Relat 21(6):598–604. https://doi.org/10.1002/qsar.200290002
137. Sheridan RP (2013) Time-split cross-validation as a method for estimating the goodness of prospective prediction. J Chem Inf Model 53:783–790
138. Struble TJ, Alvarez JC, Brown SP, Chytil M, Cisar J, DesJarlais RL, Engkvist O, Frank SA, Greve DR, Griffin DJ, Hou X, Johannes JW, Kreatsoulas C, Lahue B, Mathea M, Mogk G, Nicolaou CA, Palmer AD, Price DJ, Robinson RI, Salentin S, Xing L, Jaakkola T, Green WH, Barzilay R, Coley CW, Jensen KF (2020) Current and future roles of artificial intelligence in medicinal chemistry synthesis. J Med Chem 63(16):8667–8682. https:// doi.org/10.1021/acs.jmedchem.9b02120
139. Chodera JD, Mobley DL, Shirts MR, Dixon RW, Branson K, Pande VS (2011) Alchemical free energy methods for drug discovery: progress and challenges. Curr Opin Struct Biol 21:150–160
140. Wang L, Wu Y, Deng Y, Kim B, Pierce L, Krilov G, Lupyan D, Robinson S, Dahlgren MK, Greenwood J, Romero DL, Masse C, Knight JL, Steinbrecher T, Beuming T, Damm W, Harder E, Sherman W, Brewer M, Wester R, Murcko M, Frye L, Farid R, Lin T, Mobley DL, Jorgensen WL, Berne BJ, Friesner RA, Abel R (2015) Accurate and reliable prediction of relative ligand binding potency in prospective drug discovery by way of a modern free energy calculation protocol and force field. J Am Chem Soc 137:2695–2703
141. Cappel D, Jerome S, Hessler G, Matter H (2020) Impact of different automated binding pose generation

approaches on relative binding free energy simulations. J Chem Inf Model 60(3):1432–1444. https://doi.org/10.1021/acs.jcim.9b01118

142. Schindler CEM, Baumann H, Blum A, Böse D, Buchstaller H-P, Burgdorf L, Cappel D, Chekler E, Czodrowski P, Dorsch D, Eguida MKI, Follows B, Fuchß T, Grädler U, Gunera J, Johnson T, Jorand Lebrun C, Karra S, Klein M, Knehans T, Koetzner L, Krier M, Leiendecker M, Leuthner B, Li L, Mochalkin I, Musil D, Neagu C, Rippmann F, Schiemann K, Schulz R, Steinbrecher T, Tanzer E-M, Unzue Lopez A, Viacava Follis A, Wegener A, Kuhn D (2020) Large-scale assessment of binding free energy calculations in active drug discovery projects. J Chem Inf Model 60 (11):5457–5474. https://doi.org/10.1021/ acs.jcim.0c00900
143. Jiménez-Luna J, Grisoni F, Schneider G (2020) Drug discovery with explainable artificial intelligence. Nat Mach Intell 2 (10):573–584. https://doi.org/10.1038/ s42256-020-00236-4
144. Walters WP, Murcko M (2020) Assessing the impact of generative AI on medicinal chemistry. Nat Biotechnol 38(2):143–145. https:// doi.org/10.1038/s41587-020-0418-2
145. Zhavoronkov A (2020) Medicinal chemists versus machines challenge: what will it take to adopt and advance artificial intelligence for drug discovery? J Chem Inf Model 60 (6):2657–2659. https://doi.org/10.1021/ acs.jcim.0c00435
146. Bush JT, Pogany P, Pickett SD, Barker M, Baxter A, Campos S, Cooper AWJ, Hirst D, Inglis G, Nadin A, Patel VK, Poole D, Pritchard J, Washio Y, White G, Green DVS (2020) A turing test for molecular generators. J Med Chem 63(20):11964–11971. https:// doi.org/10.1021/acs.jmedchem.0c01148
147. Muratov EN, Bajorath J, Sheridan RP, Tetko IV, Filimonov D, Poroikov V, Oprea TI, Baskin II, Varnek A, Roitberg A, Isayev O, Curtalolo S, Fourches D, Cohen Y, Aspuru-Guzik A, Winkler DA, Agrafiotis D, Cherkasov A, Tropsha A (2020) QSAR without borders. Chem Soc Rev 49(11):3525–3564. https://doi.org/10.1039/D0CS00098A

第16章

人工智能、机器学习和深度学习的实际药物设计案例

摘　要：药物发现与开发是一个漫长而昂贵的历程，且失败率很高。通过模型来模拟药物与生物靶点相互作用的过程，有助于药物分子的发现和优化。近年来，人工智能技术在新算法及计算能力提升和存储容量增加的多重推动下，在建模方面取得了显著进展，可以在短时间内处理大量数据。本章介绍了当前应用于药物发现的AI方法，重点是基于结构和配体的虚拟筛选、数据库设计、高通量分析、老药新用、药物敏感性、从头设计、化学反应和合成可及性、药物ADMET，以及量子力学等内容。

关键词：人工智能（AI）；机器学习（ML）；深度学习（DL）；药物发现；药物设计；基于结构的虚拟筛选；基于配体的虚拟筛选；数据库设计；高通量筛选（HTS）；老药新用；药物敏感性；从头设计；药物合成规划；药物的吸收、分布、代谢、排泄和毒性（ADMET）、量子力学、定量构效关系（QSAR）

16.1 引言

当今科学技术蓬勃发展，但新药研发仍然是一个漫长且昂贵的过程。从靶点选择到药物获批上市，整个研发过程不仅需要花费数十亿美元，而且需要约10年的研发时间。为了克服这种日益增加的研发成本及失败风险，人工智能（AI）开始越来越广泛地被研究人员应用于包括临床试验在内的药物研发的各个阶段[1]。这些方法的主要目的通常是对药物分子的一个或多个属性进行准确的预测，更理想的方法是建立可解释的模型，以了解其如何进行任务优化。最近，随着深度学习（DL）算法[2]的出现，这一领域重新引起了人们的兴趣和关注。DL的火热得益于更丰富的可用数据和计算机计算能力的提升。在此基础上，对以前许多似乎不可能实现的目标，如今也看到了新的希望。

本章主要是向读者简要概述在药物发现过程不同阶段中（从靶点识别和验证到先导化合物优化）使用机器学习（ML）和DL方法所取得的一些主要进展。由于受ML或DL影

响的领域较多，本章将研究重点聚焦在分子设计相关的领域，如化合物筛选、分子性质预测、分子生成和可合成性（图16.1）。

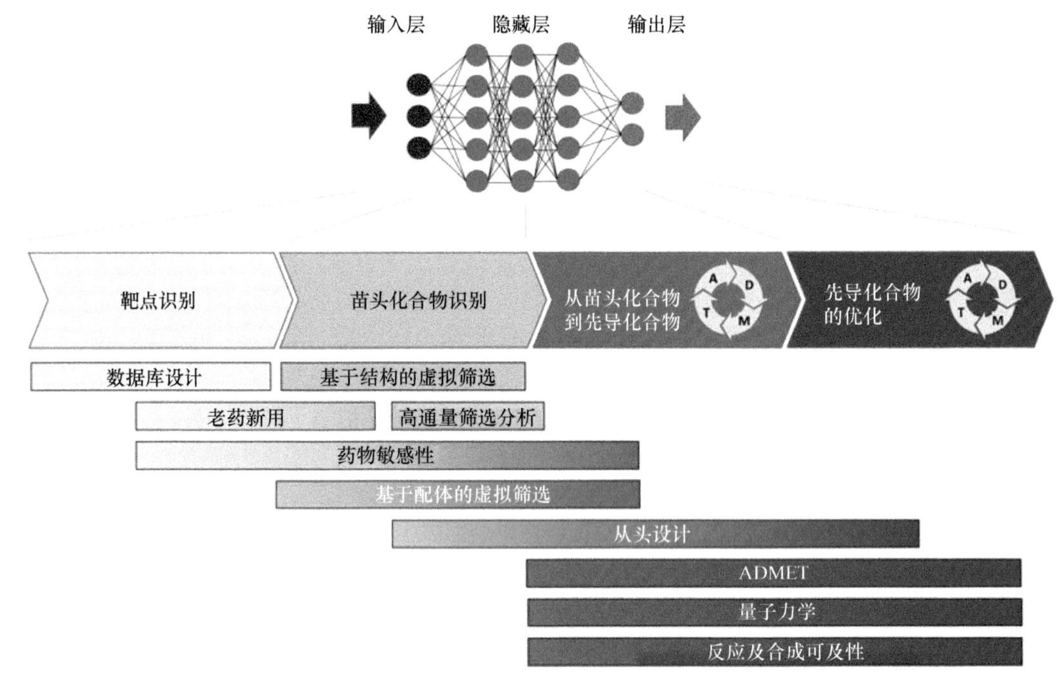

图16.1 **早期药物发现的流程图。图中四个主要阶段分别为靶点识别、苗头化合物识别、从苗头化合物到先导化合物及先导化合物的优化。在流程图下方，根据AI方法使用的特点将其排列在不同的阶段**

16.2 应用领域

16.2.1 基于结构的虚拟筛选

16.2.1.1 评分函数的开发：虚拟筛选、结合模式和结合亲和力预测

基于结构的虚拟筛选（structure-based virtual screening，SBVS）进行对接的主要限制因素之一是评分函数（SF）（基于力场、基于经验或基于知识）[3]的性能，而ML[4]和DL方法的出现和发展改善了对结合亲和力的预测[5]。ML衍生的评分函数包括随机森林（RF，如RF-Score、SFC-Score、B2BScore）、支持向量机（SVM，如ID-Score、SVR-Score），以及人工神经网络（ANN，如NNScore、CScore）技术[4]。PDBbind数据库的基准研究表明，RF和增强回归树评分函数优于经典评分函数[6]。另一个RF评分函数ΔVinaRF20在CASF-2013和CASF-2007[7]的所有测试都优于其他经典评分函数。

关于DL，拉戈扎（Ragoza）等[8]介绍了一种基于卷积神经网络（CNN）的评分函

数，将蛋白-配体复合物的三维网格作为输入，将其特征存储在每个网格点中。在虚拟筛选（VS）应用中，该模型在DUD-E数据集上的AUC值达到了0.86，优于AutoDock Vina（AUC=0.70）和ML函数（RF-Score和NNScore）。然而，在预测结合模式时，采用均方根误差（root mean square error，RMSD）最低的结合模式，与AutoDock Vina 84%的识别率相比，其仅识别了64%靶点的top-1结合模式。此外，蛋白-配体信息可以作为原子特征（原子类型、部分电荷等）存储在化合物每个原子的邻域中。例如，使用了这种类型表示方法的DeepVS[9]在DUD数据集上的AUC为0.81。而在将原子卷积神经网络作为蛋白-配体结合亲和力预测的一个实例中，其在PDbind[10]中的表现比RF差。

最近的研究表明，一些DL的SBVS方法在学习过程中，事实上仅仅学习了活性化合物和诱饵配体之间的配体分子结构差异，而不是蛋白-配体之间的相互作用，这主要是由具有偏差的数据集造成的[11-13]，而数据集增强已被应用于规避这种偏差[14]。

16.2.1.2　数十亿化合物对接的实现

DL策略也被用于规避大规模分子对接的计算限制。最近，Deep Docking[15]在超大型数据库的一小部分对接分数上训练一个前馈深度神经网络（DNN），并根据分子描述符迭代删除得分低的分子。该模型可以快速预测Glide的对接分数，将其应用于ZINC15数据库进行虚拟筛选，以识别新型冠状病毒主蛋白酶的前1000个潜在配体。这些化合物均可公开获得，不过遗憾的是缺乏实验验证[16]。

16.2.2　基于配体的虚拟筛选

16.2.2.1　生物活性预测

定量构效关系（QSAR）模型是一种基于配体的虚拟筛选（LBVS）方法。这种策略的优点是，与使用对接方法相比，其能更快地筛选数据库，而且不需要靶点的三维结构。在DL领域里，达尔（Dahl）和贾伊特里（Jaitly）[17]使用多任务神经网络（multitask neural network，MTNN）成功地预测了19个靶点的活性化合物，其中靶点最佳预测的AUC高达0.938。此外，有研究人员[18]成功地预测了100多种激酶的强效和弱效抑制剂，构建的多任务模型显示最高中位马修斯相关系数（Matthews correlation coefficient，MCC）值超过0.75。据报道，在目标更具挑战性的情况下，也有成功的案例。例如，寻找有效的抗疟疾药物是一项艰难的任务，因为在疾病的发展过程中会经历不同的发病阶段，而每个阶段的药物靶点都不尽相同。2020年，阿尔沙迪（Arshadi）等[19]构建了Deep-Malaria模型，该算法是基于已知恶性疟原虫Dd2抑制剂结合迁移学习构建的图卷积神经网络（GCNN）。为了评估该方法的性能，研究人员从外部验证集预测具有抗疟活性的大环化合物，预测结果显示其AUC为0.69，该表现优于本研究中构建的RF模型和无迁移学习的GCNN模型。还有一些模型的应用范围不是预测活性化合物，而是预测这些药物的作用模式。在米尔科维奇（Miljković）[20]的研究中，其建立了ML模型来预测非共价激酶抑制剂的作用模式：

ATP竞争、非活性形式稳定剂和变构调节剂。以多任务的深度神经网络（multi-task deep neural network，MT-DNN）作为最佳模型在验证集上显示出良好的性能，根据不同的抑制剂作用模式，平衡精度（balanced accuracy，BA）为0.66～0.79。

16.2.2.2 高通量筛选

高通量筛选（HTS）是药物研发的一个重要手段。然而，研究发现一些化合物在不同类型靶点筛选中均表现出阳性结果，这类化合物称为“频繁命中化合物”（frequent hit），通常不作为新药研发的首选。当不需要共价键结合的化合物时，应尽可能避免诸如泛筛选干扰（Pan-assay interference，PAINS）化合物、光谱干扰化合物、聚合物和混杂化合物[21-23]，至少应将其明确标注出来。因此，许多研究小组试图提前识别出此类化合物，以减少相关干扰。

化合物与多个靶点相互作用的现象被称为混杂性。2019年，布拉施克（Blaschke）等[24]探索了使用ML模型来区分不同类别混杂和非混杂化合物的可能性。为此，他们测试了传统的ML算法和新颖的DL算法，发现复合结构和混杂之间存在着一定的联系。但根据专家的分析，这种关系还没有得到明确的解释。传统ML方法和DL方法的表现不相上下，在筛选化合物和激酶抑制剂的分类中都得到了0.5以上的MCC值。研究人员利用最好的模型验证了描述符的重要性，并发现混杂化合物会存在一定的共有子结构。最近，一个小组研究了自发荧光化合物[25]，预测了在蓝色、绿色和红色过滤器下显示出活性的化合物。在由76个化合物组成的外部验证集中，最佳模型预测自发荧光化合物的MCC值为0.568。此外，研究人员还建立了模型来预测在特定波长下会自发荧光的化合物。对于蓝色、绿色和红色通道，外部验证的最佳模型MCC值分别为0.438、0.651和0.672。在这项研究之后，同一小组提出了用于预测自发荧光和发光干扰的网络工具InterPred[26]。

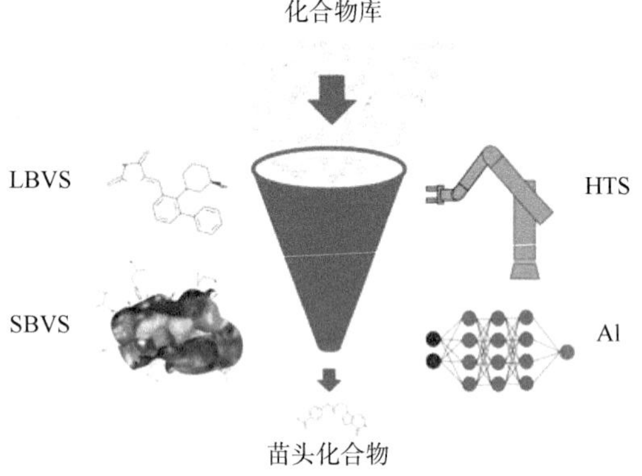

图16.2 高通量筛选方案。HTS是一种实验方法，传统上用于从数千到数百万个分子的化合物库中识别苗头化合物。SBVS和LBVS是计算方法，其允许从数以千万计的分子库中选择潜在的苗头化合物。如今，AI也被用于筛选库和选择潜在的苗头化合物

图16.2概述了用于筛选化合物库的许多技术，这些方法，无论是基于虚拟还是基于实验，都可以与AI技术互为补充。

16.2.2.3 数据库设计

几十年来，在进行任何筛选之前，通常会优先考虑具有理想性质的化合物。最简单的实例是应用成药五规则[27]来设计具有类药性的化合物库。然而，由于不同项目的化学空间可能差异非常大，只关注类药化合物的筛选方法并不适用于每个项目。例如，与已批准的上市药物相比，蛋白-蛋白相互作用（protein-protein interaction，PPI）抑制剂便具有不

同的特性[28, 29]。2019年，一家法国机构决定使用ML技术设计一个专注于PPI抑制剂[30]的数据库。为了优化模型，他们使用了二维和三维描述符，并测试了许多不同的ML方法。最后，他们将在5次外部交叉验证（cross validation，CV）中获得的最佳模型组合起来，将其应用于完整的Ambinter、MolPort和ZINC数据库进行筛选。通过进一步的化合物过滤和聚类，最终得到了一个包含10 314个化合物的数据库。研究人员随后对该数据库进行了筛选CD47/SIRPalpha PPI抑制剂的测试，并与Genesis统计数据库（94 965个多样化的、高度筛选的先导化合物）进行比较，发现新创建的数据库比Genesis统计数据库丰富了46倍。

16.2.3 老药新用

老药新用策略依赖于药物、靶点和疾病之间的关联。在ML领域，应用于老药新用范围的包括传统的基于配体的方法[31]、基于整合来自不同数据源（如基因组学、转录组学、药物-疾病相关性）的策略[32, 33]，以及基于疾病的方法[34]。抛开系统生物学方法不谈，本章主要介绍一些侧重于利用化学信息进行老药新用的DL应用。

16.2.3.1 利用化学信息预测药物-靶点相互作用

虚拟筛选方法也可用于老药新用。作为默克 Kaggle 挑战赛的延伸，安特尔辛尼尔（Unterthiner）等[35]基于ChEMBL数据库（1230个靶点）将MT-DNN与其他7种靶点预测方法[SVM、BKD、逻辑回归、KNN、Pipeline Pilot Bayesian 分类器、Parzen-Rosenblatt和相似性集成方法（similarity ensemble approach，SEA）]进行了比较。MT-DNN的平均AUC为0.830，其次为SVM，该模型的表现明显优于其他方法[35]。另一项基于ChEMBL和激酶库（342个靶点）结合MT-DNN和ECFP4[36]的研究也得出了类似的结论。DEEPScreen使用药物分子的二维图像作为输入，将CNN用于识别药物克拉屈滨（cladribine）[37]的靶点JAK。此外，最近发现的具有抗生素活性的c-Jun氨基端激酶抑制剂（Halicin）突显了DL在药物重定向中的重大影响。在这项任务里，DNN模型在一个包含2335个化合物的数据库中进行训练，以预测大肠杆菌的生长抑制剂，并用于筛选包括药物再利用中心（Drug Repurposing Hub）[38]在内的几个化学数据库。

16.2.3.2 利用化学信息和蛋白序列预测药物-靶点相互作用

胡（Hu）等[39]利用氨基酸理化性质（靶点）和PaDEL描述符（药物）开发了CNN分类器。对于酶、离子通道和G蛋白偶联受体（G protein-coupled receptor，GPCR），其准确率均大于90%，性能优于RF和KNN。

16.2.3.3 药物治疗用途预测

研究人员使用来自基于集成网络细胞特征库（library of integrated network-based cellular signatures，LINCS）的转录组数据对DNN进行训练，以预测医学主题词表（medical subject headings，MeSH）中的治疗用途类别。以标志性基因的基因水平或OncoFinder通路水平分析作为特征时，DNN在3个多分类案例中优于SVM[40]。此外，迈耶（Meyer）等[41]的研究表明将分子图像与CNN结合使用时，其性能优于该DNN模型。

16.2.4 药物敏感性

在过去，已经构建了整合不同细胞系及药物敏感性的基因组学、转录组学和蛋白组学信息的数据库，如癌症药物敏感性基因组学数据库（genomics in drug sensitivity in cancer，GDSC））[42]、COSMIC细胞系工程（COSMIC cell lines project，CCLP））[43]、癌症细胞系百科全书（cancer cell line encyclopedia，CCLE）[44]和NCI-60数据库[45]等。研究人员已经利用这些数据（基因组数据和基因表达）开发了许多基于AI的药物敏感性预测模型[46-48]。NCI-DREAM竞赛旨在对这些多组学模型的药物敏感性预测性能进行基准评估[49]。在门登（Menden）等[50]的先驱工作中，将前馈神经网络（feedforward neural network，FNN）和RF相结合，首次将包含111种药物理化性质和指纹特征的化学信息与608株肿瘤细胞系基因组图谱整合，这些模型预测IC_{50}值的R^2值分别为0.72（8倍交叉验证）和0.64（盲测集）。另一项研究显示，针对细胞系[59]数量较少但化合物数量较多[17, 142]的NCI-60数据，可利用RF和共形预测（conformal prediction）将摩根描述符与细胞系谱数据整合在一起（941 831个靶点，93%覆盖率，R^2=0.83，测试集）[51]。更值得强调的是，这种药物基因组学模型在数据稀缺的情况下，依然能够很好地预测化合物对肿瘤细胞的活性。

在DL模型预测药物活性的领域中，CDRscan[52]结合基因组位置的突变状态和分子指纹（PaDEL）来进行预测。该数据集包含25种来自GDSC的TCGA癌症类型的787个细胞系和244个化合物。CDRscan除了具有较高的准确性（$R^2>0.84$，AUROC＞0.98）外，还可用于识别已上市的抗肿瘤和非肿瘤药物的潜在新适应证[52]。在通过GDSC预测药物敏感性时，也研究了使用SMILES码来描述药物的性能[53]。

虽然目前一些模型的表现良好，但提高这些药物基因组学模型的预测能力、扩大其对肿瘤类型（而不是细胞系）的适用性，以及纳入其他细胞标志物（如DoRothEA[54]中的转录因子），仍是有必要的。

16.2.5 从头设计

DL生成模型作为一种摆脱传统基于知识[55]或反应规则[56]所强加的预定规则的方法，在最近几年受到了广泛关注。张量生成强化学习（GENTRL）模型实现了在21天内识别DDR1抑制剂，并优先考虑合成的可行性、活性及区分已报道的化合物，这体现了DL生成模型[57]的潜力，尽管由于其命中化合物与上市药物普纳替尼（ponatinib）[58]具有一定的相似性而存在一些争议。目前，有多种架构用来进行此类生成任务，但还没有一个标准的架构被确立[59, 60]。最初，在生成模型中使用自动编码器，其通过对分子的连续编码来探索化学空间，根据潜在空间的理想性质进行优化，并可以逆向转化为SMILES[61]。其中，递归神经网络（RNN）这样的自然语言处理器很适合SMILES形式的分子。塞格勒（Segler）等[62]使用带有迁移学习的LSTM RNN生成了基于靶点的化合物，针对两个抗生素靶点，该模型分别重现了药物化学家设计的14%和28%的活性分子。具有迁移学习的RNN模型也被视为首批前瞻性研究，用以设计RXR或PPAR激动剂，所合成的5个化合物中有2个对两个靶点都具有激动作用[63]。在强化学习（RL）中，通过调整优化预训练的网络使其学习如何生成具有用户定义属性的分子。根据SVM预测，REINVENT生成的95%以上的分子对多巴胺受体D_2（dopamine receptor D_2，DRD_2）具有活性[64, 65]。但使用SMILES输入形式的一个挑战是生成分子的化学有效性，在生成模型应用分子图作为输入的场景中，模型MolGAN[66]可生成接近100%有效的化合物。多目标RL随后被用于生成具有最佳药物相似性和分子相似性的分子[67]。使用转录组数据生成模型设计的化合物与活性化合物的相似性高于基于表达特征比较而生成的化合物[68]。

目前该领域的挑战主要包括：缺少评估生成分子重要性和意义的标准[69, 70]；生成分子的合成可及性[71]；缺乏对能够完美表达所有性质的化学表征；除小分子之外的其他分子的生成，以及与自动化实验室的集成等。

16.2.6　反应合成可及性

彭萨克（Pensak）和科里（Corey）[72]于1969年首次提出了计算逆合成工具，作为LHASA软件的一部分，其通过基于规则的策略帮助化学家发现目标分子的合适前体。此后，开发了许多软件和方法，以用于提供逆合成分析，也用于在已知试剂的情况下预测反应产物，或在已知试剂和产物的情况下进行反应优化。

分析逆合成路线的困难之处在于我们不一定确定需要多少步才能得到所需的前体化合物，以及所提出的反应步骤是否成功。另一个关键点是对目标分子可能的前体进行优先排序，以避免假设路线的组合爆炸。为了找到最优的合成路线，许多研究人员建议使用合成可及性（synthetic accessibility，SA）评分[73-75]。2018年，科里等提出了评估合成复杂度分数（synthetic complexity score，SCScore）[76]，这一评分函数是DNN通过输入带有摩根指纹描述符来计算的。SCScore与化学家合成复杂性得分具有明显的相关性，并可准确描述多步合成，以及保护/去保护的步骤。2017年，塞格勒（Segler）等[77]发表了其在该领域的第一篇论文，展示了神经网络模型预测应用于分子最优化反应规则的优势。该方法优于逻辑回归模型和基于规则的专家系统的并行测试。在此基础上，他们的第二篇论文[78]建立了一个与蒙特卡罗树搜索相关的DL网络，在实验化学家进行的盲评中，算法提出的合成路线与文献报道的合成路线之间没有展示出任何选择偏好。

2018年，福希（Fooshee）等介绍了用于反应预测的多层感知器[79]，其在289个反应的验证集中成功预测了83%的单步反应产物。2019年，施瓦勒（Schwaller）等[80]的Molecular Transformer与其他反应预测工具相比表现出了更好的性能，在给定反应物和试剂的情况下，该模型在基准数据集上正确预测了top-1中90%的产物。此外，也开发了通过直接预测反应产物及反应条件来进行更深入研究的算法[81]。

此外，也可以通过模型预测特定类型反应的产率。在三个不同的研究中[82-84]，研究人员使用RF以非常高的皮尔森相关性（Pearson correlation）预测了C-N交叉偶联反应的产率。此外，有两篇文章[85, 86]报道了使用神经网络优化反应条件，在最后一个实验中，该模型测试了100万个反应top10预测中记录的催化剂、溶剂和试剂，其准确率达到了69.6%，在60%～70%的测试用例中，所预测的反应温度在±20℃以内。

许多近期发表的文章未在此处展开讨论，具体可参见相关文献[87-92]。

16.2.7 ADMET预测

16.2.7.1 溶解度

在药物研发和其他相关的制药领域中，识别具有不利性质的化合物具有重要的意义。例如，必须尽早发现溶解度不理想的化合物，因为这是影响吸收、分布、代谢和排泄过程的一个关键特性。第一个关于溶解度的模型是由伊尔曼（Irmann）在1965年提出的[93]，作为一种群体贡献方法，汉施（Hansch）在不久后对其进行了改进[94]。在这些重要工作的基础上，拉恩（Ran）和亚尔科夫斯基（Yalkowski）[95]仅基于两个实验确定的描述符（即熔点和辛醇-水分配系数）就开发了预测化合物在水中溶解度的模型——常规溶解度模型（general solubility model，GSE）。此后，为了改进复杂案例的建模，科学界提出了建立复杂数据库模型的建议。在2008年溶解度挑战比赛[96]中，最佳模型（ANN）的RMSE为0.99，R^2为0.71，这与人为的最佳预测水平相当。而在最近公布的一项新的溶解度挑战赛[97]中，许多AI方法（如传统的ML和DL）都被用到比赛中。

许多案例中将DL方法、传统ML方法和流行的软件方法进行了比较[98-101]。在2017年的一篇文章[98]中，SVM和DNN在验证集上使用AUC作为性能统计，其表现优于其他方法。2018年，在10倍交叉验证和一个外部测试集上，梯度提升决策树和多任务深度学习（multitask deep learning，MTDL）取得了较好的表现（测试集的RMSE分别为0.73和0.68）[99]。2019年，研究人员将GCNN模型与SVM和FNN进行了比较[100]，在5倍交叉验证中，GCNN模型的ROC AUC性能为0.97，而SVM和FNN的ROC AUC性能均为0.93。贝尔（Bayer）团队[102]的研究显示了使用MTNN图卷积相较于单一任务和基于描述符方法的优势。在按聚类划分的交叉验证中，采用MTNN图卷积的R^2在0.56～0.69。2020年，崔（Cui）等[101]比较了DNN模型与已有工具的性能。在验证集上，MOE软件对溶解度的预测达到了更好的准确性（91.9%），然而对于有机分子的水溶性（log *S*），DNN模型优于其他方法（RMSE为0.681）。尽管许多文献都表明跟其他方法相比，DL方法取得了更好的性能，但研究人员仍然对开发更多的传统模型表现出浓厚的兴趣。例如，阿夫迪夫（Avdeef）[103]开发了RF回归模型，并能提取模型用于溶解度预测的重要特征。在3个外部测试集中，RF回归模型优于其他方法（GSE、ABSOLV），其RMSE分别为0.66、0.85和0.75。

近年来，研究人员对预测蛋白溶解度产生了浓厚的兴趣[104, 105]。最近发表了预测11种UDP-糖转移酶溶解度的方法。在所有验证过程中，唯一比随机算法性能更好且优于其他算法的模型是一个基于RF回归的算法SolutProt（https：//loschmidt.chemi.muni.cz/soluprot/）。

16.2.7.2　亲脂性

亲脂性与溶解度密切相关，许多预测溶解度的方程都采用实验计算的log *P*值。在吴（Wu）等[99]发表的文章中，使用梯度提升决策树和MTDL方法预测log *P*的性能，根据测试集的不同，RMSE为0.49～1.03。2019年，蒙塔纳里（Montanari）等[102]证明，使用图卷积神经网络比基于描述符的方法有更好的结果，在按聚类划分的交叉验证中，模型预测不同pH水平下log *D*（pH 7.4）和log *D*（pH 2.3）的R^2值分别达到了0.88和0.94。2020年，李（Li）和福尔什（Fourches）[106]使用了归纳式迁移学习（inductive transfer learning）策略。与其他最先进的方法相比，其模型在对420个分子测试时显示出了与其他方法相当甚至更好的性能。值得一提的是，这些模型还能够预测在训练集中从未出现过骨架的化合物的亲脂性。2018年，富克斯（Fuchs）等[107]建立了LASSO和SVR模型，对多肽的log $D_{7.4}$进行预测。根据验证集的不同，SVR模型的RMSE达到了0.38～0.90。

16.2.7.3　代谢

如何明确药物在肝脏或其他器官组织中的代谢是一项具有挑战性的任务。预测药物在体内发生的转变是非常重要的，因为生成的代谢产物可能会对所有ADMET终点产生影响。代谢预测的三个主要方向：第一个是预测化合物的代谢反应性。为了做到这一点，一些研究试图预测药物对人体及其他物种的一般代谢倾向。2019年，扬·文策尔（Jan Wenzel）等[108]构建了DNN模型来预测化合物的代谢倾向。他们首先为人体、小鼠和大鼠构建了3个单任务的DNN模型，经外部验证，其R^2值分别为0.647、0.689和0.681。然后，为这三个属性生成了一个多任务DNN，在人体、小鼠和大鼠的外部测试集上，其R^2值分别为0.702、0.784和0.769。从单任务到多任务，模型预测的性能得到了显著提高。在其他研究中，研究人员提出了能预测化合物是否会被特定同工酶代谢的模型[109, 110]。例如，CypReact是一种软件工具，可以预测一个分子是否会与9种主要CYP450同工酶中的至少1种发生反应。根据同工酶的不同，ML模型的ROC曲线下面积（AUC）在0.83～0.92，但也优于SMARTCyp-Reac[111]和ADMET Predictor（https：//www.simulations-plus.com/software/ admetpredictor/metabolism/）软件的性能。

第二是代谢位点（sites of metabolism，SOM）的预测。相关研究的目标是预测哪个（些）原子将进行代谢转化。一般而言，预测的是每个位点发生生物转化的概率值[112-115]。利用MetScore[116]，研究人员提出使用三种不同RF模型的组合来预测Ⅰ相代谢和Ⅱ相代谢的SOM。研究人员通过检索BIOVIA代谢物数据库中的代谢反应，计算相关原子及其电子和空间环境的描述符。然后，通过对模型的组合校正，对个体模型的贡献给出一个评分（MetScore）。通过这一分数，该模型组合在校准集上的MCC达到了0.53，而在近期文献衍生的外部集上的MCC为0.41。另一种FAME3[117]方法也是基于ML，利用圆形原子描述符结合原子类型指纹构造出极限随机树。全局模型显示，用于预测Ⅰ相代谢和Ⅱ相代谢SOM外部测试集的MCC为0.5，用于预测表征良好的Ⅱ相代谢亚类SOM的MCC高达0.75。

第三是对代谢产物结构的预测。为此，许多工具使用或扩展算法来预测SOM[112, 118]。

例如，BioTransformer[119]是CypReact的扩展，其不仅可以预测哺乳动物体内小分子的代谢，还可预测环境微生物的代谢。整个工作流程由CypReact、预测代谢产物是否能进行Ⅱ相代谢的ML模型、有效生成代谢产物的生物转化数据库和反应知识数据库组成。在一个由40种药品和农药组成的外部测试集上，BioTransformer显示出比Meteor[120]更好的预测结果。BioTransformer和Meteor的召回率分别为0.88和0.71，准确率分别为0.49和0.35。在另一个包含60个化合物的测试集中，将BioTransformer与ADMET Predictor在预测人体CYP450催化的单步代谢方面进行了比较。两个预测器的精度相当，分别为0.46和0.47，但BioTransformer的召回率（0.9）比ADMET Predictor高得多。GLORY[121]是另一个基于规则的预测生成CYP450代谢产物的工具，通过计算每个代谢产物的分数来过滤和排序可能的代谢产物。该分数是由FAME2[122]预测的所有参与生物转化的原子之间的最大SOM概率，以及一个依赖于应用生物转化对母体分子共性的数字组合而组成。在包含29个分子的外部测试中，GLORY的召回率达到了0.83，并且在三个最佳预测中至少能够正确预测一种已知的代谢产物。

16.2.7.4 毒性

药物毒性是一个复杂的问题，可能是许多不同机制共同作用的结果。为了避免风险，同时也尽可能减少不必要的动物实验，已开发了许多不同的模型来处理不同类型的毒性[123]。目前，已报道了许多关于预测hERG（human ether-a-go-go related gene）相关心脏毒性的模型[100, 124-126]。最近，科罗廖夫（Korolev）等[100]建立了GCNN来预测化合物的多种活性和性质。利用ECFP6指纹图谱，将GCNN预测hERG化合物的性能与传统ML算法进行了比较。结果显示，GCNN、SVM和NN模型达到了相当的性能，精度达到0.8。值得注意的是，该数据集包含806种化合物且分布均衡。同年，小仓（Ogura）等[125]构建了包含9889个hERG抑制剂和281 313个在hERG上无活性化合物的数据集。然后，使用从ECFP4、Pipeline Pilot和MOE二维/三维描述符中选取的描述符构建NN、DNN、RF、SVM和线性辨别模型。SVM模型在外部测试集上表现出了最好的性能（K=0.749），并且超过了本研究中构建的DNN模型，也超过了其他知名的商业软件。由于许多不同的机制都可能导致肝损伤，预测肝毒性也是相当具有挑战性的任务。多年来，试图使用ML和分子描述符预测药物性肝损伤（drug-induced liver injury，DILI）的研究始终难以建立准确的模型[127, 128]。部分研究人员试图单独预测一些已知会导致肝损伤的终点指标，并在模型中加入生物学数据以提高性能[129, 130]。此后，随着数据的增加和新的AI方法的出现，该领域有所突破。例如，王（Wang）等[131]从转录组反应中预测了3个已知可诱导肝损伤的终点指标。其使用单任务和多任务DNN方法对基因和途径水平的特征选择方案进行了分析，以从全基因组DNA微阵列数据预测化学性肝损伤（胆道增生、纤维化和坏死）。DNN模型在3个终点指标的表现优于SVM模型，甚至在预测纤维化的外部验证中MCC达到了0.9。2020年，阮武（Nguyen-Vo）等[132]利用分子描述符构建了CNN模型，成功预测肝毒性化合物。为此，研究者使用了一个包含1074个DILI和845个非DILI化合物的数据集，在外部验证集上表现最佳的模型的MCC为0.83。急性口服毒性[133-137]通常是药物发现项目中最先测试的体内终点指标之一，该终点的衡量指标是半数致死量（median lethal dose，LD_{50}），即在规定时间内，通过指定感染途径，使一定体重或年龄的某种动物半数死亡所需的最小细菌数或毒素量。为了减少不必要的动物实验，需要准确地预测这些特性。2017年，徐（Xu）等[138]构建了预测急性口服毒性的回归和分类模型。为此，他们在8080个分子的训练集和2045个化合物的验证集上建立了基于ECFP的CNN模型。在外部测试集上回归模型的Q^2值为0.864，分类模型在两个不同的外部测试集上的准确率分别为95.5%和96.3%。2019年，索斯宁（Sosnin）等[139]对不同物种和不同给药方式的急性口服毒性的预测进行了比较研究。在这篇文章中，研究者利用了许多不同类型的描述符，构建了传统的ML方法、STNN和MTNN。其中，MTNN给出了最好的结果，所有预测终点的平均RMSE值为0.71。

相关研究还探索了其他不同的毒性终点指标，如致突变性[140, 141]、皮肤/眼睛刺激和腐蚀[142]、内分泌干扰物[143]、反应性代谢产物[144]，以及其他方面[145]。

16.2.7.5　其他终点指标

在本节中，我们对每个终点指标至少给出一篇近期的参考文献，以快速概述使用AI研究的其他ADMET终点指标。蒙塔纳里（Montanari）等[102]利用性能合理的MTNN GC（R^2=0.51～0.65）预测膜亲和力、人血清白蛋白结合和熔点。多任务学习是通过预测上述3个终点指标，以及其他7个与溶解度或log D有关的终点指标来进行的。渡边（Watanabe）等[146]使用传统的ML方法预测人体肾脏排泄。为此，他们建立了第一个模型来区分药物排泄类型（重吸收、中间体、分泌）。研究人员随后为每种排泄类型建立了新的模型，以预测肾脏清除率。他们发现，增加血浆中游离药物的浓度大大改善了模型的性能。2018年，孙（Sun）等[147]使用数据管理、描述符选择、ML算法、共识建模技术、多种验证策略和适用性域分析来开发用于化合物血浆蛋白结合的QSAR模型。所使用的6种ML方法取得了合理的性能，并能够非常准确地预测强结合化合物。相关研究人员认为，其模型的准确性与通量实验测定相似。另一篇文章提出利用分子动力学模拟得出的分子指纹来预测P-gp（P糖蛋白）底物。研究表明，使用不同的ML方法和不同类型的描述符在内部数据集上得到了相似的结果。然而，将分子动力学模拟得到的指纹作为描述符时，对未见化合物的预测更为准确[148]。许多其他与ADME相关的终点指标已被预测，如Caco-2渗透性[108, 149]、人体肠道吸收、有机阳离子转运蛋白2抑制剂、P-gp抑制剂[150]，以及许多其他相关的指标等[151-153]。

16.2.8　量子力学

量子力学（QM）方法提供了能量、电子极化效应、电荷转移和成键的精确估计，但计算成本很高。近年来，利用神经网络拟合量子力学方面的研究取得了许多进展。可用于QM模拟的化合物数据库也被用于神经网络的训练，然后对不包括在训练集中的新分子进行预测。一旦训练完毕，神经网络的预测速度会比量子力学的计算快几个数量级。

16.2.8.1 总能量

2017年，舒特（Schütt）等[154]开发了一种深度张量神经网络（deep tensor neural network，DTNN）架构，其中输入的分子结构由核电荷矢量和原子距离矩阵编码，输出是分子的总能量。研究人员使用了GDB-13数据库的两个子集[155, 156]：GDB-7数据集内含有超过7000个包含7个重原子（C、N、O、F）的分子，而GDB-9数据集[157]包括超过13.3万个多达9个重原子的分子。模型学习的目的是预测通过密度泛函理论（DFT）计算的分子总能量。当对80%的GDB-7和20%的GDB-9进行训练时，DTNN在两个数据集上的准确度为1.0 kcal/mol。2017年，史密斯（Smith）等[158]介绍了ANI-1，旨在开发可转移神经网络潜能。该电势在GDB-11数据库[159]上进行了训练，最多包含8个重原子，为其计算了DFT的能量。当他们学习测试具有10个重原子的分子的转移性时，他们获得了0.6 kcal/mol。

16.2.8.2 构象探索

格鲍尔（Gebauer）等[160]使用一种改编自SchNet[161]自回归卷积深度神经网络架构来寻找分子的平衡构象。该模型生成三维分子结构的均方根偏差为0.37 Å，在几何上非常接近平衡构型。

16.2.8.3 部分电荷

布雷齐夫（Bleiziffer）等[162]使用ML方法预测有机分子的部分电荷，用于经典分子动力学模拟，并作为QSAR/QSPR模型的描述符。训练集包含ZINC[163]和ChEMBL[164]数据库中的13万个先导分子。模型对这些先导分子进行DFT计算。训练集中考虑的原子包括C、H、N、O、S、P、F、Cl、Br和I。关于测试，研究人员使用了另外两个测试集。测试集一包含146个比先导化合物体积小的化合物；测试集二包含1081个FDA批准的药物，一些化合物比训练集中的分子体积大。针对部分电荷的预测，测试集一和测试集二的预测值和参考值的准确性分别为0.030 e和0.016 e。

16.3 总结与展望

随着DL方法的兴起，人们对AI重新产生了兴趣。用于DL方法的模型架构是多样的，其使用在很大程度上取决于目标任务。如表16.1所示，如今计算化学家几乎可将这些算法用于处理所有任务。通过这些算法计算的评分函数可用来对化合物进行优先排序，且比经典对接评分函数精度更高。虽然这种方法的主要缺点是需要明确可用的蛋白结构，但随着能够准确预测未知蛋白三维结构的方法——Alphafold2的出现，这一问题也趋于解决[165]。一些曾经看起来不可能通过计算工具解决的问题，现在也可以以合理的精度进行预测。例如，与传统的ML相比，使用DL方法过滤具有肝毒性化合物的模型获得了令人难以置信的准确性。另一种提高QSPR模型性能的方法是使用MTNN，其有助于更准确地预测相关性质，如同时预测在不同条件下化合物的溶解度等。尽管使用新的AI方法可能获得较高的准确性，但当用于建立局部模型或没有足够的数据来应用DL时，仍然广泛使用像ML这样的传统方法。缺乏高质量的数据是DL面临的一个严峻挑战，而数据增强策略可用于解决这一问题。不确定性量化是分子性质预测的另一个热点。许多研究表明，在不同的环境下，ML比DL具有更好的性能。另一个在早期涉猎较少的领域是逆QSA（P）R的从头设计。目前，预测一种新化合物的结构，不仅可以提高对特定靶点的活性，而且可以考虑其他性质。随着化学反应预测领域的最新进展，此类化合物的设计也将成为可能，进而研究人员可以更有把握地预测化学反应的结果，以及如何合成所需的化合物并提高产率。所有这些难题都在引导我们向自动设计-合成-测试-分析循环迈进一步。除本章内容外，AI技术在药物研发领域还具有更广阔的应用前景，足以见其对药物发现的意义。

表16.1 药物发现的模型/工具的例子

模型/工具	描述
RF-Score、SFC-Score、B2BScore、ID-Score、SVR-Score、NNScore、CScore[4]	用于基于结构的结合亲和力预测和虚拟筛选的ML评分函数
DeepVS[9]	蛋白-配体结合亲和力预测
Deep Docking[15]	DL对接评分预测平台
Deep Malaria[19]	用于抗疟化合物预测的GCNN
Hit Dexter2.0[23]	用于预测频繁命中的ML模型
InterPred[26]	一种预测化学自发荧光和发光干涉的网络模型
DEEPScreen[37]	药物靶点相互作用预测
CDRscan[52]	根据癌症基因组特征预测药物有效性的DL模型
REINVENT2.0[65]	用于新药设计的AI工具
SCScores[76]	用于定量合成复杂性的前馈神经网络
Reaction Preditor[79]	用于化学反应预测的多层感知器
BioTransformer[119]	小分子代谢预测和代谢产物鉴定的计算工具
GLORY[121]	根据预测的代谢位点生成可能的CYP450代谢产物的结构
AMED Cardiotoxicity Database[125]	预测hERG抑制活性的SVM模型
Predictor EU-REACH endpoints[136]	预测大鼠口服急性毒性的ML模型

致　谢

感谢劳丽安·大卫（Laurianne David）和马丁·科特夫（Martin Kotev）对本章编写所做出的贡献。

（段宏亮　曹璐靖　译　白仁仁　校）

参考文献

1. Vamathevan J, Clark D, Czodrowski P et al (2019) Applications of machine learning in drug discovery and development. Nat Rev Drug Discov 18:463–477
2. Lecun Y, Bengio Y, Hinton G (2015) Deep learning. Nature 521:436–444
3. Liu Z, Su M, Han L et al (2017) Forging the basis for developing protein-ligand interaction scoring functions. Acc Chem Res 50:302–309
4. Ain QU, Aleksandrova A, Roessler FD et al (2015) Machine-learning scoring functions to improve structure-based binding affinity prediction and virtual screening. Wiley Interdiscip Rev Comput Mol Sci 5:405–424
5. Shen C, Ding J, Wang Z et al (2020) From machine learning to deep learning: advances in scoring functions for protein-ligand docking. WIREs Comput Mol Sci 10:e1429
6. Ashtawy HM, Mahapatra NR (2015) A comparative assessment of predictive accuracies of conventional and machine learning scoring functions for protein-ligand binding affinity prediction. IEEE/ACM Trans Comput Biol Bioinforma 12:335–347
7. Wang C, Zhang Y (2017) Improving scoring-docking-screening powers of protein-ligand scoring functions using random forest. J Comput Chem 38:169–177
8. Ragoza M, Hochuli J, Idrobo E et al (2017) Protein-ligand scoring with convolutional neural networks. J Chem Inf Model 57:942–957
9. Pereira JC, Caffarena ER, Dos Santos CN (2016) Boosting docking-based virtual screening with deep learning. J Chem Inf Model 56:2495–2506
10. Gomes J, Ramsundar B, Feinberg EN, et al (2017) Atomic convolutional networks for predicting protein-ligand binding. arXiv e-prints 1703.10603
11. Chen L, Cruz A, Ramsey S et al (2019) Hidden bias in the DUD-E dataset leads to misleading performance of deep learning in structure-based virtual screening. PLoS One 14:e0220113
12. Yang J, Shen C, Huang N (2020) Predicting or pretending: artificial intelligence for protein-ligand interactions lack of sufficiently large and unbiased datasets. Front Pharmacol 11:69
13. Sieg J, Flachsenberg F, Rarey M (2019) In need of bias control: evaluating chemical data for machine learning in structure-based virtual screening. J Chem Inf Model 59:947–961
14. Scantlebury J, Brown N, Von Delft F et al (2020) Data set augmentation allows deep learning-based virtual screening to better generalize to unseen target classes and highlight important binding interactions. J Chem Inf Model 60:3722–3730
15. Gentile F, Agrawal V, Hsing M et al (2020) Deep docking: a deep learning platform for augmentation of structure based drug discovery. ACS Cent Sci 6:939–949
16. Ton AT, Gentile F, Hsing M et al (2020) Rapid identification of potential inhibitors of SARS-CoV-2 Main protease by deep docking of 1.3 billion compounds. Mol Inform 39: e2000028
17. Dahl GE, Jaitly N, and Salakhutdinov R (2014) Multi-task Neural Networks for QSAR Predictions. arXiv 1406.1231
18. Rodríguez-Pérez R, Bajorath J (2019) Multi-task machine learning for classifying highly and weakly potent kinase inhibitors. ACS Omega 4:4367–4375
19. Keshavarzi Arshadi A, Salem M, Collins J et al (2020) DeepMalaria: artificial intelligence driven discovery of potent Antiplasmodials. Front Pharmacol 10:1526
20. Miljković F, Rodríguez-Pérez R, Bajorath J (2020) Machine learning models for accurate prediction of kinase inhibitors with different binding modes. J Med Chem 63:8738–8748
21. Aldrich C, Bertozzi C, Georg GI et al (2017) The ecstasy and agony of assay interference compounds. J Chem Inf Model 57:387–390
22. Yang Z-Y, He J-H, Lu A-P et al (2020) Frequent hitters: nuisance artifacts in high-throughput screening. Drug

Discov Today 25:657–667

23. Stork C, Chen Y, Šícho M et al (2019) Hit Dexter 2.0: machine-learning models for the prediction of frequent hitters. J Chem Inf Model 59:1030–1043
24. Blaschke T, Miljković F, Bajorath J (2019) Prediction of different classes of promiscuous and nonpromiscuous compounds using machine learning and nearest neighbor analysis. ACS Omega 4:6883–6890
25. Borrel A, Huang R, Sakamuru S et al (2020) High-throughput screening to predict chemical-assay interference. Sci Rep 10:3986
26. Borrel A, Mansouri K, Nolte S et al (2020) InterPred: a webtool to predict chemical autofluorescence and luminescence interference. Nucleic Acids Res 48:W586–W590
27. Lipinski CA, Lombardo F, Dominy BW et al (2001) Experimental and computational approaches to estimate solubility and permeability in drug discovery and development settings1PII of original article: S0169-409X (96)00423-1. The article was originally pub-lished in advanced drug delivery reviews 23 (1997) 3. Adv Drug Deliv Rev 46:3–26
28. Zhang X, Betzi S, Morelli X et al (2014) Focused chemical libraries--design and enrichment: an example of protein-protein interaction chemical space. Future Med Chem 6:1291–1307
29. Villoutreix BO, Labbe CM, Lagorce D et al (2012) A leap into the chemical space of protein-protein interaction inhibitors. Curr Pharm Des 18:4648–4667
30. Bosc N, Muller C, Hoffer L et al (2020) Fr-PPIChem: an academic compound library dedicated to protein-protein interactions. ACS Chem Biol 15:1566–1574
31. Nidhi GM, Davies JW et al (2006) Prediction of biological targets for compounds using multiple-category bayesian models trained on chemogenomics databases. J Chem Inf Model 46:1124–1133
32. Zhang P, Wang F, Hu J (2014) Towards drug repositioning: a unified computational framework for integrating multiple aspects of drug similarity and disease similarity. AMIA Annu Symp Proc 2014:1258–1267
33. Napolitano F, Zhao Y, Moreira VM et al (2013) Drug repositioning: a machine-learning approach through data integration. J Cheminform 5:30
34. Jarada TN, Rokne JG, Alhajj R (2020) A review of computational drug repositioning: strategies, approaches, opportunities, challenges, and directions. J Cheminform 12:46
35. Unterthiner T, Mayr A, Klambauer G et al (2014) Deep learning as an opportunity in virtual screening. In: Conference: Workshop on Deep Learning and Representation Learning (NIPS2014)
36. Allen BK, Ayad NG, and Schürer SC (2019) Kinome-wide activity classification of small molecules by deep learning. bioRxiv
37. Rifaioglu AS, Nalbat E, Atalay V et al (2020) DEEPScreen: high performance drug-target interaction prediction with convolutional neural networks using 2D structural compound representations. Chem Sci 11:2531–2557
38. Stokes JM, Yang K, Swanson K et al (2020) A deep learning approach to antibiotic discovery. Cell 180:688–702.e13
39. Hu S, Zhang C, Chen P et al (2019) Predicting drug-target interactions from drug structure and protein sequence using novel convolutional neural networks. BMC Bioinformatics 20:689
40. Aliper A, Plis S, Artemov A et al (2016) Deep learning applications for predicting pharmacological properties of drugs and drug repurposing using transcriptomic data. Mol Pharm 13:2524–2530
41. Meyer JG, Liu S, Miller IJ et al (2019) Learning drug functions from chemical structures with convolutional neural networks and random forests. J Chem Inf Model 59:4438–4449
42. Yang W, Soares J, Greninger P et al (2013) Genomics of drug sensitivity in cancer (GDSC): a resource for therapeutic biomarker discovery in cancer cells. Nucleic Acids Res 41:D955–D961
43. Tate JG, Bamford S, Jubb HC et al (2019) COSMIC: the catalogue of somatic mutations in cancer. Nucleic Acids Res 47:D941–D947

44. Barretina J, Caponigro G, Stransky N et al (2012) The cancer cell line encyclopedia enables predictive modelling of anticancer drug sensitivity. Nature 483:603–607
45. Shoemaker RH (2006) The NCI60 human tumour cell line anticancer drug screen. Nat Rev Cancer 6:813–823
46. Garnett MJ, Edelman EJ, Heidorn SJ et al (2012) Systematic identification of genomic markers of drug sensitivity in cancer cells. Nature 483:570–575
47. Iorio F, Knijnenburg TA, Vis DJ et al (2016) A landscape of Pharmacogenomic interactions in cancer. Cell 166:740–754
48. Rahman R, Matlock K, Ghosh S et al (2017) Heterogeneity aware random forest for drug sensitivity prediction. Sci Rep 7:11347
49. Costello JC, Heiser LM, Georgii E et al (2014) A community effort to assess and improve drug sensitivity prediction algo-rithms. Nat Biotechnol 32:1202–1212
50. Menden MP, Iorio F, Garnett M et al (2013) Machine learning prediction of cancer cell sensitivity to drugs based on genomic and chemical properties. PLoS One 8:e61318
51. Cortés-Ciriano I, Van Westen GJP, Bouvier G et al (2016) Improved large-scale prediction of growth inhibition patterns using the NCI60 cancer cell line panel. Bioinformatics 32:85–95
52. Chang Y, Park H, Yang HJ et al (2018) Cancer drug response profile scan (CDRscan): a deep learning model that predicts drug effectiveness from cancer genomic signature. Sci Rep 8:8857
53. Liu P, Li H, Li S et al (2019) Improving prediction of phenotypic drug response on cancer cell lines using deep convolutional network. BMC Bioinformatics 20:408
54. Garcia-Alonso L, Iorio F, Matchan A et al (2018) Transcription factor activities enhance markers of drug sensitivity in cancer. Cancer Res 78:769–780
55. Besnard J, Ruda GF, Setola V et al (2012) Automated design of ligands to polypharmacological profiles. Nature 492:215–220
56. Hartenfeller M, Zettl H, Walter M et al (2012) Dogs: reaction-driven de novo design of bioactive compounds. PLoS Comput Biol 8:e1002380
57. Zhavoronkov A, Ivanenkov YA, Aliper A et al (2019) Deep learning enables rapid identification of potent DDR1 kinase inhibitors. Nat Biotechnol 37:1038–1040
58. Walters WP, Murcko M (2020) Assessing the impact of generative AI on medicinal chemistry. Nat Biotechnol 38:143–145
59. Elton DC, Boukouvalas Z, Fuge MD et al (2019) Deep learning for molecular design-a review of the state of the art. Mol Syst Des Eng 4:828–849
60. Bian Y and Xie X-Q (2020) Generative chemistry: drug discovery with deep learning generative models arXiv 2008.09000
61. Gómez-Bombarelli R, Wei JN, Duvenaud D et al (2018) Automatic chemical design using a data-driven continuous representation of molecules. ACS Cent Sci 4:268–276
62. Segler MHS, Kogej T, Tyrchan C et al (2018) Generating focused molecule libraries for drug discovery with recurrent neural net-works. ACS Cent Sci 4:120–131
63. Merk D, Friedrich L, Grisoni F et al (2018) De novo design of bioactive small molecules by artificial intelligence. Mol Inform 37:1700153–1700154
64. Olivecrona M, Blaschke T, Engkvist O et al (2017) Molecular de-novo design through deep reinforcement learning. J Cheminform 9:48
65. Blaschke T, Arús-Pous J, Chen H et al (2020) REINVENT 2.0: an AI tool for De novo drug design. J Chem Inf Model 60:5918–5922
66. Cao N de and Kipf T (2018) MolGAN: An implicit generative model for small molecular graphs. arXiv 1805.11973
67. Zhou Z, Kearnes S, Li L et al (2019) Optimization of molecules via deep reinforcement learning. Sci Rep

9:10752
68. Méndez-Lucio O, Baillif B, Clevert DA et al (2020) De novo generation of hit-like molecules from gene expression signatures using artificial intelligence. Nat Commun 11:10
69. Benhenda M (2017) ChemGAN challenge for drug discovery: can AI reproduce natural chemical diversity? arXiv 1708.08227
70. Brown N, Fiscato M, Segler MHS et al (2019) GuacaMol: benchmarking models for de novo molecular design. J Chem Inf Model 59:1096–1108
71. Gottipati SK, Sattarov B, Niu S, et al (2020) Learning To Navigate The Synthetically Accessible Chemical Space Using Reinforcement Learning. arXiv 2004.12485
72. Corey EJ, Wipke WT (1969) Computer-assisted design of complex organic syntheses. Science 166:178–192
73. Ertl P, Schuffenhauer A (2009) Estimation of synthetic accessibility score of drug-like molecules based on molecular complexity and frag-ment contributions. J Cheminform 1:8
74. Fukunishi Y, Kurosawa T, Mikami Y et al (2014) Prediction of synthetic accessibility based on commercially available compound databases. J Chem Inf Model 54:3259–3267
75. Sheridan RP, Zorn N, Sherer EC et al (2014) Modeling a crowdsourced definition of molecular complexity. J Chem Inf Model 54:1604–1616
76. Coley CW, Rogers L, Green WH et al (2018) SCScore: synthetic complexity learned from a reaction corpus. J Chem Inf Model 58:252–261
77. Segler MHS, Waller MP (2017) Neural-symbolic machine learning for retrosynthesis and reaction prediction. Chemistry 23:5966–5971
78. Segler MHS, Preuss M, Waller MP (2018) Planning chemical syntheses with deep neural networks and symbolic AI. Nature 555:604–610
79. Fooshee D, Mood A, Gutman E et al (2018) Deep learning for chemical reaction prediction. Mol Syst Des Eng 3:442–452
80. Schwaller P, Laino T, Gaudin T et al (2019) Molecular transformer: a model for uncertainty-calibrated chemical reaction prediction. ACS Cent Sci 5:1572–1583
81. Segler MHS, Waller MP (2017) Modelling chemical reasoning to predict and invent reactions. Chemistry 23:6118–6128
82. Ahneman DT, Estrada JG, Lin S et al (2018) Predicting reaction performance in C–N cross-coupling using machine learning. Science 360:186 LP–190 LP
83. Sandfort F, Strieth-Kalthoff F, Kühnemund M et al (2020) A structure-based platform for predicting chemical reactivity. Chem 6:1379–1390
84. Reker D, Bernardes G, and Rodrigues T (2018) Evolving and Nano data enabled machine intelligence for chemical reaction optimization. ChemRxiv
85. Gao H, Struble TJ, Coley CW et al (2018) Using machine learning to predict suitable conditions for organic reactions. ACS Cent Sci 4:1465–1476
86. Zhou Z, Li X, Zare RN (2017) Optimizing chemical reactions with deep reinforcement learning. ACS Cent Sci 3:1337–1344
87. Gao W, Coley CW (2020) The synthesizability of molecules proposed by generative models. J Chem Inf Model 60:5714–5723
88. Korovina K, Xu S, Kandasamy K, et al (2019) ChemBO: Bayesian Optimization of Small Organic Molecules with Synthesizable Recommendations arXiv 1908.01425
89. Zubatyuk R, Smith J, Nebgen B, et al (2020) Teaching a neural network to attach and detach electrons from molecules. ChemRxiv
90. Genheden S, Thakkar A, Chadimova V, et al (2020) AiZynthFinder: A Fast Robust and Flexible Open-Source Software for Retrosynthetic Planning. ChemRxiv

91. Thakkar A, Selmi N, Reymond J-L et al (2020) "Ring breaker" : neural network driven synthesis prediction of the ring system chemical space. J Med Chem 63:8791–8808
92. Gale EM, Durand DJ (2020) Improving reaction prediction. Nat Chem 12:509–510
93. Irmann F (1965) Eine einfache Korrelation zwischen Wasserlöslichkeit und Struktur von Kohlenwasserstoffen und Halogenkohlenwas-serstoffen. Chemie Ing Tech 37:789–798
94. Hansch C, Quinlan JE, Lawrence GL (1968) Linear free energy relationship between partition coefficients and the aqueous solubility of organic liquids. J Org Chem 33:347–350
95. Ran Y, Yalkowski SH (2001) Prediction of drug solubility by the general solubility equation (GSE). J Chem Inf Comput Sci 41:354–357
96. Llina`s A, Glen RC, Goodman JM (2008) Solubility challenge: can you predict Solubilities of 32 molecules using a database of 100 reliable measurements? J Chem Inf Model 48:1289–1303
97. Llinas A, Avdeef A (2019) Solubility challengerevisited after ten years, with multilab shake-flask data, using tight (SD～0.17 log) and loose (SD～0.62 log) test sets. J Chem InfModel 59:3036–3040
98. Korotcov A, Tkachenko V, Russo DP et al (2017) Comparison of deep learning with multiple machine learning methods and metrics using diverse drug discovery data sets. Mol Pharm 14:4462–4475
99. Wu K, Zhao Z, Wang R et al (2018) TopP–S: persistent homology-based multitask deep neural networks for simultaneous predictions of partition coefficient and aqueous solubility. J Comput Chem 39:1444–1454
100. Korolev V, Mitrofanov A, Korotcov A et al (2020) Graph convolutional neural networks as "general-purpose" property predictors: the universality and limits of applicability. J Chem Inf Model 60:22–28
101. Cui Q, Lu S, Ni B et al (2020) Improved prediction of aqueous solubility of novel compounds by going deeper with deep learning. Front Oncol 10:121
102. Montanari F, Kuhnke L, Ter Laak A et al (2020) Modeling Physico-chemical ADMET endpoints with multitask graph convolutional networks. Molecules 25:44
103. Avdeef A (2020) Prediction of aqueous intrinsic solubility of druglike molecules using random Forest regression trained with wiki-pS0 database. ADMET DMPK 8:29
104. Khurana S, Rawi R, Kunji K et al (2018) DeepSol: a deep learning framework for sequence-based protein solubility prediction. Bioinformatics 34:2605–2613
105. Rawi R, Mall R, Kunji K et al (2018) PaRS-nIP: sequence-based protein solubility prediction using gradient boosting machine. Bioinformatics 34:1092–1098
106. Li X, Fourches D (2020) Inductive transfer learning for molecular activity prediction: next-gen QSAR models with MolPMoFiT. J Cheminform 12:27
107. Fuchs J-A, Grisoni F, Kossenjans M et al (2018) Lipophilicity prediction of peptides and peptide derivatives by consensus machine learning. Med Chem Commun 9:1538–1546
108. Wenzel J, Matter H, Schmidt F (2019) Predictive multitask deep neural network models for ADME-Tox properties: learning from large data sets. J Chem Inf Model 59:1253–1268
109. Hunt PA, Segall MD, Tyzack JD (2018) WhichP450: a multiclass categorical model to predict the major metabolising CYP450 isoform for a compound. J Comput Aided Mol Des 32:537–546
110. Xiong Y, Qiao Y, Kihara D et al (2019) Survey of machine learning techniques for prediction of the isoform specificity of cytochrome P450 substrates. Curr Drug Metab 20:229–235
111. Rydberg P, Gloriam DE, Olsen L (2010) The SMARTCyp cytochrome P450 metabolism prediction server. Bioinformatics 26:2988–2989
112. Rudik A, Bezhentsev V, Dmitriev A et al (2018) Metatox-web application for generation of metabolic pathways and toxicity estimation. J Bioinforma Comput Biol 17:1940001
113. Madzhidov TI, Khakimova AA, Nugmanov RI et al (2018) Prediction of aromatic hydroxylation sites for human CYP1A2 substrates using condensed graph of reactions. Bionanoscience 8:384–389
114. Matlock MK, Hughes TB, Swamidass SJ (2015) XenoSite server: a web-available site of metabolism

prediction tool. Bioinformatics 31:1136–1137
115. Rudik AV, Dmitriev AV, Lagunin AA et al (2014) Metabolism site prediction based on xenobiotic structural formulas and PASS prediction algorithm. J Chem Inf Model 54:498–507
116. Finkelmann AR, Goldmann D, Schneider G et al (2018) MetScore: site of metabolism prediction beyond cytochrome P450 enzymes. ChemMedChem 13:2281–2289
117. Šícho M, Stork C, Mazzolari A et al (2019) FAME 3: predicting the sites of metabolism in synthetic compounds and natural products for phase 1 and phase 2 metabolic enzymes. J Chem Inf Model 59:3400–3412
118. Flynn NR, Le Dang N, Ward MD et al (2020) XenoNet: inference and likelihood of inter-mediate metabolite formation. J Chem Inf Model 60:3431–3449
119. Djoumbou-Feunang Y, Fiamoncini J, Gil-dela-Fuente A et al (2019) BioTransformer: a comprehensive computational tool for small molecule metabolism prediction and metabolite identification. J Cheminform 11:2
120. Marchant CA, Briggs KA, Long A (2008) In silico tools for sharing data and knowledge on toxicity and metabolism: derek for windows, meteor, and vitic. Toxicol Mech Methods 18:177–187
121. de Bruyn Kops C, Stork C, Šícho M et al (2019) GLORY: generator of the structures of likely cytochrome P450 metabolites based on predicted sites of metabolism. Front Chem 7:402
122. Šícho M, de Bruyn Kops C, Stork C et al (2017) FAME 2: simple and effective machine learning model of cytochrome P450 Regioselectivity. J Chem Inf Model 57:1832–1846
123. Hartung T (2019) Predicting toxicity of chemicals: software beats animal testing. EFSA J 17:e170710
124. Lee H-M, Yu M-S, Kazmi SR et al (2019) Computational determination of hERG-related cardiotoxicity of drug candidates. BMC Bioinformatics 20:250
125. Ogura K, Sato T, Yuki H et al (2019) Support vector machine model for hERG inhibitory activities based on the integrated hERG data-base using descriptor selection by NSGA-Ⅱ. Sci Rep 9:12220
126. Zhang Y, Zhao J, Wang Y et al (2019) Prediction of hERG K^+ channel blockage using deep neural networks. Chem Biol Drug Des 94:1973–1985
127. Fourches D, Barnes JC, Day NC et al (2010) Cheminformatics analysis of assertions mined from literature that describe drug-induced liver injury in different species. Chem Res Toxicol 23:171–183
128. Kim E, Nam H (2017) Prediction models for drug-induced hepatotoxicity by using weighted molecular fingerprints. BMC Bioinformatics 18:227
129. Low Y, Uehara T, Minowa Y et al (2011) Predicting drug-induced hepatotoxicity using QSAR and toxicogenomics approaches. Chem Res Toxicol 24:1251–1262
130. Muller C, Pekthong D, Alexandre E et al (2015) Prediction of drug induced liver injury using molecular and biological descriptors. Comb Chem High Throughput Screen 18:315–322
131. Wang H, Liu R, Schyman P et al (2019) Deep neural network models for predicting chemically induced liver toxicity endpoints from transcriptomic responses. Front Pharmacol 10:42
132. Nguyen-Vo T-H, Nguyen L, Do N et al (2020) Predicting drug-induced liver injury using convolutional neural network and molecular fingerprint-embedded features. ACS Omega 5:25432–25439
133. Lei T, Li Y, Song Y et al (2016) ADMET evaluation in drug discovery: 15. Accurate prediction of rat oral acute toxicity using relevance vector machine and consensus modeling. J Cheminform 8:6
134. Fan T, Sun G, Zhao L et al (2018) QSAR and classification study on prediction of acute Oral toxicity of N-Nitroso compounds. Int J Mol Sci 19:3015
135. García-Jacas CR, Marrero-Ponce Y, Cortés-Guzmán F et al (2019) Enhancing acute Oral toxicity predictions by using consensus modeling and algebraic form-based 0D-to-2D molecular encodes. Chem Res Toxicol 32:1178–1192
136. Lunghini F, Marcou G, Azam P et al (2019) Consensus models to predict oral rat acute toxicity and validation on a dataset coming from the industrial context. SAR QSAR Environ Res 30:879–897
137. Wu K, Wei G-W (2018) Quantitative toxicity prediction using topology based multitask deep neural

networks. J Chem Inf Model 58:520–531
138. Xu Y, Pei J, Lai L (2017) Deep learning based regression and multiclass models for acute Oral toxicity prediction with automatic chemical feature extraction. J Chem Inf Model 57:2672–2685
139. Sosnin S, Karlov D, Tetko IV et al (2019) Comparative study of multitask toxicity modeling on a broad chemical space. J Chem Inf Model 59:1062–1072
140. Carnesecchi E, Raitano G, Gamba A et al (2020) Evaluation of non-commercial models for genotoxicity and carcinogenicity in the assessment of EFSA's databases. SAR QSAR Environ Res 31:33–48
141. Honma M, Kitazawa A, Cayley A et al (2019) Improvement of quantitative structure-activity relationship (QSAR) tools for predicting Ames mutagenicity: outcomes of the Ames/QSAR international challenge project. Mutagenesis 34:3–16
142. Verheyen GR, Braeken E, Van Deun K et al (2017) Evaluation of existing (Q)SAR models for skin and eye irritation and corrosion to use for REACH registration. Toxicol Lett 265:47–52
143. Piir G, Sild S, Maran U (2021) Binary and multi-class classification for androgen receptor agonists, antagonists and binders. Chemosphere 262:128313
144. Mazzolari A, Vistoli G, Testa B et al (2018) Prediction of the formation of reactive metabolites by a novel classifier approach based on enrichment factor optimization (EFO) as implemented in the VEGA program. Molecules 23:2955
145. Yuan Q, Wei Z, Guan X et al (2019) Toxicity prediction method based on Multi-Channel convolutional neural network. Molecules 24:3383
146. Watanabe R, Ohashi R, Esaki T et al (2019) Development of an in silico prediction system of human renal excretion and clearance from chemical structure information incorporating fraction unbound in plasma as a descriptor. Sci Rep 9:18782
147. Sun L, Yang H, Li J et al (2018) In silico prediction of compounds binding to human plasma proteins by QSAR models. Chem-MedChem 13:572–581
148. Esposito C, Wang S, Lange UEW et al (2020) Combining machine learning and molecular dynamics to predict P-glycoprotein substrates. J Chem Inf Model 60:4730–4749
149. Shin M, Jang D, Nam H et al (2018) Predicting the absorption potential of chemical compounds through a deep learning approach. IEEE/ACM Trans Comput Biol Bioinforma 15:432–440
150. Guan L, Yang H, Cai Y et al (2019) ADMET-score – a comprehensive scoring function for evaluation of chemical drug-likeness. Med Chem Commun 10:148–157
151. Kar S, Leszczynski J (2020) Open access in silico tools to predict the ADMET profiling of drug candidates. Expert Opin Drug Discov 15:1473–1487
152. Feinberg EN, Joshi E, Pande VS et al (2020) Improvement in ADMET prediction with multitask deep Featurization. J Med Chem 63:8835–8848
153. Zhou Y, Cahya S, Combs SA et al (2019) Exploring tunable Hyperparameters for deep neural networks with industrial ADME data sets. J Chem Inf Model 59:1005–1016
154. Schütt KT, Arbabzadah F, Chmiela S et al (2017) Quantum-chemical insights from deep tensor neural networks. Nat Commun 8:13890
155. Blum LC, Reymond J-L (2009) 970 million Druglike small molecules for virtual screening in the chemical universe database GDB-13. J Am Chem Soc 131:8732–8733
156. Reymond J-L (2015) The chemical space project. Acc Chem Res 48:722–730
157. Ramakrishnan R, Dral PO, Rupp M et al (2014) Quantum chemistry structures and properties of 134 kilo molecules. Sci Data 1:140022
158. Smith JS, Isayev O, Roitberg AE (2017) ANI-1: an extensible neural network potential with DFT accuracy at force field computational cost. Chem Sci 8:3192–3203
159. Fink T, Reymond J-L (2007) Virtual exploration of the chemical universe up to 11 atoms of C, N, O, F: assembly

of 26.4 million structures (110.9 million stereoisomers) and analysis for new ring systems, stereochemistry, physicochemical properties, compound classes, and drug Discov. J Chem Inf Model 47:342–353

160. Gebauer NWA, Gastegger M, and Schütt KT (2018) Generating equilibrium molecules with deep neural networks arXiv 1810.11347
161. Schütt KT, Sauceda HE, Kindermans P-J et al (2018) SchNet-a deep learning architecture for molecules and materials. J Chem Phys 148:241722
162. Bleiziffer P, Schaller K, Riniker S (2018) Machine learning of partial charges derived from high-quality quantum-mechanical calculations. J Chem Inf Model 58:579–590
163. Irwin JJ, Shoichet BK (2005) ZINC—a free database of commercially available compounds for virtual screening. J Chem Inf Model 45:177–182
164. Gaulton A, Bellis LJ, Bento AP et al (2012) ChEMBL: a large-scale bioactivity database for drug discovery. Nucleic Acids Res 40: D1100–D1107
165. Callaway E (2020), It will change everything': DeepMind's AI makes gigantic leap in solving protein structures. https://www.nature.com/ articles/d41586-020-03348-4

第17章

人工智能——提高从头设计新化合物的可合成性

摘　要：在过去30年间，药物发现科学家们一直关注计算机辅助从头药物设计（de novo design）方法的发展，以快速发现新化合物，治疗人体疾病。研究工作最初主要集中在通过原子到原子（atom-by-atom）或基团到基团（group-by-group）的顺序构建分子，以生成适合靶点蛋白活性位点的分子，同时探索所有可能的构象，以优化与靶点蛋白的结合相互作用。近年来，深度学习（DL）方法已被用于分子生成，相关分子根据结合假说（以优化效力）和类药性预测模型（以优化特性）进行了迭代优化。但是，这些从头方法生成分子的可合成性仍然是一个挑战。本章将重点介绍最近开发的合成规划方法，以提高从头设计分子的可合成性。

关键词：从头分子设计；深度生成模型（deep generative model）；逆合成规划（retrosynthesis planning）；合成可行性；机器学习（ML）；深度学习（DL）；强化学习；递归神经网络（RNN）；药物设计；虚拟筛选（VS）

17.1 引言

20世纪80年代，蛋白晶体结构的快速测定、分子模拟方法的发展，以及超级计算机的出现，开创了计算机辅助基于结构的药物设计（structure-based drug design，SBDD）的新时代。这些进展可助力药物化学家加快新型小分子药物的发现进程。20世纪90年代发现的几乎所有用于治疗艾滋病的临床候选药物都得到了SBDD方法的帮助。这些方法主要用于加快优化先导分子与靶蛋白的结合。后来，在20世纪80年代末和90年代，利用靶蛋白的晶体结构从头设计生成先导分子的方法开始发展起来[1, 2]。在接下来的几年间，陆续报道了30多种方法[3]，目的是探索整个可能的化学空间（10^{60}个分子），以找到适合结合口袋的新分子，从而生成全新的高质量的先导候选物，以迅速优化为成功的临床候选药物。然而，这些方法收效甚微，因为大多数生成的分子并不在“类药空间”（drug-like space）之内，且不易合成。同时，大量用于高通量筛选（HTS）的内部和商业化合物数据集，以及用于虚拟筛选（VS）的更大规模的虚拟化合物库的可用性，降低了人们对从头设计方法的兴趣。然而，大概在过去5年内，由于人工智能（AI）生成算法的发展，从头生成的方法得到了另一种推动，这些算法正被用于新化合物的从头设计和合成。有几个研究小组已经报道了AI能够快速发现有效的抑制剂[4, 5]。然而，将新分子的设计和合成这两个方面成功结合起来的报道却很少。

17.2 计算分子生成

施耐德（Schneider）和费希纳（Fechner）对早期基于结构的从头分子生成方法的优点和缺点，以及其成功案例进行了全面综述[3]。尽管研究人员已认识到用从头设计方法设计分子的合成可行性问题，但并没有任何有意义的方式可使该问题得到解决。深度生成（deep generative）算法的出现及其在生成新（仿造的）图像、音乐和文本方面的成功应用，促进了其在分子生成领域的应用。这些模型在大型训练数据集上学习，并生成具有相似特性的新分子结构。显然，含有生物数据的大型（公共和商业的）分子数据库的可用性使新的学习算法能够训练并生成新的分子。通过强化学习和迁移学习（TL），可对这些分子的活性和特性进行迭代优化。用于分子生成的深度生成模型集中在几种有前景的方法上[6]，如递归神经网络（RNN）[7]、变分自动编码器（VAE）[8]、对抗自动编码器（AAE）[9]和生成性对抗网络（GAN）[10]，其中分子以SMILES或分子图表示。图17.1展示了几种有代表性的用于从头分子设计的深度生成模型的架构。

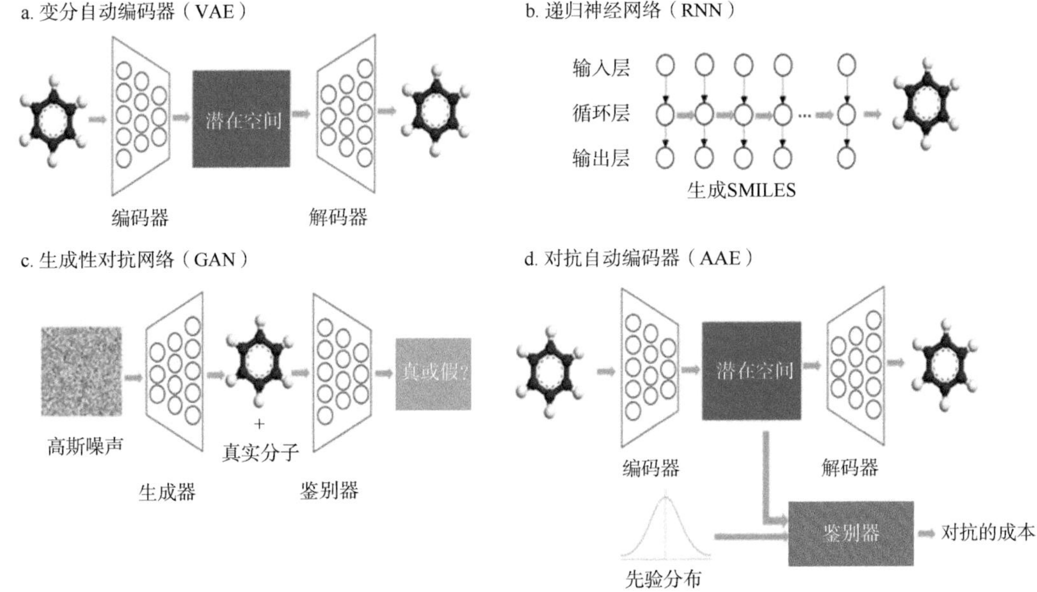

图17.1 代表性分子深度生成模型的架构。a. 变分自动编码器，通过编码器将输入分子映射到一个连续的潜在空间，并对潜在空间进行采样，然后通过解码器映射回新分子的原始表示。b. 递归神经网络，从起始符开始一步步生成新的SMILES序列，直至到达句末。c. 生成性对抗网络，利用生成器从高斯噪声空间采样生成分子，然后通过鉴别器区分是否为真实分子。d. 对抗自动编码器，在VAE分子生成器中加入一个鉴别器，以区分潜在空间的分布与先验分布。因此，该模型容易产生受先验分布驱动的分子

有几篇关于成功应用这些生成模型的报道基于SMILES和分子图表示来创建具有所需特性的分子。然而，没有简单的方法来比较不同的模型，也不清楚哪些生成模型对给定的靶点实用。最近发表的两篇文章提出了基准平台/框架[11, 12]，以便能够比较不同的生成和从头设计方法在生成具有化学有效性的新分子、探索和利用化学空间，以及各种单目标和多目标优化任务方面的能力。这些研究提供了训练和测试数据集，以及一套评估生成结构质量和多样性的指标。这些平台和源代码可以通过以下链接获得：https：//benevolent.ai/guacamol和https：//github.com/molecularsets/moses。

17.3 逆合成规划和合成可行性评估

科里（Corey）教授在20世纪60年代对逆合成规划进行了形式化处理[13]，促进了合成路线规划专家系统的发展，该系统模仿化学家如何根据他们的合成知识和起始原料的可用性来规划目标化合物的合成。1977年，科里及其同事发表了一个名为LHASA的程序后[14]，研究人员又开发了几个计算机专家系统，对已知的反应和试剂进行编码并提供逆合成分析。近年来，AI方法已被开发用于合成规划和化合物合成可行性的评估。一些知名的代表性计算机逆合成方法包括Synthia、SciFinder-n、Reaxys、Synspace、Spaya、IBM Reaction、ICSynth、ChemPlanner和ASKCOS。表17.1列举了一些具有代表性的逆合成规划工具及其访问链接。

表17.1 可用的逆合成规划工具总结

软件/工具	开发商	网页链接
ASKCOS	MIT	https://askcos.mit.edu/
ChemPlanner	Wiley	Integrated into SciFinder-n
IBM Reaction	IBM	https://rxn.res.ibm.com/
ICSynth	Deepmatter	https://www.deepmatter.io/
Reaxys	Elsevier	http://www.reaxys.com
SciFinder-n	CAS	https://scifinder-n.cas.org
Spaya	Iktos	https://spaya.ai/
Synthia	Sigma-Aldrich	https://www.sigmaaldrich.com/
Synspace	ChemPass	https://chempassltd.com/

可应用一些方法来评估由BREED生成化合物的可合成性[15]。BREED是较早的从头分子设计方法之一，其基于已知与相同靶点结合的抑制剂来生成类药分子。在这一研究中，研究者使用了4种已知的HIV-1蛋白酶（HIV-1 protease）抑制剂，生成了9种新型杂合物（hybrid）[15]。这些具有类药性的新型分子通过最小构象应变结合至靶点上，与靶点发生强相互作用。当时还没有计算方法来评估其可合成性。图17.2显示了Spaya、SciFinder-n和

Synthia 对其中一个 BREED 生成分子（实例 13）所预测的合成路线。

a

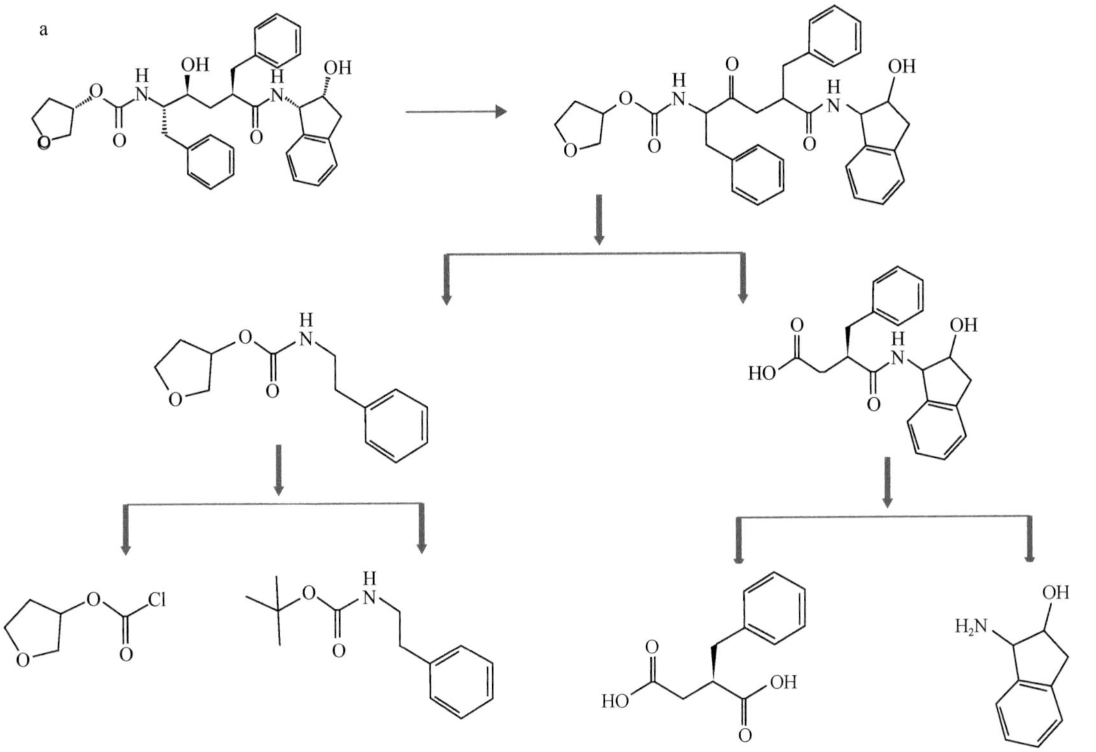

b

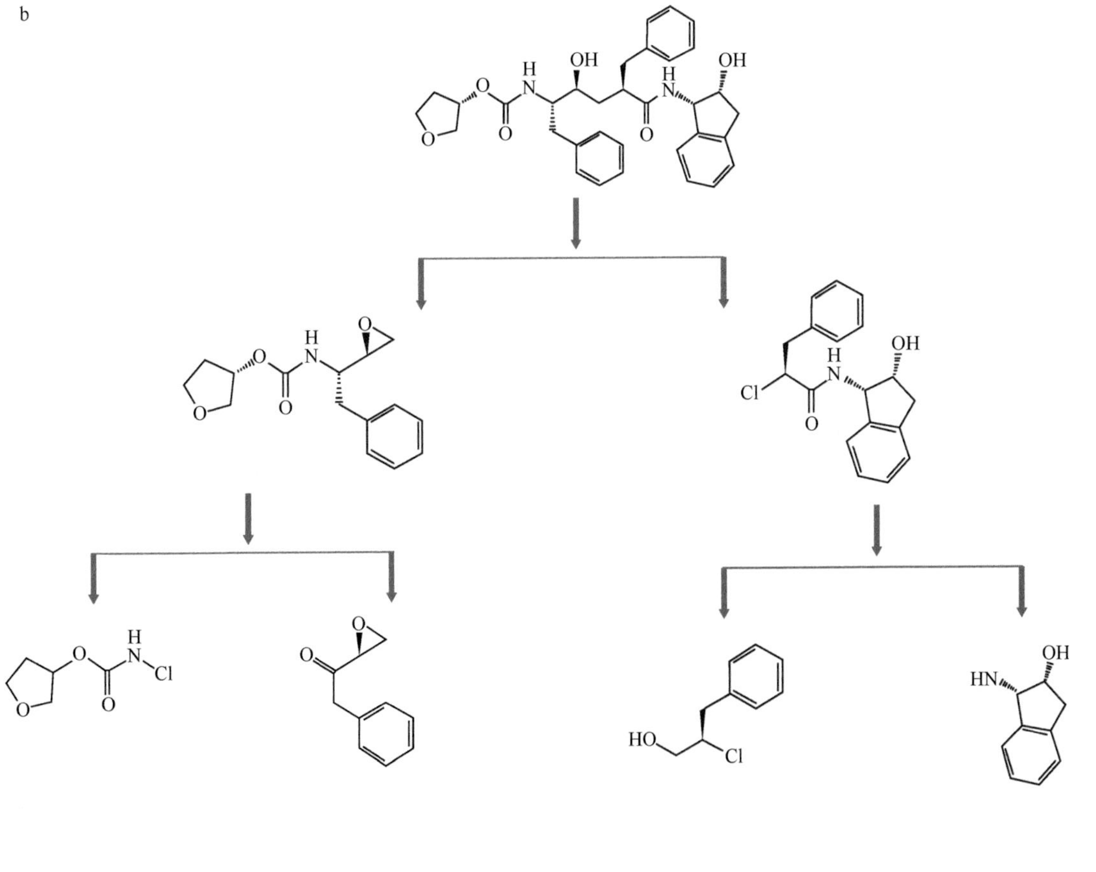

c

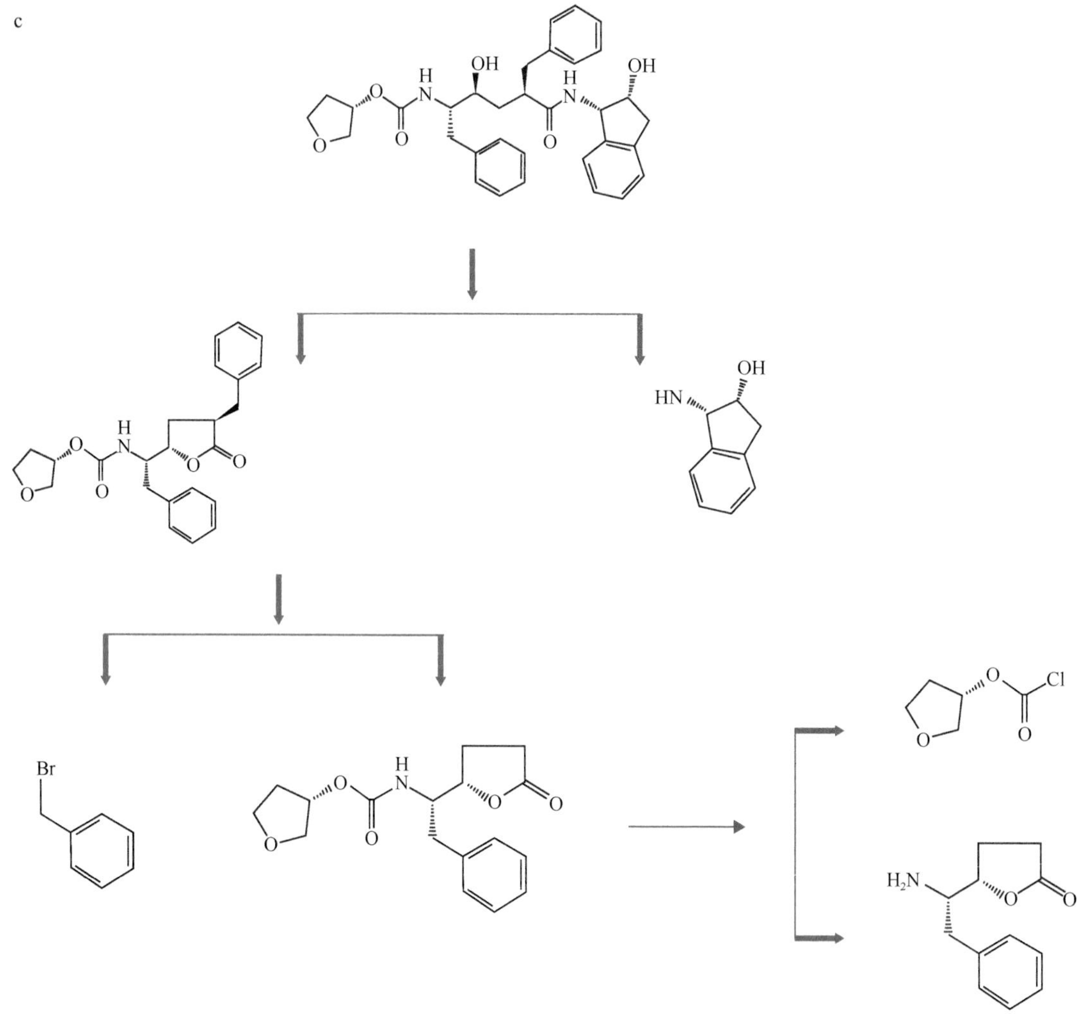

图17.2 通过代表性逆合成规划工具Spaya（a）、SciFinder-n（b）和Synthia（c）为BREED研究中的实例13所预测的合成路线

这三种方法都提供了包含已知反应和可用砌块（block）的逆合成路线。这些信息对合成规划很实用。Spaya提供了可合成性评分；SciFinder-n提供了合成成本的估算；Spaya生成了具有不同分数的多条路线；而其他方法则根据初始设置提供不同的结果。比较结果并利用其对分子合成的难易程度进行排序是不容易的。此外，在深度生成方法的迭代设计周期中，其计算成本将会非常高。

另一方面，有几种已发表的方法可为一个新分子提供单一的可合成性评分，以便纳入迭代设计。早在2009年，埃特尔（Ertl）和叔本华（Schuffenhauer）基于片段贡献和复杂性惩罚的组合，提出了类药分子的合成可行性评分和SA评分[16]。SA评分的范围在1（容易合成）和10（难以合成）之间，并且已被一组40个分子的计算与化学家估计的合成可行性之间的良好一致性所验证。不考虑分子的复杂性，科里等基于化学反应的产物应该比相应的反应物合成更复杂的前提，开发了合成复杂性评分（SC评分）[17]。SC评分来自一个深度神经网络（DNN）模型，该模型是基于Reaxys数据库中1200万个化学反应训练得到的。SC评分的范围从1（容易合成）到5（难以合成），并通过与谢里丹（Sheridan）等发表的1731个化合物的化学家确定的复杂性分数进行比较而得到验证[18]。一般而言，SC评分与人工分配的复杂性分数在统计学上具有明显的相关性，但SC评分侧重于合成复杂性，而人工分配的分数侧重于分子复杂性，因此会产生一些较大的差异。SA评分和人工分配的分数都可能忽略了供应商提供的所需中间体的可用性或不可用性。最近，塔迦尔（Thakkar）等发表了逆合成可行性评分（RA评分）方法[19]，用于快速估计逆合成规划工具AiZynthFinder确定的合成可行性[20]。RA评分模型是一个机器学习（ML）分类器，由ChEMBL数据库中约30万个化合物训练而成，这些化合物已被AiZynthFinder标记为可合成或不可合成。经验证，RA评分的计算速度比传统的逆合成规划工具快4500倍，因此可与其他合成可行性评分功能相结合，用于快速筛选由生成模型产生的分子。

17.4 合成可行性和深度生成算法的结合

如上所述，早期深度生成算法使分子的生成能够探索更大的化学空间，但其在现实世界的药物设计和优化周期中的实际应用却因其对分子合成可行性的忽视而受到了限制。最近，研究人员试图将合成可行性和深度生成算法结合起来，用以生成可合成的分子。这些努力可以大致分为两类（图17.3）：①将合成可行性评分作为每一轮分子生成的约束条件；②将可合成性嵌入分子生成阶段，以确保在可合成的化学空间中生成每个分子。

a. 合成可行性受限分子生成器

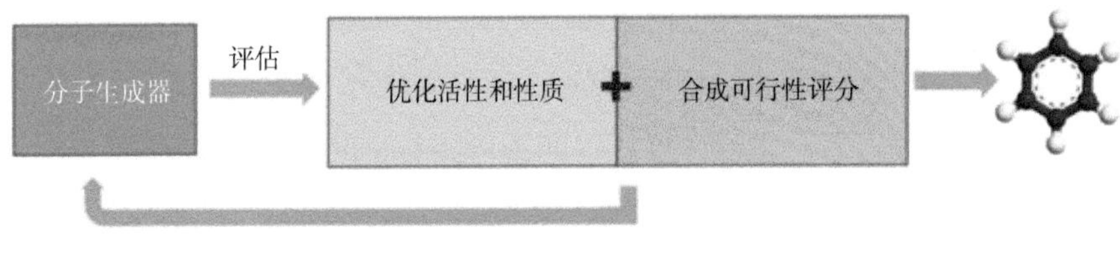

b. 合成可行性嵌入式分子生成器

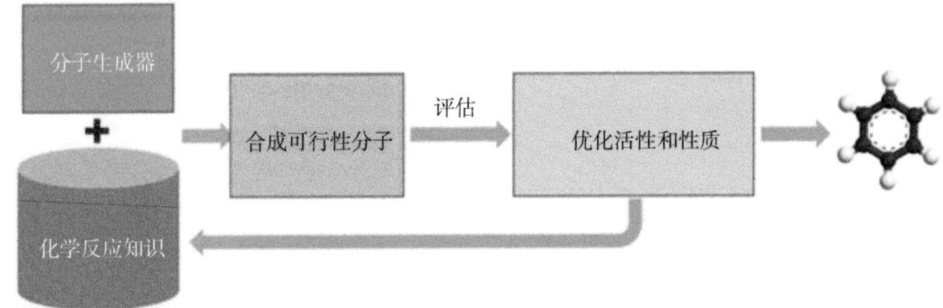

图17.3　文献中描述的两种结合分子生成器和合成可行性的方法

第一种方法是由文浩（Wenhao）和康纳（Connor）开发[21]的，并证明了合成可行性启发式方法（SA评分和SC评分）确实使分子生成偏向于合成上可行的化学空间。在实践中，在强化学习的环境下，合成可行性评分被作为优化生成分子、效价和药物相似性等主要目标的一个额外目标。在这种方法中，惩罚性的log P（Log P-SA评分-长周期的数量）被用作目标，以优化多个深度生成模型中生成的分子，如语法变分自动编码器（grammar variational autoencoder，GVAE）[22]、JT-VAE[23]、分子深度Q网络（molecule deep Q-network，MolDQN）[24]和Mol-CycleGAN[25]。同样，一些研究人员采用类药性指标（QED）和SA评分的混合评分来建立条件生成模型，以优化分子，使其朝着类药性和可合成性的空间发展[26, 27]。然而，这些合成可行性启发式分数并不能总是对从头生成分子的可合成性给出准确的估计。换言之，高合成可行性评分不能保证某些化合物就一定容易合成。此外，使用合成可行性评分来指导生成会使分子优化偏离主要目标。

第二种方法是将可合成性嵌入分子生成算法中，最近的研究显示出克服这些限制的潜力。霍尔伍德（Horwood）和诺特何（Noutahi）[28]开发了一种反应驱动的目标强化方法（reaction-driven objective reinforcement method，REACTOR），该方法将一连串的化学反应作为马尔可夫（Markov）决策过程的状态转换，在强化学习框架内生成分子。REACTOR生成器使用了来自PubChem的90个反应模板和大约5000个反应物进行训练，证明了对可合成化学空间的有效探索，以找到更多的类药性分子，同时也为每个生成的化合物提供了理论上有效的合成路线。高德帕蒂（Gottipati）和萨塔罗夫（Sattarov）[29]等开发了一个类似的强化学习授权的正向合成框架，用于从头分子的设计，称为正向合成的决策梯度（policy gradient for forward synthesis，PGFS）。PGFS生成器使用97个反应模板和来自Enamine的150 560个模块进行了训练。除了强化学习框架外，布拉德肖（Bradshaw）等[30]提出了一个新的VAE生成模型，称为MoleculeChef。该模型首先生成一组反应物分子，并通过反应预测模型，将其映射到预测的产品分子上。其允许搜索更好的分子，并描述如何合成这些分子。然而，当前版本的MoleculeChef只能处理单步反应，这限制了其对更广泛化学空间的探索。科里娜（Korovina）等[31]开发了一个贝叶斯优化框架（Bayesian optimization framework，ChemBO），该框架使用Rexgen反应结果预测器[32]，在选择了反应物和条件的合成图上迭代地执行随机游走，以生成符合用户定义目标的最终分子。这些方法中的反应结果预测器可能不会对可合成的分子或正确的合成路线作出完全可靠的推荐，但与传统的深度生成模型相比，更有可能在可合成的空间中生成分子。

17.5 总结

在过去40年间，计算机辅助的从头分子设计方法取得了巨大的进步，开辟了探索更广阔化学空间的可能性，以寻找新的有效先导分子，用于治疗新出现的疾病。近年来，开发了AI支持的深度生成方法，可以对给定的靶点生成更真实的类药性分子，并具有最佳的预测亲和力。然而，这些新分子的合成可行性仍然是一个挑战。同时，AI方法也推动了计算机逆合成规划软件的开发。商业方法（Spaya、Synthia 和 SciFinder-n）易于使用，并提供化合物合成路线等可操作的信息。然而，要比较不同方法得到的结果并不简单。有研究人员试图创建化合物的标准数据集（已知的合成）和性能评估，以对成本、时间和良好的反应情况进行比较。然而，这些工具过于复杂，无法用于新分子的迭代设计和优化。最近，一些将生成方法与合成可行性评估方法相结合的报道显示出了良好的前景。预计在不久的将来，这些工具很可能会成为合成化学和药物设计的常规工具。

（侯小龙　白仁仁　译　蒋筱莹　校）

参考文献

1. Murcko MA (1997) Recent advances in ligand design methods. Rev Comput Chem 11:1–66
2. Clark DE, Murray CW, Li J (1997) Current issues in *de novo* molecular design. Rev Comput Chem 11:67–125
3. Schneider G, Fechner U (2005) Computer-based *de novo* design of drug-like molecules. Nat Rev Drug Discov 4:649–663
4. Stokes JM, Yang K, Swanson K et al (2020) A deep learning approach to antibiotic discovery. Cell 180:688–702
5. Zhavoronkov A, Ivanenkov YA, Aliper A et al (2019) Deep learning enables rapid identification of potent DDR1 kinase inhibitors. Nat Biotechnol 37:1038–1040
6. Xu Y, Lin K, Wang S et al (2019) Deep learning for molecular generation. Future Med Chem 11:567–597
7. Olivecrona M, Blaschke T, Engkvist O et al (2017) Molecular *de-novo* design through deep reinforcement learning. J Cheminform 9:48
8. Gomez-Bombarelli R, Duvenaud D, Hernandez-Lobato JM et al (2018) Automatic chemical design using a data-driven continuous representation of molecules. ACS Cent Sci 4:268–276
9. Polykovskiy D, Zhebrak A, Vetrov D et al (2018) Entangled conditional adversarial auto-encoder for *de novo* drug discovery. Mol Pharm 15:4398–4405
10. Sanchez-Lengeling B, Outeiral C, Guimaraes GL et al (2017) Optimizing distributions over molecular space. An objective-reinforced generative adversarial network for inverse-design chemistry (ORGANIC). ChemRxiv. https:// doi.org/10.26434/chemrxiv.5309668.v3
11. Brown N, Fiscato M, Segler MHS et al (2019) GuacaMol: benchmarking models for *de novo* molecular design. J Chem Inf Model 59:1096–1108
12. Polykovskiy D, Zhebrak A, Sanchez-Lengeling B et al (2020) Molecular sets (MOSES): a benchmarking platform for molecular generation models. Front Pharmacol 11:565644
13. Corey EJ, Wipke WT (1969) Computer-assisted design of complex organic syntheses. Science 166:178–192
14. Pensak DA, Corey EJ (1977) LHASA—logic and heuristics applied to synthetic analysis. In: Computer-Assisted Organic Synthesis, vol 61. American Chemical Society, Washington, pp 1–32
15. Pierce AC, Rao G, Bemis GW (2004) BREED: generating novel inhibitors through hybridization of known ligands. Application to CDK2, p38, and HIV protease. J Med Chem 47:2768–2775
16. Ertl P, Schuffenhauer A (2009) Estimation of synthetic accessibility score of drug-like molecules based on molecular complexity and fragment contributions. J Cheminform 1:8
17. Coley CW, Rogers L, Green WH et al (2018) SCScore: synthetic complexity learned from a reaction corpus. J Chem Inf Model 58:252–261
18. Sheridan RP, Zorn N, Sherer EC et al (2014) Modeling a crowdsourced definition of molecular complexity. J Chem Inf Model 54:1604–1616
19. Thakkar A, Chadimova V, Bjerrum EJ et al (2021) Retrosynthetic accessibility score (RAscore) – rapid machine learned synthesizability classification from AI driven retrosynthetic planning. Chem Sci 12:3339–

3349. https://doi.org/10.1039/d0sc05401a

20. Genheden S, Thakkar A, Chadimová V et al (2020) AiZynthFinder: a fast, robust and flexible open-source software for retrosynthetic planning. J Cheminform 12:70
21. Gao W, Coley CW (2020) The synthesizability of molecules proposed by generative models. J Chem Inf Model 60:5714–5723
22. Kusner MJ, Paige B, Hernandez-Lobato JM (2017) Grammar variational autoencoder. arXiv:1703.01925v1
23. Jin W, Barzilay R, Jaakkola T (2018) Junction tree variational autoencoder for molecular graph generation. arXiv:1802.04364
24. Zhou Z, Kearnes S, Li L et al (2019) Optimization of molecules via deep reinforcement learning. Sci Rep 9:10752
25. Maziarka Ł, Pocha A, Kaczmarczyk J et al (2020) Mol-CycleGAN: a generative model for molecular optimization. J Cheminform 12:2
26. Li Y, Zhang L, Liu Z (2018) Multi-objective *de novo* drug design with conditional graph generative model. J Cheminform 10:33
27. Khemchandani Y, O'Hagan S, Samanta S et al (2020) DeepGraphMolGen, a multi-objective, computational strategy for generating molecules with desirable properties: a graph convolution and reinforcement learning approach. J Cheminform 12:53
28. Horwood J, Noutahi E (2020) Molecular design in synthetically accessible chemical space via deep reinforcement learning. ACS Omega 5:32984–32994
29. Gottipati SK, Sattarov B, Niu S et al (2020) Learning to navigate the synthetically accessible chemical space using reinforcement learning. arXiv:2004.12485
30. Bradshaw J, Paige B, Kusner MJ et al (2019) Model to search for synthesizable molecules arXiv: 1906.05221
31. Korovina K, Xu S, Kandasamy K et al (2019) ChemBO: Bayesian optimization of small organic molecules with synthesizable recommendations arXiv: 1908.01425
32. Coley CW, Jin W, Rogers L et al (2019) A graph-convolutional neural network model for the prediction of chemical reactivity. Chem Sci 10:370–377

第18章

基于组学数据的机器学习

摘　要：机器学习（ML）已经加速了许多科学领域的新发现，并且成为一些新产品背后的驱动力。最近，不断增长的样本量使得ML方法能够在更大的组学（omics）研究中得到应用。本章提供了一个通过使用ML对组学数据集进行典型分析的指南。例如，本章展示了一个如何基于LINCS L1000数据集中包含的转录组学数据，建立一个预测药物性肝损伤（DILI）的模型。每一部分都涵盖了从数据探索和模型训练（包括超参数搜索），到最终模型验证和分析的最佳实践及缺陷。重现结果的代码可在https：//github.com/Evotec-Bioinformatics/ml-from-omics获取。

关键词：机器学习（ML）；人工智能（AI）；转录组学（transcriptomics）；药物发现；药物性肝损伤（DILI）；支持向量机（SVM）

18.1 引言

在机器学习（ML）的许多领域，数据是无处不在的。文本和图片可以在网络上检索到，顾客在网上购物时也会留下详细的痕迹。相比之下，组学数据是很难获得的，因为其创建需要高度熟练的工作人员和配备昂贵设备的实验室。

由于本章的重点是介绍ML的应用，对不同组学技术和典型例子的一般内容不再进行展开讨论。此处使用了一个简化的定义：

给定一定数量的生物样本N，以一个组学技术测定一定数量的分子实体P。熟悉ML的研究人员会立即认出这是一个特征矩阵$M \in N \times P$。通常，P在几百至几千个特征范围内。

转录组学领域的一个实例是通过RNA测序（RNA-seq）获得的基因计数矩阵M。每个条目$M_{i,j}$代表了一个样本i与基因j相关的mRNA分子的数量。

有监督的ML方法在组学数据上可能具有广泛的应用。在精准医疗中，从确诊患者获得的样本可以作为训练样本，以便在未来为患者做出更好的诊断。这对于那些难以诊断或治疗昂贵的疾病而言尤为有价值。另一个应用领域是药物发现。以一组已知的化合物及其组学图谱作为训练集，ML算法可以学习预测尚未被表征的新化合物的作用模式，或为新药设计提供信息。以同样的方式，可以在该过程的早期阶段识别潜在的有毒化合物，以避免不必要的体内研究，包括临床试验。

本章采用最近发表的LINCS L1000数据集的一个子集来说明组学数据集的特征和缺陷[1, 2]。该数据集的最初目的是提供大量的转录组图谱，阐明不同化合物对各种类型人体细胞的影响。本章讨论的重点是许多化合物的一个特别令人不悦的副作用——肝损伤。在药物发现中，能够鉴别引起DILI的化合物是非常重要的[3]。如果不安全的候选化合物可以在研究过程的早期就被识别出来，就可以减少资源的浪费，降低临床试验的风险。上述数据集包含了分布于不同细胞系、剂量和治疗持续时间的640个不同化合物的6000个转录组图谱。其中，DILI阳性样本3568个，DILI阴性样本2432个。由于对所有样本进行RNA全测序的成本过高，研究者选择了978个具有代表性的标志性基因进行定量分析。这种有针对性的方法（称为L1000）要廉价得多，因此可以对数千个样本进行分析。每个分析只包含那些标志性基因的表达水平。更确切而言，所有的实例都采用了第5级数据（经过调整的Z评分）作为ML模型的特征。为了具有充分的可比性，建议将数据集分成4800个训练样本和1200个验证样本。目前的任务是建立一个二元分类模型，将一个新化合物的转录组图谱分为DILI阳性或阴性。然而，在深入研究模型选择的细节之前，需先仔细研究数据。

18.2 数据探索

作为ML的相关研究人员，最好对输入数据进行基本的质量检查，当然，组学数据也不例外。建议至少计算每个特征的平均值、方差、最小值和最大值等汇总统计数据，并确定缺失值的比例。其不太可能对分类任务有帮助，因此可立即放弃方差很低或有很多缺失值的特征。此外，可绘制每个特征的直方图，以评估其数值分布。虽然对于组学数据而言，直方图的数量可能很大，但其至少可以被快速浏览，以发现任何引人注目的怪异现象，如不同尺度或严重倾斜的分布。采用这些方法，我们能够熟悉数据并获得一些直觉，从而在模型构建步骤中为我们的决策提供参考。

大量潜在因素会导致异常值，或者影响一个或多个样品系统偏差的引入。这些可能很简单，就像剂量错误或实验室机器泵出了问题。不幸的是，也有许多微妙的原因。也许在假期更换了处理最后几个样品的实验室技术人员，遵循了稍微不同的协议，或者实验室的空调在炎热的日子里出现了故障。所有这些因素都会影响测试的结果，从而导致异常值和批次效应，需要对其进行去除或校正[4]。识别最明显的异常值和批次效应的方法之一是使用降维方法将数据投射至2D，并检查散点图。图18.1显示了以UMAP在densMAP模式下生成的示例数据的2D嵌入[5, 6]。最引人注目的观察结果是有两个集群：左边的异质性集群和右边的DILI阴性集群。因此，显而易见，在我们的分类任务中，有一些容易的案例，也有一些困难的案例。只能推测，这两个集群是方法的一个源代码生成物（artifact），该方法用于从原始数据集中选择样本或者可能有生物学上的解释。至少与任何化合物、剂量、治疗时间或细胞系没有对应关系。一个小得多的集群大致位于坐标（0，10），主要由使用vorinostat（伏立诺他）药物处理的样本组成。总之，数据中没有明显的异常值或批次效应。

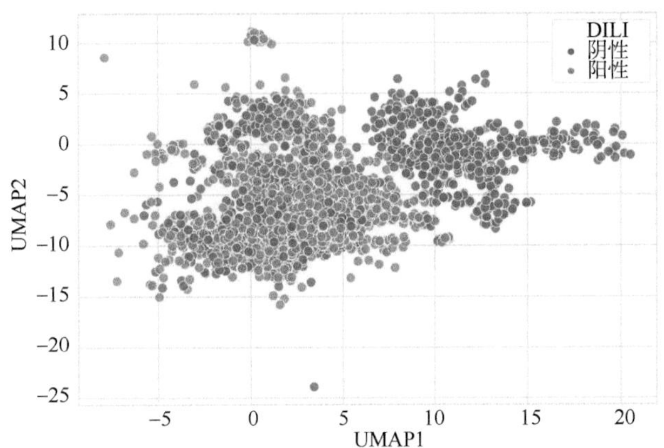

图 18.1 采用UMAP生成数据集的2D嵌入。每个点代表一个样本，其颜色表示DILI阴性或阳性

如果一个数据集包含复本，另一个排除一些错误的方法是检查复本是否相互一致。从视觉上看，这可以在PCA降维图中通过给予所有复本相同的颜色来实现，使样本通过复制组形成密集的集群。然而，这种方法并不适用于大量的样本。在这种情况下，建议计算复本之间的相关性。通常情况下，技术复本之间的皮尔逊（Pearson）相关度不小于0.98。一个明显较低的值很有可能表明任何一个样品都存在问题。

接下来，检查特征之间及每个特征与目标之间的关系。通常情况下，从组学实验中获得的特征会形成相关的集群。同一途径的基因往往是共同调节的，一种代谢物的丰度取决于其前体的可用性。这些强烈相关特征增加的信息很少，在估计线性模型系数时可能会引起问题，并使模型的解释变得复杂。因此，最好是将其合并成一个特征（如平均值），或者选择一个代表性特征，并删除其他特征。图18.2a的直方图显示了所有特征的最大绝对斯皮尔曼相关度（Spearman’s correlation）分布。换言之，我们检查每个特征，哪一特征与其他特征的相关性最大，就会在直方图中报告这一绝对相关性。然而，这些特征之间只有适度的相关性（＜0.8），因此没有必要删除任何特征。很可能是由于这一事实，即标记基因首先被选择来捕捉正交信息。

采用单变量方法来研究一个特征是否为目标类别提供信息也是值得的。这给出了模型需要多少特征才能实现合理性能的第一个提示。也许有几个高分的特征可以很容易地进行分类，或者信息被分散到许多特征中。在最坏的情况下，数据中根本就没有可用的信息。然而，对于分类任务而言，具有低单变量分数的两个特征的组合仍然可能非常实用。图18.2b的直方图总结了每个特征和目标之间的交互信息（mutual information，MI），这里是指DILI类别。研究中选择MI作为单变量测量，因为其也能捕捉到松散和非线性关系。缺点是其计算量相当大，因此很可能不适合大数据集。虽然所有分数都远低于最大可能分数0.67（目标向量与自身之间的MI），但显然有许多无信息的特征和极少数有信息的特征。这意味着某种特征选择应该是ML模型的一部分。

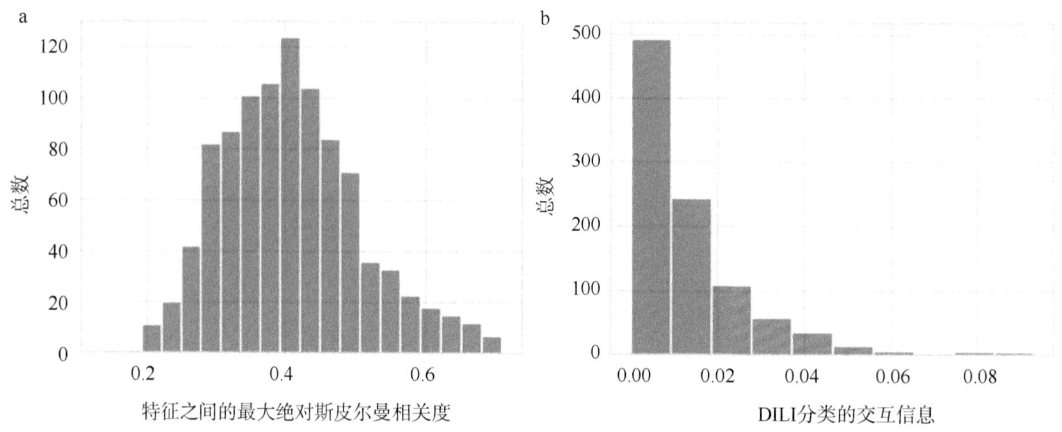

图18.2 a. 任何一对特征之间的最大相关度直方图。b. 每个特征与目标类别之间交互信息的直方图

18.3 模型的定义

基于在数据探索步骤中收集到的知识，建议采用一个使用Python 3和scikit学习实现的简短流程作为ML模型[7, 8]。主要包括三个步骤：①特征标准化；②特征选择；③支持向量机（SVM）作为分类器。在当前深度学习（DL）的大背景下，这种方法可能显得不合时宜。然而，正如18.5节中所述，这些老式ML算法的表现与深度神经网络（DNN）的结果相当。此外，其训练速度更快，更容易解释。特征选择步骤的动机是，在数据探索过程中只观察到少数具有合理单变量评分的变量。SVM假设所有的特征都大致分布为标准高斯（Gaussian）分布，均值为零，单位为方差。但对于示例数据而言，情况并非如此。因此，流程的第一步是对所有特征进行标准化。当然，该流程有一些超参数，包括标准化和特征选择的实际方法、选择的特征数量、SVM惩罚项中使用的规范，以及正则化参数的数值。

正如简介中所述，获得大量样本的成本相当昂贵，因此在处理组学数据时，经常处于$N \ll P$的状态。这里存在着声名狼藉的“维度诅咒”（curse of dimensionality）。在最坏的情况下，每个样本都有一个独有的特征，而模型只是学会列举其在使用这些特征之前见过的样本。显然，这会导致泛化效果很差，在独立测试集上的表现将是灾难性的。因此，我们需要格外小心，不要过度拟合我们的ML模型。正则化和特征选择是实现这一目标的最常用工具。因此，在超参数搜索中，要选择的特征数量和正则化强度参数都将被涵盖在内。

18.4 超参数搜索

此处，笔者采用一个简单的网格搜索来寻找超参数的最佳值。虽然模型的训练速度很快，且超参数的数量较少，但这在计算上仍然是可行的。然而，具有许多超参数的复杂模型可能需要更复杂的搜索策略，如超参数优化算法（Hyperband方法）或贝叶斯方法[9, 10]。作为特征选择方法，该流程使用MI（如在数据探索步骤中）。此外，将SVM的最大迭代次数增加至5万次，以确保其收敛性。将SVM的所有其他参数设定为默认值。值得注意的是，这意味着惩罚将使用L2准则。表18.1详细列出了其余超参数的范围和最终值：标准化方法、特征数量和正则化参数。当然，超参数搜索只在训练集上进行。研究中采用5次重复的5倍交叉验证法来估计一组超参数的性能。性能指标是马修斯相关系数（Matthews's correlation coefficient，MCC）[11]。总计尝试了300个组合，MCC为0.478，具有特征缩放（StandardScaler）、70个特征和正则化参数C为1.0的配置表现最佳。

表18.1　超参数搜索空间和最终值

超参数	范围	最终值
标准化	无，特征缩放，稳健缩放	特征缩放
特征数量	10, 20, ⋯, 190, 200	70
正则化（C）	0.01, 0.1, 1.0, 10.0, 100.0	1.0

虽然我们的主要目标是确定最佳的超参数集，但也可以从搜索结果中了解一些关于模型和数据的信息。图18.3显示了在给定训练集和测试集上固定数量特征的最佳超参数集的性能。虽然数据集的样本比特征多（$N>P$），但如果允许模型使用许多特征，会观察到典型的过拟合行为。训练集上的性能稳步上升，而测试集上的性能一开始增长缓慢，然后趋于平稳，最后随着特征数量的增加而变得更差。因此，没有特征选择步骤的模型将简单地使用所有可用的特征（图18.3中未显示），其在保持数据上的性能要差很多（MCC为0.414）。

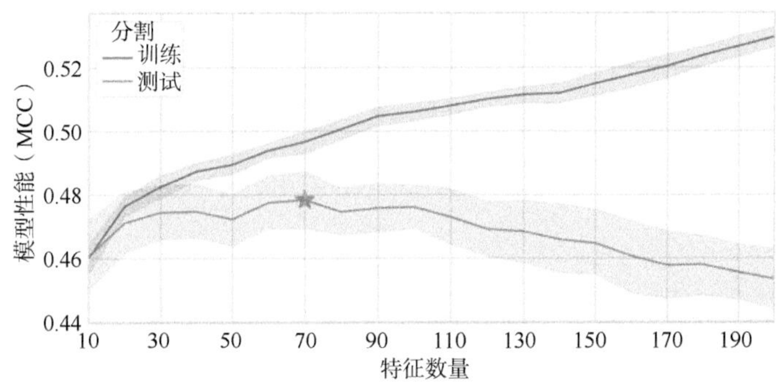

图18.3　固定特征数量时模型在训练集和测试集上的最佳表现。阴影区域代表95%的置信区间，星形表示最佳的整体集

其他两个超参数——标准化参数和正则化参数C，恰好都是非常不显眼的，事实上都处于默认值。

18.5 模型验证

为了在实际环境中估计模型的真实性能，我们在完整的训练集上采用最佳的超参数训练模型。接下来，在一开始就保留的1200个验证样本上评估其性能。在验证集上，SVM流程的精度为0.746，MCC为0.480。这甚至比DNN公布的结果略好[2]。

然而，经过仔细检查，我们发现验证集的组成与最初的问题陈述有冲突。我们的目标是对全新的转录组图谱进行分类，但验证集包含许多来自化合物的图谱，而这些化合物也是训练集的一部分。因此，我们很可能高估了该模型的真实性能。一个好的经验法则是尽可能地在交叉验证方案中模拟真实的数据采集过程。在药物发现过程中，这意味着一个具有已知风险特征的化合物库，可以将其用于训练。然而，该模型随后将被用来估计那些肯定不在训练集中的化合物的DILI风险，因为尚未对该化合物进行研究或临床试验。因此，交叉验证策略不仅要考虑类平衡（分层），还要按化合物来拆分数据集。当然，这种逻辑也延伸到了超参数搜索的内部交叉验证。因此，研究中重复了完整实例，对验证集采用基于化合物的分割，对超参数搜索采用5倍交叉验证的分割方式。不幸的是，结果相当发人深省。在验证集上，精度下降至0.280，MCC下降至0.113。这表明该模型不能很好地推广至全新的化合物中，之前的结果是由于该模型记住了单个化合物的特征。为了检查这种行为是否也发生在原始的DNN模型上，研究对其进行了相同的分割训练。为了得到一个训练好的模型，研究不得不禁用提前终止，因为验证集上的F1分数总是不确定的。因此，最终模型的性能非常低。其精度为0.376，MCC为–0.031。总之，这两个模型都不能正确地对新化合物进行分类，因此在实际的药物筛选环境中不具有使用价值。

如果一个项目发展到这一地步，建议退一步，重新考虑一些事情。数据集是否适合解决最初的问题陈述？是否有可能获得更多或更好的数据？其他建模方法是否更有前景？项目的范围是否需要重新定义？也许最好的办法是放弃这个项目，重新开始解决其他的问题。之所以强调这一点，是因为基于组学数据的ML项目有失败的记录，并造成了巨大的声誉和经济损失[12]。如上所述，相信通过适当的模型验证可以大大降低这种失败的风险。

18.6 最终模型的训练和解释

基于从彻底交叉验证得到的指标，我们可以决定模型是否满足继续前进的要求。这可能是一个商业案例的期望，也可能是科学界对学术出版物的期望。为论证起见，假设我们对模型的指标感到满意。接下来的步骤是训练最终模型，并理解是什么驱动了模型的分类。幸运的是，第一步非常简单。为了生成一个可以在实际中使用的模型，需要采用超参数搜索找到的最佳参数的最后一次训练流程。这一次，我们采用包括训练、测试和验证集在内的所有的数据。现在，可以使用最终的模型对新的数据集进行预测，如果底层数据源

（如测序技术）没有变化，可以期待性能与在模型验证期间看到的性能相似。

最后，我们将了解模型的内部工作原理，并找出与分类任务相关的特征。一种方法是从线性SVM中提取每个特征的系数。该流程包括一个标准化步骤，所有的特征都在同一个数量级内，因此系数具有可比性。理论上，我们甚至可以根据系数的符号来确定特征驱动分类的类别。然而，由于特征值可能是负的，解释符号会更加复杂，因此在图18.4中用绝对系数来显示整体相关性。图18.4中显示了在不按化合物分层的情况下，在重复5次的5倍交叉验证中，具有最高中值系数的5个基因的绝对系数分布。在这些基因中编码的蛋白执行一套与压力相关的相当多样化的生物学功能，但也是已知的肿瘤抑制因子和蛋白酶亚基。理想情况下，希望看到排名靠前的基因功能有一个一致的模式。不幸的是，这里的情况并非如此。因此，举例说明：鉴于数据集的性质，基因本体论（gene ontology）[13]术语“细胞对药物的反应”的富集，将表明该模型设法捕获到潜在的生物学意义。然而，必须牢记，我们正在研究预测性基因，而这些基因不一定是观察到的表型的因果关系。此外，相关特征的系数权重通常分布在它们之间。显然，作为特征选择的一部分，这是聚集或删除相关特征的一个附加参数。

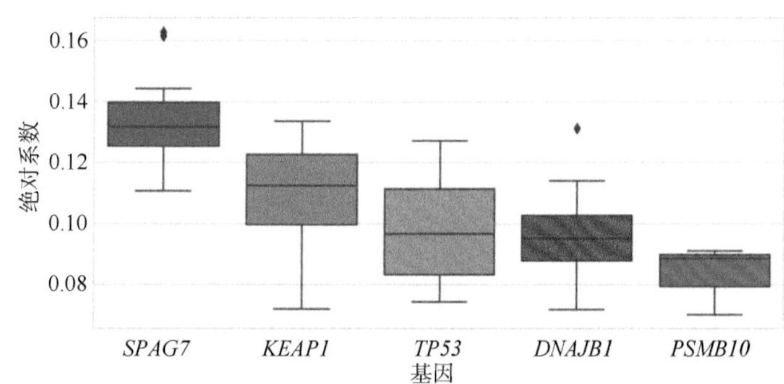

图18.4　在5次重复的5倍交叉验证中，前5个基因系数绝对值的箱形图

总之，我们发现了数据探索如何指导建模决策，模型定义的哪些方面是重要的，模型验证的缺陷在哪里，以及如何训练和分析最终基于组学的模型。

（侯小龙　蒋筱莹　译　白仁仁　校）

参考文献

1. Subramanian A, Narayan R, Corsello SM et al (2017) A next generation connectivity map: L1000 platform and the first 1,000,000 profiles. Cell 171:1437–1452.e17
2. Liu Z, Thakkar S (2020) Deep learning on high-throughput transcriptomics to predict drug-induced liver injury. Front Bioeng Biotechnol 8:14
3. Walker PA, Ryder S, Lavado A et al (2020) The evolution of strategies to minimise the risk of human drug-induced liver injury (DILI) in drug discovery and development. Arch Toxicol 94:2559–2585
4. Leek J, Scharpf R, Bravo H et al (2010) Tackling the widespread and critical impact of batch effects in high-throughput data. Nat Rev Genet 11:733–739
5. McInnes L and Healy J (2018) UMAP: uniform manifold approximation and projection for dimension

reduction. ArXiv abs/1802.03426
6. Narayan A, Berger B, Cho H (2020) Density-preserving data visualization unveils dynamic patterns of single-cell transcriptomic variability. bioRxiv
7. Van Rossum G, Drake FL (2009) Python 3 reference manual. CreateSpace, Scotts Valley, CA
8. Pedregosa F, Varoquaux G, Gramfort A et al (2011) Scikitlearn: machine learning in python. J Mach Learn Res 12:2825–2830
9. Li L, Jamieson K, DeSalvo G et al (2017) Hyperband: a novel bandit-based approach to Hyperparameter optimization. J Mach Learn Res 18:185:1–185:52
10. Falkner S, Klein A, Hutter F (2018) BOHB: robust and efficient hyperparameter optimization at scale. In: Dy J, Krause A (eds) Proceedings of the 35th International Conference on Machine Learning. PMLR, Stockholmsmässan, Stockholm Sweden, pp 1437–1446
11. Chicco D, Jurman G (2020) The advantages of the Matthews correlation coefficient (MCC) over F1 score and accuracy in binary classification evaluation. BMC Genomics 21:6
12. Institute of Medicine (2012) Evolution of translational omics: lessons learned and the path forward. The National Academies Press, Washington, DC
13. Carbon S, Douglass E, Good BM et al (2021) The gene ontology resource: enriching a GOld mine. Nucleic Acids Res 49:D325–D334

第19章

深度学习在治疗性抗体开发中的应用

摘　要：深度学习（DL）在抗体开发中的应用尚处于起步阶段。在实际商业开发步骤中，低数据量和生物平台的差异导致预测抗体活性的监督模型开发面临艰巨的挑战。但是，由于抗体具有一个共同的折叠，在模拟常规蛋白行为和早期抗体模型方面取得的成功也给出了一般抗体研究的可能性。与此同时，新的数据收集方法和无监督、自监督DL方法的发展，如生成模型和掩码语言模型，为更好的监督模型开发提供了丰富而深入的数据集和DL架构。这共同推动了该行业朝着可开发性提高、成本降低和生物疗法更宽广的方向发展。

关键词：抗体；生物疗法；机器学习（ML）；可开发性；掩码语言模型；生成模型

19.1 引言

在治疗性单克隆抗体（monoclonal antibody，mAb）的开发领域内，许多步骤都会增加将生物药物应用于患者的总体成本和时间。而深度学习（DL）与其中许多步骤密切相关。但是，与许多DL应用程序一样，其根本的限制是足够高质量数据的可用性。在这些数据相关的实验领域，DL可助力于指导抗体的发现、设计和制造。但是，相关研究仍需要不断克服挑战，使得DL模型能够得到更为广泛的应用。

在开发抗体药物的道路上，很多注意力都放在了识别具有体内治疗活性的初始序列之上。但是，抗体是否会与必要的靶点结合？是仅与该靶点结合，还是同时与一个有效的抗原决定簇（epitope）结合？这种联系是否有足够强的相互作用来产生预期的反应？DL在这一领域发挥着重要作用，但获得候选序列只是研发抗体药物的第一个障碍。

基于抗体库的发现通常在噬菌体（phage）或酵母细胞（yeast cell）平台上完成。体内发现平台，如动物免疫，甚至是人类B细胞筛选，利用瞬态生产方法来创建用于测试的材料，而这些材料通常不会复制治疗开发过程。大部分商业治疗性抗体的生产是利用中国仓鼠卵巢（Chinese hamster ovary，CHO）细胞，而细胞和生产方法之间存在显著差异[1, 2]。

如图19.1所示，从概念上而言，可用的数据是从抗体序列开始，到序列鉴定和稳定细胞转染，再到药物制剂，同时包括一个典型生物治疗组织中可用数据量的定性描述。

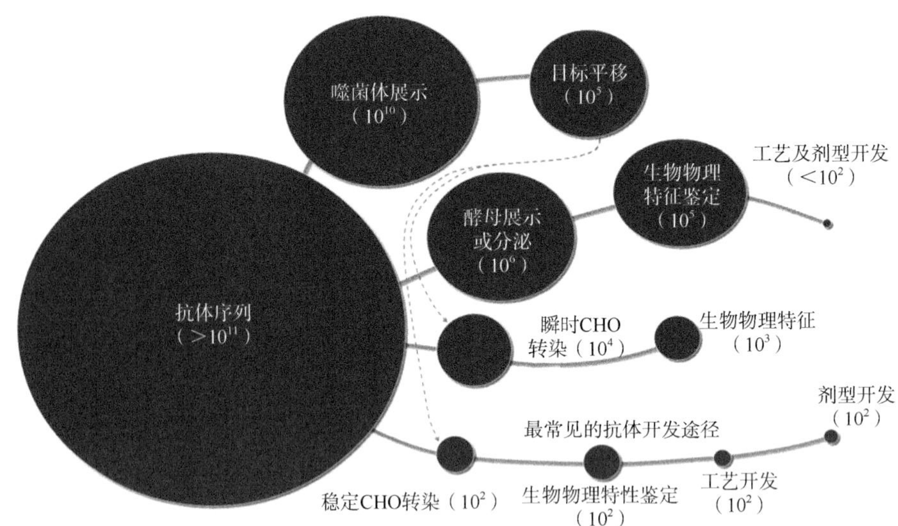

图19.1 **最常见的抗体发现与开发流程。括号内显示了预计在执行这些过程中可获得的可能序列数量。在发现和初始表征时期一般具有丰富的数据。随着工作转为面向生产的细胞系，数据量急剧减少，这增加了使用DL模型的挑战难度**

在哺乳动物转染稳定细胞系之前，早期开发已具备可用于DL的重要数据（不断增长）。由于每个后续步骤所需工作量和成本的增加，可用的数据量在这一过程中急剧下降。正如人们所预期的那样，这极大地限制了可用于支持后续研究步骤的DL模型数量。然而，这些都是理解所面临挑战和药物开发的关键步骤，因此相关领域中的DL可能是DL蓝图中的重要部分。

实验室方法可在酵母中表达数十万乃至数百万个抗体，并研究蛋白序列和生物物理性质（如稳定性和溶解度）之间的关系。但是，这些模型的开发仍极具挑战性，因为在给定分子特定位置的特定氨基酸类型与该分子所显示的行为之间存在极度非线性的关系。作为简化步骤，可以考虑这些分子的预估理化性质（如通过计算机模拟的结构分子建模），并尝试将这些性质与分子行为相联系。在这一方面，DL也可以发挥重要作用。

虽然可以从大型酵母数据集中预估表达水平，但这对哺乳动物细胞系的预期表达只有模糊的"方向性"。哺乳动物细胞和酵母细胞的单个细胞机制大相径庭。此外，表达水平会受到插入点（当使用随机插入转染时）、拷贝数，甚至特定细胞系的高度影响。更可能的是，只有无法折叠或其他"灾难性"表达问题的极坏序列才能基于酵母结果对CHO进行正确估计。然而，在酵母中对各种蛋白的研究，至少为实现CHO细胞系类似模型需要多少数据提供了证据。

即使我们能够训练出可靠的机器学习（ML）模型进行指标预测，如在特定溶剂中的溶解度、分子-分子相互作用程度等，但更大的挑战是将这些行为映射到抗体的体外工艺开发或其体内行为之中。在这一领域中，从过程行为到特定生物物理性质、结构特性或抗体序列的信息映射很少。对于上述关系，尚缺失最关键的数据，这主要是由于选择偏差，因为只有活性良好的分子和很有可能表现出可接受体内行为的分子，才能进行工艺和制剂开发，更不用说完整的体内表征。

最后一个挑战，也是DL可能发挥最大优势之处，即跨越以下复杂空间的数据设计：

（1）生殖细胞系。

（2）CDR多样性。

（3）抗体形式（如单链抗体、全长抗体、Fab抗体、Fc融合抗体、多特异性抗体）。

（4）特定的序列功能（如去酰胺化、异构化、糖基化位点）。

（5）体内免疫原性和清除可能性。

对于给定的真正多样化数据集，在很大程度上发挥这些特性的分子将会提供有针对性的抗体序列，从中可以收集更宝贵的数据。

在这项工作中，本章将讨论监督学习用于抗体设计的实例、序列功能的识别，以及使用无监督和自监督学习生成用于筛选和进一步表征的不同抗体集。

19.2 抗体开发中的监督学习

在抗体开发的背景下，监督学习最常见的形式是预测建模，即基于分子“特征”（通常来自氨基酸序列或结构）的表示来预测分子的性质和行为。这种模型的价值在于能够跳过缓慢、昂贵和非常低通量的体外或体内工作。精确的预测模型可以加速甚至自动化分子设计。虽然ML被频繁使用，但由于数据可用性限制，DL直至现在才开始受到关注。

基于分子特征开展行为预测包括两种主要途径。最常尝试的方法是使用分子建模生成抗体结构的一些中间表示，并使用一些精心挑选的特征集作为输入。第二种方法从DL的尝试中表现出了更强的吸引力，即直接基于氨基酸序列进行预测，通常对每个残基以独热编码（one-hot-encoded，OHE）形式进行编码。此外，还有一种正在引起人们广泛兴趣的新颖方法，该方法使用转换器模型，利用OHE数据并使用预训练的自监督DL模型，将每个残基的编码转换为一组可能捕获结构和化学信息的值。这种方法过于新颖，以至于无法与其他方法进行比较，因此其效果可能更好或更差。但该方法使用DL来获得像属性这样的第一性原则，这一点很值得关注[3]。

将分子建模作为从序列到分子行为的中间步骤，是一种有助于降低输入特征的非线性方法。这种简化可使用传统的ML方法及更小的数据集进行建模——这是关键的一步，因为目前许多抗体开发数据集包含不到300个抗体。不幸的是，这种方法在模型上留下了人类专家和第一性原则的偏见。建模中使用力场所做的近似和在这一过程中任何专家的选择都阻碍了后续的ML模型。分子建模方法的准确性会对预测器施加随机噪声和系统偏差，而分析人员将其偏差施加于所选择的特征上。

蛋白序列和结构与生物物理性质相关物理现象的复杂性阻碍了这种方法成为许多相关

特性的强大解决方案。随着可用的数据越来越多，DL也应该会逐渐减少对第一性原则特征选择的需求。

直接基于序列进行预测的挑战在于，任何模型都需要捕获分子结构中描述的非线性行为的重要部分（如哪些残基彼此靠近并暴露在溶剂中），然后才能将自由度用于预测所关注的性质。正如研究人员所预料的那样，这些方法需要大量的可用数据。从技术上而言，如果有足够的数据，其从特征选择中几乎没有信息损失：序列定义了绝大多数抗体行为（忽略翻译后修饰）。为了克服这一挑战，目前正在收集足够的体外数据。

例如，AlphaFold从序列中识别静态蛋白结构的工作就极具前景，同时也展现了这类任务所需的数据规模，以及结构的复杂性[4, 5]。不幸的是，这些特定模型在抗体开发领域可能没有那么实用。抗体行为预测的真正关键更可能隐藏在小尺度的距离和相互作用中——这是AlphaFold模型还不能胜任的领域。

另外，与AlphaFold模型所处理的广义蛋白问题不同，抗体序列和结构的很大一部分是非常保守的，以至于同源建模（使用预先存在的已知序列和结构作为起点）提供了非常合理的基础结构预测。这种高度的保守可以使用基于结构的残基比对方法，这大大降低了必须从序列推断出潜在空间的复杂性[6]。事实上，许多抗体和抗体样序列可以投射到一个固定长度的输入矢量中，这使得DL模型可以专注于推断残基之间的潜在关系，而无须不断变化的框架。

即使考虑到这些限制，在抗体设计的某些方面也已经具备可用的数据集（或产生数据集的方法），这使得现代DL方法可以立即派上用场。下文将描述目前用于蛋白性质预测的ML方法，并分享我们对应该用于抗体设计技术的评估。

19.2.1 生物物理性质

生物物理性质预测是短期内最有前途的监督DL应用领域。目标分子的生物物理性质，包括溶解度、疏水性、热力学稳定性和胶体稳定性，影响了工艺开发的难易程度和最终药物产品的稳定性。对于给定的分子，这些特性相对容易测试，并且可能满足高通量测试的条件（多个序列，一个或多个条件）[7-9]。

大型蛋白溶解度数据集（超过10万个蛋白序列）的可用性最近为DL溶解度预测打开了大门[10]。已经报道了多种DL算法，可以直接从蛋白序列中将蛋白分类为可溶性或不可溶性两类[11, 12]。DeepSol算法使用卷积神经网络（CNN），将氨基酸序列作为输入，进而输出相关蛋白是可溶性的概率。SKADE算法在同样的任务上使用了基于注意力的DL模型。虽然这些模型不能立即适用于抗体工程，可溶性和不可溶性分类数据集不太可能编码与少量突变的小溶解度变化相关的微妙模式，但研究表明，溶解度可以根据初级序列进行预测。将直接来自序列的DL算法应用于数千种不同抗体序列的定量（或半定量）溶解度数据，将为溶解度的调整提供有价值的预测指标。这些数据集尚未公开，但学术实验室和生物制药公司可以自行创建一个数据集。

此外，还有抗体疏水性预测模型的报道，相关模型对5000多个抗体抗原结合片段（antigen binding fragment，Fab）的疏水相互作用色谱保留时间（hydrophobic interaction chromatography retention time，HIC RT）测试进行了训练[13]。贾恩（Jain）等使用该数据集创建了两个传统的ML预测器，以预测溶剂可及表面积（solvent accessible surface area，SASA）的工程序列特征，以及基于SASA预测的HIC RT类别。这些模型的任务是预测Fab是否会在任意参考截止点之前或之后洗脱，而不是定量预测HIC RT。在5000多个独特的序列测试示例中，HIC RT数据集已接近现代DL算法（如上述溶解度预测器）的实用范围。

19.2.2　产品质量属性

产品质量属性（product quality attribute，PQA），尤其是翻译后修饰，如去酰胺化、异构化和糖基化，是预测建模的重要关注点。对PQA的控制确保了药品的纯净、有效。PQA只能从序列和结构上进行部分预测，但表达系统和培养条件等外部过程因素也会对PQA造成影响。每个PQA数据点也是相对资源密集的，在某些情况下依赖于先进的质谱技术进行精确定量[14]。PQA数据集在很大程度上仍然局限于数据匮乏的情况，在这种情况下，现代DL方法是不可行的，但是也有一些值得注意的PQA监督预测的实例。

最近关于ML的去酰胺化预测的出版物为PQA中监督学习的当前现状提供了一个说明性示例[15]。在这项工作中，研究者使用序列和结构特征的组合（根据基于序列的同源模型计算），利用随机森林（RF）模型进行分类和回归，以预测天冬酰胺脱酰胺率。这些模型根据来自不足50个mAb的几百个独特天冬酰胺位点的脱酰胺半衰期数据进行训练。这些数据由液质联用色谱计算，每个蛋白在40 ℃和pH 8.0条件下孵育4周。虽然天冬酰胺不稳定和惰性位点的分类可以推广至不同的蛋白类型和环境条件，但回归模型不太可能在定量上与mAb制造过程中经历的各种环境条件下观察到的相同蛋白的脱酰胺率一致。尽管如此，在药物研发早期阶段，该统计模型对于明显不良分子的初始计算机筛选是实用的。

也有研究使用ML来预测CHO细胞中mAb糖型分布的例子，最近使用的是人工神经网络（ANN）[16]。科蒂迪斯（Kotidis）和孔托拉夫迪（Kontoravdi）训练的神经网络能够预测给定mAb序列在各种培养条件下的多糖分布。蛋白序列和细胞培养条件之间可能存在复杂的非线性相互作用。神经网络对一种蛋白位点特异性糖基化属性的预测无法推广至其他mAb，这也限制了其在药物研发候选筛选阶段的实际应用。随着所获取不同抗体组的糖型数据的丰富，科蒂迪斯和孔托拉夫迪所描述的方法的实用性将会逐渐提高。

虽然更有希望，但相关结果也需要与细胞类型、转染方法、培养基组成，甚至生产模式（批量灌注还是连续灌注）相一致，因为上述因素都可能对PQA产生影响。特定于给定生产细胞系的数据可能是必要的。如果行业在一些标准流程方法上趋于相同，这些模型应该会变得更具转移性。

19.2.3　过程行为

抗体过程行为的直接预测是抗体设计中监督学习的关键。在生产过程的每个单元操作中预测给定分子的最佳性能，并识别突变以提高性能，可以极大地减少工艺开发中的实验工作量。然而，生物过程的动力学性质意味着分子性能的任何指标也将取决于工艺操作条件。工作台或生产规模的单元操作（如生物反应器细胞培养和色谱分离）既昂贵又耗时。而通过在实验规模上收集足够的实验数据来训练DL模型，以理解分子和工艺自由度之间的复杂相互作用（考虑到10～100 k色谱柱适用于不同的抗体、树脂和操作条件）是不可能的，至少是不切实际的。幸运的是，创造性地使用高通量“按比例缩小模型”（实验室方法在多孔板上进行几十、数百甚至数千的规模工作）和混合计算机建模方法，为过程行为预测建模提供了一线希望。

缩小模型以更低的成本提供更高的通量，便于更广泛地覆盖可能影响给定分子性能的工艺自由度。随着每消耗单位时间/美元会增加更多的数据点，缩小模型为DL所需的海量数据集提供了一个有吸引力的路径。

利用毫升级生物反应器收集生产力数据和小规模纯化实验是过程行为预测两个有前景的方面。加利亚尔迪（Gagliardi）等展示了一个使用这种小型生物反应器系统进行生产力预测的实例[17]。通过定制高通量细胞培养系统，并以模拟灌注模式运行，加利亚尔迪等操作了24～48个10～15 mL规模的管状生物反应器，而这可以预测10 L灌注培养中的克隆性能和介质效果。这也意味着由一位科学家可筛选出的克隆数量和培养条件在急剧增加。

据报道，小规模纯化实验也取得了类似的成功。由液体处理机器人在微量滴度板[18]和小型柱上进行的批量摄取实验[19, 20]可用于筛选许多树脂和缓冲条件，所需的蛋白材料比阶梯色谱法少得多。然而，这些高通量模式具有近似的成本，这意味着可能需要中间模型或计算修正以在不同尺度之间进行映射。这种将第一性原则知识与DL相融合的方法看似有限，实则前景广阔。

在同一领域，细胞培养和纯化过程的机制模型可用于通过数值模拟来创建大型计算机数据集。该方法已用于预测CHO的生长和生产力[21]、色谱建模[22]，以及基于操作条件预测性能[23]。这可能是有效的数据源，但重要的是要注意，任何嵌入底层数据中的假设都将嵌入从中训练的DL模型中。如果不引入实验数据，就不可能摆脱这些假设。

摆脱第一性原则陷阱和无法训练可推广的监督生物物理模型的一个可能途径，是使用生成的无监督模型来创建更好的数据集。

19.3 抗体开发中的无监督学习

尽管监督学习受到训练参考值不足的挑战，但无监督方法只对单个数据块（通常是抗体序列或结构性质）进行操作，因此受到数据不足挑战所带来的限制要小得多。随着收集人类基因组测序数据能力的显著进步，无监督和自监督DL模型已经成为更加合理的方法。虽然这些方法不能明确地与抗体生产流水线的特性（如根据序列预测保留时间）联系起来，但其仍然是理解抗体行为空间复杂性的最可行途径。这也为开发用于监督学习的丰富数据集提供了一种关键方法。

抗体领域的无监督模型，如生成性对抗网络（GAN）[24, 25]和自动编码器[26]，被用于创建助力抗体发现的大型、多样化的抗体库，以及有意地设计抗体集以筛选和进一步学习下游属性。

这些生成模型的目标是在给出真实样本示例数据集的情况下，创建多样化、超逼真的合成候选对象。精心策划的人体抗体库数据集，如观察到的抗体空间（observed antibody space，OAS）[27]，提供了真正的人体抗体序列的丰富数据源。一种生成型抗体可以在人体抗体库上进行训练，然后产生大量不同的合成抗体库，这些合成抗体在序列上是独特的，但在其他方面与人体抗体库并没有区别。这种抗体库生成方法允许使用迁移学习（TL）对给定库中抗体的属性进行明确控制[28]。

也开发了一些应用模型来生成特定靶点/抗原的结合物库[29]。高斯混合模型（Gaussian mixture model）与变分自动编码器配合使用，可为特定靶点提供抗体CDR的潜在空间聚类。该模型允许用户在潜在空间的集群内进行导航，以生成给定靶点的新结合物。这种方法可以被看作是一种在计算机中执行CDR亲和力的成熟方法，为抗原提供一组苗头抗体，即文库后筛选（post-library screening）。

最后，一种对抗体开发具有显著潜在益处的单块DL方法，就是自监督学习。这是一种无监督学习的形式，其中要求模型完成自我监督或预训练任务，以学习在各种实际下游任务中有用的中间表示。上述模型最近被用于蛋白领域，以学习捕获蛋白结构和行为的表示。预训练任务通常采用掩码语言建模（masked language modeling，MLM），如屏蔽蛋白序列中的一个或多个残基，并让模型在给定剩余序列的情况下预测该残基上的氨基酸。

在抗体空间中，这种类型的预训练任务可用于学习框架区域中有意义的表示和嵌入，以帮助复杂的下游设计、分类、聚类和分析任务。基于转换器的模型，如BERT[30]和GPT[3]，也利用了MLM，并使用注意机制来捕获序列数据中的远程结构关系。由于抗体具有相对较长的蛋白序列和复杂结构，这些模型在抗体领域可能特别实用，其中远程上下文结构非常重要。

如前所述，许多通用的蛋白序列任务必须学习广泛的三维折叠和相互作用，并能够从中获得序列的意义。相比之下，抗体模型可以利用序列和结构上的高度保守性。非常多的抗体序列都是保守的，即使是跨物种抗体也表现出强烈的对齐特征，如骆驼的VHH结构域和人体的VH结构域[31]。

转换器模型的相关工作表明，这些新流行的模型架构可用来捕捉残基之间的演化模式和概率，包括那些难以观察到的潜在深层关系。这些习得的表示可用来评估序列，并与这些习得的表示进行比较，包括残基替换的机会。

无监督与自监督模型的迁移学习

虽然GAN和MLM模型是强大的生成性和定性评估工具，但使用TL来进一步适应这些模型的能力可能是这些方法真正的变革力量。如果有一个训练有素的模型已经捕获了更大的抗体序列关系域，我们可以应用TL将这些模型集中到抗体类型的子集。这有效调整了生成或评估模型，以生成或寻找具有特定特征的抗体，如更低的清除率（PK）、更强的热稳定性和更普遍的可开发性。

事实上，这就是无监督模型和有监督模型开始汇聚的地方（在哲学意义上，而不是数值意义上)。如果我们能够从监督建模中识别与特定可开发性特征相关的分子特征，那么就可以利用这些知识重新训练无监督和自监督模型，以避免或诱导此类特征和特性。类似地，即使没有监督模型，也可以获得具有良好特征的表达抗体集，并使用TL使生成和评估模型偏向于该抗体集的特征。这些都是在不具有行为的第一性原则模型的情况下完成的，但前提是用于TL的给定集具有特定的特征或感兴趣的行为。

众所周知，这种转移学习模型是从抗体序列空间的可能粗略近似中训练出来的。训练数据永远无法完全捕获显示行为的所有序列空间。但即使在这个近似范围内，对更好的溶解度、更强的骨架稳定性、更低的黏度或更长的半衰期等特征的偏向，也可能对抗体疗法的成本、可用性和有效性产生重大影响。

对这些模型进行TL的路径也为监督学习应用生成高度多样化的训练数据打开了大门，从而进一步完善模型的预测能力，这也有利于我们对潜在生物物理行为的理解。与其依赖于从体内实验中“发现”序列，不如借助TL生成方法，开发出几乎无穷无尽的具有特定属性的抗体序列集。这将有助于生成数据，进而合理和具体地测试抗体可开发性特征和行为的相关理论。

19.4 总结

DL在抗体开发领域发挥着关键作用。从序列到生物物理性质，再到工艺优化和最终药品行为，所有环节的复杂非线性行为都使小规模ML变得难上加难。但为了实现这一DL目标，抗体开发科学家必须找到新的方法来收集所需的数据，或者借助在计算机上生成适当真实数据的方法。

虽然目前的小型数据训练ML模型在可开发性方面还有很多不足之处，但前景依旧光明。实验室方法正在不断推进高通量表达和数据收集。mAb开发的早期阶段，在DL中获得知识的推动下，我们能够充分利用相关体外实验。

最后，关注从药物发现到最终应用于患者的整个过程是至关重要的。这些在DL中每一个中间过程所取得的成功都具有重要的意义，然而，前方的道路依旧漫长。如果将注意力集中在提高抗体生物治疗的质量和成本方面，DL也可能会产生重要影响。

（蒋筱莹　译　白仁仁　校）

参考文献

1. Kunert R, Reinhart D (2016) Advances in recombinant antibody manufacturing. Appl Microbiol Biotechnol 100:3451–3461. https://doi.org/10.1007/s00253-016-7388-9
2. Chiba Y, Akeboshi H (2009) Glycan engineer-ing and production of “humanized” glycoprotein in yeast cells. Biol Pharm Bull 32:786–795. https://doi.org/10.1248/bpb. 32.786
3. Rives A, Goyal S, Meier J et al (2019) Biological structure and function emerge from scaling unsupervised learning to 250 million protein sequences. Proc Natl Acad Sci U S A 118(15):e2016239118. https://doi.

org/10.1073/pnas.2016239118

4. Alquraishi M (2019) AlphaFold at CASP13. Bioinformatics 35:4862–4865. https://doi. org/10.1093/ bioinformatics/btz422
5. AlQuraishi M (2020) A watershed moment for protein structure prediction. Nature 577:627–628. https://doi. org/10.1038/ d41586-019-03951-0
6. Honegger A, Plückthun A (2001) Yet another numbering scheme for immunoglobulin variable domains: an automatic modeling and analysis tool. J Mol Biol 309:657–670. https:// doi.org/10.1006/jmbi.2001.4662
7. Rocklin GJ, Chidyausiku TM, Goreshnik I et al (2017) Global analysis of protein folding using massively parallel design, synthesis, and testing. Science 357:168–175. https://doi.org/10. 1126/science.aan0693
8. Ahmad S, Kumar V, Ramanand KB, Rao NM (2012) Probing protein stability and proteolytic resistance by loop scanning: a comprehensive mutational analysis. Protein Sci 21:433–446. https://doi.org/10.1002/pro. 2029
9. Pershad K, Kay BK (2013) Generating thermal stable variants of protein domains through phage display. Methods 60:38–45. https:// doi.org/10.1016/j.ymeth.2012.12.009
10. Smialowski P, Doose G, Torkler P et al (2012) PROSO Ⅱ -a new method for protein solubility prediction. FEBS J 279:2192–2200. https://doi.org/10.1111/j.1742-4658.2012. 08603.x
11. Khurana S, Rawi R, Kunji K et al (2018) Deep-Sol: a deep learning framework for sequence-based protein solubility prediction. Bioinformatics 34:2605–2613. https://doi.org/10. 1093/bioinformatics/bty166
12. Raimondi D, Orlando G, Fariselli P, Moreau Y (2020) Insight into the protein solubility driving forces with neural attention. PLoS Comput Biol 16:1–15. https://doi.org/10. 1371/journal.pcbi.1007722
13. Jain T, Boland T, Lilov A et al (2017) Prediction of delayed retention of antibodies in hydrophobic interaction chromatography from sequence using machine learning. Bioinformatics 33:3758–3766. https://doi.org/10. 1093/bioinformatics/btx519
14. Rogers RS, Nightlinger NS, Livingston B et al (2015) Development of a quantitative mass spectrometry multi-attribute method for characterization, quality control testing and disposition of biologics. MAbs 7:881–890. https:// doi.org/10.1080/19420862.2015.1069454
15. Delmar JA, Wang J, Choi SW et al (2019) Machine learning enables accurate prediction of asparagine Deamidation probability and rate. Mol Ther Methods Clin Dev 15:264–274. https://doi.org/10.1016/j. omtm.2019.09.008
16. Kotidis P, Kontoravdi C (2020) Harnessing the potential of artificial neural networks for predicting protein glycosylation. Metab Eng Commun 10:e00131. https://doi.org/10. 1016/j.mec.2020.e00131
17. Gagliardi TM, Chelikani R, Yang Y et al (2019) Development of a novel, high-throughput screening tool for efficient perfusion-based cell culture process development. Biotechnol Prog 35:1–12. https://doi.org/10.1002/ btpr.2811
18. Bergander T, Nilsson-Välimaa K, Öberg K, Lacki KM (2008) High-throughput process development: determination of dynamic binding capacity using microtiter filter plates filled with chromatography resin. Biotechnol Prog 24:632–639. https://doi.org/10.1021/ bp0704687
19. Benner SW, Welsh JP, Rauscher MA, Pollard JM (2019) Prediction of lab and manufacturing scale chromatography performance using minicolumns and mechanistic modeling. J Chromatogr A 1593:54–62. https://doi.org/10.1016/j.chroma.2019.01. 063
20. Pirrung SM, Parruca da Cruz D, Hanke AT et al (2018) Chromatographic parameter determination for complex biological feed-stocks. Biotechnol Prog 34:1006–1018. https://doi.org/10.1002/btpr.2642
21. Hefzi H, Ang KS, Hanscho M et al (2017) A Consensus Genome-scale Reconstruction of Chinese Hamster Ovary (CHO) Cell Metabolism. Cell Syst 3:434–443. https://doi.org/ 10.1016/j.cels.2016.10.020.A
22. Huuk TC, Hahn T, Doninger K et al (2017) Modeling of complex antibody elution behavior under high protein load densities in ion exchange chromatography using an asymmetric activity coefficient. Biotechnol J 12. https://doi.org/10.1002/biot.201600336

23. Pirrung SM, van der Wielen LAM, van Beck-hoven RFWC et al (2017) Optimization of biopharmaceutical downstream processes supported by mechanistic models and artificial neural networks. Biotechnol Prog 33:696–707. https://doi.org/10.1002/btpr. 2435
24. Goodfellow IJ, Pouget-Abadie J, Mirza M et al (2014) Generative adversarial nets. Adv Neural Inf Process Syst 3:2672–2680. https://doi. org/10.3156/jsoft.29.5_177_2
25. Gui J, Sun Z, Wen Y, et al (2020) A review on generative adversarial networks: algorithms, theory, and applications. arXiv:2001.06937
26. Lopez Pinaya WH, Vieira S, Garcia-Dias R, Mechelli A (2020) Autoencoders. Mach Learn:193–208. https://doi.org/10.1016/ b978-0-12-815739-8.00011-0
27. Kovaltsuk A, Leem J, Kelm S et al (2018) Observed antibody space: a resource for data mining next-generation sequencing of antibody repertoires. J Immunol 201:2502–2509. https://doi.org/10.4049/jimmunol. 1800708
28. Amimeur T, Shaver J, Ketchem R et al (2020) Designing feature-controlled humanoid antibody discovery libraries using generative adversarial networks. bioRxiv 2020.04.12.024844; https://doi.org/10.1101/2020.04.12. 024844
29. Friedensohn S, Neumeier D, Khan TA, et al (2020) Convergent selection in antibody repertoires is revealed by deep learning. bioRxiv. https://doi.org/10.1101/2020.02.25. 965673
30. Devlin J, Chang MW, Lee K, Toutanova K (2018) BERT: pre-training of deep bidirectional transformers for language understanding. arXiv
31. Li X, Duan X, Yang K et al (2016) Comparative analysis of immune repertoires between Bactrian camel's conventional and heavy-chain antibodies. PLoS One 11:1–15. https://doi. org/10.1371/journal.pone.0161801

第20章

机器学习在ADMET预测中的应用

摘　要：ADMET（absorption，distribution，metabolism，excretion and toxicity，吸收、分布、代谢、排泄和毒性）描述了药物分子的药代动力学和药效学特性。生物活性化合物的ADMET特性会影响其功效和安全性。此外，有效性和安全性问题被认为是新化学实体（new chemical entity，NCE）临床开发中失败的主要原因。在过去几十年间，各种机器学习（ML）或定量构效关系（QSAR）方法已成功集成至ADMET 建模之中。目前，通过数据收集和各种计算方法的开发，药物发现与开发过程早期阶段评估和预测生物活性化合物的ADMET性质方面取得了显著进展。

关键词：ADMET；机器学习（ML）；预测；描述符；Cubist；深度神经网络（DNN）

20.1 引言

ADMET描述了药物分子的药代动力学和药效学特性。生物活性化合物的ADMET性质会影响其功效和安全性。此外，有效性和安全性方面的问题也是导致新化学实体（NCE）临床开发中失败的主要原因。ADMET计算模型已广泛用于基于高通量筛选（HTS）中的苗头化合物识别、库设计理念优先级排序及先导化合物的优化。目前，已经基于不同的ML算法开发了大量的计算模型[1-5]。相关综述文献也对ADMET模型开发的最新进展进行了系统的介绍[6]。

最近，与随机森林（RF）和Cubist等传统ML方法相比，深度学习（DL）在提高体外ADMET预测准确性方面取得了一定的成功[7-10]。多任务深度神经网络（multiple task deep neural network，MT-DNN）[11]和图卷积神经网络（GCNN）[12, 13]方法依赖于直接从图形描述中提取分子特征，在提高准确性方面发挥着重要作用。在拉姆孙达尔（Ramsundar）等的工作中[13]，MT-DNN的表现出奇稳健，并且与RF相比有着显著的改进。我们在自己的工作中发现，在多种情况下，使用DL开发的ADMET计算模型优于使用以Cubist作为基线方法开发的模型[14]。由不同算法开发模型的性能高度依赖于数据集的大小、终点（endpoint）类型、模型类型，以及分子描述符的类型。在比较不同的统计算法时，应对上述因素加以考量。

20.2 材料

20.2.1 数据集概览

ADMET数据集通常包含两部分，即分子结构和ADMET活性效果，这是基于各种分析而获得的。分子结构通常以简化分子线性输入规范（SMILES）或化学表（Ctab，也称为Mol和SDF）的格式进行表示[15]。这些分子结构信息主要用于计算描述符集。活性效果可以是连续或离散的真实数值或分类。一些软件可以直接对非数值进行处理。在多任务学习的情况下，可以组合多个ADMET活性效果。所应用的数据集可以是内部数据集或者是开源数据。一些开源的ADMET数据集包括PubChem和ChEMBL。PubChem（https：//pubchem.ncbi.nlm.nih.gov/）是一个大型化学数据库，其中包含大量具有类药性（drug-like properties）的生物活性分子。数据库的生物测试部分包含许多可用于ML的高质量数据。PubChem在欧洲对应的数据库是ChEMBL（https：//www.ebi.ac.uk/chembl/），是另一个包含可用于ML的小分子数据库。此外，其他精心构建的数据库还包括用于水溶性方面的Aquasol数据库[16]，以及用于毒性领域的Tox21数据库[17]。

20.2.2 描述符集概览

分子结构需要转化为一组数值表示，以便通过计算算法识别相应的结构信息。这种数字表示被称为分子描述符（molecule descriptor）或特征。小分子的描述符集通常包含分子指纹（fingerprint）、片段（fragment）和分子连接性（molecular connectivity）等结构信息，以及分子量（molecular weight，MW）、脂水分配系数（log P）和pK_a等分子特性。许多ML模型可以包含数百个甚至数千个描述符。2D分子描述符是传统ADMET建模中最受欢迎的描述符。其中包括*c*log P（BioByte Corp）、Kier连接性、形状和E-状态指数[18-20]。我们主要使用MOE描述符的一个子集（Chemical Computing Group Inc.，2004，http：//www.chemcomp.com），以及一组作为结构特征的ADMET关键点来进行ADMET建模[4]。一些描述符，如基尔（Kier）形状索引，包含隐式3D信息。基于预测的构象效应和快速预测计算速度方面的考量，通常不使用显式3D分子描述符，以避免分析偏差。

在DL方法中，分子图卷积神经网络（molecular graph convolutional neural network）被用于将分子结构转换为嵌入。输入分子由分配给其原子和原子对的一组分布式表征进行表示。每个原子和原子对都分配了一个密集的特征图，其中A_a被定义为原子a的特征图，$P_{a,b}$被定义为原子对a和b的特征图。典型的原子特征包括原子类型、原子半径，以及原子是否在芳环中；典型的原子对特征包括原子间距离和两个原子之间的键级（bond order）。然后，将输入分子以一组原子特征 $\{A_1, A_2, \cdots, A_n\}$ 和原子对特征 $\{P_{1,2}, P_{1,3}, \cdots, P_{n-1,n}\}$ 进行表示。在对输入的原子和原子对级别特性进行组装后，组合形成了分子状图结构。随后将一系列卷积运算符应用于图形，对每个运算符执行卷积运算，从而转换原子特征图。为了使原子邻域信息的位置经过不变处理（invariant handling），所有原子的卷积滤波器共享一组权重。卷积层的输出是每个原子的一组表示。池化步骤将可变数量的原子特征向量减少到单个固定大小的分子嵌入中[32]。

20.2.3　机器学习算法

Cubist是由昆兰（Quinlan）[21-23]开发的一种面向预测的回归算法，已应用于不同的科学领域[24-27]。与其他传统计算方法相比，Cubist的优势在于其可以处理具有高度非线性关系的大型数据集[26]。该算法已编码在caret包中[28]。Cubist会生成一个结构树，然后通过结构树的每条路径折叠成一条规则。基于规则定义的数据子集为每个规则拟合多元线性回归模型。规则集可以被删减或组合，线性回归模型的候选变量是被删减规则部分中使用的预测变量。Cubist类似于分段线性回归模型，只是规则可以重叠。其通过构建包含一个或多个规则的模型来实现这一点，其中每个规则都是与线性回归相关联条件的结合。对于新的案例，如果变量集满足给定规则的条件，则使用相应的回归模型来计算新案例的预测值。如果两个或多个规则适用于一个案例，则对这些值进行平均以得出最终预测。

通过将基于规则的模型与基于实例或最邻近模型相结合，可以提高基于规则模型的预测准确性。后者会在训练数据中找到n个最相似的案例，并将其目标值的平均值作为新案例的预测值，用来预测新案例的目标值。Cubist采用了一种不寻常的方法来组合基于规则和基于实例的模型，以得出复合预测[29]。昆兰[23]提出了一种结合基于实例和基于模型的技术，以获得回归解决方案的方法。Cubist中的监督功能与提升有类似的益处。首先，第一个Cubist模型进行预测，随后的Cubist模型尝试调整先前模型中的错误。结合实例和模型树的复合模型已被证明比单独基于规则的模型更为准确[23, 26]。Cubist包中具有一个选项，用户可在需要时包含基于实例的建模。

Cubist输出包含变量使用统计信息，给出了每个变量在相关条件或线性模型中使用的次数百分比。在树的每次拆分中，Cubist使用当前拆分或其上方任何拆分中使用的每个变量关系来保存线性模型。昆兰[21]讨论了一种平滑算法，其中每个模型预测都是父模型和子模型沿着树的线性组合。因此，最终预测是从初始节点到终端节点的所有线性模型的函数。Cubist输出中显示的百分比反映了预测中涉及的所有模型（与输出中显示的终端模型相反）。

为了最大限度地提高可解释性，Cubist模型被表示为规则的集合，其中每个规则都含有一个关联的多元线性模型。基于规则和线性模型，用户可以轻松地追溯到用于预测的回归方程，并找出对给定预测具有潜在贡献的分子特性。因此，Cubist模型实现了可解释性和预测能力之间的平衡，而不是黑箱预测模型。

使用Cubist包可以调整几个超参数。其中，监督项和邻近项数量这两个重要的超参数是最有可能对派生Cubist模型的最终性能产生最大影响的超参数。

（1）根据我们的经验，监督项最佳数量由样本量和训练数据的化学多样性决定。在ADMET建模中，对于相对较大的数据集（$n>1000$），其数量为15～60，具体取决于数据集。相对预测误差通常随着监督项数量的增加而下降，达到最小值。监督项数量的任何进一步增加只会增加模型的复杂性，而不会改善预测误差。

（2）在大多数情况下，包含最邻近预测会显著提高Cubist模型的预测性能，尤其是对于包含大量类似物的大型训练集。使用复合模型进行预测的速度可能会很慢，因为Cubist需要根据训练数据构建最邻近树并找到最邻近项，对于具有大型训练集的模型尤其如此。

（3）在模型构建过程中，使用n倍交叉验证可以帮助选择具有更好预测性能的模型，并避免选择过度拟合的模型。

当前的人工智能（AI）时代是由DL技术及其不断发展的实施方法所引领的，这些技术在包括药物发现在内的多个领域都显示出得天独厚的优势[9, 30, 31]。DL扩展了人工神经网络（ANN）的应用，其中使用了更复杂的网络架构。通常，利用多个完全连接或卷积隐藏层，以不同方式的相互作用来定义平台，如深度神经网络（DNN）、递归神经网络（RNN）和卷积神经网络（CNN）。DNN是具有多个隐藏层的ANN，通常具有正向数据流，能够对复杂的非线性关系进行建模。RNN可使用内部存储器来处理任意输入序列，数据流向任意方向。RNN经常用于文本和语音识别。与DNN相比，CNN的关键特征可以学习识别跨空间的模式，并有效地用于图像和模式识别。相关文献中详细描述了用于ADMET预测的DL算法[32]。增量训练利用了DNN的迁移学习（TL）特性。在建模刷新过程中，神经网络可以仅使用新数据进行更新，无须从头开始重新训练神经网络。这可以显著缩短模型刷新过程中的训练时间。

20.2.4 软件

Python和R通常用于数据处理。Spotfire和JMP可进行数据分析和可视化。一些常用计算描述符的软件包括Dragon[33]、RDKit[34]、Daylight、ACDlabs、分子操作环境（molecular operating environment，MOE）、Schrodinger和Pipeline Pilot。图卷积描述符可通过多种基于DL的ADMET预测软件进行计算，包括DeepChem[35]、Chemprop[36]和Chemi-Net[32]。Python和R中的Sklearn和Caret包分别用于传统的ML算法。Tensorflow、Keras和PyTorch是常用的DL框架软件。Pipeline Pilot主要用于数据流水线化和自动化整个ADMET训练及推理过程。

20.2.5 计算机硬件

可以应用内部构建、云端或此类计算硬件解决方案的混合模式来执行ML任务。对于传统的ML任务，配备至少4核CPU、16 GB RAM和1 TB硬盘的HP Z系列工作站，或具有亚马逊网络服务（Amazon web services，AWS）M5的类似设置都可满足要求。首选硬件设置包括8核CPU、64 GB RAM和4 TB SSD硬盘驱动器。对于具有大型数据集的DL任务，GPU是训练过程的首选。一些首选的GPU包括Nvidia GeForce RTX 2080 Ti、Quadro RTX 6000、Titan RTX和Tesla V100。在AWS上，P2或P3实例适用于GPU训练任务。

20.3 方法

20.3.1 训练集和测试集的准备

本案例研究选择了由5个ADMET终点和共计13个测试组成的内部数据集来预测建模。选定的5个ADMET终点分别是人微粒体清除率（human microsomal clearance，HLM）、人肝微粒体CYP450酶抑制（CYP3A4）、水平衡溶解度、孕烷X受体（pregnane X receptor，PXR）激活，以及小鼠模型中的生物利用度。对于CYP3A4酶抑制，研究了两种测试方法，因条件而略有不同。对于水平衡溶解度，研究了三种测试：盐酸（HCl）、磷酸盐缓冲液（phosphate-buffered saline，PBS）和禁食模拟肠液（fasted simulated intestinal fluid，FaSIF）。对于PXR激活，选择了因条件而略有不同的6种测试。将log10转换应用于HLM、CYP3A4和溶解度数据，以训练ML模型。在所有ADMET终点中，使用的数据集在质量和数量上各不相同。一般而言，PXR和生物利用度数据集比其他3个ADMET终点的数据集噪声更大。训练集和测试集按大约80：20的比例拆分（表20.1）。为了模拟实时预测情况，在时间上将训练集和测试集分开，选择较新的化合物作为测试集。

表20.1　Cubist和DNN方法中R^2的数据集和预测准确度[32]

数据集	子集	训练规模	测试规模	Cubist R^2	Chemi-Net ST-DNN R^2	Chemi-Net MT-DNN R^2
HLM	1	69 176	17 294	0.39	0.445	
CYP450	1	3019	755	0.597	0.692	
	2	71 695	17 924	0.315	0.414	
溶解度	1（HCl）	10 650	2659	0.493	0.548	0.585
	2（PBS）	10 650	2664	0.393	0.471	0.498
	3（FaSIF）	10 650	2645	0.445	0.552	0.562
PXR	1（2 μmol/L）	19 902	4981	0.276	0.257	0.422
	2（10 μmol/L）	17 414	4256	0.343	0.333	0.445
	3（2 μmol/L）	8883	2223	0.094	0.11	0.199
	4（10 μmol/L）	8205	2054	0.246	0.2	0.327
	5（10 μmol/L)	10 047	2511	0.349	0.38	0.418
	6（2 μmol/L）	10 047	2536	0.283	0.311	0.352
生物利用度	1	183	46	0.115	0.123	

20.3.2 机器学习模型训练和性能评估

传统的ML方法Cubist使用2D分子描述符进行ADMET计算建模。描述符经过预处理以去除零方差和接近零方差的描述符。描述符也需被集中和规范化。DL方法使用分子图卷积神经网络将结构转换为嵌入代码（参见20.2.2节）。

我们建立了回归模型。测试集仅用于测试目的，以避免训练过程中出现偏差。将回归系数R中的Caret包用于Cubist方法。采用10倍交叉验证来调整超参数（监督项和最邻近项数量）。然后，使用Caret实现的网格搜索来选择最佳超参数集以生成最终模型，并使用均方根误差（RMSE）作为成本函数。对于DL，首先使用内部分子构象生成器将输入的SMILES码转换为3D结构，然后将生成的分子图用于训练和测试。采用基于RMSE的成本函数来训练神经网络，并应用使用Adam优化器[37]的标准神经网络程序，评估了单任务和多任务DNN模型。同时，对所有案例步骤都进行了微调。

Cubist和DL方法决定系数（R^2）的预测精度如表20.1所示。与Cubist方法相比，除了嘈杂和较小的体内生物利用度数据集之外，DL方法通常具有中度到显著的精度改进。我们分别对3个溶解度测试和6个PXR测试应用了多任务学习，使得所有情况下的准确度都得以提高。

20.3.3 模型开发与自动化

Pipeline Pilot可为药物化学研究人员提供ADMET预测服务，并开发了训练模块（图20.1）和预测模块（图20.2）。训练模块利用了Chemi-Net的增量训练功能。其每周运行一次，以使用新测试的数据刷新模型。此外，其可发送电子邮件通知以报告培训过程是否成功并记录相关信息。预测模块可以根据ADMET预测需求“即时”运行。实施工作的挑战如下：具有按需预测请求的繁重计算；大型数据集组装和处理；将其与我们现有基于传统ML方法的ADMET预测服务相结合。在20.4节的注释1～4中描述了一些ADMET模型的使用技巧。

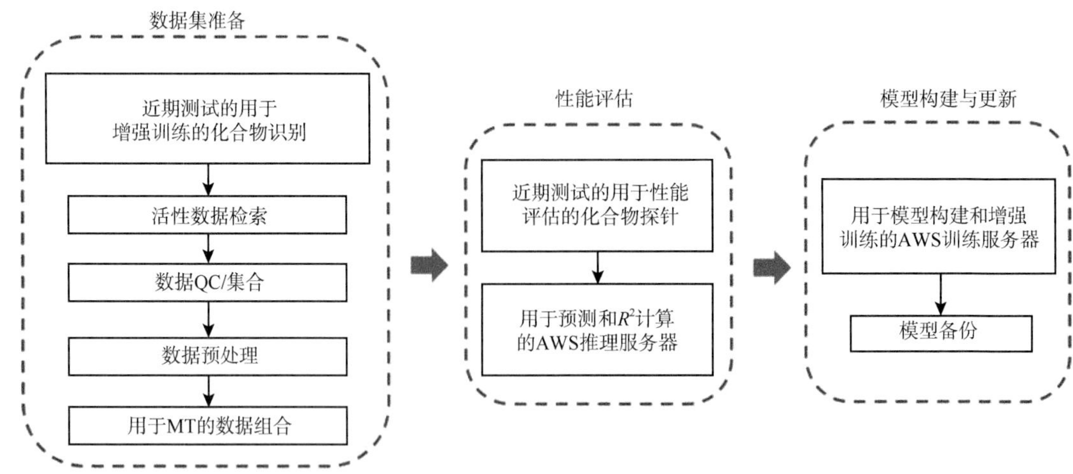

图20.1 ADMET训练模块的工作流程[32]

20.3.4　性能监控

我们在训练模块中设置了一种机制，允许在每次更新模型时实时检查模型性能。在模型训练更新运行期间，我们使用自上次训练以来新测试的数据检索分子，使用上次训练过程中的模型来预测具有新测试数据化合物的ADMET活性。在这种情况下，确保新分子不存在于用于评估的最后一个训练模型中。因此，这属于模型的前瞻性验证。然后，我们将预测值与实验值进行比较，并计算R^2、标准误差，以及在实验结果的2倍或3倍范围内，被准确预测化合物的百分比（图20.1）。预测值、实验值及模型性能指标都会存档，以供未来进行累积性能分析。

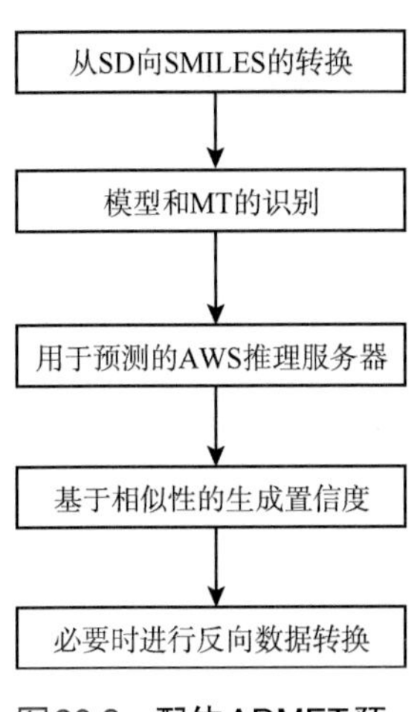

图20.2　配体ADMET预测模块的工作流程[32]

20.3.5　训练ADMET模型的其他技巧

在构建ADMET计算模型时需要考虑几方面的重要因素。首先，要考虑的问题之一是了解要分析的ADMET属性，以及研究团队计划如何使用该属性来做出设计决策。区分分类用途（如可渗透或不可渗透）或解释为连续范围（如用于计算体内清除率或剂量的未结合分数），对于模型的构建具有重要价值。接下来，应检查实验数据的可变性。计算机建模旨在模拟实验分析，因此模型的好坏取决于训练所依据的数据质量。在此之后，应在结构多样性、构效关系（SAR）线性和拟分析数据集大小的背景下，检查用于SAR分析的ML方法。对于小型数据集，尤其是同系列化合物，简单的多元线性回归分析或偏最小二乘法即可满足要求。对于具有非线性SAR关系的结构多样的大型数据集，更复杂的方法可能更为实用，如RF、ANN、Cubist或高级DL方法。如前所述，Cubist是分析大型数据集的有效方法，尤其是具有高度非线性SAR的数据集[3]。

下一个要考虑的因素是可用的分子描述符集，因为需要评估准确性、可解释性、再现性和速度。根据我们的经验，在可行的情况下，应避免依赖构象的3D分子描述符。基于可解释的分子描述符构建的计算模型对于用户在设计新分子时理解潜在的分子特性很有帮助。

最后，如果模型要应用于预期属性预测，则需要检查应用领域或预测置信度。在实践中，基于指纹的分子相似性可作为预测置信度的合理且快速的替代指标。系统利用计算工具的一些例子包括多尔蒂（Doherty）及其同事的工作，他们通过结合ADMET计算筛选和模块化文库合成技术，开发了组合文库设计平台[38]。此外，古尔杰尔（Gurjar）等通过结合计算的ADMET特性（包括渗透性和血脑屏障渗透），设计了潜在的咪唑类胆碱酯酶（cholinesterase）抑制剂，作为阿尔茨海默病（Alzheimer’s disease）的神经保护剂[39]。

20.4 注释

注释1：为了能够满足繁重的计算需求，我们利用云计算资源亚马逊网络服务（AWS）。AWS设置有安装在两台服务器（训练和推理服务器）上的弹性文件系统（Elastic File System，EFS）存储系统，以托管经过训练的模型。这些模型也备份在我们的本地数据中心。为了保持网络连接的稳健性，在两台服务器上都设置并应用了灵活性IP，以便可以使用固定IP地址对其进行访问。训练服务器是用于模型构建/刷新的GPU（p2.8xlarge 或 p3.8xlarge，取决于可用性）。该训练服务器由Pipeline Pilot中的训练模块（图20.1）调用。推理服务器是用于预测的CPU（m5.4xlarge）。推理服务器由训练和预测模块调用。Pipeline Pilot SSH和SCP组件用于与远程服务器通信，以驱动计算和数据传输（图20.3）。

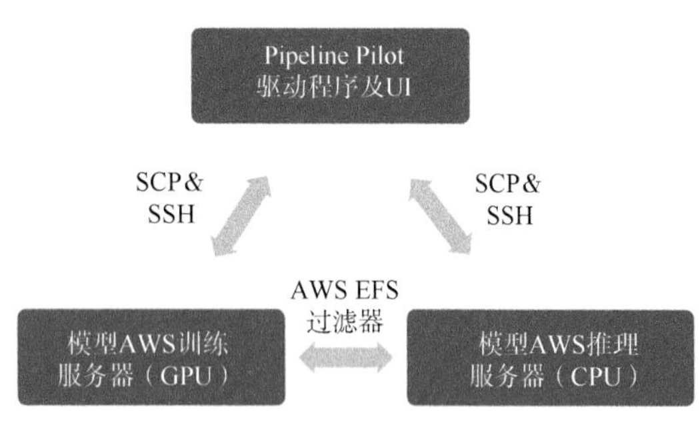

图20.3　本地Pipeline Pilot应用程序与AWS中远程服务器之间的关系[32]

注释2：我们的训练模块旨在应对数据集方面的挑战。大型数据集通过MT-DNN训练预测模型。例如，溶解度模型使用3个数据集进行训练，每个数据集包含的数据点超过1万个。这些数据可通过SQL查询从我们的内部分析数据仓库（Assay Data Warehouse，ADW）和化合物注册数据库中检索。通过实施质量检查机制进行数据验证和清理，以便其适用于无错误的训练计算。此外，非数值数据会被删除；数值数据前面的数量词（quantifier）（＜、＞、'）也会被删除。对于具有相同化合物的重复数据，将取其平均值。同时还在训练前的预处理步骤中应用 log10或logit变换。在最常用于刷新ADMET模型的增量训练案例中，我们建立了一个数据比较机制，可以从上次用于训练模型的旧数据中识别新测试的化合物。最后，将来自不同集合的数据组合在一起，为训练模型生成一个简单的间隔分隔文件。

注释3：为了将基于DL的ADMET预测与我们现有的ADMET预测服务无缝结合，必须使用相同的Pipeline Pilot平台。对于预测模块，开发了额外的Pipeline Pilot组件，这些组件具有与现有ADMET应用程序相同的数据输入和输出格式。新组件已插入到现有的ADMET应用程序中。同时，在应用程序中构建了一个逻辑开关，以根据指定的ADMET属性，决定使用基于DL的模型还是现有的传统ML。此外，现有的ADMET预测图形用户界面不需要修改。因此，ADMET相关用户在输入选项和获得的输出方面看不到任何差异。

注释4：我们研究了化合物相似性和预测准确性之间的相关性。对于测试集中的每个化合物，使用日光指纹和谷本（Tanimoto）算法计算与所有训练集化合物的相似性，并记录了测试集中每个化合物的最高相似性。根据相似性对测试集中的所有化合物进行分类，然后计算每个分类的R^2值。以HCl溶解度测定为例，我们发现预测准确性会随着相似性的增加而增加（图20.4）。因此，我们得出结论，在ML方法中，预测准确性或置信度与训练集化合物的分子相似性呈正相关。在预测模块中，我们应用了预测置信度分数。该分数基于每个查询分子与训练集中分子之间的谷本相似性。此外，该应用程序还输出训练集中最相似的分子，为化学研究人员提供结构见解。

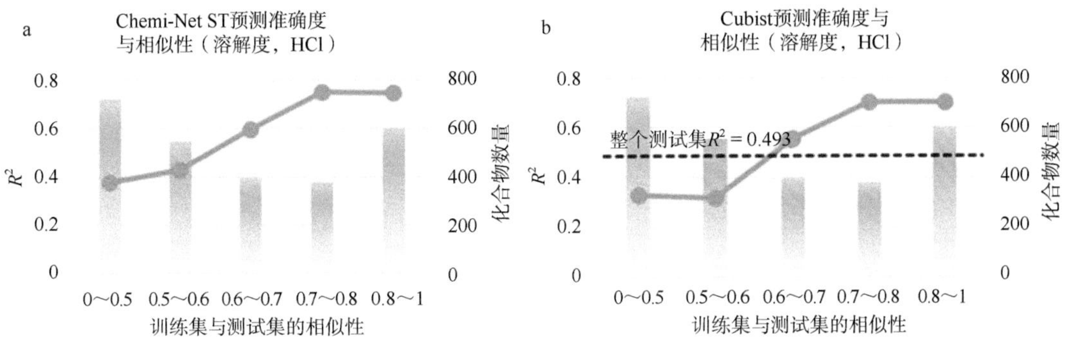

图20.4　**通过溶解度（HCl）数据集的相似性预测分类测试集化合物的性能。**a. Chemi-Net ST-DNN；b. Cubist[32]

20.5　总结

总之，ADMET特性在小分子药物发现与开发的决策过程中发挥着关键作用。本章介绍了广泛应用于制药行业的ADMET预测方法的开发和实施。我们内部开发的ADMET应用程序对药物化学中的化合物设计和优化产生了重大影响。通过探索新的ML算法、开发分子描述符，我们继续追求更高的预测准确性和模型可解释性，以协助设计具有改进ADMET特性的新型分子。

（白仁仁　译）

参考文献

1. Gao H, Shanmugasundaram V, Lee P (2002) Estimation of aqueous solubility of organic compounds with QSPR approach. Pharm Res 19:497–503
2. Gao H, Steyn SJ, Chang G, Lin J (2010) Assessment of *in silico* models for fraction of unbound drug in human liver microsomes. Expert Opin Drug Metab Toxicol 6:533–542. https://doi.org/10.1517/ 17425251003671022
3. Gao H, Yao L, Mathieu HW et al (2008) In silico modeling of nonspecific binding to human liver microsomes. Drug Metab Dispos 36:2130–2135. https://doi.org/10.1124/ dmd.107.020131
4. Lee PH, Cucurull-Sanchez L, Lu J, Du YJ (2007) Development of in silico models for human liver microsomal stability. J Comput Aided Mol Des 21:665–673. https://doi. org/10.1007/s10822-007-9124-0
5. Stoner C, Troutman M, Gao H et al (2006) Moving in silico screening into practice: a min-imalist approach to guide permeability screening!! Lett Drug Des Discov 3:575–581. https://doi.org/10.2174/

157018006778194736

6. Alqahtani S (2017) *In silico* ADME-Tox modeling: progress and prospects. Expert Opin Drug Metab Toxicol 13:1147–1158. https:// doi.org/10.1080/17425255.2017.1389897
7. Kearnes S, Goldman B, Pande V (2016) Modeling Industrial ADMET Data with Multitask Networks arXiv 1606.08793
8. Korotcov A, Tkachenko V, Russo DP, Ekins S (2017) Comparison of deep learning with multiple machine learning methods and metrics using diverse drug discovery datasets. Mol Pharm 14(12):4462–4475. https://doi. org/ 10.1021/acs.molpharmaceut.7b00578
9. Gawehn E, Hiss JA, Schneider G (2016) Deep learning in drug discovery. Mol Inform 35:3–14. https://doi. org/10.1002/minf. 201501008
10. Ma J, Sheridan RP, Liaw A et al (2015) Deep neural nets as a method for quantitative structure-activity relationships. J Chem Inf Model 55:263–274. https://doi.org/10. 1021/ci500747n
11. Xu Y, Ma J, Liaw A et al (2017) Demystifying multitask deep neural networks for quantitative structure-activity relationships. J Chem Inf Model 57:2490–2504. https://doi.org/10. 1021/acs.jcim.7b00087
12. Kearnes S, McCloskey K, Berndl M et al (2016) Molecular graph convolutions: moving beyond fingerprints. J Comput Aided Mol Des 30 (8):595–608. https://doi.org/10.1007/ s10822-016-9938-8
13. Ramsundar B, Liu B, Wu Z et al (2017) Is multitask deep learning practical for pharma? J Chem Inf model 57(8):2068–2076. https:// doi.org/10.1021/acs.jcim.7b00146
14. Liu K, Sun X, Jia L et al (2018) Cheminet: a graph convolutional network for accurate drug property prediction. Int J Mol Sci 20(14):3389
15. Dalby A, Nourse JG, Hounshell WD et al (1992) Description of several chemical structure file formats used by computer programs developed at molecular design limited. J Chem Inf Comput Sci 32:244–255. https:// doi.org/ 10.1021/ci00007a012
16. Ran Y, He Y, Yang G et al (2002) Estimation of aqueous solubility of organic compounds by using the general solubility equation. Chemosphere 48:487–509
17. Mahadevan B, Snyder RD, Waters MD et al (2011) Genetic toxicology in the 21st century: reflections and future directions. Environ Mol Mutagen 52:339–354. https://doi.org/10. 1002/em.20653
18. Kier LB, Hall LH (1999) Molecular structure description: the Electrotopological state. Academic Press, San Diego
19. Kier LB (1989) An index of flexibility from molecular shape descriptors. Prog Clin Biol Res 291:105–109
20. Kier LB (1987) Indexes of molecular shape from chemical graphs. Med Res Rev 7:417–440. https://doi. org/10.1002/med. 2610070404
21. Quinlan JR (1992) Learning with continuous classes. Aust Joint Conf Artif Intell 92:343–348
22. Quinlan JR (1986) Induction of decision trees. Mach Learn 1:81–106. https://doi.org/10. 1007/bf00116251
23. Quinlan JR (1993) Combining instance-based and model-based learning. In: Machine learning proceedings. Amherst, New York, pp 236–243
24. Ruefenacht B, Liknes G, Lister AJ, Wendt D (2008) Evaluation of open source data mining software packages. 1–13
25. Zhou J, Li E, Wei H et al (2019) Random forests and cubist algorithms for predicting shear strengths of rockfill materials. Appl Sci 9:1–16. https://doi.org/10.3390/ app9081621
26. Gao H, Yao L, Mathieu H, Zhang Y, Maurer T, Troutman MD, Scott DO, Ruggeri RB, Lin J (2008) In silico modeling of nonspecific binding to human liver microsomes. Drug Metab Dispos 36:2130–2135
27. Walton JT (2008) Subpixel urban land cover estimation: comparing cubist, random forests, and support vector regression. Photogramm Eng Remote Sensing 74:1213–1222. https:// doi.org/10.14358/PERS.74.10.1213
28. Kuhn M (2008) Building predictive models in R using the caret package. J Stat Softw 28:1–26. https://doi. org/10.18637/jss. v028.i05
29. RuleQuest (2019) An Overview of Cubist. https://www.rulequest.com/cubist-win.html

30. Ekins S (2016) The next era: deep learning in pharmaceutical research. Pharm Res 33:2594–2603. https://doi.org/10.1007/ s11095-016-2029-7
31. Chen H, Engkvist O, Wang Y et al (2018) The rise of deep learning in drug discovery. Drug Discov Today 23(6):1241–1250. https://doi. org/10.1016/j.drudis.2018.01.039
32. Liu K, Sun X, Jia L et al (2019) Cheminet: a molecular graph convolutional network for accurate drug property prediction. Int J Mol Sci 20:3389. https://doi.org/10.3390/ ijms20143389
33. Mauri A, Consonni V, Pavan M, Todeschini R (2006) DRAGON software: an easy approach to molecular descriptor calculations. Match 56:237–248
34. Landrum G (2006) RDKit: open-source cheminformatics
35. Wu Z, Ramsundar B, Feinberg EN et al (2018) MoleculeNet: a benchmark for molecular machine learning. Chem Sci 9:513–530. https://doi.org/10.1039/c7sc02664a
36. Yang K, Swanson K, Jin W et al (2019) Analyzing learned molecular representations for property prediction. J Chem Inf Model 59:13. https://doi.org/10.1021/acs.jcim.9b00237
37. Kingma DP, Ba JL (2015) Adam: a method for stochastic optimization. In: 3rd international conference on learning representations, ICLR 2015-conference track proceedings. International conference on learning representations, ICLR
38. Bryan MC, Hein CD, Gao H et al (2013) Disubstituted 1-Aryl-4-Aminopiperidine library synthesis using computational drug design and high-throughput batch and flow technologies. ACS Comb Sci 15:503–511. https://doi.org/10.1021/co400078r
39. Gurjar AS, Darekar MN, Yeong KY, Ooi L (2018) In silico studies, synthesis and pharmacological evaluation to explore multi-targeted approach for imidazole analogues as potential cholinesterase inhibitors with neuroprotective role for Alzheimer's disease. Bioorg Med Chem 26(8):1511–1522. https://doi.org/10. 1016/ j.bmc.2018.01.029

第21章

人工智能在药代动力学预测应用中的机遇与思考

摘要：制药行业对药物体内药代动力学性质预测能力的提高归因于从1990年至今的重大技术转变。在个别拥有大量数据集和丰富算力的制药及生物技术公司的推动下，基于AI/ML的方法在制药行业中兴起。本章旨在介绍AI在药物发现和连续开发过程中，有助于评估和评价新化合物药物代谢及药代动力学（DMPK）性质的机遇。许多关于AI/ML预测药代动力学性质的方法已得到应用，因此问题不在于AI是否会影响药代动力学的预测，而是如何最好地利用和整合这些应用，以及如何评估这些应用的附加价值。我们已经了解ADME相关的体外和体内系统的基础生物学，因此基于AI方法的主要挑战之一将是建立适应随时间变化的数据集的能力。

关键词：人工智能（AI）；机器学习（ML）；药代动力学（PK）；预测

21.1 引言

本章旨在介绍人工智能（AI）在药物发现和连续开发过程中如何有助于评估及评价新化合物DMPK性质。在描述分子的DMPK性质时，可将其分为吸收、分布、代谢和排泄（ADME），然后细分为独立和非独立的描述符，如清除率（clearance，CL）、分布容积（volume of distribution，V_d）、吸收分数（fraction absorbed，f_{abs}）、生物利用度（bioavailability，F）和游离药物分数（unbound fraction，f_u）等。一般使用常规制剂进行口服给药，并强调跨物种、非临床和临床的转化方法。

21.2 DMPK的演变

在过去20年间，多位研究人员回顾了整个制药行业的创新、失败率及其原因[1-5]。其中几位研究人员的分析表明，由于药代动力学分析不足而导致失败的化合物数量正普遍下降（图21.1），这表明在药物发现过程中预测人体药代动力学行为的能力有所提高。尽管相关数据未包含在图21.1中，但对阿斯利康药物管线的分析结果也验证了这一一般性观察[6, 7]。

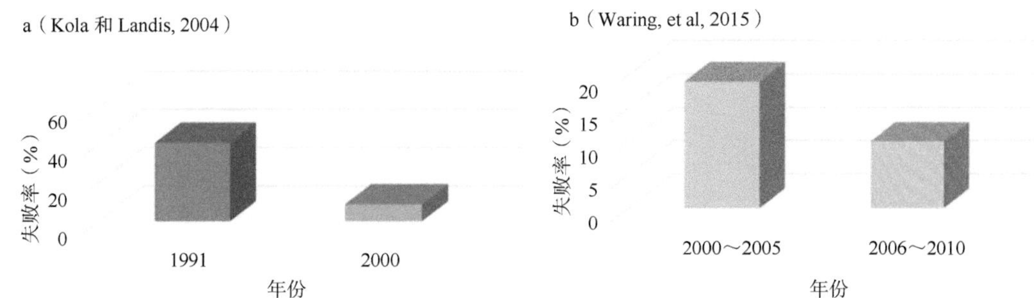

图21.1　不合适的药代动力学性质所导致化合物在临床开发中的失败率。图a. 基于文献[3]；图b. 基于文献[5]

尽管人体药代动力学的预测获得明显改善，但药物开发的总体成功率（以从进入临床Ⅰ期试验的启动概率衡量）保持不变[8]。辉瑞（Pfize）和阿斯利康的研究人员基于不同方法的研究表明，从Ⅲ期临床试验到批准上市的批准率可能会有所增加[7, 9]。虽然这种明显的脱节表面上可能令人失望，但至少达到了人体药代动力学性质的最低要求，以便可以围绕药理活性、疗效和安全性对候选药物的生物学假设进行临床试验。

制药行业对人体药代动力学性质预测能力提高的原因，可大致归因于从1990年至今的三大技术转变。首先，桌面型串联质谱仪（LC/MS/MS）的普及，使得在几乎任何生物基质中对候选药物进行灵敏的特异性定量变得普遍。其次，人源和非人源的高质量体外测试系统的广泛可用性，促进了体外-体内相关性（*in vitro*-*in vivo* correlation，IVIVc）和外推法的开发。最后，廉价的算力和内存，使得研究人员可以广泛使用诸如基于生理的药代动力学模型（PBPK）和机器学习等方法，而不仅限于个别专家使用。由于这些技术转变，相关DMPK问题的性质也随着时间的推移而发生了变化（表21.1）。表21.1中列举的许多变化反映了对建模和仿真的日益重视，而监管机构（如FDA和欧洲药品管理局）也进一步加强了这种重视，其强烈鼓励使用基于模型的药物研发（model-informed drug development，MIDD）方法，以促进有效的药物开发并实现快速的监管决策[10]。

表21.1　不同时期下DMPK相关科学所面临的挑战和应对措施

时间跨度	挑战	技术	文化反应
1990～2000年	· ADME相关的临床失败	· 高通量ADME测试 · 简单理化性质描述符	· 明确的IVIVc · 优化体外性质 · 利平斯基成药五规则
2000～2010年	· 药物-药物相互作用相关的临床失败 · 先导化合物优化缓慢	· 药物-药物相互作用测试 · 机制模型（PBPK、PKPD） · QSAR和机器学习	· 早期DDI去风险化 · 后期的机制建模 · 使用模型优化体外性质 · 多经验多参数优化（MPO）

续表

时间跨度	挑战	技术	文化反应
2010年至今	·竞争性靶点格局 ·超越“成药五规则”的靶点	·GPU集群和AI ·PBPK的早期应用 ·强化的体外测试	·来自体外数据的定量PK ·从化学结构定性预测PK参数 ·便捷的isADME建模： —ISIVIVc和计算机预测的早期和前瞻性应用 —工具易于使用、可访问且具有交互性

根据2017年处方药用户费用修正案（*the Prescription Drug User Fee Amendments*，PDUFA Ⅵ），FDA旨在将MIDD整合至更多药物的应用中，以降低不确定性和失败率，并减少冗余和昂贵的实验工作[10]。此外，全球生物模拟市场预计将从2018年的16.5亿美元增至2025年的45.8亿美元[11]。这些新颖的计算方法利用现有数据并提供有价值的见解，为临床试验设计和药代动力学或药效学（PK/PD）结果预测提供了实用信息[12]。除了开发和应用计算机建模方法之外，这些计算方法还具有其他重要作用，如可快速可视化其所包含的数据和概念，以更好地促进药物发现和开发团队内的讨论和决策[13]。

人工智能/机械学习（AI/ML）的基本思想分别由艾伦·图灵（Alan Turing）和亚瑟·塞缪尔（Arthur Samuel）于20世纪50年代开创[14]。强大计算工具的可访问性和大数据集的可用性进一步推动了应用程序的开发和这些方法的应用[15]。虽然对这些算法的详细综述不在本章的讨论范围，但读者可以参考本书的前几章内容，以及塔莱维（Talevi）[14]和刘（Liu）[15]等的文章，以了解更详细的介绍。

基于AI/ML的方法在制药行业中的应用是由个别拥有大量数据集及丰富算力的制药和生物技术公司所推动的[16]。得益于人们已经接受药物在部分研究领域中计算方法的价值，AI/ML方法也得以应用。此外，制药行业内的竞争也促进了该方法的更广泛传播，在某些情况下，其还促进了该方法的标准化[17]。最后，在药物发现和开发过程中，许多体外测试的性质很好地符合了ML的基本能力，因为许多测试的目标可以用聚类（如底物/非底物）或预测进行很好的描述。许多公司目前拥有类似实验条件获得的大型数据集，因此这是一个重要的机会。人工神经网络（ANN）的结构及其输入和输出层在多参数优化的环境中具有高度识别性，从而顺理成章地获得了利用这些丰富数据的机会。

特别重要的是，AI/ML方法已在DMPK所涵盖的领域内广泛应用，许多内容已在本书的前几章中进行了描述，本章主要是简要描述相关应用中的相似之处。

21.3 人工智能在药代动力学预测中的机遇

十多年来，“类药性”（drug-likeness）的概念一直是药物发现的基本组成部分，因此

DMPK领域一直是制药行业的焦点[18]。“类药性”概念的基础是对化学结构、理化性质、体外测试性能和体内行为之间基本关系的理解。这种关系也代表了对药物处置机制的理解。相关研究尽管不完美，但在复杂性和范围方面正逐渐取得进展。同样重要的是，虽然化学结构和理化性质是真正的分子属性，是体外甚至是体内研究的结果，但这些结果经常受到化合物属性、系统属性和实验条件的影响。在实验观察中认识和区分这些因素是对药物处置机制理解的一个关键组成部分，相关内容将在数据质量部分开展进一步讨论。

如前所述，算力的普及推动了对PBPK的广泛理解和应用。反过来，PBPK可被视为系统生物学的某种专业化应用。PBPK的优势日益突出也推动了其与更传统的“隔室”（compartmental）药代动力学模型的区分。这种区别是明显的，但不是真实的，主要源于它们的起源，即传统的隔室模型来源于对实验数据的描述，而PBPK则倾向从对宿主系统的描述中得出[19]。正如乔治·博克斯（George Box）所指出的，“所有模型都是错误的，但有些模型是实用的”。因此，尽管对这些模型进行硬区分是不必要的，并且最终会弄巧成拙，但理解这些模型背后的描述性参数，以及从何处可以访问这些模型的数据，对于理解AI/ML在PK预测中的应用是至关重要的[20]。

从最广泛的意义而言，PK预测中AI/ML的机遇可分为两大类（图21.2）。如本书前面所述，AI/ML可用于提供单个药代动力学参数的估算，然后可用于传统隔室或PBPK模型，以浓度与时间关系曲线作为输出。或者，AI/ML也可直接从一组未优化的输入数据预测浓度-时间曲线（图21.2），而该输入是基于由药代动力学实验研究结果组成的数据库。

这些方法并不相互排斥，本章的其余部分将致力于说明它们之间的相对优势、劣势，以及多种方法协同应用的机会。

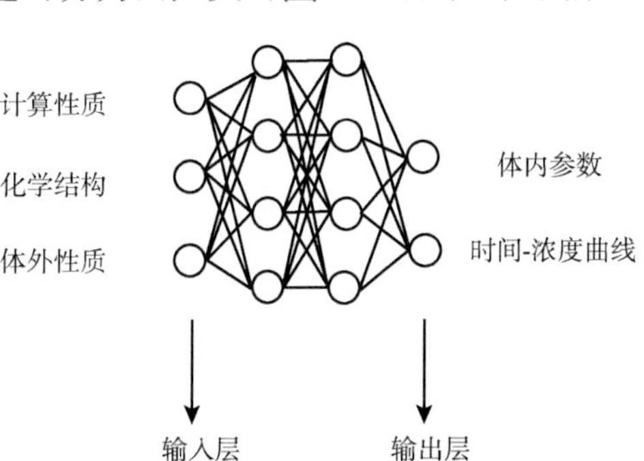

图21.2　一般神经网络结构的图示

21.3.1　单独参数

本书前面的章节重点介绍了AI/ML方法在预测离散ADME性质（如代谢稳定性和渗透性）方面的效用。事实上，除了前面的章节之外，还有广泛而深入的文献详细介绍了相关方法[14, 21-24]，并举例说明了ADME性质预测的具体应用，如代谢稳定性、溶解度和转运蛋白识别等[22, 25, 26]。鉴于文献的丰富性和可访问性，本章的讨论将集中在参数的综合应用，以及围绕这些参数离散性的一些潜在考量。

ADME性质离散估算的应用在药物发现中主要分为两大类。最明显的是跟踪药物化学在单独改进特定参数方面的进展[27]。在这一方面，理化参数（如log *P*）和结构信息（如SMILES字符串）的计算机估算形式的输入数据，可用于监测特定参数的改进进展，并在体外或体内研究中提出有待验证的基于化合物结构驱动的假设。虽然可以明显地看出这更适用于特定的生物物种，但也具有一个明显的转化应用，即可进行跨物种推断。这些参数估算的第二个应用是作为输入数据，单独或与参数药代动力学模型相整合。这些参数药代动力学模型包括传统的隔室模型及基于生理学的药代动力学模型（图21.3）[28]。

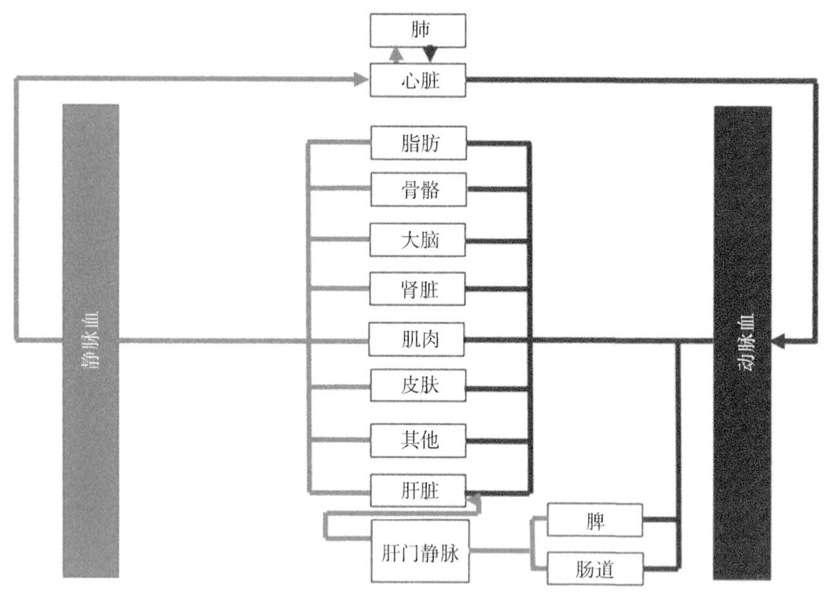

图21.3 **通用基于生理的药代动力学模型**（PBPK）

从这些参数模型中可以获得单次或多次给药后浓度-时间曲线的估算值。此外，适当组合的参数估算可与非隔室方法一起使用，从而获得统计矩曲线下面积的估算，以便围绕曲线形状进行进一步的推断。

这种方法最明显的优势在于其与药物发现项目普遍的运作方式高度一致。这些项目通常在“提出问题-解决方案”的迭代和确认循环中运行，即通过体外或体内测试确定问题，通过药物化学视角提出解决方案，制备新化合物，然后在体外或体内进行测试以跟踪解决方案。近年来，在化合物合成前，理论上通过计算机方法可以预测潜在的合成候选化合物及其体外和体内结果，而不消耗真实的实验资源，从而促进了这一循环。在这一领域中应用AI/ML方法，可以获取和整合比传统方法更广泛的化学空间，以及更多的迭代模型训练和优化形式，从而进一步增强这些循环过程。

这种单一参数和参数模型方法最明显的缺陷是其定义结构过于单一。相应的输出只能反映其输入数据的性质，不能依赖于“预测”其构造之外的事件。例如，虽然肝微粒体或肝细胞可以定量地反映肝脏清除的代谢成分，但其不能反映完整药物的胆汁消除成分。因此，这些系统的预测性直接取决于代谢清除率（反映在肝脏清除率中的程度）。此外，将肝脏清除率估算的所有不准确性归咎于体外系统会导致错误目标的细化。这种想法也适用于药代动力学模型，在该模型中，对清除部位或清除途径的不完整了解也可能导致对预测结果和观察结果之间来源不一致的误解。

21.3.2 总体概况

虽然相关技术不如之前的方法一样性能优越，但研究人员对无须正式的、独立的药代动力学建模步骤就能直接基于输入数据预测浓度曲线的方式兴趣浓厚[29]。乍一看，这种方法可能非常理想化或幼稚，但是，许多因素使其易于使用。推动这种AI/ML方法的主要因素是公司内部已经收集的大量非临床药代动力学数据。这些数据往往以相对结构化的格式存在，只要可访问，就可进行挖掘。以这种方式使用现有数据还允许公司从其数据中创造未来价值，而不是在确定下一组化合物后将其丢弃。与严格定义的参数模型相比，整个浓度-时间曲线的预测包含了参数模型可能不清楚的天然特性。由于AI/ML模式识别的能力增强，这些天然特性可能会被捕获。

直接预测笼统的浓度-时间分布曲线的方法有两个非常明显的缺点。第一个缺点，除了通过迭代实验之外，没有明显的细分能力来指导药物化学研究人员设计更好的化合物。这可能本质上是直接和单独采用这种笼统方法的障碍。事实上，研究人员或许能够预测曲线，但并不知道影响曲线形状的关键驱动因素（如吸收率、清除率和体积）是什么。第二个缺点是目前尚无能力来表达模型预测的不确定性。这造成了有些尴尬的情况，即不确定在前瞻性评估中拟合优化方面的期望应该是什么。

21.3.3　定量预测与分类的对比

许多药物发现项目的一个常见特点是使用类别或“红黄绿”交通灯标识来提供粗放的分类，特别是在新化合物的初始表征及合成后的初始步骤中。研究人员可能熟悉在代谢稳定性测试中确定的稳定性与易分解性，或在Caco-2和MDCK渗透性测试中确定的高渗透性、中等渗透性与低渗透性。虽然这样的化合物分类方法具有实用性，并且在讨论大量化合物时还可显示其随时间变化的趋势，但这些分类方法存在多种限制，限制了其在化合物生命周期内的效用，以及其扩展描述更复杂参数（这些参数需要和实验数据相互关联）的能力[30]。粗放分类方法的主要限制是其将体外测试中基本上连续的变量减少为离散的、不连续的数值。这进一步造成了定义类别之间的边界问题，反过来又挑战了特定测试的分辨率。特定类别的定义还引起了一组额外的问题，因为其通常赋予对属性的相对描述，而无法描述该属性内的相对差异。例如，在代谢稳定性中“稳定”一词的使用。无论是由孵化后剩余的百分比、表观内在清除率，还是由外推的体内清除率来定义，边界都是任意的，“使用”具有一定的误导性，因为其并不意味着没有（零）转化，并且常用作体内肝清除率的范围为肝血流量0～30%的近似值。类似地，渗透率分类系统通常基于表观渗透率（apparent permeability，P_{app}）值与体内吸收分数（f_{abs}）之间呈现明显的“S”型关系[31]。在这些相关性中，一个经常被忽略的观察结果是，在中等渗透率区域中化合物的误差经常重叠，导致无法区分该区域内吸收的预期分数。然而，当区分度不太重要时，分类可能用作先验过滤器。此外，将原本基于多个实验测试值描述符的分类参数组合归结为一个参数，并使其产生有意义的预测，这种能力本身就非常有限。例如，如果肝脏清除率是蛋白结合分数（f_u）和代谢稳定性的函数，那么如何从稳定/中度稳定/不稳定和相对连续的分类描述符中得出对这个参数的实用估算？虽然分类系统在体外试验中发现了最大的实用性，但也外溢至体内药代动力学研究的描述中。体内药代动力学试验的常见结果包含多种陈述，如“该化合物显示出良好的药代动力学性质”或“该化合物显示出较差的药代动力学性质”。将这些描述混为一谈会造成对生物体内性质的机械理解，通常仅作为体外药物暴露数据的基础。更为震惊的是，这种简单的描述忽略了药物发现的最终目标是识别最有可能在人体中具有适当性质的化合物。此外，药代动力学的描述只有在暴露的背景下才具有真正的相关性，因为药物的暴露量最终驱动了药理作用并产生功效。当然，在这种情况下，对药理机制的理解和对潜在药效学驱动因素的定量理解是必不可少的组成部分。上述描述与AI的相关性在于，针对分类描述的方法只具有有限的时间和相关范围，因此影响有限[29]。药物发现流程中的化合物描述需要超越分类的描述符，并将那些显示出有利性质的化合物彼此区分开来。这只能通过以连续而非分类的方式描述单一参数值或单一参数组合来实现。然而，很明显，分类结果在定量综合因素方面具有独特的价值，但最终在候选化合物识别和选择中需要进行并行的多参数优化。

21.3.4 数据的可视化

尽管与AI/ML不严格相关，但应考虑用可视化和实时响应方式显示预测模型输出的能力和简单性。如前所述，输出可以采用两种一般形式，要么直接预测浓度-时间曲线，要么预测基础输入参数，然后将其用于药代动力学模型。虽然具体情况可能会根据可用的本地软件和预测的输出而有所不同，但一些一般性考量仍值得讨论。以最少的用户干预（即以批处理模式工作的能力）同时对多种化合物进行预测的能力是前瞻性预测的巨大优势。根据预测模型的构建，批处理模式可更早地采用和利用前瞻性能力。在显示浓度与时间输出的关系方面，能够同时比较2种或多种化合物，以及能够显示相对于典型药理学目标（如IC_{50}）的浓度曲线具有重要价值。另一个关键点是实时可视化的能力，理想情况下能够在需求区间内显示输出。这种能力非常重要，因为其使项目团队能够以交互方式查看相关参数之间变化和权衡的综合影响。尽管这种方法与多参数优化（multiparameter optimization，MPO）评分在概念上存在相似之处，但研究经验表明，建立直接与实验数据进行比较的输出关联性，比通过MPO评分进行排名具有更重要的影响。总而言之，这些考虑因素为协作讨论和决策创造了一个互动和相对快速的机会。

21.3.5 生命周期的考量

产品生命周期（life cycle）的概念并不陌生，但类似的概念也可以应用于候选化合物。因此，一旦合成了某一化合物，其性质就已确定并有待项目团队的发现。通常这遵循相关项目团队的筛选级联。除了创建有组织的性质发现模式之外，还有多个因素可以提供整合和转化的机会。其范围可能包括从纯基于计算的方法到计算-体外、计算-体外-体内或直接体外-体内的方法，这些方法提供了随化合物的进展而整合实验数据的机会。从体外到体内，同样存在跨越非临床物种及最终转化至人体的转化机会。更好的机遇是将药代动力学从实验活性转变为假设驱动的潜力。这些机会可能与上述是否生成单一参数，然后并入参数药代动力学模型，或是否直接预测浓度-时间曲线无关。然而，以PBPK为代表的参数化方法具有巨大的潜力，可以创建一个“学习和确认”的循环，这将使PBPK模型随着时间的推移而发展，并为未来的合成方案提供有潜力的替代化合物。同样值得注意的是，PBPK模型的结构将随着时间的推移而演变，最终通过优化的模型实现人体药代动力学的预测。

21.4 数据的质量

如前所述，自1990年以来，DMPK相关科学的发展源于生物分析、高质量体外筛选和计算技术的普及性。相关技术与持续提升的化学合成速率相结合，产生了大量的ADME数据。公司内部的数据集为数据挖掘和模型广泛构建提供了坚实的基础。虽然可以根据已批准的药物获得一些可比较的数据集，但这些基于相同流程的内部专有数据集可能具有更大的价值，因为其涵盖了更多当前的化学空间，并包含失败的化合物，而不仅仅是成功分子的优势子集。除了组合、保留和搜索此类数据库的能力之外，还有一个基本问题是集合中各个数据点的质量。例如，是否随着时间的推移改变了基本的分析协议或分析方法，使得每次测量的基本精度都是可比的。在某些情况下，似乎存在一个隐含的假设，即大数据分析可以克服数据集中的变化。但是，目前尚不清楚是基础数据存在偏差还是部分数据存在偏差。因此，了解数据集的质量，特别是预期参数的特异性，对于建立定量准确的预测模型具有重要意义。尽管很难严格定义“数据集的质量”的定量描述，但在数据评估方面，定量描述显示结果的哪一部分源自化合物的属性，以及结果的哪一部分源自实验条件，具有重要的价值。在这种情况下，化合物属性是指在不同实验场景之间转移的属性（如CL_{int}，肝内在清除率），而“实验条件”是具体实验观察的一部分，其是研究设计或具体实施的属性（如进食与禁食条件下的生物利用度）。下文将通过具体实例说明这些概念。

体外试验能够聚焦于药物处置相关的特定机制并为非临床物种提供离散参数。在使用与ADME研究相关的“机制”一词时，应注意以下事项。虽然可以经常围绕ADME属性进行离散观察，但这些观察通常代表混合参数的速率控制步骤。体外系统的另一个内在优势是能够从源自人体和非临床物种的材料中创建实验系统，这为转化至体内及进一步描述所研究机制的离散步骤提供了机会。

微粒体稳定性是最广泛使用的体外测试之一，其是一个说明此类概念的实例。对肝微粒体生化性质的研究始于20世纪50年代后期[32]，并在卢（Lu）和库恩（Coon）的纯化和表征研究中得到了深入发展[33]。自充分搅拌模型的发展增强了研究人员对微粒体系统中化合物转化率和体内清除率之间关系的认识[34-36]。来自非临床物种和人源化的高质量、标准化制剂的可用性，进一步推动了相关技术在制药行业的应用，特别是在化合物表征和候选药物选择方面[37]。虽然这些系统的使用很普遍，但其在理解、应用和方法方面的技术仍在不断改进，以克服系统的局限性[38]。在描述围绕这些数据的一些考虑因素之前，需要反思这些成果的重要性。虽然微粒体中分离的酶可以定位于粗内质网，但并没有称为微粒体的亚细胞器。从广义上而言，通过简单的生理和生化参数描述，当时已经建立了生物人工构建体中的活性与复杂器官体内行为之间的有效相关性，而且这一相关性是跨越多个物种和不同化学空间的。

在实践中，微粒体稳定性测试在预测体内清除率中的应用涉及从化合物的消除曲线来估算表观半衰期。该半衰期乘以因子（包括蛋白含量和孵育体积、肝脏中微粒体蛋白的相对量，以及肝脏与总体重的比率），将得到内在清除率（CL_{int}）的数值，如式（21.1）所示[37]。基于充分搅拌或平行管肝脏清除率模型的近似值，利用CL_{int}值可进一步转换和估算全身清除率，如式（21.2）和式（21.3）所示[34, 39]。

基于微粒体半衰期（$t_{1/2}$，min）计算内在清除率（CL_{int}）：

$$CL_{int}=0.693\times\frac{1}{t_{1/2}}\times\frac{肝重量(g)}{体重(kg)}\times\frac{孵育体积(mL)}{肝微粒蛋白质量(mg)}\times\frac{45mg\times肝微粒蛋白质量(mg)}{肝质量(mg)} \tag{21.1}$$

计算肝脏清除率的充分搅拌模型：

$$CL_h=\frac{Q\times f_u\times CL_{int}}{Q+f_u\times CL_{int}} \tag{21.2}$$

式中，Q为肝血流量；f_u为血液中游离药物分数；CL_{int}由式（21.1）计算而得。

计算肝脏清除的平行管模型：

$$CL_h=Q\times\left(1-e^{\frac{-CL_{int}\times f_u}{Q}}\right) \tag{21.3}$$

式中，Q为肝血流量；f_u为游离药物分数；CL_{int}由式（21.1）计算而得。

虽然微粒体稳定性测试方法的简单性和直接性促进了其广泛应用，但该方法也掩盖了一些潜在的假设，而相关假设使这种分析容易被误解并呈现虚假的相关性。在基于以下假设的条件下，此过程中描述的体外转化将代表体内转化：①肝脏为主要的清除器官；②代谢清除率大大超过肾脏和胆道清除率；③氧化代谢强于其他代谢；④孵育中的所有药物对代谢酶的活性位点都是自由的（即孵育中的游离分数为1）；⑤底物浓度低于酶的K_m值；⑥酶未发生失活；⑦未达到平衡[40]。在实践中，尤其是在筛选级联反应的早期，验证这些假设对新合成的化合物而言是不可能的。这并不是说这些假设是不正确的或错误的，而是指出其可能并非在所有实验形式（即跨时间）或所有化学空间中都正确。此外，式（21.2）和式（21.3）预测的清除率是在血流方面，而在体内药代动力学研究中经常采样血清或血浆。因此，要么必须了解血液（blood）与血浆（plasma）的比率（B/P），要么应默认血液和血浆之间药物均匀分布的假设（即B/P=1），评价时根据药代动力学数据对该测试进行预测。此外，如果血液是药代动力学研究中的参考液体，则无须进一步校正。许多假设的有效性可通过存在于筛选级联中的额外体外测试来验证，并采用客观的方法来选择或排除特定化合物。

围绕化合物对代谢酶作用位点的有效性假设已受到相当多的关注。阿巴赫（Obach）[37]的研究发现，微粒体（$f_{u, inc}$）的结合值及先前描述的B/P的校正表现出与包含29个药物体外预测清除率和人体内实际清除率的最佳一致性。在代谢稳定性的竞争及药物相互作用的预测中，化合物与微粒体蛋白的相互作用受到了相当多的关注，并且基于理化性质开发了微粒体和肝细胞的预测方程[41-43]。尽管研究人员做出了很多努力，但微粒体结合校正的广泛应用仍然证明体内清除率被系统性低估[38]。因此，继续深化研究相关领域将不断完善我们对基础测试的理解。

代谢稳定性测试的另一个实际应用方面是其至少在药物发现领域能够测试母体化合物消除的依赖性。由于分析测试已经定义了与其相关的精密度和准确度，且化合物变得更加稳定，并且时间点之间的分数变化减少，因此在超越限制后稳定性将无法定义。尤其是在使用微粒体时，考虑到前面提及的关于失活、底物消耗和产物抑制的假设，延长孵育时间并不是一个好的选择。简单地增加微粒体蛋白含量也不是一个好的策略，因为反应速率的变化经常变得非线性。在肝细胞测试中遇到了类似的问题，并促进了“中继”测试方法和共培养技术（HepatoPac 和 Hurel）的发展，这些技术扩展了识别稳定性化合物的能力，但并未完全解决这一问题。另一种解决方案可能是测定产物的形成而不是母体化合物的消除，但这在药物发现中很大程度上是不切实际的。

前文讨论的目的不是呈现微粒体稳定性测试的历史演化，而是说明随测试时间的变化，数据片段的生成质量可能是不同的。这种情况并不是微粒体稳定性测试所独有的，也可以从围绕肝细胞的结论中推断出来。总而言之，这种不断完善的检测方法是一种普遍现象，与所讨论的具体检测方案无关。AI/ML 构建模型的相关原则是，基础数据在精度、准确度和特异性方面的质量可能会随着时间而变化，因此化合物的分析数据可能不等效。

与体内测试相关的一个重要考虑因素是应该关联或预测哪些参数或性质。一般而言，相关性应该是通过特定的体外测试的性质与可从体内研究中辨别出的最接近的可比参数之间的关系。为了说明这一点，再次讨论如何在实践中验证来自微粒体稳定性测试的数据是可用的。根据研究者的经验，一种常见的表示方法是，根据微粒体稳定性测定，在 x 轴上显示预测的全身清除率，而在 y 轴上显示实际的全身清除率。在许多情况下，这些图示的许多数据点缺乏相关性是由于违反了前面提及的一个或多个假设。此外，式（21.2）和式（21.3）说明，预测的全身清除率受到肝血流量（Q）的限制，而实际的体内清除率并不一定如此。这一限制往往难以解释在 CL_{int} 值减少但相对于 Q 不足以产生体内清除率变化时，代谢稳定性性质所取得的改进。另一个问题是，正如将在下一节讨论的那样，简单地假设体内数据是准确的。鉴于这些考量和围绕微粒体结合的讨论，最合适的相关性似乎是针对微粒体结合校正的体外表观内在清除率与体内药物的肝游离清除率之间的关系。

21.5 体内数据

参照以往将实验观察结果分解为化合物性质和实验条件的思路，在药代动力学实验中对化合物体内性质的最直接观察是通过静脉给药方式获得的。在静脉给药中，可以直接估算清除率和分布容积等关键、独立的药代动力学参数。所观察到的参数可以应用于其他给药途径以模拟药物暴露，从而显示化合物的关键性质。相比之下，口服给药生物利用度的测试通常取决于剂量、极性、饲喂状态、食物组成，以及化合物的清除率，因此生物利用度甚至是剂量的吸收比例更多地取决于实验条件，而不是化合物的内在属性。

虽然预测的体外清除率和实验观察到的全身清除率之间的相关性可能导致对代谢稳定性变化的理解模糊，但预测的肝清除率和观察到的清除率之间关系的图示（图21.4）可能有助于说明一些考量因素，通过这些因素可以了解静脉给药后药代动力学数据的质量。

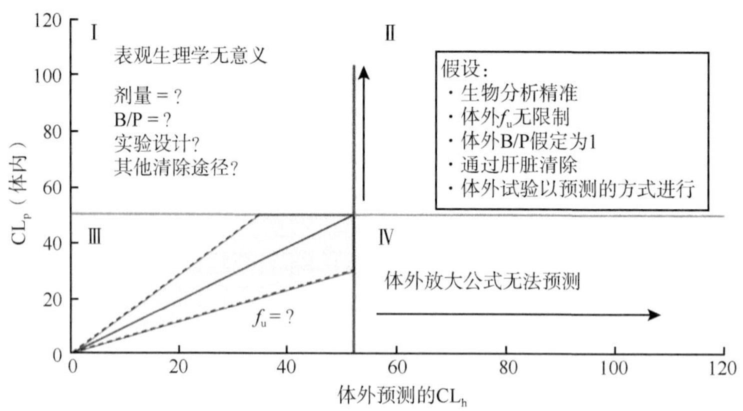

图21.4 体外预测清除率和实际体内清除率之间的关系图

围绕图21.4的讨论仅限于药物清除，因为分布体积不需要符合生理体积。然而，清除（特别是肝脏清除）受到生理血流的限制。图21.4是在文本框中列出的假设下所预测的肝脏清除率与观察到的体内清除率之间的预期关系。该图进一步分为Ⅰ、Ⅱ、Ⅲ和Ⅳ象限，这些象限以大鼠肝血流量的已知值[Q=55 mL/(min·kg)]为界[44]。第Ⅲ象限的阴影区域代表具有良好相关性的预期区域，而观察到的清除率在预测清除率的2倍以内。从式（21.2）和式（21.3）可以容易地看出，可以预测的最大清除率基于肝血流量值[在这种情况下，Q=55 mL/(min·kg)]，因此如果预测值超出此范围，则计算方法将存在明显问题。在实践中，通常会出现符合第Ⅰ象限和第Ⅲ象限的情况。广泛的血浆蛋白结合导致清除率低于观察到的游离分数（称为限制性清除率），因此符合虚线下方的第Ⅲ象限区域（$CL_p = 1/2CL_{predicted}$）。因此，离体血浆蛋白结合程度的测试通常使这一结果合理化。虚线上方的区域（$CL_p = 2CL_{predicted}$）从第Ⅲ象限开始延伸到第Ⅰ象限，表明体内结果与已知的肝脏生理学普遍不相容。通常，这可以通过确定实际给药剂量来最终更好地捕捉到整体药物暴露情况，而不是假设给予预期剂量、确定B/P比、确定其他消除途径（如肾脏或胆道），或通过改善实验设计。第Ⅰ象限和第Ⅲ象限的划分是任意的，实际上第Ⅱ象限中的偏差类型通常没有得到解决，可能反映数据集中的偏差，这可能也是AI/ML方法在未来使用中面临的挑战。

作为“金标准”的观察数据

前文的讨论表明，与体外数据一样，体内数据应该也需要采用批判的眼光进行判断。倘若缺乏对体内数据的批判性评估，最好的情况是拟合了噪声数据，而最坏的情况是拟合了有偏差的数据。即使对体内数据进行了适当严格的评估，也需要进一步的讨论，因为不管预测数据是来自离散参数模型还是来自输出浓度曲线，评估AI/ML模型时的自然趋势都是对预测数据和观察数据进行比较。

实验中观察到的浓度性质是通过实验测定的，因此会受到多种因素的影响。虽然生物分析精度和准确度很可能可以量化其他来源的误差，但采样时间、动物间差异和样本混合等情况通常无法检测到，并且可能在x和y维度上都存在误差。更复杂的情况可能是，在动物体内，每个样本的数值并不独立于先前的数值，因此错误可能会进一步向外传递。此外，特别是在非临床研究或临床 I 期研究中，受试者数量通常很少，因此所观察到的数据经常代表从未知分布人群中抽取的样本平均值。很可能无法先验地解决这些问题，但在评估AI/ML输出和把控其预测准确性时，需要加以考虑。

最后一个考量可能是如何比较预测和观察到的浓度-时间曲线。一种方法是将预测的曲线分析为药代动力学参数。然而，这几乎不能从直接参数预测本身得出。更有价值的方法是比较曲线形状。彼得斯（Peters）提出了一种“线形分析”方法，该方法涉及计算简化的χ^2统计量，本质上是残差平方的加权和，以及对所有时间点平均倍数误差的估算[45]。相关计算的方程分别为式（21.4）和式（21.5）。

降低χ^2统计量：

$$\chi^2=\frac{1}{N}\sum_{i=1}^{N}\left(\frac{\Delta^2}{\sigma_i^2}\right) \tag{21.4}$$

式中，N为观察次数，Δ 为观察值与预测值之差，σ^2为特定时间点观察值的方差。

平均倍数误差：

$$\text{平均倍数误差}=10^{\left[\frac{1}{N}\sum\left(\log\text{倍数误差}\right)\right]} \tag{21.5}$$

式中，N为观察次数。

21.6 机遇与挑战

除了模型的执行和评估之外，还存在一些重要的机遇，可能是研究人员感兴趣的领域，下文将列举部分代表性实例。更广泛的AI模型经验也将反映未来研究和其他领域的发展。

21.6.1 机制与经验主义的对比

传统建模方法（如PBPK或更一般的定量系统）的一个限制是高度参数化。这些模型在药物发现中具有内在吸引力，因其可能直接链接到体外测试，并以机械方式描述处置过程。反过来，建议的化学结构变化可以与体外或体内的预期结果相关联。这种方法的局限性在于其只能描述已知过程，并且定量的期望值是底层数学结构（译者注：底层数学结构是指可解释的数学结构）的函数。然而，很明显，我们对药物处置生物学基础的理解是不完整的。相比之下，针对预测化合物浓度-时间曲线的AI方法可能被视为一种经验方法，因为输出可能包含从其构造中不易看出但在体内试验中很容易观察到的特征。基于此，参数模型和经验模型预测之间的差异可能会提醒我们有多少生物学信息仍未被理解，并可能为进一步完善参数模型提供建议，或建议开展新的体外试验，并指明描述差异背后可能性机制的方向。

21.6.2 新模式

现有的大部分数据都描述了化学空间比较极端的情况，如小分子（分子量≤1500）或生物大分子（分子量≥50 000）。在这些限制之外是相对未被探索的化学空间，即我们尚不了解支配这些化学空间的原则。鉴于对这部分化学空间的高度关注，一方面存在对该空间进行建模的重要机遇，另一方面也存在将其与上述任一极端情况相连接的重要机会。

21.7 前瞻性视角

过去30年取得的技术进步增强了识别具有适当药代动力学性质候选药物的能力。尽管如此，临床Ⅰ期试验药物的批准率仍未显著提高。体外和体内方法的进步也推动了数据拓展的可用性，为AI/ML的应用提供了沃土。关于AI/ML在预测药代动力学曲线中的应用，许多举措已经在研究之中，因此问题不在于AI是否会影响药代动力学的预测，而在于如何最好地对其进行利用和整合，以及如何评估这些应用程序的附加值。我们已对ADME的体外和体内系统生物学基础有所了解，因此AI方法的主要挑战之一将是适应随时间变化的数据集的能力。此外，AI的独特优势也引发了许多有趣的问题。如果药物批准率是衡量改善的指标，那么相关性是明确的，但显示效益所需的时间和数量可能是不切实际的。确定适当的比较方法应该是药代动力学研发活动的重点。总体而言，这是制药科学利用和发挥AI/ML潜力的绝佳时机：现存大量可搜索的高质量数据，对体外和体内方法的理解不断深化，计算能力不断提高。目前，尚有许多重要而有趣的问题需要解决，以实现更快地为患者提供更好药物的最终目标。

（居　斌　杨科大　译；白仁仁　校）

参考文献

1. Bunnage M (2011) Getting pharmaceutical R&D back on target. Nat Chem Biol 7:335–339
2. Hay M, Thomas DW, Craighead JL, Economides C, Rosenthal J (2014) Clinical development success rates for investigational drugs. Nat Biotechol 32:40–51

3. Kola I, Landis J (2004) Can the pharmaceutical industry reduce attrition rates? Nat Rev Drug Discov 3:711–716
4. Wills TJ, Lipkus AH (2020) Structural approach to assessing the innovativeness of new drugs finds accelerating rate of innovation. Med Chem Lett 11(11):2114–2119. https:// doi.org/10.1021/acsmedchemlett.0c00319
5. Waring MJ, Arrowsmith J, Leach AR, Leeson PD, Mandrell S, Owen RM, Pairaudeau G, Pennie WD, Pickett SD, Wang J, Wallace O, Weir A (2015) An analysis of the attrition of drug candidates from four major pharmaceutical companies. Nat Rev Drug Discov 14:475–486
6. Cook D, Brown D, Alexander R, March R, Morgan P, Satterwhite G, Pangalos MN (2014) Lessons learned from the fate of Astra-Zeneca's drug pipeline: a five-dimensional framework. Nat Rev Drug Discov 13:419–431
7. Morgan P, Brown DG, Lennard S, Anderton MJ, Barrett JC, Eriksson U, Fidcok M, Hamren B, Johnson A, March RE, Matcham J, Mettetal J, Nicholls DJ, Platz S, Rees S, Snowden MA, Pangalos MN (2018) Impact of a five-dimensional framework on R&D productivity at AstraZeneca. Nat Rev Drug Discov 17:167–181
8. Dowden H, Munro J (2019) Trends in clinical success rates and therapeutic focus. Nat Rev Drug Discov 18:495–496
9. Wu SS, Fernando K, Allerton C, Jansen KU, Vincent MS, Dolsten M (2020) Reviving an R&D pipeline: a step change in the phase Ⅱ success rate. Drug Discov Today 26:308–314. https://doi.org/10.1016/j.drudis.2020.10. 019
10. Jain L, Mehrotra N, Wenning L, Sinha V (2019) PDUFA VI: it is time to unleash the full potential of model-informed drug development. CPT Pharmacometr Syst Pharmacol 8:5–8
11. Zion Market Research (2019). Biosimulation Market by Product (Software and Services), by Application (Drug Development, Drug Discovery, and Others), and by End-User (Pharmaceutical & Biotechnology Companies, Contract Research Organizations, Regulatory Authorities, and Academic Research Institutions): Global Industry Perspective, Comprehensive Analysis, and Forecast, 2018–2025
12. Kim TH, Shin S, Shin BS (2018) Model-based drug development: application of modeling and simulation in drug development. J Pharm Investig 48:431–441
13. Mistry HB, Orrell D (2020) Small models for big data. Clin Phar Ther 107(4):710–711
14. Talevi A, Morales JF, Hather G, Podichetty JT, Kim S, Bloomingdale PC, Kim S, Burton J, Brown JD, Winterstein AG, Schmidt S, White JK, Conrado DJ (2020) Machine learning in drug discovery and development part 1: a primer. CPT Pharmacometrics Syst Pharmacol 9:129–142
15. Liu Q, Zhu H, Liu C, Jean D, Huang S-M, El Zarrad MK, Blumenthal G, Wang Y (2020) Application of machine learning in drug development and regulation: current status and future potential. Clin Phar Ther 107 (4):726–729
16. Segall MD, Leeding C (2018) Discovery decisions-collaborating in data management. European Biopharm Rev 66–69
17. Winiwarter S, Chang G, Desai P, Menzel K, Faller B, Arimoto R, Keefer C, Brocatelli F (2019) Prediction of fraction unbound in microsomal and hepatocyte incubations: a comparison of methods across industry data-sets. Mol Pharm 16:4077–4085
18. Ursu O, Rayan A, Goldblum A, Oprea TI (2011) Understanding drug-likeness. WIREs Comput Mol Sci 1:760–781
19. Jones HM, Rowland-Yeo K (2013) Basic concepts in physiologically based pharmacokinetic modeling in drug discovery and development. CPT Pharmacometr Syst Pharmacol 2(8):e63. https://doi.org/10.1038/psp.2013.41
20. Box GEP (1976) Science and statistics. J Am Stat Assoc 71:791–799
21. Badillo S, , Banfai B , Birzele F , Davydov II , Hutchinson L, Kam-Thong T, Siebourg-Polster J , Steiert B and Zhang JD. An introduction to machine learning. Clin Phar Ther 107(4), 883–885 (2020)
22. Korolev D, Balakin KV, Nikolsky Y, Kirillov E, Ivanenkov YA, Savchuk NP, Ivashchenko AA, Nikolskaya T (2003) Modeling of human cytochrome P450-mediated drug metabolism using unsupervised machine learning approach. J Med Chem 46:3631–3643

23. Krüger A, Maltarollo VG, Wrenger C and Kronenberger T. (2019). ADME profiling in drug discovery and a new path paved on silica, Drug Discovery and Development-New Advances, Vishwanath Gaitonde, Partha Karmakar and Ashit Trivedi, IntechOpen. https://doi.org/ 10.5772/intechopen.86174. https://www. intechopen.com/books/drug-discovery-and-development-new-advances/adme-profiling-in-drug-discovery-and-a-new-path-paved-on-silica
24. Lowe EW, Butkiewicz M, White Z, Spellings M, Omlor A, and Meiler J. (2011) Comparative analysis of machine learning techniques for the prediction of the DMPK parameters intrinsic clearance and plasma protein binding. 4th international conference on bioinformatics and computational biology. Las Vegas, NV. December 2011
25. Palmer DS, O'Boyle NM, Glen RC, Mitchell JBO (2007) Random Forest models to predict aqueous solubility. J Chem Inf Model 47:150–158
26. Wang Y-H, Li Y, Yang S-L, Yang L (2005) Classification of substrates and inhibitors of P-glycoprotein using unsupervised machine learning approach. J Chem Inf Model 45:750–757
27. Irwin BWJ, Levell J, Whitehead TM, Segall MD, Conduit GJ (2020) Practical applications of deep learning to impute heterogeneous drug discovery data. J Chem Inf Model 60 (6):2848–2857
28. Peters SA (2012) Generic whole-body physiologically-based pharmacokinetic modeling. In: Physiologically-based pharmacokinetic (PBPK) modeling and simulations. John Wiley and Sons, Hoboken, New Jersey, pp 153–160
29. Segall M, Whitehead T, Greene N and Norman J (2020). Predicting Pharmacokinetic Parameters and Curves Thursday. https://www. optibrium.com/community/videos/ presentations-webinars/494-pre dictpkparameters 12 November 2020 09:34-Last Updated Thursday, 12 November 2020 10:04
30. Aliagas I, Gobbi A, Heffron T, Lee M-L, Ort-wine DF, Zak M, Khojasteh SC (2015) A probabilistic method to report predictions from a human liver microsomes stability QSAR model: a practical tool for drug discovery. J Comput Aided Mol Des 29:327–338
31. Dahlgren D, Lennernäs H (2019) Intestinal permeability and drug absorption: predictive experimental, computational and in vivo approaches. Pharmaceutics 11:411–429
32. Lu AHY, West SB, Ryan D, Levin W (1973) Characterization of partially purified cytochromes P-450 and P448 from rat liver microsomes. Drug Metab Dispos 1(1):29–39
33. Lu AHY, Coon MJ (1968) Role of hemoprotein P-450 in fatty acid ω-hydroxylation in a soluble enzyme system from liver microsomes. J Biol Chem 25:1331–1332
34. Pang KS, Rowland M (1977) Hepatic clearance of drugs. Ⅰ. Theoretical considerations of a "well-stirred" model and a "parallel tube" model. Influence of hepatic blood flow, plasma and blood cell binding, and the hepatocellular enzymatic activity on hepatic drug clearance. J Pharmacokinet Biopharm 5(6):625–653
35. Rane A, Wilkinson GR, Shand DG (1977) Prediction of hepatic extraction ratio from in vitro measurement of intrinsic clearance. J Pharma-col Exp Ther 200(2):420–424
36. Rowland M, Benet LZ, Graham GG (1973) Clearance concepts in pharmacokinetics. J Pharmacokinet Biopharm 1(2):123–136
37. Obach RS (1999) Prediction of human clearance of twenty-nine drugs from hepatic microsomal intrinsic clearance data: an examination of in vitro half-life approach and nonspecific binding to microsomes. Drug Metab Dispos 27(11):1350–1359
38. Wood FL, Houston JB, Hallifax D (2017) Clearance prediction methodology needs fundamental improvement: trends common to rat and human hepatocytes/microsomes and implications for experimental methodology. Drug Metab Dispos 45:1178–1188
39. Shand DG, Wilkinson GR (1975) A physiological approach to hepatic drug clearance. Clin Pharm Ther 18(4):377–390
40. Obach RS, Baxter JG, Liston TE, Silber BM, Jones BC, MacIntyre F, Rance DJ, Wastall P (1997) The

prediction of human pharmacoki-netic parameters from preclinical and in vitro data. J Pharmacol Exp Ther 283(1):46–58

41. Bjornsson TD, Callaghan JT, Einolf HJ, Fischer V, Gan L, Grimm S, Kao J, King SP, Miwa G, Ni L, Kumar G, McLeod J, Obach RS, Roberts S, Roe A, Shah A, Snikeris F, Sul-livan JT, Tweedie D, Vega JM, Walsh J, Wrighton SA (2003) The conduct of in vitro and in vivo drug-drug interaction studies: a pharmaceutical research and manufacturers of America (PhRMA) perspective. Drug Metab Dispos 31(7):815–832
42. Hallifax D, Houston JB (2006) Binding of drugs to hepatic microsomes: comment and assessment of current prediction methodology with recommendation for improvement. Drug Metab Dispos 34(4):724–726
43. Tucker GT, Houston JB, Huang S-M (2001) Optimizing drug development: strategies to assess drug metabolism/transporter interaction potential—towards a consensus. Br J Clin Pharmacol 52(1):107–117
44. Davies B, Morris T (1993) Physiological para-meters in laboratory animals and humans. Pharm Res 10:1093–1095
45. Peters SA (2008) Evaluation of a generic physiologically based pharmacokinetic model for lineshape analysis. Clin Pharamcokinet 47 (4):261–275

第22章

人工智能在药物安全性和代谢中的应用

摘　要：AI方法在药物安全中的应用始于21世纪10年代初期，其应用包括预测细菌的致突变性和hERG抑制毒性。此后，该领域一直在不断扩展，相关模型也变得更加复杂，相关方法已与体外和体内方法一同被整合至分子风险评估之中。目前，AI可用于药物发现和开发的每个阶段，从早期药物发现的化合物库分析，到药物发现中期的脱靶效应预测，再到评估药物开发中的潜在诱变杂质和部分降解产物。本章概述了AI在药物安全性方面的应用，及其在整个药物发现与开发过程中的作用。

关键词：药物安全；代谢；药代动力学（PK）；机器学习（ML）；人工智能（AI）；深度学习；相似性；适用领域；实验错误；结构警报；心脏毒性；肝毒性；药物性肝损伤；数字病理学；基因毒性；计算毒理学

22.1 引言

药物发现与开发成本高昂，化合物失败率高，这导致每个获批新药的预估成本高达20亿美元[1]。总体而言，对于制药行业这一重大挑战，具备长期解决方案的实例寥寥无几。目前，首选的策略侧重于通过模型和实验来降低昂贵临床试验失败的可能性，这些模型和实验有助于项目决策遵循“越早失败越节约资源”的模式[2, 3]。这也使得制药公司可以只关注在其研发计划中最具成功可能性的机会（如阿斯利康“5R框架”[4, 5]）。

对于“数字世界”中的一切事情，处处都有AI的身影。自深度学习出现，以及GPU中计算机处理能力提升以来，AI又经历了另一个暴发式发展周期。然而，ML的总体概念已经在小分子药物领域中使用了30多年，并且几乎成为所有制药公司药物设计过程中的重要组成部分[6]。现有的强大商业软件包主要是为了促进数据挖掘和模型构建的过程，而模型构建过程中还包含了可视化和比较各种设计模块的工具。

本章在基于化学描述符和其他模型的分子特性来预测生物学结果时，特别是在与药代动力学（PK）和安全性结果相关的情况中，将术语AI和ML模型视为同义词。

在药物发现中，出于伦理和财务成本考量，必须合理限制动物实验的开展。改进、减少、替换（3R）范式[7]等举措旨在尽可能地取代动物筛选。这使得计算机方法的使用更加流行。此外，监管机构对AI模型（而不是对实验数据）的期望和接受度正与日俱增，这甚至可能会使动物实验在未来变得不那么普遍。

22.1.1　QSAR的历史

定量构效关系（QSAR），最初是由汉施（Hansch）基于代表分子空间、静电和疏水特性的哈米特（Hammett）物理化学参数开发而来的[8-10]。这些参数早期用于预测QSAR中非常相似的分子。弗里（Free）和威尔逊（Wilson）[11]提出了这一策略，基于较小分子片段贡献相加的概念，为分子的全局特性提供了一个整体模型。分子描述符已经从这些概念演变成更大、更复杂的数学对象，如分子图，具体可参见戴维（David）[12]近期发表的综述。

22.1.2　毒理学的历史

自20世纪80年代后期以来，经济合作与发展组织（Organization for the Economic Co-operation and Development，OECD）[13]和国际（药品注册）协调会议（International Conference on Harmonization，ICH）[14]为便于监管而引入了广泛接受的全球性的药品毒性测试指南。这也成为任何临床试验申请的一个关键部分，并需要在整个药物生命周期中进行持续更新。根据ICH-M3（R2）[15]，提交的监管文件必须包括2个物种（一种啮齿动物和一种非啮齿动物）的重复剂量毒理学、遗传毒理学、安全药理学和光毒性的风险评估。在GMP（《药品生产质量管理规范》）要求下开展的相关研究中，许多都是非常耗时、昂贵的，并且需在确定临床开发的化合物之后进行。安全性是分子和剂量的组合属性。因此，如果发现候选化合物表现出毒性，还需要选择替代分子重新开展试验，从而导致时间和费用的增加。

22.1.3　计算毒理学的历史

计算毒理学（computational toxicology）是指用于预测化学品毒性的方法，从而实现以更低的成本和更高的速度优先进行毒性测试的决策[16]。由于安全性是分子结构的属性，其在化合物设计时就已设定，之后无法更改。研究证明，尽可能早且准确地评估分子的安全性可降低失败率，尤其是在临床前研究阶段[5]。计算毒理学的目标是建立良好的模型以评估分子设计时所有可能的安全性问题，但实现这一目标还任重道远。

与基于AI的其他应用相比，所预测的安全药理学终点可能比简单实验的终点更不精确，并且更难以用分子描述符来描述。实际测试通常伴随着与表型和体内试验相关的高实验差异和高成本，这些实验可能涉及许多复杂的生物途径和过程。

来自药物发现完整计划的数据通常很少，因为并非所有项目都使用相同的级联筛选或处理相同的问题，并且在最重要的安全性阶段中的化合物数量更少。寻找足够数量和质量的数据集仍然是计算毒理学的挑战。一些重要阶段仍然缺少良好的预测模型，这在药物发现过程中很常见。相较于其他学科，在分子水平上对生物学的理解往往少于在整个器官水平上对生理学的理解。

22.2 药物代谢和药代动力学的演变

22.2.1 模型及其作用

20世纪著名的统计学家乔治·博克斯（George Box）曾说过，“所有模型都是错误的，但有些模型是实用的”[17]。如果模型可用来指导实用的决策，那么其就是成功的模型。模型构建者必须了解模型在实际应用中的准确程度，以及模型所基于数据的准确程度。另一个考虑因素是，模型是否可用于资源的优先考量并提供比人类直觉更好的性能。在分类模型中，真值表（truth table）可以成为将这一点量化并帮助与用户和客户进行讨论的方法。尽管具有积极的数学表现，但只在统计上表现优秀却不优于人类直觉的模型，仍可能被认为是较差的模型。在药物安全性方面，会将模型与专家进行交互比较。虽然这在药物发现体系中输出量较低，但是更有希望被接受。通常，使用者和监管机构期望模型能为专家小组审查提供信息，而不是像在早期药物发现阶段那样用作高通量过滤器。

当一种检测具有高通量且既快又便宜时，其可能比更具体、更昂贵和更相关的检测具有更大的误差。基于这种高通量数据构建的模型本质上质量较差，这种情况屡见不鲜。然而，对于一些体内安全性测试，每个化合物的成本高达数万美元，这也意味着必须谨慎使用相关测试，因此可以直接测试的化合物也更少，并且必须经过严格的优先级排序才能开展实验。

22.2.2 模型的准确性

计算毒理学建模准确性问题与其他QSAR应用程序的问题相同。

（1）存在于复杂安全性试验误差中的固有数据误差。

（2）由于化学描述符在描述分子特性时的不准确或不精确而导致的固有误差。

（3）与不同数学建模技术相关的统计分析错误，如过拟合或不必要的复杂模型。

OECD和其他机构的一份文件甚至概述了适用于良好QSAR模型以供监管使用的基本原则[18, 19]。在实践中，一个好的回归模型是测试集中预测值的RMSE，接近于实验测试中的测量误差或决定系数$R^2>0.6$（通常在不平衡的数据中使用R^2）[20, 21]。

类似于从标准差（standard deviation，SD）[22]得出估计实验误差，通过RMSE测试数据的准确性以评估模型准确性是一种很好的策略。模型不能比测定中的固有测量更准确，在实践中更倾向相信已有的实验数据而不是模型结果。正如拉西克（Lazic）[23]最近所讨论的，报告和存储实验结果的许多常见做法对于优化机器学习算法的准确性并不理想。在实践中，实用的模型能够提高获得成功结果的概率。但预测并不总是正确的，通常，从统计学上讲，模型一般不比随机或直觉更差或更好。但是，鉴于小分子的设计选项几乎无限，很少测试无假设或相反假设的试验，因此很难证明模型比直觉表现更佳。

22.2.3　适用性范围

了解计算毒理学模型的适用范围（applicability domain，AD）非常重要，因为危及生命的和昂贵的人体安全性决策是基于这些预测而做出的。以下6个原则值得考量。

（1）AD研究须保证新分子预测的可靠性。诸如代表透明度、适用性、可靠性、可判定性、可解释性和相关支持[24]的TARDIS原则等方法是最实用的。

（2）使用概率、几何模型或基于距离的方法与测试集中的化合物具有高度相似性，那么受试化合物的预测是否可靠？

（3）给定某种AD的定义，训练集示例的选择是否是特定的？

（4）数据值的可靠性或误差（通过实验得出的标准偏差测试）须设定可解释QSAR结果的限制。

（5）对模型和测试不确定性的了解，决定了基于预测做出决策的模型是否有价值。

（6）AD的评估取决于算法、数据分布、端点值和描述符集等诸多因素。

在实践中，小分子药物发现的领域和多样性是如此之大，以至于存在被测试的新分子可能被假定在AD测量范围之外的危险。基于时间的训练集-测试集的拆分方式即使在准确性方面不如典型的随机拆分那么令人满意，但它却能使模型在现实世界中接近实际情况。

22.2.4　相似的重要性

安全性预测中使用了以下3种主要的相似性方法。

（1）按属性或结构相似性进行分组的方法，如跨读（read across）和分类。

（2）QSAR。

（3）基于规则或决策树的专家系统。

这3种方法都依赖基于化合物的相似性来推断共同的生物学特性[25]。然而，相似性并没有完美的定义，其是一个有些模棱两可的概念，因此很难量化，不同的方法可能对任何一组分子的相似性给出相反的观点。相似性度量具有三个特征：用于描述分子特征的方法、方法各部分的加权分数，以及相似性度量系数。制药行业中三个常用的平台软件分别是MOE[26]、Schrodinger[27]和Discovery Studio[28]。托代斯基尼（Todeschini）[29]最近很好地综述了不同描述符集之间的相互比较，许多常用的描述符集的表现都很出色。

22.2.5　药代动力学的预测

每种药物作用的PKPD关系都独立地描述了靶向疗效和脱靶安全性，因此重要的是要同时考虑安全性终点和药代动力学性质。正如帕拉塞尔苏斯（Paracelsus）所言，“万物皆有毒性，不存在无毒性的物质，控制剂量才是控制毒性的根本”。正确的剂量可以区分毒物和药物，这意味着在一定剂量下，几乎所有物质都是有毒性或不安全的[30]。由于有效或不安全剂量是药代动力学中功效或毒性的函数，如果没有对分子的人体药代动力学参数进行良好的预测，将难以有效进行安全性风险评估。不幸的是，许多安全性结果是由最大血浆浓度（C_{max}）所驱动的，而许多疗效测试是由最小血浆浓度（C_{min}）或时间-浓度曲线下面积（area under the time-concentration curve，AUC）的倍数所驱动的。

AI在药物代谢中的应用非常广泛，并且有许多高通量终点非常适合用于药代动力学的QSAR建模，如体外清除率、蛋白结合、理化性质和渗透性。大多数公司在这一领域都具有强大的AI-QSAR模型。本章重点关注与体内安全性预测最为相关的方面，如C_{max}和C_{min}，因为其通常分别与药理学不良反应和有效剂量有关。需要注意的是，反应性代谢产物的形成（生物活化）与遗传毒理学和分子结构预警密切相关。与遗传毒理学预测相关的结构预警和AI部分将在22.3.3节中进行介绍。

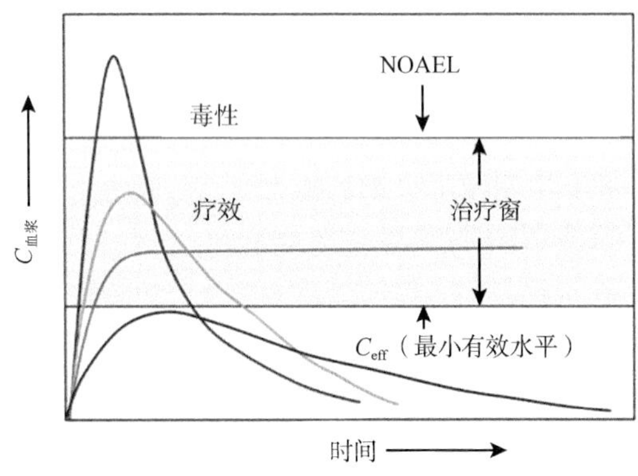

图22.1 单次口服给药后各种药代动力学浓度-时间曲线的C_{eff}和NOAEL

未观察到不良反应水平（no observed adverse effect level，NOAEL）是在体内安全性研究中确定的，其定义了安全浓度的上限。而有效浓度（efficacious concentration，C_{eff}）是在药效学研究中确定的。如图22.1所示，药物的安全边界为[NOAEL]/[C_{eff}]，在理想情况下是大于10的正整数，以涵盖临床环境中的任何人群差异。在人体临床试验中使用AI预测NOAEL可能对减少候选药物的失败率具有重要作用，但要准确地做到这一点，必须在临床前的动物研究中了解不良反应的药理学机制。

充分搅拌（well-stirred，WS）模型[31]和基于生理学的药代动力学（PBPK）模型[32-34]是药代动力学预测的支柱，其设计的隔室对应于血液循环连接的组织和器官。每个隔室由特定物种的体积和血流速率定义。PBPK模型不借助AI或化学拓扑，是一系列偶合微分方程，需要使用清除率和分配系数进行参数化，以估算药物血浆浓度的时间过程。这使得PBPK模型无法用于高通量化合物比较，或在进行实验测量之前对化合物进行预测。22.3.5节中将介绍AI如何改进体内药代动力学参数的预测，以便在临床中更快、更准确地预测动物甚至人体的药代动力学性质。

22.3 计算毒理学模型的应用

在临床药物开发中，对安全性相关失败影响最大的是心脏毒性和肝毒性[35]。因此，相关毒性也成为了最受关注的领域，也是安全研究和开发数据最多的领域。下文将重点介绍AI在计算毒理学中药物安全研究领域的最新应用。

22.3.1 心脏毒理学

与在临床环境中的AI使用相比，在临床前安全性方面，AI的使用仍处于起步阶段。然而，在临床环境中取得的大部分研究进展可以很容易地应用于临床前动物模型。

艾金斯（Ekins）的研究表明，由于心脏毒性领域的高通量数据已变得司空见惯，AI方法已成功在该领域实现准确预测[36]。最著名的相互作用预测是分子与调节心脏动作电位的电压门控离子通道Kv11.1（hERG）的结合预测。hERG抑制与长QT间期综合征有关，并与尖端扭转型室性心动过速相关，这是一种潜在的致命疾病[37-39]。蔡（Cai）等[40]报道了一个基于公共来源的7889个数据点的多任务深度神经网络，该网络能够准确地预测体外hERG活性。张（Zhang）等[41]还报道了hERG的有效深度学习模型，其表现优于其他方法。这些模型都是基于文献中的697个分子而构建的。

最近，在对导致QT间期延长机制的理解更加深入之后，一个公私合作组织联合开发了体外心律失常综合检测（comprehensive in vitro proarrhythmia assay，CiPA）[42]，该检测将来自多个心脏离子通道的数据和人体心肌细胞的数据，与基于人体心室电活动的计算机模型相结合[43]。该模型主要包括hERG拟合、Hill拟合和动作电位模拟[44]。马默斯纳（Mamoshina）等[45]的研究表明，采用一种基于1131个药物分子的AI方法显著增加了临床前药物评估中心脏毒性预测模型的适用范围和转化能力。

在过去的10年间，应用于临床的AI技术使得基于心电图轨迹进行心脏病诊断的优势越来越显著[46]，并已在多种心脏病应用中展现了其实用性。阿德丁森沃（Adedinsewo）[47]和汉努（Hannun）[48]最近的研究表明，使用卷积神经网络（AI-ECG算法）诊断左心室收缩功能障碍的效果，优于采用*N*端B型利钠尿肽前体（*N*-terminal pro-B-type natriuretic peptide）进行的血液检测[49]。鉴于这一最新进展，以及可通过非侵入性技术而易得的数据，有可能将AI波形分析应用于临床前遥测安全性研究，生成动物心电图轨迹，有助于研究人员快速预测因药物治疗而导致的人体心脏毒性。

22.3.2 肝毒理学

肝脏是主要的解毒器官，肝门静脉直接从胃肠道接收高浓度的药物，因此肝脏通常是在药物治疗后第一个表现出毒性的器官。肝脏中的药物浓度甚至可能高于血浆浓度，因为肝脏的首过效应会去除一部分药物，进而会稀释药物在血浆中的浓度。在美国，药物性肝损伤（DILI）是药物撤市的主要原因[50]。肝功能测试中，如丙氨酸转氨酶（alanine aminotransferase，ALT）和天冬氨酸转氨酶（aspartate aminotransferase，AST）等酶水平的升高可能是肝脏发生应激反应的迹象。在人体试验之前，重要的是评估肝毒性风险，并在需要时于医院采取监测措施。

许多体外参数已被证明与肝损伤相关，并需在临床前进行常规筛查，如理化性质、人肝细胞体外培养中的毒性、阻断某些转运蛋白[如胆盐外排泵（bile salt export pump，BSEP）]，以及在肝细胞培养中形成被谷胱甘肽或其他亲核试剂捕获的亲电反应性代谢物。这些参数对应于毒性的不同模式，但表现在临床的同一靶器官中。与大多数毒性一样，剂量相关的C_{max}也是任何预测中的重要参数。威廉姆斯（Williams）[51]的研究表明，在基于贝叶斯（Bayesian）定理的AI模型中，采用许多临床前体外肝毒性测试作为参数，可获得临床DILI的准确预测因子。该模型的另一个特点是，该方法的概率性质使其能够在输出中以图形方式表示预测中的不确定性，从而使人们理解在何时选择哪些化合物推进研究（图22.2）。诺娃（Semenova）[52]目前报道了一种类似的方法，使用贝叶斯神经网络（Bayesian neural network，BNN）对DILI终点进行建模，这可能是BNN首次应用于毒性预测。麦那瑞丽（Minerali）[53]使用相同的阿斯利康-辉瑞数据集比较了各种常见的AI技术，以评估相关模型性能。如前所述，对AI的安全性预测进行专家评审非常常见。在这种情况下，专家能够看到对结果最有影响的因素并将其合理化。也许这个理由可以帮助开展监管讨论，确立临床预测的安全限度，以及与药物化学家讨论如何设计具有较低人体DILI风险的临床候选药物。哈曼（Hammann）[54]基于使用物理化学描述符的大量DILI注释药物信息，通过AI方法构建了一个准确率高达89%的DILI预测模型，并发现药物对多种代谢酶（如细胞色素P450）、载体蛋白的抑制活性与每日剂量显著相关。

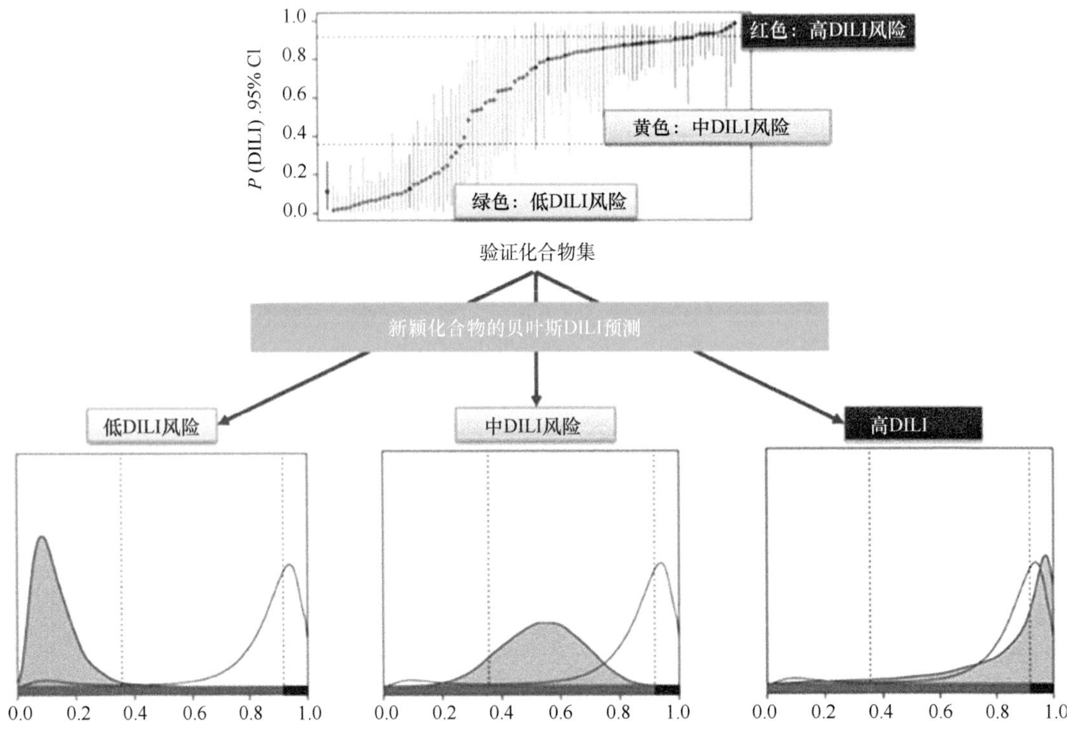

图22.2　贝叶斯DILI预测器可视化解释。红色、黄色和绿色代表分类；峰宽表示预测置信度及与AD的相似性[51]

22.3.3　基因毒理学

分子结构预警的计算毒理学模型虽然不是最复杂的模型，但却是最具成本效益的模型。这些模型通常在化合物合成之前，甚至是在虚拟化合物设计阶段就应该使用。最初，这些基于规则的系统源于对细菌致突变性的研究[55]，但最近已扩展到涉及特定子结构和体内不良反应的其他安全性问题[56-61]。事实上，监管指南ICH-M3[15]和ICH-M7[62]对所有药物、药物的代谢物和重要的降解杂质都要求使用致突变性模型进行预警预测。因此，这些模型在很大程度上已商业化，并可供监管机构和制药公司广泛使用。在临床开发中，必须使用基于规则的系统和QSAR系统来评估化合物的诱变潜力，然后对模棱两可的结果进行专家评估。但也并不总是需要进行体外细菌埃姆斯（Ames）试验[译者注：埃姆斯试验由科学家布鲁斯·埃姆斯（Bruce Ames）设计，通过使用细菌菌株鼠伤寒沙门菌来评估化学品的潜在致癌作用]和更昂贵的体内致癌性研究。这表明，即使在高度保守的监管安全环境中，AI的致突变性模型也已成功应用于减少体外和体内试验过程。

22.3.4　体内药代动力学

药物代谢和药代动力学（DMPK）科学家的作用是了解最终在人体中的药物处置和排泄机制。为此，PBPK建模是理想的，因为其为机体的隔室建立了相应的因素和参数，以进行许多复杂的预测和复杂假设的测试。相比之下，AI模型相对难以解释，但通常可以处理更复杂的过程和更多的输入特征，其最显著的优势还在于可以更快地预测新设计的化合物。与QSAR建模的其他药理学一样，化学结构无疑也在药代动力学中发挥关键作用，因此将其作为相关特性包含在内是合乎逻辑的。AI在这一领域的一个困难是，相对于其他药物发现终点，就测试的分子数量而言，数据集并不大。随着深度学习方法的深入应用，大多数旧AI技术都没有实现多任务模型和迁移学习，而这二者提供了使用其他相关数据将适用范围扩展到原始数据集之外的机会。

尽管这是一个迅速兴起的研究领域，但目前文献中很少有AI在药代动力学中应用的实例。劳（Lowe）等[63]的研究使用了包括人工神经网络（ANN）、支持向量机（SVM）、回归扩展和k最邻近域（KNN）模型在内的多种AI技术，结合了2D和3D描述符集以评估大鼠和人体外药代动力学参数模型，包括来自文献的400～600个采样化合物的肝微粒体内清除率（HLM）和游离分数（f_u）。在最近的研究中，王（Wang）等[64]使用多种AI技术为来自大型公共数据集[65]的1352个药物构建了2D和3D QSAR模型，其中包括人静脉内药代动力学数据。在这项工作中，清除模型精度测量（R^2和RMSE）优于之前获得的体内清除模型。施内克纳（Schneckener）[66]使用来自拜耳（Bayer）公司收集的1882个高质量的体内大鼠药代动力学实验数据集，建立了静脉和口服给药的QSAR模型，然后计算口服生物利用度。研究人员利用各种混合方法创建了具有良好预测能力的模型，并将QSAR方法与标准PBPK模型的结果进行了比较，最终仅基于化学结构成功地创建了低口服生物利用度的二分类预警，其准确度和精确度接近70%。范伯格（Feinberg）[67]使用来自图卷积神经网络（GCNN）中更复杂的多任务分子图卷积作为描述符，基于默克（Merck）数据集建立了31种物理化学和DMPK分析模型，并在大型比较单任务GCNN和随机森林方法中进行验证性研究。叶（Ye）等[68]基于FDA批准的1104个药物组成的名为DeepPharm的小分子药物数据集，构建了4个人体药代动力学参数的AI模型。他们使用超过3000万个公开可用的生物活性数据点预训练ANN模型，然后采用一种多任务的迁移学习方法来增强ANN模型在ADME终点应用上的泛化能力（图22.3）。这种将ANN用于多任务和迁移学习的策略再次显示了其在生物系统的跨相似物种和终点应用方面提高药代动力学参数预测准确性的优势，具有巨大的前景。小杉（Kosugi）等[69]最近对AI模型与基于大鼠肝细胞清除率（体外至体内外推法）的简单PBPK模型进行了直接比较。这些模型是在武田（Takeda）公司1114个化合物中进行构建和验证的，具有相关联的计算和测试特性。与使用体外测试数据的传统自下而上体外至体内外推法方法相比，使用AI进行清除率预测的计算机模型总体上显示出更好的预测性，这表明AI目前的表现优于更常用的体外至体内外推法。机器学习对大鼠肝细胞清除率的预测往往会通过额外的体外参数得到改善。

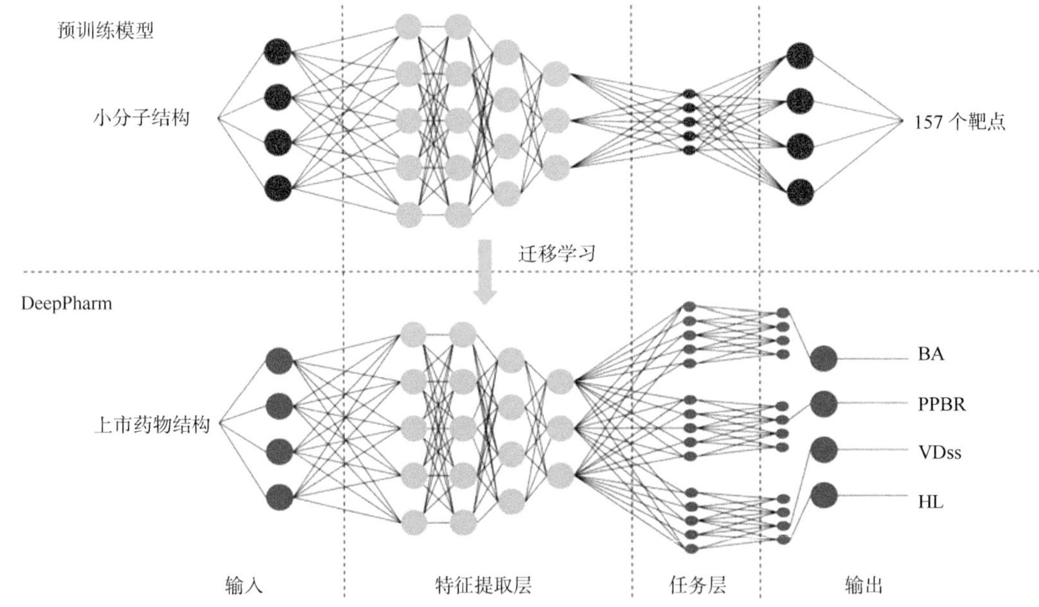

图22.3 集成迁移学习和多任务学习方法（DeepPharm）的模型框架[68]

22.3.5 数字病理学

传统病理学在很大程度上依赖于历时数小时在光学显微镜下观察来自体内安全性研究的组织切片，以识别大量正常组织中的异常组织。在临床前研究中，这一手动过程在体内实验研究完成后还需要数周时间。在首次人体研究开始之前，需要将异常药理学或病理学发现纳入药物暴露的安全性研究中。监管要求需要确定第一阶段的起始临床剂量，并定义预期的NOAEL。需要根据这些数据来设定临床Ⅰ期试验的起始临床剂量。

本节虽不遵循前文中基于QSAR化学信息学的内容，但AI在药物开发过程中仍发挥着关键性作用，并建立在其他领域先进深度学习技术基础之上。在数字病理学领域，通过将基于AI图像识别技术应用于新开发的数字全玻片显微镜（whole slide microscope，WSM）图像上[70, 71]，使其在速度和准确性方面取得了巨大进步。以最初为其他应用而开发的计算机视觉工具为基础，病理学家目前能够使用ANN训练AI模型进行分类和分割任务，然后使用这些计算机视觉模型自动处理病理图像，生成现实增强的WSM图像。可以通过训练有素的AI模型节约检查正常组织图像所花费的时间，突出显示异常发现，以供病理学家进行验证，从而在专家检查中节省80%的时间和成本。此外，还可以使用计算机视觉辅助软件以数字方式突出显示图像中某些感兴趣的区域[72]，进而显著加快并提高审查过程的准确性。

尽管这些新方法已经推进了放射学和肿瘤学领域疾病的检测、分类和预后，但肾脏病理学刚刚进入数字时代，目前以协同和数字病理学存储库的形式收集、分析和整合来自其他领域的病理学数据[73]。

例如，托卡兹（Tokarz）[74]开发了一种计算机辅助图像分析算法，用来量化大鼠心脏组织切片图像中进行性心肌病（progressive cardiomyopathy，PCM）的共同特征。该模型使用卷积神经网络将图像分割成心肌细胞变性、单核细胞浸润和纤维化等不同区域。通过该算法预测的具有PCM病变的心脏面积百分比，与一组病理学家在光学显微镜评估后的中位严重程度之间存在很强的正相关性。雷斯（Race）[75]近期的研究工作表明，将两种独立的AI技术应用于不同且互补的数字病理成像模式，能够为临床前癌症小鼠模型提供更深入的见解。通过使用AI驱动的扫描质谱图像注释及数字显微镜图像，两个AI模型能够协同操作以增强效果（图22.4）。

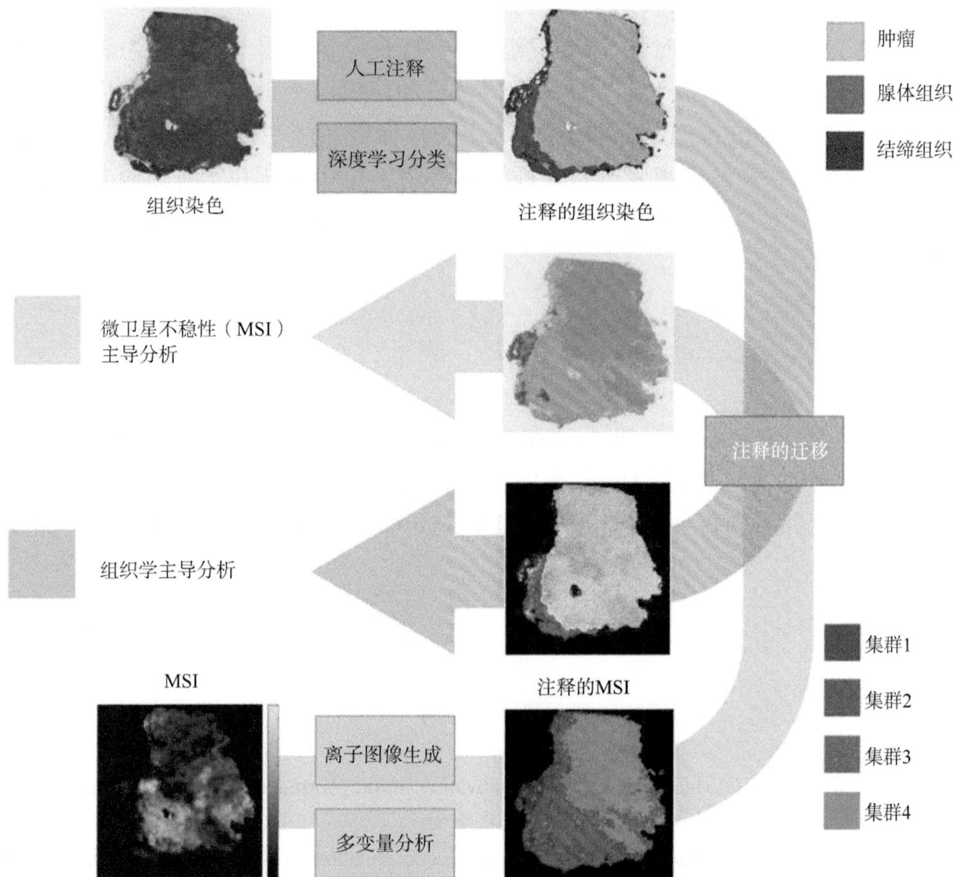

图22.4　注释传输工作流程，图中演示将注释从一种模态转换为另一种模态的流程（并可选择再次返回）[75]。工作流程与创建注释的方式和使用的注册方法无关

22.4 未来展望

我们正在朝着一个范式模式发展，即基于化学结构和一些转化发现阶段的体外分析数据，我们能够根据给定有效剂量的暴露量预测动物及人体内的药代动力学性质。靶向疗效预测与脱靶安全性预测可用于药物发现的早期阶段，更好地预测人体不同剂量下的疗效和安全性边界。与许多AI模型一样，这可能会很快用于帮助确定候选药物的优先级并指导更合理的决策，以决定哪些候选药物适合进入昂贵的药物开发阶段。

在其中一些吞吐量较低的单点应用中，我们可能希望看到更多的跨行业数据或模型共享，正如在最近的欧洲药物发现机器学习（MELLODDY）项目[76]合作中所体现的。该项目旨在利用世界上最大的具有已知生化或细胞活性的小分子数据集来构建更准确的AI预测模型，由此提高药物发现的效率。通过共享10家制药公司的数据，该联盟可以获得超过1000万个小分子结构和超过10亿个相关的高通量分析数据。MELLODDY旨在构建更好的AI模型，使用诸如集中式AI平台的大规模多任务学习等方法。该小组将在不暴露成员之间专有信息的情况下，以最大的可实现规模进行建模。在药物开发领域，我们可以预期，在所谓的数字医学时代，从临床试验中将获得越来越多的来自患者可穿戴设备中的数据。这些数据无疑需要AI方法来实时分析和建模以获得临床知识。借鉴工程学的概念——数字孪生（digital twins），将在数字医疗保健系统中通过从远程收集和监控的数据中获得的数据和预测对患者进行表征。这将用于疾病诊断并实时预测个体患者在新型个性化医疗中的安全性和有效性，其中一对一的医患互动正是由个体数字孪生中显示的需求所驱动的[77]。

致　谢

感谢卡洛琳（Caroline）、艾丹（Aidan）和詹姆斯（James）在COVID-19大流行期间一起度过的时光，感谢他们带来的快乐与关爱。我要感谢安东·马丁森（Anton Martinsson）先生和菲利普·米利科维奇（Filip Miljkovic）博士对本章手稿的审阅及就此展开的讨论。

（居　斌　杨科大　译；白仁仁　校）

参考文献

1. DiMasi JA, Grabowski HG, Hansen RW (2016) Innovation in the pharmaceutical industry: new estimates of R&D costs. J Health Econ 47:20–33. https://doi.org/10.1016/j. jhealeco.2016.01.012
2. Kola I, Landis J (2004) Can the pharmaceutical industry reduce attrition rates? Nat Rev Drug Discov 3(8):711–715. https://doi.org/10. 1038/nrd1470
3. Hornberg JJ, Mow T (2014) How can we discover safer drugs? Future Med Chem 6 (5):481–483. https://doi.org/10.4155/fmc. 14.15
4. Cook D, Brown D, Alexander R, March R, Morgan P, Satterthwaite G, Pangalos MN (2014) Lessons learned

from the fate of Astra-Zeneca's drug pipeline: a five-dimensional framework. Nat Rev Drug Discov 13 (6):419–431. https://doi.org/10.1038/ nrd4309

5. Morgan P, Brown DG, Lennard S, Anderton MJ, Barrett JC, Eriksson U, Fidock M, Hamren B, Johnson A, March RE, Matcham J, Mettetal J, Nicholls DJ, Platz S, Rees S, Snowden MA, Pangalos MN (2018) Impact of a five-dimensional framework on R&D productivity at AstraZeneca. Nat Rev Drug Discov 17(3):167–181. https://doi. org/10.1038/nrd.2017.244
6. Kim H, Kim E, Lee I, Bae B, Park M, Nam H (2020) Artificial intelligence in drug discovery: a comprehensive review of data-driven and machine learning approaches. Biotechnol Bioprocess Eng 25(6):895–930. https:// doi. org/10.1007/s12257-020-0049-y
7. Herrmann K, Jayne K (2019) Animal experi-mentation: working towards a paradigm change. In: Human-Animal Studies. Leiden; Boston: Brill. https://doi.org/10.1163/ 9789004391192
8. Hansch C (2002) Quantitative approach to biochemical structure-activity relationships. Acc Chem Res 2(8):232–239. https://doi. org/10.1021/ar50020a002
9. Hansch C, Fujita T (1964) P- σ - π analysis. A method for the correlation of biological activity and chemical structure. J Am Chem Soc 86 (8):1616–1626. https://doi.org/10.1021/ ja01062a035
10. Hansch C, Maloney PP, Fujita T, Muir RM (1962) Correlation of biological activity of Phenoxyacetic acids with Hammett substituent constants and partition coefficients. Nature 194(4824):178–180. https://doi.org/10. 1038/194178b0
11. Free SM Jr, Wilson JW (1964) A mathematical contribution to structure-activity studies. J Med Chem 7(4):395–399. https://doi.org/ 10.1021/jm00334a001
12. David L, Thakkar A, Mercado R, Engkvist O (2020) Molecular representations in AI-driven drug discovery: a review and practical guide. J Cheminform 12(1):56. https://doi.org/10. 1186/s13321-020-00460-5
13. OECD. http://www.oecd.org/
14. ICH. https://www.ich.org/
15. ICH-M3 (2009) Guidance on non clinical safety studies for the conduct of human clinical trials and marketing authorisation for pharmaceuticals M3(R2). https://database.ich.org/ sites/default/files/M3_R2_ uideline.pdf
16. Nicolotti O (2018) Computational toxicology. In: Methods in Molecular Biology. Humana Press, New York, NY. https://doi.org/10. 1007/978-1-4939-7899-1
17. Berro J (2018) "essentially, all models are wrong, but some are useful" -a cross-disciplinary agenda for building useful models in cell biology and biophysics. Biophys Rev 10 (6):1637–1647. https://doi. org/10.1007/ s12551-018-0478-4
18. OECD (2004) OECD principles for the validation, for regulatory purposes, of (quantitative) structure activity relationship models. Organisation for economic cooperation and development. https://www.oecd.org/ chemicalsafety/risk-assessment/37849783. pdf
19. Gramatica P (2007) Principles of QSAR models validation: internal and external. QSAR Comb Sci 26(5):694–701. https://doi.org/ 10.1002/qsar.200610151
20. Moksony F (1999) Small is beautiful: the use and interpretation of R2 in social research. Szociologiai Szemle:130–138
21. Alexander DL, Tropsha A, Winkler DA (2015) Beware of R(2): simple, unambiguous assessment of the prediction accuracy of QSAR and QSPR models. J Chem Inf Model 55 (7):1316–1322. https://doi. org/10.1021/ acs.jcim.5b00206
22. Scalia G, Grambow CA, Pernici B, Li YP, Green WH (2020) Evaluating scalable uncertainty estimation methods for deep learning-based molecular property prediction. J Chem Inf Model 60(6):2697–2717. https:// doi.org/ 10.1021/acs.jcim.9b00975
23. Lazic SE, Williams DP (2020) Improving drug safety predictions by reducing poor analytical practices. Toxicol Res Appl 4:2397847320978633. https://doi.org/10. 1177/2397847320978633

24. Hanser T, Barber C, Marchaland JF, Werner S (2016) Applicability domain: towards a more formal definition. SAR QSAR Environ Res 27 (11):893–909. https://doi.org/10.1080/ 1062936X.2016.1250229
25. Johnson MAM, G. M. (1990) Concepts and applications of molecular similarity. Wiley, Hoboken, New Jersey
26. MOE Chemical Computing Group. https:// www.chemcomp.com/
27. Schrodinger Schrodinger Inc. https://www. schrodinger.com/
28. Studio D Biovia—Dassault Systemes. https:// www.3ds.com/products-services/biovia/ products/molecular-modeling-simulation/ biovia-discovery-studio/
29. Todeschini R, Consonni V, Xiang H, Holliday J, Buscema M, Willett P (2012) Similarity coefficients for binary chemoinformatics data: overview and extended comparison using simulated and real data sets. J Chem Inf Model 52(11):2884–2901. https://doi.org/10. 1021/ci300261r
30. Hunter P (2008) A toxic brew we cannot live without. Micronutrients give insights into the interplay between geochemistry and evolutionary biology. EMBO Rep 9(1):15–18. https:// doi.org/10.1038/sj.embor.7401148
31. Pang KS, Han YR, Noh K, Lee PI, Rowland M (2019) Hepatic clearance concepts and misconceptions: why the well-stirred model is still used even though it is not physiologic reality? Biochem Pharmacol 169:113596. https://doi. org/10.1016/j.bcp.2019.07.025
32. Sager JE, Yu J, Ragueneau-Majlessi I, Isoher-ranen N (2015) Physiologically based pharmacokinetic (PBPK) modeling and simulation approaches: a systematic review of published models, applications, and model verification. Drug Metab Dispos 43(11):1823–1837. https://doi.org/10.1124/dmd.115.065920
33. Jones HM, Dickins M, Youdim K, Gosset JR, Attkins NJ, Hay TL, Gurrell IK, Logan YR, Bungay PJ, Jones BC, Gardner IB (2012) Application of PBPK modelling in drug discovery and development at Pfizer. Xenobiotica 42 (1):94–106. https://doi.org/10.3109/ 00498254.2011.627477
34. Davies M, RDO J, Grime K, Jansson-Lofmark-R, Fretland AJ, Winiwarter S, Morgan P, McGinnity DF (2020) Improving the accuracy of predicted human pharmacokinetics: lessons learned from the AstraZeneca drug pipeline over two decades. Trends Pharmacol Sci 41 (6):390–408. https://doi.org/10.1016/j. tips.2020.03.004
35. Laverty H, Benson C, Cartwright E, Cross M, Garland C, Hammond T, Holloway C, McMahon N, Milligan J, Park B, Pirmohamed M, Pollard C, Radford J, Roome N, Sager P, Singh S, Suter T, Suter W, Trafford A, Volders P, Wallis R, Weaver R, York M, Valentin J (2011) How can we improve our understanding of cardiovascular safety liabilities to develop safer medicines? Br J Pharmacol 163(4):675–693. https://doi. org/10.1111/j.1476-5381.2011.01255.x
36. Ekins S (2014) Progress in computational toxicology. J Pharmacol Toxicol Methods 69 (2):115–140. https:// doi.org/10.1016/j. vascn.2013.12.003
37. Zhou Z, Gong Q, Epstein ML, January CT (1998) HERG channel dysfunction in human long QT syndrome. Intracellular transport and functional defects. J Biol Chem 273 (33):21061–21066. https://doi.org/10. 1074/ jbc.273.33.21061
38. Recanatini M, Poluzzi E, Masetti M, Cavalli A, De Ponti F (2005) QT prolongation through hERG K(+) channel blockade: current knowledge and strategies for the early prediction during drug development. Med Res Rev 25 (2):133–166. https://doi.org/10.1002/med. 20019
39. Viskin S (1999) Long QT syndromes and torsade de pointes. Lancet 354 (9190):1625–1633. https://doi. org/10. 1016/S0140-6736(99)02107-8
40. Cai C, Guo P, Zhou Y, Zhou J, Wang Q, Zhang F, Fang J, Cheng F (2019) Deep learning-based prediction of drug-induced cardiotoxicity. J Chem Inf Model 59 (3):1073–1084. https://doi.org/10.1021/ acs.jcim.8b00769
41. Zhang Y, Zhao J, Wang Y, Fan Y, Zhu L, Yang Y, Chen X, Lu T, Chen Y, Liu H (2019) Prediction of hERG K+ channel blockage using deep neural networks. Chem Biol Drug Des 94 (5):1973–1985. https://doi. org/10.1111/ cbdd.13600
42. Fermini B, Hancox JC, Abi-Gerges N, Bridgland-Taylor M, Chaudhary KW, Colatsky T, Correll K, Crumb W, Damiano B, Erdemli G, Gintant G, Imredy J, Koerner J, Kramer J, Levesque P, Li Z, Lindqvist A, Obejero-

Paz CA, Rampe D, Sawada K, Strauss DG, Vandenberg JI (2016) A new perspective in the field of cardiac safety testing through the comprehensive in vitro Proarrhythmia assay paradigm. J Biomol Screen 21(1):1–11. https://doi.org/10.1177/ 1087057115594589

43. Huang H, Pugsley MK, Fermini B, Curtis MJ, Koerner J, Accardi M, Authier S (2017) Cardiac voltage-gated ion channels in safety pharmacology: review of the landscape leading to the CiPA initiative. J Pharmacol Toxicol Meth-ods 87:11–23. https://doi.org/10.1016/j. vascn.2017.04.002
44. Park J-S, Jeon J-Y, Yang J-H, Kim M-G (2019) Introduction to in silico model for proarrhythmic risk assessment under the CiPA initiative. Transl Clin Pharmacol 27(1):12–18. https:// doi.org/10.12793/tcp.2019.27.1.12
45. Mamoshina P, Bueno-Orovio A, Rodriguez B (2020) Dual transcriptomic and molecular machine learning predicts all major clinical forms of drug cardiotoxicity. Front Pharmacol 11:639. https://doi.org/10.3389/fphar. 2020.00639
46. Haq KT, Howell SJ, Tereshchenko LG (2020) Applying artificial intelligence to ECG analysis: promise of a better future. Circ Arrhythm Electrophysiol 13(8):e009111. https://doi.org/ 10.1161/CIRCEP.120.009111
47. Adedinsewo D, Carter RE, Attia Z, Johnson P, Kashou AH, Dugan JL, Albus M, Sheele JM, Bellolio F, Friedman PA, Lopez-Jimenez F, Noseworthy PA (2020) Artificial intelligence-enabled ECG algorithm to identify patients with left ventricular systolic dysfunction presenting to the emergency department with dyspnea. Circ Arrhythm Electrophysiol 13(8): e008437. https://doi.org/10.1161/CIR CEP.120.008437
48. Hannun AY, Rajpurkar P, Haghpanahi M, Tison GH, Bourn C, Turakhia MP, Ng AY (2019) Cardiologist-level arrhythmia detection and classification in ambulatory electrocardiograms using a deep neural network. Nat Med 25(1):65–69. https://doi.org/10.1038/ s41591-018-0268-3
49. Attia ZI, Kapa S, Lopez-Jimenez F, McKie PM, Ladewig DJ, Satam G, Pellikka PA, Enriquez-Sarano M, Noseworthy PA, Munger TM, Asirvatham SJ, Scott CG, Carter RE, Friedman PA (2019) Screening for cardiac contractile dysfunction using an artificial intelligence-enabled electrocardiogram. Nat Med 25(1):70–74. https://doi.org/10.1038/s41591-018-0240-2
50. Olson H, Betton G, Robinson D, Thomas K, Monro A, Kolaja G, Lilly P, Sanders J, Sipes G, Bracken W, Dorato M, Van Deun K, Smith P, Berger B, Heller A (2000) Concordance of the toxicity of pharmaceuticals in humans and in animals. Regul Toxicol Pharmacol 32 (1):56–67. https://doi.org/10.1006/rtph. 2000.1399
51. Williams DP, Lazic SE, Foster AJ, Semenova E, Morgan P (2020) Predicting drug-induced liver injury with Bayesian machine learning. Chem Res Toxicol 33(1):239–248. https:// doi.org/10.1021/acs. chemrestox.9b00264
52. Semenova E, Williams DP, Afzal AM, Lazic SE (2020) A Bayesian neural network for toxicity prediction. Comput Toxicol 16:100133. https://doi.org/10.1016/j.comtox.2020. 100133
53. Minerali E, Foil DH, Zorn KM, Lane TR, Ekins S (2020) Comparing machine learning algorithms for predicting drug-induced liver injury (DILI). Mol Pharm 17(7):2628–2637. https://doi.org/10.1021/acs. molpharmaceut.0c00326
54. Hammann F, Schoning V, Drewe J (2019) Prediction of clinically relevant drug-induced liver injury from structure using machine learning. J Appl Toxicol 39(3):412–419. https://doi.org/10.1002/jat.3741
55. Ashby J, Tennant RW (1988) Chemical struc-ture, salmonella mutagenicity and extent of carcinogenicity as indicators of genotoxic carcinogenesis among 222 chemicals tested in rodents by the U.S. NCI/NTP. Mutat Res 204(1):17–115. https://doi.org/10.1016/ 0165-1218(88)90114-0
56. Stepan AF, Walker DP, Bauman J, Price DA, Baillie TA, Kalgutkar AS, Aleo MD (2011) Structural alert/ reactive metabolite concept as applied in medicinal chemistry to mitigate the risk of idiosyncratic drug toxicity: a perspective based on the critical examination of trends in the top 200 drugs marketed in the United States. Chem Res Toxicol 24(9):1345–1410. https://doi.org/10.1021/tx200168d
57. Smith GF (2011) Designing drugs to avoid toxicity. Prog Med Chem 50:1–47. https:// doi.org/10.1016/B978-0-12-381290-2. 00001-X
58. Ahlberg E, Amberg A, Beilke LD, Bower D, Cross KP, Custer L, Ford KA, Van Gompel J, Harvey J, Honma M,

Jolly R, Joossens E, Kem-per RA, Kenyon M, Kruhlak N, Kuhnke L, Leavitt P, Naven R, Neilan C, Quigley DP, Shuey D, Spirkl HP, Stavitskaya L, Teasdale A, White A, Wichard J, Zwickl C, Myatt GJ (2016) Extending (Q) SARs to incorporate proprietary knowledge for regulatory purposes: a case study using aromatic amine mutagenicity. Regul Toxicol Pharmacol 77:1–12. https://doi.org/10.1016/j.yrtph.2016.02. 003

59. Kalgutkar A, Dalvie D, Obach R, Smith D (2012) Pathways of reactive metabolite formation with Toxicophores/structural alerts. In: Reactive drug metabolites. Methods and principles in medicinal chemistry. Wiley, Hoboken, New Jersey, pp 93–129. https://doi.org/10. 1002/9783527655748.ch5
60. Kalgutkar AS, Dalvie D (2015) Predicting toxicities of reactive metabolite-positive drug candidates. Annu Rev Pharmacol Toxicol 55 (1):35–54. https://doi.org/10.1146/ annurev-pharmtox-010814-124720
61. Kazius J, McGuire R, Bursi R (2005) Derivation and validation of toxicophores for mutagenicity prediction. J Med Chem 48 (1):312–320. https://doi.org/10.1021/ jm040835a
62. ICH-M7 (2017) Assessment and control of DNA reactive (mutagenic) impurities in pharmaceuticals to limit potential carcinogenic risk. ICH. https://database.ich.org/sites/default/ files/M7_R1_Guideline.pdf
63. Lowe Jr E, Butkiewicz M, White Z, Spellings M, Omlor A, Meiler J (2012) Comparative analysis of machine learning techniques for the prediction of the DMPK parameters intrinsic clearance and plasma protein binding. In: 2011 IEEE symposium on computational intelligence in bioinformatics and computational biology (CIBCB), IEEE, Paris
64. Wang Y, Liu H, Fan Y, Chen X, Yang Y, Zhu L, Zhao J, Chen Y, Zhang Y (2019) In silico prediction of human intravenous pharmacokinetic parameters with improved accuracy. J Chem Inf Model 59(9):3968–3980. https:// doi.org/10.1021/acs.jcim.9b00300
65. Lombardo F, Berellini G, Obach RS (2018) Trend analysis of a database of intravenous pharmacokinetic parameters in humans for 1352 drug compounds. Drug Metab Dispos 46(11):1466–1477. https://doi.org/10. 1124/dmd.118.082966
66. Schneckener S, Grimbs S, Hey J, Menz S, Osmers M, Schaper S, Hillisch A, Goller AH (2019) Prediction of Oral bioavailability in rats: transferring insights from in vitro correlations to (deep) machine learning models using in silico model outputs and chemical structure parameters. J Chem Inf Model 59 (11):4893–4905. https://doi.org/10.1021/ acs.jcim.9b00460
67. Feinberg EN, Joshi E, Pande VS, Cheng AC (2020) Improvement in ADMET prediction with multitask deep Featurization. J Med Chem 63(16):8835–8848. https://doi.org/ 10.1021/acs.jmedchem.9b02187
68. Ye Z, Yang Y, Li X, Cao D, Ouyang D (2019) An integrated transfer learning and multitask learning approach for pharmacokinetic parameter prediction. Mol Pharm 16(2):533–541. https://doi.org/10.1021/acs. molpharmaceut.8b00816
69. Kosugi Y, Hosea N (2020) Direct comparison of Total clearance prediction: computational machine learning model versus bottom-up approach using in vitro assay. Mol Pharm 17 (7):2299–2309. https://doi.org/10.1021/ acs.molpharmaceut.9b01294
70. Bera K, Schalper KA, Rimm DL, Velcheti V, Madabhushi A (2019) Artificial intelligence in digital pathology-new tools for diagnosis and precision oncology. Nat Rev Clin Oncol 16 (11):703–715. https://doi.org/10.1038/ s41571-019-0252-y
71. Bhargava R, Madabhushi A (2016) Emerging themes in image informatics and molecular analysis for digital pathology. Annu Rev Biomed Eng 18(1):387–412. https://doi. org/10.1146/annurev-bioeng-112415-114722
72. Steiner DF, MacDonald R, Liu Y, Truszkowski P, Hipp JD, Gammage C, Thng F, Peng L, Stumpe MC (2018) Impact of deep learning assistance on the histopathologic review of lymph nodes for metastatic breast cancer. Am J Surg Pathol 42 (12):1636–1646. https://doi.org/10.1097/ PAS.0000000000001151
73. Barisoni L, Lafata KJ, Hewitt SM, Madabhushi A, Balis UGJ (2020) Digital pathology and computational image analysis in nephropathology. Nat Rev Nephrol 16 (11):669–685. https://doi.org/10.1038/ s41581-020-0321-6
74. Tokarz DA, Steinbach TJ, Lokhande A, Srivastava G, Ugalmugle R, Co CA, Shockley KR, Singletary

E, Cesta MF, Thomas HC, Chen VS, Hobbie K, Crabbs TA (2020) Using artificial intelligence to detect, classify, and objectively score severity of rodent cardiomyopathy. Toxicol Pathol 49(4):888–896. https://doi.org/10.1177/ 0192623320972614

75. Race AM, Sutton D, Hamm G, Maglennon G, Morton JP, Strittmatter N, Campbell A, San-som OJ, Wang Y, Barry ST, Takats Z, Goodwin RJA, Bunch J (2021) Deep learning-based annotation transfer between molecular imaging modalities: an automated workflow for multimodal data integration. Anal Chem 93 (6):3061–3071. https://doi.org/10.1021/ acs.analchem.0c02726
76. MELLODDY machine learning ledger orchestration for drug discovery. https://www.mel loddy.eu/
77. Schwartz SM, Wildenhaus K, Bucher A, Byrd B (2020) Digital twins and the emerging science of self: implications for digital health experience design and “small” data. Front Comput Sci 2(31). https://doi.org/10.3389/fcomp. 2020.00031

第23章

基于匹配分子对的分子构思

摘　要：匹配分子对（matched molecular pair，MMP）分析是药物研发中先导化合物优化阶段的重要工具。已有多篇文章对该方法在先导化合物优化阶段的实用性进行了探讨。MMP在分子生成中的应用相对较新。这带来了众多挑战，其中之一就是需要将场景信息编码至转换中。本章将讨论如何将MMP作为分子生成的方法，以及如何与其他分子生成器进行比较。

关键词：匹配分子对（MMP）；数据库；转换；药物化学；图灵测试（Turing test）；分子生成器（molecular generator）

23.1 引言

早期药物发现需要汇集来自不同领域科学家的思路。科学团队利用构效关系（structure-activity relationship，SAR）、合成可行性（synthetic feasibility）和药代动力学/药效学（PK/PD）知识来推动从苗头化合物到先导化合物及先导化合物的优化工作。MMP分析是药物化学家了解SAR数据的众多方法之一。MMP分析的吸引力在于其能够直观地将结构变化与相关性质的变化联系起来。例如，“什么官能团可以取代苯基来降低一系列化合物的内在清除率（clearance）？”这是先导化合物优化过程中经常被提及的一个典型问题。降低化合物的内在清除率是优化其生物利用度时需要解决的难题。根据目前或先前的优化程序来应用以往的知识时，通常需要进行系统的数据分析。对于人体大脑而言，记忆许多化合物的成对数据十分具有挑战性。而采用化学信息学和数据挖掘的解决方案可以对其进行大规模应用，进而帮助解决这一问题。

在过去的10年间，已经发表了多篇文章，描述了特定MMP的实施[1-4]。MMP分析在多参数优化中的适用性得到了很好的描述，并利用统计分析从MMP中获得化学转换。也有几篇文章演示了基于MMP的重要SAR数据分析。对于通过清除率优化生物利用度而言，从已发表文章中使用MMP分析的实例表明，降低亲脂性并不足以改善化合物的半衰期，因为这取决于许多因素，包括分布容积（volume of distribution）和清除率[5]。葛兰素史克公司的科学家们进行了其他研究，对苯环上不同取代基进行了详细的统计分析，而这些取代基会降低化合物的清除率[6]。

23.2 MMP算法

文献中报道了多种实施MMP算法的方法[7]。其中一个最常用的MMP生成算法最初由侯赛因（Hussain）和雷亚（Rea）发表，已被许多机构采用[8]。该算法的工作原理是使用简单的SMARTS模式[9]系统地在非环单键上分割分子，并使用片段索引算法来识别具有共同母核片段的化合物[10]。共同的母核片段被称为场景（context）（通常分子的重原子数大于50%）。两个具有相同场景的分子被称为一个MMP。分子对之间的可变部分被称为转换（transform），并编码从片段X到片段Y的变化。转换通常表示为一个SMIRKS反应。类似的程序已扩展至具有化学母核变化的MMP。在这种情况下，对分子进行多次切割或片段操作。如果终端结构都是相同的，但母核是不同的，则将MMP定义为编码的核心母核或编码骨架变换。图23.1为MMP算法的图示。

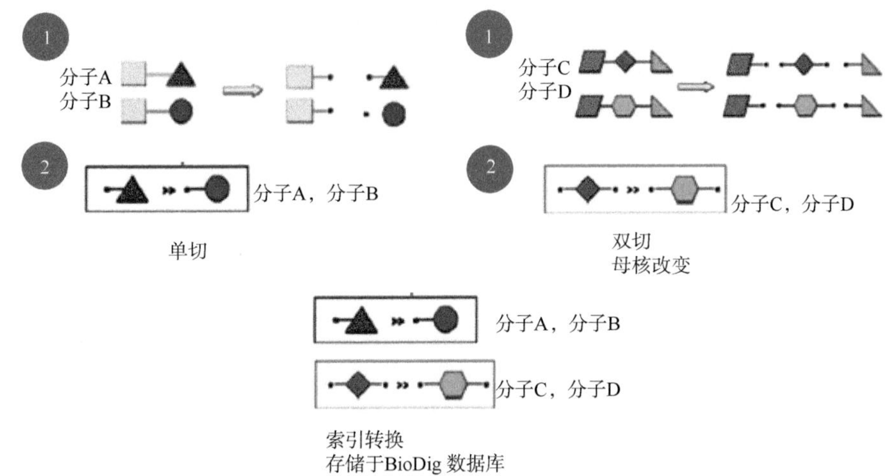

图23.1　侯赛因（Hussain）和雷亚（Rea）在文章中描述的单切和双切变化[8]

通过大量具有相关理化性质或分析读数的分子推导MMP，可以在整个数据集上推广转换。如果两个或多个分子对共享相同的转换，则可以进行数据合并。对于每个转换，统计数据来源于将所选终点的变化表示为具有相关标准偏差或相关统计信息的平均变化。

23.3 BioDig：GSK转换数据库

对于一个包含30万个化合物的数据集，大约可提取230万个MMP。这就需要一个具有大容量存储及能够快速查询报告的解决方案。这些需求及索引转换过程有助于建立关系数据库。这个数据库在GSK被命名为BioDig。

关系数据库设计的主要目标是能够使用多个搜索查询快速搜索数据记录。对于较大的数据库（如BioDig），搜索速度与数据库大小成线性关系也十分重要。考虑到这些限制因素，GSK实现了基于PostgreSQL的关系数据库。PostgreSQL是SQL兼容的，可以处理SQL查询流，并可以利用多个CPUS以更快的速度回答查询流。图23.2为BioDig的SQL模式。

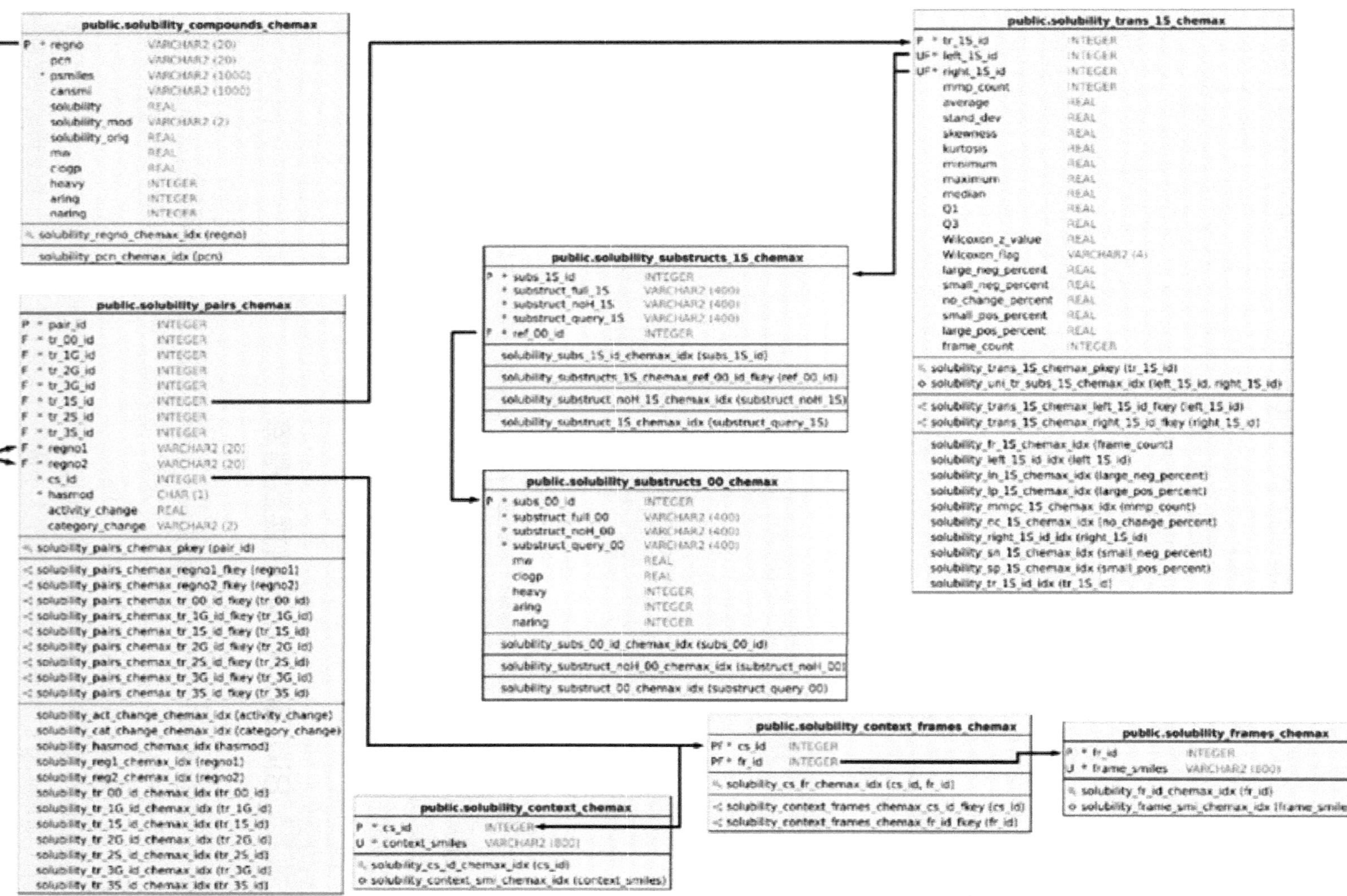

图 23.2 BioDig的SQL模式。图表之间的关系如图所示

图表之间的具体关系如图23.2所示。BioDig可以通过几种不同的方式进行查询。

（1）通过完整的规范化SMIRKS变换。

（2）由SMARTS定义的官能团涉及SMIRKS转换的左侧（反应物）或右侧（生成物）。

（3）通过指定理化性质的变化。

（4）通过指定一个分子的规范化场景（更大的部分）。

这就启用了一个功能工具包，允许对新分子进行碎片化，并对数据库进行查询，以确定可应用于查询化合物的匹配转换。

BioDig数据库会计算每个汇总转换的平均变化、标准偏差、偏度、峰度和P值。统计特性，如偏度和过量峰度，可用于确定某些转换是否显著增加或减少某个特性。每个特性的平均变化往往是复杂的，需要仔细对结果进行诠释，以保证预测的质量。

23.4 基于MMP的大规模分子构思

MMP历来被用于研究化学转换对理化性质的影响，如log D、清除率和膜渗透性。在GSK，进一步扩展了其作为分子库生成工具的适用性。若要成为成功的分子生成工具，其不仅应能够围绕一个化学模板给出不同的建议，而且还应提供化学上可处理的建议。在这种情况下，考虑场景信息就变得至关重要，以避免冗余。例如，对于脂肪族和芳香族化合物而言，当一级酰胺被二级酰胺取代时，对溶解度的影响是不同的（图23.3）。

场景对转换影响的因素众多，如从空间因素到电子因素等。如图23.3所示，在MMP实施中的SMARTS模式可以包括化学转换中的场景。我们认为SMARTS模式最多有3个原子能够深入到场景中。SMARTS模式可以推广至脂肪族和芳香族标志物，而不是使用完整的原子类型信息。这将单个转换扩展为6个相关的形式（图23.4）。

代表当前项目“最佳”的查询分子或先导化合物的查询分子可以输入至基于MMP的分子生成器（molecule generator）中，以演变为改进的理想化合物。输入的分子会根据上述提及的SMARTS定义进行碎片化。所产生片段的规范化SMILES文件随后用于MMP数据库查询，以检索数据库中与片段查询匹配的所有转换。满足理化性质所要求的正、负或中性平均变化的转换会被保留。然后使用这些转换生成化合物的枚举列表。在我们的实施项目中，这一过程是基于管道导频协议完成的（BIOVIA，Dassault Systemes，Pipeline Pilot，2020，San Diego：Dassault Systemes，2020）。基于BioDig的分子构思可以使用两个平台访问，即LiveDesign（https：//www.schrodinger.com/products/livedesign/drug-discovery）和BRADSHAW[10]，用于进一步分析和过滤结果。

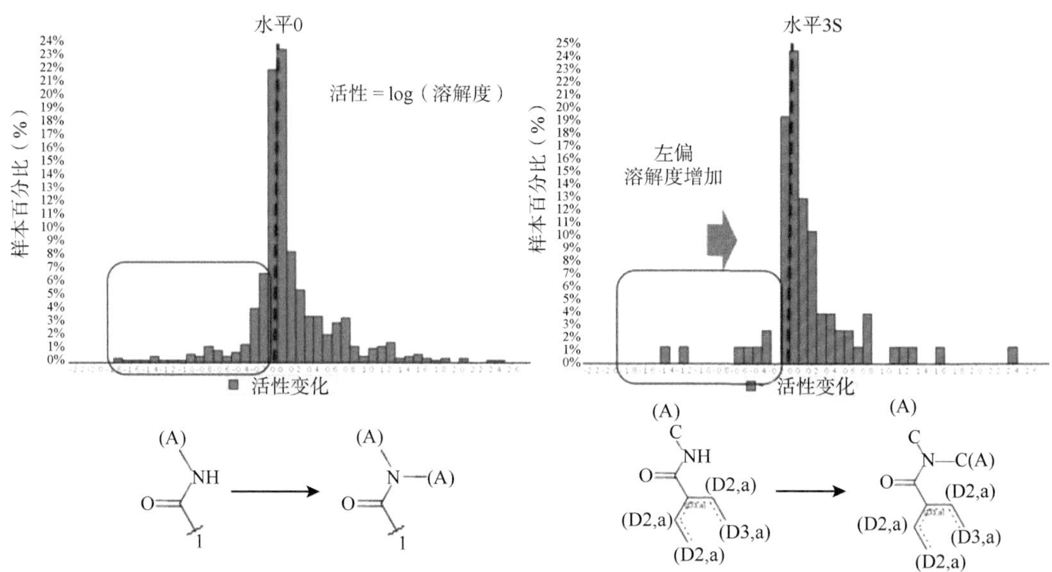

图23.3 BioDig的结果显示，当一级酰胺变成二级酰胺时，芳香族化合物的情况出现左偏，进而表现出了溶解度的增加

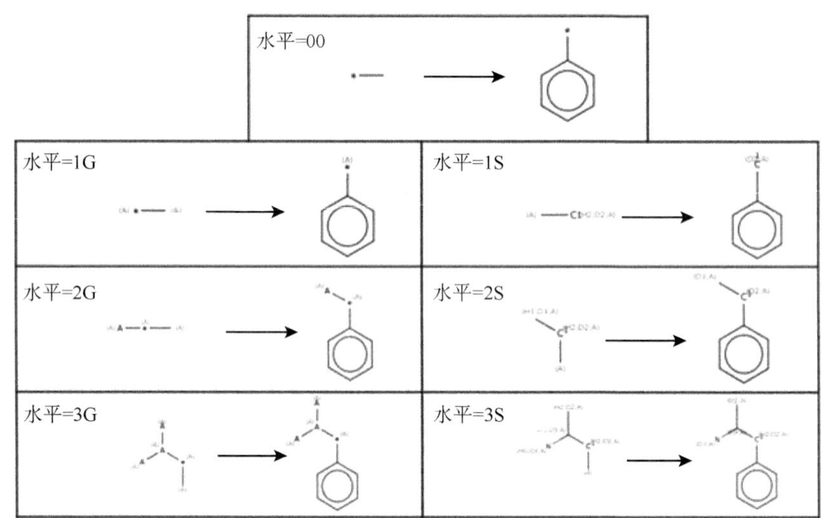

图23.4 将场景信息添加至MMP转换中。水平 = 00不包括场景信息，而其他转换包括场景信息，最多可达场景中的3个相邻原子。1S、2S和3S级转换考虑了场景中的特定原子类型，而1G、2G和3G级转换只考虑了芳香族[a]或脂肪族[A]的smart模式

23.5 基于MMP知识库的价值量化

采用基于MMP知识库的一个关键点是量化其在药物设计中的实用性。在理想情况下，数据库必须足够全面，以覆盖可能使用转换的全部范围。数据库中的每个转换还必须来自

足够的数据，以使其在统计上有效。

为了回答这些问题，我们首先将礼来ADME/Tox知识数据库中的转换与210万个化合物多样性集合中的转换进行了对比。然后将礼来ADME/Tox知识数据库中的转换与历史小分子发现项目中的转换子集进行对比[11]。第一个对比表明了知识库如何覆盖化学空间中已知的所有可能的转换。第二个对比给出了药物化学家使用最多的转换，以及知识库中有多少转换的详细图示。

采用基于python/SQL的组合方法，生成了在210万个化合物数据集中发现的所有转换。所有化合物都使用裸露的dicer分子碎片法进行碎片化[12]。将碎片分子输出加载至一组相应的数据库表中，并在单独的表中保持单切和双切。在数据库中，字符串匹配通过一个允许选择单切和双切MMP的SQL语句来生成MMP。所采用的数据集通过过滤整个礼来的数据集而得，以去除含有以下特性的化合物。

（1）重原子数小于6或大于50。

（2）非有机物，包括汞负离子等元素。

（3）同位素。

（4）化合价错误的化合物。

（5）两个或两个以上碎片中每个都含有16个重原子的混合物。

对于剩余的化合物，使用词典查找普通盐类，或去除最小的片段来删除盐类，并通过化学标准化加强电荷中性和互变异构体类型。通过SQL聚合函数（分组依据）应用数据汇总，进而生成一个具有观测频率的汇总转换表。

为了生成礼来公司所有药物化学项目的所有转换，从内部的体外、体内生物活性数据库中创建了所有体外剂量反应（基于K_i和IC_{50}）试验的列表。对于每一种试验，都创建了一个具有所有化合物有效体外剂量反应结果的标识符列表（包括非活性化合物）。如果少于10个化合物，则取消试验。在对ADME/Tox数据收集日期进行分析后，保留了排名前1750的试验，并按日期排序，以展示最近的试验或项目。每种剂量反应试验都可被认为是药物发现项目的代表。这些列表中的每个试验都转换成一个SMILES文件。每个文件或试验都独立生成匹配的配对。所有文件中的MMP都被聚集，以产生所有测定中每个匹配对的频率。一个给定的转换在每个文件或试验中只被计数一次。因此，这个转换频率代表了能够观察到的给定转换的项目总数。该数据集被称为“MedChem项目转换”。

23.6 新转换日益增长的tail命令

从210万个化合物集的随机选择子集中生成了匹配对和转换。数据集中的分子数量，以及衍生匹配对和转换的最终数量之间具有线性关系。如表23.1和图23.5所示，一旦分子数量超过100万，每个化合物会发生400～500次转换。这种线性增长速度表明，当我们增加化学空间时，匹配对数量或产生的转换没有减缓。我们将ADME/Tox数据集中发现的转换与210万个多样性化合物集中发现的转换进行了比较。最大的数据集，即微粒体代谢，只覆盖了1.4%的基于多样性的转换。总体而言，在数据库中找到的所有转换的非冗余集只覆盖了多样性化合物集的2.3%。转换统计质量的一个简单度量为N，表示贡献匹配对的数量。N值越高，转换的统计质量越好，典型阈值为$N \geqslant 6$，表明其在统计上是有效的[13]。在$N \geqslant 6$的数据库中找到的所有转换的非冗余集，只覆盖了多样性化合物衍生转换集的0.01%。

表23.1 依次增加来源于210万个化合物集中化合物数量所产生的MMP和转换的数量[11]

化合物数量	MMP	转换	每个化合物的转换数量
100	4722	4638	46.4
1000	275 852	221 858	221.9
5000	1 427 456	1 020 371	204.1
10 000	2 836 826	1 816 432	181.6
25 000	9 513 342	6 004 088	240.2
50 000	24 036 002	15 647 502	313
75 000	42 693 732	28 285 815	377.1
100 000	63 562 086	42 402 912	424
250 000	219 415 872	150 256 316	601
500 000	443 868 690	299 467 764	598.9
1000 000	831 652 912	435 391 250	435.4
1 500 000	1 340 753 942	728 946 367	486
2 000 000	1 767 632 180	955 257 674	477.6
2 100 000	1 845 263 474	999 237 480	475.8

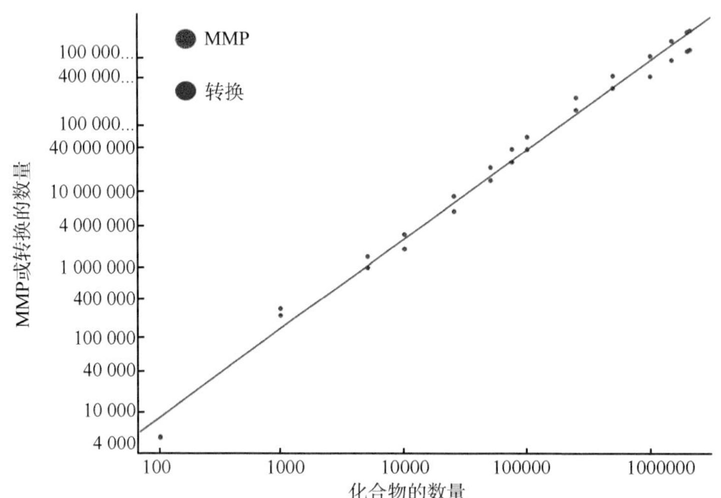

图23.5 210万个化合物集中的化合物数量与所绘制的MMP和转换数量（对数单位）的关系。一条最佳的拟合线显示了转换和化合物之间的关系，$r^2 = 0.990$[11]

基于210万个化合物数据库，我们得到了140万个独特片段、12亿个MMP和6.667亿次转换，平均每个化合物包含475.8次转换。转换的定义通常基于包含最多但不超过15个原子的片段。雷蒙（Reymond）（GDB-15）等列举了最多包含15个C、N、O、S和Cl的分子化学空间的大小[14]。这一化学空间内共含有288亿个化合物。如果平均每个化合物具有475.8次转换，那么转换空间的大小可以预估为$2.88 \times 10^{10} \times 475.8 = 1.37 \times 10^{13}$次转换。在上述讨论中忽略了转换编码中场景信息的使用，而这将不可避免地进一步增加问题的规模[15]。

与化学空间相比，转换空间的极端大小使得构建具有良好转换空间覆盖的知识库极具挑战性。对知识产权的渴望将推动项目向着全新的化学结构发展，这无疑会使问题更为复杂。由于该知识库远离了人们熟知的化学空间，其只举例说明了已知的问题，缺乏预测能力。

23.7 实用的MedChem转换子集

知识数据库与MedChem项目转换的第二个对比更令人鼓舞。在所有基于分析的转换子集中，共发现了4880万个独特的MedChem项目转换。MedChem项目最常见的转换涉及卤素、羟基和烷基链的加成或交换。在一定程度上，这是一个碎片算法的产物，其不断地从同一化合物中剥离越来越大的碎片，直至达到15个原子的碎片限制。我们对知识库进行了分析，评估了前100、500、1000、2500、5000、1万、2.5万、5万和10万的MedChem项目转换中，有多少包含在数据库内（表23.2）。

表23.2　top *N*个药物化学转换及其在礼来转换知识库中的表现

top *N* 转换	清除率、溶解度和渗透性数据转换	清除率、溶解度和渗透性数据转换百分比（%）	完整的ADME/Tox数据转换	完整的ADME/Tox数据转换百分比（%）	所有高置信度的ADME/Tox数据转换	所有高置信度的ADME/Tox数据转换百分比（%）
100	100	100.0	100	100.0	100	100.0
500	500	100.0	424	84.8	424	84.8
1000	1000	100.0	686	68.6	686	68.6
2500	2292	91.7	1100	44.0	1100	44.0
5000	4612	92.2	1352	27.0	1338	26.8
10 000	9418	94.2	1594	15.9	1580	15.8
25 000	9418	37.7	1594	6.4	1580	6.3
50 000	9418	18.8	1594	3.2	1580	3.2
100 000	9418	9.4	1594	1.6	1580	1.6

在前1万的MedChem项目中，94.2%的转换是在知识库中发现的。在此之后，转换覆盖率迅速下降，前2.5万、5万和10万的MedChem项目转换覆盖率仅为37.7%、18.8%和

9.4%。在所有1750个MedChem项目数据集中，平均70%的转换在数据库中有一个或多个示例。在1750个MedChem项目数据集中，485个数据集的转换超过90%，1070个数据集的转换超过50%。考虑到MedChem项目数据集的稀疏覆盖率，286个项目数据集的转换在数据库中小于25%，35个项目数据集的转换在数据库中小于10%。回顾相同的数据，但只考虑高置信度的转换（主要是$N \geqslant 6$），这些统计数据的变化很小。

因此，在ADME/Tox数据库中，许多项目的化合物集具有相对较高的转换率。这表明药物发现项目利用了一组相对保守的已知转换集。在许多MedChem项目中，转换子集的通用性可能并不令人惊讶。以往项目的经验和文献发表的先导化合物优化策略都将有助于跨项目转换的持续再利用。因此，数据库善于捕捉已建立的“经验法则”。该数据库的强大之处在于其对机构知识的捕获和编纂，但其局限性在于为具有挑战性的药物化学优化问题提出新颖的解决方案。

在缺少数据的情况下进行预测时，一种有前景的方法可能是使用生成模型，在化学转换空间的连续表示中，只使用已知数据的子集来学习和预测ADME/Tox转换[13, 16]。另一种方法是在分子生成中广泛使用所有已知的转换，而不管其统计能力如何。通过将这种类型的分子生成器融合到可以预测并过滤输出的QSAR上，与仅依赖具有良好统计能力的转换相比，可以获得更广泛的解决方案。

23.8 MMP作为分子生成工具的评估

药物化学家可以快速地设计出数十个分子，这些分子既具有合成的可行性，又表现出合理的理化性质。而机器模型可以生成超过10^6个分子，从而能够对化学空间进行更全面的评估。人们对机器的期望是能够生成与药物化学家设计分子具有相似质量的分子，而且其必须属于我们感兴趣的化学领域。这是一个悬而未决的问题，需要将生成分子的质量与化学家所设计分子的质量进行比较。目前，可采用三项测试来评估GSK所使用分子生成器的性能，包括基于MMP的分子生成器。第一项研究探索了算法重现想法的能力，而这些想法由一组药物化学家提出。第二项测试探讨了由算法产生的额外～10^3个分子是否是药物化学家认为较优的分子。最后，评估了算法在遗留药物发现项目中，从一系列化合物的单个起始分子生成新分子的能力。这些测试比较了三种内部分子生成器（图23.6）[17]。

（1）BioDig——本章前文描述的基于MMP的算法。

（2）BRICS——一种基于片段替换的算法[18]。

（3）RG2Smi——一种语言处理机器学习（ML）算法，将简化的图输入转换为SMILES输出[19]。

BioDig是一种基于MMP之间的转换而建立的数据库工具。该数据库是通过在每个环外键上拆分GSK化合物而生成的。然后比较不同分子的片段来识别MMP。转换被保存到数据库中，并用于输入分子以生成新的结构。一个重要的参数是MMP计数，其给出了每个转换的MMP数量，这表示了片段合成互换性的可能性（频率）。

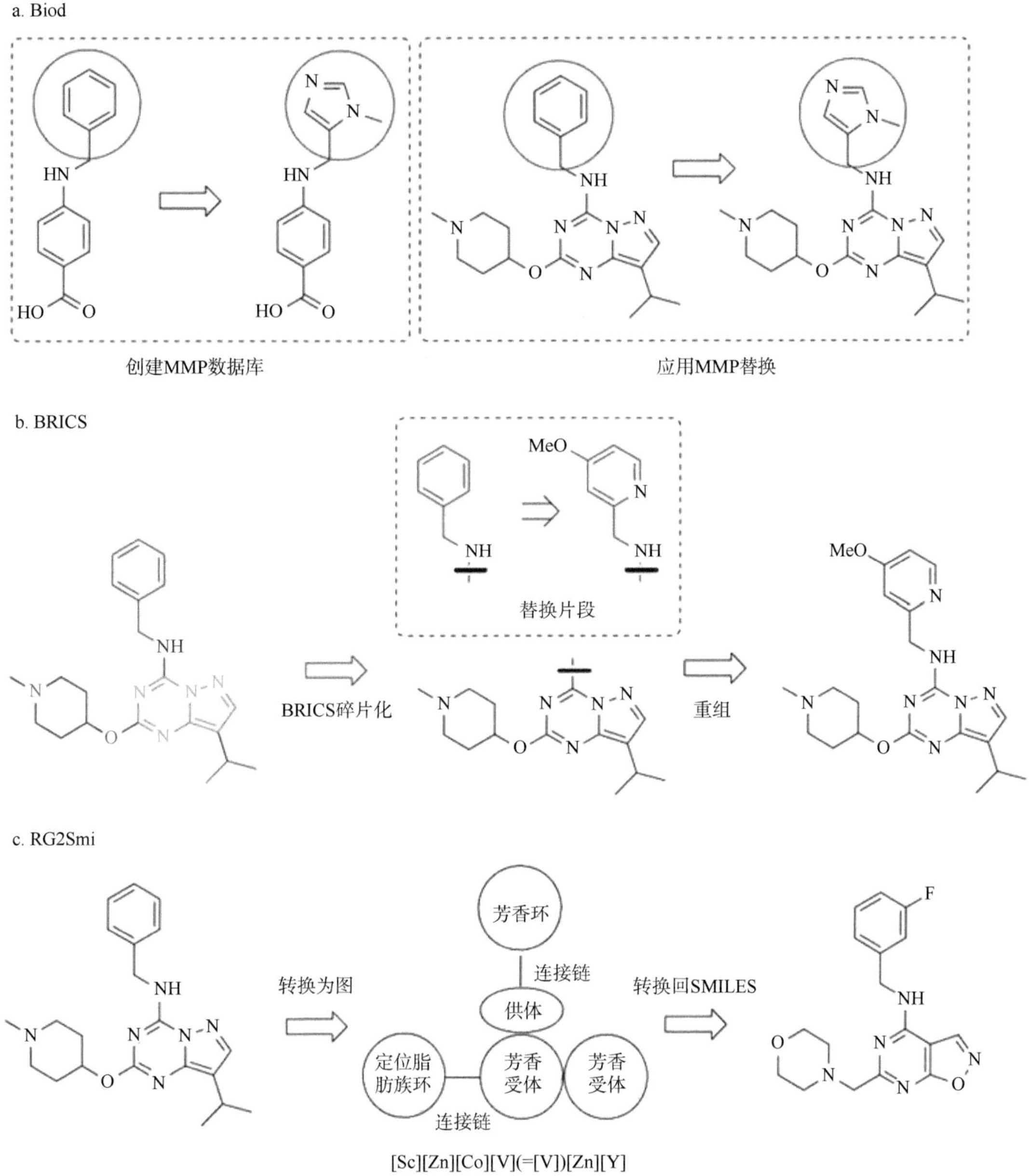

图23.6　三种分子生成算法的示意图。a. BioDig使用GSK化合物库进行MMP替换。b. 以定义的键将BRICS片段分子与从GSK化合物库片段中获得的片段进行替换。c. RG2Smi将分子转换为缩减图，然后使用自然语言处理算法将分子转换回SMILES[17]

BRICS采用断键原则来分割分子，标记断键以化学合理的方式进行重组。BRICS可在RDKit平台上访问（RDKit：Open-source cheminformatics; http：//www.rdkit.org）。在GSK的实施过程中，每个片段位置都是独立的，而不是以组合的方式重新组合所有片段。GSK集合是碎片化的BRICS，然后将输入结构的相关片段替换为数据库中相应的片段。一个重要的参数是片段在GSK集合中出现的最小次数（minFrags）。

RG2Smi算法将分子转换为基于药效团的图来表示，被称为缩减图（reduced graph）[20]。缩减图以代表药效特征的超原子取代官能团。将这些超原子分配给特定的无机元素类型，可将缩减图表示为有效的SMILES字符串[21]。研究中定义了从标准SMILES到缩减图SMILES的映射；然而，反之则不然，这就提出了一个挑战。该工具是一种基于seq-to-seq方法的AI，其中缩减图到SMILES的一到多的映射是在一个大型训练集上学习的。这可以作为单个输入分子的分子生成工具，由代码转换为缩减图，然后以该缩减图生成新分子。而其输入参数是生成SMILES字符串的数量（nrows）。

23.9 第一次测试——人工参与

将4个苗头化合物提交给13个化学家和3个分子生成器进行构思生成。分子生成器使用以下设置：mmp count=1（BioDig），minFrag=1（BRICS），以及nrows=400000（RG2Smi）（图23.7）。每个化学家提出20个构思或苗头化合物（共1040个非独特构思和493个独特构思）。对化学家的构思进行分析发现，89%的构思都在±3个重原子之内。在图的尾部观察到了较高负电性重原子数的变化，这是由化学家将分子分割以寻找可能的结合基序而引起的。计算机生成的构思会根据相似度和重原子数变化（分别为≥0.5谷本系数和±3）进行过滤。在这3种算法中，BioDig在这4个苗头化合物中捕获了大约80%的人工构思（图23.7a）。BRICS

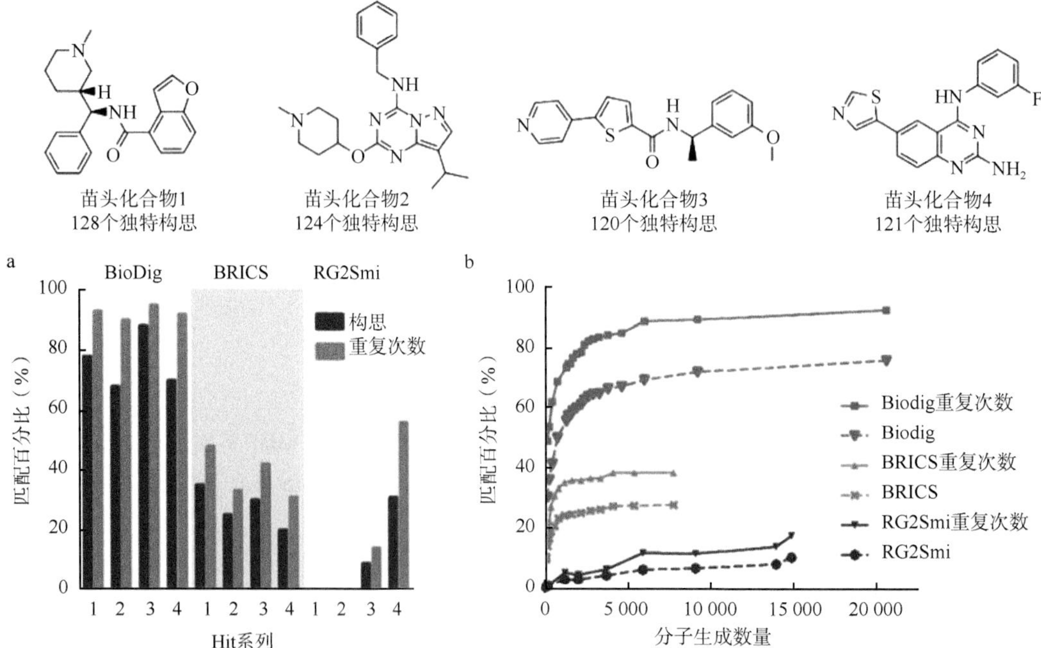

图23.7 测试1：每种算法捕获药物化学家构思的百分比。a. 在使用最广泛的搜索（mmp = 1，minFrags = 1，SMILES = 400000）时，人工构思与每种算法相匹配，按Hit系列和独立提出该构思的化学家数量分组：蓝色≥1（构思），橙色≥2（重复）。b. 通过改变算法参数“mmp”“minFrags”或“nrows”，随着生成分子数量的不同，药物化学家构思与算法匹配的百分比也不同[17]

捕获了约30%，而RG2Smi在苗头化合物1和2中没有捕获到任何构思，只在苗头化合物4中有合理的表现。如果我们只考虑至少两位化学家提出的构思，则每种算法的匹配率都提高了约10%，而BioDig捕获了大约90%的化学家构思。图23.7b还显示了如果对生成器使用严格的参数，则人工构思的覆盖范围是如何变化的，会产生更少的分子数量。研究中观察到，即使变化仅限于高MMP或minFrags，大部分人工构思也是匹配的，这表明在药物化学分子设计中存在高度系统的知识，以及基于过去成功经验的经典R基团取代基建议。在这项测试中，BioDig匹配了几乎所有化学家的想法，显著优于BRICS和RG2Smi。

23.10 第二次测试——模仿人工

第二次测试研究了药物化学家如何感知算法生成的构思。这一测试的灵感来自图灵测试（Turing test），用来测试药物化学家是否能区分人工和机器所产生的构思。每4个苗头化合物随机选择100个构思并提供给10位药物化学家：75个构思来自BioDig算法生成集，25个构思来自化学家（图23.8）。化学家被要求对每个分子进行“喜欢”或“不喜欢”的选择，这取决于其是否认为这个构思应该被采纳并进行合成。基于之前测试的结果，在这个测试中只选择了BioDig作为分子生成器。

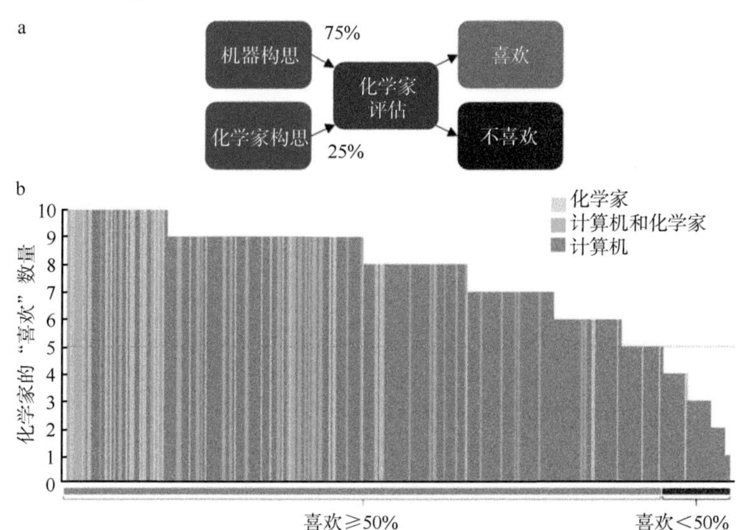

图23.8　测试2：分子生成器的图灵测试。a. 基于每个苗头化合物为化学家提供100个分子：75%来自机器生成（BioDig），25%来自药物化学家生成。化学家们决定是否应该在计算机建模和合成中予以考虑。b. 每个分子的“喜欢”数量，根据设计的来源着色：化学家（黄色）、计算机（深绿色）或化学家和计算机同时（浅绿色）。所有的构思都得到了至少一位化学家的支持，大多数都得到了半数以上化学家的支持[17]

“喜欢”的总比例表现为，药物化学家的构思为88%，BioDig的构思为75%。每个分子的“喜欢”数目被绘制成直方图，并根据构思的来源以不同颜色表示。所有构思都至少得到了一位化学家的认可，87%的分子得到了半数以上化学家的认可。至少一半化学家

“不喜欢”的分子通常有额外的芳香环或季碳中心，可以通过过滤去除。很明显，“化学家”或“化学家+计算机”产生的想法得分更高。然而，所有类别的分子都分布在直方图的整个范围内。因此，算法输出与人工构思具有相当的价值。

23.11 第三次测试——遗留项目

对上述三种算法都进行了测试，以验证其是否能找到一个药物化学项目中的先导化合物。在专利中可以发现具有代表性的药物化学先导化合物。因此，从2018年上市的药物中选择了一系列先导化合物。更多关于专利选择和管理的细节可以参见参考文献[17]。

所选择的分子和测试结果如图23.9所示。使用以下参数将图23.9a中的起始化合物输入分子生成器：对于BioDig、BRICS和RG2Smi，参数设置分别为mmp count = 1、minFrags = 1和nrows = 150000。生成分子与专利中分子进行比较，并以迭代的方式重新提交匹配，以反映设计-合成-测试循环的构思组成（图23.9b）。在Copiktra案例中，所选择的专利包含两个不同的系列，因此，这种情况下有两个起始化合物。

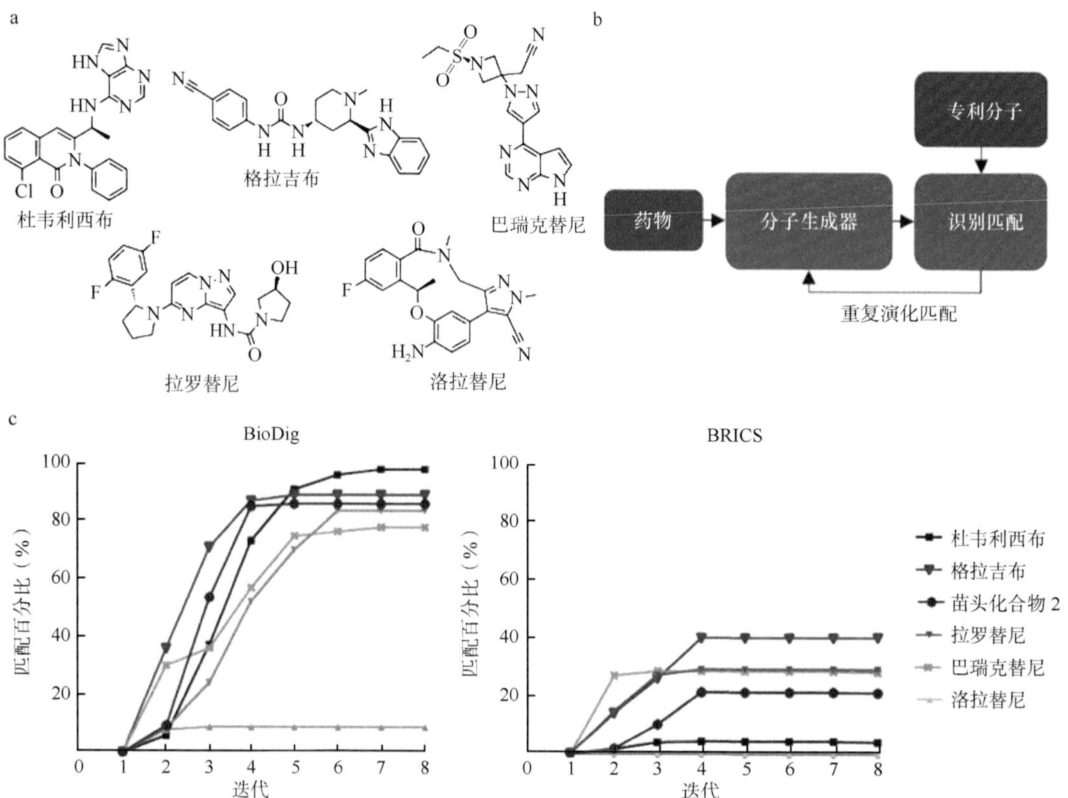

图23.9 测试3：由分子生成器设计的一系列专利分子。a. 起始分子结构：5个已上市药物和苗头化合物2（注：Copikra是基于2个起始分子）。b. 实验设计。使用分子生成器演化专利中的分子，并计算与专利中分子匹配的分子数量。然后将这些匹配以迭代的方式演化至8次迭代。c. BioDig和BRICS在每次迭代中设计的专利分子的百分比[17]

BioDig再次成为表现最好的分子生成器，其次是BRICS。RG2Smi没有成功生成任何分子。以BioDig为例，每个专利的匹配百分比如下：Copiktra为98%（含两个种子分子），Daurismo为89%，苗头化合物2为86%，Vitravki为83%，Olumiant为78%，Lorbrena为9%。对于6项专利中的4项，该算法在短短4次迭代中匹配了超过75%的分子，这再次证实了BioDig的实用性，其可作为药物研发中推动分子设计的重要工具。Lorbrena的低匹配率突出了MMP/碎片化方法在大环化合物中的挑战。整体不匹配的分子通常含有螺环，在GSK数据库中表现较弱。

23.12　总结

MMP分析已成为药物化学研究中的关键方法，其具有许多公开可用的算法和应用实例。许多公司都致力于将MMP总结到转换数据库中。转换数据库作为统计上可靠的预测建模工具，其本身价值有限。这是由于转换空间的巨大规模及随之而来的知识库无法以足够高的统计能力对该空间进行充分的采样。将场景信息包含到转换中会使搜索空间范围更大，数据库覆盖范围更稀疏。然而，这些转换数据库通常涵盖了在MedChem优化项目中反复使用的转换子集。在经典的小分子发现项目中利用这些转换有望使一些过程自动化，从而将苗头化合物演变成类似先导化合物的药物。未来的发展方向主要包括：与生成模型一起评估MMP，并探索在预测驱动模式下使用MMP数据的方法，或与QSAR结合以过滤和改进构思。

研究中设计了3个测试来比较几种分子生成器的构思和人工构思，特别感兴趣的是基于MMP的生成器（BioDig）。测试1研究了算法从相同起点产生与药物化学家相同构思的能力。在该测试中，BioDig复制了大约80%的人工构思，而次之的生成方法只能捕获所有4个研究目标的30%。测试2基于图灵测试，考察机器产生的构思是否会被药物化学家认可为好的构思。人工构思获得了88%的“喜欢”，而BioDig的构思获得了75%的“喜欢”。尽管机器构思的得分一直低于人工构思，但二者之间的差异并不大。测试3检查了算法在遗留药物发现项目中生成分子的能力。BioDig在其他分子生成器中脱颖而出，在4次迭代中复制了超过75%的专利分子。在一个实例中（Lorbrena），其匹配率很低，这是因为该系列的大环特性。未来的工作包括探索处理当前MMP分析工具无法很好捕获的大环、多肽和其他更复杂分子的方法。对于这3个测试，基于MMP的BioDig被证明是产生类似于人工构思的实用工具。因此，在分子生成任务中，其是一个强大的构思生成器。所有3个测试的结果都表明，使用汇总的MMP数据库进行分子生成，可以以类似于药物化学家直觉的方式演化出苗头化合物。虽然在高质量预测中的应用有限，但这验证了其在分子生成任务中的应用前景。

（蒋筱莹　译　白仁仁　校）

参考文献

1. Keefer CE, Chang G, Kaufmann GW (2011) Extraction of tacit knowledge from large ADME data sets via pairwise analysis. Bioorg Med Chem 19:3739–3749
2. Dalke A, Hert J, Kramer C (2018) mmpdb: An Open-Source Matched Molecular Pair Platform for Large Multiproperty Data Sets. J Chem Inf Model 58:902–910
3. Sheridan RP, Hunt P, Culberson JC (2006) Molecular transformations as a way of finding and exploiting consistent local QSAR. J Chem Inf Model 46:180–192
4. Warner DJ, Griffen EJ, St-Gallay SA (2010) WizePairZ: a novel algorithm to identify, encode, and exploit matched molecular pairs with unspecified cores in medicinal chemistry. J Chem Inf Model 50:1350–1357
5. Broccatelli F, Aliagas I, Zheng H (2018) Why decreasing lipophilicity alone is often not a reliable strategy for extending IV half-life. ACS Med Chem Lett 9:522–537
6. Ritchie TJ, Macdonald SJF (2016) Heterocyclic replacements for benzene: Maximising ADME benefits by considering individual ring isomers. Eur J of Med Chem 124:1057–1068
7. Tyrchan C, Evertsson E (2017) Matched molecular pair analysis in short: Algorithms, applications and limitations. Comput Struct Biotechnol J 15:86–90
8. Hussain J, Rea C (2010) Computationally efficient algorithm to identify matched molecular pairs in large data sets. J Chem Inf Model 50:339–348
9. SMARTS Theory Manual, Daylight Chemical Information Systems, Santa Fe, New Mexico. http://www.daylight.com/dayhtml/doc/the ory/theory.smarts.html
10. Green DVS, Pickett S, Luscombe C, Senger S et al (2020) BRADSHAW: a system for automated molecular design. J Comput Aided Mol Des 34:747–765
11. Lumley JA, Desai P, Wang J, Cahya S, Zhang H (2020) The derivation of a matched molecular Pairs Base ADME/Tox Knowledge Base for compound optimization. J Chem Inf Model 60:4757–4771
12. https://github.com/EliLillyCo/LillyMol
13. Kramer C, Ting A, Zheng H et al (2018) Learning medicinal chemistry absorption, distribution, metabolism, excretion and toxicity (ADMET) rules from cross-company matched molecular pair analysis. J Med Chem 61:3277–3292
14. Reymond J, Awale M (2012) Exploring chemical space for drug discovery using the chemical universe database. ACS Chem Neurosci 3:649–657
15. Papadatos G et al (2010) Lead optimization using matched molecular pairs: inclusion of contextual information for enhanced prediction of hERG inhibition, solubility, and lipophilicity. J Chem Inf Model 50:1872–1886
16. Turk S, Merget B, Rippmann F, Fulle S (2017) Coupling matched molecular pairs with machine learning for virtual compound optimization. J Chem Inf Model 57:3079–3085
17. Bush JT, Pogany P et al (2020) A Turing test for molecular generators. J Med Chem 63:11964–11971
18. Degen J, Wegscheid-Gerlach C, Zaliani A, Rarey M (2008) On the art of compiling and using ‘drug-like’ chemical fragment spaces. ChemMedChem 3:1503–1507
19. Pogany P, Arad N, Genway S, Pickett S (2019) De novo molecule design by translating from reduced graphs to SMILES. J Chem Inf Model 59:1136
20. Gillet VJ, Willett P, Bradshaw J (2003) Similarity searching using reduced graphs. J Chem Inf Model 43:338–345
21. Weininger D (1988) SMILES, a chemical language and information system. 1. Introduction to methodology and encoding rules. J Chem Inf Comput Sci 28:31–36